武汉大学百年名典

陶振宇 男，（1927—2000年），湖南省衡阳县人，是我国著名的岩石力学与工程专家、教育家，武汉大学教授、博士研究生导师。

陶振宇先生1949年参加革命，1952年毕业于武汉大学工学院水利系，并留校任教。1954年武汉水利学院成立后，转入武汉水利学院（先后更名为武汉水利电力学院、武汉水利电力大学，2000年并入新的武汉大学）任教，历任讲师、副教授、教授，曾担任水利系党总支书记等职。1960—1962年赴前苏联莫斯科建筑工程学院进修，1986年被评为博士研究生导师，1991年起享受国务院政府特殊津贴。

陶振宇先生是我国岩石力学学科，尤其是水工岩石力学学科的创始人之一。编写出版了我国第一部水工岩石力学试验专著《高坝岩基的试验研究》（1965年）和第一部水工岩石力学理论专著《水工建设中的岩石力学问题》（1966年）。主编的学术著作《岩石力学的理论与实践》（1981年）反映了中华人民共和国成立后30年我国岩石力学理论研究与工程实践的主要成果，其理论水平和学术价值可以与国际上同期同类著作相媲美，对我国岩石力学理论研究与工程应用起到了积极的推动作用。

陶振宇先生是中国岩石力学与工程学会的主要发起人和筹备成员之一。以第一署名向中国科学技术协会提出成立中国岩石力学与工程学会的申请，在获得中国科学技术协会批准后，积极承担筹备工作，是中国岩土力学与工程学会13人筹备组成员之一。历任国际岩石力学协会（ISRM）中国国家小组成员，中国岩石力学与工程学会常务理事，地下工程专业委员会副主任委员，教育工作委员会副主任委员，武汉岩土工程学会副理事长以及中国水利学会、中国力学学会、中国地质学会、中国水力发电工程学会等有关学会及专业委员会的委员、副主任委员或顾问委员等。

陶振宇先生的主要研究领域为岩石力学与工程，兼治科技史（中国水利史）。其研究内容涉及工程、力学、地质、地震及科技史（中国水利史）等多学科，在岩石力学与其他相关学科的相互交叉和渗透方面，开展了有益的尝试，认为岩石力学不同于一般固体力学之处，就在于其研究对象是天然岩石，并在岩石的自然特性、裂隙性、水力特性、地应力和地震机理等方面，取得了一批创新性研究成果，共出版学术著作（含合作）17部，发表学术论文180余篇，获省部级科技奖励10项。主要研究成果包括：

（1）提出了大坝岩基参数的取值要保证岩体总是处于弹性工作状态，并与大坝安全系数相配套的准则，被我国水工岩石力学界认同并普遍应用。

（2）针对岩体的裂隙性开展了深入的研究，建立了岩石统计断裂力学的原理和方法，探讨了岩石裂纹相互作用的统计有效场方法，建立了节理岩体宏观损伤模型和真三轴条件下的岩石细观损伤模型等；揭示了岩石工程开挖卸荷裂隙的三个基本特征；开发了岩体节理（裂隙）网络模拟技术；研究了预裂爆破中炮孔压力变化历程的理论分析方法；探讨了爆生气体驱动的岩石裂纹扩展速度等。

（3）提出了地应力是影响岩体特性的主要因素之一，这对我国现阶段西部深埋地下工程建设仍具有重要意义。总结归纳了地壳浅层岩石圈的地应力分布规律，研究了岩性、沉积作用、剥蚀及地形地貌对地应力分布的影响；在国内率先研究了高地应力区的岩体特性，提出了高地应力区进行地下工程建设所需遵循的基本准则；发现了高地应力区岩石的蠕变断裂效应，提出了岩爆形成的三个阶段理论，认为岩爆是因开挖而产生的卸荷效应在高地应力区的一种典型表现。

（4）提出了一种基于固—液两相介质的耦合分析方法，开展水库诱发地震的预测研究，利用研究成果针对新丰江水库已发生的6．1级地震进行研究，研究结果与实际震级十分接近，证明了研究成果的科学性、有效性。将研究成果用于湖南东江水库诱发地震的预测研究，在发震地点、震源深度、震级大小等方面均预测成功。

（5）探讨了水在地震中的多重作用。对干旱地震开展了分析研究，认为干旱地震是一种异型水库地震，为水力控制地震灾害提供了物理依据。率先利用粘弹塑性模型探讨唐山地震震源深部岩体特性以进行模拟分析，结果与唐山地震的主震—余震系列和地形变化实测结果相吻合，为地震模拟研究开辟了一条新的技术途径。对于天然地震的应力降远低于室内试验的应力降这一使人们困惑的问题，提出了合理的解释。

（6）在中国水利史的研究中，也获得了一些新的成果。提出《管子·度地篇》是我国最早的水利工程著作的论点。对西汉的贾让三策，东汉的王景治河等方面，都有自己的独特见解。在研究宋代的水利理论时，发现我国现在进行的南水北调的中线工程，途经河南境内的线路与宋代的有关渠系路线有其相关性。

陶振宇先生注重理论与实践的联系，参加了我国的一些重要工程实践，包括：河南省治淮总指挥部白沙水库土坝工程建设（1951—1952年）；丹江口水利枢纽第一期工程建设（1958—1959年）；葛洲坝水利枢纽工程建设（1970—1972年）；三峡工程船闸岩石高边坡的稳定性分析等。

陶振宇先生一生致力于岩石力学与工程学科的发展和专业人才的培养，他治学严谨，理论联系实际，勇于探索和创新；他待人诚恳，诲人不倦，为我国岩石力学与工程学科教育事业的发展奠定了基础，并长期活跃在教学第一线，指导了30余名博士和硕士研究生。陶振宇先生1991年被评为全国电力系统优秀教师，1994年被评为湖北省优秀教师。

在近半个世纪的学术生涯中，陶振宇先生活跃在国内外岩石力学与工程界，他积极参与国内和国际间的学术交流，享有很高的学术声誉。曾担任多个国际学术组织成员，为确立我国岩石力学学科在国际岩石力学学术界的地位发挥了重要作用，同时任《岩石力学与工程学报》等多个学术刊物的编委或顾问，为我国岩石力学与工程学科的创始和发展做出了重要的贡献。

武汉大学

百年名典

岩石力学的理论与实践

陶振宇 主编

武汉大学出版社

WUHAN UNIVERSITY PRESS

图书在版编目(CIP)数据

岩石力学的理论与实践/陶振宇主编. —武汉：武汉大学出版社，2013.10

武汉大学百年名典

ISBN 978-7-307-11833-1

Ⅰ.岩…　Ⅱ.陶…　Ⅲ.岩石力学—研究　Ⅳ.TU45

中国版本图书馆 CIP 数据核字(2013)第 229791 号

责任编辑:李汉保　　责任校对:刘　欣　　版式设计:马　佳

出版发行：武汉大学出版社　(430072　武昌　珞珈山)
(电子邮件：cbs22@whu.edu.cn　网址：www.wdp.com.cn)

印刷：武汉中远印务有限公司

开本：720×1000　1/16　印张:40.5　字数:581 千字　插页:4

版次：2013 年 10 月第 1 版　2013 年 10 月第 1 次印刷

ISBN 978-7-307-11833-1　定价:78.00 元

《武汉大学百年名典》出版前言

百年武汉大学，走过的是学术传承、学术发展和学术创新的辉煌路程；世纪珞珈山水，承沐的是学者大师们学术风范、学术精神和学术风格的润泽。在武汉大学发展的不同年代，一批批著名学者和学术大师在这里辛勤耕耘，教书育人，著书立说。他们在学术上精品、上品纷呈，有的在继承传统中开创新论，有的集众家之说而独成一派，也有的学贯中西而独领风骚，还有的因顺应时代发展潮流而开学术学科先河。所有这些，构成了武汉大学百年学府最深厚、最深刻的学术底蕴。

武汉大学历年累积的学术精品、上品，不仅凸现了武汉大学“自强、弘毅、求是、拓新”的学术风格和学术风范，而且也丰富了武汉大学“自强、弘毅、求是、拓新”的学术气派和学术精神；不仅深刻反映了武汉大学有过的人文社会科学和自然科学的辉煌的学术成就，而且也从多方面映现了20世纪中国人文社会科学和自然科学发展的最具代表性的学术成就。高等学府，自当以学者为敬，以学术为尊，以学风为重；自当在尊重不同学术成就中增进学术繁荣，在包容不同学术观点中提升学术品质。为此，我们纵览武汉大学百年学术源流，取其上品，掬其精华，结集出版，是为《武汉大学百年名典》。

“根深叶茂，实大声洪。山高水长，流风甚美。”这是董必武同志1963年11月为武汉大学校庆题写的诗句，长期以来为武汉大学师生传颂。我们以此诗句为《武汉大学百年名典》的封面题词，实是希望武汉大学留存的那些泽被当时、惠及后人的学术精品、上品，能在现时代得到更为广泛的发扬和传承；实是希望《武汉大学百年名典》这一恢宏的出版工程，能为中华优秀文化的积累和当代中国学术的繁荣有所建树。

《武汉大学百年名典》编审委员会

再版前言

当我还是同济大学地下建筑工程专业的一名本科生时，在岩石力学课程的学习中，我第一次接触到了《岩石力学的理论与实践》这本著作，也第一次知道了我国著名的岩石力学专家陶振宇教授。1984 年 7 月，我大学毕业，分配到武汉水利电力学院任教，有幸在陶振宇教授主持的岩石力学与地下建筑研究室工作，并于两年后(1986 年 9 月)拜师在陶先生名下攻读硕士学位，从此与陶先生、与岩石力学结下了不解之缘。

陶振宇先生是我国岩石力学学科，尤其是水工岩石力学学科的创始人之一。20 世纪上半叶，前苏联在高坝建设方面取得了举世瞩目的成就，陶先生利用在莫斯科建筑工程学院进修的机会，除了广泛收集与高坝建设相关的岩石力学文献资料外，还利用业余时间走访参观了许多已建成的高坝工程和正在施工的高坝建设工地，回国后通过整理和潜心研究，相继出版了我国第一本水工岩石力学试验专著《高坝岩基的试验研究》(1965 年)和第一本水工岩石力学理论专著《水工建设中的岩石力学问题》(1966 年)。“文革”期间，全国高校的正常教学和科研秩序均受到巨大冲击，陶先生在极其困难的条件下也没有中断其研究工作。在被下放至葛州坝水利枢纽工程的建设工地劳动锻炼期间(1970—1972 年)，陶先生利用掌握的岩石力学知识指导工程实践，解决了许多工程实际问题，获得工人师傅的信任，担任了岩基试验班的副班长，为科学研究工作积累了大量的第一手资料，并于 1976 年出版了第三本著作《水工建设中的岩石力学国外应用实例与经验数据》。

20 世纪 70 年代末期，适逢中华人民共和国成立 30 周年之际，此时文化大革命已经结束，全国已开始实施改革开放政策，工程建设规模逐步扩大，我国岩石力学学科和其他工程学科一样，迎来了发展的春天。陶振宇先生在与全国同行的交流中深切体会到，岩石力学是一门实践性、经验性很强的学科，为了使岩石力学的理论研究成果和工程经验能够更好地指导岩石工程的实践，同时使岩石力学学科的发展走上健康发展的道路，很有必要把我国30年来岩石力学的理论研究成果和工程实践经验加以总结，以便认识现状，展望未来。这便是《岩石力学的理论与实践》这部专著出版的初衷，而陶先生则毅然承担了这部著作的主编重任。经过当时全国17个单位30位岩石力学及相关学科的专家学者的共同努力，《岩石力学的理论与实践》终于于1981年3月与读者见面。

《岩石力学的理论与实践》一书共分4篇21章，内容涉及当时我国岩石力学研究的主要方面，分别由我国岩石力学界著名的专家学者执笔，全面反映了当时我国岩石力学理论研究和工程实践所取得的主要成果，其理论水平和学术价值可以与国际上同期同类著作（如：L. Muller 的《Der Felsbau》；K. G. Stagg 等的《Rock Mechanics in Engineering Practice 等》）相媲美。

作为系统介绍我国岩石力学研究与工程实践成果的第一本学术著作，《岩石力学的理论与实践》一书成为当时我国水利、水电、地质、矿冶、铁道、土木建筑、煤炭、地震等行业从事岩石力学研究与工程实践的工程技术人员、科研人员的重要参考书，也是高等学校学生，尤其是研究生学习岩石力学，了解我国岩石力学研究与工程实践成果的主要参考书和指导书，笔者作为陶先生的学生和一名岩石力学科研与教学工作者，亦从这部著作中受益匪浅。

《岩石力学的理论与实践》一书问世30多年了，在这30多年中，我国经济处于高速发展期，工程建设规模越来越大，给我国岩石力学研究与工程实践带来了前所未有的机遇。正是由于《岩石力学的理论与实践》等著作的指导，使我国岩石力学的理论研究与工程实践沿着健康的道路发展，取得了举世瞩目的成就，部分成果已达到国际领先水平。当前,随着西部大开发战略的实施,工程建设逐步向西部进军,大型、超大型工程越来越多,遇到的岩石力学与工程实际问题也越来越复杂,给岩石力学理论与工程界提出了更为严峻的挑战。

今年恰逢武汉大学迎来建校120周年庆典,武汉大学出版社将陶振宇先生主编的《岩石力学的理论与实践》一书收录入《武汉大学百年名典》,重新出版,一方面是对陶先生等老一辈岩石力学专家学者为我国岩石力学研究与工程实践所从事的基础性、开创性工作的肯定,另一方面也有助于我辈更好地了解中华人民共和国成立后的前30年在岩石力学研究与工程实践方面所取得的成就,更好地学习老一辈专家学者献身科学事业、无私奉献的精神,为我国岩石力学理论研究和工程实践的发展做出更多、更大的贡献。

武汉大学

曾亚武

2013.07.18

前　言

我国幅员广阔，地质构造复杂，工程建设规模巨大，中华人民共和国成立30年来在岩石力学研究方面做了许多工作，积累了大量资料，取得了丰富的经验。在不断解决工程问题中抽象出共性并不断加以实践，初步提出了我们自己的岩石力学理论，推动着这门年轻学科的发展。岩石力学从20世纪50年代起，逐渐成长为一门新兴的独立边缘学科，日益受到人们的重视。国外相关经验说明，岩石力学在工程建设中是很重要的；国内近30年的工程建设历史也说明，要想搞好与岩体有关的工程建设，不重视岩石力学的研究是不行的。现在，我国要实现四个现代化，在水利、水电、土木建筑、铁道、交通、国防、冶金、煤炭、地质等方面的工作中，均不能离开岩石力学这门学科。

最近几年，从事岩石力学及其相邻学科的工作者，在相互交流的过程中，普遍感到：我国岩石力学现在已呈现一派蓬勃发展之势，但要使这种喜人的形势不断发展，显然有待于从事有关岩石力学工作的同志们的辛勤劳动。因此，很需要把国内岩石力学的实践经验和理论探讨加以总结，借以认识我们的现状，这将有利于向国际先进水平奋进，我们组织编写这本书，便是这种想法的具体尝试。

本书在内容的组织上，力求包括我国岩石力学的主要方面；在体系上，各章之间虽有一定的内在联系，但本身又是独立的；在指导思想上，以总结我国岩石力学的实践经验为主，结合介绍国外的一些最新动态，对于国内尚少研究的领域，尤其是如此。本书初稿是经过各章作者相互校核的，其中两章应作者和编者之请，分别由钱寿易同志（第15章）和石根华同志（第18章）审阅过，在此表示深切的谢意。因有的章、节与初稿相比较有很大的变化,本书可以说是在以个人为主的写作方式的基础上进行个人与集体相结合的结晶。读者将会发现,各位作者的观点未必一致,有些见解也不一定是成熟的。但这不影响大局,且将有助于相互促进和共同提高;而且,科学技术的发展总是有一个由不成熟到成熟的过程。

组织编写这样的书,对我们是头一次,毫无经验。在内容的组织和体系的安排上,虽然也与有些同志交换过看法,但大体是编者的个人意见居多,不代表参加写作同志的看法,这是需要申明的。总之,本书的缺点和问题可能不少。但究竟怎样,只有请读者来评论了。有关本书的任何批评意见,我们都竭诚欢迎。

还要说明的是,本书在编写过程中,除参考了有关文献外,还参考了许多单位和岩石力学工作者个人的技术资料与研究成果,并引用了其中部分内容和数据,从而提供了充分论据,丰富了本书内容,鉴于这些资料没有正式刊印出版,书中未能一一注明出处,请鉴谅。

编者对武汉水利电力学院领导给予的关怀和鼓励,表示衷心地感谢!

陶振宇

一九七九年九月十一日

武昌珞珈山

目　　录

第一篇　总　论

第二篇　岩石的基本特性及其测试技术

第三篇　岩石力学的理论研究与分析计算

第四篇 岩体的稳定分析及其加固措施

第一篇　总　　论

第1章　我国岩石力学研究的进展

陶振宇
（武汉水利电力学院）

岩石力学是研究地壳岩石在各种条件下的运动、变形和破坏规律的学科。从其科学思想体系，研究对象，服务领域，以及在工程技术上的广泛应用性的情况来看，人们把岩石力学分别作为力学、地学和技术学科的分支是不足为奇的，但从总体来看，岩石力学基本上是属于力学分支学科。

这种情况突出地说明：岩石力学带有边缘学科性质，既具有基础性研究的内容，又带有强烈的实践性特点。

在我国，虽然大量的普遍的岩石力学研究，是与重大工程建设项目紧密地联系在一起的，但也在地学领域中得到了发展。这与李四光教授的倡导是分不开的，他把“岩石力学与构造应力场的分析”，作为《地质力学的理论与实践》一套丛书中的一篇。而新丰江水库地震的研究，更促进了我国对于震源介质（岩石）特性的探索，虽然目前仅仅是开始。

因此，要对内容如此广泛的岩石力学在我国的发展情况作一个全面的综述，实在是超出了作者的能力。因此，只能就岩石力学的若干主要问题，并着重与工程建设相联系的方面作一简单的概括。

1.1　历史的简单回顾

中华人民共和国成立之前，我国虽然拥有极其丰富的水利水电资源和矿产资源，由于人民被压在三座大山之下，没有可能进行有效的开发和利用；铁道及其他工程建设也很不发达。工农业生产落后，为之服务的岩石力学当然不可能发展起来。只是到了 1949 年 10 月后，由于大规模的工程建设的需要，才促使我国岩石力学从无到有，从小到大地发展起来。

我国岩石力学的发展，从 1949 年 10 月后便开始了草创阶段，是与水利水电工程、矿山及煤田开发、土木建筑及铁道工程，以及国防建设等一系列工程建设相联系的。由于生产斗争和科学实验的需要，陆续建立了岩石力学的专门研究机构，例如中国科学院武汉岩体土力学研究所，长江水利水电科学研究院岩基研究室，国家冶金部矿冶研究所压力室岩石力学组，北京水利水电科学研究院土工研究所岩石力学组等，还有许多生产单位，也都进行过岩石力学的试验研究工作；在有关的高等学校中，也开展了一些岩石力学的研究工作，并将岩石力学内容纳入了有关的教学计划和教材中去。所有这些岩石力学方面的生产实践、科学实验、理论分析和教学工作，都大大地促进了我国岩石力学的发展。1966 年 3 月在武汉召开了第一届全国岩、土力学测试技术学术会议，在会议期间还举办了岩、土力学测试仪器设备展览会。这次会议展示了当时我国岩、土力学的测试学术水平。我们将这次会议以前发表的岩石力学的有关文献，按年代先后作了一个初步的可能是很不完备的辑集，以见概貌[1]~[48]。

20 世纪 70 年代以来，我国岩石力学的发展进入了一个新的阶段。这个阶段的显著特点，一是从事岩石力学工作的人员大为增加，开展了多方面的试验和理论研究，因为岩石力学研究已经成为许多大型工程建设不可缺少的重要组成部分。二是国内岩石力学学术交流的风气正在逐步形成，例如国家建委召开过岩石地下建筑方面的有关学术会议，在岩石力学的理论与实践方面，有过许多总结和探索；水利水电部门在葛洲坝工地，曾举行过几次大型的岩基试验、地质、设计等若干方面的综合性讨论会，对于岩石力学研究与水工设计相结合有良好的促进作用；中国金属学会召开了第一届矿山岩体力学会议（1979 年 5 月）；中国煤炭学会也召开了岩石力学学术会议(1978 年 11 月),等等,还开展了国际学术交流活动。这些会议和活动对于我国岩石力学的发展,无疑起了很大的促进作用。三是岩石力学工作者已经初步组织起来了,或者组织了情报网(例如水利水电部门);或者建立了与岩石力学有关的专业委员会或学科组(例如煤炭学会、水利学会、力学学会、地质学会、金属学会、土木工程学会等);或者用集体的力量修订有关的岩石试验规程(例如水利水电、地质、冶金等部门);并出版或计划出版岩石力学有关的专业性刊物。四是探索岩石力学的新领域,例如岩石断裂力学,为地震预报服务的岩石力学研究等,都得到了初步的开展,同时开始了向岩石力学科学实验的现代化进军。

因此,尽管我们与国际先进水平相比较还有较大差距,但我们相信,一定能够加快步伐,迎头赶上岩石力学的世界先进水平。

1.2　岩石试验方面的进展

我国岩石力学的试验研究,从总的方面讲,无论从试验设备、试验技术和方法等,与国外的同类项目是相近的,但在我国的长期实践过程中,也凝结了我们自己的经验和劳动成果,因而有所改进、创新、提高和发展。现将岩石试验方面的一些进展简述于下。

1.2.1　岩石的三轴试验

我国进行室内岩石三轴试验开始于 1958 年建立的三峡岩基组(这个组的主要组成部分后来发展成为中国科学院武汉岩体土力学研究所及长江水利水电科学研究院岩基研究室)。当时在陈宗基教授的领导下设计研制成功我国第一台岩石三轴仪(1959 年),垂直压力为 200t,围压 $\sigma_2 = \sigma_3 = 2000\text{kg/cm}^2$。在此基础上,长江水利水电科学研究院于 1964 年与长春材料试验机械厂协作,研制了长江—500 型三轴仪。试件尺寸最大为 $\phi 9 \times 20\text{cm}$ 的圆柱体,垂直总荷载达 500t,围压 $\sigma_2 = \sigma_3 = 1500\text{kg/cm}^2$。目前,长江—500 型三轴仪是我国较通用的岩石三轴试验的主要设备。

后来,中国科学院地球物理研究所和国家冶金部矿冶研究所又对长江—500型三轴仪作了进一步的研究。后者对其测试系统的自动记录方面作了改进和革新,效果良好。

1977年,三三〇工程局试验室研制成功我国第一台真三轴仪($\sigma_1 \neq \sigma_2 \neq \sigma_3 \neq 0$),其最大试件尺寸为10cm×10cm×23cm,垂直总荷载为200t,侧压力为55t,从而便于研究中主应力的影响[49]。

中国科学院武汉岩体土力学研究所与有关单位协作,于1978年研制成功侧压力为1.2万巴①的三轴试验筒体,中国科学院地球物理研究所正在设计高温、高静围压的三轴试验仪,这些工作的完成将为我国深部岩石特性的研究创造有利条件。

在现场条件下,我国也进行了不少三轴试验。长江水利水电科学研究院岩基室于1965年在四川某水利工地对砂岩进行了真三轴现场试验。其后有几个单位进行过这方面的工作,各单位进行的现场三轴试验的试件尺寸如表1-1所示。可以看出,还没有形成统一规格的试件尺寸。这里有一个原因,是有的单位希望用不同试件尺寸来探讨裂隙岩体及其力学性能之间的关系。这种现场三轴试验,对于了解完整岩石与具有一定节理裂隙岩石之间的变形和强度特性的差异,是有益的。

1.2.2 岩石的变形试验

我国在岩石变形试验方法上,在现场试验方面进行过许多探索。第一种方法,也是最常用的是承压板法(千斤顶法)变形试验,已成为我国一种常规的比较标准化的试验。第二种方法是环形法变形试验,这种方法特别适用于水工压力隧洞的情况。所谓环形法,是指在洞内水压力作用下,测定洞室围岩的变形。因施加水压力的方式不同而分为水压法、双筒法(橡皮囊法)和钢枕法(用12个或16个钢枕组成正多边形,也称为径向千斤顶法)。20世纪60年代,我国多用水压法和双筒法,目

① 1巴 = 1.017kg/cm^2。

表 1-1　现场岩体三轴试验的试件尺寸

序号	岩石	试验条件	试件尺寸/(cm)	试验单位	工作年份	附注
1	长石砂岩	$\sigma_1>\sigma_2>\sigma_3$		长江水利水电科学研究院岩基研究室	1965	试验时 $\sigma_3=0$
2	粘土质粉砂岩 细砂岩 粘土质粉砂岩	$\sigma_1>\sigma_2=\sigma_3$ $\sigma_1>\sigma_2=\sigma_3$ $\sigma_1>\sigma_2=\sigma_3$	35×35×72 35×35×72 30×30×60	长江水利水电科学研究院岩基研究室、中国科学院武汉岩体土力学研究所、武汉水利电力学院等	1970—1 971 1971—1972 1971—1972	
3	石灰岩	$\sigma_1>\sigma_2>\sigma_3>0$	50×50×60	中国科学院武汉岩体土力学研究所	1974	
4	中细粒砂岩	$\sigma_1>\sigma_2=\sigma_3$	100×100×150	长江水利水电科学研究院岩基研究室等	1978	
5	石灰岩	$\sigma_1>\sigma_2=\sigma_3$	30×30×30 40×40×40 60×60×60 70×70×70	中国科学院地质研究所五室岩体力学组	1978	
6	花岗岩	$\sigma_1>\sigma_2=\sigma_3$	30×30×60	广东水利水电科学研究所	1978	

前多用钢枕法。环形法的优点是受荷面积大，能反映压力隧洞围岩的工作条件，特别便于了解围岩的各向异性情况。但该方法工作量大，技术复杂，且又具有与压力隧洞相似的荷载条件和边界条件的特点，类似模型试验，所以现在一般不把该方法单纯作为岩石变形试验方法，而发展成为研究水工压力隧洞的结构与围岩相互作用及结构计算的一种综合性的试验研究方法，受到水工设计方面的重视。

第三种方法是狭缝法（刻槽法）变形试验。这是我国近十余年来注意探索的一种方法。与承压板法相比较，后者设备比较笨重，安装又不甚方便，且承压板边缘产生应力集中现象；而前者的设备轻便，安装简单，又能适应各种不同方向加压，两者形成鲜明的对比。特别是如果采用切石机切槽，并采用很薄的钢枕（目前国外已是这样做了，国内也在试验阶段），则这个优点更为明显。据了解，国外采用这种测试方法的也比承压板法的少得多，国内对该方法也有些不同看法。这里无妨将我们在某工地的一些实践经验作简单的介绍，或可供今后进一步探索的参考。初步实践经验表明：

（1）当测点与钢枕距离相等时，在中心线所测得的变形值最大。偏离中心线其变形值会变小，偏离愈大，差别也愈大。试验表明，在中心线附近（约在钢枕长度的中间三分之一的范围内），这个差别是不大的。

（2）测点距钢枕愈近，其变形值也愈大，愈远则愈小。这是符合一般的应力分布规律的。随着应力的增大，最大影响距离一般为 1.5 ~ 2.0 倍钢枕长度。但在与钢枕的距离 $y = (0.3 \sim 0.4)l$（l 为钢枕长度）的范围内，其变形值相差不大。

（3）测点埋深的影响。当埋深为 3cm 或 5cm 时，两者相差不大。一般说来，深埋的测点，变形要大一些，但这时测杆要求具有足够的刚度，否则测量结果不佳。

考虑到上述情况，将测点安装在钢枕中心线附近（钢枕长度中间三分之一的范围内），且距钢枕的距离 $y \leqslant \frac{1}{3}l$（l 为钢枕长度），则所得到的变形值将是比较稳定的，与承压板法的试验结果将是可比较的。

1.2.3　岩石的流变试验

我国进行的流变试验有两种，其一是研究恒定荷载作用下的流变特性，主要是在室内进行；其二是研究软弱夹层的长期强度，主要是在现场进行。后者比前者要多，这一点刚好与国外目前的情况是相反的。

1964 年，长沙矿冶研究所对若干种岩石进行了梁式试件的弯曲流变试验。但此后十余年没有这方面的研究报导，直到 1978 年中国科学院武汉岩体土力学研究所才使用他们于 1965 年研制成功的岩石扭转仪进行砂岩的流变试验。此外，国内还开展了软弱夹层的室内直剪流变试验（土工方法）。为了探讨喷锚结构（支护）的机理，目前多有从岩石的流变性方面来进行的，所以近年来巷道围岩随时间的变形过程的观测和室内岩石流变性的研究，引起了人们的兴趣。

在我国，进行长期强度的研究颇多。也是在 1964 年，中国科学院湖北岩体土力学研究所在大冶对软弱夹层进行了国内首次现场剪力流变试验。这个方法在三三〇工地得到了发展，进行了混凝土／粘土质粉砂岩和软弱夹层的多组剪切流变试验[50]。这种试验的特点在于加有稳压装置，使应力一经施加以后，就能保持基本稳定不变，以便进行长时间的流变变形的观测。但因为试验周期长，因此，除少数重要工程进行了这种试验外，对于一般工程，则不易推广。故常用一般快剪试验结果乘以经验折减系数的办法来考虑时间因素的影响（顺便指出，一般都把时间作为一个影响因素来考虑，但实际上时间是岩石受力变形过程中的一个基本参量）。国内若干工程的不同软弱夹层的经验折减系数平均约为 0.78，如表 1-2 所示。对于不同的岩石类型，这个系数显然是不同的。而且这些流变试验，历时长短也不一，最长的为 2 ~ 3 个月。如果试验历时再长一些，这个折减系数还可能有所降低。看来，现场剪力流变试验还可以用另外的方式进行，即在相应于或略大于长期强度的应力作用下，历时很长，以观测其流变变形发展到流变破坏的全过程，但目前国内尚没有做过这样的现场试验。在国外，这种现场剪力流变试验虽也有所报导，但似不多见。

表 1-2　快剪强度与流变强度的比较

工程名称	岩层情况	主要矿物	阳离子交换量		摩擦系数 f		折减系数 $\left(\frac{f_{流变}}{f_{快剪}}\right)$	试验单位	年份
			原样	<2μm	快剪	流变剪			
三三〇工程	混凝土/粘土质粉砂岩				1.11	0.87	0.78	中国科学院湖北岩体土力学研究所、长江水利水电科学研究院岩基室、武汉水利电力学院等	1971—1972
	308 号泥化夹层（灰白色）	蒙脱石	47.8	88.6	0.194	0.158	0.81		
	308 号泥化夹层（紫红色）	蒙脱石	67.8	118.0	0.220	0.176	0.79		
	202 号泥化夹层	伊利石	-	44.9	0.245	0.192	0.78		
大冶铁矿	大理岩层间软弱夹层	绿泥石	<10.0	—	0.530	0.420	0.79	中国科学院湖北岩体土力学研究所	1964
抚顺煤矿	软弱泥灰岩	蒙脱石	62.3	—	0.23	0.18	0.78	中国科学院湖北岩体土力学研究所	1965
金牛山水库	泥化夹层（上部为红色粘土，下部为黄色糜棱岩泥）	—	—	—	0.22	0.16	0.73	中国科学院地质研究所五室	1978
海南岛铁矿	绢云母片岩	绢云母	—	—	—	—	0.75	马鞍山矿山研究院等	1979
平均							0.78		

1.2.4　剪力试验的单点法

现有的岩石剪力试验，至少要 4、5 个试点，有时甚至更多的试点，才能得到较为满意的结果。由于试点多，工作量大，工期长，费用大，使得岩石试验工作常常赶不上设计工作的需要，这个矛盾在水工建设中是很突出的。因此，曾经探索过现场岩石剪力试验的单点（试件）法，就是用一个试点求得所需要的抗剪强度参数。

在国内，早在 1960 年长江流域规划办公室三峡岩基组就曾作过单点法的初步尝试，但没有成果报导。认真探索这个问题，从而使这个方法得到初步肯定和一定程度推广的，是 1970 年冬至 1971 年春在三三〇工地由几个单位协作进行工作的结果[50]。

目前，国内常用的单点法有两种，其一是非破坏性单点法，只在最后一级法向应力（一般是最大一级法向应力，因为通常的法向应力施加程序是由小至大）作用下才使试件破坏。这种方法多应用于混凝土/岩体，或岩体本身的抗剪断试验。这种方法因开始卸荷点的不同，而分为近似比例极限单点法和临近破坏极限单点法。一般认为，前者较适用于脆性的坚硬岩石，后者较适用于塑性的软弱岩石。其二是单点摩擦试验（抗剪试验），这种方法较适合于软弱结构面的剪力试验。除了这两种基本方案外，也可以采用混合法，即这两种方案相结合的办法。总之，这个方法还处在逐步完善和发展之中。

在国外，最先报导这种方法的，似乎是 1969 年林克（Link，H.）的文章，他报导的是临近破坏极限单点法[5]；1970 年乌霍夫（yXOB，C. Б）等学者报导了另一种单点法[52]，国内已有较详细的介绍（参见国家水利部和国家电力工业部颁发的《岩石试验规程》，即将出版）。此外，这个方法也可以应用于三轴试验，有学者提出的复合破坏状态和应变控制三轴试验，就是三轴试验的单点法，并且都是临近破坏极限的单点法[53]。

这些情况表明，无论国内和国外，都力求用最小的工作量来达到最大的效果。这就是说，努力使岩石试验多快好省地完成。这种趋势是值得我们注意的。

1.2.5 岩体中软弱夹层的试验研究

水工建设中的岩石力学试验，软弱夹层的研究占有重要的地位。因为这项工作常常是工程中的隐患和建筑物稳定的控制因素。我国对这方面的注意是比较早的，1955 年对上犹江坝基的泥化板岩的研究，就是一例。此后不断地对软弱夹层进行过研究。20 世纪 70 年代以来，更进行了大量的工作，积累了比较丰富的实践经验。

岩体中软弱夹层的研究，包括：

第一，是对软弱夹层的工程分类及其空间分布规律的查明。这一般由工程地质勘探来完成。由于软弱夹层研究工作的需要，我国大力发展和应用声波探测技术，钻孔电视，无线电波透视等物探技术，来查明软弱夹层的情况，取得了一定的成效。

第二，探索对软弱夹层的有效研究方法。因为夹层的种类繁多，特点也各不相同，例如有的极为破碎，有的岩性变化大，有的风化迅速，并且含水量高，有的夹层极薄，甚至只有一层光滑泥化薄膜，其颗粒的排列具有高度定向性，抗剪强度几乎近于零，等等。因此，用常规方法来研究它的力学特性是困难的。根据国内近十年来的研究，逐步形成野外实验与室内试验结合，大、中、小试件结合的试验系列，较能收到预期的效果而又能多快好省地完成试验研究工作。

第三，是研究软弱夹层在工程建成后形成的新的工作条件（例如在长期渗压水作用）下的可能出现的变异性及其对工程的影响问题，为此，需要研究其微观结构、矿物成分与水的作用问题。在这方面，中国科学院地质研究所、武汉岩体土力学研究所和长江水利水电科学研究院等单位进行过许多工作[54]。

与软弱夹层的试验研究有联系的，还有如何用有限元法来考虑软弱夹层的计算模型问题，如何进行带有特定的软弱夹层的稳定性分析问题，如何结合软弱夹层进行室内模型试验问题，都在探索和研究之中，其中有的已取得了成果[55]。

1.2.6　坝基岩体的抗力试验

在水工建设中,有时为了了解大坝下游岩体抵抗水平推力的能力,也可以进行现场岩体抗力试验。一般说来,进行这种试验是由于有缓倾角的软弱夹层的存在,主要依靠大坝下游岩体抵抗深层滑动力以保证安全。

这种试验,近于剪力试验,不同之处仅在于下游端不与母岩割断;又由于试件底部是缓倾角软弱夹层,强度很低,其受力过程颇类似于平卧的单轴抗压强度试验,不同之处在于底部略有摩擦阻力而已。

长江水利水电科学研究院等单位曾在某工地的基坑内进行过这种大型岩体抗力试验①。共两个试件,试件尺寸:一为长 11.65m,宽 1.70m,高 2.35m,其靠近推力这一端的顶面的一定长度上施加了高度达 2.31m 的混凝土预制块砌体(相应的压应力为 $0.5\mathrm{kg/cm^2}$);一为长 9.54m,宽 1.70m,高 2.30m,其顶面上没有荷载。试件底部为软弱夹层,延伸广,强度低($\tau = 0.20\sigma + 0.05\mathrm{kg/cm^2}$)。试验结果表明,试体顶面形成 X 型裂隙;而侧面则先沿底部滑动,而后向上挤出,特别是其上有局部压重的情况,更是如此。

这种试验,在国外仅见于第八届国际大坝会议(1964 年)文献中的西班牙的梅基南萨(Mequinenza)坝基的一例,但那是在试洞内进行的。这种试验的工作量大,费用高,时间长,似难以普遍推行,不如进行室内模型试验更为合适,也可以用有限元法或其他方法进行研究。

1.2.7　室内模型试验

室内岩体模型试验,是按相似律进行的模拟试验,既可以用于地表工程,也可以用于地下工程,既可以把上部结构作荷载以研究岩体的性状,也可以把上部结构与基础结合在一起进行研究。虽然一般都把这种

① 长江水利水电科学研究院岩基一队等,大型岩体力学试验分析,《长江水利水电科研成果选编》,第 1 期,1974 年 12 月。

试验列为岩石力学试验的一部分[44],[56],[57],但国内外进行这方面工作的,许多都是结构试验研究单位。我国进行这方面工作的也很多,并且也很有成效,说明这种方法在实际工程中的广泛实用性。

从国内对岩石介质的模型试验研究情况看,可以分为两种:即光弹性模型试验和相似材料模型试验。又有整体模型(空间问题)试验和断面模型(平面问题)试验之别。

光弹性模型试验主要用于研究弹性阶段的应力状况。但在岩石力学中的光弹试验,主要用于三维应力分析;在平面问题中,现在已较少应用,只在某些情况下采用。这可能有两个原因,其一是由于有限元法的发展;其二,更重要的是在岩石力学中的稳定分析比应力分析更重要,这与工程设计采用极限设计原则有关,而光弹试验一般不能应用于岩体的破坏阶段。因此在岩石力学中,由于相似材料模型试验可以研究岩体的破坏情况,便更为人们所重视。

相似材料的整体模型试验,主要用于拱坝与岩基的相互作用,带有结构设计的综合试验研究的性质,其目的在于对设计方案进行验证,以考察其安全程度。这种方法虽然工作量大,技术复杂,但对于某些地质条件复杂的岩基上的拱坝设计,却具有特殊的重要性。某些国家如意大利过去主要依靠这种模型试验来进行拱坝设计,瓦依昂(Vajont)拱坝经过灾害性的滑坡的考验,证明其结构设计是充分可靠的。相似材料的断面模型试验,可以用于地表工程和地下工程的破坏试验,常常为建立理论分析提供必要的物理基础。从发展情况来看,模型试验是一种物理模拟,若能与数学模拟相结合,则更相得益彰,但国内在这方面还处于探索阶段。

1.2.8 岩体应力测量技术

目前,国内的应力测量采用的方法,一是表面应力测量,二是钻孔应力测量。水力破裂法则尚未被引进。我国20世纪60年代,多用表面应力测量,对钻孔应力测量也有初步探索;20世纪70年代以来,钻孔应力测量有了很大的发展。

我国在岩体应力测量方面的进展是[58],[59]：试制了大量的各种应力测量所需要的测量元件，如表 1-3 所示，编制了应力测量结果直接处理数据的电算程序（国家冶金部矿冶研究所，长江水利水电科学研究院等）；在有限元法中，已较普遍地考虑了实测应力成果；在工程上的轴线选定和采取的技术措施方面（例如为预防大的水平初始应力而预留变形缝等）都应用了实测应力成果；在地学领域里，正在努力探索地应力测量结果与震源应力场的关系，以寻求预测预报地震的可能途径。

表 1-3　我国岩体应力测试元件概况

序号	测量元件名称及型号	用途	研制单位
1	钢弦应变计	用于岩体表面应力解除和应力恢复法	原水利电力部以礼河工程局岩石力学试验组(1963)
2	36-2 型钢环式孔径变形计	(1) 求测岩体的表面应力大小及方向 (2) 用三孔交汇测求岩体三向应力大小及方向	中国科学院湖北岩体土力学研究所(1966)
3	光弹应变计（冻结式及非冻结式）	用于表面及钻孔内测量岩体应力	(1) 冶金部矿冶研究所(1966) (2) 原水利电力部昆明水电勘测设计院(1971)
4	玻璃圆柱式光弹应力计	(1) 用于表面及钻孔内测量岩体应力 (2) 用于长期观测，监视岩体应力变化	冶金部长沙矿山研究院(1970)

续表

序号	测量元件名称及型号	用途	研制单位
5	73-1型压磁式孔径应变计	(1) 测求岩体的平面应力大小及方向 (2) 用三孔交汇测求岩体三向应力大小及方向 (3) 用于长期观测,监视岩体初始应力的变化	国家地震局地震地质大队与地质力学研究所(1973)
6	ϕ36mm孔底应变计(或称"门塞")	(1) 已知某主应力方向,测求平面应力大小及方向 (2) 用三孔交汇测求岩体三向应力大小及方向 (3) 用于孔壁表面应力测量	(1) 冶金部矿冶研究所(1973) (2) 长江水利水电科学研究院岩基室(1977)
7	ϕ36mm 及 ϕ46mm 橡皮叉式孔壁三向应变计	单钻孔测量岩体三向应力大小及方向	(1) 冶金部矿冶研究所(ϕ36mm)(1975) (2) 长江水利水电科学研究院岩基室(ϕ46mm)(1978)

1.2.9 岩体声波测试技术与声发射技术

我国开展岩石动力测试工作,早在20世纪50年代中期便开始了。最早采用的是地震法。近几年来,地震法常与声波法配合使用,收到很好的效果。这里我们主要介绍声波测试技术的情况。

20世纪60年代初,声波测试技术在我国已有少数单位应用过,但没有得到充分的注意。近几年来,这方面获得了很大发展,为此召开过多次经验交流会。据不完全统计,研制声波测试仪器和使用的单位已有许多个，所用仪器由原来的一种发展到几种，如表1-4所示，配套设备和换能器的种类也增加到几十件，并且在仪器的多样化、轻便化和数字化等方面都有许多改进。

表1-4　　我国声波测试仪器概况

类型		仪器型号及名称	使用的器件种类	研制单位	研究时间
示波显示型		SYC-1岩石声波参数测定仪	晶体管	河北水文地质四大队等	1972
		SYC-1A岩石声波参数测定仪	晶体管	河北水文地质四大队	1973
		SYC-1B岩石声波参数测定仪	晶体管		
		低频超声声速衰减仪	晶体管(部分集成电路)	同济大学声学研究室	1976
		YST-1岩体声波特性测试仪	晶体管	长春无线电一厂	1976
数字显示型	单用途	SSY数字岩石声波参数测定仪	晶体管(部分集成电路)	河北水文地质四大队	1974
	多用途	SSY数字岩石声波参数测定仪	集成电路(部分晶体管)	河北水文地质四大队	1976
结合显示型	双通道	SYC-2岩石声波参数测定仪	晶体管(部分MOS集成电路)	湘潭市无线电厂	1976
	四通道	四线声波仪	晶体管	国家水利电力部第四工程局科研所物探队	1976

声波测试技术是利用声波在岩体中的传播特性的参数，如纵、横波速、波的振幅衰减和波的频谱特性等，来判断岩体结构和特性。目前国内主要应用的是波速，对振幅和频谱的测试及应用还在探索中。这种方法主要应用于：岩石物理力学参数的测试，例如岩石的动弹性模量和泊松比；利用声波参数结合地质因素对岩体进行工程地质分类，以评价地下工程围岩的稳定性；利用声波测井，进行工程地质分层，查明裂隙位置，确定风化层厚度，探测地下洞室围岩扰动区范围，为工程设计开挖及处理提供依据；用于对工程岩体施工及加固措施的质量检查，等等。

在岩石力学试验中，采用声波测试技术，虽然因速度快，效果好而为人们所乐用，但有一个问题：为什么采用连续介质的各向同性的弹性理论公式整理资料所得出的参数，竟然符合非连续（裂隙）介质的各向异性岩体的情况?事实上,岩体中的纵、横波速可能受方向,传播距离,传感器的直径等许多因素的影响,不过目前在这方面还没有进行更多的研究罢了。这种情况已经引起人们的重视。

研究岩石力学性质的声学方法,有两种情况,上述声波测试技术只是其中之一,另一种称为声发射技术。两者的区别在于:前者向岩石发射声信号,信号在岩石介质中传播(直达波、反射、折射等)后再被接收,比较发射与接收信号的到时、相位、振幅等就可以探知介质的情况;后者却不向岩石发射声信号,只接收在岩石受力和发生形变过程中产生的声信号(声发射,也叫微震活动性、微破裂、岩石噪音等)。因此,根据岩石声发射的情况(多少、大小、频率、空间位置等)就可以了解到岩石的性能变化过程。20 世纪 60 年代以来,声发射技术已广泛应用于岩石力学的试验研究中来了。我国在 20 世纪 60 年代中期,曾初步使用这种技术侦测矿山危岩情况,最近几年则用于岩石力学测试中来了[60],[61]。

1.2.10 岩体现场观测技术

据了解,国内外在岩体现场观测技术方面都是比较薄弱的,其原因可能有:一是这种观测技术要求随工程的施工进程来埋设仪器和观测,干扰颇多;二是要求长期观测,一般不容易坚持;三是对观测设备要求高,如防震(施工影响)、防潮(特别是防水)和耐久(需要长期观测而不失去其应有的灵敏度和精确度),也是不容易办到的,常常在观测过程中失效而被迫中断观测;四是观测成果的整理不易,现在由于有电子计算机,这方面有很大改善;五是成果的分析、应用,没有很好地与工程设计密切结合起来,因而容易忽视。但由于岩体现场观测具有不可代替的特点,因而日益引起人们的注意。

我国岩体现场观测技术发展情况,大致有以下几方面:

(1) 对大坝基岩的原型观测。国内对坝基扬压力,基岩的温度变化、沉陷、水平变位及角变位等方面,都进行过一些观测[50]。

(2) 对地下洞室掘进过程中围岩扰动状态的观测。这是在隧洞开挖前，即在山顶打钻孔，预埋观测元件，以观测在掘进工作面向预埋元件断面推进过程中的岩体动态，这对于建立洞室围岩应力分析的物理模型提供了很有价值的第一性资料。

(3) 对地下洞室围岩的变形过程的原型观测，特别是对喷锚结构（支护）的原型观测，这对于洞室围岩的变形和稳定性分析以及锚杆和喷层的作用机理的研究，都是很有意义的。

(4) 对因地下岩体的挖空而引起的工程地震和岩爆等物理现象进行监测和预报，这特别对于煤田和矿山建设有重要意义。国内不少煤田和矿山都采用声发射技术来进行这方面的观测，收到一定的效果，问题在于如何形成一个观测系统，以提高效能，似还有许多工作要做。

(5) 对工程地区地下水活动规律及其软弱夹层性状和对工程的影响的观测工作，现在也在探索中。

1.2.11　岩石力学的试验设计

岩石力学试验是一种探索性工作。这种探索性之所以必要，特殊地说，是由于目前岩石试验研究和试验技术方面还不很完善，需要积累实际经验来逐步改进；普遍地说，每一次岩石试验工作，都必须从实际的岩体地质条件出发，因而都具有一定的探索性的因素。因此，对于一个工程的岩石特性的了解和掌握，需要有一个过程，才能达到对岩石的规律性认识，以指导设计和施工。因此，就有一个试验设计问题[44]。从国内外工程岩石力学的实践经验来看，其要点是：

第一，要有一个正确的指导思想，才能使岩石力学试验既反映天然岩体的实际性状，又能多快好省地完成试验任务，以适应工程建设的设计、施工和正常运转的要求。这个正确的指导思想正是人们长期以来所探索的，并且有不同的看法。我们认为，正确的指导思想应该是把对天然岩体的地质因素的研究与力学过程的分析结合起来[46],[48],[50]。

岩石力学研究应该充分注意岩体的地质因素，这是构成我们对岩体规律性认识的客观物质基础。之所以还必须与力学过程的分析相结合，就是地质因素本身提供了某种潜在的破坏可能性；要使这种潜在可能性变为现实,工程荷载及边界条件(包括施工程序)是一个决定性的因素,这一因素可以使某些局部地区首先破坏,进而发展成为影响全局的因素。因此,从总的方面说来,岩体的破坏是由地质条件所控制的;但在局部来说,或在一定条件下,力学过程和条件也可以起决定性的影响。因此,在一定的地质条件下,甚至以力学分析方法为主要手段,也是并不排除的。因此,我们对下述情况就不感到奇怪了。例如,有学者基于室内模型试验结果,建议采用圆弧滑动面法来分析具有倾向下游的成层岩基的稳定[62];也有学者采用极限平衡理论来分析具有水平方向层状介质的稳定性问题[63]。有意义的是,这种力学分析的结果也为室内模型试验所证实,如图 1-1,图 1-2 所示[64]。这既说明了岩石力学科学实验的意义,也指出了科学实验的正确途径。

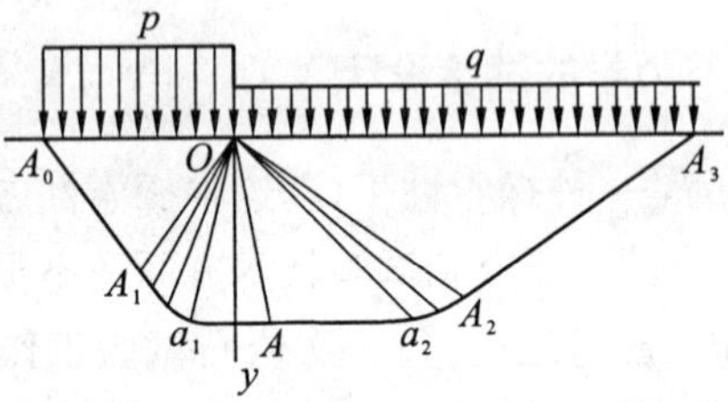

A_1Oa_1 及 a_2OA_2 两区的滑动线,为由 O 点发出的径向线及对数螺线($\widehat{A_1a_1}$ 及 $\widehat{a_2A_2}$)所组成。a_1OA 及 AOa_2 两区,或者处于特殊极限平衡 —— 水平平行滑动线;或者处于通常的极限平衡 —— 两组平行的滑动线。

图 1-1　水平层状介质的极限平衡理论解的滑动线图

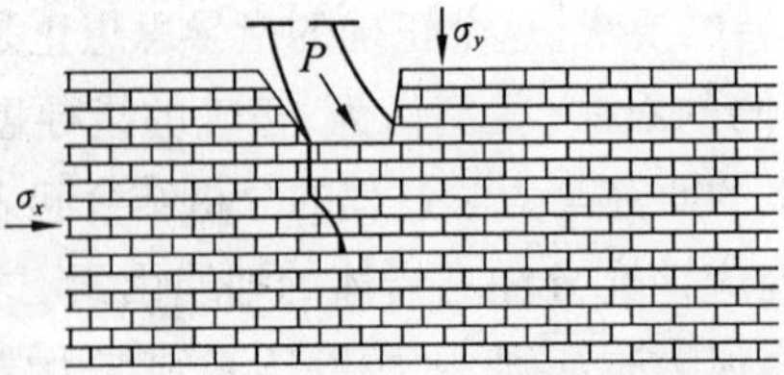

图 1-2　室内模型试验图

第二,在岩石力学试验研究中,要明确主攻方向,这一点很重要。岩石试验当然要有代表性,但也有一个点面结合的问题。没有重点,抓不住关键,就没有代表性。但这一点常常容易为人们所忽视,而且在实践中也不是一下子就能解决的,重要的是,要着意在实践过程中花大气力去捕捉和狠抓主要矛盾,这样,其他问题便迎刃而解了。

第三,要注意室内与现场试验的结合。在过去一段时期内,产生过分忽视室内试验的现象,是不恰当的。大家知道,自从自然科学运用了实验方法之后,人们除了从生产实践中,从对自然界的直接观察中来认识自然规律外,还可以凭借科学实验来认识和检验自然规律,这对于岩石力学来说,也是完全适用的。

第四,要把岩石试验与工程设计参数的取值问题结合起来。不从岩石试验途径去寻求规律性,则工程设计参数的选取便失去客观依据,也无法获得反映岩体真实特性的合理而经济的工程设计。国内许多单位都在研究这个问题,看来不是偶然的。总之,岩石力学试验的目的,是使整个试验工作能够多快好省地完成。

1.3　对岩石力学中若干理论问题的探索

除了上述试验方面的进展之外,我国岩石力学的发展,也表现在对若干理论问题进行的新探索。归纳起来,有以下几个方面。

1.3.1　岩石压力问题

我国过去主要是采用普氏理论计算地下工程中的岩石压力。这个理论的前提条件与其应用范围是不一致的,所以在实践中发现,在许多场合下,这个理论与实际情况不符合[50]。例如,按照普氏理论求得的岩石压力是拱顶最大,因此洞室围岩的变形情况应该是拱顶下沉,侧墙外移,但实测结果,有时刚好相反。国家铁道部科学研究院铁道建筑研究所隧道室曾对铁道隧道做过比较系统的调查,1972 年对 94 座隧道(总长 80 多公里)的调查结果表明:有裂纹的隧道占 19.1%,其中 80% 的裂纹发生在拱部纵向，而且这些裂纹的90% 是在拱腰内缘处拉裂，拱顶内缘压碎；1973年对156座隧道（总长115.7公里）的调查结果，进一步证实了这个结论。又如，普氏理论完全没有考虑岩体的非均质性，而实测证明岩石压力的分布多是不均匀的，也不一定是对称的，主要受地质构造、岩体产状、完整程度等许多因素的影响。再如，普氏理论也完全没有考虑岩体天然内应力的作用。但在实际上，在深埋隧洞中，甚至发生"冲击岩压（地压）"的现象。还有，普氏理论没有考虑施工因素的影响，而采用光面爆破和及时进行喷射混凝土的施工方式，甚至对破碎不稳定岩体也能成功地使之稳定下来。因此，普氏理论只能在一定条件下才是可以应用的。

普氏理论也有其优点或值得借鉴之处，例如该理论力图考虑岩体的裂隙性，并且把地下工程周围介质岩石与土统一起来考虑而系列化了[65]。但我国对该理论的评论，不仅是将其适用条件正确地予以规定，更重要的是对岩石压力理论进行新探索的开端。因而在评论普氏理论的基础上，提出了一些新的理论概念和探索途径。

例如，北京钢铁工业学院爆破掘进教研组较早注意到了金属矿山巷道许多并没有塌落拱出现，认为围岩应力和变形状态是导致支护上岩石压力的主要因素；而巷道围岩应力的符号和大小在很大程度上取决于巷道两轴（高和宽度）的比值，所以控制巷道的轴比便可以控制巷道围岩的稳定性[24]。这个概念是比较新颖的，可惜没有与岩体的初始应力状态，也没有与施工程序和其他地质因素结合起来进行更详细的研究，因而没有能够获得应有的发展。但20世纪70年代以来，在国外却有基于这种相类似的概念而提出围岩稳定的应力控制法和信息施工（情报化施工）法[66],[67]，引起了人们的注意。

又例如，有学者认为，普氏理论及其他松散介质理论的根本理论概念是把围岩当做荷载物，而事实应该是相反的，围岩本身是结构物而不是荷载物。根据这个理论概念，并假定岩石压力在一定程度上与围岩应力成正比的观点，从而得出岩石压力的计算方法。这个途径，从本质上说是引用弹塑性理论来求岩石压力。当然天然状态下的围岩本身也可能既是结构物又是荷载物，视其裂隙发育程度和岩石坚硬程度而定，例如裂隙极为发育或岩性极为松软（如软质泥岩之类），就是如此。但是利用弹塑性理论或粘弹性理论来求围岩应力和岩石压力，在我国这几年来却有了很大的发展。

又例如，大力发展了地质结构面分析法（地质 —— 力学分析法），这个方法是建立在对地质结构面组合型式的分析基础上，进行一定的静力计算，来估计围岩中的不稳定岩体产生的岩石压力。在一定的意义上说，这个方法实质上是批判地继承了普氏理论的基本思想，即主要是考虑岩体的裂隙性，但却部分地改进了普氏理论的不足之处。

1.3.2　岩石抗力系数

在水工压力隧洞设计中，常常需要岩石抗力系数值。按照弹性理论，单位抗力系数 k_0 的计算公式是

$$k_0 = \frac{E}{100(1+\mu)} \tag{1-1}$$

式中：E—— 岩石的弹性模量（kg/cm^2）；

μ—— 岩石的泊松比。

由于洞室围岩可以形成塑性区，因此用上式不合适。假定围岩具有径向裂隙区，其半径为 R，得到[3]

$$k_0 = \frac{E}{100\left(1+\mu+\ln\frac{R}{R_0}\right)} \tag{1-2}$$

式中：R_0—— 圆形洞室的半径（cm），其余符号意义同前。

在径向裂隙区与弹性区的界面上，因为内水压力 p_i 引起的拉应力刚好与岩石的抗拉强度 H 相等，所以有

$$p_i \cdot \frac{R_0}{R} = H$$

即

$$\frac{R}{R_0} = \frac{p_i}{H} \tag{1-3}$$

于是可以得到[30]

$$k_0 = \frac{E}{100\left(1 + \mu + \ln \dfrac{p_i}{H}\right)} \tag{1-4}$$

上述这两个公式都认为径向裂隙区与弹性区的岩石变形特性是一样的,但事实上并非如此,考虑到这一点,就有[44],[50]

$$k_0 = \frac{1}{100\left[\dfrac{1 + \mu}{E} + \dfrac{(1 - \mu_0^2)}{E_0} \cdot \ln \dfrac{R}{R_0}\right]} \tag{1-5}$$

这里,E、μ 和 E_0、μ_0 分别为弹性区及径向裂隙区的弹性模量和泊松比,如果令 $E = E_0$,并略去 μ_0^2 项,则式(1-5) 可以转化为式(1-2)。

应该指出,上述这些公式都没有考虑岩体初始应力的影响,也没有考虑施工因素的影响,这是一个缺点。因为岩体初始应力的存在和状态不同,会使裂隙区的 R 随方向而有所变化,并会对岩体起一种内预应力的作用而限制裂隙区的发展,因而对岩体抗力系数有影响。而施工时,例如一般的爆破开挖也会产生径向裂隙的。

在用环形法求抗力系数时,常常要求用最短试段长度来达到试验的目的,使得试验结果可靠而又较为经济。长江水利水电科学研究院岩基室岩基一队,在特朗特(Tranter, C. J.)和波威(Bowie, O. L.)两位学者工作的基础上,进一步作出了有限长圆柱孔的孔壁受任意轴对称压力的较一般课题的无穷级数形式的弹性理论解,得到其孔壁位移(u_r)的数值计算式为

$$u_r \cdot \frac{E}{p_i R_0} = \omega \tag{1-6}$$

且

$$\omega = -\frac{1 - \mu^2}{\pi}[\,\mathrm{I} - \mathrm{II} + \mathrm{III}\,] \tag{1-7}$$

式中,Ⅰ、Ⅱ、Ⅲ 分别为积分正弦及其他的积分式,其余符号意义同前。该队并对 26 种介质在 DJS—6 电子计算机上作了计算,列成表以供应用。原水利电力部成都勘测设计院科研所则从现场实测方面对此进行研究,与计算结果相比较,二者较为接近,计算岩石抗力系数公式如下

$$k_0 = \phi \cdot \frac{p_i}{u_r} \cdot \frac{R_0}{100} \quad (1\text{-}8)$$

且

$$\phi = \frac{\omega}{1+\mu} \quad (1\text{-}9)$$

式中：ω—— 系数，见①文之附表1和附表2②；

$1+\mu$—— 相应于同一表中 $K=13$ 的数值，且 $K=l/d$，这里 l 为试段长度，d 为试洞直径。

1.3.3　岩石的强度理论

我国过去在岩石强度理论方面进行的工作不多，近年来对岩石强度理论的研究活跃起来了。主要有：

第一，是探讨中主应力对岩石强度的影响。三三〇试验室用他们自己研制的真三轴仪，研究了中主应力对中细砂岩强度的影响，认为[49]中主应力 σ_2 的增加，在一定应力范围内可以提高岩石的强度，而超过这一应力范围后，强度却随 σ_2 的增加而下降。不过，从其现有全部试验资料来看，不少是没有这种趋势或很不明显，似乎还需进一步研究。我们曾认为[39]：中主应力的影响没有大、小主应力那么大，对岩石破坏起主要作用的是 σ_1 和 σ_3，而 σ_2 只起次要作用。因此，岩石的强度条件既不能像莫尔理论那样完全忽视 σ_2 的影响，也不能像米色士(Mises, R. Von)理论那样把 σ_1，σ_2 和 σ_3 三个主应力等量齐观，可以用等腰八面体应力关系作为岩石强度理论的表达式。这个意见与国外某些结果相近似，但他们的论点是根据岩石真三轴试验结果得出的：破裂面常常平行于 σ_2 的方向，故与 σ_2 无关或关系不大，基本上只与作用在破裂面上的平均压力 $(\sigma_1+\sigma_3)/2$ 有关。

第二，岩石的强度不仅与围压有关，而且需要研究岩石强度的变形

① 长江水利水电科学研究院岩基室岩基一队，圆柱孔的轴对称分析，1976年。

② 水利电力部成都勘测设计院科研所，隧洞在不同长度的径向均匀压力作用下的应力及变形研究，1978年5月。

准则。这是因为在临近破坏阶段,其变形具有明显的特点:岩石的变形速率增大了,在几乎不变的应力作用下,岩石的变形会继续增加;且大多数岩石会发生膨胀(微破裂),这是由于破坏过程中非弹性体积增加的缘故;微破裂与原有裂纹的组合和集中,从而形成宏观破裂面。有学者根据这种"膨胀"("扩容")现象,提出了地震前兆的膨胀模式,在实际工程中也可用于岩石的破坏预报。岩石强度的变形准则可以表示为

$$\theta_{max} \leqslant [\theta] \tag{1-10}$$

且

$$\theta = \frac{\Delta V}{V} = \varepsilon_1 + \varepsilon_2 + \varepsilon_3 \tag{1-11}$$

式中:θ—— 岩石的体积应变;

ε_1、ε_2、ε_3—— 三轴压缩试验中的主应变,分别相应于 σ_1、σ_2、σ_3 的方向,且 $\sigma_1 > \sigma_2 > \sigma_3$。

第三,相关实验表明,岩石的强度在一定条件下与应力途径有关。岩石的加载情况可以用应力空间的点($\sigma_1,\sigma_2,\sigma_3$)的移动途径即应力途径来描述。在常规三轴试验($\sigma_1 > \sigma_2 = \sigma_3$)中,先加围压,然后增大轴向应力 σ_1 使试件破坏,即应力途径是与 σ_1 轴平行的(A 型加载),也可以采用不同的应力途径,在图 1-3 中表示了 A 型、B 型、C 型三种应力途径的加载方式,发现:A 型加载的岩石破裂前兆与以前许多研究者的结果一致;B 型加载时,岩石的体积膨胀出现滞后效应,岩石处于一种过密状态,与此相联系的声发射活动性增加和波速下降,都出现在非常接近宏观破坏的时刻;C 型加载下岩石处于"超膨胀"状态,出现许多"前兆"现象,然而岩石并未破坏。

第四,是探讨对有拉应力作用下的强度条件问题。我们注意到,一向受拉,另一向受压(两向应力状态)的试验资料表明,不同的拉应力与压应力的比值越高,破坏时相应的拉应力就越小。因此,通常实际工程中采用的强度准则,即只要有拉应力存在,则只要此处的拉应力不超过其单轴抗拉强度,就认为是安全的 —— 是偏于安全的,可行的。但是目前的岩石单轴抗拉强度多采用劈裂法求得的劈裂强度来代替,这不一定是合适的,因为直接拉伸试验得到的岩石单轴抗拉强度,有许多只

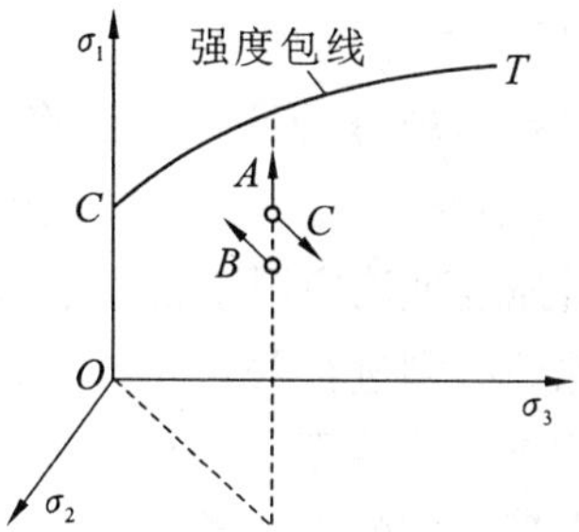

图 1-3　三轴压缩试验的不同应力途径图

是其间接抗拉试验(劈裂法)结果的 80% 左右。

由于将断裂力学的理论引到岩石力学领域中来,利用应力强度因子或裂纹扩展力作为断裂准则(判据),这与岩石力学中传统的强度理论有很大的差别,但看来也可能在一定条件下联系起来,关于这一点我们在后面将要提到。至于温度,岩石中介质(例如地下水)等对岩石强度理论的影响,目前国内还很少进行研究。

1.3.4　关于岩石断裂力学的研究

岩石断裂力学是最近几年才开始的我国岩石力学的新领域之一。目前的工作有:

首先,是开展了一些岩石断裂力学的试验研究。湖南省水利电力勘测设计院采用常规的现场岩石剪力试验的方案,但用预埋测量断裂的元件,在每级剪应力下反复加卸荷载这样的剪力疲劳试验方法,来观测裂纹扩展规律,以求得压剪状态下复合断裂判据。应该指出,这是两相材料的相界面上的裂纹扩展问题,他们考虑到混凝土与坚硬岩石的变形和强度特性是相近的而把它单相化了,这当然是近似的。

其次,是探索岩石断裂与金属断裂的不同特点方面。断裂力学也可以说就是裂纹力学。其研究的对象是带有裂纹的物体,研究的内容是裂纹受力运动的规律。天然岩体正是带裂纹的物体,但天然岩体的内含裂纹繁多到这种程度,以致有学者怀疑是否因其节理裂隙过多而由量变到质变,反而不能应用断裂力学的理论和方法了。看来还不是这样,只不过由于这一点而使岩石断裂过程带有自己的特点罢了。至于这种特点是什么,目前还研究得不够,归纳起来有几点初步认识:

(1) 如同格里菲斯强度理论应用于岩石中需要考虑在压应力作用下节理裂隙的闭合情况而必须进行修正一样(修正的格里菲斯强度理论),岩石断裂力学也应该考虑主要是压应力作用下的断裂力学问题。从目前国内外的断裂力学研究情况来看,这一课题似乎没有得到很好的解决。

(2) 相关试验表明,在压应力作用下,岩石试件中的颗粒间或晶粒间分布的许多细小的裂纹,这些裂纹作为微破裂的源泉并不是机会均等的,而与这些裂纹相对于作用力的取向情况有关,最易于扩展的裂纹的有利方位一般为 $\theta = 30°$ 左右(θ 是裂纹与大主应力 σ_1 方向的夹角)。

(3) 与金属断裂一个不同之处在于,岩石试件只有在微破裂达到一定的临界分布密度时,才会发展成宏观的整体破坏[68]。国家地震局地球物理研究所用辉长岩进行单轴压缩试验,作用力采用从零到单轴极限抗压强度之间的不同应力水平,然后用磨片电镜来观察其裂纹的发展情况,表明在低的应力水平下,随应力的增加微细裂纹大量增多,长度大的裂纹则较为稳定;在超过某一应力水平后,情况才会发生变化。

(4) 岩石虽然通常是处在压应力作用下,但是看来拉应力在岩石断裂过程中的作用也是不容忽视的,这主要是指断裂的开始情况。因为对于岩石来说,抗拉强度比相应的抗压强度和抗剪强度要低得多;而达到抗拉强度极限时的拉伸变形,比抗压强度和抗剪强度极限时的相应压缩变形和剪切变形要小得多。因此,在裂纹的取向有利于扩展的场合下,裂纹尖端很容易首先被拉裂,然后才转化为压剪断裂,这在某些试验中已被观察到了。但国内有的单位用有限元法计算,却得不出拉应力来,这可能是在裂纹尖端的很有限的区域内出现拉应力,用一般有限元网格不一定适用的缘故。天然地震中有所谓“声东击西”的现象,即主震常常不一定发生在地震前兆明显的地区,而是发生在前兆的“空白区”,国内已有人企图把这种现象用岩石断裂过程 —— 开始于微破裂

(主要是拉断),然后发展为压剪断裂,且拉应力区与压应力集中区是裂纹尖端的两个不同的部位 —— 来解释。

(5) 岩石中的微破裂,随着荷载的增加会产生迁移和集中,并与原有裂隙相结合而形成组合破坏面,就是说转化为剪切破坏方式发展。某些模型试验表明,这种转化随着围压的增大而更明显,这可能是岩石断裂力学的另一重要特点(在一定的围压范围内)。因此,金属断裂力学中的应力强度因子在岩石中也可能因为多裂隙这一特点而具有不同的物理意义。

(6) 在岩石断裂中,地下水渗透压力的作用是值得充分注意的,这也是不同于一般金属断裂的。我国梅山水库大坝岩基的断裂,就是一个例子①。所以高的压力渗流,常常成为岩石断裂的重要因素,并且是水工建设中岩石力学的一个不容忽视的课题。

第三,关于断裂判据问题。前述湖南省水利电力勘测设计院进行的现场剪力疲劳试验,从其得出的压剪状态复合断裂判据,主要是经验性的。国内有学者把裂纹尖端的应力分量代入八面体平面的剪应力 τ_{oct},得到[69]

$$\tau_{oct}=\frac{C^{\frac{1}{2}}}{\sqrt{r}}=\frac{1}{\sqrt{r}}(a_{11}K_{\mathrm{I}}^2+a_{12}K_{\mathrm{I}}K_{\mathrm{II}}+a_{22}K_{\mathrm{II}}^2+a_{33}K_{\mathrm{III}}^2)^{\frac{1}{2}} \tag{1-12}$$

或

$$C=a_{11}K_{\mathrm{I}}^2+a_{12}K_{\mathrm{I}}K_{\mathrm{II}}+a_{22}K_{\mathrm{II}}^2+a_{33}K_{\mathrm{III}}^2 \tag{1-13}$$

式中

$$\left.\begin{aligned}a_{11}&=\frac{1}{\pi}\left(\frac{5}{36}+\frac{1}{18}\cos\theta-\frac{1}{12}\cos^2\theta\right)\\a_{12}&=\frac{1}{\pi}\left(\frac{1}{3}\cos\theta\sin\theta-\frac{1}{9}\sin\theta\right)\\a_{22}&=\frac{1}{\pi}\left(\frac{5}{36}-\frac{1}{18}\cos\theta+\frac{1}{4}\cos^2\theta\right)\\a_{33}&=\frac{1}{3\pi}\end{aligned}\right\} \tag{1-14}$$

① 邵正,佛子岭和梅山连拱坝基础运行中的工程地质问题与加固处理,《水利水电技术》,第 3 期,1978 年。

这里，C 称为剪应力强度因子，C 表示剪应力的强度，是极角 θ 的函数，并根据线弹性得出的。对于塑性区，可以根据材料的塑性屈服条件确定。在岩石力学中，若采用米色士屈服条件，即可得到裂纹尖端塑性区边缘的距离 r 为

$$r = \frac{9}{2\sigma_S^2}C \tag{1-15}$$

式中 σ_S 为材料的屈服强度。

假定：

（1）裂纹扩展方向为裂纹尖端到塑性区边缘最短距离的方向，即

$$\frac{\partial r}{\partial\theta} = 0,\quad \frac{\partial^2 r}{\partial\theta^2} > 0 \tag{1-16}$$

（2）当 C 达到临界值 C_{cr} 时，裂纹初始扩展，即

$$C_{r=r_{\min}} = C_{cr} \tag{1-17}$$

对于单向拉伸的格里菲斯裂纹，由公式(1-13)可得

$$C = \frac{K_{\mathrm{I}}^2}{9} \tag{1-18}$$

可见，这种把剪应力作为参量来分析复合裂纹扩展问题，就和经典强度理论联系起来了，这是值得注意的。

最后，谈一点岩石断裂力学的应用情况。前面提到的湖南省水利电力勘测设计院，根据其所进行的剪力断裂试验结果，然后应用于重力坝的断面设计。这种方法，国外也正在探索之中[70]。他们还把这个结果推广应用于探索新丰江水库地震的机理方面。关于这一点，我们在后面将要谈到。用断裂力学来研究浅源构造地震方面，也引起了人们的注意[71]~[73]。在地质上也有用岩石断裂力学理论来探讨某些构造裂隙的成因的，因为在现场观察到：花岗闪长岩中裂隙发育稀而延伸长（即断裂发育规模大），条带状大理岩和绿泥石片岩中裂隙发育数量多而短小（即断裂发育规模小），因而矿脉主要赋存于花岗闪长岩中。问题在于，为什么会这样？根据某些金属材料中，抗拉强度较高的材料其断裂韧性 $K_{\mathrm{I}c}$ 反而较低。从而推广到岩石的情况，假定花岗闪长岩的 $K_{\mathrm{I}c}$ 值

小于条带状大理岩或绿泥石片岩，因为花岗闪长岩的抗拉强度远大于大理岩，从而解释了在同样的应力作用下，花岗闪长岩中裂隙扩展较之条带状大理岩或绿泥石片岩总是占领先地位这一地质现象。但他们没有用试验测定有关岩石的 K_{Ic} 值。这里认为断裂韧性与强度两者似乎必然是此消彼长，互相排斥的论点，并非普遍规律。西安交通大学金属材料及强度研究室的研究表明：在某些条件下，有的金属的断裂韧性与强度主要表现为互相排斥，二者有相反的变化趋势；但它们之间的关系呈现出一定的阶段性，不能简单地对待；而在另外的条件下，断裂韧性与强度则表现为相互依赖，二者有相同的变化趋向，当强度提高时，断裂韧性也随之提高，这是因为断裂韧性与材料的成分和组织结构等许多因素有关。那么岩石中两者的关系又是怎样的呢？布朗(Brown, W. B.)等学者用圆柱体抗拉试件测定了韦斯特里(Westerly)花岗岩和田纳西(Tennessee)大理岩的 K_{Ic}[74]，如表 1-5 所示。可见花岗岩的抗拉强度大，其 K_{Ic} 也大，而大理岩则反之。若用平整试件求抗拉强度(平均值)，则有：对韦斯特里花岗岩，抗拉强度 $R_t = 107.24\text{kg/cm}^2$，$K_{Ic} = 73.58\text{kg/cm}^{\frac{3}{2}}$；对田纳西大理岩，$R_t = 66.64\text{kg/cm}^2$，$K_{Ic} = 65.74\text{kg/cm}^{\frac{3}{2}}$；对鲁革特(Nuggef)砂岩，$R_t = 46.76\text{kg/cm}^2$，$K_{Ic} = 28.22\text{kg/cm}^{\frac{3}{2}}$。就所试验的岩石情况来说，仍然是抗拉强度大的，其 K_{Ic} 值也大；但 K_{Ic}/R_t 值则有所变化，对这三种岩石分别为 0.696，0.985，0.603。当然这与他们所观察的构造裂隙花岗闪长岩和条带状大理岩可能是不同的有关，如表 1-5 所示。但这也告诉我们，情况可能是多种多样的。对于岩石断裂力学的研究，国内外开展的时间都不长，还有许多工作要做，特别需要研究一些带基础性的课题，才能有利于这一研究在工程、地震、构造地质等领域的应用。

1.3.5　对水库地震机理的探讨

我国的水库地震不少，且震级高(新丰江水库地震 $M_S = 6.1$ 级)，在李四光教授的倡导下，开展这方面的研究是颇早的，并且是采用多学科协同研究的方式[75]，因此，也受到了岩石力学工作者的注意。

表 1-5　由 0.0038cm 顶端半径试件试验所计算的 K_{Ic} 值

岩石	试件编号	净断面抗拉强度/(kg/cm^2)	断裂韧性,K_{Ic}/$(kg/cm^{\frac{3}{2}})$	附　注
韦斯特里花岗岩	4	83.72	61.04	原单位为英制。这里是按 $1psi \approx 0.07kg/cm^2$ 及 1 磅 / 英寸$^{\frac{3}{2}}$ = 0.112 $kg/cm^{\frac{3}{2}}$ 换算过的。
	2-2	93.80	86.13	
田纳西大理岩	96	86.80	63.28	
	8-2	74.20	68.10	

在上述岩石断裂力学研究的基础上,湖南省水利电力勘测设计院探索用断裂力学理论对新丰江水库地震的机理进行研究①。其主要论点是:

首先,把板块周边的地震和板块内部的地震区别开来。这与陈宗基教授的看法是相同的,他说:"太平洋边界强烈地震带的存在,国外认为可以用板块理论解释,但中国大陆如何发生地震却无法解释。我们应该在板块内部动力学方面,提出创造性的理论,做出中国独特的贡献"[76]。

其次,认为板块内部的地震的实质是在应力作用下,地壳裂面的失稳扩展过程。这一点与某些对线源构造地震发生的断裂力学解释是相同的[71]。

再次,水库地震是属于板内地震,其特点是增加了蓄水引起的渗水压力对裂面的作用。

最后,认为水库地震的物理过程是:在蓄水前,库区地壳已处在发生失稳扩展前的亚临界状态,或甚至接近临界状态,这是构造发生水库地震的首要的内因条件;而渗水压力的作用在于它使裂面前缘的应力奇性的增高,且与既存的构造应力场的影响相一致,从而促使水库地震

① 周群力,从断裂力学的观点对新丰江水库地震机理的探讨,《断裂》,第2期,1978年。

的发震。

从岩石力学的观点来看，研究水库地震的蓄水诱发机制，关键在于对裂纹应力 — 渗透性的规律性的认识[77]。但对这个问题，即使都是以新丰江水库地震为研究对象，也仍然存在着不同的看法。由于采用科学实验途径研究这个问题还没有很好地建立起来，所以目前的探讨，几乎都是从水库地震本身去推断裂纹应力 — 渗透性的可能规律性。

目前，我国对这个问题有两种看法：

第一种看法是[75],[78],[79]，蓄水前水库地震区的初始应力并没有积累到将要发生地震的程度，只是由于蓄水后渗压水的作用，既减少断裂面上的正应力（有效应力），又使它的抗剪强度降低，认为这是诱发初始应力释放的主要原因。这种看法实质上是以土力学中太沙基的有效应力原理为基础。

第二种看法就是前述用断裂力学解释水库地震的看法，认为水库地震介质原有构造应力场（初始应力场）已处于准临震状态（这种看法在国外也有），而水的作用被归结为它对裂面前缘的应力奇性的影响，发震过程主要不是沿裂面滑移而是一个复合的断裂过程。

这两种看法显然是不同的，但也有共同之点。例如，对初始应力（地应力）所积累的构造应变能达到什么水平看法迥异，但都认为水库蓄水只起诱发作用；对渗压水的作用的认识也很不相同，也都没有着重阐明应力状态与渗透性的相互关系；对发震过程主要是滑移还是断裂的看法也不一样，但都认为水库地震是原有破裂面进一步发展的结果，等等。

还有一种看法是[80]，认为水库荷载造成的附加应力场是诱发因素之一，因为附加压应力不利于水的渗透，而附加拉应力会使岩石中原有的构造断裂易于拉开，使水更易于渗透。初步认识到裂纹应力与渗透性有关系。但这只是指出了应力对渗透性的影响的一面，因为破裂面是岩体中最容易发生变形的部位，同时又是不透水或微透水岩体中渗流的主要通道，所以应力的符号不同（是压应力还是拉应力），会加大或减小水的渗透性。但也要注意渗透性对应力的反作用的一面，渗压力的增加或减小,会降低或增加破裂面上的有效应力,也会影响裂面前缘的应力奇性和应力集中。因此,很需要采用科学实践途径来研究这方面的问题。从岩石力学的观点看来,如果新丰江水库地震的研究,能够与地应力测试及观测相结合,并进行相应的室内裂纹应力 — 渗透性的模拟试验,或许有助于其发震条件的阐明。

1.3.6 岩体稳定分析方法

在工程建设中,经常要遇到地表及地下工程的岩体稳定性问题。我国在岩体稳定分析中常用的方法有:

第一,是基于滑动面为平面(这对于某些内含一定方向的地质结构面,例如软弱夹层的情况,是经常可能遇到的)的极限平衡分析方法,是工程上最常用的,也比较简便。但这些方法一般都比较粗略。因此,有学者对此作了进一步的工作,提出塑性理论(极限平衡理论)解[55]。

第二,是基于赤平投影的地质 — 力学分析方法。赤平投影是一种几何方法,很适于求得可能不稳定岩体的几何边界[81]。这种方法在我国的发展,其一是提出了一种"实体比例投影法",因为用普通的赤平投影方法,不能表示出结构面在实体中的具体位置和滑动体的大小和形态等基本特征,而实体比例投影法则能克服这个缺点[82];其二是采用全空间赤平投影方法[83]。先将岩体中的主要结构面分成若干组,使组合结构面大致互相平行,然后用这种投影方法把各组结构面投影成一个圆,这样空间的每一方向与投影平面的点一一对应,就能在投影面上研究空间结构面和临空面的相互切割关系,以分析岩体的稳定性。

因为这种方法多不考虑岩体初始应力的作用,所以也有探索利用赤平投影求得结构面和结构体的空间位置,而用有限元法来分析岩体的稳定性的。关于岩石力学中的有限元法,我们在稍后将要谈到。

第三,是探讨赤平投影网的解析原理。这是从任意球面圆的赤平投影解析几何分析出发,对赤平投影的解析原理进行了比较系统的阐明,给出了有关的计算公式,分析了它们的基本特征。由于采用计算公式的形式，故可望在绘制等值曲线等方面使用电子计算机。

1.3.7　岩石力学中的有限元法及数学模拟

近几年来，我国岩石力学中的有限元法获得了很大的发展，主要是平面问题的非线性分析。中国科学院武汉岩体土力学研究所较早开展了这方面的工作，对于岩石的非均匀性的考虑和三维有限元分析，也正在探索中。

由于岩石性态复杂且受多种地质因素的影响，用解析方法求解岩石力学问题会遇到很大的困难，但是，只要能提出描述它的合理的本构关系，就可以用有限元法进行分析。目前在国内岩石力学的有限元分析中，常采用塑性理论的本构关系。但是试验表明，岩石的不可逆变形是非关联的，且弹性性质随不可逆变形的出现而变化（弹塑性耦合），并伴随有应变软化（不稳定）特性，这些都是古典塑性理论没有考虑的。因此，需要研究岩石的本构关系。也有仅使用材料的强度条件，而不考虑非弹性变形所应遵循的规律的，例如国内外用得较多的不抗拉材料以及层状材料的分析等。但国内有人指出，这种不管材料的本构关系，亦即不对不可逆变形的发展加以任何限制，可能导致与热力学的基本定律相矛盾，并指出那个层状材料模型就违背能量守恒法则。他们考虑到岩石不是完全弹性的，它的部分变形具有不可逆的性质，因此从宏观热力学观点，引入内变量概念，统一地讨论变形的这种不可逆的性质。结合岩石的特性，考虑了弹塑性耦合的作用，以及介质的强化和软化性质，和塑性变形的非关联特性，讨论了岩石的弹塑性本构关系。计算表明，相应的本构关系较能满意地反映所研究的节理岩体的特性[84]。

在地质力学中，不仅要了解各种岩石在不同条件下受各种应力作用时的变形和破坏规律，更重要的是在此基础上，根据岩石中已存在的变形和破坏形迹，反推造成这些变形和破坏时的应力状态，并进而推测产生各种构造型式的应力作用方式，这就从岩石力学进入了构造力学的范畴。这种从地表的各种构造形迹来恢复过去的构造应力场并追溯造成这些变形的外力条件，进一步总结出地壳运动的规律来，是一个很困难的反演问题，它具有多解性，除了野外观测研究外，还需要配合以模拟实验（例如泥巴试验）和力学理论分析与计算（例如有限元法的数学模拟）[68]。可以认为这种探索途径，对于岩石力学也是适用的，虽然目前还只刚开始研究。例如用试洞实测变形以反演其初始应力场，然后用这个初始应力场以计算实际地下工程围岩的应力状态，当然这种计算结果也可以与模型试验相配合。

1.4 简短的结论

综上所述，对我国岩石力学的发展状况，可以得出几点初步的认识：

(1) 我国岩石力学的研究常常与一些重大工程建设相联系，这是我国岩石力学的特点之一。因此，它要求岩石力学的研究带有综合性，并且常常与其他相邻学科协同作战。这种做法既有利于岩石力学本身向纵深发展，又有利于学科之间的相互渗透，相互促进。

(2) 坚持理论与实际相结合，是指导我国岩石力学研究的基本原则之一。必须在服务于生产建设的同时，大力加强基础理论的研究，加强科学实验工作，勇于实践，勇于探索。应当承认，正是在基础研究和科学实验方面，我们与国外的差距最大，需要迎头赶上去。

(3) 虽然可以探索岩石力学的不同的发展途径，但看来关键在于把地质因素的研究与力学过程的研究相结合，把岩石的基本物理力学特性的研究与岩石力学模型研究及分析计算结合起来。这是岩石力学之所以区别于固体力学其他分支的基本点，必须深入探索。

(4) 从我国国民经济建设中的金属矿山，煤炭基地，铁道干线，大型水利水电枢纽工程以及其他工程建设的情况来看（例如我国水力资源的近70% 分布在四川、云南和西藏；在横断山脉发现多金属矿床等）必然存在大量的地下工程，且需在强地震区进行工程建设，将会遇到许多新的岩石力学问题，这是需要认真对待的。

第二篇　岩石的基本特性及其测试技术

第2章 岩石力学中的地质因素

李智毅 潘别桐
（武汉地质学院）

岩石力学所研究的对象是地壳表层的岩体，地壳表层岩体是在漫长的地质历史发展过程中所形成的地质体的一部分。由于地质历史中所发生的各种因素综合作用的结果，使其具有特有的岩性，特殊的结构和力学属性，并具有特殊的天然应力状态。这就是说，岩体不同于一般的固体介质。由于岩体是地质体的一部分，所以我们要正确掌握在工程力作用下岩体的变形和破坏规律，对岩体稳定性作出切合实际的评价，首先就要研究岩体的地质结构特点，即岩石建造和区域地质构造等，并进一步深入研究岩体本身的特点，以弄清工程建筑区的地质背景，这项工作是岩石力学研究的重要基础，通常是由工程地质工作者完成的。

从国内外工程地质和岩石力学工作者在研究实践中所积累的资料和经验来看，可以认为岩体的岩石矿物学特性、岩体结构和岩体天然应力是区别于其他材料的最主要标志，故本章着重从这些方面进行论述，此外，对风化作用，地下水活动等地质因素，也略加阐述。

2.1 岩体的岩石矿物学特性

岩体的基本单元体是岩块，也有学者称岩块为岩石或岩石材料，岩块是由各种矿物颗粒或岩屑颗粒所组成的，而岩屑颗粒中的单元颗粒还是矿物颗粒。对于某一定的矿物来说，岩块都具有独特的晶体习性，固定的化学成分和一致的物理性质。所以岩石的矿物成分及其含量，在一定的条件下能对岩块的物理力学性质发生重要影响。从岩石力学的观点出发，可以将矿物分为硬矿物和软矿物两类。所谓硬矿物是指在应力作用下，应变较小，而硬度、强度较大的矿物，造岩矿物中的粒状、柱状矿物如石英、长石、角闪石、辉石等即是。一般来说，这类矿物含量愈多的岩块，其强度愈高，变形愈小。而软矿物则为应变较大，硬度、强度较小的矿物，造岩矿物中的片状、针状矿物如云母、滑石、绿泥石、高岭石、蒙脱石等，它们的含量愈高，则岩块的强度愈低，尤其当具有滑感的鳞片状矿物的含量高时，更可使其强度大大下降。至于硬矿物与软矿物的区分，主要是由它们的品格类型决定的，这两类矿物的晶体格架是截然不同的。

硬矿物与软矿物在岩石中的含量与岩石的成因类型密切相关。一般地说，岩浆岩和深变质岩中以粒状和柱状的硬矿物占优势，所以这类岩石强度较大，在水电建设中是理想的坝基，如花岗岩、闪长岩、辉绿岩、安山岩、玄武岩和各种片麻岩等。而浅变质岩中往往是片状、针状矿物占优势，不但其强度低，且呈现强烈的各向异性，如各种片岩、千枚岩、板岩等即是。沉积岩的情况比较复杂，若以粒状矿物为主所组成的碎屑岩，则强度较大，如石英砂岩、硬砂岩、长石砂岩等；而以片状矿物为主的泥质粉砂岩、页岩、泥岩等，其强度则大为下降。

岩石的结构、构造、对岩块的物理力学性能也能产生重要影响。不同地质成因的岩石，其结构、构造亦不相同。岩浆岩的结构是指矿物的结晶程度和颗粒大小，构造是指不同矿物的排列与充填方式所反映出来的岩石外貌特征。变质岩的结构是指矿物重结晶的程度，而构造是指矿物颗粒在排列方式上的定向性。沉积岩的结构可以分为碎屑的、泥质的、化学的和生物的，而层理构造则是其最显著的特点。岩石的构造特性主要影响岩块的强度和各向异性。一般地说，隐晶质的强度大于显晶质的，而细粒的则依次大于中粒的和粗粒的强度，如表 2-1 所示。垂直层（片）理方向的强度大于平行于层（片）理方向的强度，而变形则相反。

表 2-1　不同矿物颗粒大小组成的岩石的抗压强度值比较

岩石		单轴抗压强度/(kg/cm^2)	岩石		单轴抗压强度/(kg/cm^2)
花岗岩	粗粒的	1200 ~ 1400	砂岩	粗粒的	1423 ~ 1760
	中粒的	1600 ~ 1800		中粒的	1470 ~ 2060
	细粒的	1800 ~ 2000		细粒的	1335 ~ 2205

注:砂岩为垂直层理方向加压。

岩体的岩石矿物学特性研究是属于岩石力学的微观研究内容,这项研究对于研究不同岩石的强度特性和变形机制具有重要意义。

2.2　岩体结构特点

2.2.1　结构面和结构体

岩体的基本特性是岩体具有结构,这已为国内外的岩石力学工作者所确认。关于岩体结构的概念是在地质力学研究和工程实践中逐渐形成的。岩体经过建造和改造过程,成为有许多不连续界面存在的多裂隙岩体或结构岩体。人们把岩体中各式各样大小不等的,力学强度相对较低的两维面状不连续地质界面,称为结构面,如:层面、节理、劈理、片理、断裂等。而被结构面所切割的大小不等,形态各异的岩石块体,则称为结构体或岩块,岩石结构体是组成岩体的最小单元。岩体结构就是由结构面和结构体这两个要素组成的,它们的特性决定了岩体的非均一性、非连续性以及变形和破坏的力学机制。由于结构面和结构体的大小、形态以及组合方式不同,就形成了不同的岩体结构[85]。

大量的工程实践表明,岩体受工程力和自然力的作用而发生的变形、破坏,主要是结构体沿结构面的剪切滑移和拉开,以及整体的累积变形和破裂。尤其当岩体内存在有延展性和贯通性好的,经过多次错动的,并含有力学强度低,变形性能大,水理性质差的粘土矿物及其他软弱矿物的软弱结构面时，岩体最主要的破坏方式就是不稳定岩块沿着软弱结构面的剪切滑移。所以要着重研究各类结构面，尤其是其中的软弱结构面。

2.2.2 岩体结构面的地质成因类型

岩体结构及结构面是在地质历史发展过程中经过各种地质作用所形成的。要正确认识和掌握岩体结构面的力学效应，就必须首先研究它们的成因类型。按结构面的地质成因类型大致可以归纳为下述三大类。

1. 原生结构面

原生结构面是在岩体建造过程中形成的结构面。按岩石学成因类型，又可以分为沉积结构面、岩浆结构面和变质结构面三种。

沉积结构面就是沉积岩层在沉积、成岩过程中所形成的结构面，包括层理面、不整合面、假整合面以及原生的软弱夹层等，沉积结构面反映了沉积岩的成层性。这种结构面的特点是分布广，延展好。尤其是海相沉积岩，分布很广泛，成层很稳定，且岩相、岩性变化小，成岩作用较强。对于这种结构面，主要应注意其层间结合力及原生的软弱夹层（如页岩、薄层泥灰岩等）的存在，特别是刚性绝然不同的两种岩性的交界面，其结合力是比较差的，往往控制了岩体的稳定性。世界上著名的意大利瓦依昂大滑坡，其滑动面就是位于侏罗系薄层泥灰岩与白垩系厚层燧石灰岩的分界面附近。该处地貌上属向斜谷，由于瓦依昂峡谷深切，使上述两岩层的分界面被切割临空。在1963年10月9日左岸山体突然沿两岩层的交界面滑下，滑坡体体积达2.4亿m^3，把瓦依昂水库几乎填满了，如图2-1所示[86]。

沉积岩中存在的不整合面和假整合面，说明在某一地质时期有沉积间断，已沉积成岩的岩体遭受风化剥蚀而形成古风化壳，埋藏于地层之中，由于该古风化壳结构疏松，力学强度低，且水理性质差，往往造成对岩体稳定性影响很大的软弱夹层，应给予足够的注意。

沉积结构面严重影响岩体强度和变形的各向异性以及岩体中应力分布的集中和分散性。关于岩体力学性能的各向异性已为国内外大量测

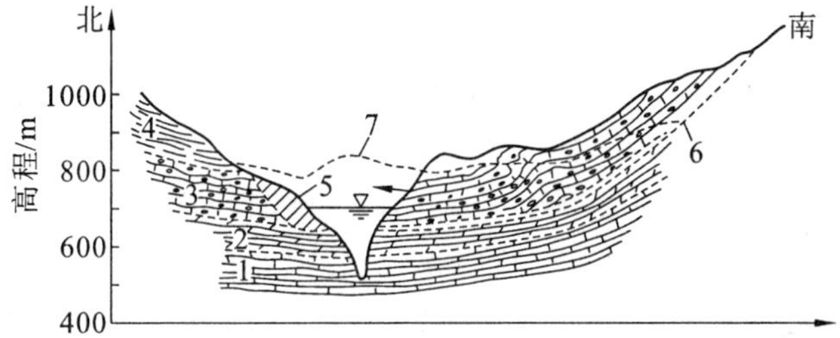

1— 坚硬石灰岩（侏罗系）；2— 薄层灰岩和粘土夹层（Malm）；
3— 厚层含燧石的灰岩（白垩系），4— 泥灰岩（白垩系）；
5— 老滑坡的残留物；6— 滑动面；7— 堆在峡谷里的滑坡体

图 2-1　瓦依昂水库顺层滑坡剖面图

试数据所说明了。对岩体中应力分布影响的测试资料尚少，图 2-2 是为 E. G. Gaziev 和 S. A. Enlikhman 所进行的石膏—硅藻土模型试验的应力分布图，当加压方向与层面方向呈不同角度时，应力分布图形显然不同。

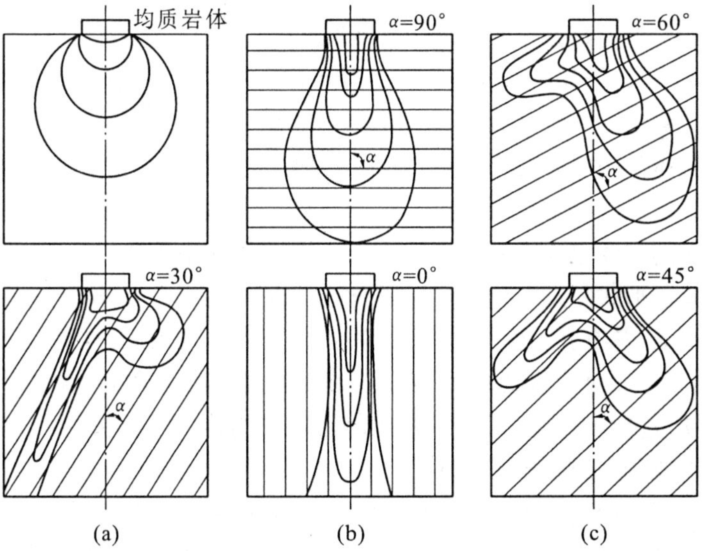

图 2-2　层状岩体的岩块中压应力分布概略图

岩浆结构面是岩浆在侵入、喷发活动及冷凝过程中所形成的结构面，如岩浆岩与围岩的接触面，多次侵入的岩浆岩之间的接触面，岩浆冷凝形成的原生节理等。前两者应注意其接触面的性质，是胶结的还是挤压破碎的。侵入岩原生节理一般具有张性破裂面特征，它们可以分为横节理（*Q* 节理）、纵节理（*S* 节理）和层节理（*L* 节理）三种，其中 *S*、*L* 节理往往控制岩体的稳定性。火山喷发岩中的垂直柱状节理也属原生节理，对岩体稳定有一定影响。

变质结构面是岩体在高温、高压条件下发生变质作用而形成的结构面，包括片理、板理、千枚状构造、片麻状构造及片岩软弱夹层等。由于矿物受定向压应力和重结晶，重组合作用，富集各种软弱的片状矿物，如绢云母、绿泥石、滑石、云母、叶蜡石等，呈定向排列，延展性又很好，很光滑，常常组成为软弱结构面，对岩体稳定起控制作用。我国湖南资水右岸的塘岩光滑坡就是发生在前震旦系板溪群的砂质板岩中的，由于构造应力的作用，使本身比较软弱的板岩发生层间错动。此外，产状相同的横向节理和断层较发育。该边坡属同向坡，倾向资水河床。由于水库蓄水的媒介作用，于 1961 年 3 月 6 日滑坡体沿着板岩的层面突然滑落下来，堆积于水库中，其总体积约 16.5 万 m^3，如图2-3 所示。

2. 构造结构面

岩体受构造应力（地应力）的作用所产生的破裂面称为构造结构面，如节理、劈理、断层等。这类结构面在岩体中分布最为普遍，是岩体结构面的主要组成部分。在野外可以见到各种构造形迹的形态，尽管它们的表现形式复杂多样，但是一切构造形迹都是在一定构造应力作用下产生的，各有其力学本质，不外乎是压应力、张应力和扭（剪切）应力作用的结果。对构造结构面的研究，首先应鉴别其力学成因类型及其形成时期，进行体系配套，并弄清构造型式。在岩体力学研究中，这是一项十分重要的地质基础工作。

在同一构造应力场中，压应力、张应力和扭应力总是同时存在的，因此几种力学性质的结构面都可以产生。按照岩体在发生破裂时所受应力状态，一般可以将结构面分为压性的、张性的、扭性的、压扭性的和

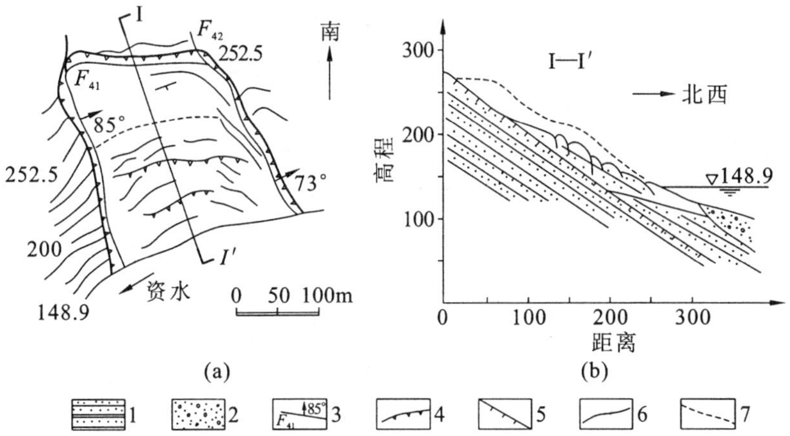

1— 轻变质细砂岩夹薄层砂质板岩(前震旦系板溪群);2— 第四系坡积层;
3— 扭性断层;4— 滑坡陡壁;5— 层间错动;6— 滑动裂隙;7— 原地面线;8— 剖面线

图 2-3　塘岩光滑坡示意图

张扭性的五种类型。当岩体经受多次构造运动,并有几个构造体系复合的情况下,应力场就发生过多次变化,因此结构面就更是复杂多样。由于构造复合作用,会使结构面力学性质发生变化,甚至可以使同一结构面兼具压性、张性和扭性的特征。在野外,对单一力学性质的结构面比较容易鉴别,但这种结构面并不常见。多数结构面的力学性质不是单一的,特别是主干断裂,故必须细心地加以区别和分析。至于在野外如何鉴别不同力学性质的构造结构面,是属于地质力学范畴讨论的问题,这里不拟详述。下面仅就这类结构面的岩体力学特征作简要说明。

压性结构面又称压裂面,野外见到的逆断层、逆掩断层、层间错动面、一部分劈理面等即是。这类结构面一般沿走向和倾向均呈舒缓波状,延展性好,主要的破裂面两侧岩体经常呈现挤压状态,因而形成规模较大的破碎带,是对工程岩体稳定很不利的软弱结构面。破裂面上常见镜面和逆冲擦痕,尤其是很光滑的镜面,使抗剪强度大为下降,c 值甚至降为零。沉积岩和变质岩类中的原生软弱夹层,由于它们的刚性相当小(与其上下岩层的刚性相比),经构造压应力的作用,发生层间滑动，错动破碎物质在后期地下水等作用下又往往形成软弱破碎泥化夹层，成为危险的滑动面。湖南肖水双牌电站的坝基是中、下泥盆系跳马涧组紫红色砂岩和板岩，内有五个由层间错动引起的软弱破碎夹层，均位于砂岩与板岩的交界面上。岩层层理发育，走向大致与坝轴线平行，倾向下游，倾角8°～20°，如图2-4所示。破碎软弱夹层的抗剪强度：$f=0.35\sim0.44$，$c=0\sim0.5\text{kg/cm}^2$，不利于坝基抗滑稳定性。并有两组扭性断层切割配合，河床岩体在工程力作用下有可能向下游滑移。为了保证坝基岩体的稳定，施工中对溢流段和发电厂房后各坝段地基中的软弱破碎夹层进行了开挖处理。上述这类问题在国内外坝工建设中已遇到不少。

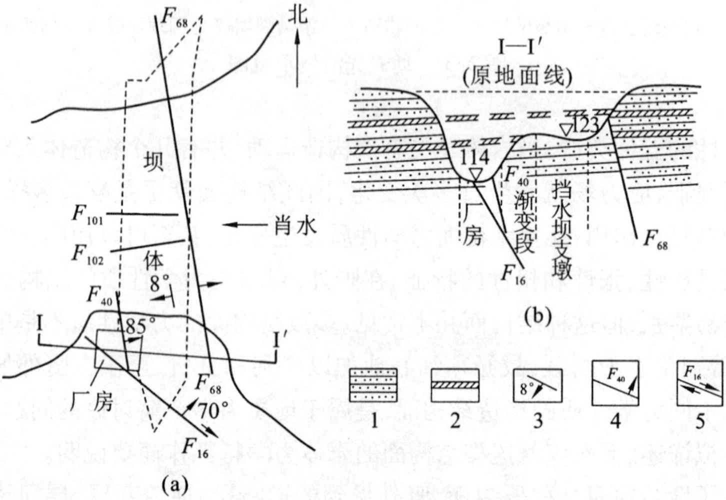

1— 中、下泥盆系跳马涧紫红色砂岩及板岩；2— 破碎泥化夹层；

3— 地层产状；4— 冲断层；5— 扭断层

图2-4　双牌电站工程地质示意图

张性结构面又称张裂面、张节理和多数正断层属这类结构面。张性结构面的特点是呈参差状或犬牙交错状形态，断面粗糙不平，宽窄不一，延展性较差，与压性结构面相比较，其抗剪强度较大。由于上述特征，对岩体稳定性经常不起控制作用。

扭性结构面又称扭裂面，共轭 X 节理、平移断层及一部分劈理属这类结构面，其主要特征是产状稳定，断面平直光滑，甚至呈镜面状出现，延展性很好，在平面上和剖面上常表现出像刀切一样的整齐。由于扭性结构面的特殊性质，经常可以见到岩体沿其滑落。特别当其力学性质既具扭性又具压性时，结构面的力学效应就更为复杂。结构面内的破碎物质为宽度较大的压碎岩、糜棱岩和断层泥时，其力学性质较差。

由于构造结构面在岩体中分布最为普遍，因此对岩体稳定性的影响也最引起人们的注意，尤其在工程范围内的大断层破碎带、软弱夹层等特别软弱的结构面，可以引起岩体大量滑移、塌落、直接威胁着工程的安全。

3. 次生结构面

由于岩体受卸荷、风化、冰冻等表生作用所形成的结构面统称为次生结构面，如河床缓倾角卸荷裂隙、岸边剪切裂隙、风化裂隙、次生夹泥层、风化夹层等即是。此种结构面的产状及分布受地形影响较大，尤其是在河谷及岸坡部位的岩体更是如此，它们的延展性差，分布深度不大，但是力学属性相当差，故在坝基、坡肩、隧洞口等工程部位，应予特别注意。

2.2.3　岩体结构面的工程地质研究

进行岩体结构面工程地质研究的最主要目的，是为了解决岩体稳定性的问题，所以主要是研究岩体结构面的力学效应。研究的内容为：地质演化历史、产状及其延展、穿切性能、发育组数及密度、形态、结构面内物质成分等。

结构面的地质演化历史，就是结构面生成的地质时代以及后期发展、变化的过程。某期构造运动的强度、影响范围，直接影响到构造结构面的分布和性质，以及对先期形成的各类结构面的改造。一个地区若有多期构造运动，其结构面的分布和性质就更为复杂。例如，一条断层由于不同时期构造应力场的作用，会有多次活动，其力学性能也会转化，从而影响该断层的力学性状。在一些古老变质岩地区，可以见到各种不同方向和性质的结构面，错综复杂地分布在一起，这就是各期构造运动在岩体中所留下的遗迹。所以说，研究结构面的地质演化历史，就是研究该地区构造运动的发展史，并确定各构造期对结构面生成的关系。这是一项复杂而又细致的调查、分析工作。这对岩体内应力分布和岩体破坏方式起控制作用的大型构造破裂面（如较大的断层、破碎带）显得特别重要。

结构面的产状对岩体稳定性的影响，需结合工程作用力或工程布置的轴线方向来考虑。一般地说，这一影响控制着岩体沿结构面滑动的机制。对边坡来说，只有当结构面的走向、倾向与边坡的走向、倾向大致一致，且被边坡切割呈临空状态时，该结构面才可能构成危险的滑动面。根据边坡方向与结构面产状的关系，可以将边坡划分为同向坡、反向坡和斜向坡等类型，而同向坡对边坡稳定是最不利的，所以应特别注意研究构成危险滑动面的那组结构面的力学性质。但是，岩体沿结构面的滑动破坏很少是由单一结构面造成的，经常是由两三条以上的结构面组合构成的，此时的控制性因素则是组合交线的产状。

结构面的延展性也称连续性、延续性。它在岩体力学方面的效应主要表现为：在一定尺寸的岩体内，结构面的延展长度对岩体力学机制的影响。在工程岩体范围内延展性好，切割整个岩体的结构面，与比较短小、延展性差，未切割整个岩体的结构面，它们的力学效应显著不同。因为前者的岩体强度完全受结构面强度控制，而后者有一部分岩体强度受岩块强度的控制，其稳定性自然要好些。结构面的穿切性，指的是结构面互相切割的性质。显然，穿切性愈好的结构面，对岩体的稳定性就愈能起控制作用。

结构面发育的组数与密度，决定着结构体的尺寸和形状，它说明了岩体的完整程度。当结构面发育组数愈多，密度愈大时，则结构体块度愈小，表明岩体的完整程度愈差。对于沉积岩来说，层理厚度愈大，则结构面密度愈小；反之，愈大。它直接控制着岩体的强度，因为完整性愈差的岩体，其力学性质也愈差。而当结构面发育组数愈少，密度愈小时，岩体强度就愈接近于岩块的强度。上述现象对于由坚硬岩石组成的岩体来说则更为明显，其力学效应可以用图 2-5 资料定性地说明。它表明，岩体内发育的结构面数量愈多(即密度愈大)，其强度愈低，变形愈大，但不是无限止地变化。当岩体内发育的结构面大于一定数量后，它对岩体强度和变形的影响就不再继续增加，而是趋于一稳定值，这种现象称为尺寸效应。有关尺寸效应的问题将在后面的章节中详述，这里仅指出其地质依据。

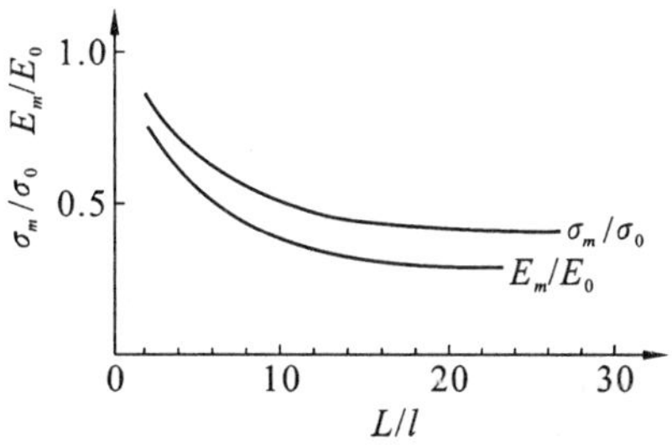

L— 岩体尺寸；l— 岩块尺寸；σ_m— 岩体强度；E_m— 岩体弹性模量；
σ_0— 岩块强度；E_0— 岩块弹性模量

图 2-5　岩体力学性能与结构面密度的关系图

结构面的形态可以结构面的起伏差及粗糙度表示，结构面的形态与结构面的地质力学属性关系密切。不同力学性质构造结构面的形态相差很大，因而其力学效应也各异，结构面的形态决定了结构体沿结构面滑移时抗阻力(c,φ 值) 的大小。

为了研究各类结构面形态的力学效应，中国科学院地质研究所工程地质室将结构面的起伏差划分为平直的、台阶状的、锯齿状的和波浪状的四种，如图 2-6 所示。每一种形态还用起伏幅度和起伏差(即爬坡角) 来研究它的力学效应，并提出了不同起伏形态的力学模型。还可将结构面的粗糙度划分为镜面、光滑和粗糙三级。很显然，平直、镜面的结构面抗剪强度最小，而台阶状、粗糙的结构面抗剪强度最大。

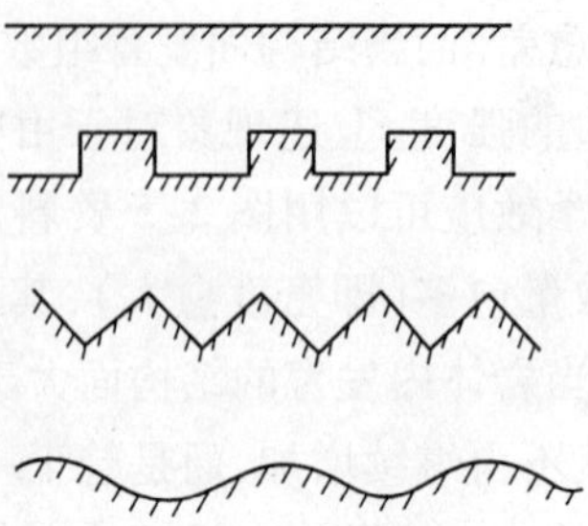

1— 平直的;2— 台阶状的;3— 锯齿状的;4— 波浪状的

图 2-6　结构面起伏形态图

结构面内的物质成分,即结构面的胶结及充填情况,就胶结情况而言,可分为胶结的和开裂的两种。它们的力学效应是大不相同的,胶结结构面的力学性无疑地较之开裂结构面的要好。而胶结结构面随着胶结物成分的不同,力学效应也有很大差异。一般地说,泥质胶结的较差,而钙质、铁质、硅质胶结的则依次愈来愈好。开裂结构面的情况相当复杂,结构面间有无次生充填物以及充填物的成分对结构面的力学性能影响很大。也可以将充填情况分为五种;即干净的(无充填物)、薄膜(厚度小于 1mm、多为蚀变矿物构成),夹泥(厚度多小于结构面的起伏差)、薄层夹层(厚度略大于起伏差)和软弱夹层(厚度较大)。而充填物的成分也有粘土质、砂质、角砾、钙质、石膏质和含水蚀变矿物等。结构面上充填有上述物质时,其相对强度依次为:钙质 ≤ 角砾 > 砂质 ≥ 石膏 > 含水蚀变矿物 ≥ 粘土。因此,在研究结构面内的充填情况时,应鉴别充填物的成分,包括机械成分和矿物成分,尤其是粘土质的矿物成分,并对其力学特征作出评价。

2.3　岩体天然应力

岩体与其他材料不同的另一个基本特点是在天然条件下就处于受力状态之中,由于天然岩体中各空间点存在着应力状态、分布规律和量级大小的不同，所以说岩体本身就是一个巨大的天然应力场(或初始应力场、或一次应力场)。因此，岩体的天然应力场与岩体的其他物理力学属性一样，是岩体的一个重要指标。近年来，由于一些工程建筑物的失事与变形直接同天然应力状态有关，人们越来越重视岩体天然应力的测试和研究。如我国湖北某水电站厂房基坑开挖后，由于强大的水平天然应力作用，使基坑坡脚发生了 80mm 的水平位移。又如甘肃某矿运输巷道的变形，该巷道埋深为 450m，开挖在超基性岩与多种岩脉穿插的大理岩接触破碎带处，巷道走向 N60°W。巷道开挖后围岩变形严重，顶拱剥落，侧墙内推开裂，底板突起 60cm 左右。后经岩体应力测量证明，该岩体作用有强大水平天然应力，其值为 180 ~ 195kg/cm^2，方向为 N30°E，恰好与巷道轴向正交，从而证明强大的水平天然应力是造成巷道变形的根本原因。因此，研究岩体天然应力场的基本特征和该应力场对工程建筑物的影响是当前工程设计中出现的一个新的动向。

岩体的天然应力是在地壳形成的亿万年过程中，以及地壳形成后的各个地质历史时期内与各种构造形迹一起形成的，所以岩体天然应力的基本特征和分布规律将受到各种地质因素的控制。但是，由于这个问题的复杂性，岩体天然应力的基本特征和其分布规律还远未被人们所认识，因而也给岩体天然应力的确定造成困难。下面主要根据一些岩体应力实测成果探讨一下地壳表层岩体天然应力的基本特征、分布规律和影响因素。

2.3.1　岩体天然应力的组成

岩体天然应力是无法进行理论计算的，只能通过实地测量来确定。但是，为了便于认识和研究岩体天然应力场的特点和性质，可以按照形成岩体天然应力场的主要原因，将其分成两个主要组成部分，即岩体自重应力场和岩体构造应力场，这两种应力场的叠加就构成了岩体天然应力场的主要部分。

岩体的自重应力场可以用垂直自重应力和自重水平应力来表征。岩体中一点的垂直自重应力等于该点以上岩柱的重量，而由于自重引起的该点的自重水平应力等于垂直应力乘以岩体的侧压力系数。

岩体的自重应力场又称为大地静应力场,该应力场往往具有下列特点:

(1) 岩体自重应力场中的垂直自重应力与自重水平应力均为压应力,而自重水平应力是由垂直应力诱导出来的。在自重应力场作用下,岩体内的任何垂直面和水平面上均没有剪应力分量,所以岩体的垂直自重应力和自重水平应力都是主应力。

(2) 岩体的自重应力场不是时间的函数,也就是说,岩体的自重应力场是一个稳定的应力场。

(3) 在线弹性和弹粘性岩体自重应力场中,由于岩体的侧压力系数随深度增大而增加,所以,在深度小于300m处,自重水平应力仅为垂直自重应力的10% ~ 20%;而在深度大于2000m时,自重水平应力与垂直自重应力趋于相等,即为静水压力场形式。而在粘弹性或粘性岩体中,不论其深度如何,其侧压力系数恒等于1,所以这类岩体自重应力场恒为静水压力场。在松散破碎岩体中,由于岩体的侧压力系数与深度无关,而取决于岩体的内摩擦角,所以在这类岩体中,自重水平应力永远小于垂直自重应力。

岩体的构造应力场又称为大地动应力场。所谓构造应力场是指一定区域内具有生成联系的构造形迹所反映的不同地点的应力状态的总体。构造应力场内的每一点的应力状态(方向、大小)称为该点的场强。一般情况下,场强是空间位置和时间的函数。在构造形迹形成、发展的整个过程中,构造应力是随时间而变化的非稳定应力场。但是将人类工程活动所涉及的时间与形成构造形迹的、以亿万年计算的地质时代相比较,是极其短暂的一刹那,所以在工程建设中,亦可以把构造应力场视为不随时间而变化的稳定应力场。

由理论分析可知,在由地球转动惯量变化所决定的地壳表层岩体内的构造应力场中,其水平应力的数值大大超过垂直应力的数值。因此,如果假定构造应力来自水平 x 轴方向上的压应力 σ_{x_1},则在地下深处,可以近似地认为在垂直轴 z 和另一水平轴 y 方向上不允许发生变形，即 $\varepsilon_{y_1}=0$，$\varepsilon_{z_1}=0$。而在 y 轴和 z 轴方向，由构造应力 σ_{x_1} 的作用所产生的另外两个主应力 σ_{y_1} 和 σ_{z_1} 为

$$\sigma_{y_1}=\sigma_{z_1}=\frac{\mu}{1-\mu}\sigma_{x_1}=\lambda\sigma_{x_1}$$

式中 μ 为岩石的泊松比，λ 为侧压力系数。如果我们假定构造应力场中的三个主应力轴与自重应力场主轴相重合，则岩体天然应力场就是这两个应力场的代数和。若用 σ_{x_0}、σ_{y_0}、σ_{z_0} 代表自重应力场中三个主应力，而 σ_{x_1}、σ_{y_1}、σ_{z_1} 代表构造应力场中三个主应力，则天然应力场的三个主应力为

$$\sigma_x=\sigma_{x_0}+\sigma_{x_1}$$

$$\sigma_y=\sigma_{y_0}+\sigma_{y_1}$$

$$\sigma_z=\sigma_{z_0}+\sigma_{z_1}$$

如果我们把岩体天然应力场中水平应力分量与垂直岩体应力分量之比值称为岩体天然应力比值系数，并用 ξ 表示。ξ 值反映了一个具体地质环境中岩体天然应力特定的组合指标，该指标取决于岩体的地质条件和所经历的地质历史。ξ 值一般可以取从 0 到大于 1 的值。由此可知，岩体天然应力的大小和方向及岩体天然应力比值系数是岩体天然应力的特征性指标。在岩体中修建各种建筑物所引起的岩体应力状态的变化，只是对岩体原有天然应力大小、方向的改变，而这种改变的规律总是以岩体天然应力状态为基础的。

应指出的是，岩体内还存在其他原因引起的应力。例如，因岩体本身物理变化（温度、局部膨胀等）引起的应力，也会使岩体内总的天然应力增加，只不过很难分辨而又影响不大而已。

2.3.2　岩体天然应力的基本特征

表 2-2 给出了一些空间天然应力场的实测资料。由实测资料可知，岩体的天然应力大致有以下几点特征：

（1）存在于地壳浅层岩体中的天然应力是一个三个主应力不相等

表 2-2　岩体三向天然应力实测值

地点	国别	岩性	最大主应力			中间主应力			最小主应力		
			σ_1 /(kg/cm^2)	方向	倾角	σ_2 /(kg/cm^2)	方向	倾角	σ_3 /(kg/cm^2)	方向	倾角
白山电站	中国	变质岩	108.5			89.4			59.6		
金川矿区	中国	大理岩	500.0	N13°W	6°	334.0	N76°E	6°	282.0	N53°W	81°
锡矿山	中国	灰岩	158.0	N35°W	60°	121.0	N69°W	26°	84.0	N29°E	15°
卡富埃峡电站	赞比亚	花岗片麻岩	170.0		20°	135.0		20°	70.0		60°
埃利奥特湖矿	加拿大	变质岩	373.0	E	0°	225.0	N	0°	176.0	垂直	90°
拉斯伍姆乔尔矿	前苏联	侵入岩	570.0	S80°E	0°	230.0	垂直	90°	230.0	N10°E	0°
基洛夫矿	前苏联	侵入岩	220.0	S40°E	25°	180.0	N50°E	0°	120.0	N40°W	65°
捷米尔矿	前苏联	侵入岩	320.0	S25°W	20°	90.0	S65°E	0°	90.0	N25°E	70°
阿尔泰矿	前苏联	侵入岩	175.0	N60°W	20°	62.0	S60°E	70°	35.0	S60°W	20°
杰兹卡兹甘31号矿	前苏联	沉积变质岩	85.0	N20°W	75°	10.0	S20°E	20°	-50.0	S70°W	35°

的空间应力场。三个主应力中近垂直向的主应力并非真正垂直地表平面，近水平向的两个主应力也并非真正水平，而往往与水平面近锐角相交，其交角一般为 10° ~ 25°，最大不超过 30°。因此，在没有充分实测依据时，就假定近垂直向主应力垂直地表平面，这是不恰当的。由于岩体天然应力场中三个主应力并非真正的垂直或水平，而其数值又不相等，所以在工程设计中应重视剪应力分量的作用。

（2）岩体水平天然应力大于垂直天然应力是普遍规律。根据实测资料统计，岩体最大水平应力与垂直应力之比值一般为 0.5 ~ 5.5，大部分在 0.90 ~ 1.20 之间。最小水平应力的数值变化较大，而且有时出现拉应力，其与垂直应力之比值在0.02 ~ 4.0之间。目前惯用于两水平应力之平均值或它们之和与垂直应力比值来表征岩体天然应力场特征，这似乎欠妥，应该分别用岩体最大水平应力和最小水平应力与垂直应力之比值来表征岩体天然应力场的特征。但是，由于测试技术的限制，岩体三向天然应力测量成果还较少，所以用实测的岩体水平应力与垂直应力比值来表征工程岩体的天然应力场特征亦是有益的。根据实测资料统计，岩体水平应力与垂直应力之比值一般在 0.5 ~ 5.0 之间，大多数在 0.8 ~ 1.50 之间。

（3）岩体两个水平应力之比值系数，亦是表征岩体天然应力场的一个指标。根据实测资料统计，岩体最小水平应力与最大水平应力之比值一般在 0.3 ~ 0.8 之间。

（4）根据实测资料证明，岩体水平应力和垂直应力及它们之间的比值系数均有随深度增加而增大的趋势。这种随深度增加的规律在不同的岩体构造单元中是不相同的。

总之，岩体天然应力在空间上分布是很不均一的，在不同地区，不同深度，不论其分布方向或量级大小都有很大的差异，这是由于岩体天然应力的分布受到多种因素的影响所致。

2.3.3　影响岩体天然应力特征的因素

影响岩体天然应力分布的因素很多，归纳起来大致有以下几种：

(1) 地质构造条件的影响[87] 地质构造条件可以说是决定一个地区岩体天然应力特征的最本质因素，该因素不但控制着岩体天然应力场的类型，而且也控制着岩体天然应力的方向、量级和分布特征。目前把地壳浅层岩体中天然应力场分为大地静应力场和大地动应力场两大基本类型。这两种岩体天然应力场的基本特征有明显的差别。大地静应力场的应力分布规律常与海姆和金尼克公式相一致。如在地壳浅部的最表层岩体中，如果节理裂隙十分发育，或岩体的塑性较大，这时不但岩体中不会累积新的构造应力，而且岩体中原有构造应力也会被解除，因此，可能具有大地静应力场的特征。而大地动应力场的基本特征是具有很高的水平应力，并且为一个三个主应力不等的应力场。最明显的例子是那些晚近期的褶皱山系，无论地质观察或应力测量均表明垂直构造线走向的水平压应力比沿构造线走向的要大得多。这种不均一性即使在褶皱作用已经结束或在古老的变质岩系中也表现得十分突出。而在未经褶皱变位的沉积盖层中，天然应力场就相对比较均一，并且量级也相对较小，方向也较稳定。所以，如果把应力测量资料的统计和分析与地质构造单元结合起来，就能找出这两者之间的相关关系，可惜目前测量资料太少，还无法进行这方面的工作。

地质构造条件还控制着岩体天然应力的方向。一般说来，在水平面内，岩体最大主应力常垂直于构造线方向，在垂直平面内岩体最大主应力常与地层倾向呈小角度相交。但是据 B. R. Stephenson 和K. L. Murray 报导，有些地方的岩体最大压应力方向却平行褶曲或断裂带走向。前苏联的克里沃罗格煤田岩体最大主压应力平行于萨克萨干向斜轴就是一例。所以有理由认为，各个地质时期内的岩体天然应力场是不同的，故现代测定的岩体天然应力方向与不同地质时期内形成的构造线方向的关系也可能是多种多样的，因而不能用古老构造线方向来说明现代岩体天然应力的方向。现代岩体天然应力方向和大小必须用实测来求得。

根据实测的垂直应力大小与构造关系的统计可知，在未经构造变动的沉积覆盖层中的岩体垂直应力大致等于上覆岩层的自重；在构造变动轻微的岩体中，其垂直应力比覆盖层自重大 20% ~ 30%；而在受构造变动剧烈岩体中的垂直应力远高于自重应力，如在背斜构造岩体中的垂直应力是自重应力的 2.9 ~ 3.8 倍。

（2）岩性的影响　岩体中天然应力是能量累积和释放的结果，因此岩石性质（弹模、泊松比和强度等）影响岩体天然应力量级的大小。根据实测资料表明，在弹模高，强度大的岩体中所测得的应力量级，要比弹模低强度小的岩体为大。根据湖北岩土力学所统计，在弹模相差 1.5 个量级的两种岩体中，其天然应力量级相差一个量级左右。如在坚硬的白云质灰岩中，其弹模为 $1.05 \times 10^6 kg/cm^2$，测得的应力量级为 $100 \sim 300 kg/cm^2$；而在弹模为 $1.86 \times 10^4 kg/cm^2$ 的红色砂岩中，测得的应力量级却只有 $10 \sim 30 kg/cm^2$。因此，可以认为在地质构造环境相同的地区，岩体中天然应力量级是岩石性质的函数。

（3）地形地貌条件的影响　地形地貌条件使地壳表层岩体天然应力分布更加复杂化。例如前苏联托克托尔坝址河谷地区的系统应力实测资料表明，它的左岸石灰岩中实测岩体垂直应力为 $20 \sim 120 kg/cm^2$，水平应力为 $57 \sim 173 kg/cm^2$；而在右岸测得的垂直应力为 $28 \sim 72 kg/cm^2$，水平应力为 $30 \sim 50 kg/cm^2$。从谷坡到山体内部可以分出三个应力带，即靠近谷坡表面的应力降低带，第二带为应力增高带，第三带为应力平衡带。应力降低带的厚度与河谷发育史有关：在现代侵蚀范围内，为 2 ~ 5m，在上第四纪侵蚀范围内，为 20 ~ 30m；在中第四纪侵蚀范围内，为 60 ~ 100m。

地形地貌条件不仅使岩体天然应力量级发生变化，而且还控制着岩体应力方向。实测资料表明，在河谷区的岩体最大主应力方向，有时平行于山坡坡向，有时却与等高线方向近似一致，这可能是由于岩体垂直等高线方向的水平应力释放的结果。

2.4　风化作用

由于风化作用，在工程实践中经常可能遇到这种现象，如坚硬致密的花岗岩体在地表变得疏松易碎，甚至成为壤土；基坑、边坡、洞库开挖后，某些新鲜岩体的表面不久即发生剥落、塌方。风化作用是一个很复杂的问题，而这个问题又是直接影响岩体稳定性的重要因素，所以在水利水电工程建设中很重视这个问题，尤其是在一些遭受强烈化学风化的结晶岩地区，这个问题就显得更为突出。

风化作用对岩体稳定性的影响，主要表现在使岩体中的结构面增加。同时，由于原有矿物风化，分解为高岭石、蒙脱石、伊利石、蛭石、铝矾土、褐铁矿和蛋白石等各种次生的亲水性矿物，矿物或岩屑颗粒之间的联结状态也由原来的结晶联结或胶结联结转化为水胶联结甚至松散体，从而使岩体的物理力学性质恶化，表现为抗水性降低，亲水性增高，透水性增大，力学强度大为下降，在外荷载作用下的变形量也增大了。例如，新鲜完整的花岗岩，其抗压强度可达1200 ~ 2000kg/cm^2，变形模量为(40 ~ 50) × 10^{4}kg/cm^2；而强烈风化的同类花岗岩，其抗压强度每平方厘米仅为几十公斤，变形模量每平方厘米仅为几千公斤。由于风化岩体不能满足坝基的要求，尤其是高水头的混凝土坝对地基有很高的要求，对这类岩体就必需挖除或采取补强措施。

对风化岩体，过去仅限于定性方面的评价。这种方法就是由工程地质工作者进行野外地质调查，对影响岩体风化的因素，风化岩体的产状，颜色、矿物成分、结构、破碎程度、钻孔岩心采取率及简单的物理力学性质等进行描述，随后进行风化壳的垂直分带。由于工程要求和考虑的分带标志不同，风化壳分带的标准不统一，从国内外对一些分带法看，大致有三分法和四分法两大类。三分法就是将风化壳分为强风化带、中等风化带和稍风化带三带。四分法就是将风化壳分为剧风化带、强风化带、弱风化带和微风化带四带。虽然各带名称叫法不一，但所考虑的分带标志则大致相同。

多年来，国内外的工程地质和岩石力学工作者试图用某种定量参数来评定各风化壳岩体的特征，使所划分出的各带含有明确的强度概念。目前已有新鲜岩块单轴抗压强度比值法、点荷载法和声波速度法等，但都还不够完善，有待继续探索。下面简要介绍一下这几种方法。

原水电部成都勘测设计院科研所在 1964 年曾提出了以室内岩块的孔隙率(n)、吸水率(W) 和单轴抗压强度(R) 作为物理力学指标的风化系数。

近年来,国外的工程地质工作者,如美国的 P. G. 福克斯、W. R. 狄尔曼和 J. A. 富兰克林以及日本的木宫一邦等学者,开始利用点荷载试验划分岩石风化带的探索,获得了初步成果。他们研究结果的共同点是:用点荷载试验取得的强度指标值随岩石风化程度的变化是明显的,而且这种变化同其他一些常用鉴定岩石风化程度的标志相对应。其中尤以木宫一邦对某花岗岩体风化壳分带的研究更有意义。他首先根据野外观察,将风化花岗岩分为七带,即Ⅰ、Ⅱ 带为花岗岩,Ⅲ、Ⅳ 带为风化花岗岩,Ⅴ、Ⅵ 带为风化砂,Ⅶ 带为土壤。每带采取不规则试样在风干状态下进行点荷载试验,测其抗拉强度值,并将该抗拉强度平均值的常用对数值称为风化抗拉强度指数 τ,以作为划分风化带的强度指标,即

$$\tau = \lg S_t$$

式中 S_t 为点荷载抗拉强度(kg/cm^2)。据此,他将花岗岩的风化壳划分为五级,如表 2-3 所示。

表 2-3　　风化抗拉强度指数 τ 值

风化分带	平均值	中　值	标准差	范　围	
				最大	最小
Ⅰ	2.06	2.07	0.21	2.39	1.47
Ⅱ	1.70	1.69	0.23	2.17	1.17
Ⅲ	0.75	0.77	0.36	1.50	0.00
Ⅳ	-0.20	-0.18	0.35	0.46	-0.66
Ⅴ 和 Ⅵ	-1.47	-1.50	0.23	-1.03	-1.72

国外还利用微地震法在现场测定风化岩石,以进行风化壳的分带。如日本一学者于 1962 年建议用裂缝系数和坚固度对岩石的风化程

度进行判断,其表达式为

$$K = (E_d - \varepsilon_d)/E_d$$

$$n = \varepsilon_d/E_d$$

式中:K—— 裂缝系数;

E_d—— 室内岩块的动弹性模量;

n—— 坚固度;

ε_d—— 野外岩体的动弹性模量。

该学者提出的岩石风化分级如表2-4所示。

表2-4　　岩石风化程度分级表

符　号	岩石分级	岩石风化程度	坚固度 n	裂缝系数 K
A	优	新鲜	> 0.75	< 0.25
B	好	微风化	0.5 ~ 0.75	0.25 ~ 0.5
C	可	半风化	0.35 ~ 0.5	0.5 ~ 0.65
D	差	强风化	0.2 ~ 0.35	0.65 ~ 0.8
E	坏	全风化	< 0.2	> 0.8

近几年来,我国长江水利水电科学研究院和原水电部第十二工程局科研所等单位正在利用声波法进行岩石风化壳分带的试验研究工作。

2.5　水对岩体性状的影响

在水工建设中,水对岩体的影响之大,已为人们所熟知。诚然,在世界坝工建设史上不少惨重的事故都与水的作用有关。例如,1895年法国布济(Bouzey)坝的失事和1923年意大利格林诺(Gleno)支墩坝的溃决,都是由于坝基扬压力过高所致。1928年美国圣·弗兰西斯(St. Francis)重力坝的失事,则是由于水对坝基中粘土质砾岩作用使之崩解,以及水对坝基中许多石膏夹层的溶解作用所致。前面所提到的

1963 年意大利瓦依昂大滑坡以及 1961 年我国湖南资水的塘岩光滑坡的发生，都与水的作用密切相关。水不仅对岩体稳定性有如此巨大的影响，水还影响到地壳的稳定性，如水库地震即是。所以，水作为一种地质因素对岩体性状的影响，也就愈来愈引起人们的重视。

水对岩体的影响，归纳起来有两种情况：第一种情况是水对岩体的力学作用，包括岩体裂隙静水压力作用和裂隙动水压力作用两方面。由于水的作用，可以急剧地改变岩体的受力状况。第二种情况是水对岩体的物理、化学作用，包括风化、软化、泥化、膨胀和溶蚀作用。作用的结果，使岩体性状逐渐恶化，以至发展到使岩体变形导致失稳破坏的程度。下面主要就裂隙水压力和水对岩体的软化作用加以简述。

关于水对岩体的力学作用，虽然在坝工建设中是一个非常重要的问题，但是到目前为止，国内外对这一作用的机制研究资料尚少。究其原因，是与水在裂隙岩体中渗流的理论至今还未完善地建立起来有关。确实，由于裂隙岩体的非均一性、非连续性和各向异性的复杂介质条件，欲建立其数学计算模型是相当困难的。关于这一课题的研究，应由岩体水力学这一分支学科来进行。

一般认为，在水工建设中，由于裂隙水压力的作用，抵消了一部分岩体的自重应力，使作用于岩体上的有效应力减少，以致降低了岩体的抗剪强度。这可以用下列方程式表示，即

$$\tau = (\sigma - u)\tan\varphi + c$$

式中：τ—— 岩体的抗剪强度；

σ—— 法向应力；

u—— 裂隙水压力（静水压力）；

φ—— 岩体的内摩擦角；

c—— 岩体的内凝聚力。

由于裂隙水压力的存在，混凝土重力坝底部胶结面上及坝基岩体中某一软弱结构面上，就产生了扬压力，扬压力直接影响到坝的稳定性。在国外，20 世纪 30 年代以前，由于没有充分认识到扬压力对坝基抗滑稳定的影响，使得一些水坝失事。人们在惨痛的教训中逐渐认识到，

必须采取措施最大限度地降低坝基扬压力。目前在坝工建设中,主要采取在坝基前部设置防渗帷幕和排水孔的措施以减小渗透压力。

需要指出的是,上述情况仅是从力学角度来考虑的。实际上,在地下水长期渗流过程中,会使一些软弱结构面的亲水矿物饱水而大大降低该结构面的抗剪强度,水在这里起到了润滑剂的作用。

岩体内裂隙水的动水压力作用,主要是使结构面中充填物遭受冲刷和产生管涌。这种情况往往发生在高水头作用下,由于地下水水力梯度的加大,致使一些胶结不良的断层破碎带和有充填物的裂隙产生破坏作用。

在水电建设工程中,由于岩体处于长期饱水状态,所以岩体强度是否会降低,这又是值得研究的一个重要问题。实践表明,岩石与水接触后,尤其在长期浸泡后,其强度随岩石的不同而有不同程度的降低,其值可以从百分之几到70% ~ 80%,甚至完全丧失其强度。岩石由于浸水后强度降低的性能称为软化性。若岩石中有较多的大开孔隙,而且还有较多具有亲水性或可溶性矿物,则岩石的强度就更易于因浸水而降低。通常以岩石的干、湿抗压强度的比率,即用软化系数 η 来表征岩石的"软化" 程度,即

$$\eta = \frac{R'_d}{R_d}$$

式中:R'_d—— 岩石的单轴湿抗压强度(饱水状态);

R_d—— 岩石的单轴干抗压强度(风干状态)。

水对岩浆岩、变质岩的软化影响要小一些,而对沉积岩尤其是对一些沉积年代较新,成岩程度较差,含泥质较多的粘土质、粉砂质岩石来说,软化影响较大,甚至于遇水就崩解而失去强度。

水对岩石的应力 — 应变曲线也是有影响的。图 2-7 表示了岩石的比较试验结果。

有一些由软页岩、粘土质粉砂岩及凝灰岩等岩石组成的岩体,其遇水后就会膨胀而产生膨胀力。含水愈多,体积膨胀量愈大,膨胀力也愈大。有关资料表明,上述岩体遇水后,体积膨胀量可以超过原体积的

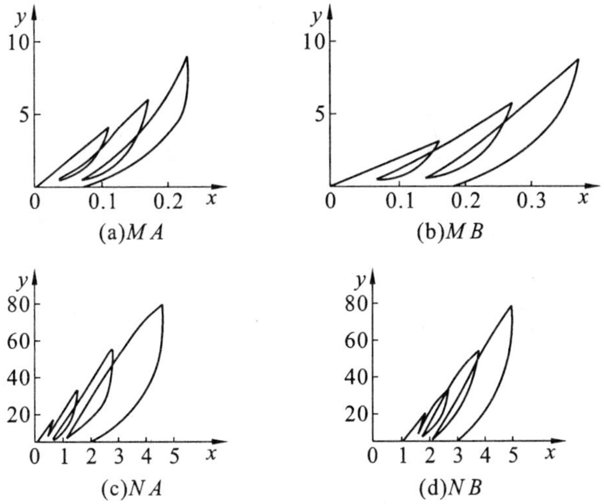

x— 变形(mm)；y— 压力(kg/cm^2)

图 2-7　饱水前 Ⓐ 和饱水后 Ⓑ 对室内试件Ⓜ和野外试件Ⓝ的比较试验图

20% ～30% 以上。膨胀力是作为一种附加应力作用于岩体本身和工程结构上的、膨胀力可以使岩体和结构产生变形以至破坏。当在有膨胀性的岩体中修建地下工程时，必须注意这个问题，如采取防水措施，以保证岩体的稳定性。

第3章　岩体工程分级

杨子文
（国家电力工业部成都勘测设计院科学研究所）

3.1　概　　述

长期以来，国内外不少专家学者，为探索从定性和定量两个方面来评价岩体的工程性质，曾进行过大量的工作[88]~[90]。

早在20世纪50年代初，日本学者在岩体工程性质研究中，引进了在介质中传播的弹性波速后，提出了著名的龟裂系数 K_V，至今已为工程界广泛应用；20世纪60年代初，由伊利诺斯(Illinois)大学提出并得到发展的岩石质量标志R·Q·D法，目前已积累了大量资料，取得了不少经验，引起了各国工程地质学界的重视；到20世纪70年代中期，在归纳总结了这方面的工作之后，挪威学者提出了围岩岩体质量 Q 的方法，对岩体工程性质进行评价。

国内这方面的工作，在20世纪60年代，甚至更早一些，已开始进行。到20世纪70年代初，由于生产建设的需要，在科研、教学、铁道、冶金、水电、建工等部门均陆续地开展了岩体的分类分级的工作，并取得了一定的成果。

当前，岩体的工程分级工作，正向着与具体工程更紧密结合的方向发展，这项工作已逐渐成为岩体力学研究工作的一个重要组成部分。

3.1.1　分级的目的

岩体工程分级的目的，是对作为工程建筑物基础或围岩的岩体，从工程的实际要求出发，对它们进行分级；并根据其好坏，进行相应的试验，赋予岩体必不可少的计算指标参数，以便于合理的设计和采取相应的工程措施，达到经济、合理、安全的目的。

根据用途的不同，岩体工程分级有通用的分级和专用的分级两种。前者是供各个学科领域、各国民经济部门笼统使用的分级，是一种较少针对性的、原则的、大致的分级；而专用的分级，是针对某一学科领域，某一具体工程，或某一工程的具体部位岩体的特殊要求，或专为某种工程目的服务而专门编制的分级。与通用分级相比较，专用分级所涉及的面窄一些，考虑的影响因素少一些，但是更深入一些，细致一些。

一般来说，供各种工程使用的岩体工程分级，从某种意义上讲，都是范围大小不等的专用分级。本文提供的分级，原则上属于这一类（文中仅叙述了定量分级的判据，未给出分级的其他部分）。

当然，目的不同，分级的要求也不同。对水利水电工程来讲，必须着重考虑水的影响这一特点；对于铁道工程，则应着重研究地压问题；对于供钻进、开挖用的分级，则主要是考虑岩石的坚硬程度；对于修建在地下的大型工程来说，考虑地应力是首要的任务。同属水电工程，大工程要求高一些，小工程就可以放宽一些；同是大型工程，初设阶段和施工图设计阶段的要求也各不相同。

总之，岩体工程分级是为一定的具体工程服务的，是为某种目的编制的，其内容和要求，必须视具体情况而定。

本分级的目的，在于向修建在岩体上的各种工程提出一项有利于岩石和岩体的对比和统一的，建议的定量分级法。

3.1.2　岩体工程分级的原则

首先，必须确定分级的目的和使用的对象。如：是岩石分级，还是岩体分级；是生产部门使用，还是用于教学科研；在生产领域内，是用于冶金采矿，还是水利水电工程，亦或是工民建的地下建筑；在分级的性质上，是通用的，还是为专门目的而编制的专用分级。

确定了上述原则之后，在具体作法上，首先是根据需要考虑分多少级为宜。从国内外的一些主要分级实例来看，一般多分为五级。从工程实用来看，这是恰当的。有时候，为了某种需要，可以在每一级之下，再细分为 2 ~ 4 个亚级。

最初的分级多为岩石分级。如建筑部门为公路路面和建筑材料而编制的分级即属此类。随着生产的发展，岩石分级已远不能满足工程上的要求，于是发展了考虑野外现场岩体若干特性的岩体工程分级。限于科学技术水平，早期的分级，只能是定性的、描述性的分级。随着生产向深度和广度的发展，随着地质工作的逐步走向定量化，就使岩体工程分级工作逐步向定量方向发展不但有了需要，而且也有了可能。

在编制岩体工程分级的时候，目的和对象不同，考虑的因素也不同。一般说来，对于为各种工程服务的岩体工程分级，必须考虑这样一些因素：岩体的性质，其中尤其是结构面，组成岩体之岩石的工程质量，风化程度，水的影响，岩体的各种物理力学参数，以及施工条件等。对于那些为某种特殊目的而编制的分级，除考虑一般因素外，还必须考虑具体工程的特殊要求。

考虑到岩体工程分级是为某一目的而服务的，因此，在编制岩体工程分级时，一方面要求能基本反映客观实际情况，同时也应力求简便。

在定量分级中，其指标量值的变化，多用几何级数来反映。级数的公比，多为 1.2 ~ 1.4。特性变动范围多在 10 ~ 30 倍之间[88]。

20 世纪 60 年代以来，在岩体工程分级中，由于采用了基本上能反映岩体客观规律的“综合特征值”，从而把这项工作推向到较为合理的定量分级阶段。目前，在国际上，在工程地质界，一个明显的趋势是，利用根据各种技术手段获取的“综合特征值”来反映岩体的工程特性，用它来作为岩体工程分级的基本定量指标，并力求与工程地质勘探和岩石测试工作相结合，用一些简捷的方法，迅速判断岩体工程性质的好坏，以便采取相应的工程措施。例如，前面提到的龟裂系数，岩石质量标志，围岩岩体质量等，都是这种“综合特征值”的典型代表。

在考虑“综合特征值”时，必须选用一些常用的，与岩体特性有关的指标参数。作为“综合特征值”的指标，有单项的，也有多项的。挪威学者巴尔通(N. Barton) 等提出的围岩岩体质量指标 Q,是一个包括三项六个指标的“综合特征值”,也是一个很典型的特征值[89]。

3.2　影响岩体工程性质的主要因素

影响岩体性质的因素,从地质观点来看,是很多的;但从工程观点来看,影响岩体工程性质的因素,起主导作用和控制作用的,则为数不多,计有:岩石质量,岩体完整性,风化程度,水的影响等。诚然,地应力梯度的差异,对岩体质量的好坏也是一个影响因素,但并非都是削弱的因素。除此之外,还有一些次要的因素,下面对上述这些因素作进一步的分析讨论。

3.2.1　岩石质量

岩石质量的优劣,对岩体质量的好坏,有着明显的影响。

从工程观点来看,岩石质量的好坏,主要表现在岩体的强度(软、硬) 方面和变形性(结构上的致密、疏松) 方面。而作为工程建筑物基础和围岩的岩体,欲衡量其工程性质属性的好坏,主要也表现在岩体的强度和变形性这两个方面。

岩体的强度,涉及到岩体力学介质理论的建立问题。在这类理论发展和建立起之前,要描述和解释岩体的强度是困难的。既要通过在现场对岩体进行测试,也需在正确的理论指导下去进行,方能如实地反映客观情况。目前,用弹性理论和现有测试手段的具体条件下,一些对工程起重要作用的指标,例如反映岩体能承受外载能力大小的岩体抗压强度等,一时尚难准确测定。一种简易的,道理上也能令人信服的,但又有一些具体问题有待进一步去研究探讨的方法,是利用岩块自身的各种力学性指标,考虑岩体的完整程度,再给以适当的安全系数,以此得出的指标,作为岩体的相应指标值。换言之,岩体和岩块的同一指标,例如抗压强度,它们在同等受力状态下,两者之间的差别,仅在于岩体的完整性系数和所赋予岩体的安全系数乘积之大小。可以设想,对于非常完整的岩体，是可以考虑利用室内岩块试验的指标值的。当然，这里还有一个工程上允许的安全储备问题。以此类推，其余的一些指标参数，也有可能按此途径去考虑解决。从这种设想出发，使人们有可能根据室内岩块试验获得的抗压、抗拉、抗剪、弹性参数等指标，经过一定的换算，得到某种完整程度下，该岩体的相应指标值。须知，这后者才是我们所最为关注的，也正是我们岩石力学工作者所要谋求解决的。

岩体的变形，是岩体在一定外载作用下，导致岩体产生不同变形的性能。同岩体强度一样，这里也是涉及到一个基本理论的问题。从宏观上看，一般说来，这种变形的特征和变形量的大小，主要取决于岩体的完整程度。也就是说，主要取决于岩块之间的联结情况，充填物性质和数量，缝隙的密闭程度，以及岩石质量的好坏，受力大小等因素。同岩体的完整性相比较，岩块自身的压缩变形，在这里是次要的、为第二位的因素。只有在岩体非常完整，或各种弱面紧密闭合，无填充物，或者岩石质量甚差，属于软弱疏松岩类的情况下，岩块本身的变形，在岩体的变形中才有可能从次要地位上升为主要的因素。

评价和衡量岩石质量好坏，至今没有统一的方法和标准。从国外来看，目前多沿用室内单轴抗压强度指标来反映。除此之外，有个别方法考虑了岩石的强度和变形，用它的弹性模量和抗压强度的比值来表示的，这就是狄尔(D. U. Deere) 等学者模量比分类法[90]。

根据资料和成果的分析，确认考虑岩石的强度和变形的方法较为符合工程实际情况。同时，也注意到采用单轴抗压强度和模量比法的不足。在此，提出一个称之为强度模量积的方法，并用 $E \cdot R$ 来表达(模量比是从地质角度来反映岩石的性质，如疏松、致密、软、硬等情况；强度模量积能从工程角度上反映岩石质量的好坏)。

综合上述分析讨论，在此提出一个以强度模量积($E \cdot R$) 为主，并辅以模量比(E/R) 和单轴饱和抗压强度的综合评价岩石工程质量好坏的方法。

为使岩石质量好坏具有一个可供比较和更为明确的相对概念，在此，进一步将 $E \cdot R$ 值除以经整理分析得出的标准软岩的强度模量积

$(R_S \cdot E_S)$，取其平方根值作为岩石工程质量的定量评价标准。岩石质量指标 S 的数学表达式如下

$$S = \left(E \cdot \frac{R}{E_S} \cdot R_S\right)^{\frac{1}{2}} \tag{3-1}$$

式中：R—— 欲评价之岩石的室内单轴抗压强度（kg/cm^2）；

E—— 欲评价之岩石的室内弹性模量（kg/cm^2）。取 50° 抗压强度时的数值，即 E_{50}。

当岩石新鲜时，式(3-1) 中的 E,R 与后面将讨论到的计算岩体质量指标 M 中的 R_{fD}（新鲜岩石单轴干抗压强度），E_{fD}（新鲜岩石室内干弹性模量）相同，这种情况下的岩石工程质量指标用 S_f 来表示，即

$$S_f = \left(E_{fD} \cdot \frac{R_{fD}}{E_S} \cdot R_S\right)^{\frac{1}{2}} \tag{3-2}$$

这里讲的新鲜岩石，是指在同一工程，由同一种岩性组成的岩体中，处于新鲜未风化部位之岩石。符号中脚标 f、D、S 分别表示新鲜、干燥、软弱。从式(3-2) 可以看出，若未能取到新鲜岩样，则意味着岩石质量指标将有所减小，亦即降低了岩石的等级。因此，应尽量取到新鲜岩样。

上述两式中的$(E_S \cdot R_S)$ 值，可以理解为是坚硬岩类和软弱岩类的强度模量积的分界值或界限值。根据 $E-R$ 的关系图图 3-1，参照一般经验和 R 值的常用分级标准，考虑到该值是一个实用的相对比较指标，为便于使用和记忆，在此约定为以下的常数值，即

$$E_S \cdot R_S = 20 \times 10^6 \tag{3-3}$$

根据式(3-1) 和式(3-3)，在此给出软岩和硬岩的定义，即当

$$S = \left(\frac{E \cdot R}{20 \times 10^6}\right)^{\frac{1}{2}} > 1 \tag{3-4}$$

或$(E \cdot R) > 20 \times 10^6$ 时，该岩石属于坚硬岩石；

当
$$S = \left(\frac{E \cdot R}{20} \times 10^6\right)^{\frac{1}{2}} \leqslant 1 \tag{3-5}$$

或$(E \cdot R) \leqslant 20 \times 10^6$ 时，该岩石属于软弱岩石。

根据以上论述，在此建议岩石工程质量指标的分级值如下：

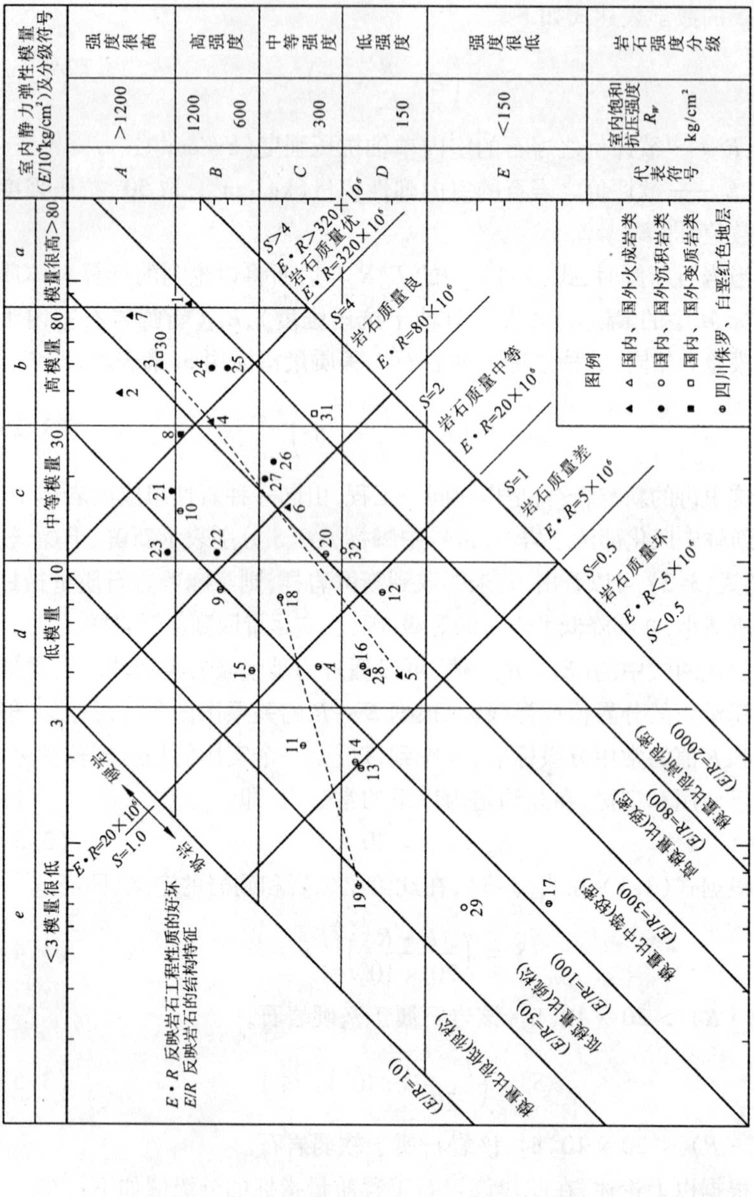

图 3-1　岩石质量指标 S 图

$S_f>4$　岩石工程质量优,极坚硬的 Ⅰ 类岩石;

$S_f=2\sim4$　岩石工程质量良,坚硬的 Ⅱ 类岩石;

$S_f=1\sim2$　岩石工程质量中等,半坚硬的 Ⅲ 类岩石;

$S_f=0.5\sim1$　岩石工程质量差,软弱的 Ⅳ 类岩石;

$S_f<0.5$　岩石工程质量坏,极软弱的 Ⅴ 类岩石。

从式(3-4)和式(3-5)以及岩石工程分级并从工程观点来看,所有的软岩类,均属于工程质量差的岩石,塑性变形的岩石;而所有的硬岩类,则都是工程质量中等到优良的岩类,弹塑性变形和弹性变形的岩石。从表3-1和图3-1中也可以看出,四川省侏罗系的红色砂岩、粘土岩、页岩地层,也多属于岩石质量中等、差、坏的岩类,这与通常的看法是一致的。

强度模量积($E\cdot R$)的物理意义,从工程观点来看,就是岩石承受外载时,岩体反映出的强度和抵抗变形的综合性能。该值随岩石质量转好(坚硬、致密)而增大,随岩石质量变坏(软弱、疏松)而降低。这种增减,以近似平方的数值而变化,岩体能反映出模量比(E/R)表达式所不能反映的岩石工程特性。

前面讲过,模量比(E/R)可以反映出岩石成因引起的某些结构特征。当模量比的数值大时,通常说明该岩石致密;而模量比值小时,则表明岩石结构疏松。据此,有可能建立岩石物理力学性(指孔隙率、抗压强度、弹性模量三者)指标间关系。

例如,表3-1中15号工程的泥钙质砂岩,其岩石工程质量指标值

$$S=1.13\left(4.1\times10^4\times\frac{625}{20}\times10^6\right)^{\frac{1}{2}}$$

用上述的岩石分级来衡量,其工程质量是中等偏低的 Ⅲ 类半坚硬岩石;岩石的模量比

$$(E/R)=65.5(4.1\times10^4/625)$$

属于低模量比的疏松岩类。同一工程,编号为16的粘土岩,其岩石质量指标

$$S=0.73(4.3\times10^4\times250/20\times10^6)^{\frac{1}{2}}$$

属岩石质量差的 Ⅳ 类软弱岩石;岩石的模量比

表 3-1　　岩石工程质量指标 S 表

序号	工程名称	岩　性	R /(kg/cm^2)	E /(10^4kg/cm^2)	模量比 $\left(\frac{E}{R}\right)$	强度模量积 $(E \cdot R)10^6$	岩石工程质量指标 S	岩石质量	岩类
1	丹江口	中粒闪长岩	1028	82	798	842	6.48	优	Ⅰ
2	新丰江	新鲜花岗岩	1900	40	210	760	6.15	优	Ⅰ
3	黄坛口	新鲜花岗岩	1350	50	370	675	5.81	优	Ⅰ
4	黄坛口	半风化花岗岩	881	31.5	358	277	3.72	良	Ⅱ
5	黄坛口	全风化花岗岩	185	4	216	7.4	0.607	差	Ⅳ
6	铜街子	角砾状凝灰岩	470	16	341	75.2	1.94	中差	Ⅲ
7	铜街子	短粗柱状玄武岩	1750	75.2	430	1310	8.08	优	Ⅰ
8	刘家峡	云母石英片岩	1130	27	239	305	3.87	良	Ⅱ
9	苏　滩	红层砂岩	813	8	98.5	65	1.8	中等	Ⅲ
10	偏窗子	红层长石砂岩	1170	15.5	133	181	3.08	良	Ⅱ
11	黑龙潭	红层细砂岩	409	2.25	55	9	0.67	差	Ⅳ
12	双　河	红层页岩	222	7.9	358	17.5	0.936	差	Ⅳ
13	平　桥	红层页岩	253	1.85	73	4.68	0.483	坏	Ⅴ
14	升　钟	红层砂岩	261	1.96	75	5.12	0.505	差	Ⅳ
15	小井沟	泥钙质砂岩	625	4.1	65.5	25.6	1.13	中等	Ⅲ
16	小井沟	粘土岩	250	4.3	172	10.7	0.73	差	Ⅳ

续表

序号	工程名称	岩　性	R /(kg/cm²)	E /(10⁴kg/cm²)	模量比 $\left(\frac{E}{R}\right)$	强度模量积 $(E \cdot R)10^6$	岩石工程质量指标 S	岩石质量	岩类
17	三　岔	红层粘土岩	54	0.61	113	0.33	0.128	坏	Ⅴ
18	葫芦口	红层砂岩	499	7.46	149	37.2	1.36	中等	Ⅲ
19	葫芦口	风化红层砂岩	256	0.72	28	7.84	0.303	坏	Ⅴ
20	龙　河	红层泥质粉砂岩	346	10.6	326	36.6	1.35	中等	Ⅲ
21	新安江	新鲜矽质砂岩	1230	18	146	221	3.33	良	Ⅲ
22	新安江	半风化矽质砂岩	850	11	129	93.6	2.16	良	Ⅲ
22	新安江	新鲜石英砂岩	1283	11	86	141	2.65	良	Ⅲ
24	青铜峡	中砂岩	878	48.9	556	380	4.35	优	Ⅰ
25	青铜峡	石灰岩	765	49.1	641	376	4.33	优	Ⅰ
26	八盘峡	微风化矽质砂岩	522	22.6	433	118	2.42	良	Ⅱ
27	乌江渡	石灰岩	574	20	349	115	2.39	良	Ⅱ
28	黑部川四号	黑云母中粒花岗岩	240	4.1	171	9.84	0.7	差	Ⅳ
29	本·密吉尔	泥灰岩	110	0.6	55	0.66	0.181	坏	Ⅴ
30	邱吉尔瀑布	黑云母片麻岩	1330	53.8	405	716	6.06	优	Ⅰ
31	马尔帕塞	片麻岩	375	34	907	128	2.52	良	Ⅱ
32	帕赫拉维	石灰岩	300	11.4	380	34	1.31	中等	Ⅲ

$$(E/R) = 170(4.3 \times 10^4/250)$$

属于模量比中等的较密的岩类，岩石比该工程的泥钙质砂岩要致密一些，但工程质量要相差一级。从上述两例可以看出，用岩石工程质量指标 S 值来反映岩石的工程属性较为合理。从资料看出，泥钙质砂岩的 S 值较粘土岩的 S 值大，这就从量上表明了前者的工程性质确实比粘土岩好一些，从表 3-1 中的 S 值可知，两者相差一级。这种判断，既符合于一般常识上的定性了解，其好坏的程度也有定量上的差别。这样，就有可能为同一工程的不同岩性，不同工程的同一类岩性，不同工程的不同岩性，以至同一工程处于不同风化程度的同一岩性，或处于干、湿、冻融状态下同一岩性的工程性质的比较，乃至岩石不均匀性的评价等，提供一种方便、合理而客观的评比准则。

经验表明，岩石风化后，随着风化程度，其弹性模量和抗压强度均有所变化。因此，在同一工程的同一岩类中，新鲜岩石的 $E \cdot R$ 值或 S 值要大一些；随着风化程度的加深，其 $E \cdot R$ 值或 S 值亦随之而减小。如表 3-1 中同一工程，编号为 3，4，5 的花岗岩所反映出的那样，它们不仅有定性说明上的风化程度不同的差别，而且从定量上也可以看出岩石经风化以后，其工程属性确实是变坏了。由此可见，S 值的大小也可以用来评定岩石的风化程度。

类似的道理，岩石遇水后，其强度和弹模值也都有程度不同的降低，或者说表征岩石工程性质的 $E \cdot R$ 或 S 值将有所减小。这同样表明岩石的干、湿状态的工程性质有定性上的不同，而且也定量的说明了水对岩石工程质量的削弱程度。所以，S 值的大小也可用来评价水对岩石的影响。

对于那些正交各向异性的岩体，如层状沉积岩、片状变质岩等，这些岩石的强度、模量值等是随方向而变化的，就是说，它们的强度模量积或 S 值是随方向的变化而有所改变的。这也就从定量上说明了这些岩类在不同方向上，确实有着不同的岩石质量。

总之，对于岩石的非均质性、各向异性、相变等，都可以用 S 的概念和量值的大小来给以定量的解释。

综上所述，可以引出一个有实际意义的论点：“从工程实用观点来看,不论什么成因的岩类,只要它们的岩石工程质量指标 S 值彼此相等或相近,即可以认为,它们的岩石质量是相同的,相近的,是同一级的。也就是说,工程上对它们是可以同等看待的。据此出发,与某一岩石质量指标 S 值相应的一套岩石的力学性指标也应该是相同的、相近的,是同一级的”。

从表 3-1 中可以看出,第 27 号的石灰岩 $S=2.39$,而 26 号的微风化矽质砂岩的 $S=2.42$,说明两者同属于岩石质量良好的Ⅱ类岩石;而 24 号和 25 号的石灰岩和中砂岩的 S 值分别为 4.33 和 4.35,都是岩石质量优等的Ⅰ类岩石;四川省红色地层的 20 号和 18 号的泥质粉砂岩和红层砂岩的 S 值为 1.35 和 1.36,该值说明它们都是中等岩质的Ⅲ类岩石。表 3-1 中 11,12,13,14,16,17,19 号等的红层岩类,从它们的 S 值可知,均属于岩石质量差和坏的Ⅳ类、Ⅴ类岩石。可见,这就有可能使人们对岩石质量好坏的评价,由通常的地质学观点逐渐地转向工程观点,即将岩石质量的评价建立在一个共同的客观基础上,这对工作将会是有利的。

3.2.2　岩体的完整性

岩体工程性质的好坏,一般说来,基本上不取决或很少取决于组成岩体的岩块的力学性质,而是取决于包括受到各种地质因素、各种地质条件影响而形成的弱面、弱带和其间充填的原生或次生物质的性质,以及岩石本身,再加上参与活动的水、气等所共同组成的三相岩体体系的力学性质。因此,即使组成岩体的岩质相同,其岩体的完整性却不一定相同,其工程性质也会迥然不同。

众所周知,实际工程中常用的爆破施工法,对岩体会造成许多大小不等的裂缝,从而破坏了岩体的完整性。所以,爆破作业会降低岩体的工程质量。这就是为什么要发展和提倡光面爆破、预裂爆破和采用掘进机掘进等施工方法的一个重要原因。而实际工程中的灌浆、锚固等处理措施,由于这些措施可以在不同程度上改善和加强岩体的完整性,因此,这些措施有提高岩体工程质量的作用。

岩体被断层、节理、裂隙、层面、岩脉、破碎带等穿插,是导致岩体完整性遭到破坏和削弱的根本原因。因此,岩体的完整性,就有可能用被节理切割之岩块的平均尺寸来反映。也可以用节理裂隙出现的频度、性质、闭合程度等来表达。还可以根据灌浆时耗浆量；施工中选用的掘进工具、开挖方法、日进尺量；钻孔钻进时的岩心获得率；抽水、压水试验中渗流量；弹性波在地层中传播速度；甚至变形试验中变形量、室内外弹模比值和现场动静弹模的比值等多种途径去定量地反映岩体的完整性。

总之，岩体的完整性，可以用各种地质上的，试验方面的，施工中的各种定性、定量指标参数来给以表达。

在基本上能反映客观实际的前提下，为便于推广和实施，参考国外的途径，总结国内的实践经验，从发展来看，作者认为，采用岩体的弹性纵波速度 V_P(m/s) 和组成该岩体的完整岩块的弹性纵波速度值 v_P(m/s) 的比值的平方来表示岩体的完整性，是一种较为合理的方法，即

$$K_V = \left(\frac{V_P}{v_P}\right)^2 \tag{3-6}$$

式中：K_v—— 岩体完整性系数。

当然，在未能测到 K_V 值的情况下，也可以近似的用岩心获得率或 $R \cdot Q \cdot D$ 来代替[88]。

可以看出，式(3-6) 实为岩体和岩块的动力参数之比，亦即是岩体和岩块的动弹性模量的简化比。有关 K_V 值的资料及选值，如图 3-2 所示。

根据图 3-2 的资料和经验，建议 K_V 的分级值如下：

$K_V > 0.9$	岩体完整；
$K_V = 0.75 \sim 0.9$	岩体较完整；
$K_V = 0.45 \sim 0.75$	岩体中等完整；
$K_V = 0.2 \sim 0.45$	岩体完整性差；
$K_V < 0.2$	岩体破碎。

3.2.3 风化程度

从前面岩石质量的论述中可知，岩石的风化程度，对岩石质量有明显的影响。因此，风化程度对岩体质量的影响也必然是大的。因此，对于岩石的风化和风化程度，不仅需要从定性方面加以描述，而且还需要进

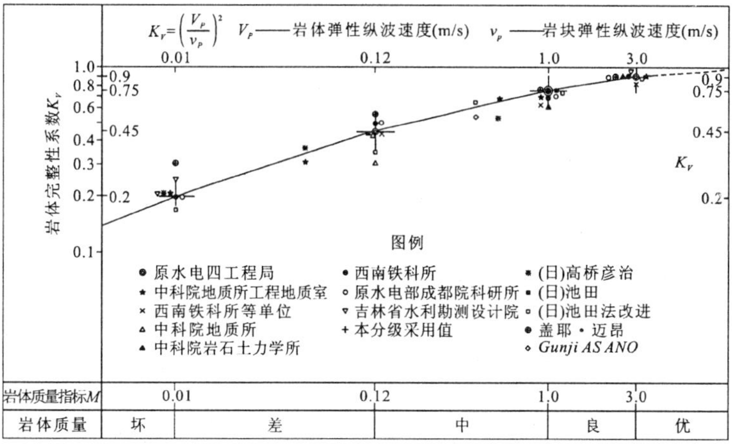

图 3-2　岩体完整性系数 K_V 值图

一步探索风化程度的定量表达方式。这方面的工作，国外已有一些专著论述[91]。在此仅提出一种简易的方法加以讨论。早在 1963 年，作者曾提出了一项以新鲜和风化岩石的孔隙率 n、吸水率 W、抗压强度 R 这三个分别代表岩石的物理性、水理性、力学性的实测指标来综合性地、定量地表示岩石的风化程度。后来，经过多年的分析观察，得出的认识是：风化对岩石的影响，最终可以归结为对岩石的强度的削弱上。因此，从工程观点出发，为实用方便起见，建议用目前室内广泛进行的单轴抗压强度来表示岩石的风化程度，亦即

$$K_y = \frac{R_{aD}}{R_{fD}} \tag{3-7}$$

式中：R_{aD}—— 风化岩石单轴干抗压强度（kg/cm^2）

R_{fD}—— 新鲜岩石单轴干抗压强度（kg/cm^2）

K_y—— 岩石的风化程度系数。

表 3-2 给出了定量评价岩石风化程度的若干工程实例。

根据地质方面的资料和经验，对岩石风化程度系数 K_y，提出以下的分级：

$K_y > 0.9$　　新鲜岩石（包括微风化）；

$K_y = 0.75 \sim 0.9$　　弱风化岩石；

$K_y = 0.4 \sim 0.75$　　半风化岩石；

$K_y = 0.2 \sim 0.4$　　强风化岩石；

$K_y < 0.2$　　全风化岩石。

从表3-2可以看出，所建议的方法与地质方面的定名基本上是一致的。可以认为，在有足够试验资料的前提下，定量评价的方法是合理的、可信的。因此，在今后对岩石的风化程度的评价工作中，除通常的定性描述外，若再加以定量的评定，当更加完善合理。这不仅可以降低人为因素的影响，而且还为岩石风化程度的比较提供了一种合理的方法。

风化岩石在工程上的应用，随着水利水电工程的进一步开发，已逐渐引起工程技术人员的注意。上面提出的岩石风化程度系数 K_y 值的概念，仅给出了一个相对系数，而不是绝对值。例如：风化程度系数同为 $K_y = 0.3$ 的强风化花岗岩和强风化砂岩，在新鲜状态下，前者的抗压强度为 $R_{fD} = 2000\text{kg/cm}^2$，后者的为 $R_{fD} = 500\text{kg/cm}^2$。在同属强风化的情况下，花岗岩的 $R_{aD} = 2000 \times 0.3 = 600\text{kg/cm}^2$；砂岩的 R_{aD} 仅为 150kg/cm^2。从工程角度来看，花岗岩虽然已是强风化岩石，但其强度尚高，仍可加以利用。为此，在这里提出一个风化岩石的利用系数 K_a，即把风化岩石的饱和抗压强度 R_{aW} 与约定的标准软岩的抗压强度 $R_S = 300\text{kg/cm}^2$ 进行比较，或就用它的饱和状态下的 S 值来表达，公式可以写为

$$K_a = \frac{R_{aW}}{R_S} = \frac{R_{aW}}{300} \tag{3-8}$$

$$K_a = \left(\frac{R_{aW} \cdot E_{aW}}{20 \times 10^6}\right)^{\frac{1}{2}} \tag{3-9}$$

当 $K_a \geqslant 1.0$ 时，不论岩石的风化程度如何，该风化岩石仍可加以利用。

对于大型水电工程的附属工程、中小型水利水电工程以及一些与岩石有关的其他工程，式(3-8)中的 R_S 值还可降低标准，采用极软岩 $R_{es} = 150\text{kg/cm}^2$ 和式(3-9)中以 5×10^6 代替 20×10^6 来计算 K_a 值。当 $K_a \geqslant 1.0$ 时，即可用于工程。

表 3-2　岩石风化程度定量评价实例

序号	工程名称	岩　性	地质鉴定的风化程度（定性的）	孔隙率 n/（%）	吸水率 W/（%）	抗压强度 R/（kg/cm^2）	岩石风化程度系数 K_y	建议方法的风化程度（定量的）
1	建　溪	花岗岩	新　鲜	1.14	0.31	2083	1.0	新　鲜
			半风化	1.74	0.71	1276	0.61	半风化
2	丹江口	变质岩	新　鲜	1.4		2929	1.0	新　鲜
			半风化	2.8		1440	0.49	半风化
3	以礼河	玄武岩	新　鲜	1.5	0.31	1770	1.0	新　鲜
			半风化	3.5	0.56	910	0.51	半风化
4	新安江	矽质砂岩	新　鲜	1.04	0.53	1330	1.0	新　鲜
			半风化	2.76	0.97	879	0.66	半风化
5	天　台	砂　岩	新　鲜	12.8	1.92	400	1.0	新　鲜
			半风化	19	3.36	182	0.46	半风化
6	紫坪铺	细砂岩	新　鲜	2.5	0.54	1031	1.0	新　鲜
			风　化	6.3	1.3	710	0.69	半风化
7	石　棉	花岗岩	新　鲜	2.2	0.56	1500	1.0	新　鲜
			半风化	4.8	1.2	690	0.46	半风化
8	模式口	辉绿岩	新　鲜	6.38	1.04	1184	1.0	新　鲜
			半风化	11.25	2.86	814	0.69	半风化

3.2.4 水的影响

水对岩体质量的影响,表现在两个方面:一是使岩石的物理力学性恶化,二是沿岩体的缝隙形成渗透,影响岩体的稳定性。在此仅就前者加以论述。

水对岩石的影响,归根到底,主要的还是表现在对其强度的削弱方面。当然,这种削弱的程度,对于不同成因的岩类,是颇不相同的。一般说,水对火成岩类和大部分的变质岩类,以及少数的沉积岩类的影响要小些;而对部分变质岩类、少数火成岩和大多数的沉积岩类,其中尤其是那些泥质岩类的影响则甚为显著。至于水对特殊岩类,如石膏、岩盐等类岩石的影响,则需要作专门的研究。

考虑到水对岩石的影响主要是表现在其强度的削弱方面,而从理论上和实践中知道,岩石的各种强度,均可用它的抗压强度来表示。因此,水对岩石的影响,就有可能用岩石浸水饱和前后的单轴干、湿抗压强度 R_{aD}、R_{aW} 之比值来表达,即

$$K_R = \frac{R_{aW}}{R_{aD}} \tag{3-10}$$

K_R 正是目前室内试验中所用的软化系数。

根据水对岩石影响程度的不同,将 K_R 值作如下的分级:

$K_R > 0.95$　　岩石不受水影响;

$K_R = 0.8 \sim 0.95$　　岩石略受水影响;

$K_R = 0.65 \sim 0.8$　　岩石受水影响程度中等;

$K_R = 0.4 \sim 0.65$　　岩石受水影响程度显著;

$K_R < 0.4$　　岩石受水影响严重。

与风化程度一样,这里也有一个问题需要讨论,这就是在一般教科书或规程规范中,一般都作了这样的规定,即:

当 $K_R < 0.75$ 或0.8时,该岩类不宜作水工建筑物基础。须知,这是不充分的,还必须再增加一项强度值的标准才行,亦即:

当 $K_R < 0.75$ 或0.8,且 $R_W < 300\text{kg/cm}^2$ 时,该岩石不宜作水工建

筑物基础。

同上述风化岩石的利用相类似，对于大型水电工程的附属工程，中小型水电工程和与岩石有关的其他工程，这里的 $300kg/cm^2$，可视具体情况而予以酌情降低。比如，可以用前述的 R_{es} 值，即 $150kg/cm^2$。

3.3　岩体质量指标及其表达式

作为工程对象的岩体，是一种客观存在着的事物。工程性质的好坏，取决于一系列的因素。在此拟用一个称之为岩体质量指标的“综合特征值”来定量地评价岩体工程性质的好坏，并以 M 表示。从数学的观点来看，M 值就是前面论述的一系列因素的函数，也就是说，前面讨论过的岩石质量指标 S_f，岩体完整性系数 K_V，岩石风化程度系数 K_y，以及表示水的影响的软化系数 K_R 和其他一些因素与岩体质量指标 M 之间，似应存在有如下的近似数学关系式，即

$$M \propto f(S_f, K_V, K_Y, K_R, \cdots) \tag{3-11}$$

根据前面的讨论，在此仅考虑前面四项主要影响因素，忽略其他一些次要因素，则

$$M = A[(S_f), (K_V), (K_Y), (K_R)] \tag{3-12}$$

由于略去了一些次要因素，故系数 A 应是一个略大于 1.0 的数值。又考虑到 M 值是一个供工程上使用的相对指标，在此取 $A = 1.0$。同时，从前面的分析知道，上述各项因素对 M 值的影响，都是一种削弱的因素，它们共同联合对岩体起一种连续逐次削弱的作用。这种作用，在数学上可以用连乘的方式来表达（因除 S_f 外，均是小于 1.0 的系数），于是式(3-12) 可以写成

$$M = [(S_f) \cdot (K_V) \cdot (K_Y) \cdot (K_R)] \tag{3-13}$$

略加调整，式(3-13) 可以写成以下形式

$$M = \{[(S_f) \cdot (K_Y) \cdot (K_R)] \cdot (K_V)\} \tag{3-14}$$

式(3-14) 由两大部分组成，后者反映岩体的完整程度，前者实质上是受到风化作用和水的影响的广义岩石质量指标，用 $[S_f]$ 来表示。即

$$M = [S_f] \cdot (K_V) \tag{3-15}$$

将前面讨论过的式(3-2)、式(3-6)、式(3-7)、式(3-10)代入式(3-14)中,则得

$$M = \{(R_{fD}E_{fD}/20 \times 10^6)^{\frac{1}{2}} \cdot (R_{aD}/R_{fD}) \cdot (R_{aW}/R_{aD})] \cdot (V_P/v_P)^2\} \tag{3-16}$$

其中

$$[(R_{fD}E_{fD}/20 \times 10^6)^{\frac{1}{2}} \cdot (R_{aD}/R_{fD}) \cdot (R_{aW}/R_{aD})] = [S_f] \tag{3-17}$$

式(3-16)就是岩体质量指标 M 的数学表达式。式(3-17)是广义的岩石质量指标$[S_f]$的表达式。上述诸式中,符号意义同前。

依据上述推导,为更合理的反映岩体质量,用处于各种状态下的岩石质量指标 S 来代替式(3-16)中相应项的 R 值之后,则 M 值的表达式可以写成

$$M = \left\{\left(\frac{R_{fD}E_{fD}}{20 \times 10^6}\right)^{\frac{1}{2}} \cdot \left[\frac{\left(\frac{R_{aD}E_{aD}}{20 \times 10^6}\right)^{\frac{1}{2}}}{\left(\frac{R_{fD}E_{fD}}{20 \times 10^6}\right)^{\frac{1}{2}}}\right] \cdot \left[\frac{\left(\frac{R_{aW}E_{aW}}{20 \times 10^6}\right)^{\frac{1}{2}}}{\left(\frac{R_{aD}E_{aD}}{20 \times 10^6}\right)^{\frac{1}{2}}}\right] \cdot \left(\frac{V_P}{v_P}\right)^2\right\}$$

即
$$M = \left(\frac{R_{aW}E_{aW}}{20 \times 10^6}\right)^{\frac{1}{2}} \cdot \left(\frac{V_P}{v_P}\right)^2 \tag{3-18}$$

从式(3-18)可以看出,计算 M 的公式简化了,而且可以不必再取新鲜岩石样品,较式(3-16)有显著的优点。

或直接用 R_{fD}/R_S 代替 $(R_{fD}E_{fD}/20 \times 10^6)^{\frac{1}{2}}$ 代入式(3-14)中,则可得出计算 M 值的近似式

$$M = (R_{fD}/R_S) \cdot (R_{aD}/R_{fD}) \cdot (R_{aW}/R_{aD}) \cdot (V_P/v_P)^2$$

即
$$M = (R_{aW}/300) \cdot (V_P/v_P)^2 \tag{3-19}$$

岩体质量指标 M 的物理意义,可以用式(3-14)来加以说明:岩体质量的好坏,取决于组成该岩体的广义岩石质量和岩体的完整程度两大因素。广义岩石质量的第一项,表示处于新鲜状态下的岩石质量;第

一项与第二项相乘,反映了风化程度对岩石质量的削弱;再与第三项相乘,表示岩石风化以后,再受到水的影响,使岩石质量受到进一步的削弱。第二部分是岩体的因素,表示岩体的完整程度时岩体质量的影响。

根据式(3-16) 即可计算出 M 值。也可以根据$[S_f]-K_V$ 图,直接查出 M 值。式(3-16) 反映了岩体质量指标 M 与 S_f, K_V, K_Y, K_R 之间的相互关系。$[S_f]-K_V$ 关系,如图 3-3 所示。

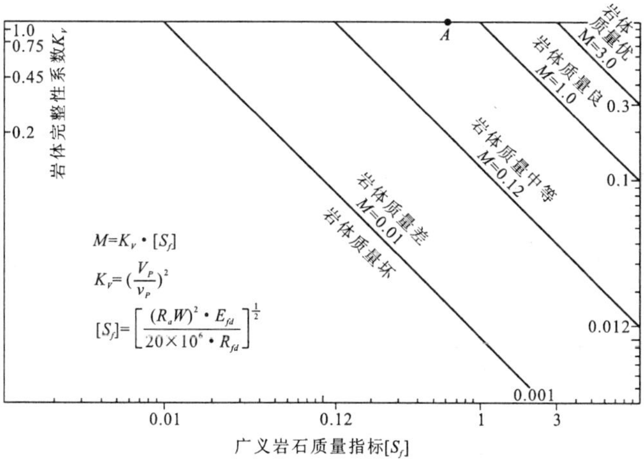

V_P— 现场岩石弹性纵波速度(米 / 秒);v_P— 岩体弹性纵波速度;R_{aW}— 风化岩块单轴饱和抗压强度(kg/cm^2);R_{fd}— 新鲜岩块单轴干抗压强度(kg/cm^2);E_{fd}— 新鲜岩块干弹性模量(kg/cm^2);$[S_f]$— 广义岩石质量指标

图 3-3　岩体质量指标 M 计算图

在没有 K_V 值的情况下,可以用以下公式粗略地估算 M 值

$$M = (P/100)^2 \cdot (R_{aW}/300) \tag{3-20}$$

$$M = (R \cdot Q \cdot D) \cdot (R_{aW}/300) \tag{3-21}$$

式中:$P/100$—— 岩心获得率。

若有简易的点荷载试验之类设备,则可于现场迅速的测定岩石的质量指标,配合现场声波测试,可以立即计算出 M 值,很快地确定岩体质量的好坏,以利于配合与指导施工。

此外,利用岩石和岩体的弹性纵波速度,用下述的表达式,也可概略地确定岩体质量的好坏程度

$$[M] = V_P \cdot v_P / 12.25 \times 10^6 \tag{3-22}$$

$[M]$ 的分级值,见下节岩体工程分级部分。

3.4 岩体质量指标的实用意义

M 值的实用意义有以下几个方面:

3.4.1 岩体的工程分级

根据前面提出的 S_f, K_V, K_Y, K_R 各分级值,可以计算出与其相应的岩体质量指标 M,为便于使用和记忆,取整数后,M 的分级值如下:

Ⅰ类岩体 $M > 3$ 岩体质量优($[M] > 2.8$);

Ⅱ类岩体 $M = 1 \sim 3$ 岩体质量良($[M] = 1.8 \sim 2.8$);

Ⅲ类岩体 $M = 0.12 \sim 1$ 岩体质量中等($[M] = 1.0 \sim 1.8$);

Ⅳ类岩体 $M = 0.01 \sim 0.12$ 岩体质量差($[M] = 0.4 \sim 1.0$);

Ⅴ类岩体 $M < 0.01$ 岩体质量坏($[M] < 0.4$)。

可以看出,对于作为工程基础或围岩的岩体,对其质量的好坏,除用地质上的定性评价外,还有可能对岩体进行定量的评价。

3.4.2 岩体质量对比

从上述岩体工程分级可以看出,根据 M 值的大小,不仅对于具体工程的某一岩体的好坏能得出一个定性的认识,而且还有一个量的概念。据此,有可能对同一工程由同一岩性组成的不同岩体和不同工程但由同一岩性或不同岩性组成的各种岩体进行对比,进而确定其工程质量的好坏。

对于 M 值相等或相近的岩体,它们的一套指标参数应该是相近的。M 值大的岩体,岩体的一套指标参数应该好一些;而 M 值小的岩体,岩体的一套指标参数也必然要差一些。而且,M 值与各指标参数之间,

应存在着某种内在的联系。而指标参数之间，借助于 M 值，也可以看出它们之间是彼此协调的。因此，不但可以定量的对比岩体的好坏，而且可以对比岩体的若干指标参数，这对实际工作来说，无疑是方便的。

与岩石质量指标 S 一样，在此又可以引出一个关于岩体质量指标 M 的更有实际意义的概念：从工程观点来看，不论组成岩体的岩性如何，尽管风化程度、水的影响、岩体的完整性等有所差别，只要它们的岩体质量指标 M 相等或相近，那么，就可以认为，这些岩体的工程性质是相同的，或相近似的。因此，从工程实用观点来看，对其质量的好坏，是可以进行比较的。

3.4.3　经验公式探讨

相关经验证明，一些与岩体完整程度有明显关系的指标参数，如变形模量 E_0，单位抗力系数 K_0，允许承载力 $[R]$ 等，与岩体质量指标 M 之间，应该存在着某种内在的联系。例如，M 大的岩体，它的 E_0、K_0 值必然大；而 M 值小的，则 E_0、K_0 也一定小些，如图 3-4 所示。可以认为，两者之间存在着某种正比的关系，即

$$E_0 \propto M$$

或

$$E_0 = B \cdot M^n \tag{3-23}$$

据一些资料分析，$B = 96000\text{kg/cm}^2$（承压板法）

$$n = 0.738$$

将式(3-16) 代入式(3-23)，则得

$$E_0 = 960000\left\{\left[\left(\frac{R_{fD}E_{fD}}{20\times10^6}\right)^{\frac{1}{2}}\cdot\left(\frac{R_{aD}}{R_{fD}}\right)\cdot\left(\frac{R_{aW}}{R_{aD}}\right)\right]\cdot\left(\frac{V_P}{v_P}\right)^2\right\}^{0.738} \tag{3-24}$$

从式(3-24) 可以看出，通过岩体质量指标 M，使人们有可能把室内试验和现场试验，把动力法和静力法，把岩块和岩体，局部和整体，甚至还有可能把试验指标和工程实用参数等都结合在一起，这应该是值得引起注意的方法之一。

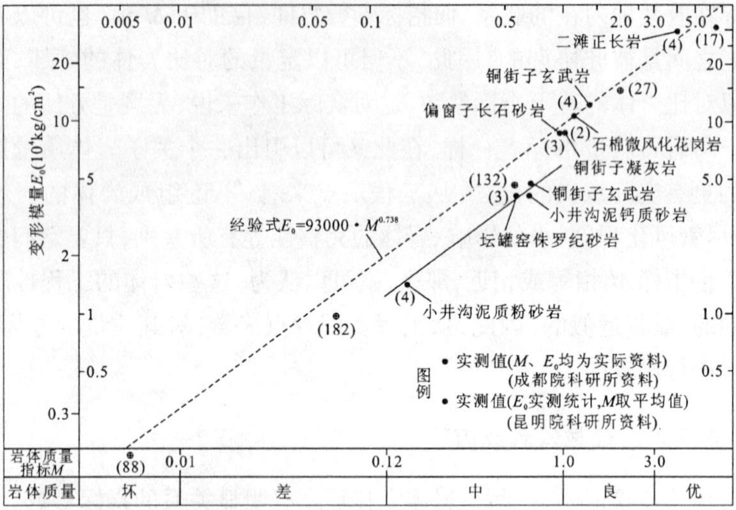

图3-4　岩体质量指标 M 和变形模量 E_0 的实测关系图

3.4.4　工程设计预示可能出现的问题

对于水库蓄水后,坝后是否会冲刷,也可以利用 M 值进行判断,例如:当 $M > 1.0$ 时,一般不大可能发生冲刷;当 $M = 0.12 \sim 1.0$ 时,有可能产生冲刷;当 $M < 0.12$ 时,通常会发生冲刷。

其他如隧洞外水压力的计算,岩体的加固,灌浆的可能性等方面,也可以为设计、施工方面提供一些参考性的意见。

最后,作为一种地质手段,还可以根据岩体 M 值的大小,为工程推荐一套与 M 值相应的,包括各种地质因素的工程实用指标参数。若有可能,进而绘制各种为工程所需的 M 值的平面图、剖面图、甚至空间展布图,则更好。这种反映岩体工程质量好坏的 M 图,无论是对地质、设计、或是施工,都是很有用的。

3.5　应用举例

四川某工程,两岸坝肩部位均有侏罗系中粘土岩出露。此种岩类,

在坝基下部持力层中亦有存在,该岩类的物理力学性指标如下:

容重	2.56(t/m^3);
孔隙率	6.91%;
比重	2.75;
吸水率	2.1%;
干抗压强度	360(kg/cm^2);
饱和抗压强度	250(kg/cm^2);
软化系数	0.695;
弹性模量	4.3×10^4(kg/cm^2);
岩块弹性纵波速度	2250(m/s)
岩体弹性纵波速度	2250(m/s)。

岩石新鲜,岩体完整。地质定名为半坚硬岩类的完整岩体。

据式(3-2)计算岩石质量指标 S_f

$$S_f = (R_{fD}E_{fD}/20\times10^6)^{\frac{1}{2}} = (360\times4.3\times10^4/20\times10^6)^{\frac{1}{2}} = 0.88。$$

属于岩石质量差的Ⅳ类软弱岩石。根据式(3-16)计算岩体质量指标 M

$$M = \left\{\left[\left(\frac{R_{fD}E_{fD}}{20\times10^6}\right)^{\frac{1}{2}}\cdot\left(\frac{R_{aD}}{R_{fD}}\right)\cdot\left(\frac{R_{aW}}{R_{aD}}\right)\right]\cdot\left(\frac{V_P}{v_P}\right)^2\right\}^2$$

$$= [(360\times4.3\times10^4/20\times10^6)^{\frac{1}{2}}\cdot(360/360)\cdot(250/360)]$$

$$= 0.611$$

属于岩体质量中等的Ⅲ类岩体。

上述计算,亦可以从图 3-3 中查出,如 A 点所示。

可以看出,虽然岩体完整,岩石新鲜,但由于岩石工程质量差,受水影响中等,岩体的 M 值并不高。就是说这种岩体的工程质量并不怎么好。因此,在这类岩体上修建大型水工建筑物时,必须有可靠的工程措施。

除上例外,近两年来也在其他一些工程中应用,效果尚佳。

最后,要强调的是,参加计算 S 值和 M 值的各个指标值,为使其具有一定的代表性,应该有一定的数量。通常,不得少于 5 个试件,取算术平均值参加计算。

第4章　室内岩块试验研究

袁澄文
（黄河水利委员会科学研究所）

4.1　概　述

实验室对岩块的试验研究，在于了解岩石的基本性质，分析其相互关系及风化蚀变的规律性，探讨不同类型岩石的共性和个性，并为建立岩块与岩体性质之间的关系创造条件，其中正确地测定岩石性质是基本的。

试验标准化，是岩块试验的一个基本准则。要重视试料的采取，使之具有足够的代表性，并保持其天然结构状态和尽可能不受扰动；对试样制备要达到足够的精度要求；要重视试样的描述，例如节理裂隙的发育程度、分布情况及其与受载方向的关系；还要注意试样形态（包括形状、大小和高径比等），测试条件和测试环境的影响，等等。

本章不拟详细论述室内岩块试验的各个方面，而仅对岩石的空隙性和水理性，单轴抗压和抗拉试验以及岩块性质的相关性等方面进行一些叙述和讨论。

4.2　岩块的空隙性和水理性

4.2.1　空隙性质

岩块空隙，包括闭合孔隙和开型空隙，两者的总和称为空隙率。后者对岩石性质的改变比较敏感，往往作为判断岩石风化性的指标。

岩块空隙率，通常用实测比重(Δ_S)和容重(γ)计算，即

$$\eta = \left(1 - \frac{\gamma}{\Delta_S}\right) \times 100(\%)$$

式中$\frac{\gamma}{\Delta_S}$比值称为岩块的密实度。

由于开型空隙与外界连通，能被水或空气所占据，因此一般用水中称重法连续测定岩块的容重、自然吸水率、饱和吸水率和开型空隙率。水中称重的测定方法，是将试样先烘 24 小时，称重(A)；置于水中浸水 48 小时，取出称重(B)；再经真空抽气或煮沸饱和后，取出称重(C)，最后放入水中，称重(D)。各项指标的计算方法如下：

自然吸水率　$$W_0 = \frac{B - A}{A} \times 100(\%)$$

饱和吸水率　$$W_P = \frac{C - A}{A} \times 100(\%)$$

容重　$$\gamma = \frac{A}{C - D}(\text{g/cm}^3)$$

开型空隙率　$$n_0 = \frac{C - A}{C - D} \times 100(\%)$$

水中称重法测定岩块容重的优点，是用同一试样可以确定几种性质，而且测试成果之间具有相关性。但对遇水崩解、溶解和干缩湿胀的岩石，则不能采用这种方法。用量积法可以测定能制成规则试样的各种岩石，方法简易，计算成果准确，但试样制备应具有足够的精度。在个别情况下，当岩块疏松且不能制成规则试样时，只能用蜡封法测定容重。

目前测定比重的标准方法是比重瓶法，用破坏结构的岩粉测定。为了避免因岩块不均一对空隙率计算所产生的影响，要求将欲测定容重的试样全部加以粉碎选取试样。比重试样的制备，要重视对铁粉的处理，尽可能减少对测试成果的影响。对于含铁矿物的岩石，最好用玛瑙钵粉碎试样。

4.2.2 含水性质

岩块含水量是指空隙中所含的水量，用试样干燥重量的百分率表示。众所周知，在勘探过程中需要外加冲洗液，因此地质环境的湿度状况起了很大的变化。虽然，在一般情况下测定天然含水量的意义不大，但岩块中的含水状况对其他性质的影响仍然是比较显著的。从图4-1所示的试样含水量与纵波速度和点荷载强度之间的关系可以看出，当试样在绝对干燥和完全饱和状态之间时，含水量的影响不但随岩石类型而变，而且其各向异性的表现也不同。基于岩块含水量的中间状态很难控制，因此在岩块试验中采用了干燥和饱和两个极端状态，这样有利于消除水对其他性质的影响。

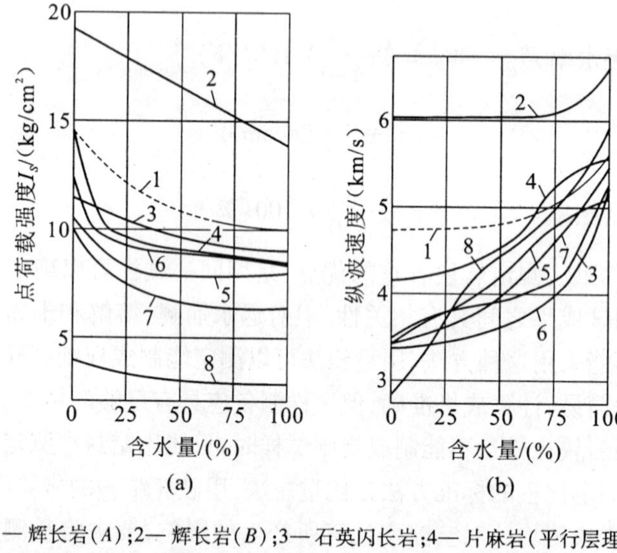

1—辉长岩(A);2—辉长岩(B);3—石英闪长岩;4—片麻岩(平行层理);5—片麻岩(垂直层理);6—闪岩(平行层理);7—闪岩(垂直层理);8—大理岩

图4-1　试样含水量与点荷载强度和纵波速度的关系曲线图

岩块中的含水状况，随空气的湿度和温度而迅速改变。图4-2说明在相对湿度60% ~65%，相对温度20 ~22℃的环境中，饱和试样置放10min，含水量的损失达到25%以上。因此，在试验过程中要注意试样养护，缩短试验时间，减少水分损失。

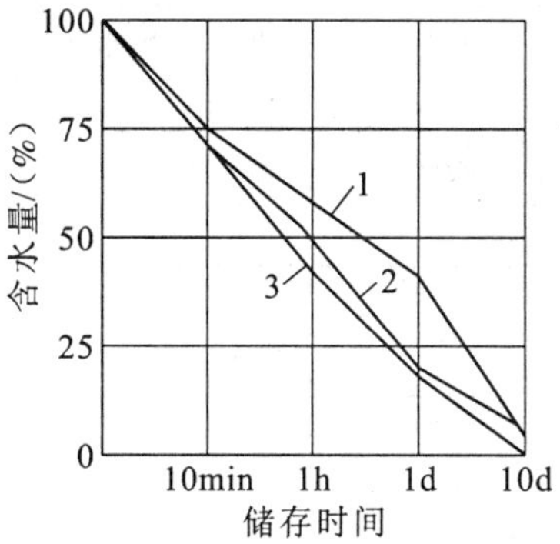

1— 石英闪长岩；2— 闪岩；3— 片麻岩

图 4-2　试样在空气中储存时间与含水量的关系曲线图

在工程实践中，通常测定岩块的自然吸水率和饱和吸水率。其主要目的在于判断岩石的风化性和耐冻性。自然吸水率与饱和吸水率的差别在于前者是试样在大气压力和室温条件下，自由吸水量与试样干燥重量的比率；后者是指试样在煮沸或真空状态下的最大吸水量与试样干燥重量的比率。自由吸水量与最大吸水量的比值，称为饱水系数。一般认为，当饱水系数小于0.9时，说明由于岩块中水分冻结而产生的体积增大，不致引起岩块的破裂。

测定自然吸水率时，将试样烘干24h，浸水48h，可以反映岩石的吸水特性，不必反复称至恒重。采用煮沸法或真空抽气法测定饱和吸水率，实践证明两者的差别不大。值得注意的是，试样形态对测试成果有一定影响。表4-1列举的石灰岩测定成果，尺寸相同的立方体和圆柱体试样测得的平均吸水率相同，而不规则试样的吸水率比上述规则试样大两倍多。也曾发现，当试样表面积与体积之比为一常数时，似乎测得的吸水率较为接近。

表 4-1　　不同试样形态的石灰岩吸水率值

试样形态	试样尺寸/(cm)	试样重量/(g)	浸水状况	试验次数	平均吸水率/(%)
立方体	5×5×5	340	浸水饱和至恒重	5	0.13
圆柱体	ϕ5×5	250	浸水饱和至恒重	4	0.13
碎石块	不规则形	2003	浸水 30min	1	0.14
			浸水 24h		0.21
			浸水 296h		0.25
碎石块	不规则形	2023	浸水 24h	1	0.20
			浸水 309h		0.28

4.2.3　渗透性质

岩块的渗透性，是指在水压力作用下，水穿透空隙介质的能力。在室内岩块的试验中，研究渗透性质的目的，主要在于间接判断岩石微裂隙的发育程度和风化性质。

图4-3是用于径向渗透的装置。试样为ϕ60×150mm的圆柱体，在中间钻一个直径12mm，长125mm的轴向孔，然后把距孔口25mm的地方堵塞起来，中间用导管与外界相连通。用这种仪器进行两种试验：一种是将水从试样外压入试样内，称为径向辐合；另一种把压力水导入试样内，使水向外渗透，称为径向辐散，按下式计算渗透系数 K

$$K = \frac{Q}{2\pi LP}\log\frac{R_2}{R_1}$$

式中 Q 为渗透量，P 为渗透压力，L 为孔内渗流长度，R_2 和 R_1 分别为试样的内、外半径。

用上述试验结果绘制渗透压力与渗透系数之间的关系曲线，据此计算参数 S，即径向辐散试验中压力为1kg/cm^{2}时的渗透系数与径向辐合试验中压力为50kg/cm^{2}时渗透系数的比值。从图4-4可以看出：没有裂隙的石灰岩和致密的片麻岩，S 值在1 ~ 2之间，渗透系数不随渗透压力而变化，说明是岩块孔隙渗透性；而具有裂隙的片麻岩，S 达到1000，反映了裂隙岩块的特点，渗透系数明显地随压力而变化[92]。

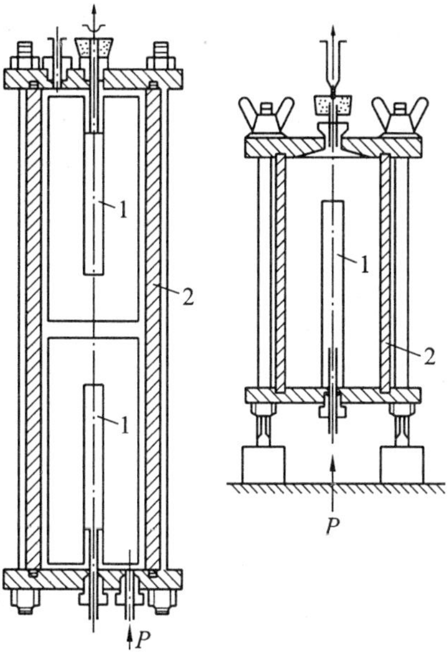

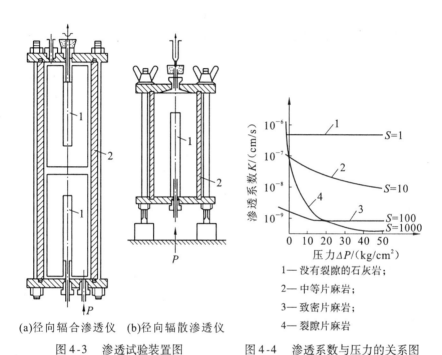

(a)径向辐合渗透仪　(b)径向辐散渗透仪

图 4-3　渗透试验装置图

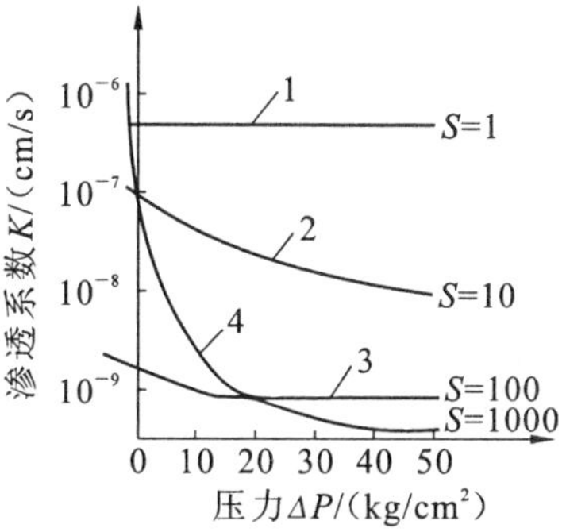

1— 没有裂隙的石灰岩；

2— 中等片麻岩；

3— 致密片麻岩；

4— 裂隙片麻岩

图 4-4　渗透系数与压力的关系图

A. Mayer 提出用比风化能力和比风化面积的方法研究岩石的抗风化性[93]。比风化能力的测定，用直径 3cm 和高 4cm 的圆柱体试样，四周严密封闭，采用 250kg/cm^2 的压力使水穿透试样，记录水流速度和水质成分的变化。如果水流速度为常数，水质化学成分（特别是钙和铁）变化不大，则认为岩石是抗风化能力强的。若测定过程中流速降低，则可能是由于风化产物堵塞了毛细孔隙的结果，或者系受粘土矿物膨胀的影响，这两种现象都说明岩石是容易风化的。

4.2.4　水解性质

对于含粘土矿物的岩石，由于粘土矿物的亲水性，引起颗粒之间水膜加厚或水渗入矿物晶体内,出现膨胀现象。吸水膨胀的结果,岩块内产生不均匀应力和胶结物溶解,结构遭到破坏,最后导致岩块的崩解。由于含水量变化而引起岩石的干缩、湿胀现象,可以加速这类岩石的破坏。因各向异性所产生的不均匀缩胀、也会导致岩块自身的崩溃。因此,从膨胀到崩解的整个过程,称为水解性质。

实验室里研究岩石的水解性质,主要是无侧限的膨胀应变量,侧向限制轴向受压下的膨胀应变量,体积不变时的膨胀压力以及湿化耐久性指标。除湿化耐久性试验外,其他试验要求在天然含水量状况下进行测定。

无侧限膨胀应变量的测定,类似于土的膨胀试验方法。试样为立方体,边长不小于15mm或10倍于岩块的最大矿物粒径。为了研究膨胀的各向异性,可同时测定三个正交方向的变形,绘制浸水时间与膨胀变形曲线,以试样的原始尺寸除最大膨胀变形,即得各个方向的无侧限膨胀应变量指标。这种试验只有对遇水不崩解的岩石才能取得结果。

测定侧向限制下轴向受压的膨胀应变量和体积不变时的膨胀压力,可在类似于土工固结仪的设备中进行,但目前土工固结仪的加载能力是不够的。试样用圆盘,厚度大于15mm或10倍于最大矿物粒径,试样直径不小于厚度的2.5倍。试样加工精度要达到与侧壁密合的程度。在测定侧向限制轴向受压的膨胀应变量时,浸水前施加约0.05kg/cm^{2}的轴向压力于试样上,观测浸水后随时间而变化的膨胀变形,以试样的原始厚度除最大膨胀变形,即得这种状态下的膨胀应变量。

膨胀力的测定,有再固结法、解压法和不同压力下的加载法。再固结法是将试样浸水,使之充分膨胀,求出最大膨胀量,然后逐步加压固结,直到试样恢复原来的尺寸,此时使用的压力称为膨胀力。解压法是将试样先加压,压力略大于岩块的膨胀力,浸水后,逐渐减压并观测试样的膨胀,以试样刚开始膨胀时的压力定为膨胀力。不同压力下的加载法,是用几个试样分别施加不同的压力,浸水后观测试样变化,绘制压力一变形曲线,查出试样高度不变时的压力作为膨胀力。图4-5表示了用上述三种方法测定粘土岩的结果。由此可以看出:用再固结法测的膨胀力大得很多，显然是由于粘土矿物性亲水性引起的；用减压法很难事先恰当的估计岩块的膨胀力，超压过多容易产生试样的压密；用不同压力下的加载法，虽然会有岩块不均一的影响，但不致引起岩块结构的改变。三种方法各有优缺点，然而后者测得的成果似乎能更好地反映实际情况，并能同时求出在侧向限制下轴向受压时的膨胀应变量。

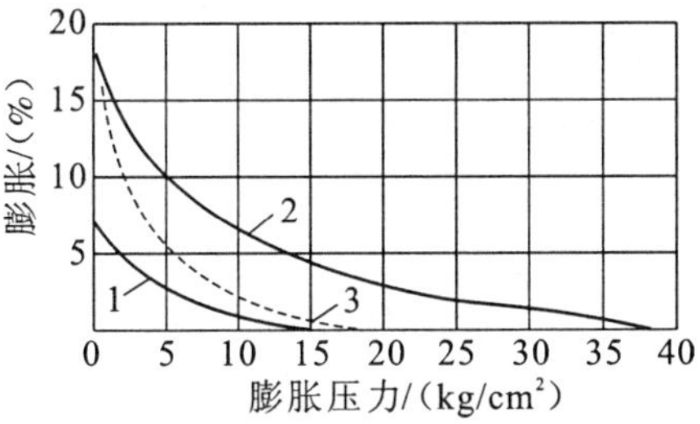

1— 解压曲线；2— 再固结线；3— 几个相同样品在不同压力下的膨胀

图 4-5　膨胀压力曲线图

岩石的崩解性以湿化耐久性指标表示。国际岩石力学委员会推荐用干湿循环法测定。试验仪器由圆筒、水槽和动力设备组成，如图 4-6 所示。圆筒长 100mm，直径 140mm，用 2mm 的标准筛网制成。圆筒用构件加固，以保证试验时不发生变形。试样用近似圆形的岩块 10 块，每块重 40 ~ 60g 放在圆筒内，在 105℃ 下烘至恒重，然后加盖置于水槽中，用水平轴支承。水槽内的水面低于水平轴 20mm，以每分钟 20 转的转速使圆筒转动 10min 后，取下圆筒烘干称重，称为第一个干湿循环。根据岩块的崩解情况，可以反复进行若干个循环，一般以第二个循环作为湿化耐久性指标（I_{d_2}），按下式求之

$$I_{d_2} = \frac{C-D}{A-D} \times 100(\%)$$

式中：A—— 试验前试样和圆筒的烘干重；

C—— 第二个循环后试样和圆筒的烘干重；

D—— 试验结束后冲洗干净烘干的圆筒重。

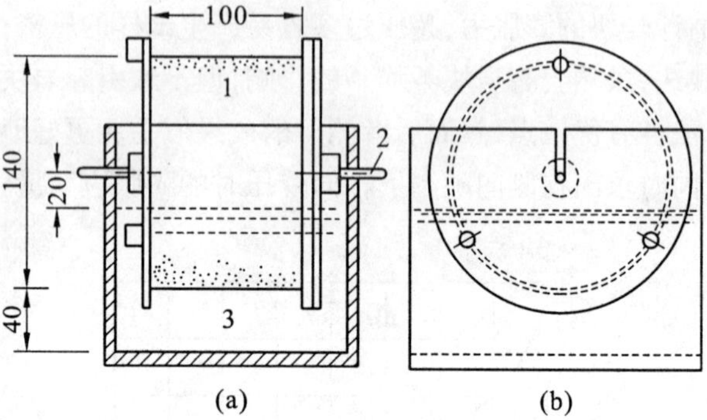

1— 圆筒;2— 轴;3— 水槽

图 4-6　湿化耐久性测定仪示意图　（长度单位:mm）

按湿化耐久性指标,将粘土质岩石分为 6 类,如表 4-2 所示。

表 4-2　　　　粘土岩的湿化分类

类　别		湿化耐久性指标 I_{d_2}/(%)
Ⅰ	很高	100 ~ 98
Ⅱ	高	98 ~ 95
Ⅲ	中高	95 ~ 85
Ⅳ	中等	85 ~ 60
Ⅴ	低	60 ~ 30
Ⅵ	很低	< 30

岩石的水解性指标,一般用于分类以及岩石与岩石之间的比较。虽然这些试验方法与现场实际情况不完全吻合,但可以近似地反映出岩石水解的性状及其发展过程。对于非粘土质的风化岩石,亦可以用这些方法进行研究。

4.3　岩块单轴压缩试验

在单轴压缩应力下，岩块产生纵向压缩和横向扩张。当应力达到某一量级时，岩块体积开始膨胀出现初裂，然后裂隙继续发展，最后导致破坏。由此看来，岩块在压缩应力下的变形和强度是一个完整的概念。只有采用同一试样测定强度和变形，才能真实地反映出两者之间的内在联系，从而避免其他因素的影响。

4.3.1　单轴压缩试验方法

试验采用的标准试样，为直径 5cm，高 10cm 的圆柱体。各试样之间的尺寸，允许有 ±5% 的变化。试验用的压力机，要能连续加载而没有冲击，能在总吨位 10% ~ 90% 的范围内进行试验。测定试样变形，要用精度和量距均能满足要求的测量仪表。在目前岩块试验中，常用电阻应变仪，其测试技术要求较高，而且费时费料，不是十分理想的仪表；具有发展前途的，可能是电感式的测试仪表。用电阻应变仪测定饱和试样要进行防潮处理，我们在实践中用环氧树脂配制的防潮剂，可以满足防潮的要求。试验采用每秒 5 ~ $8kg/cm^2$ 的加载速度加压，直至破坏为止。在加载过程中，记录各级应力下的纵向和横向应变值，并绘制应力—应变曲线。

据 R. P. Miller 对 28 种岩石的测定结果，应力—应变曲线可以概括如图 4-7 所示的六种类型[56]：

第一种类型称为弹性变形，在加载过程中，显示出线性的应力—应变曲线，如玄武岩、石英岩、辉绿岩、白云岩和坚硬的石灰岩等。

第二种类型为弹—塑性变形，应力—应变曲线，在接近破坏载荷时连续的增加非弹性量，如软弱的石灰岩、粉砂岩和凝灰岩等。

第三种类型为塑—弹性变形，表现出在低应力下曲线向上凹，然后近于线性关系直至破坏。这种曲线出现在砂岩、花岗片麻岩、平行于片理的片岩和某些辉绿岩中。

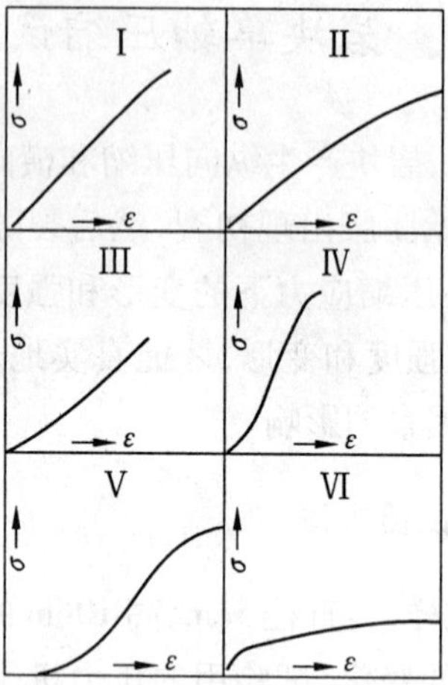

Ⅰ— 弹性的；Ⅱ— 弹 — 塑性的；Ⅲ— 塑 — 弹性的；

Ⅳ— 塑 — 弹 — 塑性的；Ⅴ— 塑 — 弹 — 塑性的；Ⅵ— 弹 — 塑 — 蠕变的

图 4-7　在单轴压缩下岩石直至破坏的典型应力 — 应变曲线图

第四种类型称为塑 — 弹 — 塑性变形，曲线显示一个极端坚硬的中心部分，呈“S” 形曲线，如变质岩中的大理岩和片麻岩。

第五种类型也称为塑 — 弹 — 塑性变形，与第四种曲线相比较，不同之处在于具有高压缩性的“S” 形，对于垂直于叶理面的片麻岩加载表现出这种特点。

第六种类型称为弹 — 塑 — 蠕变变形，曲线的直线段很短，随后增加非弹性变形和连续蠕变，钾盐矿石和其他蒸发岩属于这种类型。

在应力 — 应变曲线中，最初出现向上凹的现象是由于微裂隙或叶理面压密产生的。凡是具有裂隙的岩块，或多或少都有这种表现。

试验结束后，要描述试样破坏的型式。对于脆性岩石，典型的破坏型式有劈裂，锥体破坏和剪切破坏。塑性岩石还可能出现鼓状破坏。过去往往把锥体破坏作为一种正常的破坏型式，实际上这种破坏型式是端面摩擦效应的反映。均质岩石的真正破坏是劈裂，但由于微裂隙的影响,往往产生剪切破坏,剪切破坏有时可能是因压力机的机械特性所产生。因此,为了正确判断剪切破坏的原因,需要对试样的节理裂隙进行描述。

4.3.2　强度和变形值的计算

通常用岩块单轴抗压强度表示强度特征值。所谓单轴抗压强度,是指试样在纵向压缩破坏时单位面积上承受的载荷。近年来,初裂强度和屈服强度这两个特征值,也日益引起人们的重视。

用应力—应变曲线确定初裂强度的方法,是找出体积应变曲线上的转折点 A,如图 4-8 所示。在单轴压缩试验中,体积应变曲线常用纵向应变和横向应变计算。按照弹性理论,体积应变为三向应变的总和。假定横向应变以 ε_x 和 ε_y 表示(用负号),纵向应变以 ε_z 表示(用正号),则体积应变 ε_v 为

$$\varepsilon_v = \varepsilon_z - \varepsilon_x - \varepsilon_y$$

若 x 和 y 方向的应变值相等,则体积应变改用下式表示

$$\varepsilon_v = \varepsilon_z - 2\varepsilon_x$$

据此,可以根据纵向和横向应变曲线绘制体积应变曲线,然后作体积应变曲线起始点的切线,其交点相应的应力值即为初裂强度。

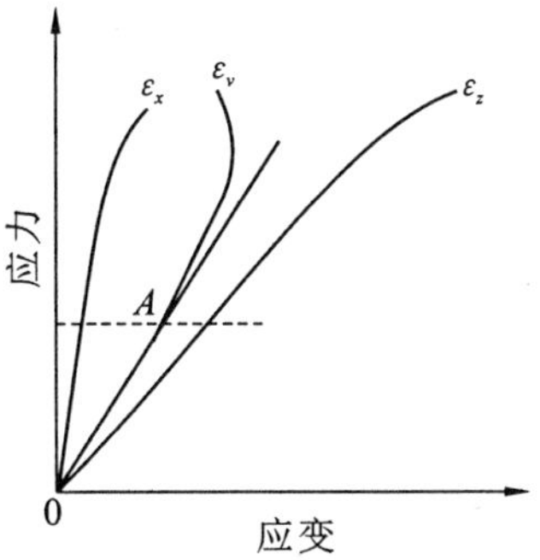

图 4-8　体积应变曲线和初裂强度确定方法图

岩块的屈服强度，用纵向应变曲线的屈服点确定。所谓屈服点，即纵向应变曲线偏离直线的起点。当不能用肉眼准确判断时，建议用如图4-9所示的方法求之。首先将试样破坏前的纵向应变曲线按应力分为10等分，然后绘制变形增长值与应力的关系曲线，取最小变形值的1.5倍在曲线上确定屈服点，也就是线性极限，此时的应力称为屈服强度。

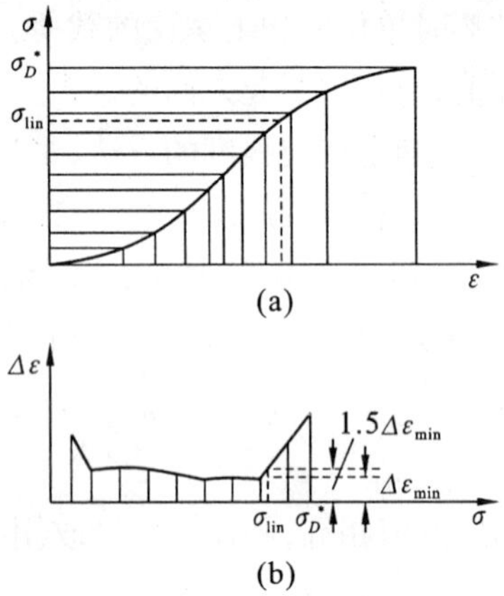

σ_D * — 岩石单轴抗压强度（kg/cm^2）；σ_{lin} — 岩石的屈服强度（kg/cm^2）；

$\Delta\varepsilon$ — 每级应力 σ 下的应变增长值；$\Delta\varepsilon_{min}$ — 在某级应力 σ 下的最小应变增长值

图4-9　确定屈服强度的方法图

岩块的变形值以弹性模量和泊松比表示。根据试验绘制的纵向应变曲线，可以确定初始模量、正切模量和割线模量。其中：

初始模量是从曲线原点作切线的斜率

$$E_0 = \frac{\sigma_0}{\varepsilon_0}$$

正切模量是直线段的切线斜率

$$E_t = \frac{\sigma_{t_2} - \sigma_{t_1}}{\varepsilon_{t_2} - \varepsilon_{t_1}}$$

割线模量是取原点与单轴抗压强度50%时变形点连线的斜率

$$E_{50} = \frac{\sigma_{50}}{\varepsilon_{50}}$$

式中符号如图 4-10 所示。

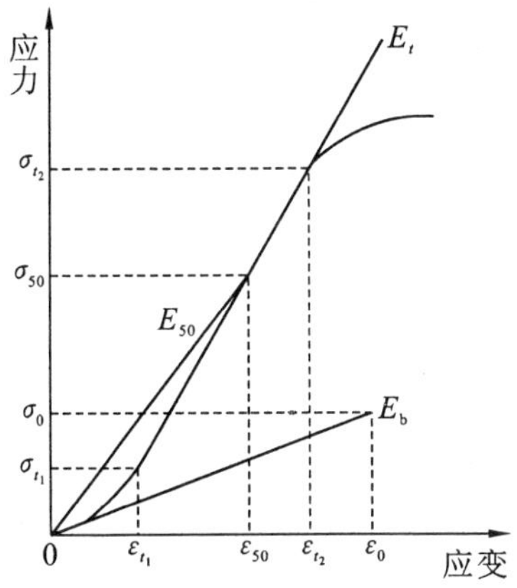

图 4-10　弹性模量的确定方法图

工程实践中，一般以割线模量 E_{50} 作为统一评价岩块质量的指标。当试样为均质各向同性体时，应力 — 应变曲线具有线性关系，则上述三个模量值相等。

岩块的泊松比是横向应变与纵向应变的比值。由于纵向和横向应变曲线在低应力和高应力下表现为非线性，因此一般以应力 — 应变曲线的直线段作为计算的依据，其计算式如下

$$\mu = \frac{m_z}{m_x}$$

式中：μ—— 泊松比；

m_z—— 纵向应变曲线直线段斜率；

m_x—— 相应应力下横向应变曲线斜率。

按照上述方法计算的几种岩石强度和变形值如表 4-3 所示。

表4-3　　岩石的强度值和变形值

岩石名称	强度/(kg/cm^2)			弹性模量/($10^4kg/cm^2$)			泊松比
	初裂强度	屈服强度	破坏强度	初始模量	切线模量	割线模量	
大理岩	300	500	840	22	47	38	0.22
花岗岩	720	1100	1310	—	71	—	0.19
矽质细砂岩	350	1280	1484	10.9	25.3	16.7	0.12
花岗闪长岩	300	1000	1289	40	57.1	49.6	0.15

4.4　岩块抗拉试验

拉裂是岩石破坏过程中最早发生的现象,是岩块最主要的破裂行为,通常以抗拉强度表示。较全面地反映岩块拉裂性质,应当包括岩块拉伸时的强度和变形,但后者尚未引起人们充分的重视。测定岩块抗拉强度的方法,目前广泛采用的是直接拉伸法、劈裂法和弯曲法。

4.4.1　直接拉伸法

直接拉伸试验,试样采用直径5cm,高为直径的2 ~ 2.5倍的圆柱体。试验时,用抗合剂将试样端面与套帽粘接。胶合剂采用环氧树脂(100份),乙二胺(8份)和苯二甲酸(5份)配制。以每秒3 ~ 5kg/cm^2的速度将试样拉断,用拉断面积除破坏荷重即得抗拉强度。若需测定拉伸时的变形性质,可以按压缩变形试验方法测定试样的轴向变形和横向变形,据此计算试样拉伸时的弹性模量和泊松比。

用直接拉伸法测定试样的抗拉强度,不需做任何理论上的假定,且试样的薄弱环节不受约束,只要在正确的测试条件下,断裂必然在薄弱面上发生。虽然直接拉伸法概念明确,方法简易,但还没有得到妥善解决,如上述胶合剂的抗拉强度只能达到100kg/cm^2左右,因此,对于较坚硬的岩块仍可能沿粘接面拉断。套帽用钢性杆连接,很难保证试样与拉杆之间成一直线拉断,似乎将钢性杆改为链条式更有利于力的调整。

4.4.2 劈裂法

劈裂试验,是将试样置于试验机承压板之间,其接触处插入垫条,使之受径向压缩。试样一般采用直径5cm的圆柱体,其厚度为直径的0.5 ~ 1.0倍。为了保证受载时压力分布均匀,垫条材料应具有一定的柔性,通常电工用的硬纸板或胶木板可以满足这种要求,而且取得的成果相当一致。垫条的长度略大于试样的厚度,宽度为试样直径的10%左右。加载速度采用每秒3 ~ 5kg/cm^2。

劈裂试验的基本原理,是假定试样为均质的,各向同性的和线弹性的脆性体。对于塑性较大的非脆性岩石,试验结果将会引起较大的误差。按Hondros推导的薄圆盘应力分析式计算抗拉强度,圆盘要相当的薄,才不至于产生其他应力,而且只有最初破裂从中心开始沿加载直径向扩展才有效。我们的研究认为,圆盘太薄,则试验成果偏小,而且分散性大;当圆盘厚度大于直径的一半时,才趋于稳定,同时破裂从中心开始这一点,也没有得到更多的资料证实。

虽然劈裂法试验已有约50年的历史,但测试技术尚未得到完全的统一。日本、国际岩石力学局和美国矿务局等的规程中,建议采用试样与承压板直接接触法,其他规程和文献资料中所述者均加有垫条。用圆钢丝作垫条,虽然接近于线性载荷,但往往接触不良,同时产生高度的剪应力,引起局部压入,使接触处首先出现楔形破坏。Colback的光弹试验资料指出[94],采用柔性垫条可以克服这种缺陷。当垫条宽度与试样直径之比不超过0.1时,计算的抗拉强度与线性载荷相比较,其差值在1%以内。因此仍可以按通用的关系式计算抗拉强度。

4.4.3 弯曲法

弯曲梁试验是一种通用的试验方法。试样为矩形断面,其尺寸为5cm × 5cm,跨度为20cm。我们的比较试验表明(见表4-4),跨度增大到30cm时测试成果趋于稳定。按加载方式,弯曲梁试验又可以分为中点加载和三分点加载。一般中点加载要比三分点加载所得的成果数值大,这是因为在三分点加载时，薄弱部分受临界应力的机率比中点加载要大，而且在中点加载时最大应力局限于紧靠加载点以下很小的区域。抗拉强度的计算，同样是假定岩石为均质的各向同性体，按照材料力学中梁的弯曲理论求解。由于加载方式和断裂位置不同，计算式作如下的规定：

中点加载：

在梁中点断裂时 $$\sigma_t = \frac{3PL}{2bd^2}$$

不在梁中点断裂时 $$\sigma_t = \frac{3Py}{bd^2}$$

三分点加载：

在梁中段三分之一内断裂时 $$\sigma_t = \frac{PL}{bd^2}$$

断裂面在两个着力点外侧 $$\sigma_t = \frac{3PX}{bd^2}$$

式中 P 为断裂时的载荷，L 为两支点间距离，b 为梁宽，d 为梁高，x 和 y 是断裂线至最近支点的距离（从梁底面量出）。

圆盘弯曲试验，是国际岩石力学局推荐的一种方法，其装置如图4-11所示。试样直径 d = 75mm，厚度 h = 10mm。若试样尺寸改变，必须保持 d/h = 7.5的比值，而且承压板，直径 b 应当小于或等于支承直径 a 的一半。在压力机上以每秒100kg的加载速度压裂，按下式计算抗拉强度

$$\sigma_t = K \cdot \frac{P}{n^2}$$

式中的系数 K 值按假定的泊松数可以在图4-12中查出。

用弯曲梁测定抗拉强度，可以根据挠度计算弹性模量，抗拉强度与压缩时的弹性模量极为接近[95]。但由于试样制备困难，未能广泛推广。目前有些文献建议改为圆柱体试样，这可能有利于今后的发展。圆盘弯曲试验的测试成果分散性小，且可以研究岩石的各向异性，但计算时需假定泊松数。

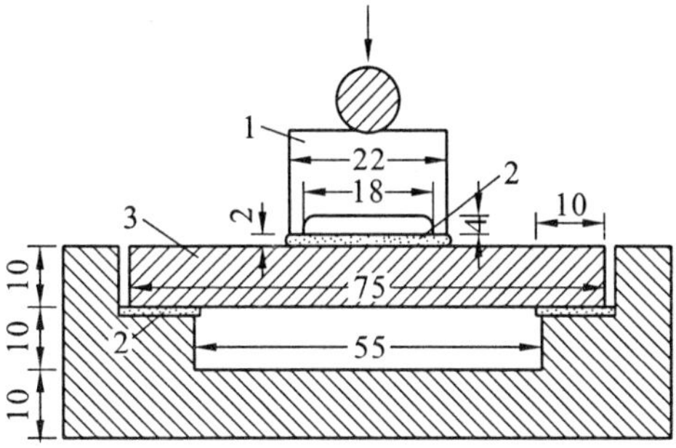

1— 承压块;2— 硬橡皮;3— 圆盘试件

图 4-11　圆盘弯曲试验装置图(单位:mm)

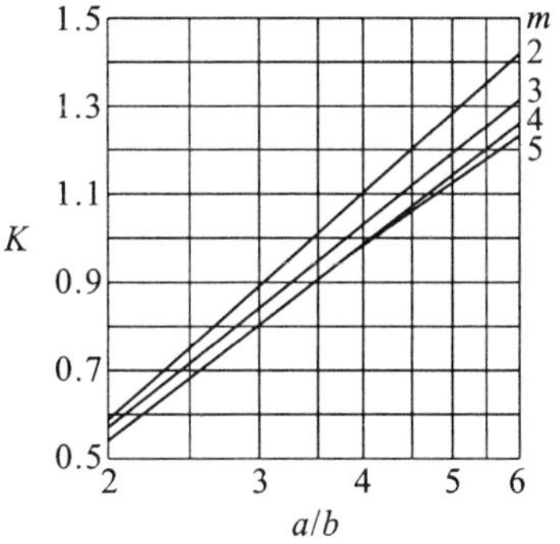

(图中 m 为泊松比的倒数)

图 4-12　求 K 值图

4.4.4　不同试验方法测试成果的比较

岩块的抗拉强度,也是随着试样形态和测试条件而变的,它只能说明在某种测试条件下的特征值,因此用不同试验方法所测定的成果,存在着差异是正常的。为了解它们之间的关系,表 4-4 列举了石膏材料和部分岩块的试验成果。由此可以看出:弯曲法测定的抗拉强度最大,劈裂法成果最小,直接拉伸法介于两者之间。与单轴抗压强度相比较,似乎劈裂法测定的抗拉强度接近于理论关系。

表 4-4　　不同试验方法测定的抗拉强度值

资料来源	材料名称		抗压强度/(kg/cm²)	抗拉强度/(kg/cm²)					抗压强度/劈裂强度
				直接拉伸法	劈裂法	弯曲梁法		圆盘弯曲法	
						跨度	强度		
华东水利学院	石膏（水膏比）	(0.8:1.0)	61.5	14.3	5.5		20.3		11.1
		(1.0:1.0)	38.3	7.8	3.7		13.9		10.3
		(1.3:1.0)	24.3	5.6	3.1		10.2		7.8
		(1.4:1.0)	20.3	5.0	2.3		9.8		8.8
黄委水科所	石膏（水膏比 0.8:1）		97.8		8.2	15cm	32.46	21.44	11.9
						20cm	30.24		
						25cm	27.50		
						30cm	24.64		
						35cm	23.68		
长沙矿冶研究所	大理岩			50.37	44.86		55.04	103.24	
	砂岩			73.92	51.61		84.23	139.70	
	花岗岩				78.69		84.70	141.52	
Homero Andre' Dos Santos Teixira 等学者[95]	砂岩		278.7		9.7		26.2		27.7
	花岗岩		1138.9		120.3		170.0		9.4
	玄武岩		920.0		109.2		267.3		8.4

4.5　岩块性质的相关性

研究岩块性质的相关性，有助于揭露岩石某些性质的内在联系，阐明由于物理和化学风化作用引起岩石性质改变的规律性。在工程实践中，利用岩块性质的相关性，可以在现场用简单的测试手段获得岩石的有关性质，并为岩石和岩体的分级提供定量资料。

为了消除岩块不均一性和测试条件的影响，测试工作要注意以下几个问题：

(1) 试验要标准化，只有在这个前提下测试成果才能进行比较。

(2) 非破坏性试验要尽可能利用同一个试样测定，以消除因岩块的不均一所带来的分散性。

(3) 破坏性试验要用非破坏性试验作为参数，借此求出相同参数下的两者之间的关系。

(4) 试样的选择，要尽可能包括不同风化程度的试样，这样才能准确地判断曲线形状，建立相应的关系式。

由于风化对岩石性质的改变，有些是比较敏感的，有些是不太敏感的。根据其敏感性可以将岩石性质分为三类：强烈可变性的，如空隙率、超声波速度、弹性模量和抗压强度等；中等可变性的，如容重和泊松比等；弱可变性的，如比重。在建立岩块性质相关性时，应当选择强烈可变性指标作为参数，而且这种指标的测试技术要简单，最好能在现场测定。图 4-13 为二长岩相关性的研究成果，选用超声波速度作为参数，建立与其他指标的关系[96]。由图 4-13 可以看出，除超声波速度与变形模量的关系外，其他关系的测点密集在曲线的周围，相关关系较好。

不同类型的岩石，它们之中哪些性质具有普遍性的关系，是研究岩块性质相关性时人们最感兴趣的问题。在这方面，有学者提供了一个有意义的资料[93]，他研究了包括火成岩、变质岩和沉积岩的 14 种岩石，分析其物理力学性质的关系得出如下的结论：

(1) 岩块性质的相关性，基本上不受岩石成分的影响。用不同类岩

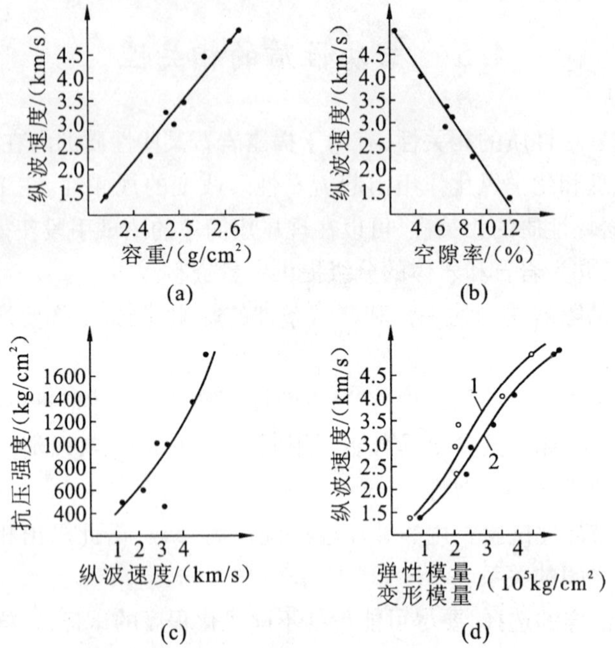

1— 弹性模量-纵波速度曲线;2— 变形模量-纵波速度曲线

图 4-13　二长岩的物理力学性质相关曲线图

石的试验成果,可以绘制统一的相关曲线,测点密集在曲线的周围,属于这种类型的如图 4-14 所示。

(2) 岩块性质的相关性,稍受岩石成分的影响。用不同类岩石的试验成果仍可以绘制统一的相关曲线,但测点比第一种情况分散,如图 4-15 所示的为这种类型的曲线。

(3) 岩石成分对岩石性质相关性有较大影响的,如图4-16所示。它们之中只有各类岩石本身性质的相关性,而没有不同类型岩石统一的相关性。

由此看来,尽管岩石成因,地质历史环境和构造作用不同,但它们之中的许多性质仍具有较好的规律性,这一点对今后研究岩石分类是很有用的。

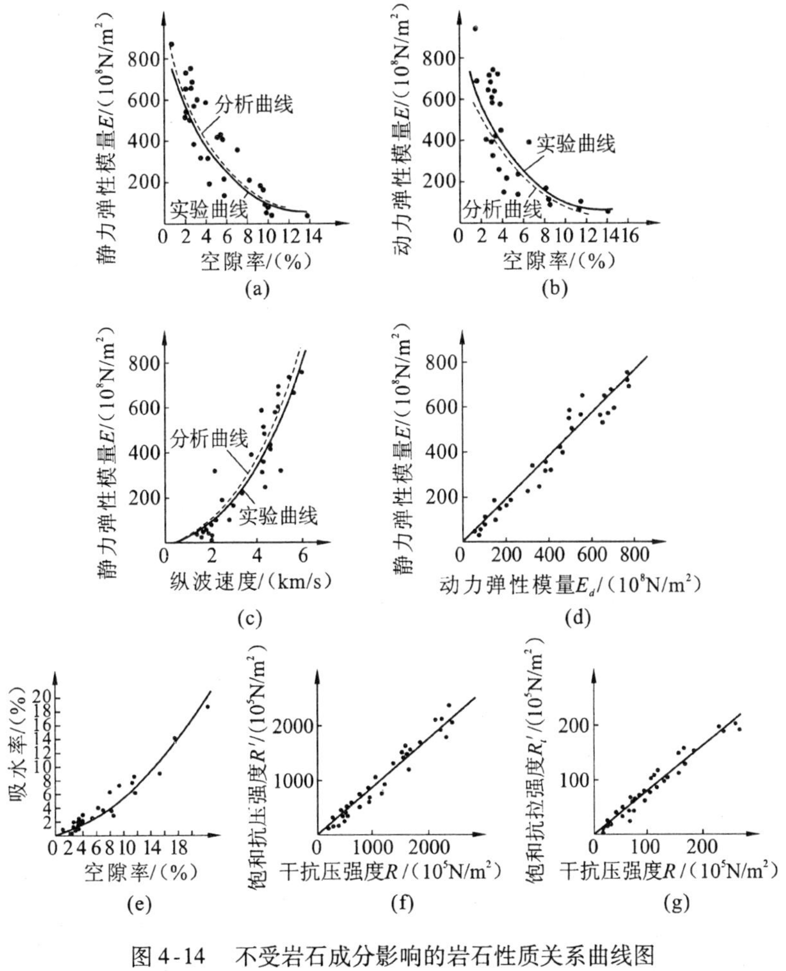

图4-14　不受岩石成分影响的岩石性质关系曲线图

研究岩块和岩体性质的关系是一个新的课题。近年来，电力工业部成都勘测设计院科研所在变形性质方面作了一些研究①。作者用岩体

① 电力工业部成都勘测设计院科研所，岩体动静弹性模量对比试验途径的探讨，1976。

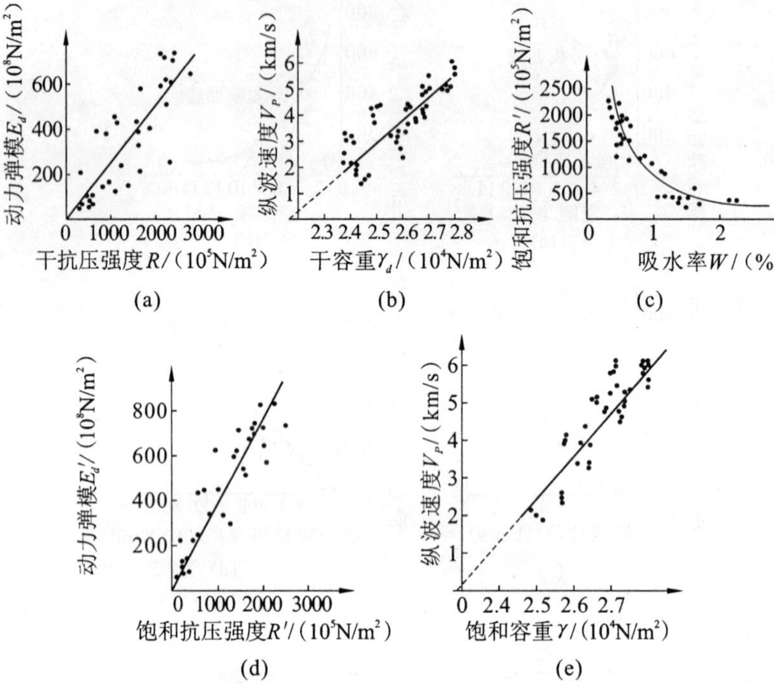

图 4-15　稍受岩石成分影响的岩石性质关系曲线图

和岩块静弹性模量比值$\left(\frac{E_{ms}}{E_{rs}}\right)$和动弹性模量比值$\left(\frac{E_{md}}{E_{rd}}\right)$，作为岩体完整性指标，反映岩体节理裂隙的发育程度。图 4-17 是建立的玄武岩和凝灰岩的关系曲线。虽然测点较少，但相关性仍显示出较好的规律。由于静力试验中较多的出现非线性的应力 — 应变关系，如何选择弹性模量值更为有效，有待于进一步研究。

虽然岩块和岩体性质关系的研究尚处于探索阶段，但具有广泛的发展前途。在工程实践中利用这些关系，能有效的减少现场试验工作量，加速勘测设计工作的进程，故具有一定的技术经济价值。

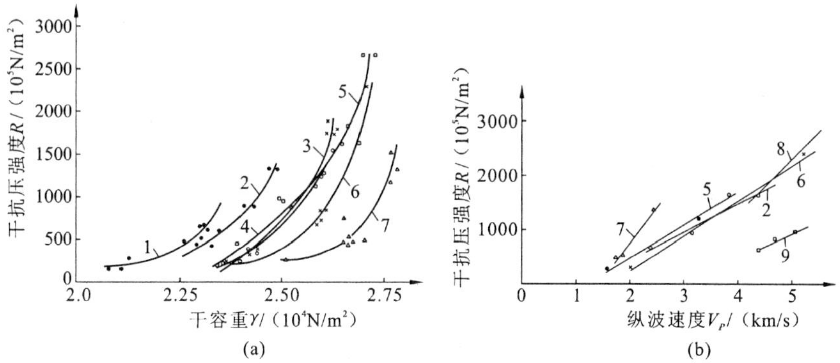

1— 粗面安山;2— 流纹岩;3— 砂岩;4— 安山岩;5— 花岗岩

6— 二长岩;7— 闪绿岩;8— 泥灰岩;9— 大理岩

图 4-16　受岩石成分影响的岩石性质关系曲线图

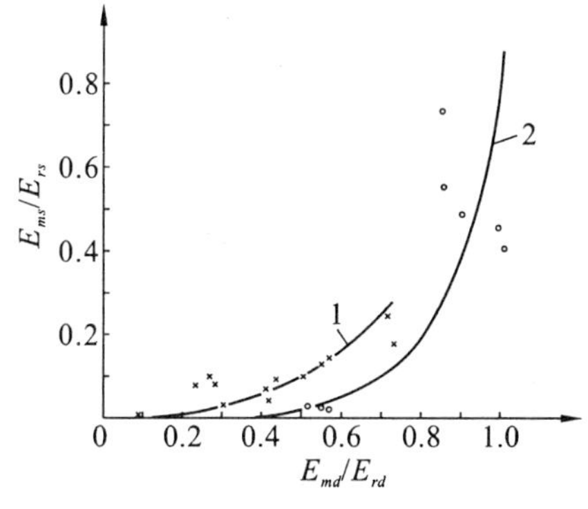

1— 玄武岩：$\frac{E_{ms}}{E_{rs}} = 0.00276e^{7.18\frac{E_{md}}{E_{rd}}}$

2— 凝灰岩：$\frac{E_{ms}}{E_{rs}} = 0.000472e^{7.56\frac{E_{md}}{E_{rd}}}$

图 4-17　岩体与岩块动静弹模关系曲线图

第5章　软弱夹层的特性及其研究途径*

王幼麟
（长江水利水电科学研究院）

5.1　概　　述

软弱夹层是工程建设基岩中经常遇到的问题之一。关于软弱夹层的含意，目前尚无统一而确切的概念。一般而言，“软弱”是相对于“坚硬”的岩性说的，“夹层”（层薄）则是相对于“岩层”（层厚）说的。软弱夹层可以存在于不同地质年代的沉积岩、变质岩和火成岩的各种岩体中，既有原生的，也有次生的；并可出现在各种构造部位，故其成因、成分和性状极其复杂。有的软弱夹层在多种因素的综合影响下（特别是在水的作用下）能演变成“泥”，像这种“泥化”了的软弱夹层，习惯上称为泥化夹层。

任何一种软弱夹层在岩层组合上，都具有软硬相间，硬中夹软，厚薄相间，厚中夹薄的共同特点。这些特点是岩体中的软弱结构面，易于受到构造运动的破坏，工程性质不佳，往往是岩体和建筑物稳定性的控制因素，而且也是容易引起工程事故的一种隐患。例如意大利的瓦依昂坝失事，就是基岩中软弱夹层滑动导致的。鉴于这些教训，当前国内外水电工程中遇到软弱夹层，大多采用降低摩擦系数的方法进行设计，这必然会造成浪费。为了使工程既安全可靠，又经济合理，对软弱夹层的

* 本章所用的试验数据，凡未注明的均系引自长江水利水电科学研究院的资料。

工程特性进行系统深入的研究很有必要。

在软弱夹层中，工程性质最差，危害最大的是被人喻为"西瓜皮"的泥化夹层。由于泥化夹层中"泥化带"含水量高，干容重低，强度弱，是一种较典型的弹—粘性分散系，具有一系列特殊的工程性质，故应着重研究。近几年来，中国科学院地质研究所[54]等一些单位，曾对某水电工程坝基泥化夹层的成因、特性和演变趋势等作过比较全面深入的研究，对解答工程实际问题和发展有关学科起到一定的促进作用。

本章仅以常见的红色沉积岩系中的泥化夹层为例，来探讨软弱夹层的特性及其研究途径。

5.2　泥化夹层的基本性质

泥化夹层的性状很不均匀，往往具有较明显的分带性。这一特点与其在地质历史时期所遭受的构造破坏作用，水的物理化学作用有关，有的还与风化作用有关。

相关研究表明，红色沉积岩系的泥化夹层几乎都程度不同地受过挤压、错动等构造破坏。因而通常能发现它们有三种不同的构造影响带，即错动带、劈理带和节理带，而且"泥化"主要发生在错动带附近，这种泥化部位常称为泥化带，如图5-1所示。这三个部位不仅构造破坏的程度不同，且受地下水的影响也不同，所以三者的结构特性、物理化学性质和物理、力学性质均有明显的差异。

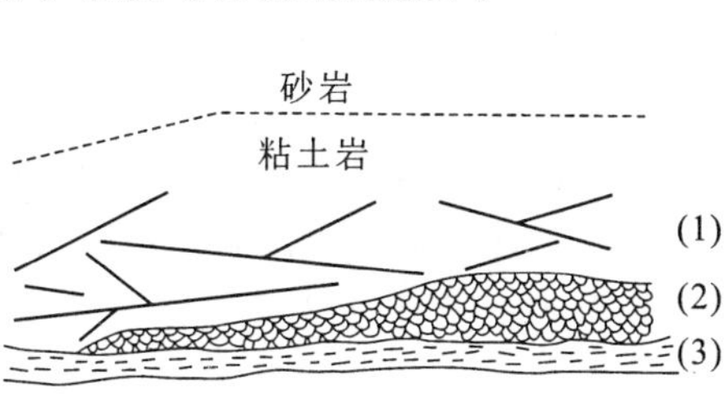

1— 节理带；2— 劈理带；3— 泥化错动带

图5-1　粘土岩泥化夹层分带示意图

5.2.1 泥化夹层的结构特性①

泥化夹层的结构，是在地质历史过程中各种作用综合影响下形成的，这种地质结构在颇大程度上决定着泥化夹层抵抗变形和破坏的能力。泥化夹层不同部位的结构特性是不一样的。

1. 节理带的结构特性

泥化夹层的节理带受构造影响较轻，从微观角度来看，这种地质结构仍然保持着原岩的结构特征，即使粘土岩泥化夹层的节理带也是如此。如图5-2所示，节理带的结构特征是，颗粒微集结体可以呈面—边、面—面和边—边多种形式的致密排列。单位体积中接触点比较多，孔隙比较小，因而干容重比较大。这是夹层在漫长地质年代的老化过程中，经压密、排水而固结的结果。由于老化作用，夹层中的碳酸钙、游离的硅、铁、铝氧化物等会发生沉淀、胶凝、结晶，从而包裹颗粒和微集结体，填充微孔隙和裂隙，起到胶结作用。这些胶结物质对于增强结构的物理化学连结有显著作用。例如某泥化夹层节理带，在除去碳酸钙和游离氧化铁后，微集结体连结的牢固程度急剧降低，用水分散出的细粒级含量增大1～2倍，如表5-1所示。电子显微镜研究证明，被这些胶结物质"包膜"连结成的较厚实的颗粒集结体，在除去胶结物质后，都分散成了细微透明的薄片。所以，保持着老化所赋予的结构特性的节理带，不仅力学强度比较高，同时物理化学活性大为减弱，阳离子交换量和表面积均较低，表面电荷密度比较小，具有较弱的亲水性，这是分散系老化的必然结果。

2. 劈理带的结构特性

泥化夹层劈理带的原岩结构已受到较严重的构造破坏，出现了与构造应力相适应的"新"结构，其主要特征是裂隙和微裂隙极其发育。这些裂隙将夹层切割得四分五裂，如图5-3所示。微集结体之间的连结

① 本章所说的"结构"即所谓的"微观结构"，系指颗粒微集结体（结构单元）之间的排列、接触和物理化学连结以及孔隙状况等特征而言。

表 5-1　碳酸钙和游离氧化铁对节理带分散性的影响

试样处理情况	在水中分散的小于 2 微米粒级含量/(%)
未处理	6
除去碳酸钙后,钙饱和	11
除去碳酸钙、游离氧化铁后,钙饱和	19

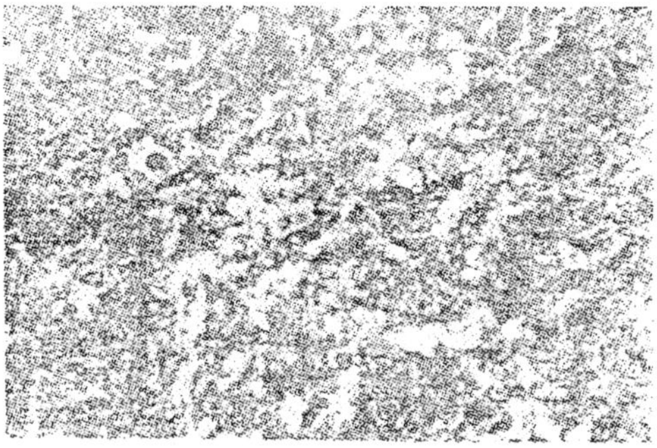

图 5-2　粘土岩泥化夹层节理带颗粒微集结体致密排列的扫描电子显微镜照相图(×300)

也遭到破坏,被微裂隙分割开的微集结体大多呈松散紊乱排列;微集结体本身同样被弄得支离破碎,其中片状颗粒呈面—边、边—边疏松排列,如图 5-4 所示。在剪切位移较大的部位,微集结体可呈定向排列。这种多裂隙的松散结构,使其干容重和力学强度都明显地变低。此外,随着微集结体裂隙的增多,分散度和阳离子交换能力都有所增高,使得它们恢复了因老化而减弱的物理化学活性。尤其微裂隙的发育正是造成强度降低、促进变形的吸附效应的有利因素[98]。

3. 泥化错动带的结构特性

泥化夹层的错动带遭受过剧烈构造错动,错动时的大位移使原岩结构被彻底改造,形成一种与构造剪应力相适应的"新"结构。扫描电子显微镜研究表明,经过较大剪切位移部位,可以分为微集结体和颗粒呈定向排列的错动定向区(厚约几十微米至二、三百微米)以及微集结

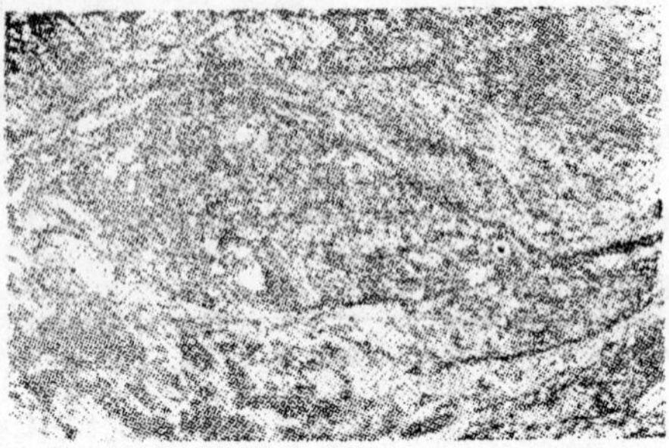

图 5-3　粘土岩泥化夹层劈理带中的微裂隙切割状况图(×110,正交偏光)

图 5-4　粘土岩泥化夹层劈理带中微集结体破裂和排列状况的扫描电子显微镜照相图(×3600)

体和颗粒受到位移牵动影响的非定向区,如图 5-5 所示。在错动面上,可以明显见到构造擦痕和微集结体的定向条带,如图 5-6 所示。非定向区是裂隙和微裂隙较劈理带更发育的劈理密集区,其中微集结体和颗粒往往呈边 — 边"点"接触的松散排列,如图 5-7 所示。

构造错动可以使微集结体和颗粒受到剪损,错动定向区内的微集结体和颗粒的大小比非定向区的要小(见图 5-5)。这也是使泥化错动

图 5-5　泥化错动带的定向区与非定向区微集结体排列的扫描电子显微镜照相图(×300)

图 5-6　泥化错动面上的构造擦痕和微集结体定向条带的扫描电子显微镜照相图(×200)

带的粘粒含量,较劈理带和节理带要高的一种原因。在微集结体和颗粒受到构造错动的剪损使分散度增大时,表面裸露的断键增多,导致它们的表面电荷密度相应地增大,如表 5-2 所示。所以错动带内的物质因老化而减弱的物理化学活性,得以充分恢复或加强,能强烈地吸附周围的溶液,在微集结体和颗粒表面形成较发达的溶剂化层。微集结体或颗粒之间将主要通过此表面溶剂化层间接接触。图 5-7 所示的边 — 边"点"

接触即是它们沿着表面溶剂化层较薄的边角处间接接触的例证。这种接触形式的接触面小,孔隙比较大,孔隙中往往充满溶液。由于表面溶剂化层比较发达,微集结体或颗粒间的斥力(静电斥力和楔裂压力)也比较大。同时在此情况下,它们之间的吸引力,只可能是键能较低的"远"距离分子引力和水分子偶极—阳离子—水分子偶极作用力等起主导作用,故而结构的物理化学连结比较弱。这种结构连结特性,可以通过下述的流变性得到证明。

图 5-7　泥化错动带的非定向区微集结体间"点"接触的扫描电子显微镜照相图(×10000)

表 5-2　泥化夹层不同部位的表面电荷密度

泥化夹层的部位	表面电荷密度 /(μK/cm^2)	备　注
上部节理带	20.36	矿物组成均是以蒙脱石类为主
泥化错动带	26.54	
下部节理带	20.27	

图 5-8 是粘土岩夹层泥化错动带原状样,在恒定剪应力(τ)作用下,纯剪切变形(ε)随时间(t)发展,以及卸荷后变形随时间消失的

$\varepsilon \sim t$ 曲线。该曲线表明泥化错动带是弹 — 粘性体系。即使在较小的剪应力作用下($25g/cm^2$),除了发生可逆的弹性变形外(瞬时弹性变形和弹性延缓变形),还出现由稳定的粘滞流动(粘度约为 10^{12} 泊)所导致的不可逆的剩余变形(ε_r 和 ε'_r)。且剩余变形比较显著,占总变形量(ε)的 50% 左右。由此可见其结构联结已开始屈服。这样低的屈服点乃是结构联结以上述键能较低的吸引力为主的宏观反映。它们的弹性延缓变形($\varepsilon_m - \varepsilon_0$)也较明显,占可逆变形总量($\varepsilon_m$)的30% 以上,说明其结构联结具有一定的可动性。结构联结的可动性主要是由表面溶剂化层所赋予的,泥化错动带能出现较明显的弹性延缓变形,意味着微集结体或颗粒之间主要是通过一定厚度的表面溶剂化层间接接触而联结起来的。

由上述不难看出,泥化错动带是一种较典型的含水量高,干容重低,强度弱,易于屈服的弹粘性结构分散系。其结构特性与泥化夹层的其他部位迥然不同,所以具有一系列特殊的工程性质。

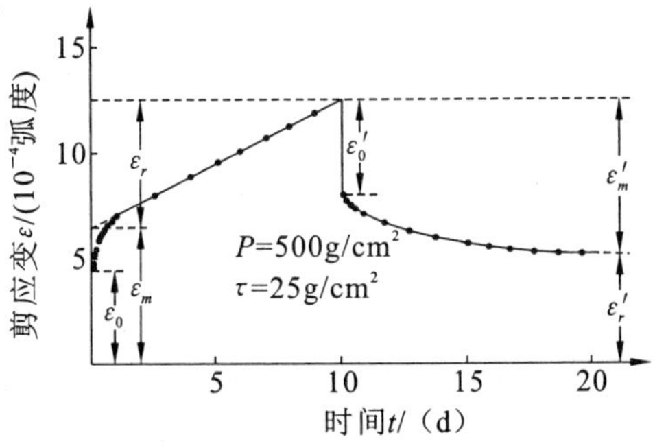

图 5-8　泥化错动带原状样 $\varepsilon \sim t$ 流变曲线图

5.2.2　泥化夹层的特性

泥化夹层不同部位的基本性质有着颇大差异。由表5-3 可知,某泥化夹层不同部位能被萃取出的无定形游离氧化物,阳离子交换量和交换性钠离子含量,表面积的变化趋势为:泥化错动带 > 劈理带 > 节理带。而碳酸钙含量的变化趋势与此相反。总的看来,泥化错动带和劈理带的物理化学活性比节理带大。前二者不同程度地恢复或加强了因老化而减弱的物理化学活性,后者仍然保持着老化所赋予的"迟钝性"。

众所周知,物体的物理、力学性质与其所处的物理化学状态密切相关。泥化夹层不同部位的物理力学性质,亦随其物理化学活性不同而相应地变化。由表5-4可以看出,它们的天然含水量、粘粒含量、流塑限的变化大致有以下趋势: 泥化错动带 > 劈理带 > 节理带。而天然干容重和抗剪强度的变化顺序刚好与此相反。这些变化与上述物理化学活性的变化趋势基本吻合,即物理化学活性愈强,吸附能力愈大,亲水性就愈显著,含水量和流塑限便愈大,干容重和力学强度也就愈低。所以,泥化错动带和劈理带的工程性质劣于节理带。它们的"岩性"已基本丧失,具有近似于"土"的特征。

在粘土岩、页岩等粘粒含量较高的夹层中,泥化部位的天然含水量往往超过塑限处于塑性状态,如表5-5所示。而塑性正是"泥"的一种表征,所以它们是名副其实的"泥"。由此可见,天然含水量大于或等于塑限含水量这一特性,至少可以作为粘土岩、页岩等夹层泥化的一种重要标志。

高度分散的粘粒物质是成"泥"的主要物质基础,所以泥化错动带中粘粒含量和粘土矿物类型对其性质有显著影响。如表5-6所示,Ⅱ号夹层泥化错动带不仅粘粒含量较高,且粘土矿物以蒙脱石类为主。这类矿物分散度高,表面积大;晶格的同晶替代作用比较显著,带有大量负电荷(阳离子交换量高);并且晶格具有扩展性,亲水性较强;与溶液作用能形成较发达的表面溶剂化层,所形成结构的物理化学连结较弱。因而以其为主的Ⅱ号夹层泥化错动带的表面积(以内表面为主)、阳离子交换量、天然含水量、流塑限等,都比粘粒含量较低的,以水云母为主的Ⅰ号夹层泥化错动带的大得多,而干容重、抗剪强度却比后者低,具有较典型"塑性泥"的特性,同时其泥化错动带的厚度通常也比较大。在外力作用下既容易滑动,也易于发生沉陷,工程性质很差,必须慎重对待。

表 5-3　　粘土岩泥化夹层不同部位的某些成分和物理化学性质

泥化夹层的部位	$CaCO_3$ 含量/(%)	无定形游离氧化物含量/(%)			阳离子交换量 /(毫克当量/100 克)	交换性钠离子/(%)	表面积 /(m^2/g)
		SiO_2	Fe_2O_3	Al_2O_3			
节理带	19.07	2.94	1.27	0.34	24.06	24.06	113
劈理带	17.46	3.27	1.30	0.43	27.67	27.67	128
泥化错动带	7.81	4.56	1.73	1.05	28.30	28.30	224

表 5-4　　泥化夹层不同部位的物理力学性质

泥化夹层部位		天然含水量 /(%)	天然干容重 /(g/cm^3)	小于 2 微米粒级含量/(%)	流限 /(%)	塑限 /(%)	塑性指数	抗剪强度(峰值)	
								c/(kg/cm^2)	φ
粘土岩	节理带	12.7	2.04	26	27	13	14	0.45	24.6°
	劈理带	28.7	1.54	—	47	24	23	—	—
	泥化错动带	48.7	1.18	51	51	26	25	0.13	11°
粉土砂质粘岩	节理带	9.0	2.20	16	27	14	13	0.84	38°
	劈理带	12.9	2.02	36	30	16	14	0.67	16°
	泥化错动带	24.7	1.63	38	33	17	16	0.21	13.5°

表 5-5　　各种泥化带的天然含水量与塑限

泥化带的类型	主要的粘土矿物	天然含水量/(%)	塑限含水量/(%)
粘土岩泥化错动带	蒙脱石类	34 ~ 48.7	30 ~ 41
粘土岩泥化错动带	蒙脱石类	37.9 ~ 49.7	29 ~ 37
粘土岩泥化错动带	高岭石类	27.1 ~ 37.1	18 ~ 26
粘土岩泥化错动带	水云母类	22.5	17
粘土岩泥化错动带		26	18
粘土岩泥化错动带	蒙脱石类	49.5 ~ 57	39 ~ 40
粉砂质粘土岩泥化错动带	水云母类	21.2 ~ 24.9	16 ~ 19
粉砂质粘土岩泥化错动带	水云母类	22.1 ~ 23.8	15
粉砂质页岩泥化错动带	水云母类	18	14
泥质砾岩泥化错动带	水云母类	50	17
泥质砾岩泥化错动带	水云母类	75	18
火成岩脉经构造破坏和风化而成的泥化带	蒙脱石类	46 ~ 80	43 ~ 61
片岩经构造破坏和风化而成的泥化带	蒙脱石类	30 ~ 47	22 ~ 41

5.2.3　泥化夹层的残余强度和长期强度

泥化夹层的抗滑稳定性是关系到工程安全的一个极其重要的问题，该问题涉及到它们的力学强度和变形特性。对于具有构造错动面的泥化夹层而言，残余强度有着重要的工程意义，国内外有些工程就是以泥化夹层的残余强度作为设计的主要参数。流变特性和长期强度，则是评价其长期稳定性的一种重要依据。

1. 泥化错动面的残余强度

泥化夹层的残余强度实质上是指其中泥化错动面说的。泥化错动面的含水量和粘粒含量比较高，物理化学活性比较大，微集结体和颗粒呈定向排列，结构联结比较弱，是泥化夹层中力学强度最低的软弱面，对抗滑稳定性有着控制作用。

表 5-6　不同类型泥化错动带的性质

泥化夹层编号	泥化带厚薄	粘土矿物组成	$CaCO_3$含量/(%)	表面积/(m^2/g)	阳离子交换量/(毫克当量/100克)	小于2微米粒级含量/(%)	天然含水量/(%)	天然干容重(g/cm^3)	流限/(%)	塑限/(%)	抗剪强度(峰值)	
											c/(kg/cm^2)	φ
Ⅰ	薄	以水云母为主,其次为绿泥石、蒙脱石	7.33～10.86	90～101	11.32～17.38	32～40	21～25	1.63～1.75	31～33	16～19	0.21	13.5°
Ⅱ	厚	以蒙脱石为主,其次为伊利石、绿泥石	0.73～7.81	261～368(内表面为200～327)	47.84～67.58	34～61	34～49	1.18～1.37	55～72	30～40	0.13	11.0°

表 5-7　泥化错动面的含水量、矿物组成、平整性对残余强度的影响

泥化夹层编号	主要的粘土矿物类型	泥化错动面平整状况	天然含水量/(%)	残余强度(反复剪切)	
				c_r/(kg/cm^2)	φ_r
Ⅰ	水云母类	光滑平整	31～32	0	11.6°
		不平整,起伏差大于1mm(试件直径640mm,高20mm)		0	13.5°
		距错动面1mm部位		0	16.2°
Ⅱ	蒙脱石类		36～61	0	9°
Ⅲ	高岭石类			0	28.5°

斯肯普屯等学者的研究表明[99]，构造剪切区中主滑动面的抗剪强度是残余值或接近残余值。大量试验表明，泥化错动面的强度大多接近于残余强度。

所谓残余强度，是指在一定条件下的剪切过程中（为了消除孔隙压力的影响，大多用排水剪），强度超过峰值后，随着剪切位移的增加而降低，最后达到一个稳定值，此即残余抗剪强度。

残余强度是伴随着颗粒沿剪切位移方向重新定向排列而产生的[100],[101]。泥化错动面微集结体和颗粒呈定向排列，是其抗剪强度近于残余值的重要原因。由表5-7可以看出，即使偏离泥化错动面1mm处微集结体和颗粒定向较差的部位，其残余强度（φ_r = 16.2°）比泥化错动面（φ_r = 11.6° ~ 13.5°）要高出大约3° ~ 5°。这说明微集结体和颗粒在构造错动下的定向排列与残余强度关系密切。

残余强度还受到泥化错动面的含水量、粘粒含量、矿物组成等的影响。如表5-7所示，含水量较高，并以蒙脱石类矿物为主的泥化错动面的残余强度，比含水量较低，以水云母类矿物为主的泥化错动面的要低。而以高岭石类为主的泥化错动面具有比它们高得多的残余强度。

粘土矿物组成等因素导致泥化错动面残余强度发生差异的原因，可以在前述泥化错动带定向区结构特性基础上予以阐明。

如前所述，软弱夹层在构造剪应力作用下发生大位移时，其中微集结体由于结构连结破坏而"卧倒"，并沿着剪切位移方向定向排列的同时，不仅分散度增高，而且结构连结断裂处裸露出了新表面和断键（具体反映为表面积和表面电荷密度增大），具有剩余表面能，如图5-9所示。为了降低能量，可以自动地吸附周围溶液，并在表面上形成较发达的溶剂化层。定向排列的微集结体之间也主要通过表面溶剂化层而连结。由于溶剂化层在表面上的分布不均匀，往往在微集结体吸附活性中心的平面上厚度较大，而在曲率较大的边角部位比较薄。所以在定向排列结构中面 — 面叠聚部位，是通过相对较厚的表面溶剂化层接触，相互间斥力较大而吸引力较弱，且常常是依赖于法向压力来平衡表面溶剂化层的斥力，面 — 面之间易于发生相对位移。所以这种结构的剪切阻力，必然比非定向排列连结牢固，表现为峰值强度的结构的相应值要小。并且在一定条件下，结构中微集结体的定向程度、表面溶剂化层的特点以及由此所决定的结构连结特性，基本上是稳定的，故残余强度在一定条件下为一稳定值。由此可知，残余强度不仅与微集结体定向排列有关，同时也取决于表面溶剂化层的特征以及由其所决定的结构连结特性。据此不难理解，以分散度高，亲水性强可以形成较发达表面溶剂化层，结构连结较弱的蒙脱石类矿物为主的泥化错动面，具有较低的残余强度（$\varphi_r = 9.0°$）；而以分散度低，亲水性弱的高岭石类矿物为主的泥化错动面有着高得多的残余强度（$\varphi_r = 28.5°$）；水云母类为主的（$\varphi_r = 11.6°$），则介于二者之间。

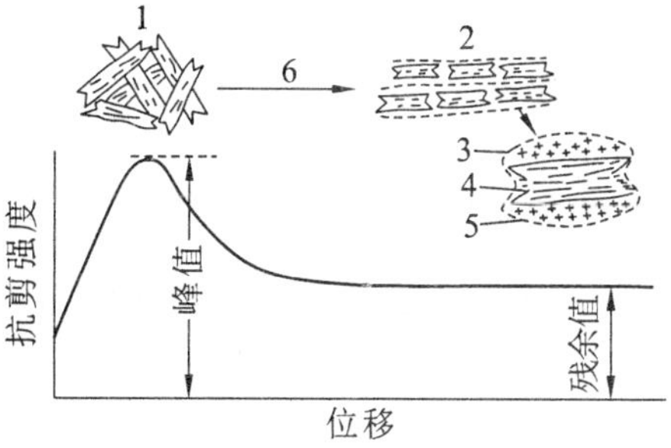

1— 具有峰值强度的结构；2— 具有残余强度的结构；3— 溶剂化层；
4— 微集结体；5— 阳离子；6— 较大的剪切位移

图 5-9　具有不同强度的结构示意图

泥化错动面的平整性对残余强度也有明显影响。光滑平整错动面的摩擦阻力，显然要低于有一定起伏的粗糙面的该值。由表 5-7 可以看出，同一类型的泥化错动面，仅由于平整状况不同，残余强度便可相差 2°（光滑平整面 $\varphi_r = 11.6°$，粗糙面 $\varphi_r = 13.5°$）。所以，在研究泥化错动面的抗剪强度时，应当考虑它们的光滑平整状况。在进行抗滑稳定分析时，要注意泥化错动面在埋藏条件下的平直度和起伏差这一“宏观”结构特征。

2. 泥化错动带的流变特性和长期强度

前已述及，泥化错动带属弹 — 粘性体系，它们在恒定荷载持续作用下，明显地表现出变形随时间而变化的流变特性。

陈宗基曾对弹 — 粘性粘土体系的结构及其流变特性作过深入研究[102]，并将该体系的屈服值细分为f_1、f_2和f_3，其中f_3有着较重大的工程意义。因为当剪应力大于f_3时，体系的变形随时间的延续而愈来愈显著地发展，最后导致剧烈破坏。剪应力小于f_3时，体系虽能出现粘滞流动，但不会导致破坏。泥化错动带以f_3为界限的流变行为，可由图5-10的流变曲线得到证明。当剪应力($0.80kg/cm^2$)略小于泥化错动带的f_3($0.85kg/cm^2$)时，除了发生瞬时弹性变形和弹性延缓变形外，由于较弱的结构连结部分开始屈伏而流动。结构连结被破坏的微集结体和颗粒在流动过程中，经过热运动碰撞，克服表面溶剂化层的能障后，又可在其它部位相互吸引而重新连结，亦即在粘滞流动过程中，同时存在着结构连结的破坏和重新形成两种对立的作用。当剪应力小于f_3时，流动的速度梯度比较小，所有破坏的结构连结完全可以重新形成，二者能建立起动态平衡。因此，从统计学的观点来看，整个体系的结构是“完整的”，在流变曲线上表现为具有一定粘度的稳定流动，如图5-10曲线1所示。但是，当剪应力($1.80kg/cm^2$)大于f_3时，虽然在流动过程中也同时发生结构连结的破坏和重新形成，却存在着一个稳定的粘滞流动阶段(图5-10曲线2上的AB段)。不过由于剪应力较大，不仅弱的结构连结被破坏，较强的结构连结也可以屈伏，但需要一个应力转移和集中的过程，所以往往在稳定流动阶段之后表现出来。同时这些较强的结构连结部分，键能相对地要高些。而破坏后重新形成的结构连结属于低键能的，强度较弱，易于破坏。随着时间的发展，结构连结的破坏愈演愈烈，最后出现破多于成的不平衡状态。故而在图5-10流动曲线2的B点以后，发展为速度梯度愈来愈大的加速流动阶段，从而导致结构彻底破坏而被剪断。所以，f_3可以看做是结构破坏极限的界限应力，f_3的大小与结构连结特性密切相关。

泥化错动带的结构连结特性，受到含水量，粘粒含量，矿物组成，胶

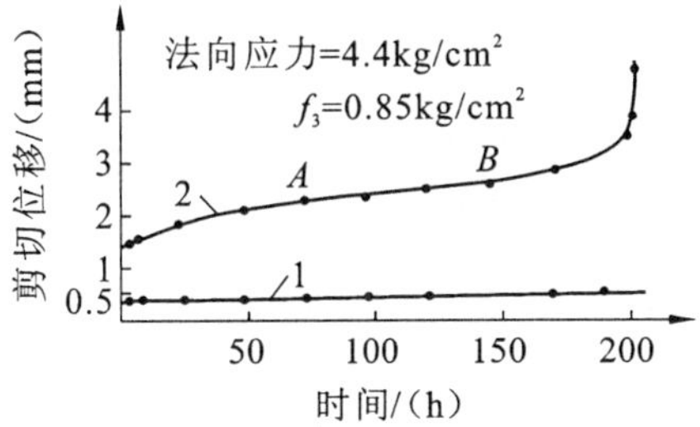

1— 剪应力 = 0.8kg/cm^2(小于f_3);2— 剪应力 = 1.8kg/cm^2(大于f_3)

图 5-10　Ⅰ 号夹层泥化错动带在不同的恒定剪应力下的流动曲线图

结物质以及物理化学性质等因素影响。由表 5-6 可知,Ⅰ 号夹层与 Ⅱ 号夹层泥化带在这些方面差异较明显,结构连结的牢固程度也不相同。Ⅱ 号夹层泥化错动带结构连结强度较弱,在外力作用下易于屈伏。它们在 1.5kg/cm^2 法向压力下,其f_3 = 0.22kg/cm^2,比 Ⅰ 号夹层泥化错动带在同一法向压力下的f_3(0.30kg/cm^2)为小。而且流动时的粘度(η = 3.1 × 10^{12} 泊)也比后者(η = 2.65 × 10^{13})约要低一个数量级。

由于二者的f_3不同,因此根据f_3所确定的长期强度也不一样。按照陈宗基建议的用f_3 ~ σ(法向压力)关系曲线求长期强度的方法,所得到的这两个泥化错动带的长期强度如图 5-11 和图 5-12 所示。Ⅱ 号夹层泥化错动带的长期强度 c_f = 0.06kg/cm^2,φ_f = 9.0°,比 Ⅰ 号夹层泥化错动带的 c_f = 0.02kg/cm^2,φ_f = 10.9° 要低。

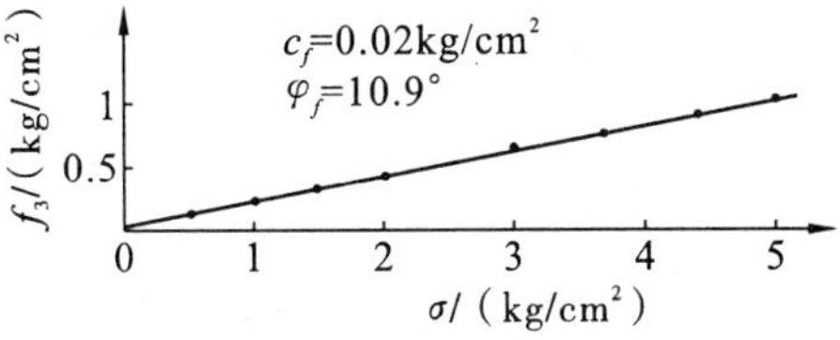

图 5-11　Ⅰ 号夹层泥化错动带(以水云母为主)的f_3 ~ σ 曲线和长期强度图

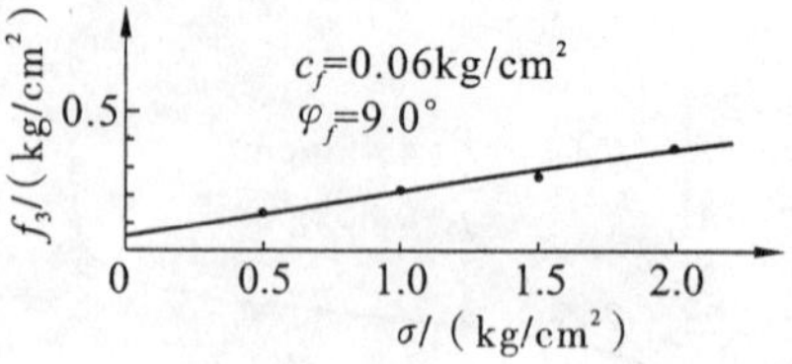

图 5-12　Ⅱ 号夹层泥化错动带(以蒙脱石为主) 的 $f_3 \sim \sigma$ 曲线和长期强度图

综上所述,泥化错动带的残余强度、长期强度都比较低,尤其以蒙脱石类矿物为主的泥化错动带的最低。在工程建设中,应将泥化错动带作为抗滑稳定性的控制因素来考虑,选用设计参数时,必需注意该部位这两种特殊的强度值。

此外,由上述还可以看出,泥化错动带的残余强度与长期强度在数值上大致相同,但是二者的基本概念和试验方法是不一样的,是否巧合,尚有待进一步研究。

5.3　泥化夹层在渗水作用下的演变趋势

水是形成泥化夹层的一种重要因素。在水的作用下,夹层的性状就有变化的可能。所以在工程建设特别在水工建设中,人们不仅要研究泥化夹层的现状,同时也比较注意它们今后在渗水影响下的各种可能变化。所研究的课题着重于两方面,一个是泥化夹层的渗透稳定性;另一个是在渗水作用下,泥化错动带的性状是否会继续恶化,尚未泥化的劈理带和节理带是否会泥化。对于这些问题,目前研究得还不多,现仅将有关的某些试验研究情况阐述如下。

5.3.1　泥化夹层的渗透稳定性

泥化夹层的渗水通道主要是裂隙。非裂隙部位透水性较弱,有的甚至基本上不透水(渗透系数达 $10^{-9} \sim 10^{-10}$ cm/s),故其渗流特性往往被裂隙所控制。

在渗流过程中，泥化夹层的裂隙由于受多种因素的影响，可以不断进行调整变化。如图 5-13 所示，在流量、渗透系数的时程线上，呈现出的不稳定现象即是裂隙调整变化的具体反映。

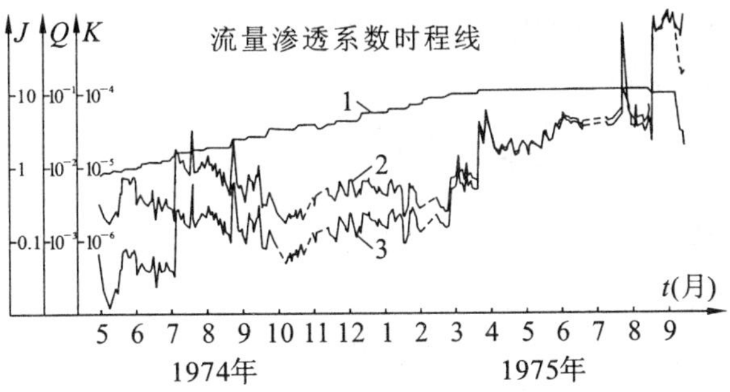

J— 渗水比降；Q— 流量（cm^3/s）；K— 渗透系数（cm/s）；t— 时间（月）；

1—J ~ t；2—K ~ t；3—Q ~ t

图 5-13　泥化夹层渗水时流量、渗透系数的时程线图

概括地说来，裂隙的调整变化过程主要为冲刷作用和淤堵作用所控制。冲刷和淤堵是两种方向相反的作用，前者有利于裂隙的发展，使渗透系数和流量增大；后者导致裂隙缩小或堵塞，使渗透系数和流量减小。裂隙的调整变化，可以引起泥化夹层渗流比降或渗流速度重新分布，并易于发生渗流集中，使某些部位冲刷作用占优势，从而发生渗透变形甚至破坏。所以，泥化夹层渗透变形的主要形式是裂隙冲刷。易于发生渗透变形和渗透破坏的部位，大多在泥化错动面附近和裂隙发育的劈理带。

应当指出，由板岩、页岩、粘土质粉砂岩等形成的碎屑泥化夹层，主要由较粗的构造碎屑组成。孔隙较大，透水性较强，易于产生渗流集中，渗透稳定性比较差。例如湖南某水电工程基岩中的板岩碎屑夹层，有的部位大于4mm 直径的碎屑含量达49%，结构松散，孔隙较大，是渗水良好通道。在工程投入运转后，由于库水位上升，渗流比降增大等原因，加剧了水力冲刷作用，使其中较细颗粒随水流失，出现因淘刷而架空现

象。所以对碎屑泥化夹层的渗透稳定性必须予以重视。

由上述可知,泥化夹层是基岩渗透稳定性的控制因素。其中泥化错动带和劈理带结构连结不牢固,水稳性较差,抗冲刷强度较弱。在渗水的物理化学作用和冲刷作用下,裂隙面上的微集结体或颗粒之间的结构连结容易被破坏,从而分散开来随水流失,所以它们是泥化夹层中渗透稳定性较弱的部位。

5.3.2 泥化夹层在渗水作用下的可能变化

相关试验研究表明,渗水在泥化夹层中流动时,可以与其中接触部位的物质相互作用,发生易溶盐(包括石膏)的溶失,阳离子交换,碳酸钙的溶蚀,游离氧化物的溶解、胶溶以及氧化还原反应等一系列物理化学变化,并导致泥化夹层的性状亦相应地改变。变化的方向、速度和幅度,既取决于水文地质条件如水的化学类型,水的交替,排泄等条件,也决定于泥化夹层的成分、结构、性质等因素。

如前所述,泥化夹层不同部位的结构特性是不同的,结构特性的差别在很大程度上决定着它们受渗水作用时的稳定性。

(1) 泥化夹层节理带,在天然条件下仍然保持着地质历史时期老化作用所赋予的结构特性。其中粘土矿物等高度分散物质,由于老化,不仅分散度降低,并被碳酸钙、游离氧化物薄膜所包裹,物理化学活性大为减弱,对水的作用反应迟钝,加之比较致密完整,除了节理裂缝为透水通道外,其余部分基本不透水,水分很难渗入其中与之作用,所以遇水难以泥化。大量的地质调查研究未发现它们泥化。室内的浸水试验也表明,即使是以亲水性较强的蒙脱石为主的粘土岩节理带,其原状样无论是在钙型水,还是在碱性钠型水中(pH = 10.16) 都很稳定。

日本学者仲野良纪(1964) 曾对日本第三纪由比泥岩的软化作过研究[103]。他发现具有与天然泥岩相同密度和强度的重塑“人工泥岩”,比天然泥岩容易吸水膨胀而软化。并将其原因归之于重塑时破坏了包裹粘土颗粒的硅胶薄膜,使其露出活性表面而容易吸着水分。强调了在地质历史过程形成的硅胶“包膜”对泥岩水稳性的重大作用。这与我们前述的碳酸钙、游离氧化铁的“包膜”除去后，节理带分散性增大（表5-1）的结果是一致的。由此不难看出，地质历史过程老化作用所形成的结构特性，是使节理带具有较好水稳性的关键因素。

虽然节理带保持天然状态时对水的作用比较稳定，但是，当其结构受到扰动时便失去水稳性。由表5-8可以看出，即使由少量失水（含水量降低4% ~5%）引起的结构扰动，浸水时也会迅速崩解。显然，这是由于脱水收缩，结构连结发生松弛或破坏，出现微裂隙露出新表面，增强了对水的吸附能力所致。因此，在工程建设中防止它们失水和被扰动，是一个值得重视的问题。

（2）泥化夹层的劈理带，由于结构受到较严重破坏，裂隙和微裂隙异常发育，分散度增大，阳离子交换量增高，老化作用所赋予的“迟钝性”大为减弱，粘土矿物等高度分散物质的物理化学活性得到恢复。渗水与其作用时，易于吸水膨胀、崩解、力学强度随着降低。例如以水云母为主的劈理带，其原状样经二百余天渗水后，抗剪强度（峰值）由原来的 $\varphi = 15.4°$，降至 $\varphi = 13.1°$。由此可知，劈理带的性质在遇水后可发生明显变化，强度会迅速降低。特别是当其矿物以蒙脱石为主时，更容易发生强度降低和促进变形的吸附效应。所以，在评价泥化夹层的工程性质时，应当注意劈理带这种“潜在泥化”的特性。

表5-8　节理带失水与浸水崩解

含水量/(%)	失水情况	浸水崩解情况	试件体积/(cm^3)
37	未失水	未崩解	1130
36	未失水	未崩解	3660
35	未失水	未崩解	254
34	未失水	未崩解	216
33	未失水	开始崩解	3060
32	失水	开始崩解	165
30.5	失水	剧烈崩解	136
30	失水	剧烈崩解	2640

(3) 泥化错动带在地质年代的泥化过程中，与地下水之间已建立起一种动态平衡。多年来对某些泥化夹层地下水进行的水质分析表明，其化学成分和性质基本上是稳定的。因而当水文地质条件不发生明显改变时，泥化错动带的性状也不会出现引人注目的变化，故处于相对稳定之中。例如某种以蒙脱石为主的泥化错动带，经过与地下水化学类型相同的碱性钠型水渗透250余天后，抗剪强度并无变化，渗水前后均为$c = 0.1\mathrm{kg/cm^2}$，$\varphi = 10°$。

当水文地质条件特别是地下水的化学类型改变时，泥化错动带的性质可以随着变化。例如上述某种以蒙脱石为主的泥化错动带，用化学类型与地下水不同的钙型水渗透250余天后，抗剪强度有增高的趋势，变为$c = 0.1\mathrm{kg/cm^2}$，$\varphi = 11°$。变化虽然不大，但说明水文地质条件的变化，可以破坏泥化错动带与地下水之间的平衡关系，使它们由相对稳定状态变为不稳定状态，并逐渐演变直至与渗水达到新的动态平衡时为止。这一演变规律可以由某泥化错动带与渗水相互作用时，渗出水的主要阴阳离子动态曲线反映出来。如图5-14所示，开始时，由于钙镁型渗水对泥化错动带中重碳酸钠等盐分的溶滤作用，特别是水中钙镁离子与粘土颗粒上吸附的钠离子进行交换反应，使得大量的钠离子进入水中，破坏了原有的平衡。随着盐分的溶失和阳离子交换反应不断进行，渗出水和泥化错动带的成分、性质也不断改变，最后直至泥化错动带孔隙溶液中重碳酸钙镁逐渐取代了重碳酸钠而占有优势，粘土颗粒上钙镁离子逐渐趋于饱和，建立起新的动态平衡时为止。这一过程在渗出水离子动态曲线上，具体表现为钠离子浓度逐渐由高向低变化，钙镁离子浓度逐渐由低向高变化，最后都趋于稳定的对称曲线。

由此还可以看出，上述泥化错动带经钙型水渗透后抗剪强度增大，是由于孔隙溶液和粘土颗粒上吸附的离子逐渐被钙离子取代的结果。因为钙离子可以压抑表面溶剂化层，减小微集结体或颗粒间的斥力，增强结构连结。如表5-9所示，某泥化错动带经钙型水渗透后，在水中的分散度由原来的79%降至24%，此即微集结体或颗粒间物理化学连结增强的具体表现。

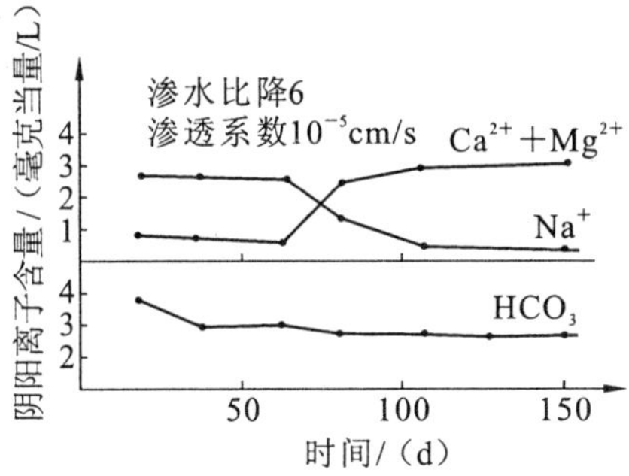

图 5-14 泥化错动带扰动样渗出水主要阴阳离子动态曲线图

表 5-9 钙型渗水对泥化错动带分散度的影响

试样		各粒级的含量/(%) 粒径/(mm) 0.25~0.1	0.1~0.05	0.05~0.005	<0.005	分散度①/(%)
渗水前	水分散	7	9	54	30	79
	偏磷酸钠分散	5	6	51	38	
渗水后	水分散	6	8	77	9	24
	偏磷酸钠分散	7	7	48	38	

① 分散度(%) = $\frac{\text{水分散} < 0.005\text{毫米粒级含量}}{\text{偏磷酸钠分散} < 0.005\text{毫米粒级含量}} \times 100$。

纵观上述,在评价渗水对泥化夹层性状影响时,应当注意水的化学类型,以及不同化学类型渗水所引起的泥化夹层中易变成分如易溶盐(包括石膏)、交换性阳离子等的变化趋势。因为这些成分对渗水的反应灵敏,且泥化夹层的性状也比较容易受它们的影响。此外,起胶结作用的碳酸钙和游离氧化物,在渗水作用下的变化也是影响泥化夹层性状的重要因素。一方面它们也比较容易受渗水的影响,大量试验研究表明,在泥化夹层中长期受水作用的泥化部位,碳酸钙的含量往往低于相邻的未泥化部位。而游离氧化物中无定形状态(通常以溶胶和饱水凝胶状态存在）的含量，常常是泥化部位的高于相邻未泥化部位的。另一方面，如前所述，它们对泥化夹层结构联结特性具有重大影响。

最后还应指出，在实际条件下泥化夹层受渗水影响的变化，远不及试验条件下那样明显，其变化的速度和幅度大多比较慢，比较小，评价时必需加以注意。

5.4 软弱夹层特性的研究途径

软弱夹层虽是工程建设中常见的一个问题，但是直至目前为止，对其工程性质的研究仍然不够系统深入，研究的手段和方法也不够成熟。例如采制泥化夹层原状样就比较困难，因为泥化错动面容易滑动，如何使其不受扰动而保持原状就是一个尚未妥善解决的技术问题。

软弱夹层主要的工程问题是抗滑稳定性和渗透稳定性。若夹层的厚度较大，压缩变形引起的沉陷也是一个重要问题。软弱夹层特性的研究，应围绕着解答这些主要工程课题开展。研究的重点是其力学强度、变形特性（尤其是流变特性）以及遇水时的稳定性。

软弱夹层的性状复杂多变，是一个综合性的研究课题。需要从力学、地质学、矿物学、物理化学等多方面相互配合起来探讨。但研究的中心应是力学，其他的研究均应围绕着力学强度和变形特性方面进行。

在具体研究方法上，要注意下述几个方面的结合。

（1）野外与室内相结合　例如软弱夹层力学性质的研究，既要重点进行现场大尺寸试件的力学试验，也要用室内小试件相配合，渗透变形研究也是如此，以便取长补短相辅相成。

（2）宏观与微观相结合　例如微观的结构特性，物理化学性质的研究，必需与宏观的力学性质互相印证。

（3）一般与特殊相结合　例如泥化夹层既要进行例行的强度试验，又要重点地研究残余强度和流变特性等。

第6章 岩石三维特性及其测试技术

刘宝琛[1] 崔志莲[1] 张金铸[2]
（1. 冶金工业部长沙矿冶研究所；2. 电力工业部中南勘测设计院）

6.1 岩石三维力学试验的意义和目的

6.1.1 岩石三维力学试验的动态

简单的单向压缩试验开始于19世纪。在20世纪初，由于工程的需要，有学者开始探索岩石多向应力试验。1905年阿当姆斯（Adams）作过探讨，但比较成功的尝试是凯尔曼（V. Th. Karman）在1911年研制的三向加载设备[104]。该设备可以产生2500大气压的围压而使圆柱体岩石试件处于 $\sigma_1 > \sigma_2 = \sigma_3 > 0$ 的三向压应力状态。到1965年，布赫海姆（W. Buchheim）等学者研制成功所谓真三轴仪，并作了一些试验[105]。这种设备可以对立方体岩石试件产生 $\sigma_1 \neq \sigma_2 \neq \sigma_3 \geq 0$ 的三向压应力状态。到20世纪70年代初，日本、法国、意大利、西德、英国及美国等国家也研制了真三轴仪[106]。

我国岩石常规三轴应力试验始于1959年。到1965年研制成功长江—500型三轴应力试验机，开展了比较系统的试验[107],[108]。1977年，我国研制成功330型真三轴试验机，也开始作了一些试验。

任何岩体工程，例如地下洞库、坝基、岩质边坡、铁路及公路隧道、地下井巷等，岩石大多处于双向或三向应力状态。因此，在单向应力状态下所测定的岩石强度及变形特征往往不能符合实际情况，因而也就不便于直接应用。众所周知,岩石中一点的任意复杂的应力状态都可以完全地用6个应力分量(3个正应力及3个剪应力)来表征。在经过坐标转换以后,可以获得互相垂直的3个主应力σ_1、σ_2、σ_3。因此,我们仅研究如何获得3个主应力的不同组合状态,就能满足一切实际工程的需要。不仅如此,岩石三轴应力试验技术的发展还为研究岩石变形特征和破坏机制、验证强度假说及探索岩石的物态方程提供强有力的手段。

随着电子技术的进步,岩石三轴应力试验设备进展很快。能产生三向不等力(压力或拉力)的真三轴拉压试验机已经制成,岩石应力、应变、位移、声发射、声穿透的电测及自动记录和自动绘图也已应用,全自动化的电子计算机程序控制的三轴应力试验机已开始问世。

6.1.2 岩石三维力学试验分类

岩石三维力学试验一般按3个主应力的性质(拉、压)及其互相之间的关系来分类。表6-1中列入了迄今为止所作过的各种类型的三轴应力试验,其中也包括了单轴及双轴应力试验,并列入所用试件的形状。目前最常用的仍是CCC型(C表示压、T表示拉)常规三轴($\sigma_1>\sigma_2=\sigma_3>0$),CCC型真三轴($\sigma_1\neq\sigma_2\neq\sigma_3\geqslant0$)也开始应用。

表6-1　　三维力学试验分类

类型	主应力关系	摩尔应力圆	试件形状
C	$\sigma_1>0$	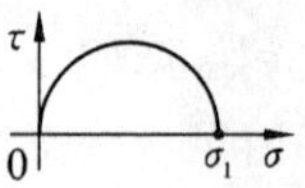	正方柱、长圆柱、长圆筒
T	$\sigma_3<0$	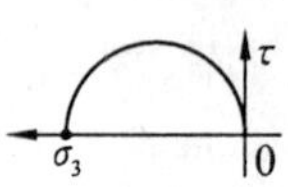	长圆筒

续表

类型	主应力关系	摩尔应力圆	试件形状
CC	$\sigma_1 > \sigma_2 > 0$ $\sigma_1 = \sigma_2 > 0$	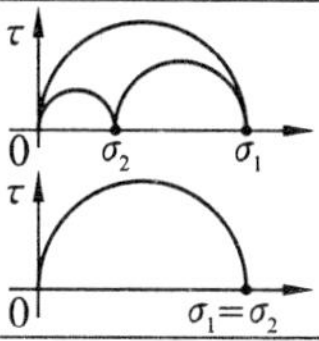	正方柱、正方板、立方体
CT	$\sigma_1 > \sigma_3$ $\sigma_1 > 0, \sigma_3 < 0$	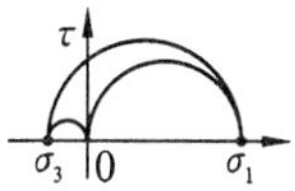	正方板、长圆筒、立方体
TT	$(\sigma_2 > \sigma_3) < 0$ $\sigma_2 = \sigma_3 < 0$	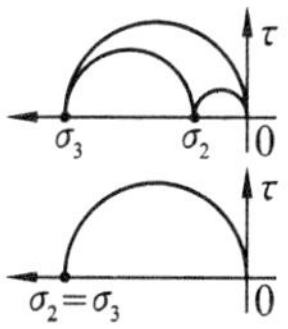	正方板、长圆筒
CCC	$\sigma_1 > \sigma_2 > \sigma_3 > 0$	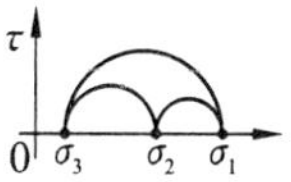	立方体、立方柱、长圆筒
CCC	$\sigma_1 > \sigma_2 = \sigma_3 > 0$	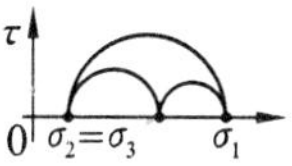	长圆柱、正方柱、长圆筒
CCC	$\sigma_1 = \sigma_2 > \sigma_3 > 0$	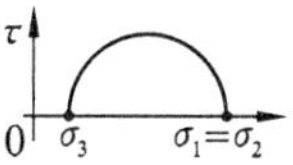	长圆柱、线轴状
CCC	$\sigma_1 = \sigma_2 = \sigma_3 > 0$	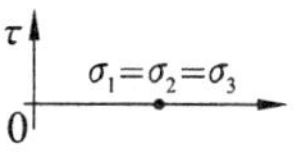	长圆柱、立方体
CCT	$\sigma_1 > \sigma_2 > \sigma_3$ $\sigma_1 > 0, \sigma_2 > 0$ $\sigma_3 < 0$	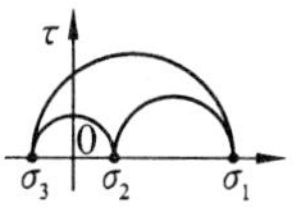	立方体、长圆筒
	$\sigma_1 = \sigma_2 > \sigma_3$ $\sigma_1 = \sigma_2 > 0$ $\sigma_3 < 0$	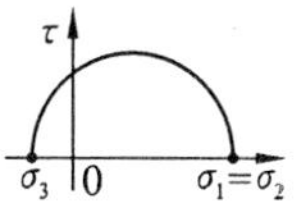	长圆柱、立方体、线轴状

6.2 岩石三维力学试验技术

岩石三维力学试验中，需要一套可控的对岩石试件施加载荷的设备，各种有关岩石变形、位移的观测系统，声波观测系统，声发射观测系统，以及各种自动记录和自动绘图系统。

6.2.1 岩石三维加载设备

早期的机械杠杆式加载系统现已不再使用。目前常用的为液压或气—液压加载方式。

1. 双向应力试验加载方法，CC 型试验

试验要求对岩石产生 $\sigma_1 \geqslant \sigma_2 \geqslant 0, \sigma_3 = 0$ 的双向压应力状态。正规的双向压缩试验机由互相垂直而独立可调的液压油缸及活塞所组成。真三轴压力机可以满足上述要求，因而双向压缩仅是三向压缩的一个特例。我们曾作过一些简单的双向压缩试验。用一对厚 20 毫米的硬钢板及 4 根粗螺钉把试件的一对侧面夹紧，使之不能发生变形。在加轴压时（σ_1），由于一对侧面被约束而产生侧向应力（σ_2），另一对侧面则不受力（$\sigma_3 = 0$），在试件中产生 $\sigma_1 > \sigma_2 > 0, \sigma_3 = 0$ 的双向压应力状态，如图 6-1 所示。但是，σ_2 是约束应力，它不是独立可变的，而是取决于 σ_1 的大小。由虎克定律及侧向约束条件（$\varepsilon_2 = 0$）得出

$$\varepsilon_2 = \frac{1}{E}[\sigma_2 - \mu(\sigma_1 + \sigma_3)] = 0 \tag{6-1}$$

$$\sigma_2 = \mu\sigma_1 \tag{6-2}$$

即

$$\sigma_1 = \frac{1}{\mu}\sigma_2 > 0 \tag{6-3}$$

2. 常规三轴应力试验机，CCC 型试验

长江—500 型三轴应力试验机是我国自己设计制造的一种大型专用试验机。它能产生 CCC 型试验中的 $\sigma_1 > \sigma_2 = \sigma_3 > 0$ 的三向压应力状态。最大轴向（σ_1 方向）压力为 500t，最大侧向应力（$\sigma_2 = \sigma_3$）为

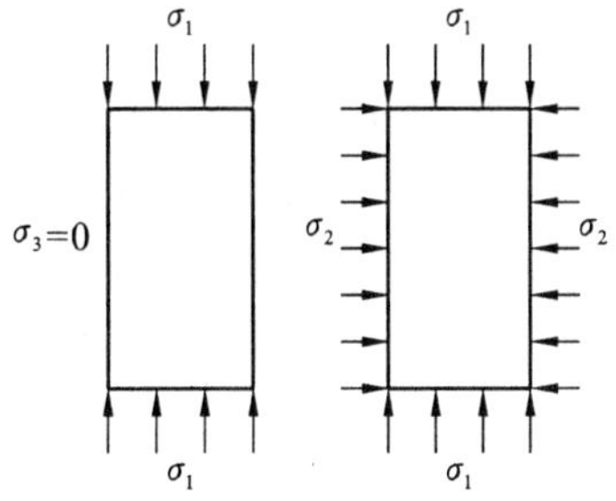

图 6-1　双向压缩应力图

1500 大气压。轴向压力及侧向应力分别由两个摆锤示力计测读，试件纵向变形由安装在压力室外面的千分表或百分表观测，如图 6-2 所示。近年来，对上述试验系统作了一些改进。

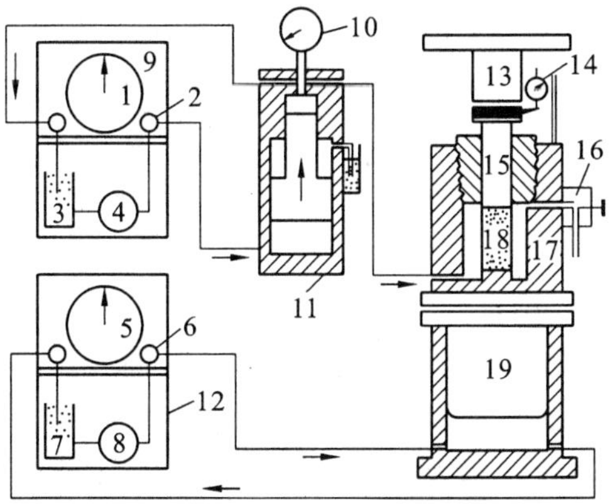

1、5— 示力计；2、6— 回油阀；3、7— 油箱；4、8— 油泵；9— 侧压控制台；
10— 压力表；11— 增压器；12— 轴压控制台；13— 上压头；14— 百分表；
15— 传力柱；16— 排气阀；17— 压力室；18— 试件；19— 轴向活塞

图 6-2　长江 —500 型三向应力试验机系统简图

（1）设计制造了一批压头，以便进行不同规格的岩石试件的三向应力试验。压头上端面为直径 9cm 的圆形，下端面为不同尺寸的圆形或方形，以便使上端面与压力机传力柱配合，下端面与岩石试件配合。这样就可以作 $\phi7\times14$、$\phi6\times12$、$7\times7\times10.5$、$6\times6\times9$、$5\times5\times7.5$、$4\times4\times6$cm 各种规格试件的三向应力试验，扩大了原来的试验范围（$\phi9\times20$cm）。

（2）为了使用电阻应变片观测岩石试件的应变，设计制造了一种特殊的三通接头，如图 6-3 所示，以便从压力室内引出 8 根观测线（引线与孔之间用环氧树脂密封）。经过 1400 大气压的高压耐压试验，没有发现漏油现象[107]。

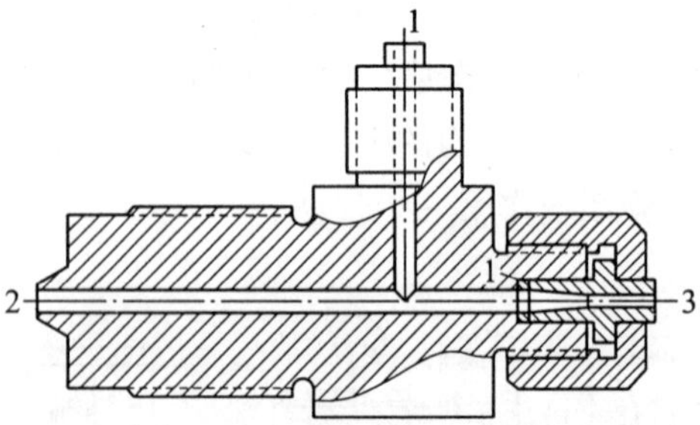

1— 排气阀；2— 压力室；3— 引线；4— 紫铜垫圈

图 6-3　由压力室引线用特殊三通接头图

3. 真三轴应力试验机，CCC 型试验

330 型岩石三轴应力试验机是我国第一台能够产生 $\sigma_1\geqslant\sigma_2\geqslant\sigma_3\geqslant0$ 应力状态的试验机。该机最大轴向压力为 200t，两个互相垂直方向（在同一水平面内）的最大压力各为 55t。三个方向的加载油缸由一台高压油泵供油，经过分流阀和控制阀的调节，可以达到同步、单独调节或保持恒压。三轴加压室的结构如图 6-4 所示，使用棱柱体或立方体试件。在加压板与试件之间装有 7 ~ 8mm 厚的硬橡胶板和滑动滚柱，以使试件与加载设备呈柔性接触。为减小试件端面与硬橡胶之间的摩擦，在其间加一塑料薄膜与紫铜箔（两者之间涂以薄层黄油）。

采用不同刚度（弹簧钢、45 号钢、黄铜等材料）的刚性柱，与上下传力板构成刚性组件，以提高试验系统的刚度。

图 6-4　330 型真三轴仪图

试件规格可以为 10cm × 10cm × 23cm、7cm × 7cm × 15cm、7cm × 7cm × 7cm 及 3cm × 3cm × 3cm4 种。

6.2.2　岩石试件应力应变电测系统

1. 纵向载荷(P)、纵向位移(Δl) 电测系统

这一系统可以电测并自动记录绘制 $P \sim \Delta l$ 曲线，也可以绘制 $\sigma_1 \sim \varepsilon_1$ 曲线。利用长江—500 型三轴应力试验机的上压头，在其中部两个互相垂直的直径两端，粘贴两组共 4 片电阻应变片，制成纵向载荷传感器。这种传感器的灵敏度、线性及重复性都比较好。使用电感位移计观测岩石试件的纵向变形 Δl。两种传感器获得的电信号，经过动态电阻应变仪及电感应变仪放大检波，并经负载调节器输入 $x \sim y$ 函数记录仪，如图 6-5 所示[107],[108]。

负载调节器由标准负载电阻及多圈螺旋电位器等元件组成，以使低阻抗输出的电阻应变仪与高阻抗输入的 $x \sim y$ 函数记录仪较好地配合，同时可以连续调节 $x \sim y$ 函数记录仪输入信号的大小，以适应不同的测量范围，绘制大小适宜的应力—应变曲线图。

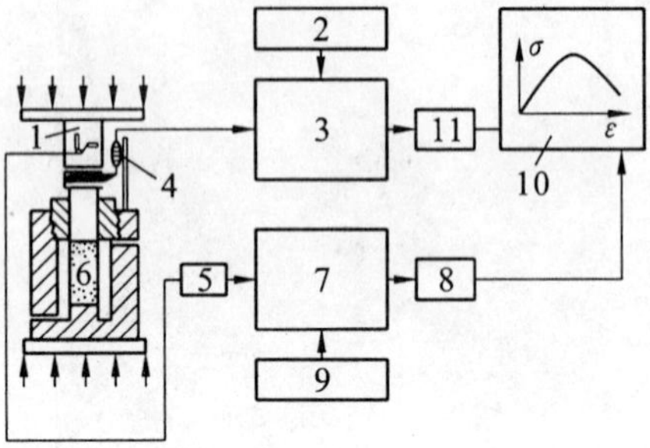

1— 力传感器;2—DY—3 电源;3—YG—6 电感应变仪;4— 位移传感器;5— 电桥;
6— 试件;7—Y6D—3 电阻应变仪;8、11— 调节器;9—DY—6 电源;10—$x \sim y$ 记录仪

图 6-5　纵向载荷 — 位移电测系统图

2. 纵向应力 — 纵向应变、纵向应力 — 横向应变电测系统

这个系统可以连续观测纵向应力 σ_1,纵向应变 ε_1 及横向应变 ε_2,并可自动绘制 $\sigma_1 \sim \varepsilon_1$,$\sigma_1 \sim \varepsilon_2$ 两类关系曲线,也可以绘制 $\varepsilon_1 \sim \varepsilon_2$ 关系曲线,如图6-6 所示。使用多道动态电阻应变仪一台,同时观测 σ_1、ε_1 及 ε_2。温度补偿电阻片粘贴在同样的岩石试件上,套上防油套后,再放入容器内。试验开始前,由压力室排气阀向上述容器内充油,以使压力室内工作电阻片的温度与容器内的补偿电阻片的温度相同。使用双罩 $x \sim y$ 函数记录仪同时绘制两条关系曲线。

3. 真三轴应力试验的应力、应变观测

在真三轴应力试验中,岩石试件的 6 个端面都与加载设备的压板紧密结合,这使利用电阻应变片直接测量应变发生困难。为此,专门设计了用电阻片测量试件总变形的装置。在三个主应力方向上共安设上述元件 8 个(σ_1 方向 4 个,σ_2 及 σ_3 方向各 2 个)。变形信号输入动态电阻应变仪经放大检波后,再输入多线光线示波器自动记录。考虑到试验过程中电测元件失灵时的测量问题,另设有各向千分表测量装置。此外,在试件上下两端的传力柱中,安设有声波测量换能器,以便在试验过程中测量试件声波速度的变化。

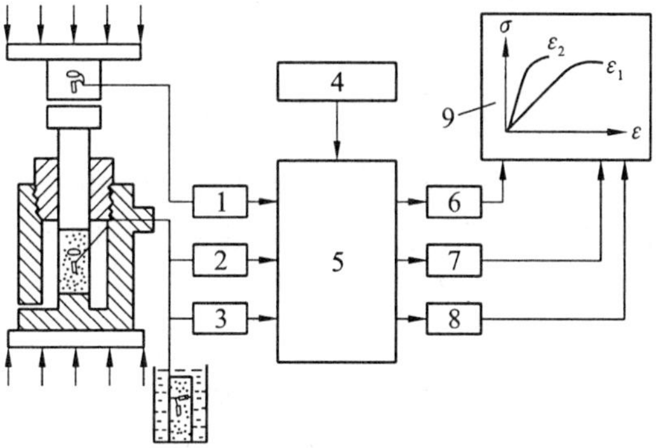

1、2、3— 电桥；4—DY—3 电源；5—Y6D—3 电阻应变仪；
6、7、8— 调节器；9—x ~ y 记录仪

图 6-6　应力 — 应变电测系统图

6.3　岩石三维应力试验弹性参数的计算

作为一种近似处理，一般把岩石视为各向同性均质线弹性介质。岩石的互相独立的变形参数只有两个，即弹性模量 E 及泊松比 μ。在多向应力试验中，单向应力试验计算 E 及 μ 的方法一般不能适用。

6.3.1　侧向约束双向压应力试验的弹性参数计算

在试验过程中，可以观测出 σ_1、ε_1 及 ε_2。由虎克定律，并考虑公式 (6-1) 及 $\varepsilon_2 = 0$，得

$$\varepsilon_1 = \frac{1}{E}[\sigma_1 - \mu(\sigma_2 + \sigma_3)] = \frac{1}{E}(1 - \mu^2)\sigma_1 \tag{6-4}$$

$$\varepsilon_3 = \frac{1}{E}[\sigma_3 - \mu(\sigma_1 + \sigma_2)] = -\frac{\mu\sigma_1}{E}(1 + \mu) \tag{6-5}$$

以上两式对 E、μ 求解得出

$$E = \frac{\varepsilon_1 - 2\varepsilon_2}{(\varepsilon_1 - \varepsilon_3)^2}\sigma_1 \tag{6-6}$$

$$\mu = \frac{\varepsilon_3}{\varepsilon_1 - \varepsilon_3} \tag{6-7}$$

表6-2中列出了根据双向压缩试验结果按式(6-6)、式(6-7)计算的弹性参数,其中也列入了单向压缩试验的结果。由表6-2可以看出,由单向压缩及双向压缩所求出的弹性参数基本一致,所存在的不大的差异是由于观测误差造成的。

表6-2　　侧向约束压缩试验结果

岩种	抗压强度/(kg/cm²)			弹模/(10^4kg/cm²)			泊松比μ		
	单压 σ_0	双压 σ_c	$\frac{\sigma_c}{\sigma_0}$	单压 E_0	双压 E_c	$\frac{E_c}{E_0}$	单压 μ_0	双压 μ_c	$\frac{\mu_c}{\mu_0}$
硬煤	450.3	533.5	1.18	2.87	2.67	0.93	0.27	0.22	0.82
软煤	102.2	212.5	2.08	1.74	1.92	1.10	0.50	0.47	0.94

由表6-2还可以看出,软煤在侧向应力(约为48kg/cm²)作用下,强度增加2.08倍;而对硬煤(侧向应力约118kg/cm²)则仅为1.18倍。

6.3.2　劈裂法试验的弹性参数计算

圆盘式板状岩石试件劈裂试验是目前通用的测定岩石抗拉强度的方法。破裂面受双向拉压应力作用,属双向应力状态,如图6-7所示。如果在试验同时,用电阻片观测试件中心处的纵向应变ε_2及横向应变ε_1,则可以求算E及μ。

由弹性力学知[109],圆盘中心处的应力为

$$\begin{cases} \sigma_1 = -\dfrac{2P_0}{\pi d} \\ \sigma_2 = \dfrac{6P_0}{\pi d} \end{cases} \tag{6-8}$$

式中:P_0—— 单位厚度上的载荷;

　　d—— 圆盘直径。

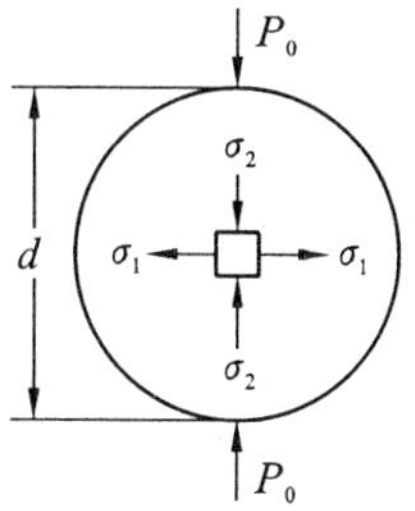

图 6-7　圆盘劈裂法图

把公式(6-8)代入平面应力状态下的虎克定律,并仅计算中心点的应变,得出

$$\varepsilon_1 = -\frac{2P_0}{\pi dE}(1+3\mu) \tag{6-9}$$

$$\varepsilon_2 = \frac{2P_0}{\pi dE}(3+\mu) \tag{6-10}$$

上述方程联立求解得出 E 及 μ 值

$$E = \frac{16P_0}{\pi d(3\varepsilon_2+\varepsilon_1)} \tag{6-11}$$

$$\mu = -\frac{3\varepsilon_1+\varepsilon_2}{3\varepsilon_2+\varepsilon_1} \tag{6-12}$$

我们曾用 9 种岩石 27 个圆盘试件,在用劈裂法测定抗拉强度的同时,用电阻应变片观测圆盘中心处的两个应变 ε_1 及 ε_2,再按式(6-11)、式(6-12)计算 E 及 μ,如表 6-3 所示。表 6-3 中同时也列入用单向压缩试验所求得的 E 及 μ 值。

如图 6-8 所示为一种岩石的 E 及 μ 与圆盘试件中心处应力的关系。图 6-9 则为一种岩石拉伸(劈裂法)及单向压缩应力 — 应变曲线。

由表 6-3 及图 6-8 可见,用圆盘不同应力计算出的 E 的变化不超过 10%,μ 的变化不超过 30%。用常规单向压缩及劈裂法求出的 E 及 μ 则差异不大。

表 6-3　劈裂法试验测定岩石弹性参数的结果

岩石名称	试件数目	常规压缩试验(长圆柱试件)						劈裂试验(圆盘试件)					
		抗压强度		弹性模量		泊桑比		抗拉强度		弹性模量		泊桑比	
		平均值/(kg/cm²)	变异系数/(%)	平均值/(10⁶kg/cm²)	变异系数/(%)	平均值	变异系数/(%)	平均值/(kg/cm²)	变异系数/(%)	平均值/(10⁶kg/cm²)	变异系数/(%)	平均值	变异系数/(%)
含方解石大理岩	3	696.6	21	0.44	9.5	0.19	29	44.6	14	0.59	17	0.18	5.3
白色粗晶大理岩	3	578.5	16	0.46	19	0.18	24	28.8	30	0.36	5.5	0.09	50
矽卡岩	3	830.8	37	0.73	24	0.21	42	61.9	14	0.69	57	0.07	67
黄铁矿	3	524.3	63	1.10	13	0.23	24	86.6	12	1.49	3.5	0.17	17.4
矽化大理岩	3	777.7	14	0.60	6	0.19	14	49.1	19	0.65	13	0.20	5
花岗闪长岩	3	1572.7	17	0.76	9.6	0.25	0	117.2	16	0.62	3.8	0.16	36
矽质页岩	3	477.6	12	0.72	19	0.23	37	39.3	14	0.44	32	0.20	13
含矿角砾岩	3	736.3	37					69.6	17	0.65	28	0.11	—
火成胶结角砾岩	3	631.0	7	0.72	37	0.20	60	46.3	23	0.55	35	0.28	28.6

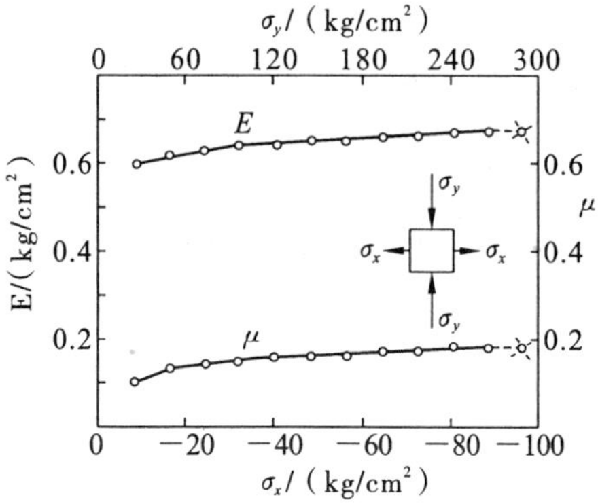

图 6-8　花岗闪长岩劈裂法求定弹性参数图

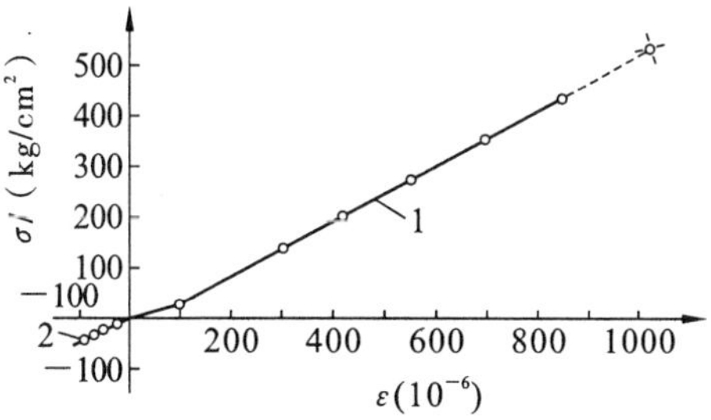

1—$E = 0.49 \times 10^6$；2—$E = 0.67 \times 10^6$

图 6-9　大理岩压缩及拉伸应力 — 应变曲线图

6.3.3　常规三轴应力试验的弹性参数计算

设厚壁圆筒内压力 $P_i = 0$，外压力 $P_0 = \sigma_2$，轴向应力为 σ_1，圆筒内半径趋于零，就获得圆柱试件应力状态[109]。

$$\sigma_r = \sigma_\theta = \sigma_2 \tag{6-13}$$

$$\sigma_2 = \sigma_1 \tag{6-14}$$

把式(6-13)、式(6-14)代入圆柱坐标系中的虎克定律，得出

$$\varepsilon_1 = \frac{1}{E}(\sigma_1 - 2\mu\sigma_2) \tag{6-15}$$

$$\varepsilon_2 = \frac{1}{E}[\sigma_2 - \mu(\sigma_1 + \sigma_2)] \tag{6-16}$$

由式(6-15)、式(6-16)得出

$$E = \frac{(\sigma_1 - \sigma_2)(\sigma_1 + 2\sigma_2)}{(\sigma_1 + \sigma_2)\varepsilon_1 - 2\sigma_2\varepsilon_2} \tag{6-17}$$

$$\mu = \frac{\sigma_2\varepsilon_1 - \sigma_1\varepsilon_2}{(\sigma_1 + \sigma_2)\varepsilon_1 - 2\sigma_2\varepsilon_2} \tag{6-18}$$

在常规三轴试验过程中观测得 ε_1、ε_2、σ_1、σ_2，即可按以上公式计算 E 及 μ。如图 6-10 所示为 $\sigma_2 = \sigma_3 = 400\text{kg/cm}^2$ 条件下，圆柱状大理岩试件的试验结果。利用式(6-17)、式(6-18)计算获得的不同应力条件下的 E 及 μ 示于图 6-11。

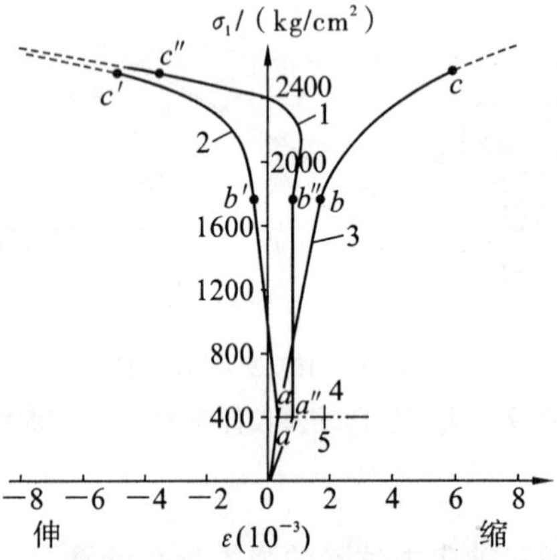

1— 体应变$\frac{\Delta V}{V}$；2— 横向 ε_2；3— 纵向 ε_1；4—$\sigma_a = 400$；5—$\sigma_a = 0 \sim 400$

图 6-10　大理岩 $\sigma_a = 400\text{kg/cm}^2$ 条件下应力 — 应变曲线

有些常规三轴试验，首先施加静水压力由零至 $\sigma_1 = \sigma_2 = \sigma_3 = \sigma_a$，然后安装千分表，在保持侧压 σ_a 不变的条件下增加轴向应力 σ_1，同时观测岩石的纵向变形。此时可以获得 $(\sigma_1 - \sigma_a)$ 与 $(\varepsilon_1 - \varepsilon_a)$ 的关系曲线。由式(6-15)、式(6-16)得

$$\varepsilon_a = \frac{\sigma_a}{E}(1 - 2\mu) \tag{6-19}$$

因此 $\varepsilon_1 - \varepsilon_a = \frac{1}{E}(\sigma_1 - 2\mu\sigma_a) - \frac{\sigma_a}{E}(1 - 2\mu) = \frac{1}{E}(\sigma_1 - \sigma_a)$

(6-20)

所以

$$\begin{cases} E = \dfrac{\sigma_1 - \sigma_a}{\varepsilon_1 - \varepsilon_a} \\ \mu = \dfrac{\varepsilon_2 - \varepsilon_a}{\varepsilon_1 - \varepsilon_a} \end{cases} \tag{6-21}$$

由此可见,一般用千分表观测纵向变形及横向变形时,常规三轴试验计算 E 及 μ 的方法与单轴试验相同。对大理岩的计算结果示于图 6-11。两种方法计算得出的 E 及 μ 值没有明显的差异。

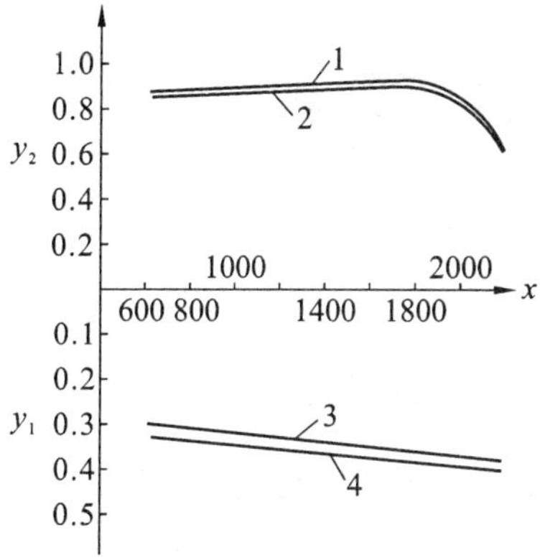

x—σ_1(kg/cm^2);y_1—μ;y_2—E(10^6kg/cm^2)

1— 式(6-17);2— 式(6-21);3— 式(6-18);4— 式(6-21)

图 6-11　两种方法求算的大理岩弹性参数图

6.3.4　真三轴试验的弹性参数计算

真三轴应力状态为 $\sigma_1 > \sigma_2 > \sigma_3 > 0$。在试验过程中,同时观测

ε_1、ε_2、ε_3，σ_1、σ_2、σ_3，则联立求解虎克定律可以得出

$$E = \frac{(\sigma_1 - \sigma_2)(\sigma_1 + 2\sigma_3)}{(\sigma_1 + \sigma_3)\varepsilon_1 - (\sigma_2 + \sigma_3)\varepsilon_2} \tag{6-22}$$

$$\mu = \frac{\sigma_2\varepsilon_1 - \sigma_1\varepsilon_2}{(\sigma_1 + \sigma_3)\varepsilon_1 - (\sigma_2 + \sigma_3)\varepsilon_2} \tag{6-23}$$

在三向不等压压缩试验中，如果先预加 σ_2 及 σ_3 至所需要的数值，保持稳压，再增加 σ_1，同时开始观测岩石试件的应变 ε_1、ε_2、ε_3。可以证明，在这种条件下求算 E 及 μ 的公式为

$$E = \frac{\sigma_1}{\varepsilon_1} \tag{6-24}$$

$$\mu = -\frac{\varepsilon_2}{\varepsilon_1} = -\frac{\varepsilon_3}{\varepsilon_1} \tag{6-25}$$

这与单向压缩试验求算 E 及 μ 的公式完全相同。

6.4 常规三轴应力试验的某些结果

这里介绍的是近几年来国家冶金部矿冶研究所所作的常规三轴试验的一部分结果[107],[108]。

6.4.1 岩石应力—应变全过程分析

应用本章 6.2 节中所述的岩石试件载荷—位移电测系统，在改进的长江—500 型三轴应力试验机上，对均质大理岩作了一组三轴压缩试验。将自动测绘的曲线的横坐标除以试件长度，纵坐标除以试件横截面积，即获得纵向应力—应变曲线，如图6-12 所示。由于采用电测及自动绘图，首先获得岩石试件三轴压缩试验应力—应变全过程曲线。曲线上峰值以后的部分，用一般的观测方法难以获得。

过去一般认为，岩石应力达到破坏极限以后，就完全失去了承载能力。这种概念已过于陈旧。我们把图6-12 理想化为图6-13，岩石应力达到强度极限（a 点）以后应力—应变曲线的存在，证明岩石在破坏点

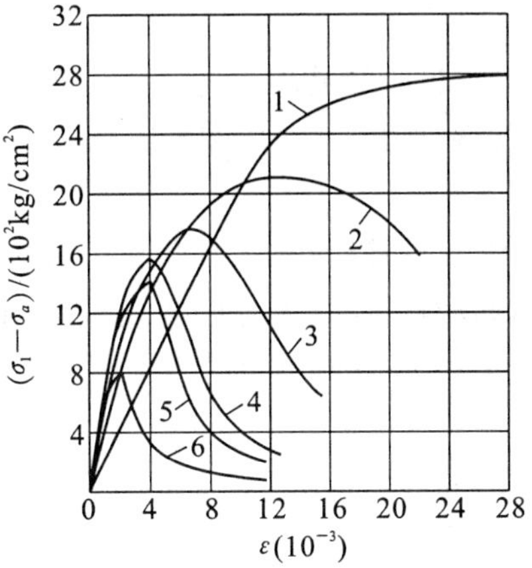

1—σ_a = 800;2—σ_a = 400;3—σ_a = 200;4—σ_a = 100;5—σ_a = 50;6—σ_a = 0

图 6-12　大理岩常规三轴压缩应力 — 应变全图

a(见图6-13)以后,虽然岩石结构发生了变化,但仍保持一部分承载能力。对大理岩而言,当变形量达到破坏应变(a 点的应变)两倍以上时,岩石才完全破坏。此时岩石仅保有较小的应力,随变形增大,流动不再明显变化,一般称它为残余强度 σ_R。

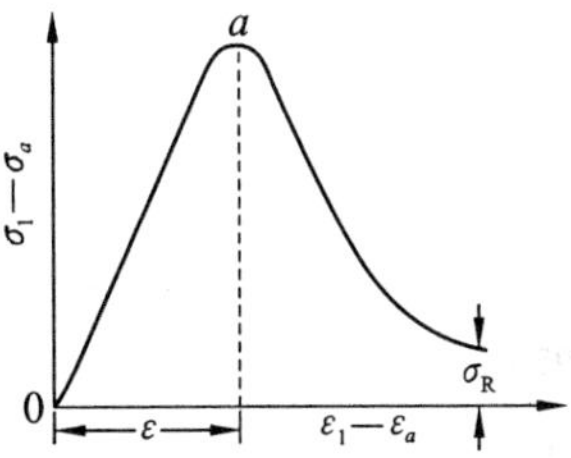

图 6-13　岩石应力 — 应变全图

岩石应力 — 应变全过程的探明,对于研究岩石强度理论,支护与岩体的互相作用,以及支护和矿柱设计都有十分重要的意义。

6.4.2 岩石强度与围压的关系

根据常规三轴压缩试验结果,可以求算岩石的粘结力及内摩擦角。我们曾对一些矿区的各种岩石作了不同围压($\sigma_2 = \sigma_3 =$ 常数)条件下的抗压强度试验。

采用莫尔强度理论分析试验资料表明,所有强度包线都不是直线,而是有规律的类似抛物线或摆线状的曲线。为了实用的目的,建议采用双直线型包线,对高应力区及低应力区采用不同的参数。例如对致密砂岩:

当 $\sigma_n \leqslant 1900\text{kg/cm}^2$ 时,采用

$$\tau_n = 450 + \sigma_n \tan 48° \tag{6-26}$$

即 $c = 450\text{kg/cm}^2, \varphi = 48°$

当 $\sigma_n > 1900\text{kg/cm}^2$ 时,采用:

$$\tau_n = 1800 + \sigma_n \tan 21° \tag{6-27}$$

即 $c = 1800\text{kg/cm}^2, \varphi = 21°$

对另外几种岩石的 c、φ 及其应用范围列入表 6-4 中。

表 6-4　　几种岩石的 c、φ 及其应用范围

岩石种类	适用范围 /(kg/cm²)	粘结力 /(kg/cm²)	内摩擦角 φ	适用范围 /(kg/cm²)	粘结力 /(kg/cm²)	内摩擦角 φ
灰绿色块状铝土矿	$\sigma_n \leqslant 700$	260	51°30′	$\sigma_n > 700$	800	23°20′
紫红色块状铝土矿	$\sigma_n \leqslant 500$	230	59°40′	$\sigma_n > 500$	1350	27°30′
红色砂岩	$\sigma_n \leqslant 1000$	260	44°30′	$\sigma_n > 1000$	800	28°
大理岩	$\sigma_n \leqslant 195$	95	66°	$\sigma_n > 195$	400	29°30′
白云质灰岩	$\sigma_n \leqslant 400$	250	62°	$\sigma_n > 400$	700	37°

试验结果表明,随着侧向应力($\sigma_2 = \sigma_3$)的增加,岩石抗压强度剧增。若以各该岩石的单向抗压强度 σ_0 除三轴抗压强度 σ_c,则可以获得如图 6-14 所示的关系。若用直线表示上述关系,则可以写成

$$\frac{\sigma_c}{\sigma_0} = 1 + k\frac{\sigma_a}{\sigma_0} \tag{6-28}$$

式中 σ_a 为岩石的侧向应力，k 为常数。

由图 6-14 可见，式(6-28) 仅在 $\frac{\sigma_a}{\sigma_0} \leqslant 0.6$ 条件下可以应用，而且有一定误差，此时 $k = 5.5$。

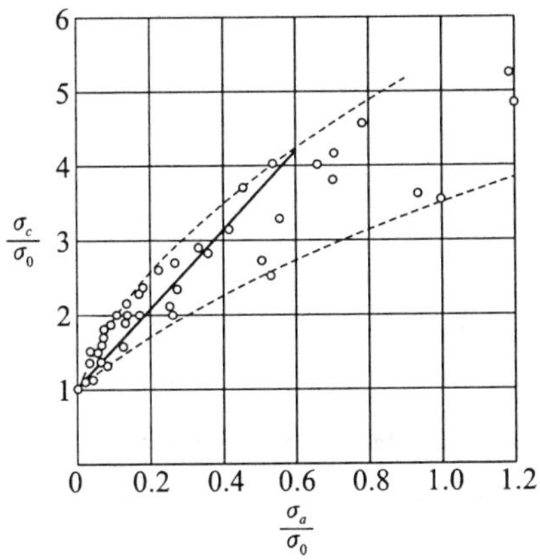

图 6-14　岩石三轴压缩强度与侧向应力的关系图

6.4.3　岩石物态转化问题的探讨

岩石仅在一定条件下表现出明显的线弹性，岩石的物态方程为虎克定律。一种物质的本性，除了与该物质的成分有关外，还与它的结构及应力状态有密切关系。在常温及低应力状态下，岩石可以视为弹性介质；在高温、高压、极高速及极低速加载条件下，岩石可能表现出非弹性性质。在不同条件下，岩石性质发生变化，称之为物态转化。岩石物态的转化可以是可逆的，也可以是不可逆的。

岩石是一种微观不均质多天然缺陷（微断裂）的物质。在外力作用下，岩石内的应力分布为非均匀的，局部应力集中，可高达平均应力的数十倍乃至数百倍。因此，在平均应力远小于破坏强度时，岩石内部即已开始发生微断裂，引起物态转化。

当单向压缩及侧向应力不大条件下进行三轴压缩试验时，岩石表现出明显的弹性。如图6-10所示为侧向应力 $\sigma_a = 400\text{kg/cm}^2$ 条件下大理岩三轴压缩应力 — 应变关系的试验结果。

在加全向压力时（$\sigma_1 = \sigma_2 = \sigma_3 = \sigma_a$），三个方向同时发生相同的均匀压缩变形 $\varepsilon_1 = \varepsilon_2 = \varepsilon_3$（曲线 $0a$、$0a'$ 段），岩石体积缩小（即$\frac{\Delta V}{V}$变小）。此段内岩石应力与应变成线性关系。保持侧向应力不变，增加轴向应力 σ_1，变形继续发展，侧向应变 $\varepsilon_2 = \varepsilon_3$ 由压缩逐渐转为拉伸。在 ab、ab'、ab'' 范围内，岩石应力 — 应变关系呈线性弹性。在 bc、$b'c'$ 及 $b'c''$ 段内，岩石逐渐开裂破坏而呈脆性状态，应力 — 应变失去线性关系，弹模降低、泊桑比增大（甚至可以大于0.5）。简言之，岩石在应力达到某一数值以前，可以认为是弹性的；在超过此值以后，岩石转化为脆性，即脆裂状态。岩石由弹性转为脆性是不可逆的。

岩石在较高的侧向应力作用下，当轴向应力增加到一定值以后，岩石进入塑性状态，如图6-15所示，表现出十分明显的塑性变形。岩石由弹性转入塑性的应力称为屈服应力。屈服应力大小与侧向应力有关。在1400个大气压的侧向应力作用下，大理岩的屈服应力约为 5200kg/cm^2，如图6-16所示。在卸去轴向载荷以后，岩石保持很大的残余变形。当再次加载到一定应力时，岩石又进入塑性状态。因此，高侧向应力条件下岩石物态转化是可逆的，但第二次加载时的弹模比初次加载时的弹模略大。

在线性弹性范围内，弹性模量为一常数。对非线性弹性、弹塑性或弹脆性岩石，用变形模量代替弹性模量。在整个应力 — 应变全过程中，岩石的变形模量不同。在低应力状态，变形模量近似为一常数。应力增大以后，岩石开始破裂，变形模量急剧下降，达到破坏点时，变形模量为零。此后，岩石处于脆裂状态，变形模量为负值。图6-16所示为大理岩在不同侧向应力条件下的变形模量随轴向应力而变化。在高侧向应力作用下（$\sigma_a > 800\text{kg/cm}^2$），岩石仅呈现弹性及塑性，不出现负值变形

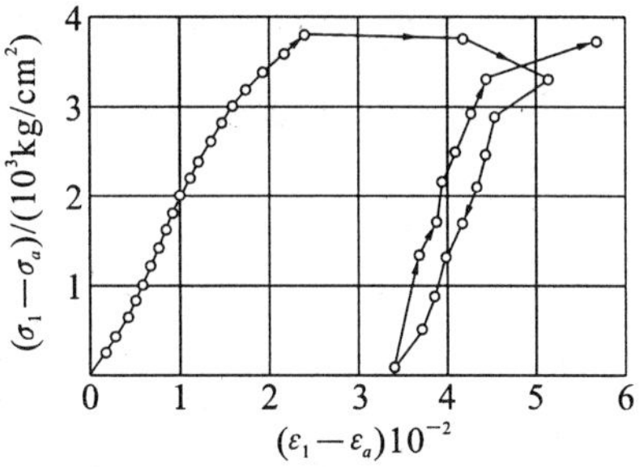

图 6-15　大理岩在 σ_a = 1400kg/cm² 条件下的应力—应变关系图

模量，但该值趋于零（即理想塑性）。随着侧向应力的增大，岩石在弹性阶段的变形模量有明显变化，这种变化的原因目前尚不清楚。

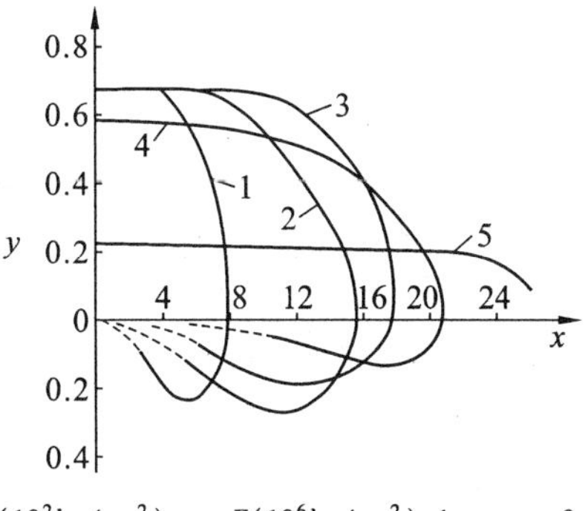

x—$(\sigma_1-\sigma_a)(10^2\text{kg/cm}^2)$；$y$—$E(10^6\text{kg/cm}^2)$；1—$\sigma_a$ = 0；2—σ_a = 100；
3—σ_n = 200；4—σ_a = 400；5—σ_a = 800

图 6-16　大理岩在不同侧向应力下的变形模量图

6.4.4　全向压缩试验的某些结果

岩石在三向压应力 $\sigma_1=\sigma_2=\sigma_3=\sigma$（即静水压力）作用下并不会发生破坏。曾用大理岩圆柱状试件作了一批三向压缩试验。应力 σ 由零逐渐增加到 1400kg/cm²，同时观测纵向及横向应变并自动记录。试验结果示于图 6-17。由图 6-17 可见，应力—应变曲线基本上成一直线，当 $\sigma = 1400\text{kg/cm}^2$ 时，纵向应变 $\varepsilon_1 = 625 \times 10^{-6}$，横向应变 $\varepsilon_2 = \varepsilon_3 = 750 \times 10^{-6}$。各方向的应变不同，说明岩石具有一定的各向异性，但不明显。岩石的体积应变为

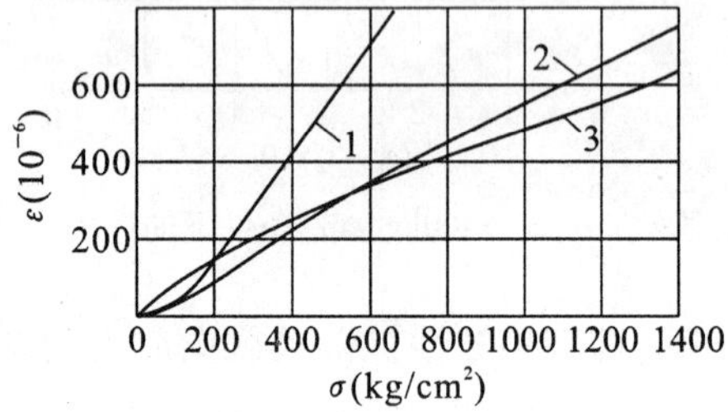

1— 体应变$\frac{\Delta V}{V}$；2— 侧向 $\varepsilon_2 = \varepsilon_3$；3— 轴向 ε_1

图 6-17　大理岩全向压缩下应力 — 应变曲线图

$$\frac{\Delta V}{V} = e = \varepsilon_1 + \varepsilon_2 + \varepsilon_3 \tag{6-29}$$

当 $\sigma = 1400\text{kg/cm}^2$ 时

$$e = (625 + 750 \times 2) \times 10^{-6} = 2125 \times 10^{-6}, \tag{6-30}$$

即岩石体积缩小了近千分之二。

岩石的体积变形模量 Θ 不是一个独立的参数，即

$$\Theta = \frac{\sigma}{e} = \frac{E}{3(1-2\mu)} \tag{6-31}$$

若已知 E、μ 中的任何一个，则可以利用全向压缩试验求算另外一个。已测得大理岩的 $E = 0.8 \times 10^6\text{kg/cm}^2$，则由图 6-17 及式(6-31)求得：$\mu = 0.297$。

6.5　真三轴应力试验的某些结果[49]

使用 330 型真三轴应力试验机，可以进行任意类型的三轴压缩试验。根据试验结果，可以确定岩石三轴应力特性的各项指标：压缩极限、

屈服极限、极限强度、内摩擦角、粘结力、剪切模量、泊桑比及残余摩擦系数等。为了某些专门的目的，还可以进行平面应力、平面应变以及组合应力条件下的流变试验。

6.5.1　岩石应力—应变全过程曲线

用真三轴应力试验机可以得到如图6-18所示的应力—应变全过程曲线。这条曲线表征着完整岩石的应力—应变发展历程，即：初期试件压密阶段（自然裂隙闭合），应力中期的弹性阶段，高应力作用下的塑性阶段，极限应力作用下的破裂阶段以及阻尼应力降以后的裂面滑动等。

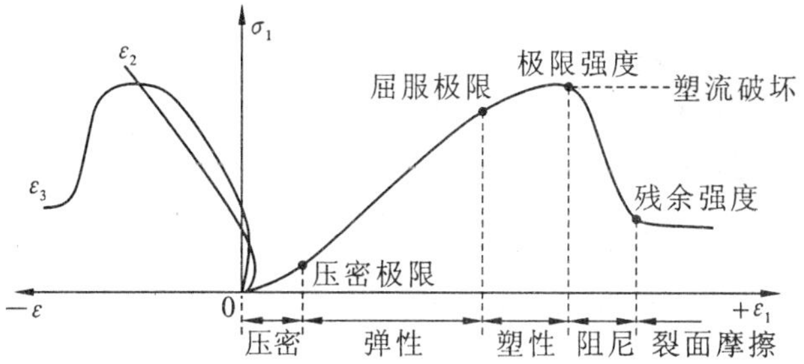

图6-18　应力—应变全过程图

一般地说，岩石的断裂与破坏要用3个主应力（$\sigma_1,\sigma_2,\sigma_3$）来描述，并可以写成

$$\sigma_1 = f(\sigma_2,\sigma_3) \tag{6-32}$$

对于岩石的屈服条件，可用正八面体剪应力τ_{oct}与主应力的关系表示，即

$$\tau_{oct} = f_1(\sigma_1 + \sigma_2 + \sigma_3) \tag{6-33}$$

破裂条件为

$$\tau_{oct} = f_2(\sigma_1 + \sigma_2) \tag{6-34}$$

式中：f_1，f_2——单调递增函数。

函数f_2中没有σ_3的影响,这说明随着σ_3的增加,岩石向塑流发展,岩石处于塑性破坏状态。

研究岩石的应力状态对其强度的影响,对合理地确定工程建设中的岩石力学指标有重要意义。岩体的应力状态由于工程类型的不同而有明显差异。例如,拱坝两坝肩σ_2的变化比σ_3随空间位置不同而变化更明显,如图6-19所示,而在重力坝坝趾抗力体部位,岩石的应力状态则是σ_3随着空间位置的改变比σ_2的变化明显,如图6-20所示,这说明研究3个主应力关系的现实意义。

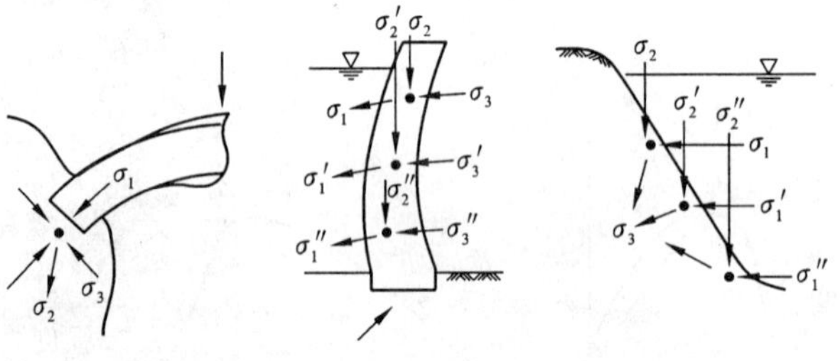

(a)平面　(b)剖面　(c)坝轴剖面

图6-19　拱坝坝肩岩体的应力状态图

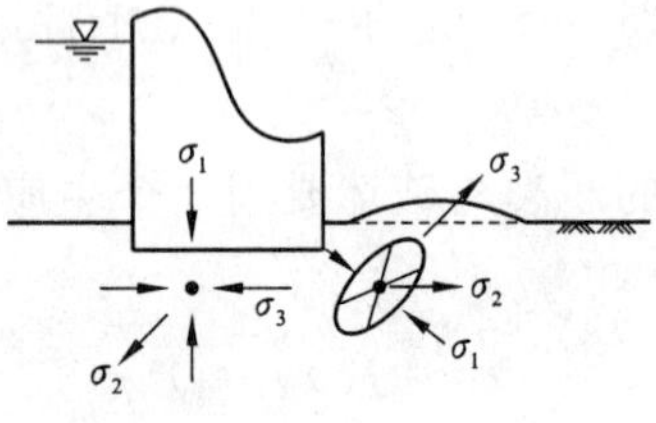

图6-20　重力坝基及坝趾抗力体的应力状态图

6.5.2　中间主应力σ_2的影响

中主应力σ_2状态的转化与破坏机理。摩尔强度理论认为,材料的强度与σ_2无关,其基本形式为

$$\frac{\sigma_1-\sigma_3}{2}=f\left(\frac{\sigma_1+\sigma_3}{2}\right) \tag{6-35}$$

为了验证 σ_2 对三轴强度的影响，进行了 σ_3 = 常数，变动 σ_2 的试验。初步试验结果表明，在一定（较低应力）区间内，σ_1 随着 σ_2 的增加而有所增加。当 σ_2 超过这个特定区间后，σ_1 则随 σ_2 的增加而有所下降，如图 6-21 所示。由于 σ_2 的改变而引起的岩石力学参数（弹性模量 E、摩擦系数 $\tan\varphi$、粘结力 c）的变比也有类似于 σ_1 随 σ_2 的变化规律，如图 6-22、图 6-23 所示。

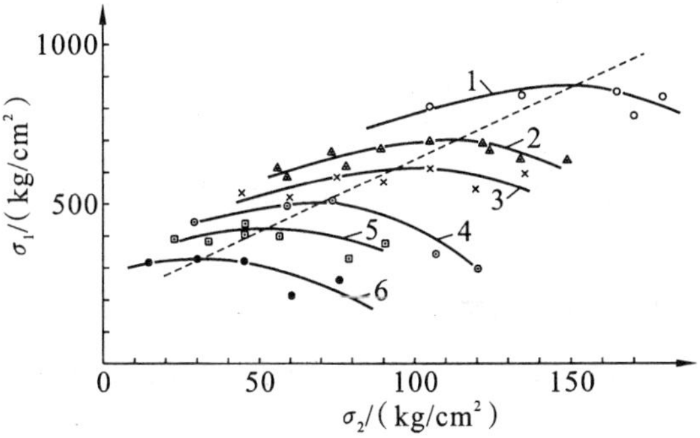

1—σ_3 = 74.76；2—σ_3 = 44.86；3—σ_3 = 29.9；4—σ_3 = 14.95；5—σ_3 = 11.2；6—σ_3 = 0

图 6-21　σ_1 随 σ_2 的增加的变化（中细砂岩）图

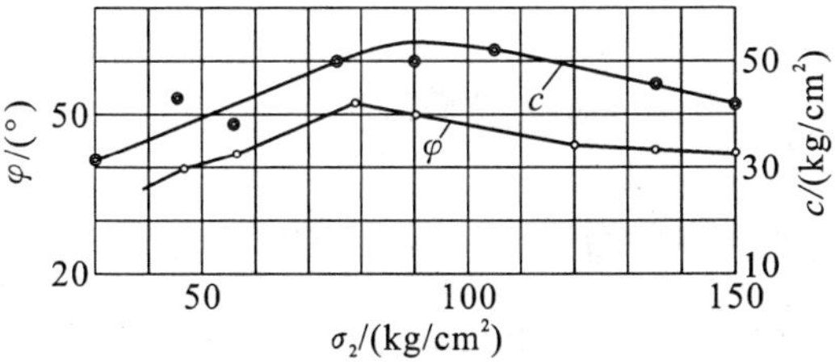

图 6-22　φ、c 值随 σ_2 的增加的变化（中细砂岩）图

试验中，σ_2 的改变引起岩石应力状态的转化。依据纳达依（Nadai）提出的应力状态类型参数

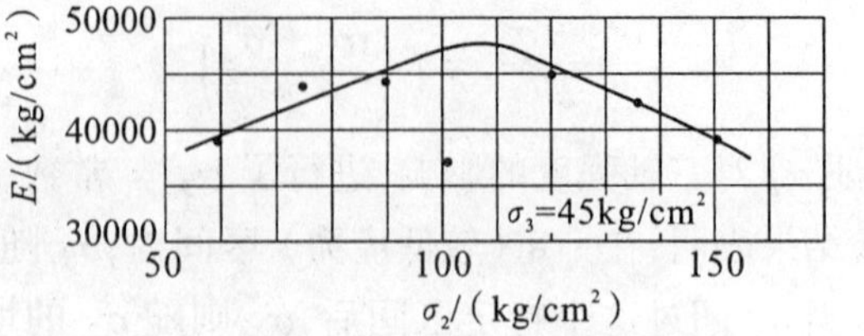

图 6-23　E 值随 σ_2 的增加的变化(中细砂岩)图

$$\alpha = \frac{2\sigma_2 - \sigma_1 - \sigma_3}{\sigma_1 - \sigma_3},$$

当 $\alpha = -1$ 时,$\sigma_2 = \sigma_3$,称为常规三轴压应力类型；当 $\alpha = 0$ 时,$\sigma_2 = \frac{1}{2}(\sigma_1 + \sigma_3)$,称为剪应力状态类型;当 $\alpha = 1$ 时,$\sigma_1 = \sigma_2$,称为拉伸应力状态类型。所以,σ_2 由低向高变化,实质上就是应力状态类型由压缩经纯剪向拉伸状态的转化过程。

在低侧压真三轴条件下($\sigma_1 > \sigma_2 > \sigma_3 > 0$),对 69 个中细砂岩试验结果表明,岩石破坏可以分为三类:剪切、拉剪、拉裂,它们的初步规律是:

(1) $\frac{\sigma_2}{\sigma_3} < 4$　主要为剪切破坏,破坏角 $\theta \approx 22°$(θ 角为破坏面与 σ_1 的夹角)。

(2) $4 \leqslant \frac{\sigma_2}{\sigma_3} \leqslant 8$　主要为拉剪破坏,$\theta \approx 15°$。

(3) $\frac{\sigma_2}{\sigma_3} > 8$　主要为拉裂破坏,$\theta \to 0°$。

显然,σ_2 是由 $\sigma_2 = \sigma_3$ 向 $\sigma_2 = \sigma_1$ 发展,σ_3 的作用逐渐降低,也就是由三轴不等压转化为类似于两向应力的双轴状态。

试验表明,在中低压情况下,σ_2 的增加会引起岩石向脆性发展,随 σ_2 由小到大,破坏角 θ 也发生明显变化,经过一个峰值后而降低并趋于零。

6.5.3　对岩石三轴强度的影响

σ_3 的变化范围是由 $\sigma_3 = 0$ 的平面应力状态向常规三轴应力状态 $\sigma_1 > \sigma_2 = \sigma_3 > 0$ 发展,即由拉伸向压缩状态转化,岩石的强度 σ_1 随 σ_3 而增加,σ_1 与 σ_3 呈线性关系,如图 6-24 及图 6-25 所示。

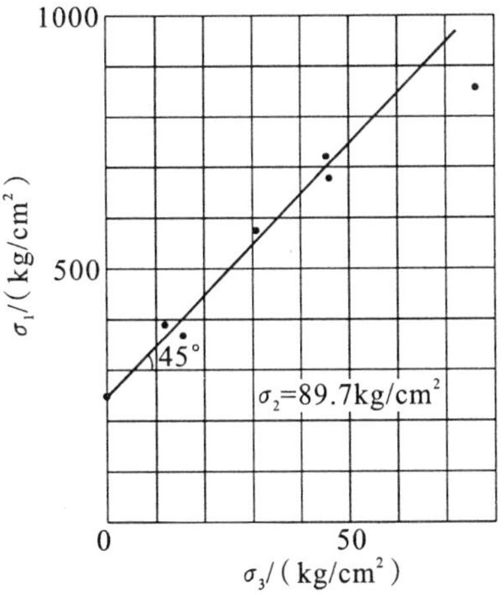

图 6-24　σ_1 与 σ_3 的关系（中细砂岩）图

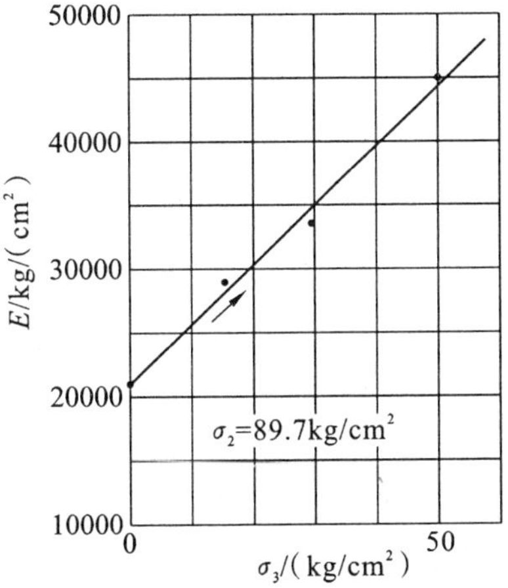

图 6-25　E 值与 σ_3 的关系（中细砂岩）图

当 σ_2 与 σ_3 按某一等差数列同时增加时,岩石的应力状态在低压情况下,不发生本质的变化,σ_1 与 σ_3 仍保持线性,如图 6-26 所示。常规三轴试验指出,当 σ_3 较大时,σ_1 与 σ_3 不呈线性关系;而在中低压情况下,σ_3 的增加将提高岩石的韧性。

6.5.4　典型应力状态类型条件下 σ_1 的变化

在严格根据纳达依给出的 $\alpha = -1, \alpha = 0, \alpha = 1$ 的典型应力状态下,对一种粉砂岩作了三轴不等压试验。

压缩型:$\sigma_1 > \sigma_2 = \sigma_3$,　　　　　　　　$\alpha = -1$;

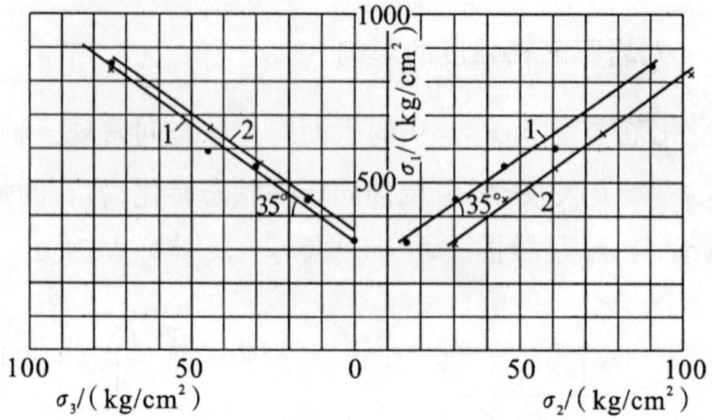

1—σ_2—σ_3 = 15;2—σ_2—σ_3 = 30

图 6-26　σ_1 随 $\sigma_2 - \sigma_3$ = 常数同时增加的变化(中细砂岩)图

纯剪型:$\sigma_1 > \sigma_2 = 0.5(\sigma_1 + \sigma_3) > \sigma_3$,　　$\alpha = 0$;

拉伸型:$\sigma_1 = \sigma_2 > \sigma_3$,　　$\alpha = 1$。

试验结果示于图 6-27。由图 6-27 可见,在低侧压时呈脆性破坏,σ_1 随 σ_2 增加而增加,当超出某一既定区间后,则明显下降。岩石试件破坏角的变化如图 6-28 所示,即

$$\alpha = -1, \theta \approx 25°; \alpha = 0, \theta \approx 35°; \alpha = 1, \theta \approx 0°$$

这表明了破坏角与三轴强度的内在联系。

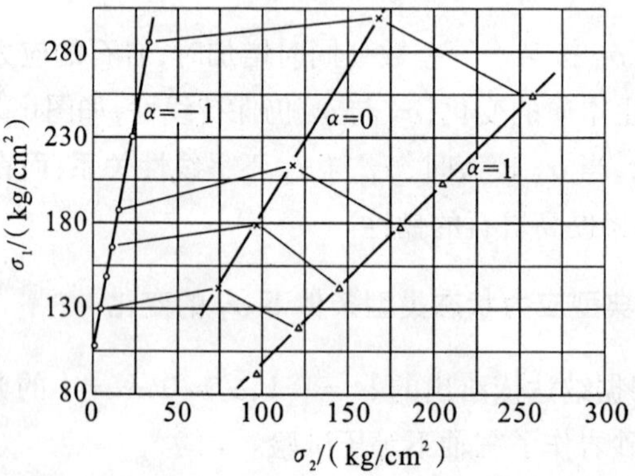

图 6-27　标准应力状态下 σ_1 的变化(粉砂岩)图

(a) $\alpha=-1$　　(b) $\alpha=0$　　(c) $\alpha=1$

图6-28　标准应力状态下岩石的破坏形式(粉砂岩)图

第7章 岩体应力及其测试技术

刘永燮
（云南水电科学技术研究所）

7.1 概 述

岩体应力是泛指存在于岩体内部的应力。在天然状态下，存在于岩体内部的应力称为岩体初始应力或称一次应力；在围岩扰动范围内产生重分布的应力，称为围岩应力或称二次应力。

岩体应力测试包括岩体初始应力测试和围岩应力测试。岩体初始应力测试，主要是研究在工程建筑范围内，岩体的初始应力状态；研究在工程建筑的边界条件范围内，岩体初始应力在空间的大小和方向。围岩应力与岩体初始应力密切相关，围岩应力来源于岩体初始应力，围岩应力状态还直接取决于岩体初始应力状态，因此，岩体初始应力是研究围岩应力的基本资料。

修建在岩体上的工程建筑物都与岩体的初始应力有着密切的关系。例如我国某大型水利工程由于基坑开挖而引起的错位和回弹；又如某水电站溢洪道开挖几天后，造成岩体的倾倒，形成地质上少见的“倾倒体”。这些现象都是由于建筑物基坑开挖后，岩体初始应力释放所引起的。

在地下工程中，岩体初始应力显得更为重要。当在岩体中开挖洞室时，岩体初始应力释放，引起围岩应力重分布，形成新的应力状态，围岩随之产生变形。随着时间的延长，围岩变形继续扩大，若不及时支护，围岩将失稳而破坏。当在坚硬脆性的岩体中开洞时，围岩容易以岩爆的形式破坏；在软弱的岩体中，围岩又易引起塑性流动破坏。如某水电站的大型地下洞室，由于岩体坚硬，埋藏较深，初始应力过大，开挖时曾引起岩爆和层状剥落。又如某铁路隧洞，埋藏较深，在施工过程中岩体曾发生岩爆与塑性流动。

水工隧洞的衬砌设计，常需利用岩体初始应力来承担一部分内水压力，以减少衬砌厚度，因此也要了解岩体初始应力。我国某高水头电站，通过对引水隧洞的岩体应力测试，发现该地区水平初始应力和垂直初始应力比较接近，岩体处于静水压力状态，有利于承担内水压力，从而减少了衬砌厚度，解决了工程中的问题。为了研究水库诱发地震，也应当查明岩体初始应力状态。此外，矿山采挖、石油开发、地震调查等都与岩体初始应力有关，甚至岩体力学试验都受着应力场的影响。为了正确设计修建在岩体上的水工结构物，岩体初始应力的研究是极其重要的环节，是解决工程岩石力学问题的关键之一。

7.2　岩体应力状态

7.2.1　岩体初始应力的假定

目前人们对于岩体应力状态的规律性认识是十分有限的，实测技术和理论计算也还不完善。为了能反映实际而又不致复杂化，一般假定岩体初始应力主要由岩体的自重应力和构造应力二者组成。

1. 自重应力

如图7-1所示，假定在岩体深处某点 M 上，由于岩体自重作用，沿铅垂 z 轴方向引起垂直方向的压缩，在两侧方向 x、y 轴上产生膨胀，则点 M 的垂直应力和水平应力为

$$\begin{cases}\sigma'_3 = \gamma h \\ \sigma'_1 = \sigma'_2 = \dfrac{\mu}{1-\mu}\gamma h = \lambda\gamma h\end{cases} \tag{7-1}$$

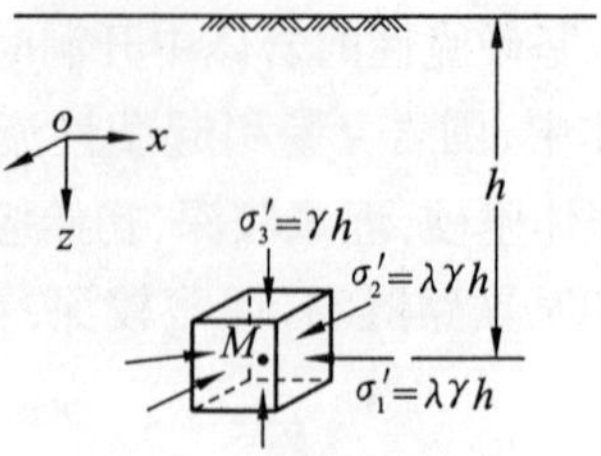

图 7-1　自重应力图

式中：σ'_3、σ'_2、σ'_1—— 垂直方向 z 轴和水平方向 y、x 轴的应力；

γ—— 岩石容重；

h—— 岩体深处某点距地表的距离；

μ—— 岩石泊松比。

其中，$\frac{\mu}{1-\mu}=\lambda$ 称为侧压力系数，根据不同的 μ 值、可以求得不同 λ 值。

2. 构造应力

在漫长的地质年代里，由于多次造山运动作用的结果，在岩体内部形成十分复杂的构造应力场。按照地质力学的观点，地壳应力基本上是水平的[110]。一般可以假定地质构造应力是来自水平方向[111]，如图 7-2 所示的构造应力是来自水平 x 轴方向。

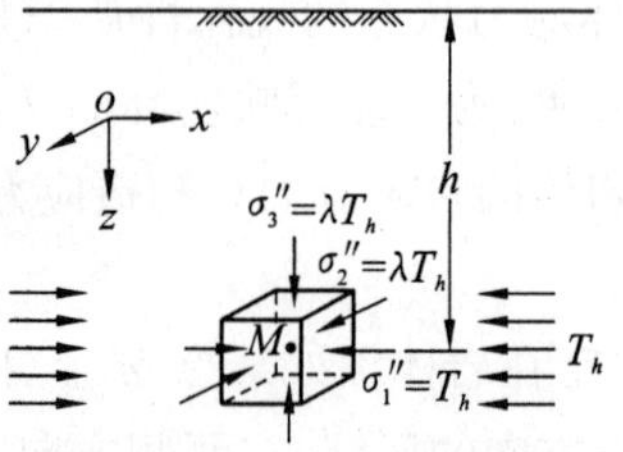

图 7-2　构造应力图

在浅层或接近地表部位的岩体内，可以认为，铅垂 z 轴方向不存在应力，即 $\sigma''_3=0$；而在水平 y 轴方向不允许发生变形，即 $\varepsilon''_2=0$，由广

义虎克定律可以得出

$$\begin{cases}\sigma''_3 = 0\\ \sigma''_2 = \mu T_h\\ \sigma''_1 = T_h\end{cases} \tag{7-2}$$

式中：T_h—— 水平构造应力。

对于深部岩体，可以近似认为：铅垂 z 轴方向和水平 y 轴方向不允许变形发生，即 $\varepsilon''_3 = 0$，$\varepsilon''_2 = 0$；而在 z 轴和 y 轴方向，由于 x 轴方向构造力 T_h 的作用，将产生另外两个方向的主应力，即

$$\begin{cases}\sigma''_3 = \sigma''_2 = \dfrac{\mu}{1-\mu}T_h = \lambda T_h\\ \sigma''_1 = T_h\end{cases} \tag{7-3}$$

式中 λ 值的意义同前，只不过在这里是由于水平构造应力引起沿垂直方向 z 轴及另一水平方向 y 轴的侧向压缩。

如果构造应力的三个主应力都是压应力，而它们的主轴与自重应力的主轴一致，那么，上述两种应力可以进行代数叠加。

这时浅埋岩体的三个主应力为

$$\begin{cases}\sigma_3 = \sigma'_3 + \sigma''_3 = \gamma h\\ \sigma_2 = \sigma'_2 + \sigma''_2 = \lambda\gamma h + \mu T_h\\ \sigma_1 = \sigma'_1 + \sigma''_1 = \lambda\gamma h + T_h\end{cases} \tag{7-4}$$

深埋岩体三个主应力为

$$\begin{cases}\sigma_3 = \sigma'_3 + \sigma''_3 = \gamma h + \lambda T_h\\ \sigma_2 = \sigma'_2 + \sigma''_2 = \lambda\gamma h + \lambda T_h\\ \sigma_1 = \sigma'_1 + \sigma''_1 = \lambda\gamma h + T_h\end{cases} \tag{7-5}$$

上述两式适用于一般情况。对于同一方向多次构造的水平应力，可以按序次进行叠加。对于不同方向的水平应力和构造应力不是来自水平方向而是来自倾斜方向，则也可以按上述原理进行分析推导。

7.2.2　河谷两岸岩体的应力状态

在高原深谷地区修建高坝时，对河谷两岸岩体应力状态的了解具

有极其重要的意义。诸如,鉴定两岸边坡的稳定性,确定坝肩接头岩体的开挖深度,了解建筑物与基岩接触部位的应力分布,以及了解地质结构面的特性等,都涉及到岩体的初始应力。

在河谷形成之前,地壳上部岩体的初始应力都处于平衡状态。随着地质构造的作用,岩体的风化、侵蚀、切割、逐渐形成了河谷,河谷断面的应力状态发生了改变。根据有关资料分析,这种改变了的应力状态与隧洞围岩应力分布相类似,大致可以分为三个区域,即应力松弛区(卸荷带),应力集中区(应力强化带),初始应力区(应力不变带)。图7-3示出的即为坚硬岩体的应力状态[112]。

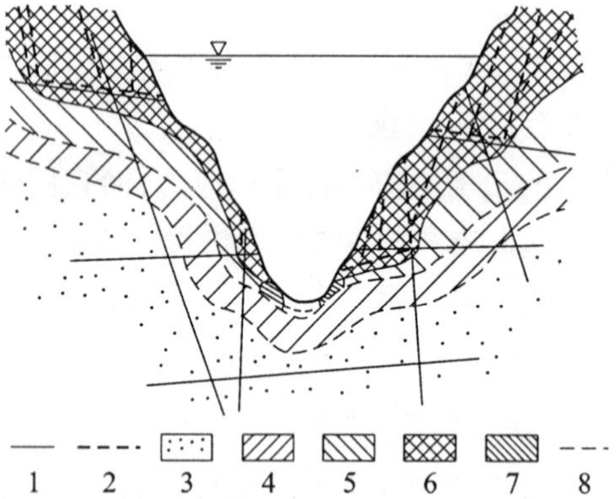

1— 构造断裂;2— 卸荷裂隙;3— 初始应力区;4— 应力集中区;
5— 应力松弛区;6— 地表张应力区;7— 谷坡所造成的应力集中区;8— 分带界限

图7-3　坚硬岩体应力状态图

在河谷谷坡和谷底,由于侵蚀切割作用,使岩体初始应力得到释放,沿河谷形成松弛区,表面应力降低。一般地说,在河谷上部岩体张裂,形成大的裂缝。在谷坡上,沿谷坡方向,应力最大;垂直于谷坡方向,应力最小;在谷坡坡角处,应力集中。河谷底部由于垂直方向的应力释放,在水平压力很大时,对于宽阔的河谷将形成水平裂缝,岩体成水平层状破坏。正如哈斯特指出的那样,在原理上,这同一个棱柱体试块,在其轴向上加荷所产生的轴向破坏一样[113]。而在河谷狭窄的地区，应力高度集中，岩体挤压成碎块状或薄层状，这常可以从河心钻孔中所取得的岩芯上得到证明。

其次为应力集中区，也就是应力强化带。这一应力强化带由于河谷侵蚀，沿垂直方向岩体应力释放，应力重分布，引起河谷两岸应力新的集中，这一应力强化带的剖面形状与河谷剖面一致。

第三为初始应力区，即应力不变带。这一应力不变带应力未受河谷形成的影响。在一定的时期内，这一应力不变带的应力可以视为稳定的应力场。

考虑到这一现实情况，在修建大坝之前，应该对河谷两岸岩体（坝基）应力进行一次全面的了解，然后再叠加上大坝的附加荷载，如大坝自重，水库水压力等，据此研究其稳定性，这项工作可以由电子计算机来完成。当然，这仅是一种设想，许多问题需要在实践中去探索，以寻求合理的设计方法。

7.2.3　地下工程围岩的应力分布

在岩体中开挖孔洞后，由于岩体初始应力的影响，一般认为孔洞围岩会形成各具特点的三个区域：松弛区，即在孔洞围岩一定范围内，应力释放，岩体裂隙增多，变形增大，强度降低，甚至有的裂隙张开，引起坍塌等，这个区域有的称它为塑性区或减弱区；应力集中区，由于应力重分布，形成一个承载圈，这个区域的应力增高，引起应力集中，有的应力增长快，有的增长慢，这取决于岩体特性；初始应力区，即不受孔洞开挖影响的原岩应力区。

按照弹性理论，圆形隧洞挖空后，在双向应力作用下，发现：当$\frac{1}{3} \leqslant N \leqslant 3$时（这里，$N$为水平初始应力和垂直初始应力的比值，与一般侧压力系数$\lambda = \frac{\mu}{1-\mu}$不同之处是这里包括有重力和构造应力的共同作用），洞室围岩周边不出现拉应力；当$N < \frac{1}{3}$时，洞顶及洞底出现拉

应力;当 $N>3$ 时,洞的两侧出现拉应力;而 $N=1$ 时,洞室切向应力为 $2\sigma_z$。可见,N 值在水工隧洞设计中是一项重要的指标。

如图 7-4 所示,方圆形隧洞挖空后,根据光弹试验,发现洞室周边切向应力(σ_t) 的分布可以用下式应力集中系数的概念(见表 7-1) 来表达

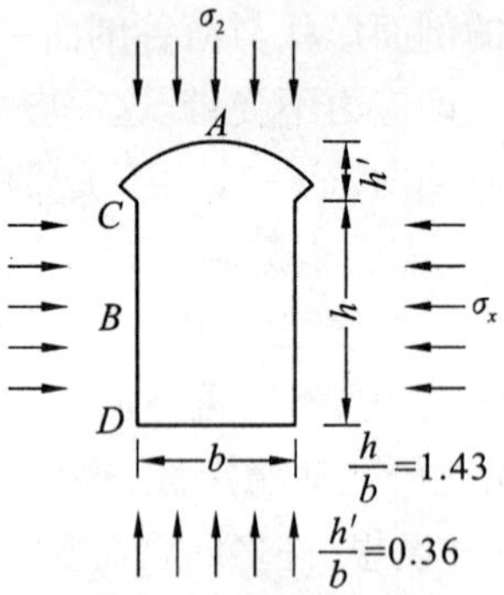

图 7-4　方圆形洞室图

表 7-1　　　方圆形隧洞周围表面应力集中系数

洞　周	应力集中系数	
	K_x	K_z
拱顶(A)	2.66	-0.38
拱座(B)	0.38	0.77
边墙中心点(C)	1.14	1.54
边墙角(D)	1.90	1.54

注　数字前有“-”号者为拉,其余为压。

$$\sigma_t = K_z\sigma_z + K_x\sigma_x \tag{7-6}$$

式中:σ_z—— 垂直方向应力;

σ_x—— 水平方向应力;

K_z—— 垂直方向应力集中系数;

K_x—— 水平方向应力集中系数。

以上是分布在水工隧洞挖空断面上的应力值。根据这些应力大小，再经过岩体强度试验，即可判别围岩的稳定性。一般根据岩体的强度特性分别采用下列公式判别

$$\begin{cases} \sigma_t < [R] \\ \sigma_t < [R_c] \\ (\sigma_t - \sigma_r)/(\sigma_t + \sigma_r + 2\cot\varphi) < \sin\varphi \end{cases} \tag{7-7}$$

式中：σ_t—— 洞周围岩切向应力；

σ_r—— 洞周围岩径向应力；

R—— 岩体单轴抗压强度；

R_c—— 岩体单轴抗拉强度；

c—— 岩体粘聚力；

φ—— 岩体内摩擦角。

经济的水工隧洞设计，主要取决于围岩的性质及其初始应力状态。可以认为，只要在岩体初始应力大到足以抵消由于内水压力引起拉应力的地区，在水压力作用下，围岩产生的应力和岩体初始应力的相互作用，使得围岩就像预应力构件一样承受内水压力引起的切向拉应力，这时，该区域的岩体可以用弹性理论厚壁圆管进行分析。一旦出现拉应力超过岩体抗拉强度，则围岩张裂，岩体变形性质变坏，这就形成塑性区，此时围岩可按弹塑性理论分析，而在这个区域外，则按厚壁圆管考虑。因此，水工隧洞岩体的承载能力可按下式判别

$$P \leqslant \sigma_t + [R_c] \tag{7-8}$$

对于节理裂隙发育的岩体，抗拉强度为零，则上式为

$$P \leqslant \sigma_t \tag{7-9}$$

式中：P—— 隧洞内水压力。

如果满足上述要求，围岩在水压力作用下基本是稳定的，则是可以承担全部内水压力的，这时的衬砌主要是起防渗及抵抗外水压力的作用。

对地下厂房与方圆形隧洞挖空时的应力分布和稳定性判别是相类

似的。通过许多试验研究，已发现普氏理论和太沙基理论，在许多情况下是不符合实际情况的。传统的概念认为，地下厂房顶拱易出现拉应力，而边墙则易出现压应力。事实上，恰恰相反，在较大的水平初始应力作用下，顶拱出现压应力，而边墙则为拉应力。例如某地下厂房锅炉间，高25.6m，宽15m，呈直墙半圆拱形。岩体为节理裂隙较发育的石灰岩，上覆岩层厚约70m。实测表明，垂直初始应力与上覆岩层重量接近；水平初始应力与垂直初始应力的比值 $N = 1.5$。通过有限单元分析，在厂房围岩周边，顶拱（各计算点）为压应力，边墙（各计算点）为拉应力。此结果并为光弹模型试验，及洞周围岩表面应力（光弹双向应变计）解除测试所证实。又如某大跨度地下洞室为白云质灰岩，实测岩体初始应力为150kg/cm^2。为了验证大跨度洞室顶部是否出现拉应力，采用钻孔应力测试法，由浅入深，逐段进行测试。实测结果表明：顶拱无拉应力区，并发现在离洞顶7m处，有2倍的应力集中，与有限单元法分析一致。

近年来，地下厂房围岩的应力分析，多采用有限单元法。地下厂房在岩体初始应力的作用下，通过有限单元法反复计算，可以寻求一个围岩不出现拉应力的理想孔洞形状，使围岩的加固工作量减少到最小。在施工工艺上，采用掘进机开挖，光面爆破，预裂爆破等方法，尽量少破坏围岩，不增大松弛区的深度；及时采用喷锚支护，防止松弛区的发展。因此，在一般的地质条件下，地下结构基本上是能够做到自身稳定的。

7.2.4　特殊的地质现象

1. 岩爆现象

岩爆是岩体初始应力释放的一种具有代表性的现象，是岩体内储蓄的弹性应变能以动能的形式释放的结果。当地壳中岩体积聚了大量的弹性应变能时，一旦遇到开挖形成了自由边界条件，岩块或岩片伴随着巨大的声响突然飞射出来。由于这种岩爆的发生，常常引起坑道破坏，危及人身安全，造成施工停顿。如我国某水电站，岩体为花岗闪长岩，埋深约250m，岩质坚硬，节理裂隙发育，厂房实测初始应力：垂直应力为86 ~ 123kg/cm^2，水平应力为48 ~ 114kg/cm^2，其初始应力比值系

数 $N = 0.5 \sim 1$，岩体内部储存应力较大。在厂房开挖过程中，局部地段曾出现岩爆及剥落现象。某铁路隧洞，埋藏很深，也出现类似现象。一般地说，在较深的地层中，当岩体坚硬性脆时，容易引起岩爆；在易流动的软弱岩体中，不易积蓄较大的应变能，所以很少发生岩爆现象。因此，所谓岩爆，就是岩石被挤压到超过它的弹性极限，积聚的能量突然释放出来所造成的破坏现象。

值得注意的是，岩爆发生前具有声效应，可以用声发射仪器探测，以寻找可能出现岩爆的地区，这在我国金属矿山和煤田建设中已有采用的实例。

2."倾倒体"现象

挤压紧密的陡倾岩层，在一定条件下，应力释放，促使岩体沿着某一明显界面向着变形临空面一侧发生弯折，形象化地说是"点头哈腰"，这种现象叫做"倾倒体"，这是一种特殊的地质现象。

我国某水电站位于破碎的千枚岩中，岩层是一套古老的变质岩系，岩性以绢云母千枚岩为主，其次为变质凝灰岩、变质石英砂岩、间或夹少量石英岩透镜体。构造上属于纬向构造，岩体受挤压现象极为强烈，构造线以近 *EW* 向为主，岩层产状走向 *N*80°E，倾向 *SE*，70° ~ 80°。

在溢洪道和右岸690公路衔接段的开挖过程中，有约50m长的一段，施工中不断出现倾倒现象，厚度仅1 ~ 2m，施工边坡为1∶0.4。由于690公路方位为 *N*80° ~ 85°E 与岩层走向平行，岩体在天然状态下，失去支撑，开挖后，新鲜岩层在3 ~ 5天内出现倾倒现象，在其他开挖段也有类似情况。

这个地区曾在平洞内采用应力恢复法进行测试，其初始应力大约为55 ~ 170kg/cm^2。由于千枚岩岩体强度较低，如出现有临空面便导致应力释放，引起应力新的集中，集中的应力使岩体变形，发生松弛，随着时间增长(3 ~ 5d)则产生倾倒，这就是倾倒体形成的全过程。

倾倒体是岩体初始应力释放的直接结果，因此应从实测岩体初始应力出发，或用地质力学观点找到区域性的主压应力与压性结构面，使开挖边坡走向或地下建筑物长轴轴线垂直于结构面，这样对施工更为有利。在地下洞室中，尤应注意，尽量使洞轴线平行于主应力方向，即垂直于主压结构面或与结构面交角大，这样边墙就不致因应力释放而影响稳定，否则，会给施工带来困难。

7.3 岩体应力测试技术

近二十年来，国内岩体应力测试技术有了较快的发展，测试方法很多。就目前所知，可以分为表面应力测试和孔内应力测试两大类。

7.3.1 岩体表面应力测试

岩体表面应力测试是早期岩体应力测试的方法。该方法是在岩体表面或天然、人工洞室围岩表面，测试岩体应力的大小和方向；有时还可以按弹性理论的孔口应力集中课题，近似地推求岩体初始应力。表面应力测试一般可以分为应力完全解除法、应力部分解除法和应力恢复法三种。

1. 应力完全解除法

应力完全解除法是先将应变计按应变丛方位布置在岩壁表面上，调整初始读数，然后切断该块岩心与岩体的连接，使岩块孤立，岩体应力逐渐得到释放，测量岩心的应力解除后的稳定应变读数，其初始读数和稳定读数的差值，即为岩心解除后释放的应变值。按弹性理论计算该点的主应力的大小和方向。

一般表面应力测试常使用钢弦应变计、电阻片、光弹双向应变计。此三种元件各有优缺点。钢弦应变计稳定可靠，不受湿度、温度影响，能够遥测；但跨距大，解除工作量大，不适用于节理裂隙发育的岩体。而电阻片精度高，尺寸小，解除工作量小，可在不同方向粘贴较多的电阻片，彼此校核；但防潮技术，隔热要求高，稍不严密就会失败。光弹双向应变计制作及粘贴均较方便，但灵敏度较低；如果岩体应力较小，则观测误差大。

应力完全解除可以用风钻旋转连续掏槽解除，也可用风钻对称钻孔进行群孔掏槽解除。最好的办法是用大直径的合金钻头及 KD—100 型坑道钻机或普通 100 型钻机进行套钻解除，这将大大地加快解除速度，减轻劳动强度，避免风钻解除时的震动影响，试验效果较好。实验表明，当应力解除槽的深度达岩心直径的 50% 时，解除释放的应变已基本结束，应力已完全解除。

值得注意的是，岩石弹性模量对计算成果影响较大。一般是将现场已布置应变计的岩心取回，在室内测定。由于岩体的不均匀性和裂隙的影响，往往实际的弹模与测定值差别很大，给成果带来误差。

2. 应力部分解除法

应力部分解除是在解除孔的周围布置应变计，在应变计中心钻孔或套钻，使岩体应力部分释放，测量钻孔周围相应各点的应变值。

根据在双向受力的无限板中圆孔周围各点应力分布公式，考虑圆孔直径方向上两点位移，导出下列公式[114]

$$\delta = \frac{\sigma_1 + \sigma_2}{E}A - \frac{\sigma_1 - \sigma_2}{E}B\cos 2\theta \tag{7-10}$$

式中

$$A = (1 + \mu)\frac{a^2}{r}$$

$$B = 4\frac{a^2}{r} - (1 + \mu)\frac{a^4}{r^3}$$

式中：δ—— 测点径向位移；

σ_1, σ_2—— 主应力；

a—— 圆孔半径；

r—— 测点半径；

μ—— 岩石泊桑比；

E—— 岩石弹性模量；

θ—— 主应力 σ_1 与水平轴 $H—H$ 的夹角。

用中心孔法测量时，求得三个应变值，列出三个方程联立求解，即可得出岩体的主应力的大小及其方向。

此法适用于各种岩体，工作量小，速度快，费用少，由于释放变形比全解除的小，因此常在应力较大的地区采用。

3. 应力恢复法

为了克服岩石弹性常数选取上的困难，可以用应力恢复法进行测试。事先在岩壁表面上安装应变计，用风钻掏一狭长方形槽，其尺寸略大于扁千斤顶尺寸，掏槽时记录下应变值。然后埋设扁千斤顶，待水泥砂浆达到强度后，即可加压，使应变计读数恢复到或大于掏槽前的应变值，据此确定恢复的压力值。当应变计布置在槽一侧或两侧的中心线距槽$\frac{1}{3}$的槽长时，该压力值就是垂直于扁千斤顶方向的岩体应力。

亚历山大根据弹性理论，假定椭圆形槽为平面应力问题，从而导出公式[56]。当泊桑比$\mu = 0.2$时，则

$$S = aP + b\theta \tag{7-11}$$

式中：S—— 垂直于扁千斤顶的岩石应力；

θ—— 平行于扁千斤顶的岩石应力；

P—— 平均恢复应力；

a、b—— 常数（取决于扁千斤顶大小，和测点位置相对于扁千斤顶几何形状）。

扁千斤顶法的优点是计算中不需引入岩石的弹性常数（E,μ），故测试成果较可靠。对于节理裂隙发育的破碎岩体，易获得较好成果。有人认为，应力恢复是假定岩体是可逆的，但岩体是不可逆的，这样会给成果带来误差。罗查（Rocha）研究指出[115]：解除槽仅是部分应力解除，对成果无甚影响。亚历山大的理论分析也认为，抵消压力取决于槽和扁千斤顶的尺寸，双向应力场和泊桑比，而与岩石弹性模量无关[56]。实质上不需要应力和应变保持线性关系，只要解除与恢复时，具有相同的变形特征即可。扁千斤顶法的主要缺点是，在拉应力地区不能采用该法。

表面应力测试，主要目的在于了解隧洞或地下孔洞表面围岩的应力状态。为了克服计算应力时选取岩石弹性模量的困难，最好应力解除与应力恢复配合进行，取长补短，以便较精确地测量应力值。

7.3.2　岩体孔内应力测试

当前在岩体孔内应力测试中，通常采用的是套钻解除法。所谓套钻解除，就是在一个小孔（一般直径为36mm）内埋设元件，用大的空心钻头（一般直径为127mm）套住小孔回旋钻取岩心进行应力解除，其步骤如图7-5所示。

孔内应力测试可以分为孔壁应变测试，孔底应变测试，孔径变形测试和孔径应力测试。

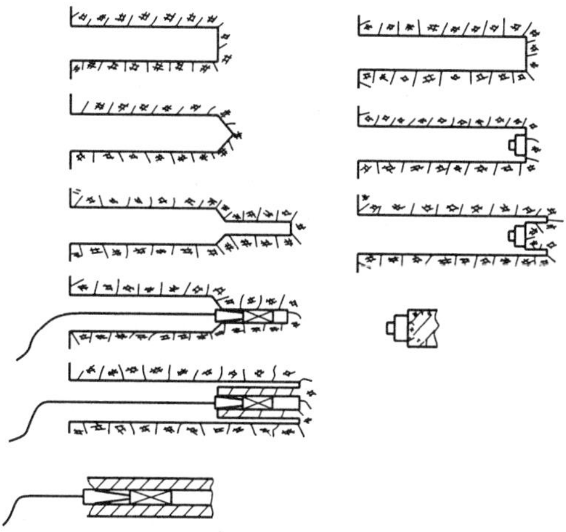

(a)孔壁及孔径测试　　(b)孔底测试

图7-5　孔内应力测试具体步骤图

1. 孔壁应变测试

国家冶金部长沙矿冶研究所研制了一种直径为36mm橡皮三叉式孔壁三向应变计，该应变计能够测量解除前及解除后的应变值。长江水利水电科学研究院岩基室在此基础上，经过改进，研制成功一种直径为46mm的橡皮三叉式元件，并有电阻片补偿室及专用电缆，能测试整个解除释放应变的全过程，同时元件直径稍大，橡皮三叉的面积大，可多布置电阻片，以利选择和便于多种组合计算。相应地弯曲应力较小，对成果影响小。应变计的构造如图 7-6 所示。

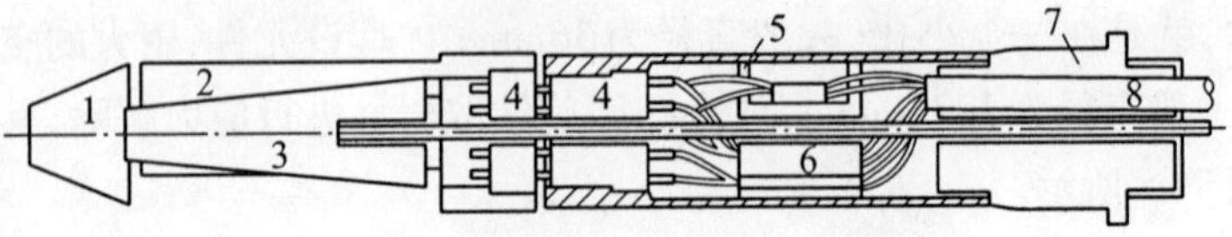

1— 导向块；2— 橡皮三叉；3— 楔块；4—16 芯插头座；
5— 金属壳；6— 补偿室；7— 橡皮；8— 电缆线

图 7-6　橡皮三叉式孔壁三向应变计图

橡皮三叉（应变丛）的角度为 0°、$\frac{\pi}{2}$ 及$\frac{5}{4}\pi$。在叉的端部外表面上粘贴四片电阻片，其角度为 $\varphi=0°$、$\frac{\pi}{4}$、$\frac{\pi}{2}$、$\frac{2}{3}\pi$，然后与插头、补偿室、电缆等相连接。

在欲测位置，先用小直径的金刚石钻头，钻出一孔壁光滑，合乎规格的小孔，其长度应满足贴片要求，不受两端约束。在贴片部位涂上环氧树脂胶，用送进杆将元件送到预定位置，推动楔块使橡皮叉张开，将电阻片粘贴压固在孔壁上，封死小孔，接通电阻应变仪，即可进行解除，测得解除深度与释放应变值的关系曲线，确定各测量片的应变值。

孔壁应变测试具有明显的优点，该方法能在一个孔内一次解除时求得三向应力大小和方向，因此工作量小，能测得解除应变的全过程。但操作、安装、贴片工艺比较繁琐。目前不能在水下测量，因此布孔时必须使测孔略微向上倾斜。

2. 孔底应变测试

首先在岩体中钻孔，将塑料应变盒粘贴在孔底，进行套钻解除，并测量解除前后岩心的应变值。

为了研究岩体内任意一点的应力分量σ_x、σ_y、σ_z、τ_{xy}、τ_{yz}、τ_{zx}与孔底面上的应力 σ'_x、σ'_y、τ'_{xy} 之间的关系，可以用邦内契尔（F. Bonnchere）

和范涅尔坦(Von Heerden)的实验数据,得出下式

$$\begin{cases}\sigma'_x = 1.25\sigma_x - 0.75(0.645 + \mu)\sigma_z \\ \sigma'_y = 1.25\sigma_y - 0.75(0.645 + \mu)\sigma_z \\ \tau'_{xy} = 1.25\tau_{xy}\end{cases} \tag{7-12}$$

式中:μ—— 泊松比。

实验指出,只有在孔底中央,约占直径的三分之一部分范围内的应力,可以认为是均匀的。因此,孔底粘贴应变计的尺寸不宜大于钻孔直径的1/3,以保证试验成果。

孔底应变计为一个硬塑料外壳,在其端面借助于厚为0.5mm的有机玻璃片或赛璐珞片(或薄橡皮)上粘贴一组直角形电阻片应变丛,外壳另一端固定四根插针,并向壳内灌注硅橡胶,即构成应变计,如图7-7所示。

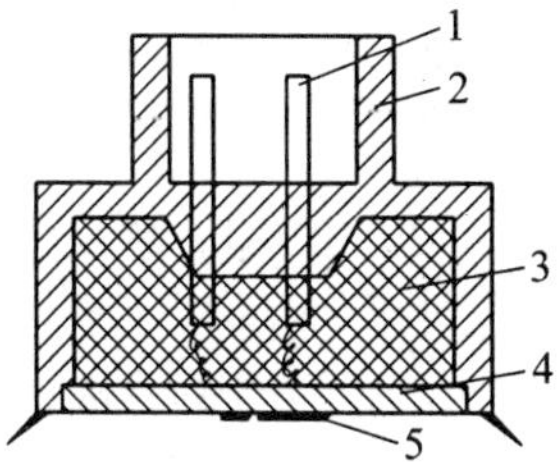

1— 插针;2— 塑料壳;3— 硅橡胶;4— 有机玻璃片;5— 电阻片

图7-7　孔底应变计

首先在孔内需要进行测量的部位,用磨平钻头将孔底磨平,用水冲洗干净,再用高压风吹干,用丙酮擦洗后,涂上环氧树脂粘胶。用送进杆及安装器将应变计送入,使应变计牢牢粘贴在岩石上,将导线与电阻应变仪接通,预调平衡,取出安装器,即可用大钻头(一般直径为76mm)钻孔解除。当解除深度至岩心直径的一倍以上时,解除结束。取出岩心,测读解除后的应变仪读数。用解除前后的应变差值计算应力。

这种方法的优点是元件直径小,解除工作量小,适合于节理裂隙较

发育的岩体。其缺点是理论基础不严密，不能测量解除应变的全过程，水下不能测量。

3. 孔径变形测试

孔径变形计可以归纳为电阻片、钢弦、电感三类。目前国内以电阻片应用较广，例如中国科学院湖北岩体土力学研究所研制的 $\phi36$—2 型钢环式钻孔变形计，它是由特制的四个弹性钢环、钢环架、外壳、触头及电缆组成，如图 7-8 所示。应变计是利用在弹性钢环上粘贴电阻片，将钻孔的变形转换为电阻的变化来进行工作的。

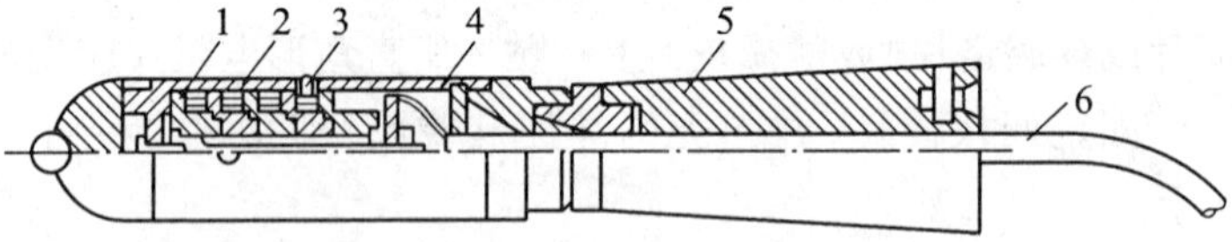

1— 钢环架；2— 钢环；3— 触头；4— 外壳；5— 定位器；6— 测量电缆

图 7-8　$\phi36$—2 型钢环式钻孔变形计

一般在钢环直径两端的内外壁上，按严格要求粘贴电阻片，并进行防潮处理，要求绝缘度达到 500MΩ 以上。将合格的钢环放入特制的钢环架上，使每个钢环只能沿某一固定方向滑动。架上共安装四组钢环，互成45°角，其间距为1cm，因此四个钢环测点可以认为是在一个平面上。将电阻片焊在接线架上，接通电缆，把元件装入铜制的外壳内，并在筒内注满凡士林，插入触头，将保护罩套上，整个应变计组装完毕，然后进行率定。

在钻孔内进行测量时，用 $\phi36$mm 钻头钻一小孔，要求孔壁光滑平直。用高压水将孔壁冲洗干净，接上送进杆徐徐将应变计送入孔内。使钢环压缩量处于适当位置，必要时，可以用不同长短的触头调节。把电缆接入电阻应变仪，用 $\phi127$mm 钻头进行解除。测试时，一面解除，一面测读，直至解除完毕。取出应变计，即可进行下一段试验。

这种元件具有良好的稳定性、线弹性、重复性、防水性（可承受

10kg/cm² 的水压),防电磁干扰,操作简便;能测量解除应变的全过程,能重复使用等优点。缺点是测量三向应力时,必须三孔交汇,工作量大,须钻取的岩心较长。

4. 孔径应力测试

国内孔径应力测试,常用国家地震局地震地质大队与中国地质科学院地质力学研究所协作研制的73—1型压磁式应力计。压磁式应力计是根据压磁原理设计的。该应力计由测量部分(心轴,线圈、屏蔽罩、垫板等)、支撑、楔子及上下盖板组成,如图7-9所示。测量部分的心轴由铍莫合金制成,在心轴上绕以线圈。当元件轴向受力后,轴心导磁率变化,线圈电感量(或线圈的阻抗及电压降)也随着发生变化。经过岩心率定后,即可绘制出岩心应力与仪器读数间的关系曲线。

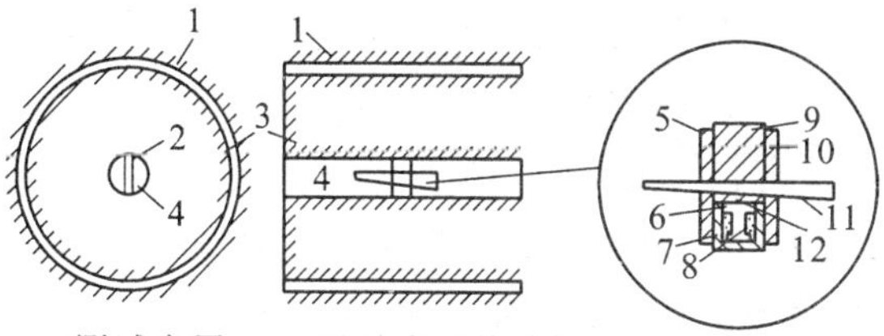

(a)测试布置　(b)压磁式元件结构

1—解除槽;2—压磁式元件;3—岩心;4—小孔;5、10—上下盖板;
6—心轴;7—屏蔽罩;8—线圈;9—支撑;11—楔子;12—垫板

图7-9　孔径应力测试图

在测试岩体某点的应力前,先钻一个直径为36mm,孔壁光滑,无波状起伏,上下直径一致的小孔,用高压水冲洗干净。将压磁元件放入小孔中适当位置。同时,给元件施加预应力,然后用大孔(直径150mm)套钻解除,岩心发生弹性恢复,测量元件解除的应力。绘出解除深度与应力记录值关系曲线,即可计算应力状态。

73—1型应力计具有良好的线弹性、重复性、稳定性以及足够的灵敏度,绝缘度要求不高,能测量解除的全过程等优点。但由于整体元件长，解除工作量大，故不适用于节理裂隙发育的岩体。此外，元件加工工艺要求高，制作难度较大。值得强调的是，这种元件还可用于长期观测。

为了克服选择岩石弹性模量的困难和测量元件与孔壁接触状态对成果带来的影响，国内研制了一种围压器，可以对解除岩心连同测试元件进行周围加压，效果较好。

5. 三向应力计算

众所周知，为了确定岩体中某点的三向应力状态，必须决定某点的六个应力分量（σ_x、σ_y、σ_z、τ_{xy}、τ_{yz}、τ_{zx}）。对于孔壁应变测试所使用的三向应变计，能用从一个钻孔解除中同时获得六个以上的应变值来达到这一目的。而对于孔底应变，孔径变形，孔径应力等测试法都必须至少用三个且其中任意两个不平行的钻孔，测出六个以上的测量值来决定上述的三向应力状态。为了提高精度，一般应变测量数目都多于六个，这就需要引入数理统计的方法对数据进行处理[116]。

现以孔壁应变测试为例，介绍岩体某点的三向应力基本计算式。如图 7-10 所示，假定岩体为均匀、连续、各向同性的线弹性体。取直角坐标系 $Oxyz$，钻孔方向与 z 轴一致，又取圆柱坐标系 $Ozr\theta$，其 z 轴与直角坐标系 z 轴一致。从弹性理论孔口应力集中问题解中，可以得到钻孔岩壁测点的应变值与岩体应力分量之间的关系式

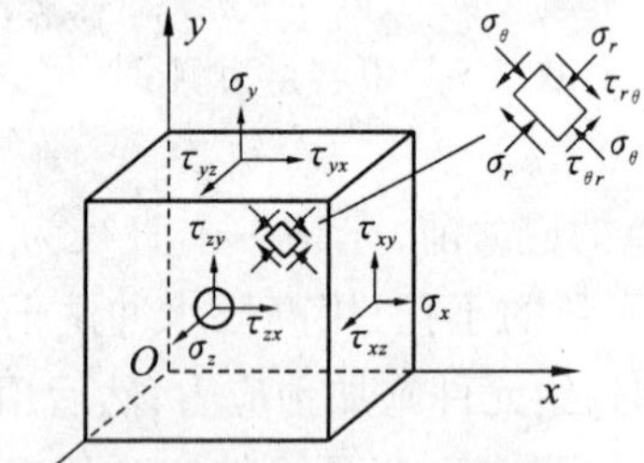

图 7-10　坐标系图

$$\varepsilon_k = A_{k_1}\sigma_x + A_{k_2}\sigma_y + A_{k_3}\sigma_z + A_{k_4}\tau_{xy} + A_{k_5}\tau_{yz} + A_{k_6}\tau_{zx} \quad (7\text{-}13)$$

式中

$$A_{k_1} = \frac{1}{E}\{[1-2(1-\mu^2)\cos 2\theta_i]\sin^2\varphi_j - \mu\cos^2\varphi_j\}$$

$$A_{k_2} = \frac{1}{E}\{[1+2(1-\mu^2)\cos 2\theta_i]\sin^2\varphi_j - \mu\cos^2\varphi_j\}$$

$$A_{k_3} = \frac{1}{E}(\cos^2\varphi_j - \mu\sin^2\varphi_j)$$

$$A_{k_4} = \frac{1}{E}[-4(1-\mu^2)\sin^2\varphi_j\sin 2\theta_i]$$

$$A_{k_5} = \frac{1}{E}[2(1+\mu)\sin^2\varphi_j\cos\theta_i]$$

$$A_{k_6} = \frac{1}{E}[-2(1+\mu)\sin 2\varphi_j\cos\theta_i]$$

式中：k—— 孔壁应变测点，$k = 1 \sim s \cdot t$；

j—— 应变丛的数量，$j = 1 \sim t$；

i—— 电阻片的数量，$i = 1 \sim s$。

归纳起来，可以写成下列矩阵式

$$\{\boldsymbol{\varepsilon}_K\} = [\boldsymbol{A}]\{\boldsymbol{\sigma}\} \quad (7\text{-}14)$$

式中：$\{\boldsymbol{\varepsilon}_K\}$—— 应变解除测试的应变列阵；

$[\boldsymbol{A}]$—— 应力分量系数矩阵；

$\{\boldsymbol{\sigma}\}$—— 岩体中某点的应力分量列阵。

为了得到接近真值的测试成果，对于观测数目多于未知参数数目的观测方程组应进行多元回归分析，其数学模型具有下列形式

$$\{\boldsymbol{\varepsilon}_K\} = [\boldsymbol{A}]\{\boldsymbol{\sigma}\} + e_K \quad (7\text{-}15)$$

式中：e_K—— 残余误差（残差），e_K 服从正整分布规律。

根据最小二乘法原理，残余误差的平方和应具有极小值，于是可以得到正整方程组

$$[\boldsymbol{A}]'[\boldsymbol{A}]\{\boldsymbol{\sigma}\} = [\boldsymbol{A}]'\{\boldsymbol{\varepsilon}_K\} \quad (7\text{-}16)$$

式中：$[\boldsymbol{A}]'$——$[\boldsymbol{A}]$ 的转置矩阵。

由于$[\boldsymbol{A}]$是满秩矩阵，则$[\boldsymbol{A}]'[\boldsymbol{A}]$也是满秩矩阵，因此它们有逆矩阵，则应力分量的最佳值为

$$\{\boldsymbol{\sigma}\} = \boldsymbol{S}^{-1}[\boldsymbol{A}]'\{\boldsymbol{\varepsilon}_K\} \tag{7-17}$$

或写成

$$\begin{Bmatrix} \sigma_x \\ \sigma_y \\ \sigma_z \\ \tau_{xy} \\ \tau_{yz} \\ \tau_{zx} \end{Bmatrix} = \boldsymbol{S}^{-1}[\boldsymbol{A}]' \begin{Bmatrix} \varepsilon_1 \\ \varepsilon_2 \\ \vdots \\ \vdots \\ \vdots \\ \varepsilon_K \end{Bmatrix} \tag{7-18}$$

在求得岩体应力分量之后，按弹性力学应力分析计算主应力[117]

$$\sigma^3 - (\sigma_x + \sigma_y + \sigma_z)\sigma^2 + (\sigma_x\sigma_y + \sigma_y\sigma_z + \sigma_z\sigma_x - \tau_{xy}^2 - \tau_{yz}^2 - \tau_{zx}^2)\sigma - (\sigma_x\sigma_y\sigma_z + 2\tau_{xy}\tau_{yz}\tau_{zx} - \sigma_x\tau_{yz}^2 - \sigma_y\tau_{zx}^2 - \sigma_z^2\tau_{xy}^2) = 0 \tag{7-19}$$

由上述方程可以得到三个实根，即三个主应力σ_1、σ_2、σ_3。

将主应力的数值分别代入式(7-20)，便得出三个主应力的方向。

$$\begin{cases} (\sigma_i - \sigma_x)l_i - \tau_{xy}m_i - \tau_{zx}n_i = 0 \\ -\tau_{xy}l_i + (\sigma_i - \sigma_y)m_i - \tau_{yz}n_i = 0 \\ -\tau_{zx}l_i - \tau_{yz}m_i + (\sigma_i - \sigma_z)n_i = 0 \end{cases} \tag{7-20}$$

$$l_i^2 + m_i^2 + n_i^2 = 1$$

式中：l_i、m_i、n_i——σ_i对坐标x、y、z的方向余弦。

为了与工程坐标联系起来，令主应力σ_i的方位角为α_i，倾角为β_i，则

$$\alpha_i = S_{in}^{-1} n_i$$

$$\beta_i = \mathrm{tg}^{-1}\frac{m_i}{l_i}$$

同理可以导出孔底应变，孔径变形，孔径应力测试的计算式。

以上计算需在电子计算机上进行，以求得岩体应力最佳值，并对其误差作出评价，从而用有限的观测数据，获得精确的结果。

7.4　岩体初始应力一般规律性的探讨

近年来,人们对地壳上部岩体中存在着初始应力这一客观事实的认识,已是无可争议的了。虽然,国内进行了一些现场测试,但对其规律性的了解,仍然是有限的。主要的原因:其一是测试技术存在弱点,即所观测到的测量值,是否正是所要求的物理量;其二是岩体初始应力极其复杂,与许多客观因素有关,测试成果分散,不易寻求其规律性。因此,常需根据当地实际情况,结合测试成果进行分析和解释。表7-2列出一些国内岩体初始应力测试成果。综合这些成果,可以得到下列几点认识:

(1) 国外许多学者对岩体应力在深度上分布的规律作了研究,一般认为岩体初始应力是随深度增加而成直线增加。但从我国实测资料分析来看,无论是垂直应力分量 σ_V,或是水平应力分量 σ_x、σ_y,平均水平应力分量 σ_h,与深度成直线的关系,都不十分明显,分散性很大。表中所列资料大都是在地表250m深度范围内测得的,最大深度达500m。这说明了地壳上部岩体的应力是极不均匀的,这与地壳上部的断裂、风化、侵蚀等因素是分不开的。如果将这些资料补入国外的资料中,也可以看到分散并不突出。这主要是由于国内测试深度较浅,许多资料集中在坐标原点附近的缘故。

值得指出的是,地壳上部岩体的初始应力绝大部分是压应力,即以主压应力占主导地位,但也有不少的测点或地区,出现较小的拉应力。这种现象不能代表我国地壳上部的特征,只能表明某些局部地质构造的特点,抑或是受地形地貌影响的特征。

此外,在空间分布上也是极不均匀的,不论在大的范围,或是局部的地区内,从一个测点到另一个测点,主应力大小和方向都可能发生变化。只有当测量资料较多时,从整体出发,才能够概略地确定其大小和方向。

表 7-2 我国

序号	岩石名称	特性		重力	
		E /(10^4kg/cm^2)	μ	H /(m)	γH /(kg/cm^2)
1	破碎玄武岩	4~6	0.25	65	18.2
	破碎玄武岩	4~6	0.25	60	16.8
	坚硬玄武岩	20~30	0.20	100	28.0
	火山角砾岩	40	0.18	220	63.7
2	片麻岩	10~15	0.20	60	16.0
3	石灰岩	10~20	0.23	50~70	13.5~18.9
4	砂页岩	3	0.25	97	25.0
5	花岗闪长岩	20~10		250	67.5
6	花岗岩及花岗闪长岩			200	54.0
7	泥质页岩及层状砂岩互层	4.7	0.25		
	泥质页岩及层状砂岩互层				
	泥质页岩及层状砂岩互层				
8	花岗岩及玄武岩	25~30	0.20	100	26.0
9	花岗岩	10~23		60	16.2
10	石灰岩	80		128	35.0
11	石灰岩	80	0.20	100	27.0
12	闪长岩及石英闪长岩	100	0.20		
13	混合岩	40	0.25	100	27.0
14	闪长岩和黑云母闪长岩	30	0.25	100	27.0
15	细粒石英砂岩	73	0.21	450	119
16	大理岩	30	0.25	500	125
17	大理岩	30	0.25	450	113
18	大理岩	30	0.25	500	125
19	变质岩	56.5~61.5	0.13~0.17	60	16.2
20	节理裂隙发育白云质灰岩	30	0.25	260	70
21	花岗岩	40	0.20	200	54
22	花岗岩	40	0.20	200	54

注 1. "+"表示压应力;"-"表示拉应力;

2. E—岩石弹性模量;μ—岩石泊松比;H—测点深度;γ—岩石容重;

σ_v—垂直应力;σ_x,σ_y—正交方向的水平应力;σ_h—平均水平应力。

岩体应力测试部分成果

应力测试成果			测试情况	应力比			
σ_V /(kg/cm²)	σ_x /(kg/cm²)	σ_y /(kg/cm²)		$\frac{\sigma_V}{\gamma H}$	$\frac{\sigma_x}{\sigma_V}$	$\frac{\sigma_y}{\sigma_V}$	$\frac{\sigma_y}{\sigma_x}$
22.2	19.8		表面解除法与恢复法	1.22	0.89		
9.5	8.2		(钢弦、电阻片、电感)	0.57	0.86		
28.0	19.9			0.83	0.84		
63.7	88.7			1.24	1.12		
81.3～110.3	66.7～102.4		表面解除法(钢弦)	6	0.96		
10.5～14.6	14.8～24.0		表面解除法与恢复法(钢弦)	0.78	1.47		
38.3	38.4			1.53	1.00		
130	40		表面解除法(光弹、电阻片)	2.00	0.3		
118	117.0			2.18	0.9		
-2.7	-0.5						
15.5	-5.2						
4.9	5.8				1.2		
242	82			9.3	0.34		
320	127			19.8	0.40		
174.0	78.7			4.97	0.45		
90.0				3.33			
201.0	279	139	表面解除法(电阻片)		1.4	0.61	0.5
164.0	156.5	55.0	表面解除法(电阻片、钢弦)	6.10	0.95	0.33	0.35
59	31.4		表面解除法(电阻片、光弹、电感)	2.04	0.53		
85.4	76.5	37.7	三孔交汇(5 米)	0.72	0.89	0.44	0.49
211	335	208	三孔交汇(8.5～10 米)	1.69	1.59	0.99	0.62
151	178	150	三孔交汇(9.4 米光弹、孔底)	1.33	1.18	1.00	0.85
195	138.6	111.8	三孔交汇(9.4 米光弹,孔底)	1.56	0.71	0.57	0.81
97	94.6	80.5	三孔交汇(孔底)	6	0.98	0.83	0.855
58	50	36	三孔交汇(6～7 米,φ36—2 型)	0.83	0.86	0.62	0.72
24.20	91.93	11.28	孔壁应变(7.5 米)	0.45	3.79	0.47	
23.26	64.02	21.93	孔壁应变(8 米)	0.43	2.75	0.94	

(2) 岩体上覆岩层的重量是形成岩体初始应力的基本因素之一。一般认为,岩体垂直初始应力大体相等于上覆岩体的重量 γH。但就国内实测资料来看,并非完全如此。从表7-2中可以看出,垂直应力 σ_V 与上覆岩体重量 γH 的比值在0.43 ~ 19.8范围内变动。如果考虑到成果的分散性,以 $\sigma_V/\gamma H = 0.8 \sim 1.2$ 作为大体上相等的情况,则仅占4.6%;而 $\sigma_V/\gamma H < 0.8$ 的,占23%;$\sigma_V/\gamma H > 1.2$ 的,占68.4%。这些资料说明:$\sigma_V/\gamma H$ 多数是大于1的,即垂直初始应力多大于上覆岩体的重量。这种现象只能解释是由于某种力场作用的结果,而这种力场不一定是上覆岩层自重所引起的[87]。

(3) 实测垂直初始应力 σ_V 与水平初始应力 σ_H 的比值,常称侧压力系数 N(确切地讲,称应力比值系数),它是设计中重要的参数之一,因此研究 N 值的变化,对工程设计具有重要的意义。据表7-2的资料来看,以 σ_x、或 σ_y,或 $\frac{1}{2}(\sigma_x+\sigma_y)$,代表水平应力 σ_h 与垂直应力 σ_V 相比,其比值系数 N 在0.3 ~ 2.13之间,平均为0.93,接近于1。考虑到成果的分散性,现以 $\sigma_h/\sigma_V = N < 0.8$,$0.8 \leqslant N \leqslant 1.20$ 及 $N > 1.20$ 三种情况进行统计,其值分别为37.4%;46%及16.6%,前两种情况之和达83.4%,此结果与一些国家和地区的测试成果相类似。但值得注意的是,不少国家和地区,如加拿大、瑞典、澳大利亚等地,其 σ_h/σ_V 的比值仍大于1.2,似乎可以看出,N 值与各地区的地质特征有关。就我国目前实测成果来看,在地壳浅部采用 $N \leqslant 1$ 进行计算是可行的。

(4) 值得注意的是,水平初始应力在平面上分布也是极不均匀的。水平初始应力的各向异性,可以用最小水平初始应力 σ_y 与最大水平初始应力 σ_x 的比值来表示[59],[87]。表7-3列出了国内外一些地区水平初始应力的比值。

从表7-3中可以看出,水平初始应力的各向异性 $\left(\frac{\sigma_y}{\sigma_x}\right)$ 也是因地区而不同的。一般说来,地质构造简单,地形平缓,$\frac{\sigma_y}{\sigma_x}$ 的比值差别不大。在那些构造发育，特别是现代构造运动强烈的地区，水平应力的各向异性最大。从表7-3中可见，我国华北地区水平初始应力的差异性是较突出的，$\frac{\sigma_y}{\sigma_x}$的比值小于0.75的，所占比例较大，这是否与华北地区地震活动频繁有关，有待今后继续研究。

表7-3　　水平初始应力的比值

实测地区	统计数目	$\frac{\sigma_y}{\sigma_x}$			
		1.0 ~ 0.75	0.75 ~ 0.5	0.5 ~ 0.25	0.25 ~ 0
		/(%)			
斯堪的纳维亚等地	51	14.0	67.0	13.0	6.0
北 美	222	22.0	46.0	23.0	9
中 国	35	14.3	45.7	25.7	14.3
中国华北地区	18	6	61	22	11

(5) 岩体初始应力还受到地形、地质(断层、节理裂隙、层面岩性)等因素的影响。如某工程周围的岩体三面被切割较深，一如伸出的山体，实测结果，水平初始应力业已释放，仅有自重应力的作用。又如某深谷岸坡的地下厂房，由于河谷深切，测点高于侵蚀基准面，应力已被解除，实测岩体初始应力较小。某工程的测点布置在局部旋转构造的玄武岩上，虽然该地区水平应力与垂直应力接近，但解除后仍出现拉应力。这些说明地形地貌，地质特征，甚至岩石力学性质等局部因素，都对岩体初始应力有明显的影响。

第 8 章　岩体性态的弹性波测试技术

陈成宗①

（铁道科学研究院西南研究所）

8.1　概　述

岩体的动力法测试技术，近年来在我国得到迅猛发展，形成一套较完整的弹性波测试系统。根据工作频率的高低和测试对象范围的大小，可以分为超声波法、声波法和地震波法。超声波法主要应用于岩石试件的测试，声波法应用于范围较小的工程岩体，地震波法则适用于范围较大的岩体。

岩体动力法测试的优点是轻便简捷，费时少，对被测的岩石或岩体没有任何破坏作用，试验可以重复进行，测试对象的尺寸可以根据需要选择。并且这种测试技术，既是物理的方法，又是力学的方法。该方法之所以被广泛地应用并作为研究岩体特性和状态的重要手段，是可以理解的。

通过大量的工程实践和试验研究，这一方法在岩体物理力学特性的测定，施工前后工程岩体的状态和岩体加固效果的检测，以及工程岩体的评价等方面，都取得了良好的效果。

8.2　波 动 传 播

介质受到动荷载的瞬间冲击，或反复振动作用，产生动应力，引起

---

① 参加测试技术研究的还有王石春、齐贺年、唐承石、郭惠丰、陈光中等。

动应变，便以波动的形式，向震源外传播。对于弹性介质，当动应力不超过介质的弹性极限时，则产生弹性波，其波动传播是符合弹性波物理学的基本理论的。

根据弹性动力学理论，在无限弹性体中，弹性波运动方程为

$$\begin{cases} \rho \dfrac{\partial^2 u}{\partial t^2} = (\lambda + G)\dfrac{\partial \Delta}{\partial x} + G\nabla^2 u \\ \rho \dfrac{\partial^2 v}{\partial t^2} = (\lambda + G)\dfrac{\partial \Delta}{\partial y} + G\nabla^2 v \\ \rho \dfrac{\partial^2 w}{\partial t^2} = (\lambda + G)\dfrac{\partial \Delta}{\partial z} + G\nabla^2 w \end{cases} \tag{8-1}$$

式中：Δ—— 单位体积的应变量，即 $\Delta = \dfrac{\partial u}{\partial x} + \dfrac{\partial u}{\partial y} + \dfrac{\partial w}{\partial z}$；

∇^2—— 拉普拉斯算子(Laplace operator)，即 $\nabla^2 = \dfrac{\partial^2}{\partial x^2} + \dfrac{\partial^2}{\partial y^2} + \dfrac{\partial^2}{\partial z^2}$；

ρ—— 介质密度；

G—— 刚性模量；

λ—— 拉梅常数(Lame's constant)，即 $\lambda = K + \dfrac{2G}{3}\left(\text{或 } \lambda = \dfrac{vE}{(1+\nu)(1-2\nu)}\right)$。其中 K 为体积弹性模量，ν 为泊松比，E 为弹性模量。

由式(8-1) 可以推导出压缩波(纵波) 的运动方程

$$\frac{\partial^2 \Delta}{\partial t^2} = \frac{(\lambda + 2G)}{\rho}\nabla^2 \Delta \tag{8-2}$$

以及剪切波(横波) 的运动方程

$$\frac{\partial^2 \omega_x}{\partial t^2} = \frac{G}{\rho}\nabla^2 \omega_x \tag{8-3}$$

由波动方程式(8-2) 和式(8-3) 可得：

$$\text{纵波速度} V_P = \sqrt{\frac{\lambda + 2G}{\rho}} = \sqrt{\frac{E}{\rho} \cdot \frac{1-\nu}{(1+\nu)(1-2\nu)}} \tag{8-4}$$

$$\text{横波速度} \quad V_S = \sqrt{\frac{G}{\rho}} = \sqrt{\frac{E}{\rho} \cdot \frac{1}{2(1+\nu)}} \tag{8-5}$$

另外,介质中波动传播的能量将随着传播距离的增加而减弱,表现为波幅的衰减,并服从下式

$$A_R = A_0 e^{-2\alpha R} \tag{8-6}$$

式中:A_0—— 起始波幅;

A_R—— 行程 R 后的波幅;

α—— 吸收系数(系数量纲为厘米$^{-1}$,米$^{-1}$,常用奈培/厘米,奈培/米 作测量单位)。

实测距离为 ΔR 两点间的波幅 A_1 和 A_2 时,则可求知区间内介质的吸收系数为

$$\alpha = \frac{1}{\Delta R}\ln\left(\frac{A_1}{A_2}\right) \tag{8-7}$$

8.3 岩体特性与弹性波的传播

从波动方程可以看出,介质中弹性波的传播速度与介质的密度和弹性参数密切相关。岩体是一个复杂的介质,其弹性波传播特征远比均一完整的理想弹性介质要复杂得多。岩体中的各种地质物理因素和力作用下岩体状态的变化,对弹性波传播的行程和振幅,将产生一系列的影响。岩体中弹性波的传播特征是岩体性态的反映。

8.3.1 岩石

岩石中弹性波传播速度与其内部结构特性密切联系,依矿物成分、密度、孔隙度、含水率等的不同而有显著变化。

(1) 岩石随着密度的增加,波速相应增加。

(2) 从某种意义上看,岩石的波速主要取决于孔隙度,对沉积岩尤为明显。根据威利(Wyllie) 等学者的研究,有空隙的岩石的波速(V),存在下列关系[118]

$$\frac{1}{V} = \frac{\phi}{V_f} + \frac{1-\phi}{V_r} \tag{8-8}$$

式中：V_f——液体饱和了空隙的波速；

V_r——岩石骨架的波速；

ϕ——空隙度。

我们曾研究过岩盐孔隙度与波速的关系，随孔隙度增加，波速下降，如图 8-1 所示。空隙度大的岩石，波幅衰减也大。

（3）岩石的含水性对弹性波的传播速度也有明显的影响。我们对一些岩石进行试验研究，结果表明：当干燥岩石的纵波速度 $V_d \geq 3000\text{m/s}$ 时，随着含水率的增多，波速相应增加，如图 8-2 所示；当 V_d 小于 3000m/s 时，情况相反，波速随含水量增加而降低，如表 8-1 所示。

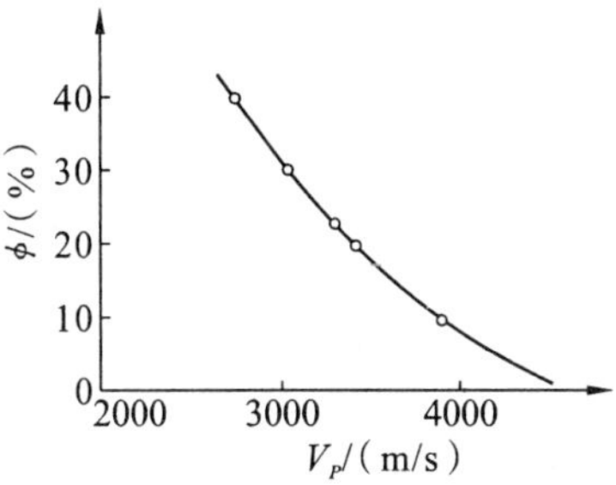

图 8-1　岩盐孔隙度与波速关系图

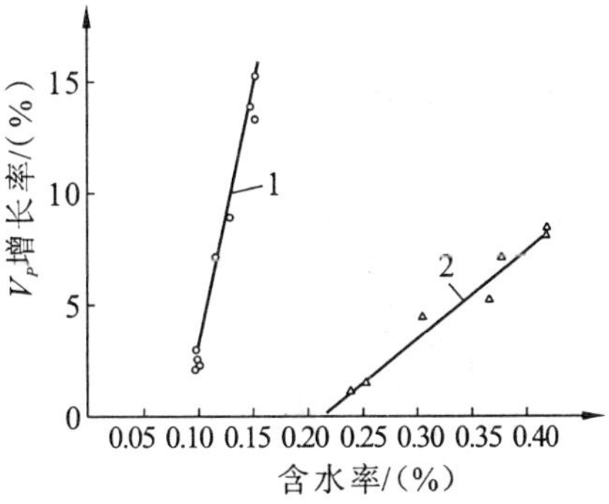

1— 花岗闪长岩；2— 砂岩

图 8-2　某些岩石含水率与波速增长率的关系图

表 8-1　**某些岩石含水波速降低情况**

岩石名称	干燥状态下的纵波速度 V_d/(m/s)	强制湿润状态下的纵波速度 V_w/(m/s)	波速降低率 /(%)
J_1^4、J_2 长石石英砂岩	2140 ~ 2300	1800 ~ 2220	7 ~ 10
K_1 泥钙质长石石英砂岩	1600 ~ 1820	1300 ~ 1700	10 ~ 15

(4) 岩石在压力作用下,随着荷载的增加,波速增加和波幅衰减减少;反之,在拉伸作用下,则波速降低,衰减增大。

岩石在单轴压缩下,平行于加荷方向的波速变化,可以归纳为两种情况:1) 随压力增加,波速明显增加 —— 波速急变段。这种情况一般表现在试验开始不久的低压力阶段。

2) 随压力的增加,波速的增加并不明显 —— 波速缓变段。这种情况一般表现在较高压力阶段,如图 8-3 所示。不同的岩石的 $V_P \sim \sigma$ 曲线,其表现是不尽相同的。例如对于致密坚硬的岩石,不论是低压力,还是较高压力,都只有波速的缓变段;而对于孔隙或微裂隙较多的岩石,在低压力阶段,波速随压力增加而增加的趋向则十分明显。

垂直于加荷方向量测,一般是随着荷载增加,波速逐渐降低。在低压力阶段,有时也出现波速增加,然后即持续不断下降,如图 8-4 所示。

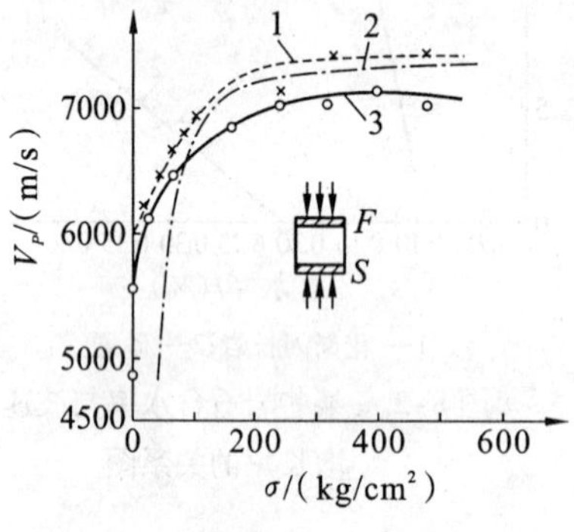

1—1 号试件;2—2 号试件;3—3 号试件

图 8-3 石灰岩试件 $V_P \sim \sigma$ 曲线图

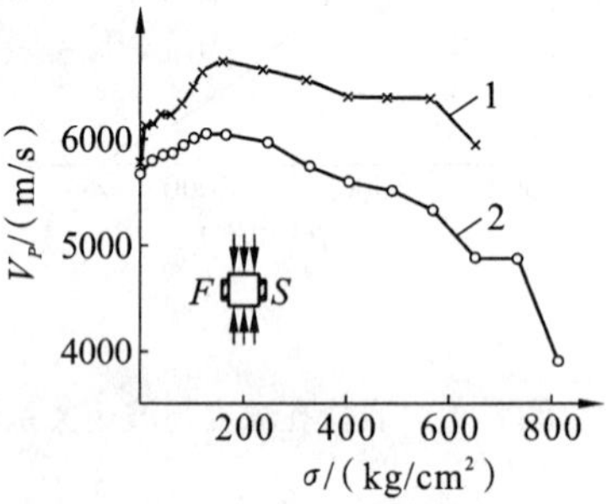

1— 自然干燥石灰岩试件(层理与加荷方向平行);2— 饱和的石灰岩试件(层理与加荷方向平行);F、S— 分别为发射、接收换能器

图 8-4 垂直加荷方向的 $V_P \sim \sigma$ 曲线图

无论是平行或垂直于加荷方向 $V_P \sim \sigma$ 曲线的变动,即波速的增加或减少,都反映孔隙、裂隙的闭合或张开的过程。在加压作用下发生的孔隙和裂隙的闭合,弹性联系和内部物体接触作用大小的增加,以及存

在于孔隙中的液体和气体的体积弹性的增加，都导致介质弹性效应增加。当压力超过某种限度（或受拉伸）时，固体质点的分离，孔隙之间界线的破坏，新裂隙的出现，则都将引起有限弹性的减少。

8.3.2　岩体

岩体是结构体（岩块）和结构面的组合体。除岩石结构本身特性对波动有影响外，岩体内的各种结构面、空洞、破碎带等地质上的不连续面，特别明显地起着改变弹性波的传播行程和消能的作用，即所谓结构面效应。

（1）弹性波传播过程中，遇到裂隙，其波程的特点是：若裂隙中充填的是空气，弹性波不能通过裂隙，而是绕过裂隙端点行走。这已为室内石膏模型试验所证明，如图 8-5 所示①。若裂隙中充填液体或其他固体物质，则弹性波可以部分地或完全地通过。波动能量大部分将突然损失在某一裂隙宽度上，其跨越裂隙的宽度与频率有关，频率越高，跨越裂隙的宽度越小；反之，频率越低，跨越裂隙的宽度增大，如图 8-6 所示。

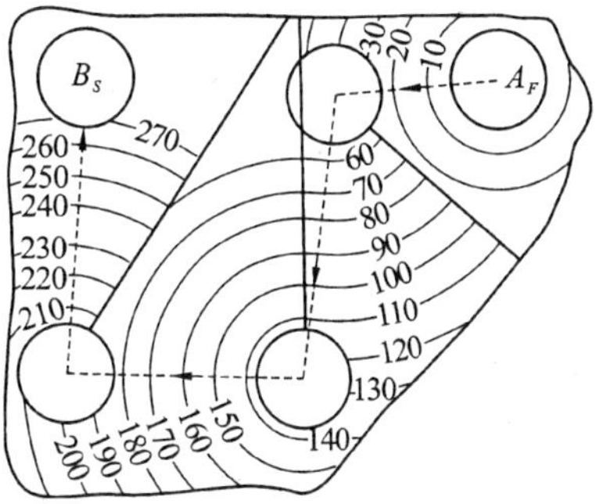

A_F— 发射；B_S— 接收

图 8-5　裂隙对波动行程的影响图

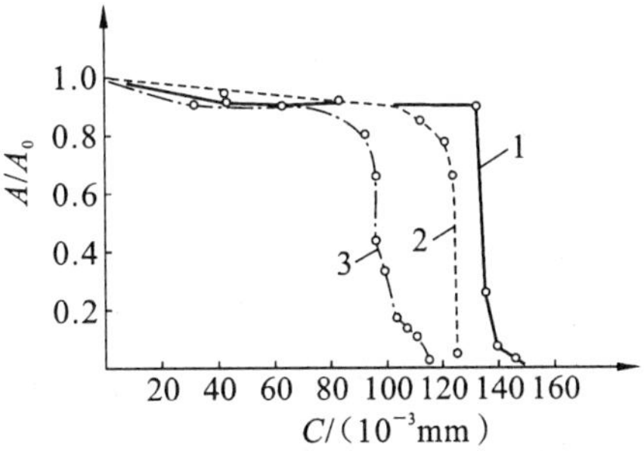

1—20kHz；2—50kHz；3—100kHz

图 8-6　振幅比（A/A_0）与跨越裂隙宽度（C）的关系图

---

① 河北省地质局水文地质第四大队，《水文地质技术方法》（产波探测专辑），1974 年，第 2 期。

存在着裂隙、夹层和破碎带的岩体，弹性波传播视速度的大小和能量吸收的程度，依这些结构面的性质、宽度、充填物质而异。裂隙的数目愈多，夹层厚度愈大，视波速变得愈小，如图 8-7、图 8-8 所示。

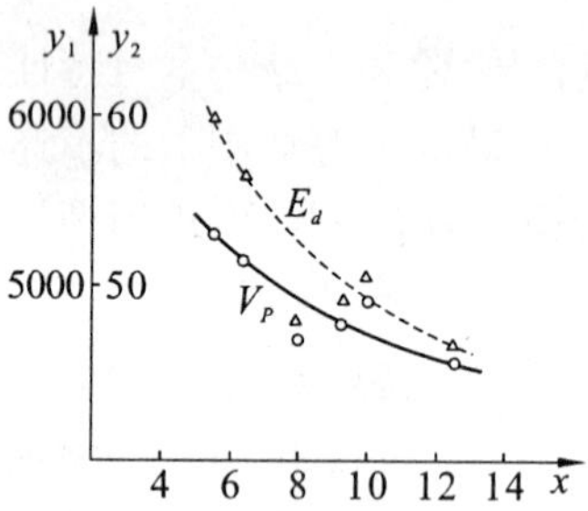

x— 裂隙密度(条/m)；y_1—V_P(m/s)；

y_2—E_d(10^4kg/cm^2)

图 8-7　花岗闪长岩之裂隙密度与 V_P、E_d 的关系图

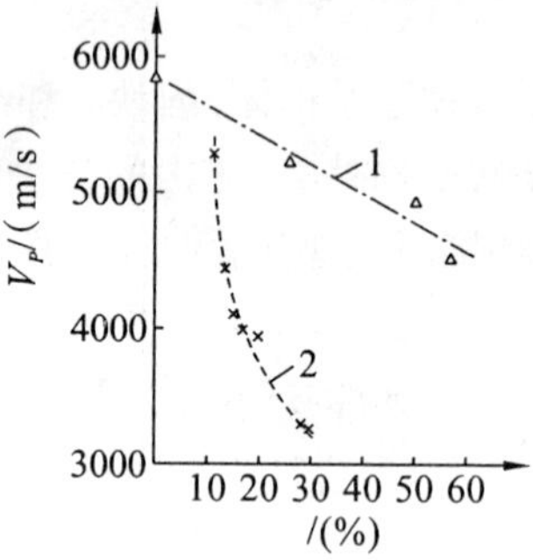

1— 夹层厚度占测段长度比；

2— 炭质页岩占夹层厚度比

图 8-8　夹层对 V_P 的影响图

(2) 弹性波传播过程中，遇到空洞时，随测线长短不同，绕过同一空洞的视速度亦不同，测线越短、绕射越剧；测线越长、绕射减弱，均有程度不同的相对低速区，如图 8-9 所示。充填不同物质的空洞，其对弹性波的消能作用也不同，相对地说，充填空气的比充填卤水的波幅衰减要剧烈。但不论哪种情况，空洞部位都表现有低波幅区，这已为室内模拟试验和生产实践所证明，如图 8-10 所示。

(3) 现场岩体用千斤顶加载，岩体受压，产生裂隙闭合和充填物的压缩，波速相应增高，其增加率取决于岩体初始的裂隙体积和侧压力。例如，对玄武岩岩体用千斤顶加荷(面积 2000cm^2)，当压力在 20kg/cm^2 以前，波速逐级增加，最大增加率达 17%；超过此压力后，波速则变化不大，其规律与室内试验相同。

对现场工程岩体用刻槽法进行应力解除时，量测解除前后波速变

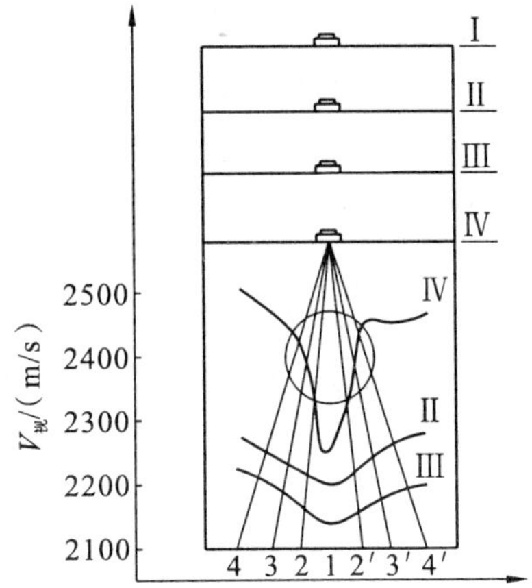

图 8-9　波绕空洞的视速度分布图

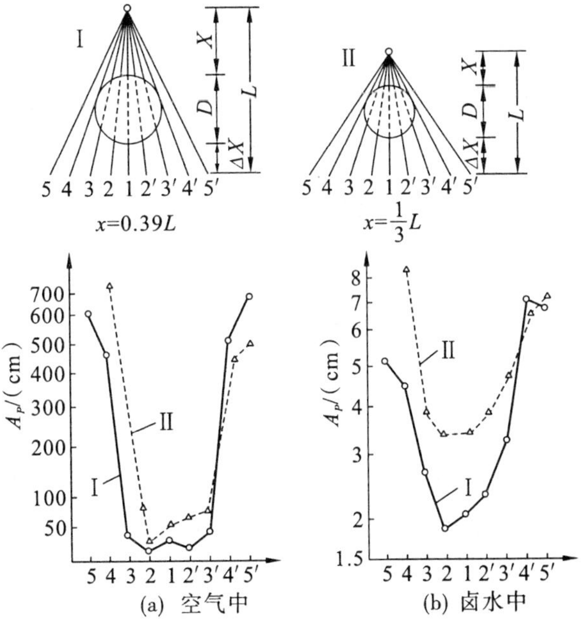

上部:测线平面布置图。Ⅰ. $x = 0.39L$; Ⅱ. $x = \frac{1}{3}L$　　下部:波幅曲线图。

图 8-10　空洞对波幅(A_P) 的影响图

化,发现应力解除后,波速减小。垂直于解除槽方向比平行于解除槽方向的波速减小得更多,解除前的岩体波速越低者,减少越多,如图 8-11 所示。

(4) 岩体因成岩条件、结构面和地应力等原因而具有各向异性,因而,弹性波在岩体中传播也具有各向异性。以结构面中的层理一类为例,垂直于层理方向的波速($V_{\perp}$)低,平行于层理方向的波速($V_{/\!/}$)高,两者的比值(波速的各向异性系数 $V_{/\!/}/V_{\perp}$),因岩性和层理结合程度而异,如表 8-2 所示。

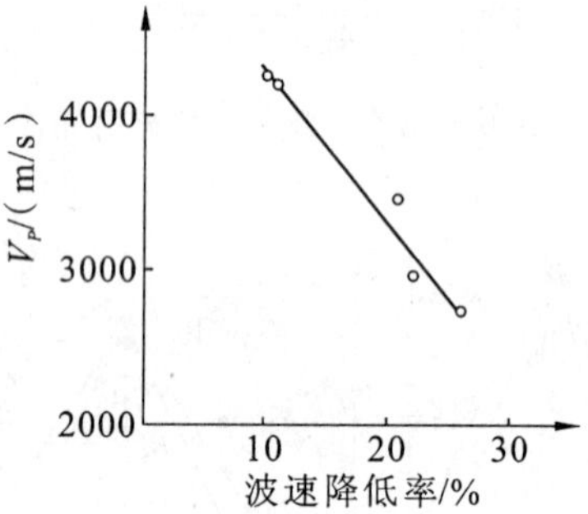

图 8-11　岩体应力解除后波速降低率图

表 8-2　**层理引起的波速各向异性**

岩性	波速		波速各向异性系数 $V_{/\!/}/V_{\perp}$
	垂直层理 $V_{\perp}$ /(m/s)	平行层理 $V_{/\!/}$/(m/s)	
石 灰 岩	1240	2800	2.28
石 灰 岩	3620	5540 ~ 6060	1.53 ~ 1.67
中粒砂岩	1550 ~ 1830	2400 ~ 2540	1.39 ~ 1.55
石英砂岩	3660	4420	1.21
粘 土 岩	3000 ~ 3400	3500 ~ 3800	1.12 ~ 1.3

在排除了由岩性、结构面引起的各向异性之后,在岩体中选择相

对均一及各向同性的地段，实测各个方向的波速，波幅的差异，可以大致判断岩体中地应力场的方向。根据国内几个工程实测的结果，波速和波幅分布椭圆的长轴方向，即为主应力方向，与区域构造形迹分析的结果，基本上相接近。图 8-12 为实测的一例。

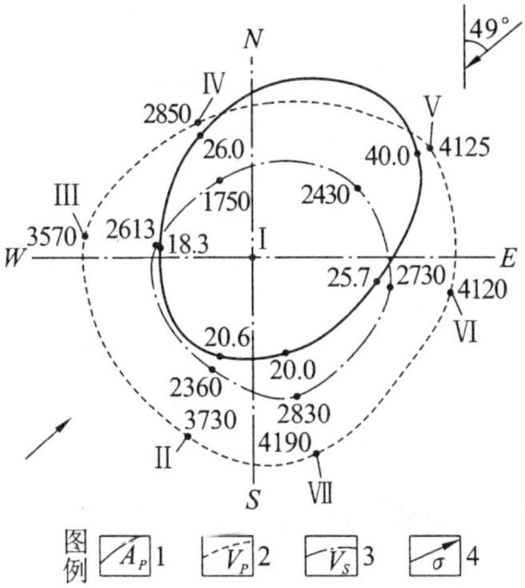

1— 纵波幅度；2— 纵波速度（m/s）；3— 横波速度（m/s）；4— 主应力方向

图 8-12　岩体中各个方向的波速、波幅（应力引起的各向异性椭圆图）图

8.4　岩体弹性参数与强度的量测

由于在岩体中传播的弹性波，其纵波反映了岩体的压缩及拉伸变形，受法向刚度控制；而横波反映了岩体中的剪切变形，受剪切刚度控制。所以，若对岩体实测获得纵波和横波的传播速度 V_P、V_S，即可导出一系列的动力弹性参数，其公式如下：

（1）动泊松比　$$\nu_d = \left[\frac{1}{2}\left(\frac{V_P}{V_S}\right)^2 - 1\right] \Big/ \left[\left(\frac{V_P}{V_S}\right)^2 - 1\right] \qquad (8\text{-}9)$$

（2）动弹性模量　$$E_d = \rho V_S^2(3V_P^2 - 4V_S^2)/(V_P^2 - V_S^2)$$

或 $$E_d = \rho V_P^2 (1+\nu)(1-2\nu)/(1-\nu) \tag{8-10}$$

(3) 动剪切模量(刚性模量) $$G = \rho V_S^2 \tag{8-11}$$

(4) 动拉梅常数 $$\mu = \rho(V_P^2 - 2V_S^2) \tag{8-12}$$

(5) 动体积模量 $$K = \rho\left(V_P^2 - \frac{4}{3}V_S^2\right) \tag{8-13}$$

上述这些参数,可以作为衡量岩体力学特性的指标。

8.4.1 岩体的动、静弹性模量的试验研究

1. *岩石动弹性模量测定法*

室内岩石试件的动弹性模量(E_{rd})可以用共振法和脉冲法(直接波速测定法)测定。共振法是测定棒状试件的膨胀振动或扭转振动的共振频率,求得棒波速度,然后计算动弹性参数。目前,国内多采用的是脉冲法。这一方法,采用的是频率为100kHz至2MHz的超声波,试件尺寸满足下列条件:试件横向尺寸≫波长,波长≫平均粒径。亦即是在满足对脉冲波长而言为无限大的岩石试件上,测定V_P、V_S。由测得的时间t和发射与接收换能器间试件的距离d,按下式计算波速

$$\begin{cases} V_P = d \cdot t_P^{-1} \\ V_S = d \cdot t_S^{-1} \end{cases} \tag{8-14}$$

根据测定的纵波波速、横波波速,用式(8-10)计算动弹性模量。

由于压缩波是首先到达的,因此检测压缩波比较容易,剪切波的到达则常受到干扰,因而难以分辨。所以,准确地检测出横波是关键。国内已采取多种方法,进行横波的检测。下面是中国科学院湖北岩体土力学研究所总结和建议的一些检测横波的方法,如图8-13所示。

(1) 用激发横向振动的PZT型压电晶片作横波换能器(见图8-13(a));

(2) 利用固体与固体的自由边面表面产生反射横波(见图8-13(b));

(3) 用水浸法量测试件的横波(见图8-13(c));

(4) 利用晶片厚度振动与径向振动共振频率不同,分别用相应的频率激发晶片纵向振动及径向振动,分别测定纵横波。

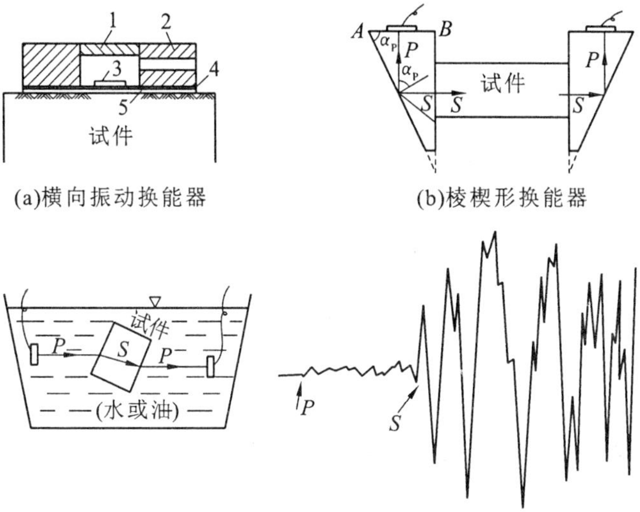

(a)横向振动换能器　(b)棱楔形换能器　(c)水浸法　(d)波形

1—盖板;2—承压块;3—晶片及引出线;4—薄铜片;5—水木易酸苯脂

图8-13　横波的检测方法与波形图

2. 岩石的动、静弹性模量及波速与静弹模的关系

国内外一些实测资料表明,岩石试件用动力法求得的动弹模和用静力法求得的静弹模的数值是接近的,它们之间的比值,一般大致在1 ~ 2之间。岩石试件越完整致密,其比值就越接近1。

用从岩石的应力—应变曲线求得静弹模与波速之间的关系,一般可以用下述经验公式表示

$$E_{rs} = \beta \cdot V_P^3 \tag{8-15}$$

式中,E_{rs}为岩石的静弹模(单位为10^4kg/cm^2),V_P为纵波速度(单位为km/s),β为系数。

如图8-14所示,我们曾对某些砂岩进行过研究,其β值为0.4 ~ 0.5。

3. 现场岩体的动弹性模量测试

通常在现场应用地震法和声波法实测岩体的纵波、横波速度,按式(8-10)计算岩体的动弹性模量。

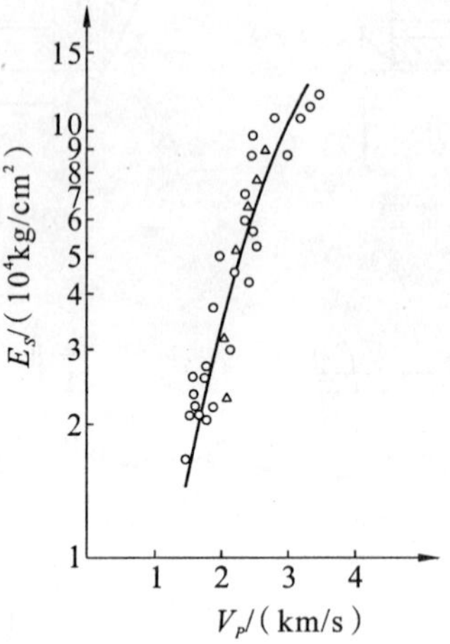

○— 长征渠砂岩；△— 三台某水库砂岩

图 8-14　砂岩试件 $V_P \sim E_S$ 关系曲线图

为了使声波法能准确分辨出纵波、横波，国内有的单位采用多线显示，用同相轴区别出横波；亦有用“可变角纵横波换能器”分辨的。至于测井中纵波、横波的分辨，仍有赖于经验。

4. 岩体动、静弹性模量关系

用弹性波法确定现场岩体的动弹性模量，其优点是简便、快速、经济、能在现场进行大量的量测，并能反映较大范围岩体的特性。裂隙发育和风化破碎的岩体，比完整新鲜的岩体的波速低，相应的动弹模也低。由于动力法（即弹性波法）的作用力小（g/cm^2 范围），作用时间短暂（秒范围内），因而岩体的变形是弹性的。然而，通常采用的静力法（千斤顶法、狭缝法等），其外荷载较大，作用时间较缓慢而长，岩体的变形包含有非弹性的部分。因此，一般地说，动力法测得的弹性模量（动弹模）比静力法测得弹性模量（静弹模）要高。

根据国内外 175 个对比资料的统计，动弹模比静弹模高百分之几至几十倍，如图 8-15 所示。不过，绝大多数（95% 以上）是在 1 ~ 20 倍之间，其中 1 ~ 10 倍又占 85% 强，当动弹模在 15×10^4kg/cm^2 以上时，更为集中。

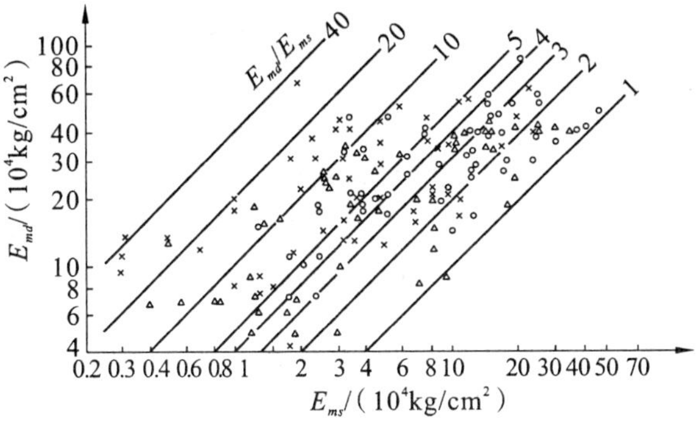

× — 花岗岩、花岗闪长岩、安山岩、凝灰岩、玄武岩；○— 石灰岩、白云岩、白云质灰岩；△— 砂岩、页岩；●— 板岩、千板岩、片麻岩

图 8-15　岩体动弹模（E_{md}）与静弹模（E_{ms}）的关系图

造成动、静弹模差别的原因甚多，除上述测试方法本身以及人为因素外，主要是受岩体的质量，即岩体的完整性和风化破碎程度的影响。岩体的完整性系数$\left(\text{岩体与岩石的速度比的平方，即}\frac{V_m^2}{V_r^2}\right)$与动、静弹模之间的关系，从可供对比的资料看，随着完整性系数的降低，动静弹模的比值增大。完整性系数从 1.0 降到 0.6，动静弹模比值急剧下降，从 1 变到 10 倍；完整性系数在 0.65 以下，动静弹模比值多数仍维持在 5 ~ 10 倍之间。

从上面统计分析的初步结果看，对于不能进行大量现场岩体静弹模试验的中小型工程，就有可能通过弹性波法测试的数据，来估算设计用的岩体静弹模，如下式

$$E_{ms}=j\cdot E_{md} \tag{8-16}$$

式中，j 为折减系数，E_{ms} 为岩体静弹模，E_{md} 为岩体动弹模。

折减系数可视岩体完整性进行选择，如表 8-3 所示。

表 8-3　岩体完整性与折减系数

岩体完整性$\left(\frac{V_m}{V_r}\right)^2$	1.0 ~ 0.9	0.9 ~ 0.8	0.8 ~ 0.7	0.7 ~ 0.65	< 0.65
折减系数(j)	1.0 ~ 0.75	0.75 ~ 0.45	0.45 ~ 0.25	0.25 ~ 0.2	0.2 ~ 0.1

上述是从统计分析得出岩体动静弹模对比的大致趋势,并非没有例外。因此,对于大型工程,在现阶段,最好是以实际进行对比测试的结果来选用。为了进一步探讨和积累资料,还可以采取下列方法:

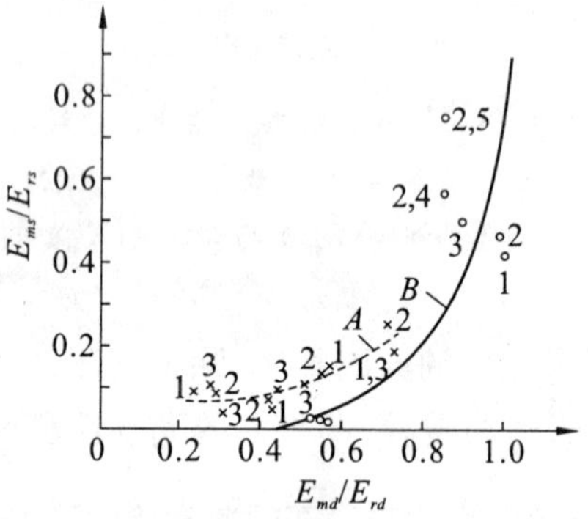

A—1、2、3 玄武岩(σ = 10、20、30);B—1、2、3、4、5 凝灰岩(σ = 10、20、30、…)

图 8-16　$\frac{E_{ms}}{E_{rs}} \sim \frac{E_{md}}{E_{rd}}$ 关系曲线图

(1) 根据每一具体工程或某一工程地质单元或某一岩类,进行现场动、静弹模试验,建立 $E_{ms} = f(E_{md})$ 的经验公式。

(2) 直接建立岩体静弹模与波速的关系式。

(3) 绘制岩体和岩石的动、静弹模四个参数之间的关系曲线,建立经验公式表达。用实测岩石动、静弹模和岩体的动弹模三个参数,推求岩体的静弹模,如图 8-16 所示。

8.4.2　岩体的弹性波速及其抗压(或抗拉)强度的相关性的试验研究

岩石的强度可以用试件在室内进行试验加以确定。但它并不代表真正的岩体强度,而进行现场岩体强度的试验又较困难,因此,如何从岩石的强度出发,结合能反映裂隙状态的弹性波参数,求取岩体的强度,就显得十分必要。

日本学者池田和彦提出[119],将岩石试件的抗压(或抗拉)强度乘以龟裂系数(即完整性系数),称为准岩体抗压(或抗拉)强度。以此来表示考虑裂隙在内的岩体强度,以下式表示

$$\left.\begin{aligned} q_m &= \left(\frac{V_m}{V_r}\right)^2 \cdot q_r \\ \text{或}\qquad q_m &= \frac{E_{md}}{E_{rd}} \cdot q_r \end{aligned}\right\} \tag{8-17}$$

式中:q_m—— 准岩体抗压或抗拉强度;

q_r—— 岩石抗压或抗拉强度;

V_m、V_r—— 岩体和岩石的纵波速度;

E_{md}、E_{rd}—— 岩体和岩石的动弹性模量。

我们认为,式(8-17)只是大体上适用于完整的岩体。对于完整性越差的岩体则越不适用,应该加以修正。

国内外的一些试验资料表明,岩石试件波速越高,其单轴抗压强度也越大,其关系式为

$$q_r = AV_r^n \tag{8-18}$$

式中:A、n 为系数。

根据若干试验结果,式(8-18)可以化为

$$q_r = 10V_r^3 \tag{8-19}$$

式中:q_r—— 单轴抗压强度(kg/cm^2);

V—— 波速(km/s)。

从经验公式(8-19)可以看出,岩石单轴抗压强度与波速的关系和

岩石的静弹模与波速的关系(见式(8-15)),基本上是相似的。假定岩体的抗压强度与波速的关系和岩石中的规律相同,则可得

$$q_m = \frac{V_m^3}{V_r^3} \cdot q_r \tag{8-20}$$

另外,从岩体和岩石的动静弹模对比研究中,可以得到

$$\frac{E_{ms}}{E_{md}} = K \cdot \frac{E_{rs}}{E_{rd}} \tag{8-21}$$

式中,K 为 $\leqslant 1$ 的系数。式(8-21) 可以改写为

$$E_{ms} = K \cdot \frac{E_{md}}{E_{rd}} \cdot E_{rs}$$

则

$$q_m = K \cdot \frac{V_m^2}{V_r^2} \cdot q_r \tag{8-22}$$

对比式(8-20) 与式(8-22),实质上 $K = \frac{V_m}{V_r}$。不难看出,准岩体抗压(或抗拉) 强度,将随岩体质量、完整性的降低而降低,其计算式应采用式(8-20) 或式(8-22)。

8.5 工程岩体状态的量测

8.5.1 坑道围岩松弛带的测定

众所周知,任何地下工程岩体,在开挖之前,均处于弹性应力平衡状态;开挖后,产生应力重分布。如坑道围岩表层不能承受应力,则产生裂隙的变形位移,向坑壁外移动,此时,围岩可以分为三个带:松弛带(裂隙区),应力升高带(承载圈),和不受开挖影响的原岩应力带。倘若坑道围岩能承担开挖后产生的应力,则仅有后两者。不同分带的弹性波传播特点是:应力升高的裂隙压密带,表现为波速的相对高速区;应力下降的裂隙张裂或松动区,表现为波速的相对低速区;原岩应力状态则为原岩正常的波速区。

根据这一原理，在坑道洞壁的各个部位，布置适量的测孔，量测距洞壁不同深度各点的波速的变化，绘制波速随距洞壁不同深度距离的变化曲线，即 $V_P \sim L$ 曲线，如图8-17所示，再根据每个代表性横断面的 $V_P \sim L$ 曲线，划出松弛带的范围，为支护设计和判断围岩稳定性提供依据，如图8-18所示。

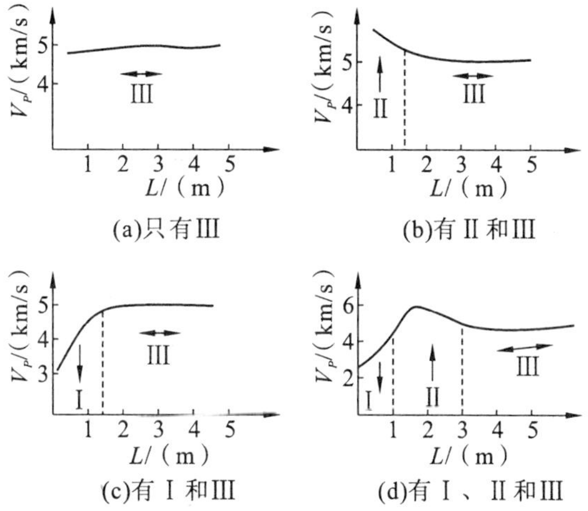

I—松弛带；II—应力升高带；III—原岩带

图8-17　波速随洞壁距离变化曲线的几种类型图

对于坚硬完整的岩体，其松弛带范围小，且时间效应不明显；对于破碎或软弱的岩体，松弛带范围较大，且时间效应明显，随着时间的推移，若围岩裸露过长或支护强度与围岩状态不相适应，则松弛带的变形会继续加大，应力升高带(承载圈)向岩体深部转移，如图8-19所示。

8.5.2　爆破振动对岩体的影响

施工爆破对工程岩体的破坏主要表现为：在距爆源带一定距离的范围内，由于受冲击波和爆炸气浪产生的高温高压的影响，岩体出现挤碎、开裂等非弹性效应，形成破裂带。在一定距离以外，非弹性作用终止，开

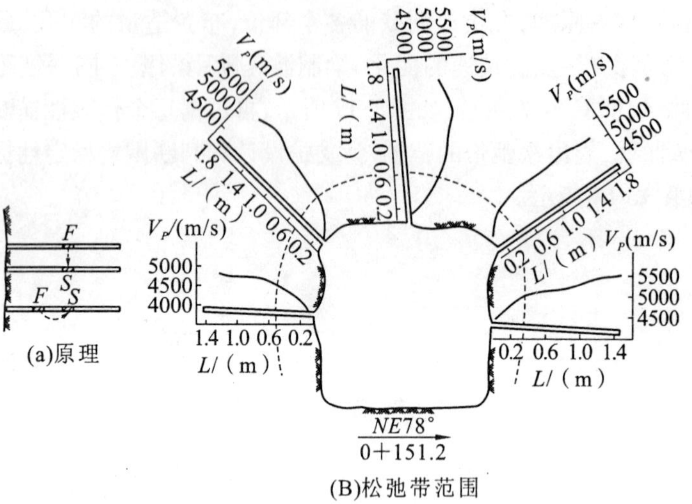

图 8-18　围岩松弛带范围的测定图

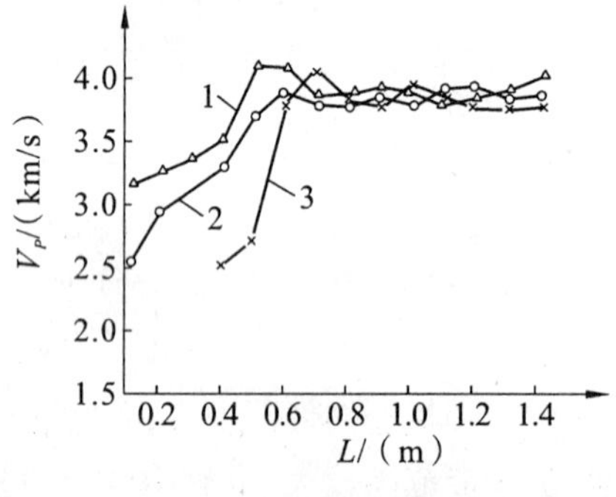

1—4 月 25 日;2—4 月 29 日;3—5 月 12 日

图 8-19　软弱围岩松弛带随时间的变化图

始出现弹性效应,这种弹性扰动以波动形式向外传播。因而,爆破振动形成的破裂带,实质上是原有裂隙的扩展和新裂隙的产生。岩体爆破之后的这种后果,可以从弹性波波速和波幅的变化反映出来,并可以由此来确定爆破对岩体的破坏范围和不同爆破方法对岩体的影响程度。

爆破的振动强度及其对岩体的影响，是与爆破方法等有关的。岩体工程施工中，不断采用一些新的爆破技术，其目的是减轻爆破振动对不开挖部分的岩体的破坏。例如，在地下工程岩体中，预裂爆破法虽然在开始预裂时，对岩体的振动强度比普通爆破及光面爆破要大，但是在预裂面形成后，主体爆破作用于岩体的振动速度却大为减弱，根据湖北某地下油库的试验观测，可以降低 31% ~ 34%。光面爆破的最大振动速度可以比普通爆破时降低 16%。用弹性波法，可以量测不同爆破方法对岩体的影响范围，如图 8-20 所示。对于同一爆破方法而言，坚硬岩体较软弱岩体破坏范围要小；对于同一岩体而言，光面和预裂爆破较普通爆破破坏范围要小。

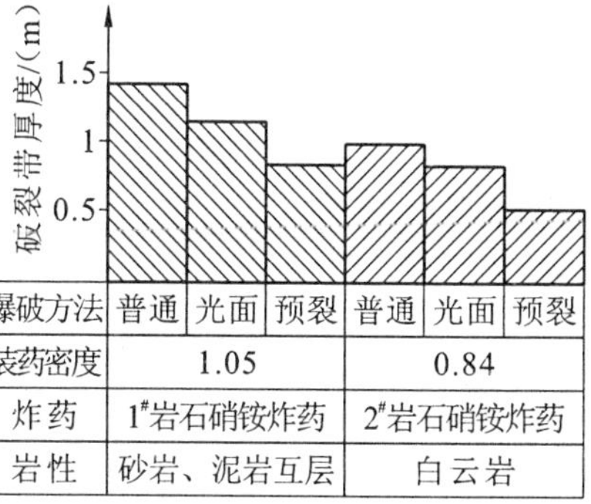

爆破方法	普通	光面	预裂	普通	光面	预裂
装药密度	1.05			0.84		
炸药	1#岩石硝铵炸药			2#岩石硝铵炸药		
岩性	砂岩、泥岩互层			白云岩		

图 8-20　不同爆破方法对地下工程围岩的影响范围对比图

8.5.3　岩体加固效果的检测

为了维护工程岩体的稳定性，通常要对岩体采取一些必要的加固措施，诸如地下工程围岩的支护和岩基的灌浆加固，等等。这些工程加固措施的效果，可以应用弹性波法量测岩体加固前后的波速、波幅等参数的变化反映出来。

1. 围岩的喷锚支护效果

地下工程中，支护围岩的喷锚新技术，其特点是支护及时，制止围岩松弛带内的岩块继续松动；另一方面是喷锚支护与围岩形成一个紧密结合的整体而共同作用。在围岩应力调整过程中，使原来已经松弛了的围岩有压密的趋向，发挥围岩的自承能力，使围岩应力达到新的平衡状态而稳定。这种“加固”的作用，已为若干工程的声波法测试成果所证实。辽宁煤炭研究所等单位对淮南潘集一号井，在－380m水平面二回风巷实测的结果是一个典型的例子。该巷道采取喷锚支护之后，围岩松弛带内的波速有所增加，松弛带范围外的岩体则基本维持稳定，如图8-21所示。

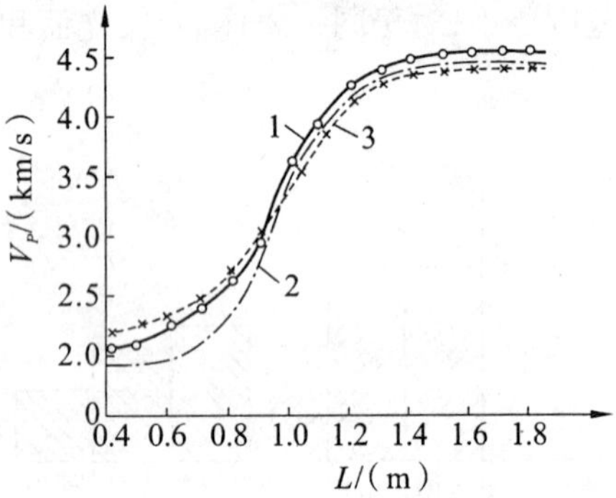

1—4月16日；2—4月21日；3—5月14日

图8-21　喷锚支护后围岩的波速变化图

2. 岩基的灌浆加固

岩基灌浆加固效果的检测，乃是将实测灌浆前后岩体的动弹性模量加以对比，以检查其质量。虽然用动力法得不到岩体的其他变形特性，但是可以快速、简便、准确地在三度空间较大范围的岩体中测得相对数据，成果分散程度较小。据原水电部八局勘测设计院及长办科学院在某工程三迭系石灰岩中检测的结果，各类岩体在灌浆后，波速均有所提高，其中差的岩体提高最多，达43%，而原来波速较高的好岩体，则仅提高1%。说明经灌浆的岩体，裂隙经充填胶结，提高了岩体的波动效应。同样，岩体的动弹性模量，也是岩质越差的岩体，灌浆后提高得越显著，如图8-22所示。

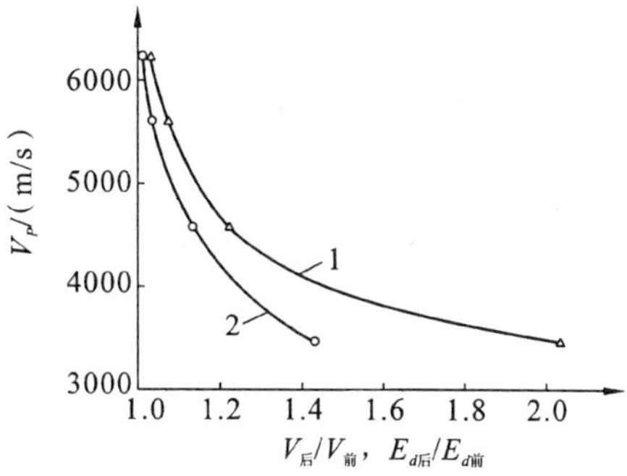

1—$E_{d后}/E_{d前}$；2—$V_后/V_前$

图8-22　灌浆前后岩体波速和动弹模的变化图

8.6　现场岩体的评价

工程岩体的分类评价方法颇多，这里仅就弹性波法评价岩体这一方面，略加叙述。

工程岩体的评价，应该以地质为基础，以评定岩体的稳定性为目的。岩体力学性能，主要取决于岩体地质结构上的不连续性，岩体的强度又主要取决于岩体的结构，软弱结构面的性态、组合和岩体的风化蚀变程度，以及地下水的影响。而岩体的弹性波传播特征又是岩体特性的反映。因此，弹性波法是评价岩体的一种重要手段，该方法以能反映岩体特性的弹性波参数，作为分类评价的指标，其主要参数有：

1. 波速值

一般说来，在岩体中传播的弹性波，波速越高，反映岩体越坚硬致密，或裂隙较少，风化较微弱；波速低，反映岩体岩质较软弱，或岩体较破碎，风化较严重。对于同类岩石，波速愈高，强度也愈大。

由于纵波为最早到达的直达波，不受其他波的干扰，故易于测定，国内外都把它作为评价岩体的最基本参数。

2. 波速比

单有波速值还不能确定岩体的状态，只有利用现场原位岩体与新鲜完整的岩石试件两者之间的波速进行比较，才能了解对岩体性质起决定性作用的裂隙和风化状态。表征岩体裂隙发育情况和风化程度的参数有：

(1) 完整性系数 $$\left(\frac{V_m}{V_r}\right)^2 \tag{8-23}$$

(2) 裂隙系数 $$\frac{V_r^2 - V_m^2}{V_r^2} \quad \left(\text{或}\frac{E_{rd} - E_{md}}{E_{rd}}\right) \tag{8-24}$$

(3) 风化系数 $$\frac{V_0 - V}{V_0} \tag{8-25}$$

式中：V_m—— 岩体纵波速度；

V_r— 岩石纵波速度；

E_{md}—— 岩体动弹性模量；

E_{rd}—— 岩石动弹性模量；

V_0—— 新鲜岩石的纵波速度；

V—— 风化岩石的纵波速度。

此外，表征岩体动力特性的吸收系数、品质因素、纵横波比值、准岩体强度、动弹性模量、频谱特征等，亦可作为评价岩体的参数，不再一一赘述。

以弹性波参数为依据的岩体分类评价，如表 8-4 所示。

表 8-4　　弹性波参数与岩体分类评价

岩体类别		Ⅰ	Ⅱ	Ⅲ	Ⅳ	Ⅴ
弹性波参数	纵波速度/(km/s)	4.0 ~ 6.0	3.0 ~ 4.0	2.0 ~ 3.5	1.0 ~ 2.5	< 1.0
	完整性系数	> 0.75	0.5 ~ 0.7	0.35 ~ 0.5	0.2 ~ 0.35	< 0.2
	裂隙系数	< 0.25	0.25 ~ 0.5	0.5 ~ 0.65	0.65 ~ 0.8	> 0.8
	风化系数	< 0.1	0.1 ~ 0.2	0.2 ~ 0.4	0.4 ~ 0.6	0.6 ~ 1.0
	纵横波比值(V_P/V_S)	1.7	2.0 ~ 2.4	2.5 ~ 3.0	> 3.0	
岩体特征		完整、坚硬、新鲜	层块状，裂隙稍发育，稍风化	碎裂状，裂隙发育，风化	松散，裂隙很发育，强风化	散塑，裂隙极发育，严重风化
稳定性评价		稳定	基本稳定	稳定性较差	不稳定	极不稳定

亦可以将几个弹性波参数结合，根据其对岩体评价的意义大小，分别给权，作为综合评价的标志。中国科学院地质研究所采用一个反映岩体特性的弹性波综合指标 Z_W，由式(8-23) 表达，并得出相应的分类，如表 8-5 所示。

表 8-5　弹性波综合指标 Z_W 与岩体结构

序号	岩体结构	Z_W	$\log Z_W$	备注
1	块状岩体	7000 ~ 50000	3.8 ~ 4.6	其中裂隙块状岩体 $Z_W < 10000$
2	层状岩体	1000 ~ 10000	3 ~ 4	其中层块状岩体 $Z_W \approx 10000$
3	碎裂岩体	70 ~ 2000	1.8 ~ 3.3	其中镶嵌结构岩体 $Z_W \approx 2000$
4	松散岩体	< 100	< 2	其中碎裂松散岩体 $Z_W \approx 100$

$$Z_W = \frac{V_r}{1000} \cdot \frac{V_m^2}{V_r^2} \cdot V_m \cdot \frac{1}{\frac{S}{2} + 1} \tag{8-26}$$

式中 V_r、V_m 分别为岩石、岩体的纵波速度；S 为小于 1500m/s 所占的测段长度。

第 9 章　岩体变形特性及其试验研究

吴玉山
(中国科学院武汉岩体土力学研究所)

9.1　概　　述

为了正确选择基岩与建筑物本身共同工作的设计方案，就必须研究岩体的变形规律和特性。岩体中，无论是局部或整体的变形都往往限制了工程的使用，因此，变形控制是工程设计的基本准则之一。显然，探讨岩体的变形规律和特性，对岩体工程的设计、施工、管理等都有着重要的意义。

岩体像其他材料一样，在荷载作用下产生变形，如果荷载不断增加，变形也不断增长，最后导致岩体的破坏；或者荷载达到某一数值之后，保持恒定，变形也能持续增长，最后也能促使岩体的破裂。似乎岩体的变形和破裂是岩体在荷载作用下，岩体性能变化的两种不同形态，其实，这不过是岩体变形全过程中人为的区分而已。岩体在变形过程中包含着破裂的成分，破裂的出现，反映着变形累积的突变。因此，变形和破裂是没有明确界限的，这是岩体变形性质区别于其他材料的最主要的特点。

在岩体力学中，往往要区分变形和破裂两种问题，这与上述的变形、破裂的概念有一定区别。岩体力学中的所谓变形问题(如隧洞衬砌设计及基岩上建筑物的沉陷等)，需要计算岩体的位移及有关应力。

岩体不是理想的弹性体，而是具有弹性、塑性和粘性的，多裂隙的非连续介质。因此，变形特性也反映了这些性质。与连续介质相比较，变形有以下的主要特点：

(1) 在荷载作用下，出现弹性变形的同时产生塑性变形，没有明显区别弹性变形和塑性变形的标志。

(2) 变形传递能力特别是侧向传递能力比较弱。

(3) 变形的方向性往往受裂隙方向性的控制。

影响岩体变形的因素很多，岩性不同，其变形特性也异。但是，同一岩性，由于地质历史条件不同，其结构不同，也会具有不同的变形特性。即使在同一岩性，同一地质历史条件下，由于不同测试地点的结构面分布的不均一性，也往往呈现不同的变形规律。此外，荷载的大小和性质，应力状态，受力过程和历时等对岩体变形都有不同程度的影响。

岩体的变形是岩块、结构面及充填物三者变形的总和，通常情况下，后两者的变形起着控制作用。

9.2　岩体变形特性

9.2.1　岩体变形的一般性质

由于影响岩体的力学特性的因素比较多，因此不像均质的金属材料那样有比较典型的，固定的应力 — 应变关系曲线；也不像玻璃那样有呈直线关系的应力 — 应变关系曲线。但是，大量的试验结果表明，岩体受力之后，其变形也存在着一定的规律性，如图 9-1 所示的那样，呈 S 形的应力 — 应变曲线形。这个变形过程可以划分为三个阶段：

(1) 裂隙压密阶段　这一阶段的变形主要是由于裂隙压密所致。其主要特点是随着应力的增长，变形增长率逐渐减少。在完整、致密的岩体中，这一阶段很短，甚至没有；相反，在裂隙发育或者破碎带的岩体中，则需要相当大的荷载才能完成这一阶段的变形。这一阶段中产生的塑性变形是其总变形的重要组成部分，而且，压密了的裂隙张开过程，又是岩体弹性变形的组成部分[50]。

(2) 直线变形阶段　这个阶段的弹性变形是岩体弹性变形的主

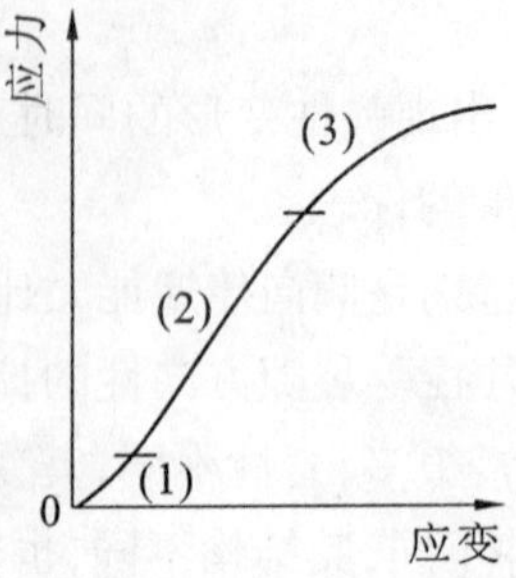

(1) 裂隙压密阶段;(2) 直线变形阶段;(3) 岩体破坏阶段

图 9-1　岩石应力 — 应变关系图

要组成部分。其特点是,随着荷载的增加,其变形基本上按比例增长。

(3) 岩体破坏阶段　到达这一阶段时,岩体中的应力已接近岩体的强度,应力 — 应变曲线由近似线性变为曲线,随着荷载的增长或恒载下,其变形增长率不断增大,最后使岩体沿着某些破损面滑动,而导致岩体的破坏。

但是,一般在现场试验中,由于受设备出力的限制,在试验荷载范围内,要取得一条完整的S形的应力 — 应变曲线是不可能的。图9-2是在灰黑色薄层的奥陶灰岩中,用刚性板加荷法测得的变形曲线。用各循环最大荷载点的包线表示其变形曲线的类型,则是属于上凹型。因为试验地点的岩体,裂隙比较发育,单轴抗压强度为 150kg/cm^2 左右,而试验荷载只有 70kg/cm^2, 远小于岩体强度,因此,得到以(1) 阶段变形为主的(1)、(2) 阶段的变形特征的上凹型曲线。裂隙比较发育或较松软的岩体,变形曲线基本上属于上凹型的;相反,如果岩体比较致密、完整、则(1) 阶段不明显或者不出现,这样,在试验荷载范围内,往往只反映(2) 阶段的变形特征,因此是直线型或下凹型。图 9-3 是这种类型的典型曲线。这是在完整的,巨厚层的石灰岩中,用柔性板法测得的变形曲线。各循环的最大荷载点的包线,略向下凹。

试验结果表明,变形曲线不是属于上凹型就是属于下凹型(包括直线型)。然而,不管是下凹型,还是上凹型,变形曲线只能反映裂隙在变形中的效应，不能表示不同岩性或同一岩性不同地质历史条件下的变形特征。也就是说，不同岩性的岩体，其变形曲线也许同是上凹型的或下凹型的；相反，即使是同一工程地点的同类岩体，由于各测试点结构面分布状况不一，则变形曲线也往往呈现不同的类型。例如图 9-4 是与图 9-2 属同一工程地区，相同岩性中，不同试点测得的变形曲线。然而，如图 9-4 所示的变形曲线却与图 9-2 所示的完全相反，是典型的下凹型。

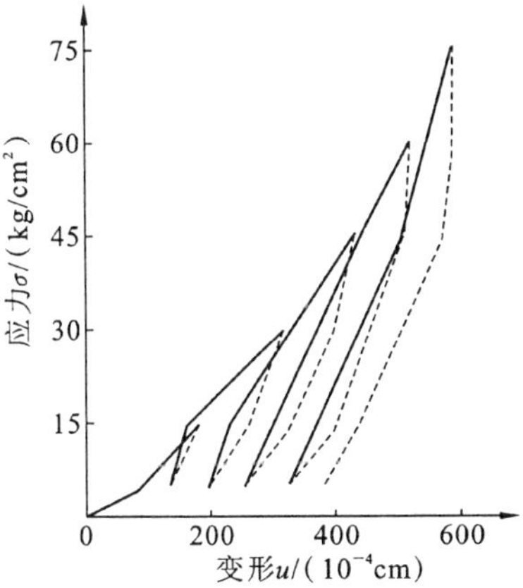

图 9-2　灰黑色薄层的奥陶灰岩的变形曲线(刚性承压板法)图

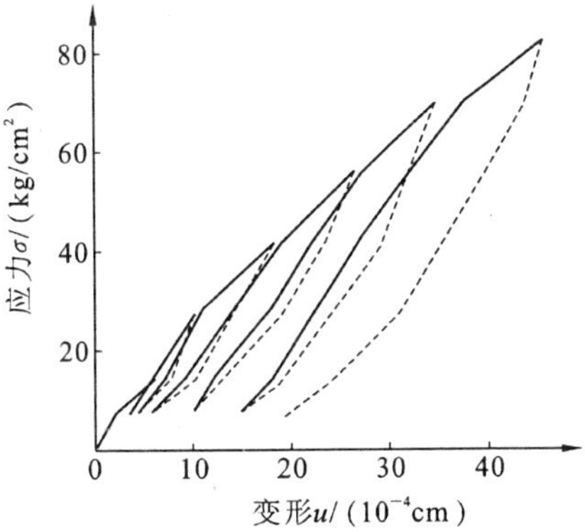

图 9-3　完整巨厚层石灰岩的变形曲线(柔性承压板法)图

此外，从图 9-2 ～ 图 9-4 可以看到，在每个单循环中，开始的加荷支线的斜率比较陡，而超过了前一级荷载之后，曲线的斜率稍为变缓，这是由于裂隙又进一步被压密而增加了变形速率之故。各循环最大荷载点的包线，表示了岩体变形“处女”线，通常以此来计算岩体的变形模量。同时，从这些图中看到，在每个循环中，加荷支线与卸荷支线是不重合的，而有一定的偏离。这个偏离标志着岩体受载后产生不可逆的塑性变形，即使是在荷载比较小的场合下，也是如此，这也是岩体材料与其他均质材料在变形性质上基本的差别之一。岩体中，节理、裂隙越多，岩体越松软，加荷支线与卸荷支线对应点的偏离就越大，也就是它们所围成的面积就越大;反之,岩体完整性越好,其偏离就越小,所围成的面积就越小。从这些图中还可知,前一级卸荷支线与后一级的加荷支线围成一个回滞圈(如图9-4中的阴影部分)。这些回滞圈,通常理解为加卸载过程中,由于岩块的转动、摩擦等而消耗的热能。很显然,回滞圈的面积越大,标志所消耗的能量就越多。一般说来,岩体越破碎,越松软,回滞圈就越大;反之,就越小。同时,从这些图中还可看到岩体的变形滞后现象,即随着荷载卸除,变形曲线的斜率由陡变缓,当应力为零时,还有变形恢复,这是岩体的弹性后效特性。

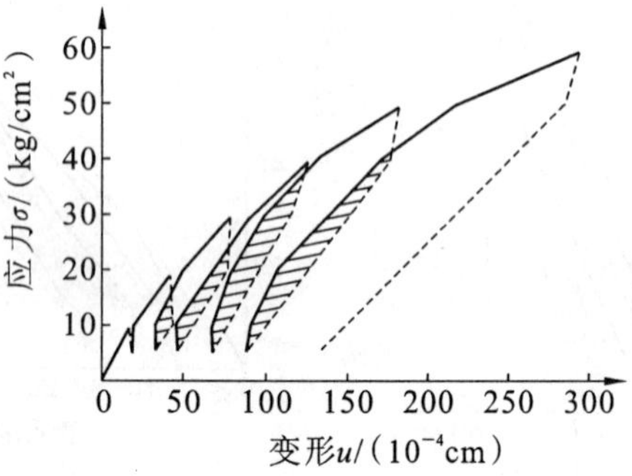

图9-4　灰黑色薄层的奥陶灰岩的变形曲线图

9.2.2　应力状态对岩体变形的影响

众所周知,应力状态不同,能改变其岩体强度的特征。同样,应力状态也能改变岩体的变形性状。大量的室内岩石三轴压缩试验充分证明了这一点。图9-5是日本学者茂木清夫用大理石进行三轴压缩试验得到的应力—应变曲线[120]。其中图(a)是围压($\sigma_2 = \sigma_3$)改变时的应力—应变曲线;图(b)是最小主应力σ_3为一定,变化中间主应力σ_2时的应力—应变曲线;图(c)是中间主应力σ_2定值,变更最小主应力σ_3时的应力—应变曲线。从图可知,围压、σ_2和σ_3对岩体变形特征的影响如下:

(1) 随着围压的增加,破坏强度和屈服应力都随之而增长,而且岩

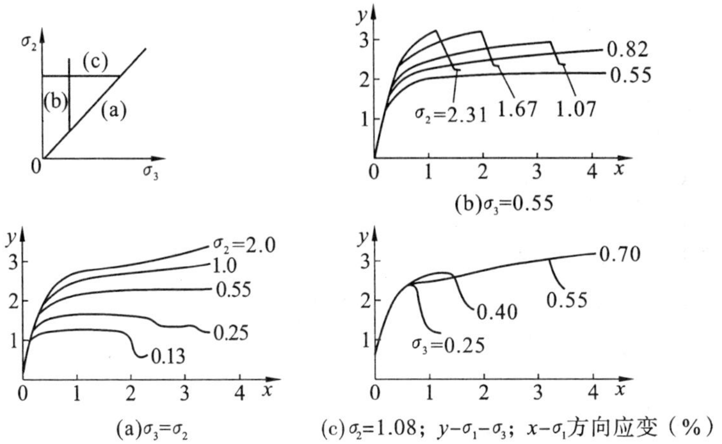

图 9-5　大理岩三轴试验的应力 — 应变曲线图(应力的单位:千巴)

石由脆性破坏转变为塑性破坏。

(2) 随着 σ_2 的增加,破坏强度、屈服应力也随之而增加,但是岩石由塑性逐渐回复到脆性破坏。

(3) 随着 σ_3 的增加,破坏强度也增加,而且岩石由脆性破坏转到塑性破坏,但是其屈服应力仍然保持不变。

9.2.3　岩体的扩容现象

所谓岩体的扩容现象,是岩体在荷载作用下,在其破坏之前,产生显著的非弹性体积膨胀。这一现象,像砂那样的粒状物质,很早就被发现,但是对于岩体,近年来才引起人们的注意。到 20 世纪 70 年代初,有学者利用这一现象来解释地震的前兆发生过程[120]。图 9-6 是表示体积变形与主应力差关系的基本模型。由于弹性变形,体积随着轴向压力呈线性地减少,而离开这个延长线的程度,是表示体积的非线性膨胀的度量。试验表明,在结晶质岩石中,扩容开始的应力是破坏强度的 1/3 ~ 1/2[120]。图 9-7 是花岗岩岩样,在一般三轴压应力下,把应变 ε_x、ε_y、ε_z 以及体积变形 $\frac{\Delta V}{V}$ 作为应力差的函数来表示的图形[120]。体积变形由下

式表示

$$\frac{\Delta V}{V}=\varepsilon_x+\varepsilon_y+\varepsilon_z$$

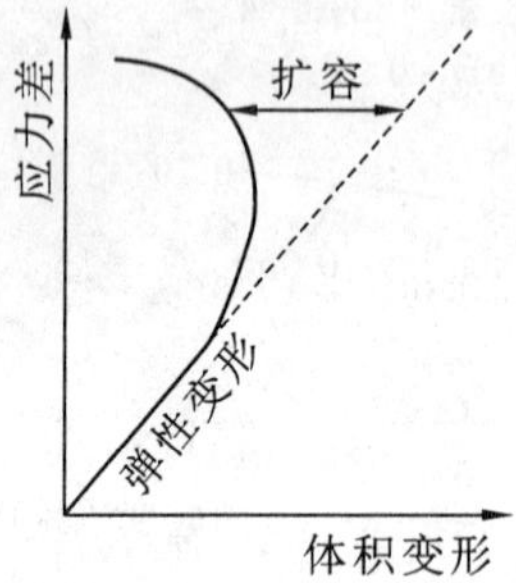

图9-6　扩容现象图

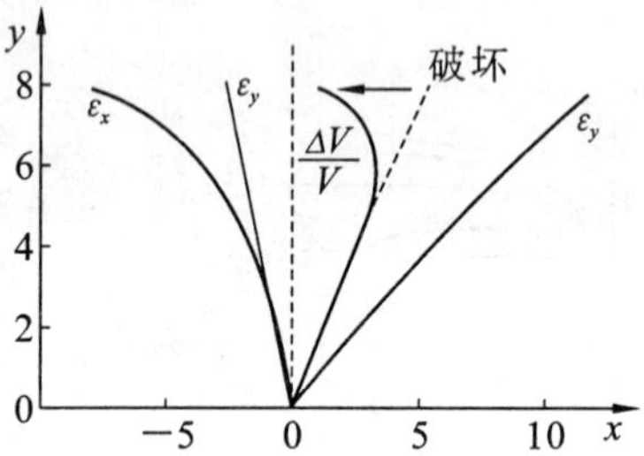

x— 应变(10^{-3});y— 应力差 $\sigma_z-\sigma_x$(千巴)

(试验是在 $\sigma_x=0.7$ 千巴,$\sigma_y=2.53$ 千巴下进行的)

图9-7　花岗岩试验图

根据这一结果,扩容几乎是由最小主应力方向的膨胀引起的。可以推测,造成扩容原因的微小裂隙,是平行于最大主应力和中间主应力方向,而垂直于最小主应力方向。

图9-8是在现场石灰岩地层中,使用40cm×40cm×40cm的试样,在单轴压缩应力下,把三个主应变 ε_1、ε_2、ε_3 以及体积变形 $\Delta V/V$ 作为压缩应力的函数来表示的图形。图9-9也是石灰岩地层中,使用50cm×50cm×50cm的岩样,在平面应力状态下($\sigma_3=0$,σ_2 随 σ_1 增长,$\sigma_1:\sigma_2=4:1$)取得的图形。其试验装置如图9-10所示。从图9-8及图9-9可以看出,体积变形大致与室内试验成果(见图9-7)相似。体积变形过程可区分为三个阶段:① 弹性变形阶段,体积随着压缩应力的增加而减少;② 体积不变阶段,随着压缩应力的增加而体积仍然保持不变。看来,这是一个过渡阶段,在某些情况下,也许不明显或不出现;③ 扩容阶段,体积随着压缩应力的增加而增长,且增长速率越来越大,最后导致岩体的破坏。图9-9中,由于加荷设备能力所限,只得到上述的①、②

阶段的体积变形。从图9-8及图9-9也可以看出,体积膨胀基本上受最小主应力方向的变形所控制。

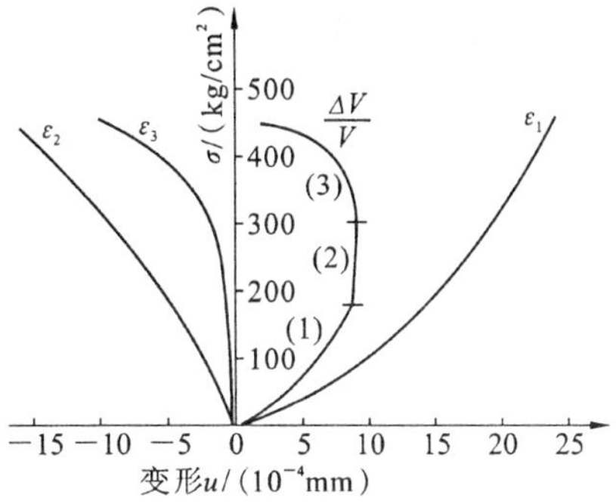

图9-8　石灰岩现场单轴试验成果图

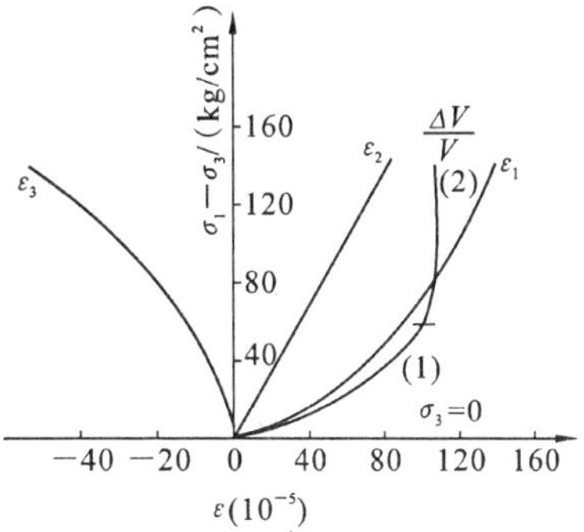

图9-9　石灰岩现场三轴试验成果图

9.2.4　岩体变形的时间效应

岩体在某一恒定荷载作用下而徐徐变形的现象,称为岩体变形的时间效应或岩体的蠕变。如图9-11所示,如果在时间 t_1 内受到某一逐渐增长的荷载,从零加载到 σ_1,然后保持恒定,则在 t_1 时间内出现的变形 δ,称做瞬时变形。此外,在一定条件下及恒定荷载 σ_1 作用下,随着时间的推移,变形仍在继续增长,但速度越来越慢,即:

$\Delta t_1 = \Delta t_2 = \Delta t_3 = \cdots =$ 常数,$\Delta u_1 > \Delta u_2 > \Delta u_3 > \cdots \to 0$,也就是说,最后变形将趋于某一个终极值。在时间 t_1 以后出现的变形,称为补充变形或蠕变变形。

试验表明,蠕变现象,不论是硬岩或软岩均有所反映,但岩体越软,蠕变现象越显著。同时,蠕变特征随着施加应力的大小、温度、岩体的性质、含水状态等不同而变化。

一般来说,蠕变变形根据其变形速度的性质,可以划分为三个阶段。首先是在加荷的瞬间,由于岩体的弹性性质产生了弹性变形,但随着时间的增加,变形速度徐徐地减少的第一次蠕变或叫迁移蠕变阶段;

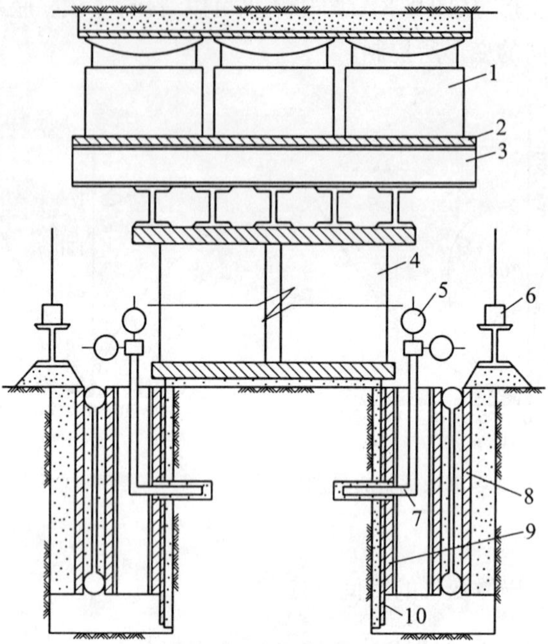

(a)剖面

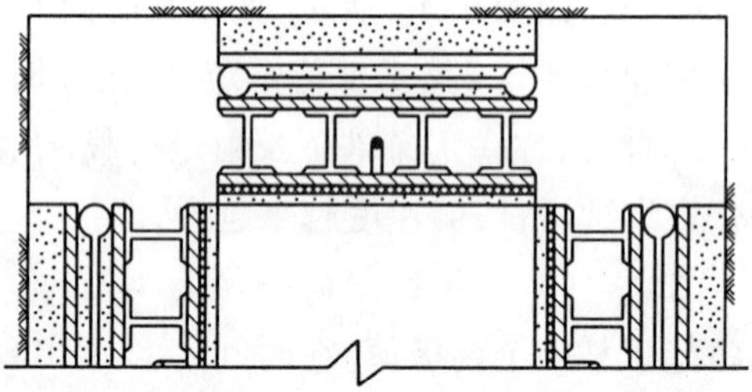

(b)平面

1— 扁千斤顶;2— 传力板;3— 传力钢轨;4— 传力柱;5— 千分表;
6— 磁性表座;7— 测点;8— 压力枕;9— 试体;10— 油毛毡

图 9-10　三轴试验安装图

接着是变形速度为一定的二次蠕变或称为稳定蠕变阶段;最后是变形速度随着时间而增加的三次蠕变或称为加速蠕变阶段[50],[21]。但是,随

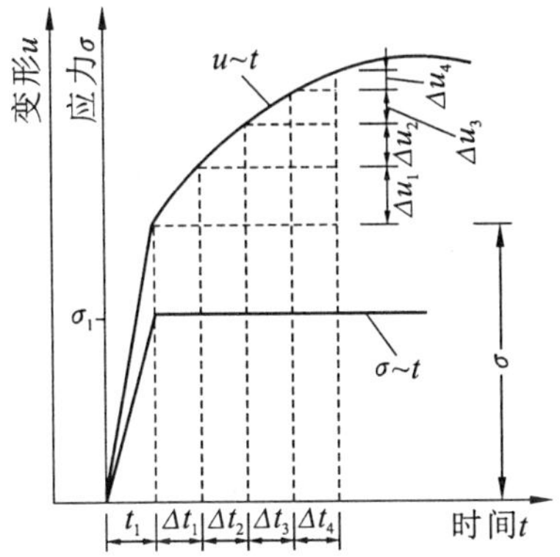

图 9-11　时间效应图

着岩体的性质、应力、温度等条件的不同,不产生二次或三次蠕变阶段的情况也是有的。

如图 9-12 所示,是用长 28cm,直径 8.6cm 的砂岩试样,在常温条件下(20 ± 2℃),在室内进行扭转流变试验而测得的蠕变变形曲线,其试验装置如图 9-13 所示。Ⅰ、Ⅲ 和 Ⅳ 试样均系逐级加荷,每一级荷载都仅做一段长时间的变形观测,最后一级荷载才让岩样破坏。选择试件内最大剪应力 τ_{max} 和试件两截面间单位长度相对扭转角 $\psi(t)$ 作为分析的特征量,按下式进行计算

$$\tau_{max} = 16M/\pi d^3$$

$$\psi(t) = \delta(t)/LR$$

式中:M—— 试件所受的扭转力矩;

d—— 试件直径;

L—— 试件上两测量截面间距离;

R—— 千分表测点到试件中心距离;

$\delta(t)$—— 两测量截面的相对位移。

一般来说,岩体或岩石通常存在一个蠕变的极限应力,当岩体中的应力小于这个蠕变极限应力时,变形速率很快降低,并趋于某一稳定值;若高于这一应力时,则变形将从第一阶段发展到第二阶段,再进到

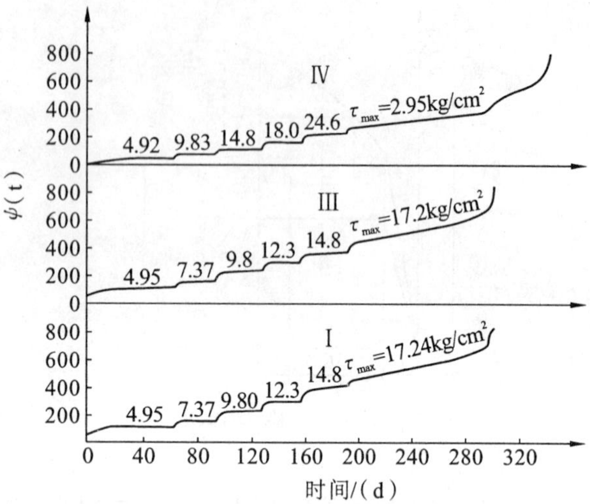

图 9-12　砂岩室内扭转流变试验成果图

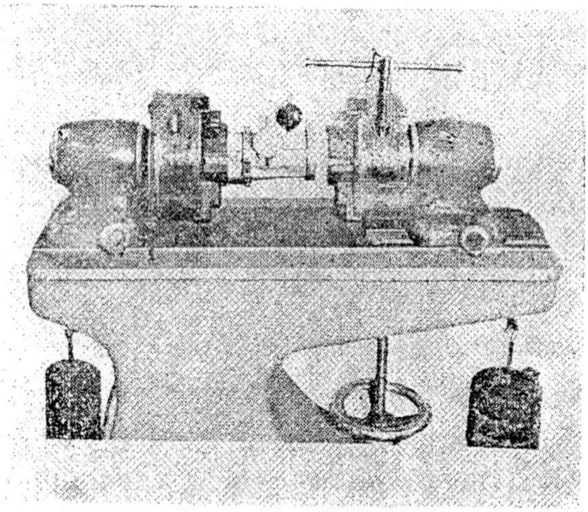

图 9-13　岩石扭转流变仪图

第三阶段，最后导致岩体的破坏。从图9-12可以看出，Ⅰ、Ⅲ试件当τ_{max}大于12.3kg/cm^2、Ⅳ试件τ_{max}大于180kg/cm^{2}时，变形没有稳定的趋势，而在以前的各级荷载的变形，则各自趋于某一个稳定值。因此，在该情况下，Ⅰ、Ⅲ试件的蠕变极限应力值为$\tau_{max} = 12.3kg/cm^2$，而Ⅸ试件为$\tau_{max} = 18.0kg/cm^2$。显然，如果以岩体流变极限应力作为岩体的许可强度来设计岩体工程，则将是一个长期的稳定强度。这个蠕变极限应力究竟占岩体破坏强度的几分之几，由于目前资料比较少，尚待进一步系统地探讨。但从定性方面来说，软岩占的比例要少一些，硬岩占的比例要大一些。室内试验资料说明，软岩蠕变极限应力约为其破坏强度的1/3[121]。

上面已述，在蠕变极限应力与破坏应力之间的任何一级荷载作用下，产生的蠕变终将导致岩体的破坏，只不过是时间长短不一而已。因此，如果能通过试验，确定各级荷载的稳定蠕变速率及相应的破坏时的总变形量，就可以估计岩体工程的工作年限，这对于实际工程来说，是很有实用价值的。

岩体的蠕变是岩体力学的基本课题之一，但是目前对这一课题的研究和资料累积方面尚很不够，特别是现场试验更是如此，这不能不说是岩体力学范畴中比较后进的一个领域。并且，从目前取得的资料来看，大多数仅考虑单因素影响的蠕变现象，对多因素考虑的极少。显然考虑多因素的蠕变特性并建立起包括多因素影响在内的蠕变方程，会具有更普遍的现实意义，也是岩体力学试验研究中要解决的重大课题之一。

9.3　变形试验研究中的几个问题

为了能够充分揭示岩体的变形特性，只有通过在没有经受过扰动的岩体的现场，采取岩体力学试验的途径才能达到这个目的。随着科学技术的发展，高大建筑物的不断兴建，因此岩体力学特性也日益为人们所关注，认识到现场试验的重要性。特别是1959年底，法国的马尔帕塞坝由于基岩破坏而引起了溃坝的重大事件，之后，世界各国对岩体的现场试验普遍引起重视，从而研究工作比较广泛地开展起来。下面就现场岩体变形试验中几个主要问题加以讨论。

9.3.1 试验方法问题

变形特性的试验型式是多种多样的，但以何者较优，似还没有定论。到目前为止，各国或各部门都是根据各自的工程特点和设备情况来选择自己的试验型式。尽管型式多样，但从试体受力和变形状况来看，基本上可分为刚性加荷和柔性加荷两大类型。所谓刚性加荷，是传荷的承压板有很大的刚性，可以按绝对刚体来看待。在垂直荷载作用下，垫板底部的沉陷 W 是均一的，而垫板底的反力 σ 则不均匀，呈马鞍形分布，中心处最小，在边缘处有很大的应力集中，如图9-14(a)所示。目前国内外采用的千斤顶法往往是属于此类型。所谓柔性加荷，是承压板厚度与其平面尺寸相比较薄，刚度很小，承压板仅起将荷载传到基岩的作用。这时，加在承压板上的荷载和承压板下的反力 σ 基本上相同，是均布的，但是承压板下，岩体变形 W 是不均一的，中间最大，向周边逐渐变小，见图9-14(b)。扁压力枕法、水压法、深孔法等往往属于此类型。

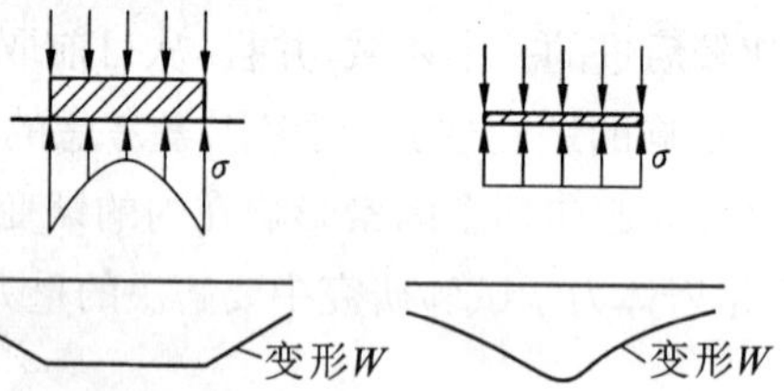

(a)刚性板　　(b)柔性板

图9-14

在建立应力—变形关系时，在刚性加荷法中，往往是建立刚性板的平均下沉量与所施加应力的关系；而在柔性加荷法中，是建立荷载作用范围或影响范围内的某一点的位移与所施加应力的关系。因此，前者所反映的是某一面积范围内平均意义的变形特征，而后者则反映某一点的变形性质。

这两大类型的试验方法，在国内外都广泛地被采用，但总的看来，在国内特别是水利水电部门,采用千斤顶的刚性加荷比较多一些,其原因大致是:(1) 设备比较简单,试体制备、试验安装较方便;(2) 试体的变形和受力状态与某些水工建筑物有相似之处。在国外特别是日本、南斯拉夫和葡萄牙等国,似乎用扁压力枕或扁压力枕和千斤顶联合使用的柔性加荷法比较普遍。

9.3.2　岩体变形量测问题

变形量测是岩体变形试验中一个很关键的环节,量测的好坏是直接影响着能否如实揭示岩体变形特征。从量测变形手段上来看,不管是机械式(如千分表)或是电气式(如卡尔逊应变计等),都能很好地反映变形情况,故对量测的仪表没有讨论的必要,但是在布置变形测量点的位置方面,则有讨论的必要,下面就谈谈这一问题。

众所周知,岩体是多裂隙的非连续介质,可是在变形试验中,建立应力 — 变形关系时,通常是假设岩体是均质的连续弹性体,因而就能用弹性理论求解。显然,这一假定与岩体的实际情况是有差别的,岩体越破碎、松散,这一差别就越显著。

由于岩体中存在不连续面这一特点,使得荷载向侧向传递能力大为减低,变形也因不能相应地向侧向传递而受到减弱。因此,可以说,在偏离荷载中心的任何地方测定的变形值,都要比按理论上计算的变形值要小,量测点离荷载中心越远,偏小程度就越大。据此可推知,用对应于荷载中心所量取的变形值计算的变形模量,往往要比偏离荷载中心某地方量取的变形值计算的变形模量偏小,而较接近于真值。我们在有微裂隙的巨厚层石灰岩中,曾做过这样的尝试,试验布置示意如图 9-15 所示。变形全部用卡尔逊应变计量测,试体四周都布置了测点。试验结果,当应力为 84kg/cm^2 时,荷载中心线上的变位大约接近于变形模量为 $76\times10^4\text{kg/cm}^2$ 的应变值;而离中心线 65cm 的地方的变形值却很小,大约接近于变形模量为 $110\times10^4\text{kg/cm}^2$ 的应变值。在日本的小涉坝较详细地做了同样的比较试验,结果如图 9-16 所示[121]。图中的圆点表示对应于该点的表面变位值,而曲线是表示按箭头所示的模量值,用理论解求得的表示各点的变位值。图中的右半部和左半部分别表示荷载为30kg/cm^2 和50kg/cm^2 时的变位值。从图中可知,荷载中心的实测变位,不论在 30kg/cm^2 还是 50kg/cm^2 时,都比较接近于模量为300000kg/cm^2 的变位。但是在离荷载中心 50cm 以外的地方,所测得变位值远小于理论值,而相应的模量值却很高。

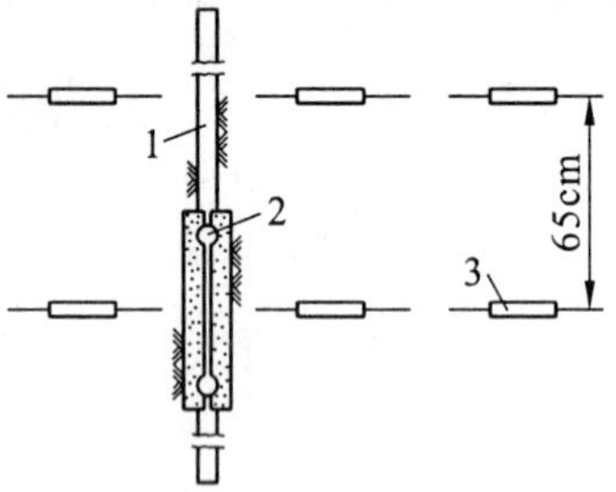

1— 切缝;2— 压力枕;3— 卡尔逊应变计

图 9-15 卡尔逊应变计测量图

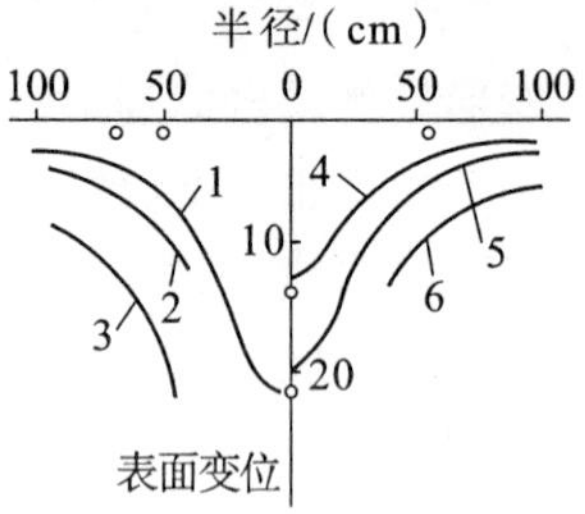

1—E = 30;2—E = 20;3—E = 10;4—E = 30;
5—E = 20;6—E = 10(E 的单位:10^4kg/cm^2)

图 9-16 日本小涉坝试验结果图

基于上述原因,有些国家往往采用在荷载中心实测变位的方法(仅适用柔性加荷)。我国有些部门,在刚性加荷法中,往往用实测刚性板的下沉代替岩体表面的平均变位,看来也不是足够理想的方法,尽管做了某些修正,但是砂浆与岩面的密合,刚性板与砂浆的密合,砂浆的局部挤碎等都给变形值造成无法估计的影响。

在原南斯拉夫的柔性加荷法中,利用压力枕中随着内压的增加而补进的液体的体积,来计算荷载作用范围内的岩体平均表面变位,其试验装置如图 9-17 所示。变形计算如下

$$V_S = \frac{f \cdot h}{2F}$$

式中:V_S—— 岩体的平均变形;

　　h—— 贮水圆筒下降水位;

　　f—— 贮水圆筒的截面积;

F—— 压力枕的受压面面积。

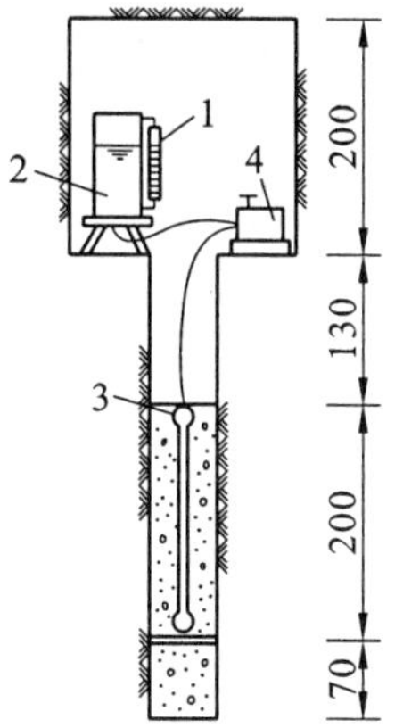

1— 量水器;2— 贮水器;3— 压力枕;4— 油泵

图 9-17　柔性加荷法的一种测试装置图(单位:cm)

由上式可知,这种方法测量变形的出发点是,试体经过一定的初始压力预压之后,使压力枕内压增加而补充液体的体积与试体两边的沉陷空间的体积之和相等。这时取得的变形是表示荷载受压面范围之内的岩体平均变形值,而不是某一点的变形。在柔性加荷法中,荷载作用面范围之内的每一点变形是不一样的,而人为地用某平均变形来表示,这能否反映其变形的真实状况,是值得探讨的。此外,此法尽管对混凝土的压缩量做了一些修正,但是,密合问题,钢枕的横向伸长等,也会对变形测量造成一定的误差。试验表明,用这种方法量取的变形值,往往要比其他方法的偏大。

9.3.3　试体的尺寸问题

众所周知,小块岩样力学特性并不能代表岩体的力学特征,但现场试验中试体以取多大为宜,至今还没有做出最佳尺寸的结论。多数情况按以下原则确定:在满足工程要求的应力前提下,按其设备能力来确定试体尺寸。在我国,变形试验中的加荷设备,以采用 100 ~ 200t 的千斤顶居多。实际工程中,一般要求的应力约为 40 ~ 80kg/cm^2。这样,试体尺寸就可决定为 50 × 50cm^2 左右,这是某些部门通常采用的变形试验的试体尺寸,而对其他因素就很少考虑了。

从一定意义上讲,岩体的变形特性往往是岩体中各种裂隙变形的综合反映。因此,对于试体尺寸,首先考虑的应是能否包含足够的裂隙数目,不仅考虑到横向,还要考虑到纵深方向。也就是说,必须考虑到在荷载影响范围内的岩体体积中,必须含有一定数量的,有代表性的结构面。例如钻孔变形试验中,荷载在纵深方向的影响范围,随着钻孔直径 D 加大而增加,其影响深度约等于钻孔直径 D(深度为直径 D 的地方,荷载已降到原始荷载的 1/9)。此时,如果钻孔直径比较小,如图 9-18(a) 所示那样,则在荷载作用影响范围内(虚线圆内)无裂隙贯穿。因此,测得的变形只是反映岩块的变形特征。但是,如果把钻孔直径 D 加大,如图 9-18(b) 所示,则荷载影响范围也大(虚线圆内),在此范围内包含了若干数量的裂隙,相对来说,也就能较好地反映岩体变形特性。

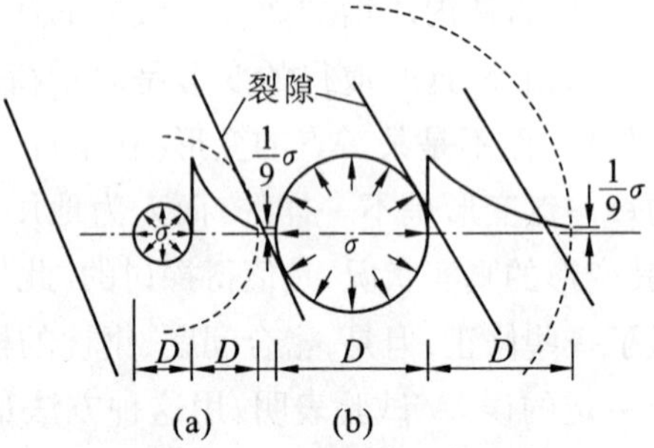

图 9-18　钻孔变形试验图

从实际要求来看,试体尺寸越大越好,最好能达到 1∶1 的比例尺寸,可是办不到,而只能采用缩小至某一尺寸的试体。从国外一些资料来看,试体有越来越大的趋势,如南斯拉夫采用的试体面积达3m左右。但是,不论多大尺寸的试体,都必须在荷载影响范围内,包含有若干条该地区代表性的结构面，那种不问其地质条件如何，只是千篇一律地用同一大小的试体尺寸来确定岩体的变形特性，看来是欠妥的。

9.3.4　岩体的变形模量和弹性模量问题

岩体并非理想的弹性体，但在实际运用中往往假定它是弹性体，并从弹性理论的弹性常数概念出发，引伸出岩体的弹性模量 E 和变形模量 D。在工程实际中，也通常以这两个指标来反映岩体变形特性，用于工程的设计或者有关的计算。D 和 E 值的确定，现在往往仍按欧洲萨尔茨堡会议的决定①，如图 9-19 所示那样割取弹性变形（即可恢复的变形）和总变形，以对应荷载下的总变形计算变形模量，即 $D = K\dfrac{\sigma_i}{u_i}$；以对应荷载下的可恢复的变形，计算弹性模量，即 $E = K\dfrac{\sigma_i}{u_{\varepsilon i}}$。尽管这样定义 E、D 值还不很严格，但是有些国家或部门，目前还是经常采用。基于上述的定义所得出的 D、E 值，加以讨论如下：

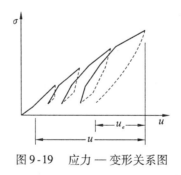

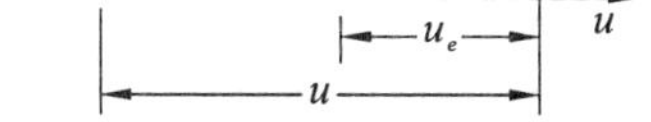

图 9-19　应力—变形关系图

1. D、E 值与荷载的关系

岩体的变形模量 D，一般是以“处女”变形曲线来计算的。通常情况下，该曲线不是下凹型就是上凹型。因此，D 值是随荷载大小而变的。

① 中国科学院武汉岩体土力研究所，国外岩体力学考察报告，1975 年。

一般规律是,下凹型曲线中,D 值随荷载增加而减少。例如以图 9-3 的下凹型曲线为例,计算出各级荷载下的 D 值如表9-1所示,由此表可见该例是很好地服从这一规律。相反,上凹型曲线中,D 值是随着荷载增加而增加,例如以图9-2的下凹型曲线为例,计算出各级荷载下的 D 值如表 9-2 所示的那样,也是服从这一规律的。

表 9-1

荷载 /(kg/cm^2)	28	42	56	70	84
变形模量 D/($10^4 kg/cm^2$)	114.0	95.0	89.0	85.5	76.0

表 9-2

荷载 /(kg/cm^2)	15	30	45	60	75
变形模量 D/($10^4 kg/cm^2$)	2.46	3.09	3.24	3.54	4.05

由于岩体的变形模数 D 是荷载的系数而不是常数,因此应该注意取得 D 值的荷载范围。

弹性模量 E 值,按通常理解,应是一个与荷载大小无关的常量。但是现场试验表明,往往不是一个常数,却是随荷载而变,例如,在比较完整的石灰岩地层中测得的 E 值与荷载的关系如表 9-3 所示。

表 9-3

荷载 /(kg/cm^2)	28.0	42.0	56.0	70.0	84.0
弹性模量 E/($10^4 kg/cm^2$)	91.0	88.5	82.0	87.0	86.5

从表中可知,E 值既不是一个常数,其与荷载之间也不存在一定的规律。看来用可恢复的变形,计算弹性模量的这一方面,尚有值得探讨之处。因此,有些国家或部门不按上述方法计算 E 值,而采用了最大一级荷载,经多次大循环之后取得比较线性的应力 — 应变曲线,用这个

曲线的斜率表示 E 值[121]。这样一来，往往取得与荷载无关的、比较接近于常数的 E 值。

图 9-20 是在大理岩断层影响带中实测得到的应力—应变曲线，由该线计算得到的 D,E 值与荷载的关系如图 9-21 所示。从图中清楚地看到，D 值基本上随荷载增加而减少，同时，也随着加载循环次数的增加而减少。而 E 值却有相反的趋势，特别是随着循环次数的增加而增加。但是不论是 D 值还是 E 值，随着荷载循环次数增加而减少或增加的速率都越来越小。因此可以想象，当循环次数增多后，不论是 D 或 E 都将趋于某一个恒定值。

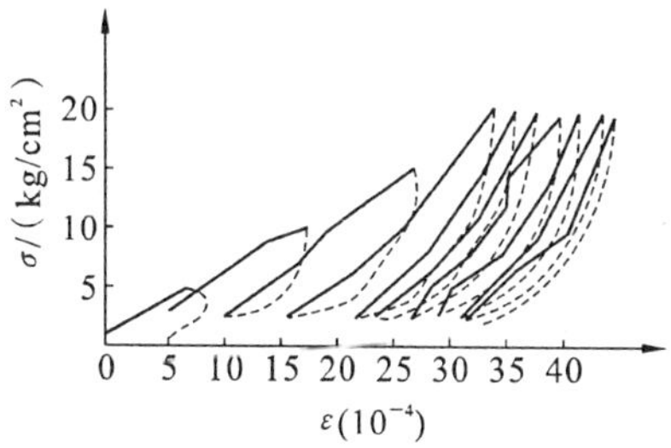

图 9-20 大理岩断层影响带的试验结果图

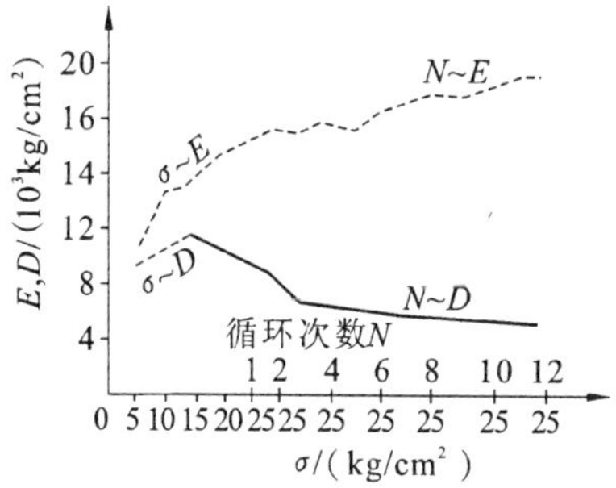

图 9-21 根据图 9-21 计算得出的 D、E 值图

2. D 值与 E 值的关系

D、E 值之间的关系，实际上反映在总变形与可恢复变形之间的关系上。其实 D、E 值在理论上是不能建立任何联系的，只是在定性方面有以下的相关：同一试体来说，E 值要大于至少等于 D 值，如果岩体越完整，D、E 值就越接近；反之，相差越大。可以说，根据 D 值与 E 值的偏差大小，能大致了解其岩体的完整性。

虽然 D、E 值之间不存在着严格的数学关系，但南斯拉夫的策尔尼水利资源开发研究所用大量的现场试验资料，建立了如图 9-22 所示的经验关系。其经验公式为

$$\frac{E}{D}=1550/(645+\sqrt{D})。$$

从图可知，数据是比较分散的，用一条曲线来表示其间的规律，看来过于勉强，误差很大。由此可以得出这样的认识：严格的数学关系且勿论，甚至在经验关系方面也难建立起它们的关系，即使是建立了，说服力也不强。

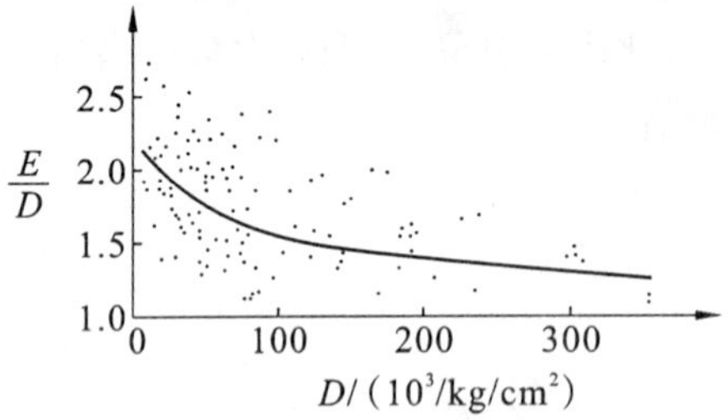

图 9-22　D、E 的经验关系图

9.3.5　反映裂隙变形特征的刚度系数问题

随着电子计算机的普及，有限单元计算方法也已广泛地运用于岩体工程中，成为解决岩体力学课题的有力工具之一。用有限单元法计算岩体的节理、裂隙等软弱结构面在受载后引起变形、破坏过程时，反映其结构面变形特征的参量，通常不取用 E（或 D）、ν 值，而往往以所谓裂隙刚度系数 k_s、k_n 值表之。例如，我们在某岩体工程中，对裂隙单元的模型处理，其应力及位移的关系式为

$$\{\boldsymbol{P}\}=\begin{bmatrix}k_s & 0\\ 0 & k_n\end{bmatrix}\{\boldsymbol{W}\}$$

其中：相对位移矢量

$$\{\boldsymbol{W}\}=\begin{Bmatrix}\boldsymbol{W}_s\\ \boldsymbol{W}_n\end{Bmatrix}$$

单位长度力的矢量

$$\{P\} = \begin{Bmatrix} P_s \\ P_n \end{Bmatrix}$$

式中：k_s—— 切向刚度系数；

　　k_n—— 法向刚度系数。

k_s、k_n 通过结构面抗剪试验和法向压缩试验而取得。由于现场试验的试体开挖困难且工期长等原因，我们采用了比较简便而有效的现场取样，在室内进行小块剪切、压缩试验的方法求取 k_s、k_n 值。试块的试验面积为 200 ~ 400cm^2，试验装置如图 9-23 所示，利用这样的试验装置，对不规则的石灰岩小块裂隙面进行剪切、压缩试验所得到的一族不同正应力下的剪切应力 τ 和剪切位移 u 的关系曲线以及一族不同剪应力之下的正应力 σ 和法向位移 v 的关系曲线，分别表示于图 9-24 和图 9-25 中。但在计算中，分别把它们理想化，如图 9-26 和图 9-27 所示。

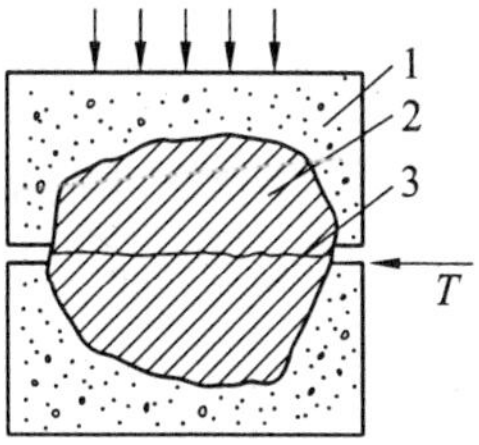

1— 混凝土；2— 小块岩样；3— 裂隙

图 9-23　岩石结构面试验装置图

根据图 9-26 计算 k_s 值。k_s 值在弹性阶段可认为与 σ 值线性相关，即：

当 $\sigma \leqslant a$ 时　$k_s = b\sigma + c$

当 $\sigma > a$ 时　$k_s = d\sigma + e$

根据图 9-27 确定 k_n 值，即：

当 $\sigma \leqslant f$ 时，$k_n = G\tau + H$

当 $\sigma > f$ 时，$k_n = I\tau + J$

其中 a、b、c、d、e、f、G、H、I、J 为实常数，可从实验曲线上选定。

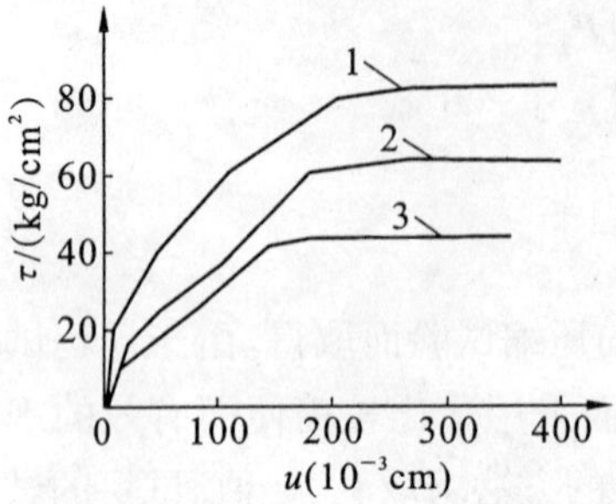

1—σ = 109;2—σ = 103;3—σ = 85

图 9-24　剪切刚度系数

(计量单位:kg/cm²)

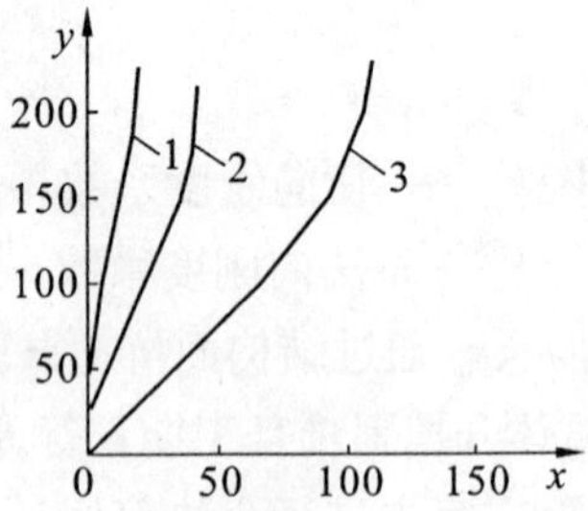

x—v(10^{-3}cm;y—σ(kg/cm²);1—τ = 24.8;

2—τ = 13.4;3—τ = 0

图 9-25　法向刚度系数

(计量单位:kg/cm²)

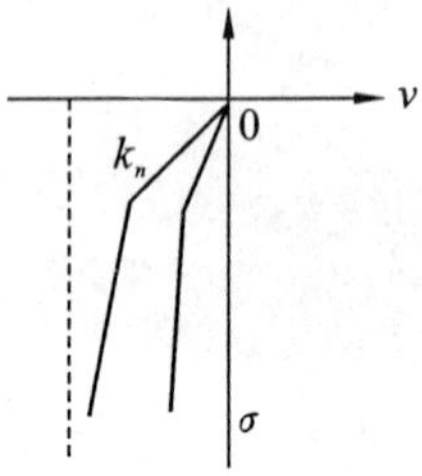

图 9-26　法向刚度系数计算值

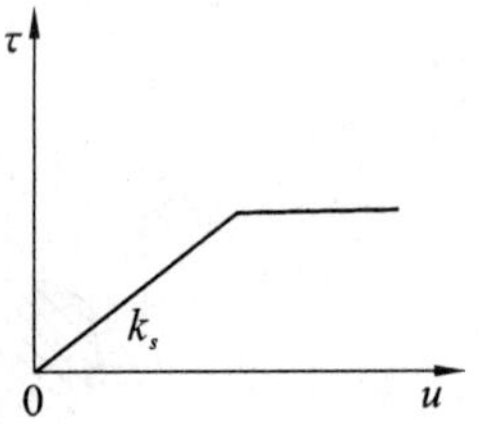

图 9-27　剪切刚度系数计算值

此外,k_s、k_n 值还可以分别从夹层剪切模量 G 和弹性模量 E,进行粗略的估算①即

$$k_s = \frac{G}{e}$$

$$k_n = \frac{E}{e}$$

其中,e 是夹层的厚度。

① 水利电力部十一工程局勘测设计研究院,复杂基础上混凝土坝的非线性有限元分析,1978 年。

第10章　现场岩体抗剪试验的原理与方法

傅冰骏[1]

（水利水电科学研究院）

10.1　概　述

根据工程实际可能发生的破坏型式，一般将岩体抗剪试验分为三类，即：混凝土沿岩体接触面的抗剪试验，岩体沿软弱结构面的抗剪试验及岩体本身的抗剪试验。

岩体的稳定性往往取决于其中的结构面，特别是软弱结构面的性质、分布及组合情况。在某些情况下，研究软弱结构面的抗剪强度比混凝土与岩体之间的抗剪强度还重要。

测定岩体的抗剪强度有多种方法：直剪试验、三轴试验、扭转试验、拔锚试验等。国内外最通用的是直剪试验。

室内和现场直剪试验的基本原则和方法是一致的，这里主要论述现场直剪试验。

10.2　试验方案布置与成果计算

现场抗剪试验的研究应紧密结合设计及工程地质条件进行。试验前，应力求对坝区的地质构造及岩体结构面的成因、类型、序次、发育规

---

① 参加工作的有陈松生同志。

律以及水工建筑物特性有一个概括的认识。抗剪试验应首先在主要岩层及沿可能最危险的滑动面进行，其目的不仅在于提供抗剪参数，同时也确定法向及剪切荷重作用下岩体（包括其中的软弱结构面）的变形特性、破坏机理，并探讨它们与地质因素的关系。

一般一组试验至少取4 ~ 5个试件，以便分别施加不同的法向荷重。对每一试件，逐级施加至预定的法向荷重以后，维持剪切面上的正应力不变，逐级施加剪切荷重直到试件发生破坏，通称抗剪断试验。抗剪断以后，沿剪断面进行重复剪切时，通称抗剪或摩擦试验。以上两项皆泛称抗剪试验。同一组试验，其工程地质条件应大致相同，试件受力的大小、方向、作用方式及其与岩体结构面的相对位置，应尽量接近于建筑物与地基的工作条件。试验前后对试件本身及周围的地质条件均应进行详细的描述和记录。对剪切带附近的典型岩样（或软弱夹层）必须进行室内相应的物理—力学性试验。

如图10-1所示，现场直剪试验大致有以下几种布置方案。当剪切面为水平或近于水平时，大多采用图10-1中的(a)、(b)、(c)、(d)方案，一般适用于混凝土/岩体，岩体本身及近于水平产状的软弱结构面的抗剪（断）试验，对于陡倾角的软弱结构面也可以采用图10-1中的(e)、(f)方案。

图10-1中方案(a)、(b)、(c)由于剪切荷重平行于剪切面施加，通常称为平推法试验方案。方案(d)中剪切荷重与剪切面成一定角度α施加，通常称为斜推法方案。方案(a)的缺点在于剪切过程中，剪切荷重与剪切面之间有一个距离e_1，使应力分布不均匀，因而在方案(b)中，法向荷重偏心施加（偏心距为e_2），但由于e_2较难控制，所以剪切面上的应力分布虽较方案(a)为优，但仍是不均匀的。方案(c)在国外称为法国式方案，国内通称牛腿式平推方案。从理论上讲，剪切面上的应力分布是最均匀的，但在靠水平荷重处因开槽较大，浇筑混凝土也较为费工。方案(d)在国外通常称为葡萄牙式方案或无力矩方案，法向荷重与斜向荷重相交于剪切面中心，α角大致为12° ~ 17°，通常采用15°。在试验过程中，为了保持剪切面上的正应力为常数，随着斜向荷重Q的

增加，要同步降低法向荷重 P 的数值，操作稍麻烦一些。根据目前掌握的资料，平推或斜推两种方法，以何者为优，尚难肯定，但应注意的是，平推法试验中，一定要力求消除倾覆力矩。

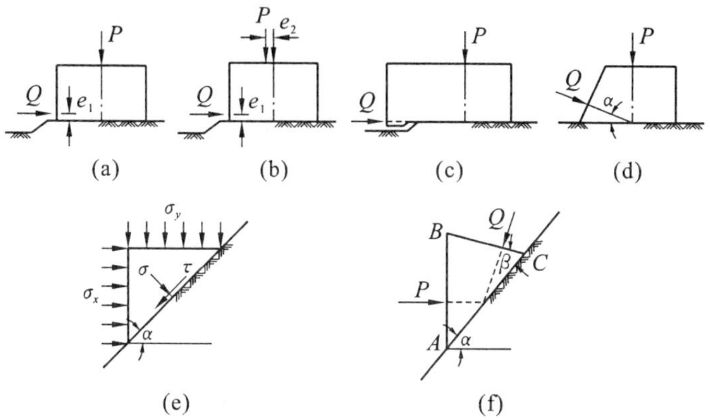

P— 法向荷重；Q— 剪切荷重；σ_x，σ_y— 均布应力；τ— 剪应力；e_1，e_2— 偏心距

图 10-1　现场岩体抗剪试验布置方案示意图

对于具有不同倾角的软弱结构面，为了简化试件的受力条件，便于计算，应尽可能按照平推或斜推法方案布置试验工作。如图 10-2 所示，实际上是属平推方案，由于采用上述方法开挖制件及安装困难，也可因地制宜地采用图 10-1 中的(e)，(f) 方案。

各试验方案的基本计算公式如下：

10.2.1　平推方案

平推方案可以参阅图 10-1(a)、(b)、(c)。

1. 应力计算

$$\sigma = \frac{P}{F} \tag{10-1}$$

$$\tau = \frac{Q}{F} \tag{10-2}$$

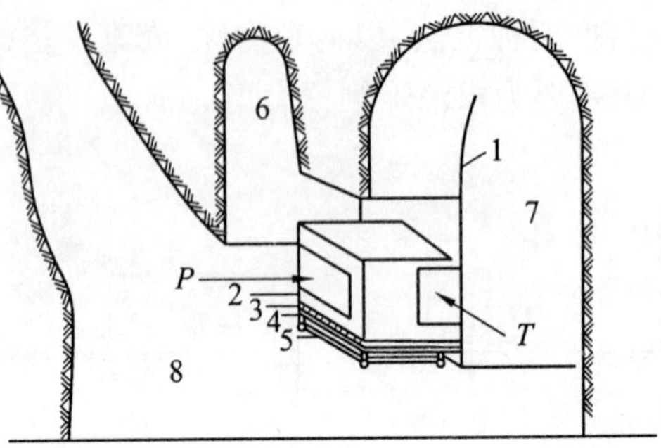

1— 裂隙加泥;2— 试件;3— 滚轴;4— 钢板;5— 托架;
6、7— 支洞;8— 主洞;P— 法向力;T— 推力

图 10-2 现场陡倾角岩体抗剪试验布置方案示意图

式中:σ—— 作用于剪切面上的正应力(kg/cm^2);

τ—— 作用于剪切面上的剪应力(kg/cm^2);

P—— 作用于剪切面上的法向荷重(kg);

Q—— 作用于剪切面上的剪切荷重(kg);

F—— 剪切面积(cm^2)。

2. 最大剪切荷重 Q_{max} 的计算

在试验过程中,剪切荷重一般可以按事先估算的最大剪切荷重分级施加,直至剪断。

在极限平衡状态下,应力条件一般用库伦公式表达

$$\tau = \frac{Q_{max}}{F} = \sigma \cdot f + c \tag{10-3}$$

或

$$Q_{max} = (\sigma \cdot f + c)F$$

式中:f—— 剪切面上的摩擦系数;

c—— 剪切面上的粘结力(kg/cm^2)。

试验前,可以预先估出f、c值,F为已知,即可用式(10-3)计算出试件剪切破坏时的 Q_{max},据此,对剪切荷重分级施加。

10.2.2　斜推方案

1. 应力计算

应力计算可以参阅图 10-1(d)。

$$\sigma = \frac{P}{F} + \frac{Q\sin\alpha}{F} \tag{10-4}$$

$$\tau = \frac{Q\cos\alpha}{F} \tag{10-5}$$

式中:Q—— 作用于试件上的斜向荷重(kg);

α—— 斜向推力与剪切面之间的夹角(°)。

其他符号意义同前。

为计算方便,令　$p = \frac{P}{F}$,　$q = \frac{Q}{F}$

则

$$\sigma = p + q\sin\alpha \tag{10-6}$$

$$\tau = q\cos\alpha \tag{10-7}$$

2. 最大单位推力 q_{max} 的估算

在极限平衡状态下,应力条件应满足

$$q_{max} \cdot \cos\alpha = \sigma \cdot f + c$$

由此得到

$$q_{max} = \frac{\sigma \cdot f + c}{\cos\alpha} \tag{10-8}$$

$$Q_{max} = q_{max} \cdot F$$

据此,可以决定斜向千斤顶的加荷级别。

3. 剪切面上最小正应力 σ_{min} 的确定

在试验过程中,剪切面上的正应力应保持为常数,因此在逐级施加 q 的同时,应同步地减少 p。为避免 p 值不够减的情况发生,必须预先估算剪切面上的 σ_{min}。试验时,加于剪切面上的正应力应大于 σ_{min}。确定 σ_{min} 的方法如下:

公式(10-6) 可以写成　$p = \sigma - q\sin\alpha$;

为使 $p \geqslant 0$,则应满足 $\sigma - q\sin\alpha \geqslant 0$;

在极限状态下，还应满足 $q\cos\alpha = \sigma \cdot f + c$。

建立方程组

$$\begin{cases}\sigma - q\sin\alpha = 0 \\ q\cos\alpha = \sigma \cdot f + c\end{cases}$$

解方程组得

$$\sigma_{\min} = \frac{c \cdot \tan\alpha}{1 - f \cdot \tan\alpha} = \frac{c}{\cot\alpha - f} \tag{10-9}$$

4. *应力 p,q 的同步施加*

试验过程中，剪切面上的正应力 σ 应始终保持为常数，当 σ 及 α 一定时，可以按方程式(10-6)，对 q,p 同步加减，以满足上述要求。

10.2.3 楔形体软弱结构面的试验

如图 10-1 所示，方案(f) 中的剪应力分量比方案(e) 要大，因此方案(e) 适用于正应力较大的情况。在整个试验过程中，作用到剪切面上的正应力应保持为常数。

1. *方案(e)*

试验时，在逐级增加均布应力 σ_y 的同时，同步降低 σ_x 值，以便保持作用到剪切面上的正应力为常数，直到试件剪断。

(1) 应力计算

如图 10 - 1(e) 所示，设 σ_x 为作用于试件铅直面上的均布应力($\mathrm{kg/cm^2}$)，σ_y 为作用于试件水平面上的均布应力($\mathrm{kg/cm^2}$)，α 为结构面的倾角(度)，则结构面上的正应力 σ 和剪应力 τ 为

$$\sigma = \sigma_y \cdot \cos^2\alpha + \sigma_x \cdot \sin^2\alpha \tag{10-10}$$

$$\tau = \frac{1}{2}(\sigma_y - \sigma_x)\sin 2\alpha \tag{10-11}$$

(2) 初始荷重的确定

为了保证在试件上施加初始荷重后，剪切面上只产生预定的正应力而不产生剪应力，则必须满足

$$\tau = \frac{1}{2}(\sigma_y - \sigma_x)\sin 2\alpha = 0$$

同时还应满足

$$\sigma = \sigma_y \cos^2\alpha + \sigma_x \cdot \sin^2\alpha$$

将上两式联立求解，得

$$\sigma = \sigma_x = \sigma_y \tag{10-12}$$

当剪切面上的正应力 σ 为一定时，按上式施加均布应力 σ_x，σ_y，则剪切面上的剪应力必为零。

(3) 最大单位推力 σ_{ymax} 的估算

剪切面上的正应力 $\sigma = \sigma_y \cdot \cos^2\alpha + \sigma_x \cdot \sin^2\alpha$，在极限平衡条件下，应力条件还应满足

$$\tau_{max} = \frac{1}{2}(\sigma_y - \sigma_x)\sin 2\alpha = \sigma \cdot f + c \tag{10-13}$$

将上述两式建立方程组，求解 σ_{ymax}，则得

$$\sigma_{ymax} = \sigma + \sigma \cdot f \cdot \tan\alpha + c \cdot \tan\alpha \tag{10-14}$$

当 σ、α 及预估的 f、c 一定时，据此可以决定垂直向千斤顶的加荷级别。

(4) 剪切面上最小正应力 σ_{min} 的确定

因 $\sigma_x = \dfrac{\sigma - \sigma_y \cdot \cos^2\alpha}{\sin^2\alpha}$，而 σ_x 又不得小于零，则必须满足

$$\sigma - \sigma_y \cdot \cos^2\alpha \geqslant 0$$

在极限平衡状态下，应力条件还应满足公式(10-13)，建立联立方程组，得

$$\begin{cases} \sigma - \sigma_y \cdot \cos^2\alpha = 0 \\ \dfrac{1}{2}(\sigma_y - \sigma_x)\sin 2\alpha = \sigma \cdot f + c \end{cases}$$

解之，得

$$\sigma_{min} = \frac{c}{\tan\alpha - f} \tag{10-15}$$

当 a、f、c 已知时，剪切面上作用的正应力 σ 不得小于 σ_{min}，否则为保持 σ 在整个试验过程中为常数，将产生 σ_x 不够减的情况。

(5) 应力 σ_y、σ_x 的同步施加

在试验过程中,σ_y、σ_x 应同步加减,以保持 σ 为常数,同步加减的方法可以按下式决定

$$\sigma_x = \frac{\sigma - \sigma_y \cdot \cos^2\alpha}{\sin^2\alpha} \tag{10-16}$$

为便于操作,可以按上式绘制 $\sigma_x \sim \sigma_y$ 曲线(图 10-3),按关系曲线对 σ_y、σ_x 同步加减,即可保证 σ 为常数。

2. 方案(f)

试验过程中,在逐级增加 Q 荷重的同时,同步降低 P 荷重,直到试件剪断。应力计算如下:

如图 10-1(f) 所示,设 P 为作用于 AB 面上的总荷重(kg),Q 为作用于 BC 面上的总荷重(kg),F 为剪切面积(cm^2),α 为弱面倾角(度),β 为面 AC 与 BC 的夹角(度),则作用于剪切面上的正应力 σ 和剪应力 τ 为

$$\sigma = \frac{Q \cdot \cos\beta}{F} + \frac{P \cdot \sin\alpha}{F} \quad (\mathrm{kg/cm^2})$$

$$\tau = \frac{Q \cdot \sin\beta}{F} - \frac{P \cdot \cos\alpha}{F} \quad (\mathrm{kg/cm^2})$$

为计算方便,令 $p = \frac{P}{F}$,$q = \frac{Q}{F}$,则得

$$\sigma = q \cdot \cos\beta + p \cdot \sin\alpha \tag{10-17}$$

$$\tau = q \cdot \sin\beta - p \cdot \cos\alpha \tag{10-18}$$

如图 10-3 所示,按照方案(e) 类似方法,可以求得:

初始荷重为

$$p = \frac{\sigma \cdot \sin\beta}{\cos(\alpha - \beta)} \tag{10-19}$$

$$q = \frac{\sigma \cdot \cos\alpha}{\cos(\alpha - \beta)} \tag{10-20}$$

最大单位推力为

$$q_{\max} = \frac{\sigma \cdot \cot\alpha + \sigma \cdot f + c}{\sin\beta + \cos\beta \cdot \cot\alpha} \tag{10-21}$$

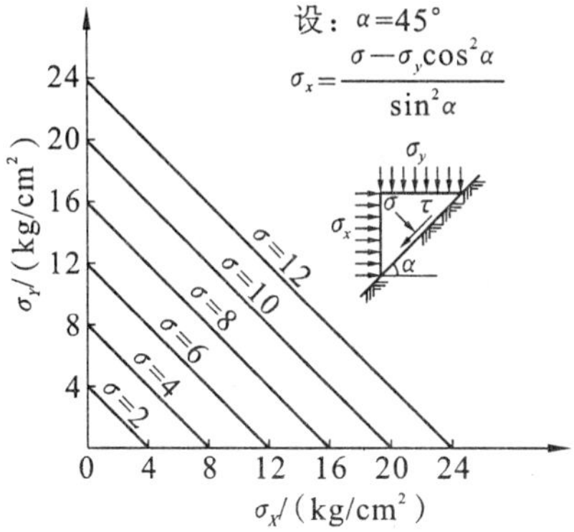

（说明：陡倾角软弱结构面抗剪试验同步加减 σ_y、σ_x 使剪切面上的正应力 σ 为常数）

图 10-3　图 10-1 中方案(e) 的 $\sigma_x \sim \sigma_y$ 关系曲线图

最小正应力为

$$\sigma_{\min}=\frac{c}{\tan\beta-f} \tag{10-22}$$

q、p 按下式同步加减

$$p=\frac{\sigma-q\cdot\cos\beta}{\sin\alpha} \tag{10-23}$$

在选择(e)、(f) 方案时，下述问题值得注意：

按(e) 方案试验时，剪切面上的最小正应力为

$$\sigma_{\min}=\frac{c}{\tan\alpha-f}$$

式中 c 不可能为负值，而 $\sigma_{\min}$ 则应大于零，即应满足 $\tan\alpha-f>0$，或 $\tan\alpha-\tan\varphi>0$ 这一条件。由此可见，当弱面的倾角 α 大于该倾角的内摩擦角 φ 时方可实现上述方案。如果弱面的倾角小于该倾角的内摩擦角 φ，σ_x，σ_y 应互换位置，方可在逐级增加 σ_y 及同步降低 σ_x 时实现剪断。

同理，采用(f) 方案时，剪切面上的最小正应力 $\sigma_{\min}$ 为

$$\sigma_{\min} = \frac{c}{\tan\beta - f}$$

$\sigma_{\min}$ 同样不得为负值，即应满足 $\tan\beta - f$ 或 $\tan\beta - \tan\varphi \geqslant 0$ 这个条件，因此只有当 β 角大于弱面的内摩擦角时，方能实现上述方案。

10.3 影响抗剪强度各主要因素的初步探讨

10.3.1 地质因素

抗剪试验中，在外力作用下，剪切破坏形式、机理、岩体的变形特性与地质因素联系极为密切。

如以剪切破坏形式而论，沿混凝土与基岩接触带的平面剪切，主要发生在较坚硬、致密、均一的岩基上。若混凝土强度较低，或基岩表面局部存在较弱地段，则剪切面可能部分地在混凝土或部分地在基岩中，但基本上还是平面剪切破坏。基岩强度虽差，但作用于剪切面上的正应力较小时，通常发生的也是平面剪切。在基岩内部的浅部或深部剪切，常发生于强度较低的岩体，如页岩、千枚岩、风化花岗岩等。当地基强度较高，但各种软弱结构面相互组合，足以构成浅部或深部滑动面时，也常常发生这一类型的剪切破坏。不同于软基那样在较大的应力下发生规则的深部弧形滑动，在硬基上的浅部或深部滑动面一般是不规则的。

又如裂隙岩体在外力作用下的变形常常是不均一的，并具有跳动特性。这是由于岩体是不均质，非连续，各向异性的介质，在通常的应力作用下，变形的发生主要在于结构面的压密或滑移，以及局部岩块在应力集中条件下遭受破坏所致。在法向荷重作用下，天然岩体的破坏强度主要控制于岩体各软弱结构面的分布及其组合所表现出的综合强度，而不取决于个别岩块的极限强度[45]。此外，岩体中地应力的存在，显然也对它的强度及变形有影响。

再如，不同成因、类型的结构面，它们的抗剪特性也是不一致的，如扭性或压扭性结构面在已往的地质构造运动中，常常经受过相当大的剪切变形，其抗剪强度可能已超过峰值而达到残余值，而张性结构面自生成以来，只发生很小的、甚至没有发生过剪切变形，其破坏面常常是粗糙不平的，其抗剪强度主要取决于峰值强度。

地质分析不仅应该用于试验地段，更进一步，利用它，还可以在宏观认识的基础上来研究有关问题，如：调查区域和坝区构造体系及应力场的分布，查明断裂的发生、发展、组合及变化规律，结合地面、平洞、钻孔等资料划分工程地质单元，按可能发生的破坏型式布置试验工作，在综合研究工程地质，水文地质条件的基础上确定地质力学模型，结合建筑物的受力特点，用模型试验和分析计算的方法对岩体稳定进行评价，等等。在整个研究过程中，建议运用地质力学和岩石力学相结合的方法[43]。

10.3.2　试件尺寸

对于裂隙岩体，无论进行混凝土／岩体或岩体本身的抗剪试验，通常认为试件尺寸主要取决于组成岩体的单位岩块的大小和测试精度，当然也要考虑到裂隙及被裂隙切割的岩块的变形模量及泊松比诸因素[122]。加大试件尺寸，可以将更多的地质因素包括在内，比较能够全面反映岩体受力后的变形特性和应力状态，试验结果比较能够符合统计规律。如奥地利学派的穆勒(Müller,L.)认为试体应包括的裂隙至少是 100 条，最好是 200 条，试件边长必须超过裂隙平均间距的 10 倍[123]。但也有学者提出，单靠加大试件尺寸，未必能解决所有问题，在某些情况下，远不如用数量较多的小型试验进行单块岩石测定，然后把成果进行数学处理，这样会更恰当一些[125]。还有学者提出，通过室内小型岩块试验与现场地质结构、构造分析相结合的方法，即可求得岩体的强度和变形资料[126]。总之，这还是一个未获得圆满解决的问题。

对于较为均质的软弱夹层，由于细颗粒在变形和破坏中起控制作用，其尺寸效应不明显。对于其他类型的软弱结构面，如天然裂隙面、层面、片理面等，当剪切面起伏不大，延伸较广时，室内成果与现场成果也大致接近。对具有起伏程度较大的弱面，尺寸效应对试验成果将产生程度不同的影响。

国内在现场试验中，常用的试件尺寸为50cm×50cm。国际上，根据国际岩石力学学会的建议方法[127]，以70cm×70cm为标准尺寸，但建议方法中也提出，如果剪切面较为光滑，可以采用较小的试件，否则，应采用较大的试件。

下面列举一些较为典型的工程实例及研究成果。

(1) 水电部成都勘测设计院对515工地混凝土/弱风化花岗岩做过不同尺寸试件的比较试验。室内中小型试验尺寸为10cm×10cm，15cm×15cm，20cm×20cm，现场试验尺寸为50cm×50cm，100cm×100cm。试验结果表明，剪切面积在50cm×50cm以上的，其摩擦系数f值接近，而中小型剪切面的f值则较分散，即尺寸较小时对试验成果影响较大。广东省水科所在新丰江及南告水电站对花岗岩的比较试验结论与成都院的近似。最近湖南省水利电力勘测设计院提出了用断裂力学方法进行混凝土重力坝与基岩胶结面稳定计算的研究报告。报告指出，根据线弹性断裂力学对试件尺寸的要求，当试件尺寸为50cm×50cm时已能满足断裂力学平面变形及小范围屈服条件。广西水电设计院对大化水电站的泥岩夹灰岩沿平缓型隙面进行过多组室内外抗剪试验，两者成果是接近的。

(2) 前苏联莫斯科建筑工程学院在安基然斯克(Андижанск)水电站对绿泥石绢云母片岩进行过混凝土面积为0.5m^2、1m^2、8m^2、16m^2的比较试验，在法尔哈斯克(Фархадск)水电站对层状砂岩进行过面积为1.0m^2、5.0m^2、12m^2不同尺寸混凝土试件的比较试验，结果说明，试件尺寸对f值没有什么影响，而粘着力c值则随尺寸的加大而锐减[122]。

对岩体中的平缓结构面，按照葡萄牙国立土木工程研究所(LNEC)的经验，在室内用小于20cm^2试件所测得的摩擦角与现场70cm×70cm试件所测得的相差不超过3°。室内试验所用的试件难于模拟不平整的结构面，所得成果偏小，即偏于安全方面[124]。

(3) 表10-1汇集了一些工程中的沿软弱结构面的室内及现场抗剪强度试验成果。

表 10-1　　沿软弱结构面室内及现场抗剪试验成果

序号	工程名称	岩层类型	摩擦系数 f		粘结力 c /(kg/cm²)		备注
			室内	现场	室内	现场	
1	大化水电站	泥岩夹灰岩沿平缓裂隙面	0.56	0.62	2.7	2.0	
2	某工程	202 泥化夹层	0.24	0.20	0.21	0.63	
3	朱庄水库	泥质砂岩的泥化夹层	0.35	0.34	0.19	0.29	
4	朱庄水库	泥质或铁质砂岩微薄层	0.47	0.25	0.03	0.40	
5	朱庄水库	泥质或铁质砂岩微薄层	0.40	0.22	0.07	0.25	
6	朱庄水库	页岩全部泥化	0.35	0.38	0.11	0.14	
7	朱庄水库	粘土夹层层面	0.21	0.15			
8	朱庄水库	石英砂岩中的夹泥层	0.30	0.38			
9	桓仁水电站	安山凝灰岩中的泥化层	0.29 0.20	0.20	0.05	0	室内 f 值为乘以 0.85 修正值
10	上犹江水电站	软弱夹泥层	0.28	0.27	0.42	0.51	
11	四川某坝址	软弱夹泥层	0.52	0.51	0	0.45	
12	辽宁浑河某坝	软弱夹泥层	0.23	0.19	0.30	1.25	

10.3.3　剪切面的起伏程度

剪切面的起伏程度泛指岩石表面的起伏差与粗糙度。一般地讲，起伏差即岩石表面的凹凸大小，是具有一定单位的(如 cm，mm)，可以用平均起伏差或最大、最小起伏差表示，它的分布往往不具有规律性。粗糙度常指基岩表面分布具有一定规律性的凹凸程度(如齿状、波状)，可以用起伏差与试件边长之比来反映，也可以用起伏差与凹点(或凸点)之水平间距之半的比值来表示，因此该比值是没有单位的。在岩体抗剪试验中，剪切面的起伏程度对抗剪强度的影响，是一个非常重要而复杂的问题。就这一问题，国内外发表过许多论文，下面介绍一些较为典型的研究成果。

(1) 派顿(Patton,F. D.) 在室内用石膏材料探讨了不同糙度下抗剪强度的机理[126]。他在石膏试件上设置了一些规则分布的斜齿,然后进行直剪试验,当发生剪切破坏后,继续施加剪应力,达到稳定的残余抗剪强度,结果得到峰值强度曲线 *OAB* 与残余强度曲线 *OC*,如图 10-4 所示,作者认为,当正应力较小时(*OA* 段),抗剪强度可以用下式表达

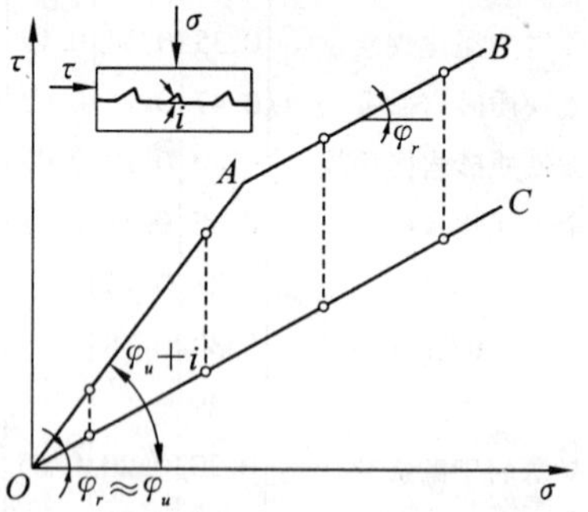

图 10-4　带规则倾斜齿的剪切面上的抗剪强度与法向应力关系图

$$\tau = \sigma \cdot \tan(\varphi_u + i)$$

式中 φ_n 为沿石膏平整表面的滑动摩擦角,在实践中可以认为近似于残余强度时的摩擦角 φ_r,即 $\varphi_u \approx \varphi_r$,$i$ 为齿与滑动平面之间的夹角。

当正应力较大时(*AB*) 段,曲线 *AB* 的斜率接近于 φ_r。

强度曲线 *OA* 的剪切破坏与试件的扩张性垂直位移有关,而强度曲线 *AB*,其剪切破坏是在齿被剪断以后,通过齿的底面发生的,在这一条件下,试件不产生扩张性的垂直位移,所以峰值强度曲线 *OAB* 包含了两种不同类型的破坏方式。上述成果在国际上比较广泛地应用于岩体抗剪试验。

(2) 水电部成都勘测设计院曾系统地对混凝土/弱风化花岗岩,混凝土/中细砂岩,石棉花岗岩及不同标号的砂浆,探讨了不同糙度对摩擦系数 f 的影响,经分析后认为:

1）对同一强度的岩石（或砂浆、混凝土），f 随糙度的增加而增加。

2）对不同强度的岩石（或砂浆、混凝土）在同一糙度下，f 值随强度的增加而增加。上述资料中，糙度均以起伏差与沿推力方向的试件边长之比来反映。

（3）长办水科院及中国科学院湖北岩体土力学研究所等单位在三三〇工程中对混凝土/粘土质粉砂岩进行的抗剪试验成果如表10-2所示。

表10-2　　粘土质粉砂岩不同起伏差对抗剪强度的影响

试件编号	基岩面起伏差/(cm)	摩擦系数 f
$f_{坑1}$，$f_{坑-26}$	0.5～1.0	1.33～1.6
f_{106}	0.3～0.5	1.22
$f_{3\,01}$	0.1～0.5	1.10

（4）前苏联全苏水工研究院（ВНИИГ）在布拉茨克水电站对混凝土及具有不同齿高的辉绿岩所做的比较试验结果如表10-3所示。

表10-3　　混凝土与不同齿高的辉绿岩抗剪试验成果

试验方法	齿高/(cm)					
	0～5		0～10		0～15	
	$\tan\varphi$	$c/(kg/cm^2)$	$\tan\varphi$	$c/(kg/cm^2)$	$\tan\varphi$	$c/(kg/cm^2)$
抗剪断	1.15	8.0	1.73	10.0	1.88	14.0
抗剪	1.19	1.4	1.84	2.0	2.05	4.2

值得注意的是，对不同强度的岩体，在现场试验中，基岩面起伏程度的影响有的可以大于岩体强度的影响，如原水电部北京勘测设计院在刘家峡水电站曾对混凝土和不同起伏情况，不同风化程度的云母石英片岩进行过抗剪试验，成果如图10-5所示。

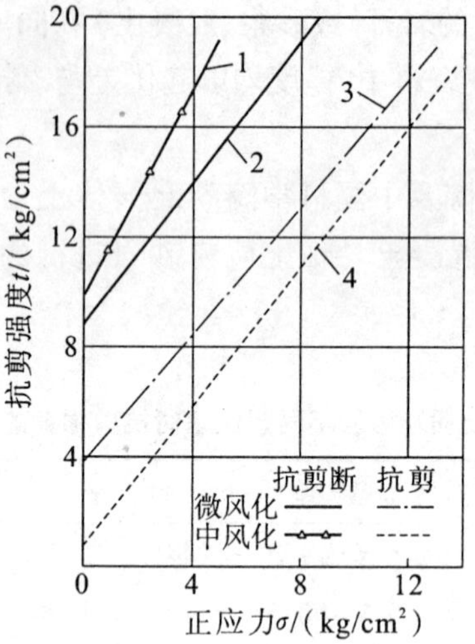

1—$\tau = 1.92\sigma + 9.64$;2—$\tau = 1.29\sigma + 8.19$;3—$\tau = 1.16\sigma + 3.83$;4—$\tau = 1.28\sigma + 0.6$

图 10-5 刘家峡水电站不同风化程度不同地基起伏程度抗剪试验结果图

图 10-5 内中风化片岩的抗剪断强度大于微风化片岩的强度的主要原因,在于两类岩体起伏程度不一致。对强度较高的微风化岩体,由于裂隙不发育,容易加工成平整的表面,而强度较低的中风化岩体,则由于裂隙发育,加工时沿结构面易形成凹凸不平的糙面,从而增加了混凝土与基岩的摩擦力和咬合力,使抗剪断强度增高。

对上述成果初步总结如下:

室内成果比较容易排除其它因素的干扰,突出主要研究课题,所得成果规律性较强。现场试验中,除地基起伏差以外,抗剪强度还决定于裂隙切割条件,岩体类型,剪切破坏形式,正应力大小及混凝土与基岩强度之比等一系列因素,但总的趋势是抗剪强度随地基起伏程度增加而加大。在某些情况下,地基起伏差的影响大于强度的影响。在混凝土/岩体常规抗剪试验中,通常将地基起伏差控制在试件边长的1% ~2% 以内,所得成果偏于安全方面。鉴于起伏程度对抗剪强度影响很大，在现场一定要对它详加描述与测量。对其他诸因素，如法向荷重的大小、裂隙发育规律等也要全面掌握，以便进一步探索这一问题。

10.3.4　法向荷重

(1) 法向荷重的大小　加于剪切面上法向荷重的大小，原则上应与地基的工作条件即与实际受力条件相符。对于软弱夹层，若土质松软，含水量高，当施加法向荷重过大会引起夹层很大的压缩变形，以致挤出夹层时，则应加以控制，以免使 f 值人为地增大。

(2) 法向荷重的分级　法向荷重应分级加至预定值，以便获得岩体的应力 — 变形关系资料，对于软弱结构面尤其应该如此。

(3) 法向荷重的施加速率和稳定时间　在法向荷重作用下，不同强度岩体的应力 — 变形资料如图 10-6 所示[43]。对于坚硬岩体，如微风化云母石英片岩，可以观察到变形具有跳动和后效性质，即使法向荷重较大，变形也会很快稳定，如图 10-6(a) 所示。当岩体强度较低时，如图10-6(b) 中的风化千枚岩和大理岩互层，其变形模量 $E_0 = 2660\text{kg/cm}^2$，在较小的法向荷重下，变形也会很快稳定；而当法向荷重较大时，随着时间的延续，变形有继续增加的趋势。法向荷重越大，上述现象越显著。岩体强度进一步减弱，如图 10-6(c) 所示，其变形模量 $E_0 = 291\text{kg/cm}^2$，则在各级荷重下变形均不易稳定，变形随着法向荷重的增加而加剧的现象很明显。由此可见，在法向荷重作用下，岩体变形的发展主要取决于岩体的性质和垂直应力的大小。

对于无充填物的弱面或非粘性土软弱夹层，在法向荷重作用下，比较容易达到稳定；对于粘性土软弱夹层，按照国际岩石力学学会的建议[127]，应在法向荷重下达到固结，以期消除夹层内孔隙水压力。

(4) 斜推法试验中法向荷重的调整　采用斜推方案时，一旦加上斜向荷重，正应力必然会随之增加，若不加以调整，则正应力是个变数，通称变正应力法。如同步降低法向荷重，使正应力保持为常数，通称常正应力法。国内外的研究资料都说明[128]，由于施加应力途径不同，所

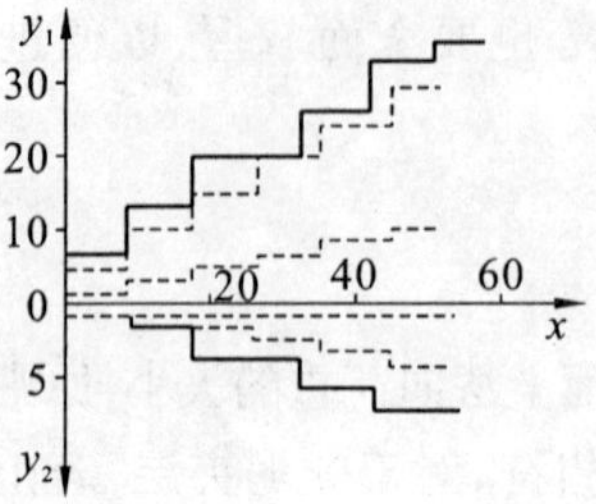

(a)微风云母石英片岩

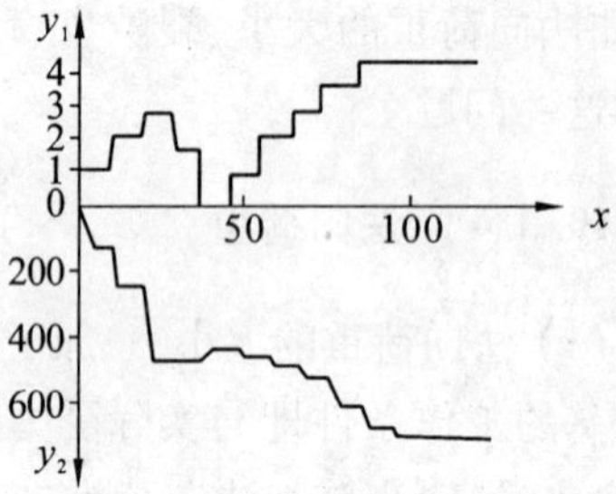

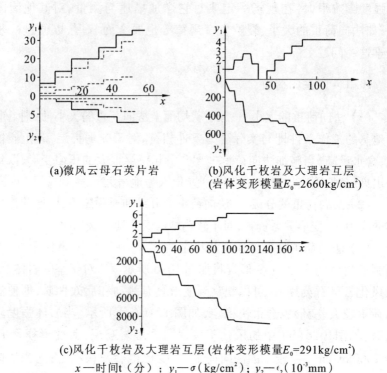

(b)风化千枚岩及大理岩互层
(岩体变形模量E_0=2660kg/cm²)

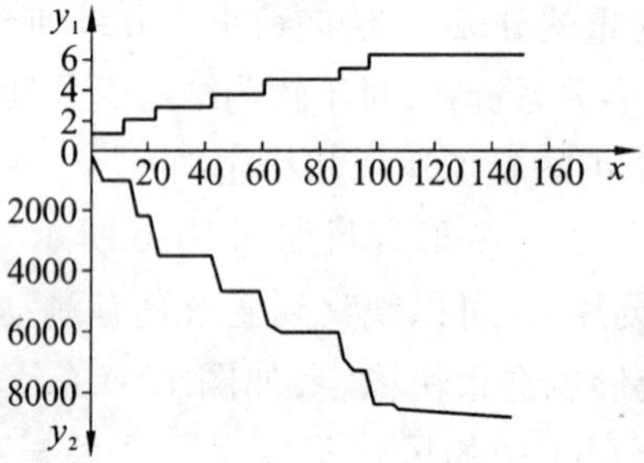

(c)风化千枚岩及大理岩互层 (岩体变形模量E_0=291kg/cm²)

x—时间t（分）；y_1—σ（kg/cm²）；y_2—ϵ_2（10^{-3}mm）

图 10-6　不同岩体正应力 σ ~ 垂直变形 ε_z ~ 时间 t 关系曲线图

得的应力 — 变形曲线及抗剪强度是不一致的。同一试件在不同正应力下剪切,往往产生逐渐剪损过程,降低强度,增加剪切变形。为了简化剪切面上的应力条件,比较准确地反映应力 — 变形关系,宜采取常正应力进行试验。

10. 3. 5　剪切荷重

1. 剪切速率

在常规试验中,大致有三种方法施加剪切荷重:

(1) 快速剪切法　在施加正应力后,立即在短期内均匀持续地施加剪应力，并测读相应的变形，直至破坏。用这种方法容易在应力 — 变形曲线上出现人为的硬化现象，故不予推荐。

(2) 时间控制法　每级剪应力施加之后，立即测读变形，间隔一定时间，不论变形是否稳定，再测读一次变形，即可向下一级荷重过渡，依此类推，直至剪坏。

(3) 变形控制法　方法基本同上，唯每级剪应力施加以后，每隔一定时间测变形一次，直至在某一时间内或最后相邻两次或三次测读的变形小于某一规定数值，便认为稳定，即可向下一级荷重过渡，依此类推，直至剪坏。

根据一些实测资料和现场观察，所加荷重在达到屈服强度以前，在各级荷重作用下，对于裂隙岩体经过 3 ~ 5min，变形基本上趋于稳定，即用时间控制和用变形控制加荷速率的结果是一样的。对于粘性土软弱夹层，为了消散孔隙水压力，一定要严格控制剪切荷重的施加速率，如国际岩石力学学会的建议方法规定[127]，在达到剪切峰值强度以前，必须读取约十组数，剪切位移速率应在取一组读数以前十分钟内少于 0.1mm/min。到达峰值强度的总时间应超过从固结曲线上所确定的主固结时间 t_{100} 的 6 倍。根据需要，必须降低剪切速率或减少剪应力施加增量，以满足上述要求。设计时，可将孔隙水压力做为独立参数进行稳定计算。

2. 抗剪流变

在岩体或弱面上施加某一剪切荷重以后，岩体将产生瞬时的剪切弹性变形。在温度不变的条件下，如果保持这一荷重为定值，其变形将随时间的延长而增长，这就是岩体的抗剪流变现象。流变对于时间效应较大的软弱岩体及夹层是非常重要的。对于岩体(或弱面) 的流变，虽然国内外都提出了一些数学模型方程式，但将这些方程式应用于实际，还有一定的距离，因此倾向于进行室内或现场试验。

抗剪流变试验大多在软弱岩体或夹层上进行，文献[50] 论述了混凝土沿粘土质粉砂岩接触面的抗剪流变试验问题。试验方法与常规试验大致相同，只是在每一级剪应力施加以后，采用稳压装置，使剪应力和正应力保持不变,然后观测岩体变形随时间的变化。开始测读的时间要短一些,以后逐渐加长。剪应力是根据常规试验结果按预估的破坏值分为若干级等量施加的。

如果用半对数坐标表示这些流变曲线,如图 10-7 所示,则在不超过某一级剪应力作用下,大体上可用下列直线方程式来表达其流变性能

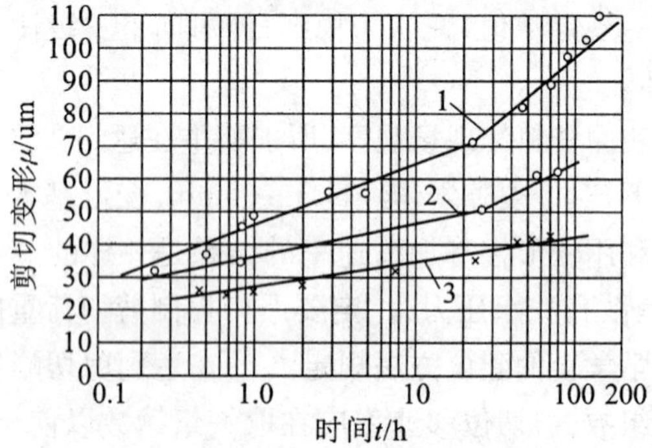

$1—\tau/\tau_f = 0.83$;$2—\tau/\tau_f = 0.68$;$3—\tau/\tau_f = 0.38$

图 10-7　混凝土与粘土质粉砂岩抗剪流变试验剪切变形与时间关系曲线图

$$\varepsilon = \varepsilon_0 + A\lg t$$

式中:ε—— 某一时刻的剪切变形(μm);

ε_0—— 瞬时剪切变形(μm);

t—— 时间(h);

A—— 常数,由剪切流变试验确定,以 μm/h 计,在本试验中 $A = 0.2 \sim 0.25$μm/h。

当剪应力超过某一定值后,上述流变曲线折向上方。如果这一剪应力持续下去,势必导致岩体破坏,相应于第一种情况转化为第二种情况的临界剪应力叫抗剪长期强度 τ_∞。在上述试验中,τ_∞ 约为常规极限强度的 0.67 倍。

原苏联在两个水电站的研究资料说明,具有裂隙的坚硬岩体同样

具有流变性能[122]。

3. 单点法抗剪试验

利用同一试件在几级不同的或相同的法向荷重下重复进行剪切，并求其相应的抗剪参数，这种方法通称为单点法抗剪试验，也可以称为单试件法抗剪试验。利用这个方法可以做到一点多用，尤其当试验地段有限时，可以大大减少试件的制备工作量，但这方法还不是十分成熟的。

国内常用的单点法试验大体有以下几种：

(1) 近似比例极限单点法　在某一级起始正应力作用下，逐级施加剪应力至近似比例极限即卸荷至零，然后加大正应力，按上述同样步骤重复进行多次，在最后一级正应力下才将试件剪断，这样就可以求得相当于近似比例极限的抗剪强度参数。

(2) 临近破坏极限单点法　在某一级起始正应力作用下，逐级对试件施加剪应力，当试件发生显著变形，临近塑流破坏时，停止加荷。然后卸荷至零，再在高一级正应力下重复上述步骤，直到最后一级正应力才把试件剪断，得到的是相当于临近塑流破坏时的抗剪强度参数，这个方法有的叫临近破坏极限单点法试验，有的叫单点抗剪断试验或单点屈服值抗剪试验。

(3) 单点摩擦试验方法　先进行一个试件的常规抗剪断试验，然后在不同的正应力作用下进行多次摩擦试验，得到的是试件破坏以后，重复摩擦所得到的抗剪强度参数。

此外长科院建议，在每一个试件上，首先进行临近破坏极限单点法试验，但各试件最后剪断一级的正应力不应相等，而是逐个递增或递减，然后在同一试件上作单点摩擦试验，这样就把常规剪断试验、临近破坏极限单点法试验与单点摩擦试验三种方法结合起来。如一组 4 个试件，可以取得一组常规抗剪断试验，四组临近破坏极限单点法试验，四组单点摩擦试验，共九组试验成果，这将有助于资料的相互验证，分析对比。

第一种方法的特点是，在近似比例极限以内，经过反复加卸荷过程，岩体基本上在弹性状态下工作，对试验成果影响较小。而第2、第3种方法显然是在临近塑流破坏以及破坏以后的状态下进行的，每经过一次剪切，试件的位置就变化一次，退荷后都会产生一定的塑性变形。因而在某些情况下（如当剪切面不规则时），会给成果带来一定的影响。

在第1，第2种方法中，都存在如何准确确定比例极限点及临近破坏点的问题。一般在试验时，宜采取边试验，边绘制曲线的办法来寻找上述特征点，而且加荷级数要尽量多一些。

在国外，按照国际岩石力学学会的建议方法，采用的是单点摩擦试验法[127]。也有采用临近破坏极限单点法的。值得提出的是，苏联应用的单点法有其特殊之处：主要在于重复剪切是在同一正应力作用下进行的[129]。他们研究了直剪试验中岩体的变形和破坏机理，在分析外力和内力对试件所作的功应该相等的基础上，提出了极限抗剪强度决定于垂直应力 σ，抗剪参数 $\tan\varphi$，c 以及试件的变形参数。在提出的公式中，变形参数是用 $\frac{\mathrm{d}v}{\mathrm{d}u}$，即接近于极限状态时，试件法向变形与水平变形方程式 $v = f(u)$ 的导数来表达的。

单点试验的剪切破坏特性还取决于法向荷重的施加级序，通常应尽可能递增施加[128]。

一些试验成果表明，对于塑性软弱夹层，或较平整的软弱结构面，采用单点法与多点法成果近似，如表10-4所示，也就是说，往往可以利用改变起始正应力进行不同正应力下的重复摩擦试验来代替一组抗剪断试验成果。在某些情况下，单点法所得的摩擦系数值可能比多点法为高，这是因为软弱结构面经多次剪切错动，充填物进一步被压密或部分被挤出，增加了上下盘围岩间的接触所致。

一般情况下，对于以脆性破坏为主的坚硬岩体，当以比例极限作为剪切破坏的准则时，以采用近似比例极限单点法为宜；对于以塑性破坏为主的软弱岩体，当以屈服极限作为剪切破坏的准则时，以采用屈服极限单点法为宜。无论对于坚硬岩体或软弱夹层，都应对单点法试验做进一步的探索和试验研究。

表 10-4　　软弱夹层单点法及多点法试验结果比较表

序号	软弱夹层情况	序号	单点法		多点法	
			f'	$c'/(\text{kg/cm}^2)$	f	$c/(\text{kg/cm}^2)$
1	花岗斑岩断层带，以充填厚约 0.5～2.0cm 的白色高岭土为主。	1	0.22	3.50	0.31	3.40
		2	0.31	3.70		
		3	0.34	2.60		
		平均	0.29	3.27	0.31	3.40
2	石英细砂岩及砂质页岩的层间错动面，其中夹有黄色粘土，层面凹凸差一般为 0.5cm 左右。	1	0.28	1.25	0.30	0.70
		2	0.33	0.35		
		3	0.29	0.35		
		4	0.30	0.90		
		5	0.35	0.40		
		6	0.29	0.40		
		平均	0.31	0.61	0.30	0.70
3	石英细砂岩的层面，层面上有铁锈，起伏差 0.5cm 左右，基本上不夹泥。	1	0.41	1.25	0.40	1.70
		2	0.38	2.00		
		3	0.42	1.70		
		4	0.55	1.00		
		平均	0.44	1.49	0.40	1.70
4	粘土质软弱夹层		0.41	0.14	0.38	0.10
5	薄层炭质夹层层面		0.48	1.10	0.48	1.10
6	含碎石块、砂粒的可塑～软塑的粘土，亚粘土软弱夹层		0.38	0.08	0.41	0.14

10.4 抗剪试验资料的整理

10.4.1 抗剪强度的表达式

裂隙岩体的强度理论是一个极其重要而目前研究得尚不够的问题。目前广泛应用的还是库伦于18世纪提出,后经纳维叶加以发展的抗剪强度表达式,即

$$\tau = \sigma \cdot \tan\varphi + c$$

如果考虑岩体中孔隙水压力的影响,应将上述以总应力表达的方程式改为以有效应力表达的方程式。

库伦表达式不能完善地反映岩体的破坏过程,利用库伦公式求出的f、c两个参数的物理意义也不十分明确,虽然应用较为广泛,但还值得进一步探讨。

对于混凝土/岩体及岩体本身,一般可以绘制如图10-8所示的峰值(最大)强度曲线及残余强度曲线。对于软弱结构面,最好在研究其剪切破坏机理的基础上决定其破坏包线型式。沿不平整的弱面进行的直剪试验表明,破坏包线是一条曲线,如图10-9所示;对平整度大而较厚的塑性夹层往往只能得到残余强度曲线。

除了按常规方法提供抗剪参数以外,还应强调绘制法向应力—法向变形,剪应力—剪切变形,法向变形—剪切变形等全过程关系曲线,以便探讨岩体在不同应力作用下的变形特性及破坏机理,建立数学计算模型以及为有限单元分析提供参数(如法向刚度系数k_n,切向刚度系数k_s)等。

10.4.2 抗剪试验中各剪切强度特征点的划分

在抗滑稳定分析中,大多在深入研究现场剪力试验破坏机理及应力—变形关系等的基础上,划分出各剪切阶段的强度特征点,作为允许抗剪强度的取值标准。

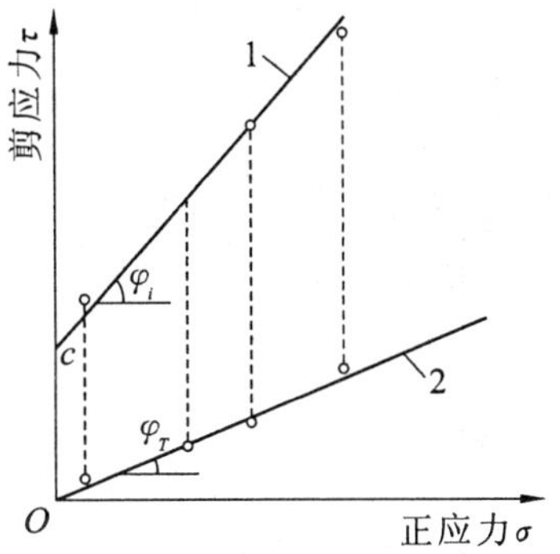

1— 最大抗剪强度包线($\tau = c + \sigma\tan\varphi_i$);2— 残余强度包线($\tau = \sigma\tan\varphi_r$)

图 10-8　坚硬岩体最大和残余抗剪强度破坏包线图

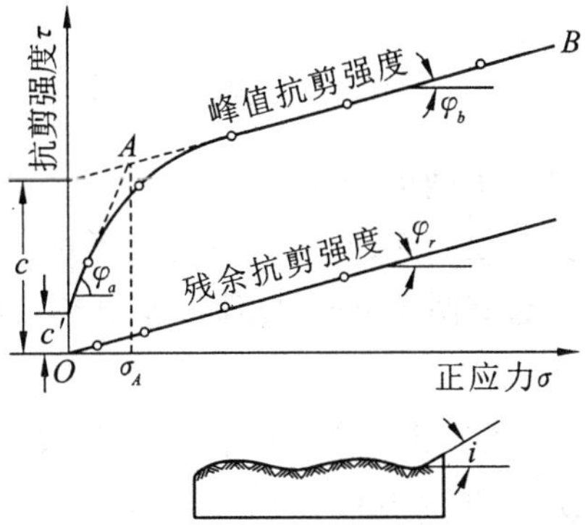

图 10-9　不平整软弱结构面抗剪强度与正应力的关系曲线图

岩体典型的剪应力 — 变形关系曲线如图 10-10 所示,其中曲线 A 可称为脆性破坏类型,曲线 B 可称为塑性破坏类型,1、1′ 代表近似比例极限点,2、2′ 代表屈服强度点,3、3′ 为峰值强度点,4 为残余强度点。

在典型的脆性破坏和典型的塑性破坏岩体之间,存在着各种不同的、也是大量的过渡类型。由于实测曲线往往不那么典型,这就给我们在确定各特征点时带来许多困难。

长科院建议,对于脆性破坏岩体,取比例极限作为剪切破坏准则;

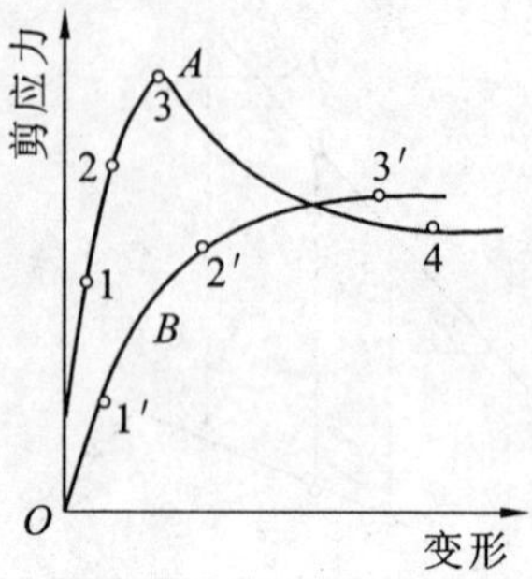

图 10-10　岩体典型剪应力 — 变形关系曲线图

对塑性破坏岩体,取屈服极限作为剪切破坏准则,同时论述了上述两个特征点的确定方法:

1. 比例极限的确定

比例极限的确定,可由应力 — 变形曲线上直线段的末端直接量得。如有困难,可借助以下辅助手段。

(1) 根据在比例极限以前,卸荷以后的变形可以基本恢复这一现象,利用反复加荷 ~ 卸荷循环求比例极限,如图 10-11(a) 所示,A 点即比例极限。

(2) 在比例极限以前,试件受力后连同基岩一起变形,从而可利用实测的剪切绝对变形和相对变形,换算出基岩变形和试件变形,见图 10-11(b)。从上述破坏机理可知图中 A 点即比例极限。

(3) 将剪应力 τ ~ 绝对变形 u_A 曲线的横坐标换为变形率 u_A/τ,则比例极限点有时可变得甚为明显,图 10-11(c) 是变换坐标的结果。

2. 屈服极限的确定

屈服极限的确定,绘制剪应力 τ ~ 绝对变形 u_A ~ 相对变形 u_R 关系曲线,如图 10-12 所示。在 A 点以前,基岩变形逐步减少,相对变形逐步增加,到达 A 点以后,基岩变形趋近于零,相对变形与绝对变形相等,试件濒于塑流状态。根据上述理由,图 10-12 中的 A 点即应力—变形曲线上的屈服点。

(a)反复循环加荷试验　(b)试件变形与基岩变形的关系曲线

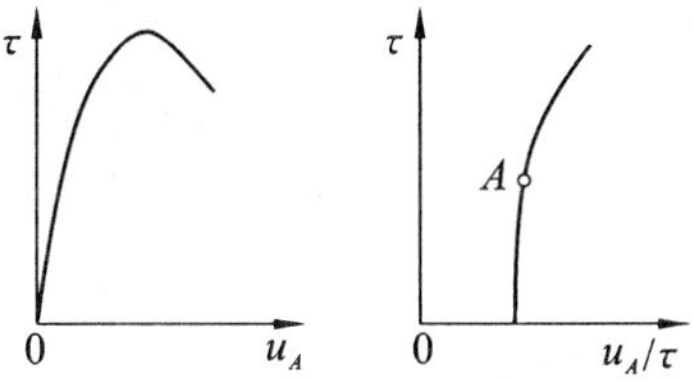

(c)$\tau \sim u_A$，$\tau \sim u_A/\tau$关系曲线

图 10-11　求比例极限的辅助方法图

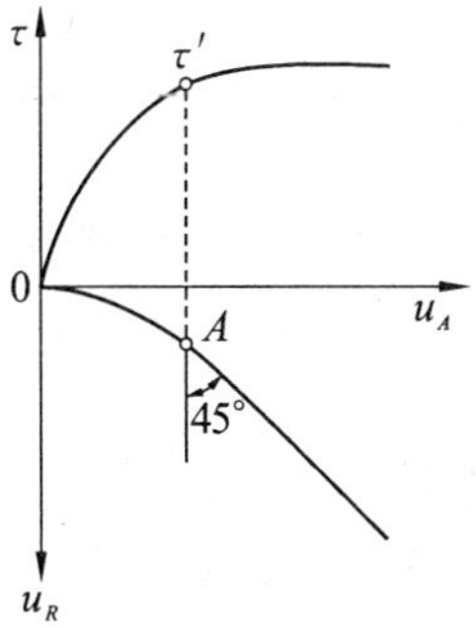

图 10-12　$\tau - u_A, u_A - u_R$ 关系曲线图

陕西省水电设计院最近提出了划分比例极限及屈服极限的另一种方法，这个方法是基于不同剪切阶段具有不同的变形增长率而提出的，如图 10-13 所示，在比例极限终点 a 以前，试件的变形 u_b 基本上不随时间 t 的延长而变化，即变形增长率为零，在 $u_b \sim t$ 曲线上表现为一组平行 t 坐标的线段，基岩变形 u_r 小于试件变形，但形态与 $u_b \sim t$ 曲线相似。超过 a 点以后，u_b 开始以一定速率增长，在 $u_b \sim t$ 曲线上，可以看

到一组与 t 坐标斜交的线段，但交角不大。u_r 在超过 a 点以后，逐渐衰减。随着剪切荷重的继续增加，到达 b 点（即屈服点）以后，试件的变形率急剧增长，在 $u_b \sim t$ 曲线上可以观察到明显的拐点。基岩变形 u_r 在超过 b 点以后不再发生变化，说明试件已与基岩脱离，此后随着剪应力的增加，剪切面突然破坏。按照上述方法，a 点即比例极限，b 点即屈服极限。

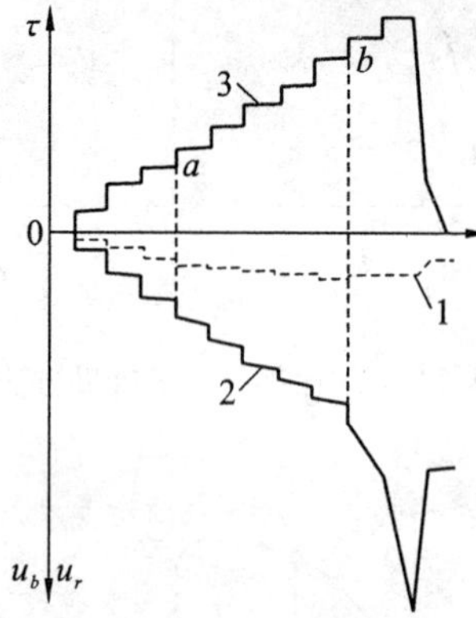

1—$u_r \sim t$ 关系曲线；2—$u_b \sim t$ 关系曲线，3—$\tau \sim t$ 关系曲线

图 10-13 剪应力—变形（混凝土试件、基岩）-时间关系曲线图

关于剪切强度特征的划分，在国外大致有下列几种方法：

（1）前苏联学者罗查（Роза，С. А.）[130] 建议在剪应力—变形曲线上划分出三个阶段：

τ_{I}——在剪切面上开始形成裂缝，相当于比例极限的终点，也相当于试件上游面（受推力面）开始上抬的转折点。

τ_{II}——裂缝逐渐扩大到整个剪切面，相当于试件下游面从下降开始上抬的转折点。

τ_{III}——即峰值或极限剪应力值。

进行高坝抗滑稳定计算时，罗查建议以 τ_{I} 为取值标准。

（2）葡萄牙罗恰（Rocha，M.）等学者提出剪胀（扩容）点的确定问题[131]，他们认为应该从剪应力—垂直变形曲线上划分出试件下游面从下降到上升的转折点，作为允许剪应力的控制标准，这个控制点大致相当于罗查提出的 τ_{II}。

(3) 前苏联卡甘(Каган, A. A.)[132] 等学者认为，荷载对剪切强度的影响在水平变形速度与剪应力关系曲线上反映最清楚，如图 10-14 所示，因而提出在上述曲线上找出直线末端的转折点作为允许应力的控制点。

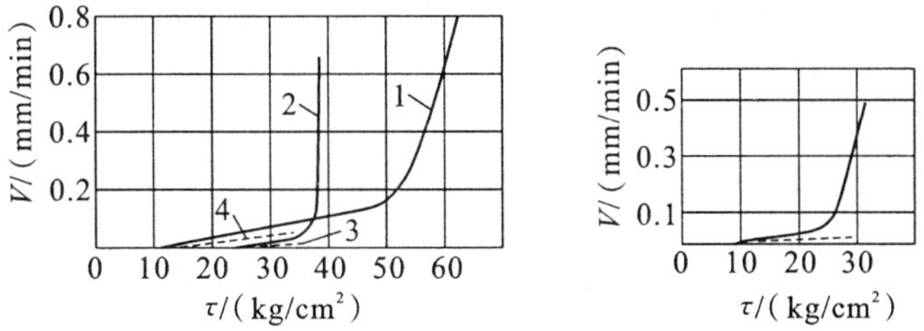

(a)泽依斯克水电站(闪长岩)　　(b)萨扬诺-舒申斯克水电站(片岩)

1— 试件 25；2— 试件 26；3— 试件 26；4— 试件 25(实线表示水平荷重，虚线表示垂直荷重)

图 10-14　混凝土/岩石抗剪断试验中岩基变形速度 V 与水平荷载和垂直荷载关系曲线图

最后是关于残余抗剪强度的问题。残余强度这一概念是斯肯普顿(Skempton, A. W.)首先对粘土提出的[101]，后来也用于岩体。对于坚硬岩体，当试件被剪断以后，剪应力显著下降，以后继续施加剪切荷重，则试件沿着已断的剪切面不断滑动，在不变的剪切荷重作用下，变形持续增加时的强度称为残余强度。对高塑性的软弱夹层，往往观察不到应力下降的现象，残余强度与峰值强度大致相等。国外近来对残余强度的测定非常重视，如国际岩石力学学会的建议方法中明确提出，抗剪试验的目的是测定峰值与残余值[127]。在第三届国际岩石力学会议上郝克(Hoek, E.)等学者在初步总结以往理论和实践的基础上提出，对于巨型建筑物如拱坝或其他水工建筑物地基，当需要考虑岩体的长期稳定性时(大于 100 年)，建议在设计中不考虑岩体结构面之间的粘结力 c

值,而用残余强度的摩擦系数进行计算。由于残余强度不受尺寸效应的影响,所以可以在室内用中小型试件求出[133]。根据派顿对300个以上的岩质边坡进行的研究结果,认为在外力作用下,岩体的破坏有一个逐渐发展的过程,在整个破坏面上,不可能同时达到最大的抗剪强度。当沿整个弱面发生微小位移的时候,首先承力是最凸出的部分,外力把它们剪断,即超过其峰值强度以后,应力集中到次一级凸出的部分,依此类推,逐级击破,逐渐破坏的最终结果是沿整个弱面的抗剪强度达到残余强度值[126],[134]。残余强度的测定问题在国内已引起足够的重视,今后必将得到妥善的解决。

第11章　岩石力学的模型试验

吴沛寰　　严克强　　田裕甲
（武汉水利电力学院）（电力工业部东北勘测设计院科学研究所）

11.1　概　述

岩石力学模型试验是目前研究复杂岩基对上部建筑以及地下结构影响的一个重要的科学试验途径。因为复杂岩基和围岩条件与建筑物的经济与安全有着密切关系，过去在工程实践中，就常有对基岩或围岩研究不够而导致工程失事的例子。但是对于复杂的岩体和不同的地质条件，要了解岩体在工程荷载和边界条件下的应力、变形以及破坏机理等情况，是一个十分复杂的问题，而应用相似材料进行模拟试验则是研究和解决上述问题的有效工具之一，因此在国内外岩石力学研究中，都比较重视模型试验[50],[137]~[141]。

应用模型试验研究岩石力学问题的主要任务是：研究具有各种地质构造的复杂岩基本身的应力和变形特性以及对工程结构的影响；研究非均质非连续岩体的稳定性、破坏机理、破坏形态以及合理的工程加固措施；研究地下洞室的围岩应力、围岩与衬砌的联合作用和破坏机理；研究地下结构的支护型式和地下开挖的影响，等等。

为了能成功地进行岩石力学的模型试验，一个很重要的问题是寻求合适的相似材料。有了比较理想的相似材料，就能满足相似准则的各项要求，并能得到比较满意的试验成果。国内在这方面的工作已有了初步成果，如最近长江水利水电科学研究院材料结构研究室试制成功的重晶石加砂的低强度、低弹模相似材料，河北水利水电学院对纸质互层作为模拟岩石层面的相似材料的研究成果都可供借鉴。

下面主要介绍岩石力学模型试验中的两个方面，即坝工建设中的大坝岩基和地下洞室的围岩试验。结合工程实例阐述这两方面试验（主要是脆性材料试验类型，不包括粘—塑性材料试验类型）中的某些有关技术问题。

11.2 坝基的岩石力学模型试验

11.2.1 基本概况

在弹性平面或空间问题的结构模型中，以往有不少是将坝基和坝体一样看待，都近似地看做是均质连续弹性体，应当说，这对于在缺乏地质资料或者只要求对结构作相对比较的情况下才是合适的。然而，对于大多数的天然基岩来说，情况远非如此。随着勘探技术的日益进步，地质勘探工作的日益深入，天然坝基的地质面貌越来越细致地被揭露出来。人们清楚地认识到，所谓完整、良好的坝基只是一个相对的概念，而实际上并不存在绝对完整的均质弹性地基，况且有时还会因地形以及坝型等因素的影响，坝址并不一定能够选在最好的地质区。由于坝基内广泛存在有断层、裂隙、夹泥层、软弱带，而这些地质因素又构成了坝基的非均质、非弹性以及非连续的三维空间的复杂性质，所以对坝基的模拟远比对上部混凝土结构的模拟复杂，且困难得多。

坝体和坝基是一个相互联系相互制约的整体，在结构的断面或整体模型试验中，正确地模拟和反映基础地质构造特点，对于模型试验的成果有着极其重要的意义，有时甚至是关键性的。坝基地质构造对试验成果的影响，主要有以下四个方面，即：应力分布规律（应力场）；最大应力（控制应力）值的数量和出现的位置；极限荷载的大小（应力与稳定安全度）；破坏过程和破坏形态。我国某宽缝重力坝，坝高103m，坝基地质构造复杂，整个坝基横跨岩性不一的多种岩石，从上游坝踵到下游坝趾之间,依次分别为硅化白云母石英钠长片岩 B,富云母石英钠长片岩 C,绿泥钠长片岩 D 以及富含大颗粒石榴子石云母石英钠长片岩 E,如图 11-1 所示。四种岩体分布软硬相间且左右不对称。坝体混凝土与坝基各岩体之间的弹性模量之比为 $E_A : E_B : E_C : E_D : E_B = 10 : 3 : 1 : 3 : 5$,抗拉强度比为 1.7∶3.2∶1∶3.2∶2.4。这项复杂岩基的模型试验研究,是在十多个模型比尺为 $C_l = 100$ 及 $C_l = 200$ 的石膏模型上进行的。模拟坝基的应力试验对如图 11-1(a)、(b)、(c) 所示的三种情况进行了比较,模拟坝基的破坏试验对四组情况进行了比较。图 11-2 示出了重力坝方案的地基正应力 σ_y,其中一为均质地基的正应力 σ_{yc},另一为

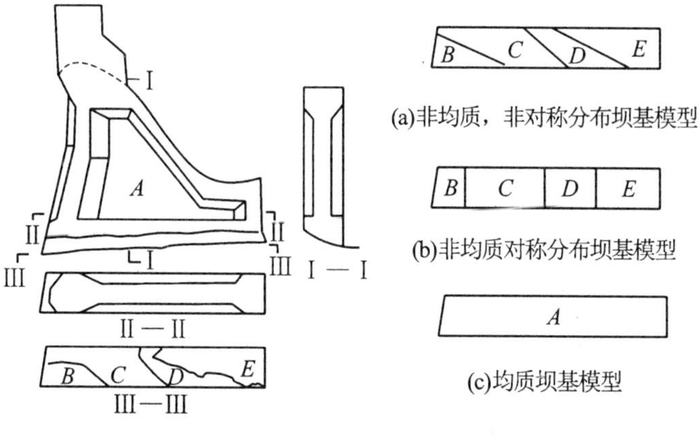

图 11-1　坝段结构及坝基工程地质素描简图

对称分布的非均质地基的正应力 σ_{yb},可见对于非均质地基,如果地基的软弱部分位于坝基的前半部,则将获得增加上游坝踵压应力的有利影响。图 11-3 示出了一组为基岩左右非对称分布的非均质地基(a) 的地基正应力 σ_{ya},另一为对称分布的非均质地基(b) 的地基正应力 σ_{yb}。图 11-4 列出了大头坝方案坝基的(a)、(c) 两种情况的正应力 σ_y。由这些曲线可见,由于坝段左右侧非均质地基的不对称分布,使两侧应力产生了显著的差别,而上游坝踵压应力的减小,或出现拉应力,将会降低

坝段的超载能力。同时还表明,复杂地基的坝基最大应力(拉或压),不一定发生在上游坝踵或下游坝趾,而有可能产生在伴有岩性甚为软弱的岩体内。图 11-5 表示非对称分布的非均质坝基,由于产生不均匀沉陷,坝体除了有上、下游方向的变位外,还引起侧向的变位,使坝段(包括坝和坝基)处于三向应力状态。模型的破坏试验结果表明,由于不均匀沉陷引起的扭转变形,恶化了上游坝踵右侧的应力,因而使超载能力降低了约 25%。这类由坝基地质不均引起的扭转变形,对坝的安全是很不利的。

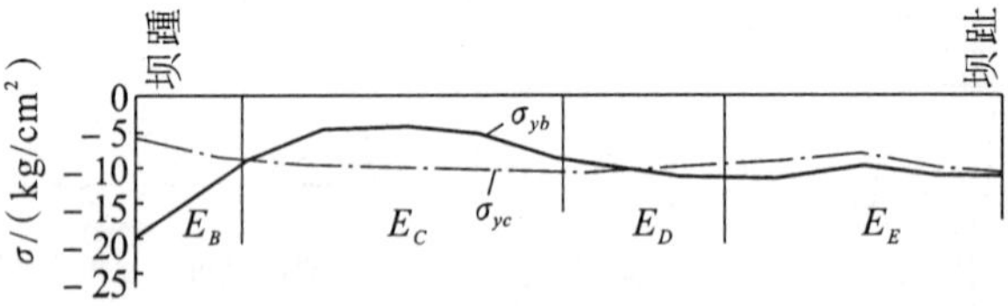

图 11-2　均质坝基(c) 与非均质对称分布坝基(b) 的 σ_y 分布比较图(重力坝坝基)

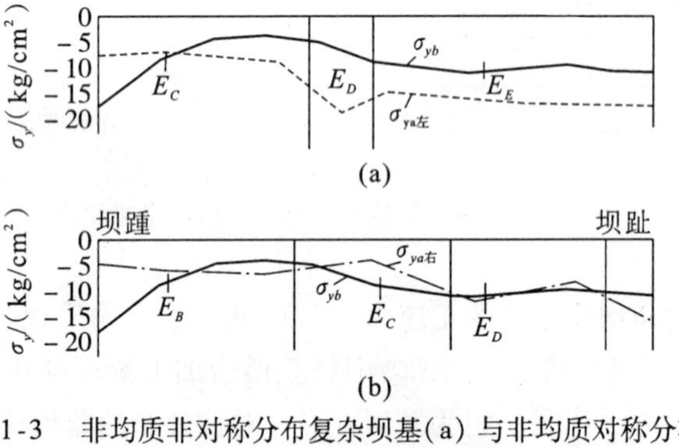

图 11-3　非均质非对称分布复杂坝基(a) 与非均质对称分布复杂坝基(b) 的 σ_y 分布比较图(重力坝坝基)

以上例子说明,正确地建立坝基的岩石力学模型是十分重要的。随着水电建设事业的发展和工程地质勘探的深入,越来越多的大型水利水电枢纽的大坝将建在地质构造复杂的岩基上,当前在充分利用电

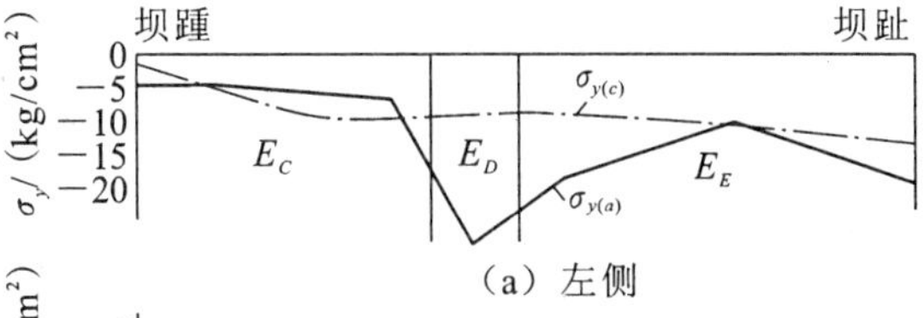

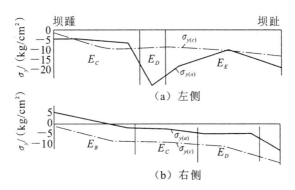

图 11-4　非均质非对称分布复杂坝基(a) 与均质坝基(c) 的 σ_y 分布比较图(大头坝坝基)

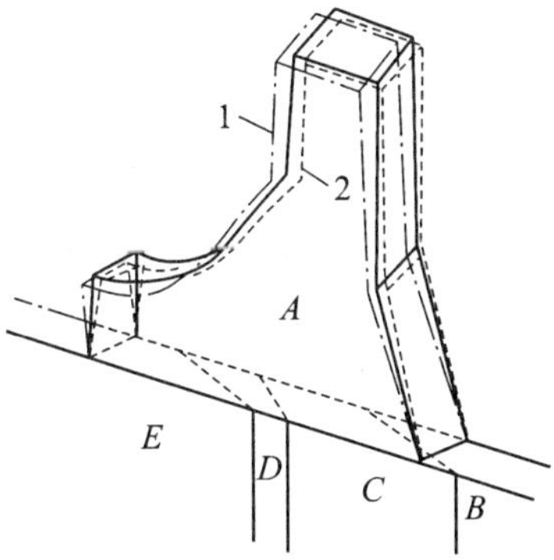

1— 自重及水压作用下的变形;2— 自重作用下的变形

图 11-5　坝体的变形

子计算机的同时,进行包括模拟复杂地质构造在内的结构模型试验,仍是一个十分重要的手段。20 世纪 60 年代前后,国外已陆续发表了一些三向的复杂坝基的模型试验资料。国内也已有不少单位在模型试验中,考虑到比较复杂坝基的岩石力学模型的模拟问题,并列为专题项目进行研究。

坝基的岩石力学模型试验研究,主要包括以下三方面的内容:

(1) 研究复杂坝基在各种荷载作用下的应力分布,变形情况,地质构造带的工作状态,以及它们对坝的应力及稳定的影响。

(2) 研究复杂坝基在荷载作用下的破坏形态,以及应力和稳定的超载安全度。

(3) 研究复杂坝基的基础处理方案。

11.2.2 坝基岩石力学模型的相似准则

为了使原型坝基中可能发生的各种物理力学现象(包括弹性工作阶段和破坏阶段)能够在模型中预示出来,必须在原型与模型之间,在几何特性,材料的物理力学特性等方面,建立起一定的相似准则。设原型(p)和模型(m)之间的相似常数为:

几何相似常数 $C_l = \dfrac{l_p}{l_m}$

弹性模量相似常数 $C_E = \dfrac{E_p}{E_m}$

容重(水及其他材料)相似常数 $C_\gamma = \dfrac{\gamma_n}{\gamma_m}$, $C_\rho = \dfrac{\rho_p}{\rho_m}$

应力相似常数 $C_\sigma = \dfrac{\sigma_n}{\sigma_m}$

位移相似常数 $C_\delta = \dfrac{\delta_p}{\delta_m}$

泊桑比相似常数 $C_\mu = \dfrac{\mu_p}{\mu_m}$

摩擦系数相似常数 $C_f = \dfrac{f_p}{f_m}$

应变相似常数 $C_\varepsilon = \dfrac{\varepsilon_p}{\varepsilon_m}$

强度(剪压拉)相似常数 $C_S = \dfrac{S_p}{S_m}$, $C_R = \dfrac{R_p}{R_m}$, $C_t = \dfrac{t_p}{t_m}$

根据相似原理可以导出原型与模型之间的下列相似准则

$$C_E = C_\sigma = C_l \cdot C_\rho \tag{11-1}$$

$$C_{\gamma} = C_{\rho} \tag{11-2}$$

$$C_{\varepsilon} = 1 \tag{11-3}$$

$$C_{\mu} = 1 \tag{11-4}$$

$$C_{\delta} = C_{l} \tag{11-5}$$

$$C_{f} = 1 \tag{11-6}$$

$$C_{R} = C_{t} = C_{S} = C_{l} \cdot C_{\rho} \tag{11-7}$$

满足以上各式（无论在弹性及破坏全阶段内），则模型的应力场、变形、破坏过程以及破坏形态等方面均与原型相似，这些与一般的结构模型试验是相同的。对于坝基来说，由于基岩及地质构造的多样性，因此必须要求原型与模型各相应部分的对应项相似常数都要相等。例如

$$\frac{E'_{p}}{E'_{m}} = \frac{E''_{p}}{E''_{m}} = \frac{E'''_{p}}{E'''_{m}} = \cdots \tag{11-8}$$

$$\frac{R'_{p}}{R'_{m}} = \frac{R''_{p}}{R''_{m}} = \frac{R'''_{p}}{R'''_{m}} = \cdots = \frac{t'_{p}}{t'_{p}} = \frac{t''_{p}}{t''_{p}} = \frac{t'''_{p}}{t'''_{p}} = \cdots = \frac{S'_{p}}{S'_{m}} = \frac{S''_{p}}{S''_{m}} = \frac{S'''_{p}}{S'''_{m}} = \cdots \tag{11-9}$$

显然，地质构造越复杂，满足上面两式就越困难，特别是式（11-9）尤其如此。工程实践中，在相似材料发生困难的情况下，常常不得不对坝基模型进行某些简化，如经一定的论证后，只要满足主要方面的相似准则，应用相对安全度概念，即可进行比较方案的模拟试验。

对于断面模型，当应力试验与破坏试验在同一模型上进行时，应同时满足上列全部相似条件。对于整体模型，往往是应力试验采用大比例模型，破坏试验采用小比例模型，这样对于每一个模型，可以根据试验的性质来确定整体模型需要满足的相似准则。

11.2.3　模型材料与试验技术

坝基岩石力学模型的相似材料，包括岩块与地质构造两方面。岩块的相似材料，当允许自重可以用集中荷载方式施加时，一般应力试验的模型材料也适用于作为坝基的模型材料；当不允许用集中力代替自重时，则基岩的相似材料就要用尽可能重的粉末作为掺合料，使之满足

C_ρ 的要求。在国外岩块的模型材料有硬橡皮、赛璐珞、浮石混凝土、水泥浮石混合料、石膏浮石混凝土加铁粉、阿拉代混合料、石膏塞里混合料、矿碴水泥混合料、水泥石灰粉砂橡皮屑混合料、石膏矽藻土以及石膏氧化铅混合料等,表 11-1 列举了某些国家的一些工程模型试验所用的相似材料。在国内除少数模型用轻石浆或石膏矽藻土外,仍多用纯石膏。由于纯石膏在强度指标方面难以满足全部相似准则,应用时,往往为使满足主要方面的相似要求,将试验成果以相对安全度进行比较,从而获得某种较好的基础处理方案。关于大容重相似材料的研究工作,目前国内正在逐步开展起来。在进行稳定安全度的某些破坏试验中,只要严格控制滑动面的各项相似指标,同时使岩块的弹性(或变形)模量相似,用纯石膏作为坝基岩块的模型材料还是可以的。表11-2 列举了我国某些工程试验所用的模型材料。

对于模拟包括多种岩性不一的复杂坝基,还有一个粘结材料问题。无论是不同岩石之间的接触面,还是由于工艺方面原因引起的岩块之间的粘结缝,只要没有提出专门的模拟要求,则粘结材料的弹性模量与强度指标,都应尽量与相邻岩体之一相等或近乎相等,否则将导致破坏形态的失真,并将影响到超载系数的数值。目前国内应用于模型接缝的粘结材料有以下几类:

(1) 以环氧树脂为调合剂的粘结材料　例如有环氧橡皮泥、环氧水泥、环氧石膏等。这类材料由于一般不需进行烘烤,调制方便,因此目前国内应用较多,尤其是在弹性模型中更是如此。但是由于粘结材料的强度指标偏高,因此对于作破坏试验的模型不太合适。表 11-3 列举了国内若干单位所使用过的某些参考配方。

(2) 以桃胶水溶液为调合剂的桃胶(阿拉伯胶)石膏粘结材料　这种材料的优点是强度方面的指标比环氧好,在国内某工程大坝基础断面模型的破坏试验中,获得了较为理想的成果。其缺点是含水分较多,需要烘烤,因此使用时要特别注意,避免干缩开裂,要求缝面加工密合。这种粘结材料不适于作较宽缝的填料。试验表明,水胶比宜小于 5,胶液与石膏用量之比不宜大于 2.5,否则很难凝固。

表 11-1　国外某些工程试验所用的模型材料

坝　名	国　别	坝高/(m)	坝　型	模型比例 C_l	模 型 材 料	试验类别
殿山	日　本	64.5	拱　坝	30,200	赛璐珞、浮石、混凝土	应力,破坏
鸣子	日　本	94.5	拱　坝	200	硬质橡皮	应力
波尔德	美　国	222	重力坝		石膏矽藻土	
瓦依昂	意大利	265	拱　坝		轻石浆	
黑部第四	日　本	186	拱　坝	90,100,500	石膏、浮石混凝土、铁粉	应力,破坏
安基让斯克	前苏联	120	支墩坝	125	水泥、石灰粉、砂、橡皮屑	应力,破坏
蒙　纳	苏格兰	39	拱　坝	60	水泥砂浆	应力
留米意	意大利	137	拱　坝	60	石膏塞里混合料	
鲍卡	葡萄牙	63	拱　坝	200	石膏矽藻土	
克拉斯诺雅尔斯克	前苏联		重力坝	50	矿碴水泥混合料	破坏
皮恩太舍我	意大利	80		70	浮石混凝土	
伐尔加利纳	意大利	91.4		75	水泥浮石	
坂本	日　本	103	拱　坝	170	石膏硅藻土	应力,破坏
池原	日　本	111	拱　坝	250	石膏矽藻土	应力,破坏
川俣	日　本	120	拱　坝	120,400	石膏矽藻土	应力,破坏
一濑	日　本	123	拱　坝	175,200,300	石膏矽藻土	应力,破坏
刀利	日　本	101	拱　坝	100	石膏矽藻土	应力,破坏
汤田	日　本	87.5	拱　坝	100	浮石混凝土	应力,破坏

表 11-2　国内某些工程试验所用的模型材料

坝　名	坝　型	坝高/(m)	模型比例 C_l	模型材料	试验类别
柘　溪	大头坝	95	100	浮石混凝土	应力、破坏
朱　庄	重力坝	110	300	石膏	稳定
乌江渡	拱型重力坝(拱圈)	165	250	石膏	应力、破坏
长　诏	重力坝	62	100	石膏	稳定
下　桥	拱坝	118	200	石膏	应力
风　滩	拱坝	110	200	石膏	应力
长　沙	拱坝	52	100	石膏	应力、稳定
故　县	宽缝重力坝	117	190	石膏	稳定
黄龙滩	重力坝	103	200	石膏	应力、破坏
天福庙	拱坝	60	100,250	石膏	应力、稳定
铁山河	拱坝	80	150	石膏矽藻土	应力
丰　乐	拱坝	51	200	轻石浆	破坏
响洪甸	拱坝	78	100	炉碴轻质混凝土	应力
双　牌	大头坝	59	150	石膏	稳定
泉　水	拱坝	80	160	石膏	应力
湖南镇	大头坝	131	130	轻石浆	
石　门	拱坝	88	200	石膏	应力
里石门	拱坝	73	175	石膏	应力
革　命	拱坝	53	50	石膏	应力

表 11-3　　环氧粘结材料的若干参考配方(重量比)

环氧树脂	水泥	二丁脂	丙酮	乙二胺	593	石膏粉	橡皮泥	弹性模量 /(kg/cm^2)
100	35	5	2	8				38000
100		6	8	8		30		30000
100		14		9			80	18500
100		12		7			50	21500
100		27		7			80	12300
100		15		7				31000
100		15		7			20	24000
100		15		7			40	20400
100		15		7			60	12000
100					25	75		42000
100					25	40		20000

(3) 以淀粉溶液为调合剂,并以柠檬酸作为缓凝剂的淀粉石膏粘结材料　这种材料具有比环氧粘剂好得多的经济指标,有比桃胶粘剂较好的抗干缩性能。试验表明,淀水比以选2.5% ~3.5%,柠膏比控制在0.02% ~0.05%,液膏比选用0.85 ~2.0为宜。这类材料的缺点,也是由于有水分,需要烘烤,因而有时导致模型开裂。淀粉石膏粘结剂的弹性模量如图11-6所示。

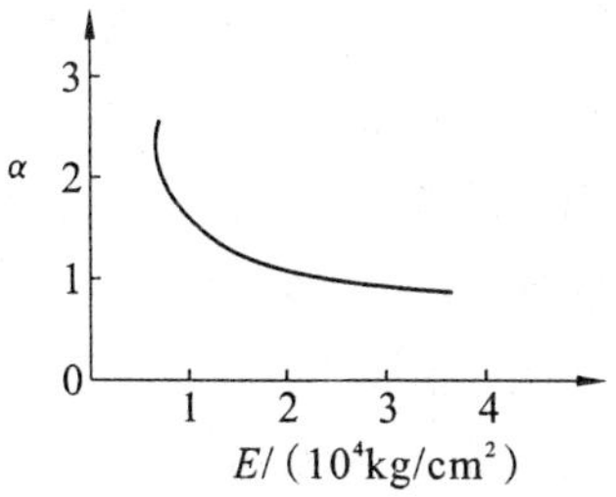

α— 液膏比;β— 柠膏比;δ— 淀水比

图 11-6　$\alpha \sim E_{压}$ 曲线($\beta = 0.03\%$, $\delta = 3\%$)图

(4) 以清漆类材料作为调合剂的清漆石膏粘结材料　这种材料强度指标偏高,凝固干燥过程甚长,因而不太理想,实践中用得不多。

为了避免在粘结缝的两侧出现干缩裂缝,应力求加工面密合,并使涂料层尽可能地薄一些。

关于地质构造的模拟问题,主要包括断层、裂隙、节理面、夹泥层、软弱带的模拟。在模型中模拟岩体的这些因素,与岩体相比较要困难得多,然而却又非常重要。在国外考虑到岩体由于节理、断层、层面等切割所引起的不连续性,对坝基的模拟有两种措施,其一是对于坚固的具有较高变形模量的岩体,其模型采用整浇办法,并单独在模型上模拟主要的断层或节理面等不连续体。其二是整个坝基用大量的模型砖铺筑成不连续的岩体。例如意大利的瓦依昂拱坝山体地质力学模型,是由3200块的 $16\times4\times9\text{cm}^3$ 预制斜棱柱状砖块铺筑。南斯拉夫的格兰卡里沃(Grancarevo)大坝山体由12000块 $5\times10\text{cm}^2$、高 $3\sim6\text{cm}$ 的预制棱柱状砖块铺筑。又如智利的拉佩尔(Rapel)大坝山体是由三种20000块 $8\times8\times8\text{cm}^3$ 的预制斜棱柱状砖铺筑。

对于坝基内不连续体的模拟是很重要的,例如日本的奈川渡坝肩断层平面试验,仅在烧石膏模型中锯缝模拟断层,因不能传递基础应力,夸大了处理的必要性。而高根第一拱坝平面模型,由于较好地模拟了断层,发现断层仍能传递很大应力,使处理工作量节省很多。高根第一拱坝是以腊或石膏轻骨料混凝土模拟断层,意大利的新康康诺大坝坝基模型中,是以橡胶片来复制基岩的非均质特性,前苏联的安基让斯克大坝坝基模型是以石膏石灰浆来模拟坝基中的地质裂缝的。表11-4列举了我国某些坝基模型中曾采用过的地质构造模型材料。

20世纪70年代以来,我国也相继进行了不少反映复杂坝基地质构造的结构模型,在相似材料方面,也取得了一些经验。总起来说,根据要求模拟的不同指标,分别采用以下十种方法或材料,即:① 打孔或锯缝;② 滑石粉石膏涂料;③ 长石粉石膏涂料;④ 橡皮、泡沫橡皮、乳胶;⑤ 乳胶石膏涂料;⑥ 淀粉石膏涂料;⑦ 桃胶石膏涂料;⑧ 纸的互层;⑨ 环氧加低分子聚酰胺树脂涂料;⑩ 环氧涂料加滑石粉。图11-7为我国

表 11-4　　地质构造的若干模型材料

工程名称	地质构造带采用的模型材料			
	软弱带,断层	裂 隙	节 理 面	夹 泥 层
乌江波	橡皮板	乳胶石膏,纯石膏		
长 沙		凡士林		
故 县			石膏滑石粉	
双 牌	纸			纸
天福庙	淀粉石膏,纸			
黄龙滩			桃胶石膏	
红 岩	橡皮板			

某拱坝坝基的岩石力学模型、岩体的模型材料为石膏,粘结材料为淀粉石膏粘结剂,断层材料为淀粉石膏。表 11-5 ~ 表 11-9 列举了某些参考配方,可供参考。

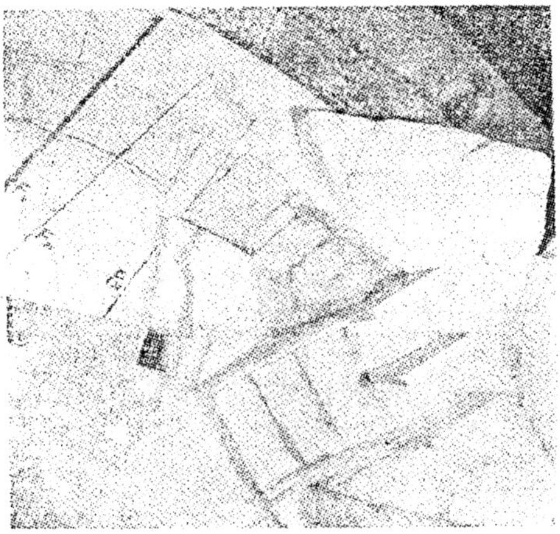

图 11-7　拱坝坝基的岩石力学模型

表 11-5　　　　滑石粉石膏粉涂料(华东水利学院)

滑石粉∶石膏粉∶水(重量比)	$c/(\mathrm{kg/cm^2})$	f
100∶2∶71	0.062	0.73
100∶1∶69	0.076	0.53
100∶15∶16.5	0.23 ~ 1.7	0.42

需要指出的是,用纸作为地质构造的一种模拟材料,这在我国北方地区,由于气候干燥,因而纸质材料的性能就比较稳定。但是对于南方地区,纸的摩擦系数是不稳定的。试验表明,影响纸的摩擦系数值的因素有以下几个方面:① 试件面积;② 荷载作用位置;③ 加荷速度;④ 纸纹;⑤ 温度;⑥ 湿度;⑦ 承压时间。其中影响较大的为 ④、⑤、⑥、⑦ 四项。由表 11-10、表 11-11 和表 11-12 的试验成果可以看出,同样的纸质在不同的条件下,其摩擦系数是不同的。因此在试验时,特别是遇到温度变化大以及多雨季节,纸的摩擦系数的测定,必须要与模型试验在完全相同的条件下进行,方属可靠。

表 11-6　　　　长石粉石膏粉涂料(重量比)(华东水利学院)

长石粉∶石膏粉∶水(重量比)	$E/(\mathrm{kg/cm^2})$	μ	$c/(\mathrm{kg/cm^2})$	f
100∶50∶150	12900	0.103	1	0.61
100∶50∶110	26000	0.157	1.72	0.56

表 11-7　　　　淀粉石膏涂料(河北水利水电学院)

淀粉∶水 = 3∶100,　　　酒精 0.3%　　　(重量比)

淀水液∶石膏粉	1	1.1	1.2	1.3	1.5	1.8
$c/(\mathrm{kg/cm^3})$	7.8	6.3	4.8	3.9	3.1	2.55

表 11-8　　用于模拟不同摩擦角的互层材料(国外)

互层材料	摩擦角/(°)	互层材料	摩擦角/(°)
酒精清漆和油脂涂层	7 ~ 9	酒精清漆涂层	32 ~ 34
不同比例的酒精清漆、滑石和油脂涂层	9 ~ 23	石灰粉	35 ~ 37
		裸露接触面	38 ~ 40
酒精清漆和滑石涂层	24 ~ 26	各种粒径砂子	40 ~ 46

表 11-9　　各种互层材料的摩擦系数

互层材料	f	互层材料	f
粉连纸(光面)/蜡光纸(光面)	0.212	高级透明纸(光面逆纹)/高级白绘图纸(光面横纹)	0.416
蜡光纸(正面)/蜡光纸(正面)	0.230	高级透明纸(粗面横纹)/高级白绘图纸(粗面横纹)	0.442
方格纸(背面)/蜡光纸(光面)	0.250	北京兰纸(粗面横纹)/北京兰纸(粗面横纹)	0.475
蜡光纸(光面)/描图纸(粗面)	0.285	红光纸(正面)/红光纸(正面)	0.490
防油纸(反面)/防油纸(反面)	0.28 ~ 0.30	电话线纸(粗面横纹)/北京兰纸(粗面横纹)	0.621
半透明纸/清漆面	0.38 ~ 0.42	防油纸/清漆面	0.6 ~ 0.76
塑料板/塑料板	0.410	牛皮纸/牛皮纸	0.56 ~ 0.77

表 11-10　　纸纹影响

牛皮纸	正面直纹	正面横纹	反面直纹
平均f	0.623	0.70	0.766

表 11-11　　湿度影响

蜡光纸,室温 29℃,相对湿度 70%		
绝缘电阻	80MΩ	> 200MΩ
f	0.39	0.312

表 11-12　　承压时间影响

蜡光纸,室温约 30℃,相对湿度约 66%					
承压时间 /h	0	24	48	63	73.5
f	0.256	0.27	0.278	0.29	0.311

在坝基的岩石力学模型中,除了要考虑相似材料以外,还应注意坝基的模拟范围。因为原型坝基为半无限体,而模型坝基则必然是有限的,因此模型坝基必须要有足够的深度与宽度,以使由于模型边界约束的影响,减小到允许忽略的程度。这个范围,对于平面模型来说,可以容易地从光弹试验中得到验证。在实际的应用中,对于均质坝基的平面模型,其深度一般取最大坝高的 0.7 ~ 1.0 倍,下游长度取最大底宽的 1.0 倍,上游长度可比下游的略短。对于具有各种地质构造的复杂地基,其模拟范围的确定,必须充分注意到不能改变地质构造的工作状态。对于拱坝等空间模型的地基模拟范围的确定,需要定三个尺度,即河床深度,上下游河床长度以及两岸拱座处山体的厚度。表 11-13 列举了我国若干工程模型试验中采用的基础模拟范围。应该注意,坝基模拟范围的大小、必须与具体的地质条件联系起来一起考虑。

表 11-13　　一些坝工模型试验所采用的坝基模拟范围

坝名	坝型	坝基模拟范围
柘　溪	大头坝	上下游长各用 0.5 倍底宽,深度用 0.5 倍坝高
朱　庄	重力坝	上游长 0.5 倍底宽,下游长 1.5 倍底宽,深 1 倍坝高

续表

坝名	坝型	坝基模拟范围
乌江渡	拱型重力坝（拱圈）	上游取 1.5 倍拱厚，下游取 3.5 倍拱厚，深度约 3 倍拱厚
长　诏	重力坝	上下游长及深度均约为 1 倍坝高
凤　滩	空腹重力坝	宽度为最大坝宽的 2 倍，深度为最大坝高的 2/3
故　县	宽缝重力坝	上游长约 0.5 倍底宽，下游长约 1.1 倍底宽，深约 1 倍坝高
里石门	拱坝	上游河床长大于 2 倍最大底宽，下游河床长大于 5 倍最大底宽
天　堂	拱坝	上游河床长大于 1 倍最大底宽，下游河床长大于 2 倍最大底宽，拱座范围不小于 3 ～ 5 倍相应高程处拱厚，深度大于 0.5 倍坝高
天福庙	拱　坝	上游长大于 2 倍最大底宽，下游长大于 4 ～ 5 倍最大底宽，拱座范围不小于 5 倍相应高程处拱厚，深度取 0.65 倍坝高
乌江渡	拱型重力坝	上游长为 1.5 倍底宽，下游长为 2 倍底宽，深度大于 0.5 倍水头，各方面深度大于相应高程底宽 1 倍以上
东　风	拱坝	深度 0.55 倍坝高，上游 0.5 倍坝高，下游取 1 倍坝高
红　岩	拱坝	上游长大于 2 倍最大底宽，下游长大于 5 倍最大底宽，深度超过 1 倍最大坝高
泉　水	拱坝	宽度为坝底厚度的 10 倍
丰　乐	拱坝	拱座范围大于 3 倍相应高程处拱厚，深度为 2.5 倍最大底厚
石　门	拱坝	上游河床长取 1 倍坝底宽，下游河床长取 2 倍坝底宽，深度为 0.7 倍坝高，拱座范围不小于 3 ～ 5 倍相应高程处拱厚

11.2.4　坝基岩石力学模型试验实例

例 11.1　我国某双曲拱坝，坝高 60m，坝基地质属天河板组岩层，岩性为泥质条带灰岩和泥质白云质灰岩。右岸拱座山体中有断层四条，其层面力学指标 $f_1 = 0.3, c = 0$；左岸坝肩山体中有断层五条，其层面力学指标 $f_2 = 0.6, c = 0$；另外坝底处有一水平夹泥层，其层面力学指标为 $f_1 = 0.3, c = 0$。模型的几何比例常数 $C_l = 250$，坝体与坝基模型材料均为石膏，地质构造面模型模拟材料为纸质互层，试验装置如图

11-8 所示。用系列同步千斤顶进行整体的抗滑稳定超载破坏试验，求得开始失稳时的最危险地质结构面，并求得当不同f_1值时的坝肩稳定超载安全系数K及$f_1 \sim K$关系曲线，如图 11-9 所示。

（a）顶视

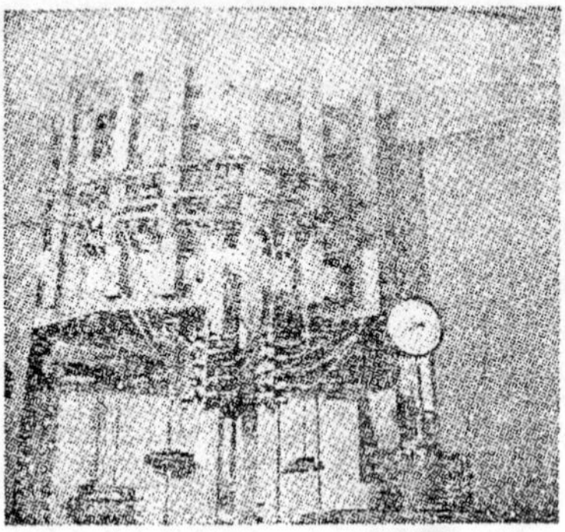

（b）侧视

图 11-8　拱坝坝肩山岩稳定试验装置图

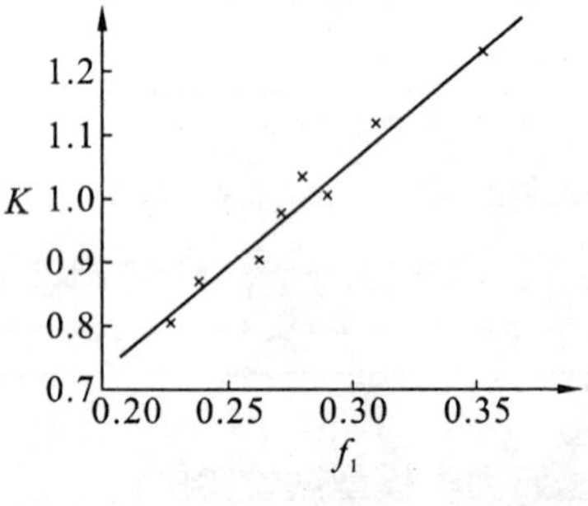

图 11-9　$f_1 \sim K$关系曲线图

例 11.2　我国某重力坝，坝基地质条件比较复杂，由软硬相间的四种不同岩性的岩体组成。由于坝基的前半部内有 74% 的面积坐落在岩性软弱，片理发育，泡水后又易软化的基岩上。为了研究此复杂地基对大坝安全性的影响，进行了破坏试验。试验是在模型几何比尺

C_l = 200 的石膏模型上进行的。岩体之间用弹性模量相似的桃胶石膏涂料粘结。整个试验分成两个阶段,第一阶段试验的内容着重于论证破坏的性质。第二阶段试验论证坝基破坏的应力超载系数。模型总数为 18 个。图 11-10 表示坝基岩石在超载过程中的应力变化。

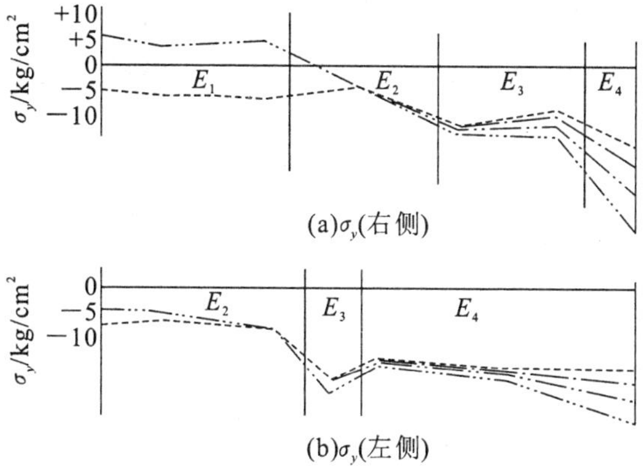

图 11-10　坝基岩石在超载时的正应力 σ_y 变化图

11.3　洞室的岩石力学模型试验

地下洞室的模型试验,主要是研究洞室围岩中的应力 — 应变分布状况以及在外载作用下洞室的破坏过程。有时,也研究支护(或衬砌)与围岩的相互作用,为选择合理的支护方案和发展有关的设计理论提供依据。

为了解洞室围岩的应力分布状况,可以采用光弹模型、全息摄影和有限元计算等多种手段,但由于脆性材料模型试验既能表现弹性变形,又能表现某些非弹性变形现象,因此这类试验仍然被工程单位所经常使用。

在地下洞室的模型试验中,岩体内部的初始应力(特别是侧压力系数）对围岩的应力分布和破坏形态有很大影响，模拟岩体在实际受力条件下的洞室开挖过程是取得可靠资料的关键。因此，目前的发展趋势是控制在“平面应变条件”下进行试验，本节将着重介绍有关这一方面的试验技术。

11.3.1 模型设计

与其他结构模型试验一样，地下洞室的模型设计主要包括材料选择，平面尺寸的确定，测点布置以及荷载的施加方法等内容。总的来说，就是要在各个方面满足模型与原型之间的相似关系。

关于模型的相似律，前面已作过介绍，这里只就与地下洞室有关的问题作一些简要说明：

1. 模型与原型之间所有线性比例系数都应相等

$$C_L = C_R = C_H = C_U = \cdots$$

式中 C_L、C_R、C_H、C_U 分别为模型与原型之间各类线性尺寸之比，例如跨度 L、半径 R、高度 H、位移 U 等。

2. 模型与原型之间所有应力比例系数都应相等

$$C_\sigma = C_E = C_{R压} = C_{R拉} = C_C = \cdots$$

式中 C_σ、C_E、$C_{R压}$、$C_{R拉}$、C_C 等分别为模型与原型之间各类应力量之比，例如岩体的初始应力 σ、弹性模量 E、抗压强度 $R_{压}$、抗拉强度 $R_{拉}$、粘结力 c 等。

3. 模型与原型之间所有无量纲量的比例系数都应等于 1

$$C_\varphi = C_\varepsilon = C_\mu = 1$$

式中 C_φ、C_ε、C_μ 分别为模型与原型之间材料的内摩擦角 φ、应变 ε 和泊桑比 μ 之比。

在进行模型设计时，首先根据线性比例系数和加载台架的大小来选择模型的平面尺寸，一般常以 2.5 倍的洞室直径（或跨度和高度）作为模型的边界面。

其次，根据上述的第二点和第三点要求来选择模型材料。严格地讲，模型与原型两种材料的任何强度和变形曲线（如莫尔包线和应

力 — 应变曲线等）在无量纲坐标图上都要重合，但这一点在通常情况下是很难做到的，因为每一种材料的各种物理力学性质都遵循其自身的规律，人为地按一定的倍数来缩小或放大都不是轻而易举的。因此，应根据试验所要解决的主要问题，抓住关键，满足起决定作用的因素的相似条件。例如，若主要是研究围岩的应力 — 应变关系以及支护结构的受力状态，那就应以满足应力 — 应变曲线和弹模的相似要求为主；如果以研究非弹性变形（如围岩塑性区的发展过程和破坏形态等）为主，则必须满足抗压强度 $R_{压}$ 和 C、φ 等参数的相似要求。

11.3.2　试验技术

1. 模型试块的制作

模型试块是实现试验目的的主要对象，试块的材料构成和平面尺寸都必须严格地满足前述的各种相似要求。在选择模型材料时，应在保证性能稳定的前提下，力求那种来源广泛，加工方便，节省时间和降低成本的材料。

目前，国内常用的模拟围岩和衬砌的材料种类及其物理力学性质列于表 11-14 中。

模型试块的成型方法，常用浇注法和捣制法两种。对于纯石膏或石膏高岭土等材料，浇注法较方便，但因掺水过多，成模的周期比较长。在模拟强度较低的围岩时，可以采用以石膏为胶结料的混合材料，由于石膏的含水率较低，宜采用分层捣制法成型，但应采取必要措施来保证试块的均匀性。

地下洞室的模型试验主要是测定由外载所引起的围岩内部的各种变化，因此传感元件（一般为电阻片）大多布置在“岩体”内部。为适应这种需要，一个整体的模型试件，通常都由两块或两块以上的试块拼装而成。因此，在制作过程中，必须准确地控制各试块的尺寸和保证接合面的平整度。同时，在拼装过程中，应尽量减小各种接合面的间隙，并力求做到使粘结剂与模型材料具有近似的强度和变形性质。

表 11-14　　模型材料的物理力学性质

种类	材料配比（重量比）	使用单位	弹模 /(kg/cm²)	容重和抗压强度		容重和抗拉强度		抗剪强度	
				γ /(g/cm³)	$R_{压}$ /(kg/cm²)	γ /(g/cm³)	$R_{压}$ /(kg/cm²)	φ/(°)	c /(kg/cm²)
模拟围岩的材料	石膏: 砂: 水: 硼砂 = 1:9:1.1:0.014		5.45×1.0^4	–	24.0	–	4.0	33.0	4.0
	砂: 水泥: 水 = 100:5:6(龄期 10 天)	铁道部科学院西南研究所	1.13×10^4	–	1.0	–	0.29	40.5	–
	砂: 胶(石膏: 碳酸钙 = 0.7:0.77) = 70:30 水胶比 = 0.4 硼砂 = 胶重 ×5‰(龄期 10 天)	同济大学	–	1.53	28.1	1.57	3.5	–	–
模拟衬砌的材料	石膏: 水 = 1:0.9	铁道部科学院西南研究所	1.41×10^4	–	15.5	–	3.64	–	–
	石膏: 高岭土 = 0.5:0.5　水胶比 = 1.0	同济大学	2.28×10^4	0.798	17.0	0.897	3.55	–	–
	石膏: 黄砂 = 0.5:0.5　水胶比 = 1.0	同济大学	5.82×10^4	1.22	45.4	1.29	6.7	–	–
	石膏: 木屑 = 0.5:0.5　水胶比 = 2.0	同济大学	5.40×10^3	0.685	7.0	0.71	2.0	–	–

2. 边界条件的控制

为了取得可靠的资料，除了按前述要求选定材料和线性尺寸以外，还要对模型边界上的应力和变形状态进行控制，力求使试验的边界条件与原型的实际情况相一致。

众所周知，在岩体的深处一般都受到三向应力的作用。开洞后，围岩原有的应力状态均可能发生变化。但在一般情况下，由于洞轴线方向的尺寸比断面尺寸大得多，所以这是属于通常所谓的“平面应变”问题。过去，由于所研究的问题多处于线弹性范围之内，为方便起见，有关的试验也常在平面应力条件下进行。近年来，为了研究新的支护设计理论，经常需要了解围岩的实际破坏过程，模型试验也常常超出了线弹性范围。事实证明，当进行破坏性试验时，由上述两种边界条件所得到的试验结果是有显著差别的，如图 11-11 所示。因此，为反映围岩破坏的实际情况，目前国内外所作的地下洞室模型试验都力求控制在平面应变的条件下进行。

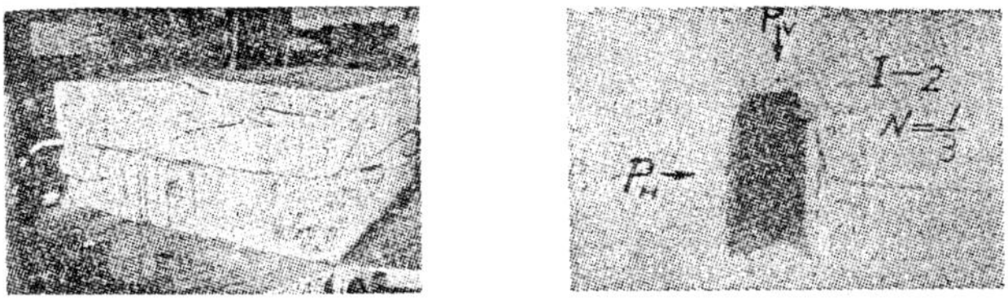

(a)平面应力条件下试件的破坏情况　(b)平面应变条件下试件的破坏情况

图 11-11　两种边界条件下试件的破坏情况图

为了进行平面应变条件下的模型试验，国内有的单位在采用 4 根横向拉杆施加侧向压力和用三个千斤顶进行垂直方向加载的同时，用穿过试块的 36 付螺杆来限制模型沿洞轴方向的变形。但由于夹具的刚度不够，而且也由于损坏了试件的完整性，故试验效果不好。经改进后，在约束洞轴向变形方面取得了较好的效果。但由于采用单向加载的方法和受边界摩擦的影响，模型试件的受力很不均匀：上部荷载虽已达到预定的数值,但试件底部的压力则往往只有顶部压力的$\frac{1}{4}\sim\frac{1}{2}$①,如图 11-12 ~ 图 11-14 所示。

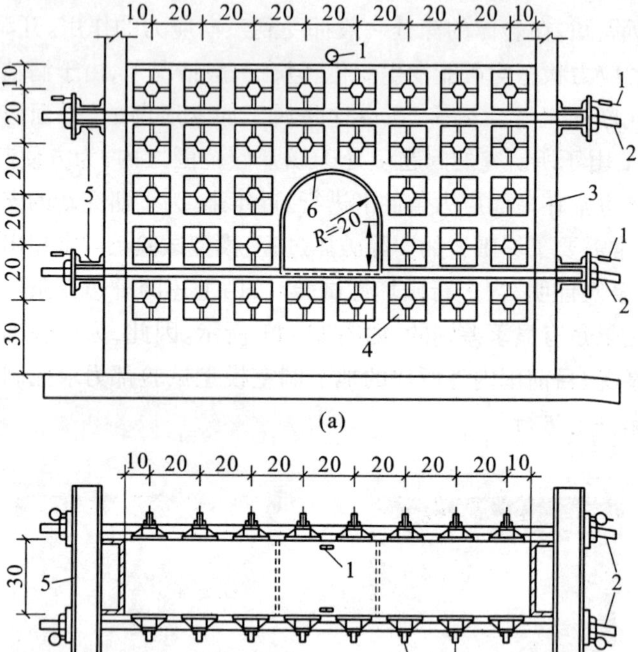

1— 百分表;2— 横向拉杆;3— 台架立柱;4— 纵向夹具;5— 横梁;6— 喷混凝土衬砌

图 11-12　试验台架简图(加载系统未画,图中尺寸均为厘米(cm),地层模型尺寸为 160 × 120 × 30)

日本在 1976 年所作的模型试验中,用 7 个 50t 千斤顶对模型尺寸为 300cm × 300cm × 30cm,洞径为 100cm 的试件施加平向荷载,并用工

① 同济大学,《地下工程中锚杆 — 喷混凝土支护设计理论及施工方法试验研究报告》,1978 年。

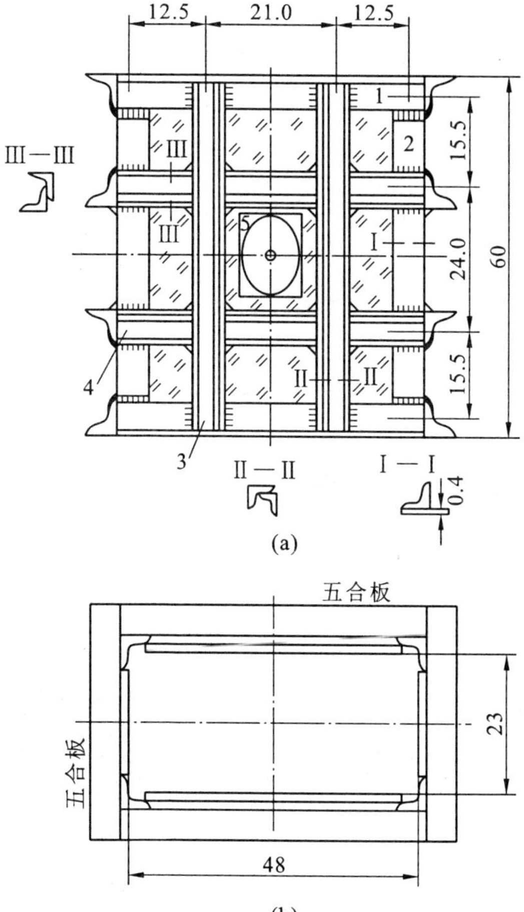

1— 角钢 5 × 5;2— 角钢 5 × 5;3— 角钢 5 × 3.2(两根叠合);
4— 角钢 3.6 × 3.6(两根叠合);5— 堵头板
图 11-13　模型框架图(所标尺寸均为厘米(cm))

字钢来限制其轴向变形。由于未能严格地控制平面应变条件和消除边界摩擦的影响,致使在整个洞室周围的模型板面上出现了许多裂隙。

可见,设计出合理的试验装置,使之既能真正满足平面应变条件,又能有效地克服边界摩擦的影响,对提高测试成果的可靠性是具有重

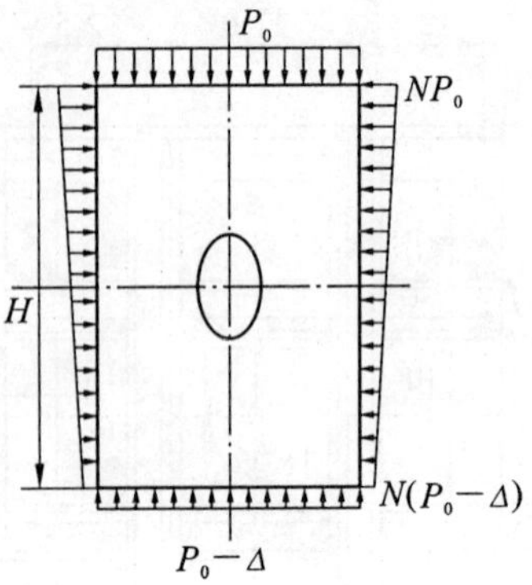

图 11-14　边界摩擦的影响图

要意义的。图 11-15 是某单位所采用的试验装置示意图，经多次实践证明，效果是良好的。

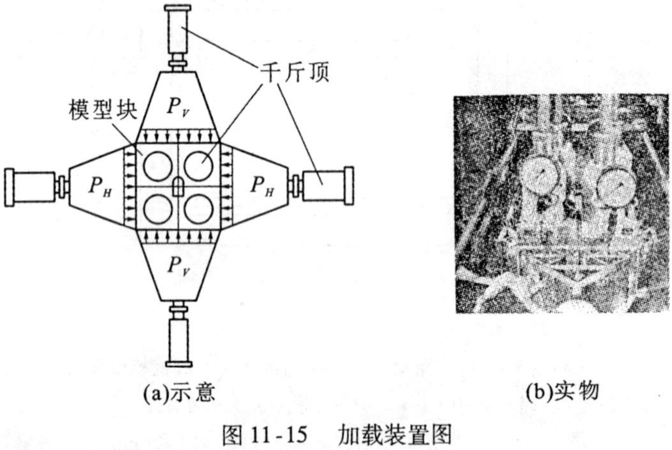

(a)示意　　(b)实物

图 11-15　加载装置图

这种试验装置，由刚性框架和八个千斤顶组成，其中的四个千斤顶用以控制试件在洞轴方向的变形，另外的四个千斤顶分别安设在模型的四个侧面，用以施加垂直荷载 P_V 和水平荷载 P_H。加载设备的最大出力为 100t，并附设有一套稳压装置。为减少边界的摩擦影响，使试件均匀受力,在模型与传力板的接触面上用由四氟乙烯和被塑料薄膜包裹着的石膏浆垫平。由于两者之间的摩擦系数很小(约等于 0.12),故大大地减少了因摩擦而引起的荷载衰减现象,如图 11-16 所示。图 11-17 是白山电站采用这种装置进行试验所得到的结果,可见,试件内部各处的应力分布是比较均匀的。此外,对于具有圆形隧洞的模型,其测值与弹性理论的计算结果也基本一致。因此可以认为,上述图 11-15 中的装置的工作性能是良好的。

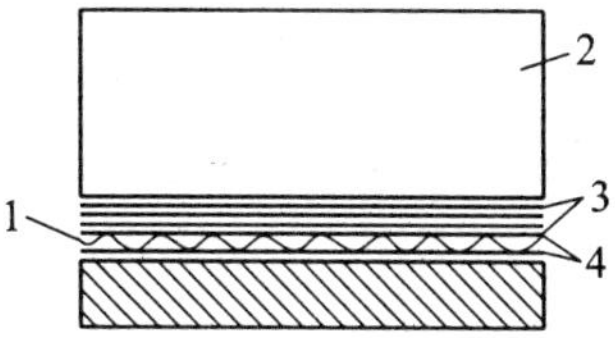

1— 石膏浆;2— 模型试块;3— 四氟乙烯;4— 塑料薄膜

图 11-16　减小摩擦措施示意图

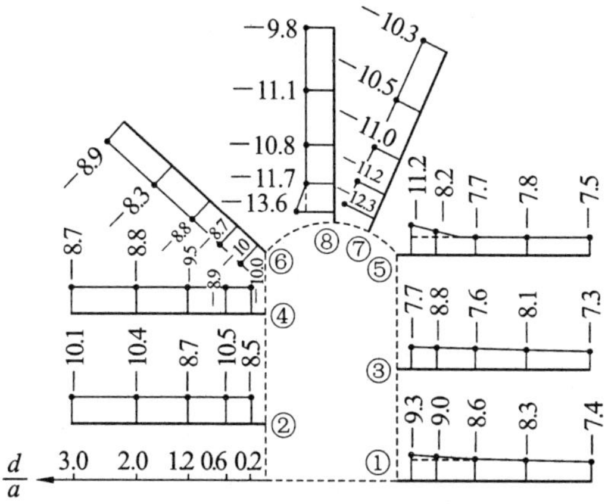

①— 墙脚;②— $\frac{1}{4}$ 墙;③— 墙中;④— $\frac{3}{4}$ 墙;⑤— 墙顶;⑥— 拱脚;⑦— $\frac{1}{4}$ 拱;⑧— 拱顶

图 11-17　模型开洞前介质内切向应变[$\varepsilon_\theta(10^{-4})$]分布图$\left(N=\frac{P_H}{P_V}=\frac{33}{33}=1\right)$

3. 测试程序和资料整理

(1) 模型试件的拼装　在制备好的烘干试块表面,按拟定好的某种布置形式粘贴电阻片,然后用环氧粘结剂把两个或两个以上的模型块粘结成一个整体而成模型试件,如图 11-18 所示。

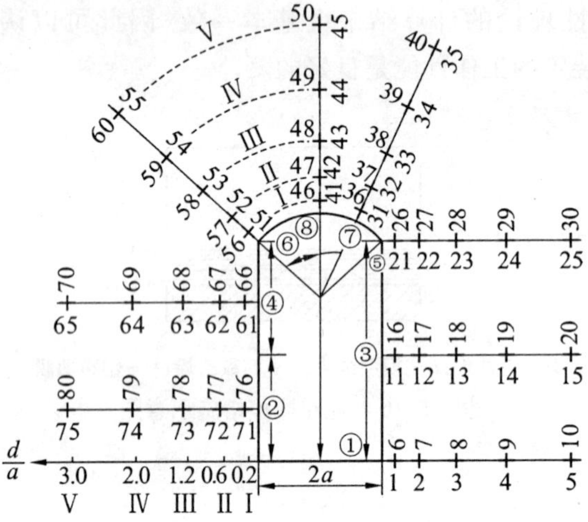

Ⅰ ~ Ⅴ 为测点层次;1 ~ 80 为测点编号

图 11-18　应变测点布置及其编号图

(2) 设备安装　参照图 11-15 的布置,依次安装好传力垫板、分配块、模型试件和千斤顶等各部件。四氟乙烯和石膏浆塑料垫层敷设在试件的六个侧面上,位于试件与传力垫板之间。所使用的千斤顶都须预先进行率定,从中选取性能相近的两个编成组,以便配套使用。

(3) 开洞方法　国内常采用的开洞方法有"先成洞后加载"和"先加载后开洞"两种。前一种方法比较简便,因此目前应用比较普遍,但一般都认为后一种方法能够较好地反映工程的实际情况。

所谓"先加载后开洞",就是先对模型施加设计荷载,然后在预定的部位按所规定的尺寸和轮廓来开挖洞室。在这一过程中,应注意以下两个主要环节:

第一，要控制好成洞尺寸。由于模型比尺较小，洞壁附近又贴有电阻片，因此开洞过程中所出现的“超挖”或“欠挖”都将对试验结果造成较大的影响。为使成洞规则，可在捣制模型试块时预留出待开挖的洞室，模型块干燥后，在洞壁上涂一层干石膏粉，然后用与模块相同的材料配比和密度回填预留的洞室。这样，由于回填界线明显，加之细心操作，一般均可取得满意的结果。

第二，施加的外载要同步，所谓“同步”，包含有两层意思，其一，用以施加垂直荷载或水平荷载的两个千斤顶必须同时动作，出力一致；其二，在加载时，垂直荷载和水平荷载需按所控制的数值同时作用在试件上，而且当需要提高外载时，它们应按开始时所控制的比值同时增大。

（4）试件轴向变形的控制　在试件内部预埋四个平行于洞轴方向的电阻片（其位置应分别与四个千斤顶的安装部位相对应，如图 11-19 所示）。在按某种比例同时增大垂直荷载和水平荷载的过程中，若试件的某一部位产生沿洞轴方向的变形，立即提高相应于该部位的千斤顶出力，使该处的电阻片读数回零。

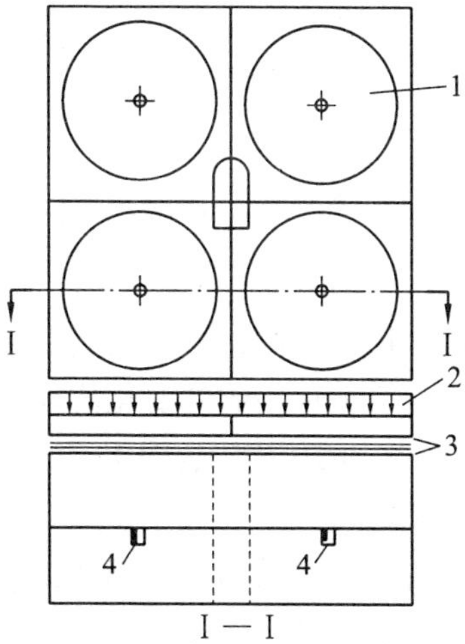

1— 千斤顶；2— 均布荷载；3— 减小摩擦的措施；4— 电阻应变片

图 11-19　控制试件沿洞轴方向变形的电阻片布置图

(5)“先加载后开洞”的量测步骤和资料整理方法

1) 根据应力比例系数的大小,先对模型试件施加一个相当于实际工程的初始应力状态的外载,并以各测点所取得的测值作为“初始读数”,如图 11-20 所示。这些数据还可以作为判断试件内部各处的均匀性和估算其实际弹模值之参考。

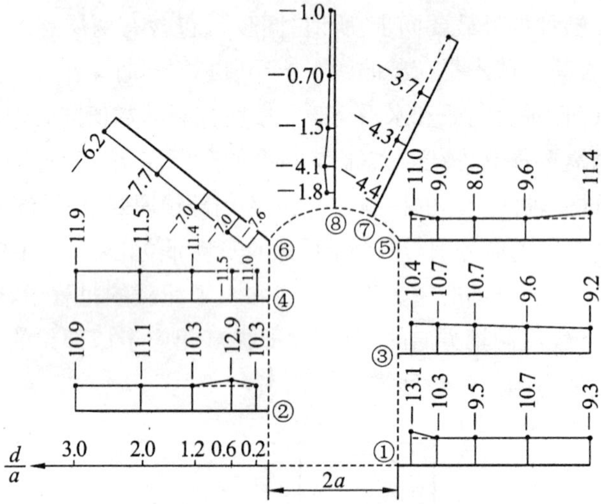

(图中标号意义与图 11-17 同)

图 11-20　模型开洞前介质内部的切向应变$\left[N=\frac{1}{3},\varepsilon_\theta(10^{-4})\right]$

2) 在前述荷载的作用下开洞,同时也测得各测点的读数,该读数与“初始读数”之差即为开洞所引起的变化值。图 11-21 就是开洞所引起的洞室围岩中切向应变的变化情况,图 11-21 直观地反映出围岩各处所出现的应力集中现象。

3) 若有必要,可以按所控制的侧压力系数值逐步并同步地增大垂直荷载和水平荷载,直至发生破坏为止。在这一过程中,应测得各级荷载下各种元件的读数。试验结束后,绘制出破坏面的实际轮廓线,如图

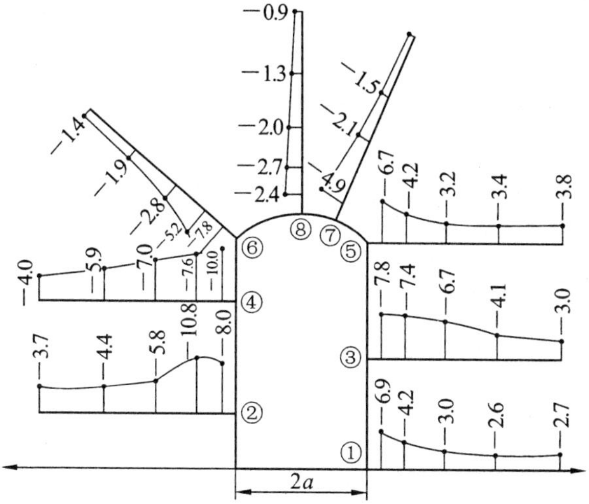

图 11-21　开洞引起的切向应变$\left[N=\frac{1}{3},\varepsilon_\theta(10^{-4})\right]$图

11-22 所示。

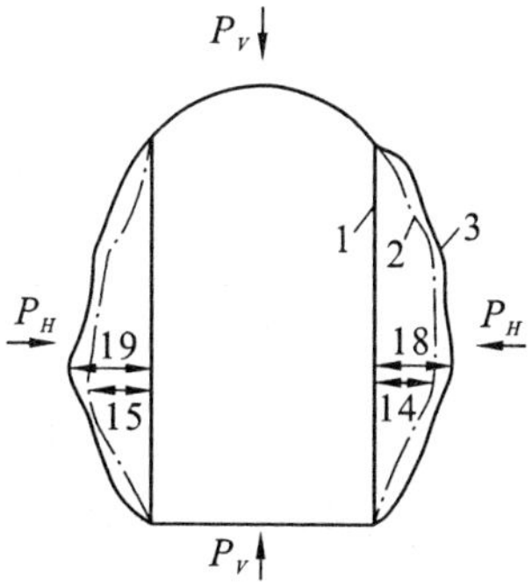

1— 模型原有洞室轮廓；2— 距模型边部 3. 5cm 深处洞室的破坏轮廓线；

3— 模型边部表面洞室的破坏轮廓线

图 11-22　模型破坏面的实测轮廓线图($N=\frac{1}{3}$,图中尺寸为 cm)

11.3.3 讨论

(1) 大量的试验结果表明,在平面应力和平面应变条件下所进行的地下洞室模型试验,无论是模型的应变场还是模型的破坏形式,两者都是不一样的。

图 11-23 是由上述两种试验条件所测得的洞室围岩切向应变的分布情况,从图 11-23 中可以看出,它们的分布规律虽然很相似,但在数值上却有着明显的差别。

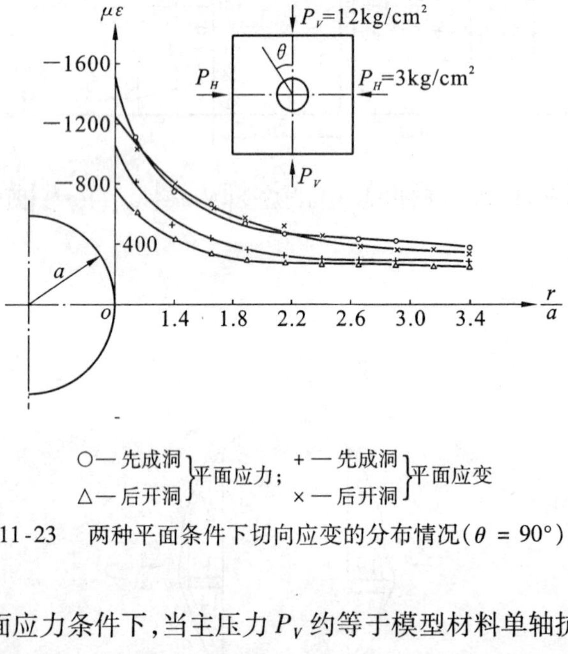

图 11-23 两种平面条件下切向应变的分布情况($\theta = 90°$) 图

在平面应力条件下,当主压力 P_V 约等于模型材料单轴抗压强度的 0.8 ~ 1.0 倍时,试件将在次压力 P_H 的作用面上产生与洞体斜交并贯穿整个模型块的剪切缝(见图 11-11(a));在平面应变条件下,模型内部呈"压剪破坏"的形式(见图 11-11(b)),其破坏荷载比前者大 70% 左右。可见,"平面应变"的试验条件更能反映工程的实际情况。

(2) 采取不同的开洞方法,试验结果也不一样。就切向应变而言,无论是“先加载后开洞”，还是“先成洞后加载”，其结果基本一致，但其径向应变分布，两者却相差甚为悬殊，如图 11-24 所示。很明显，对支护型式的选择和支护设计理论的研究来说，“先加载后开洞”的试验方法更具有实用意义。

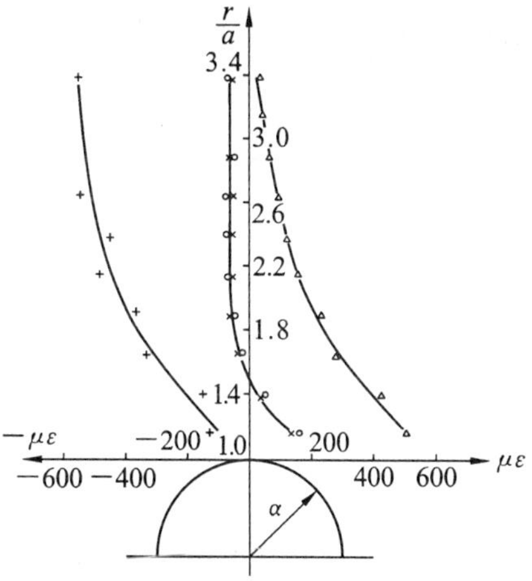

+ — 先成洞后加载，△— 先加载后开洞：径向应变；○— 先成洞后加载，× — 先加载后开洞：切向应变

（试验条件：平面应变；$N = \frac{1}{4}$，$P_V = 12\text{kg/cm}^2$；拱冠部位）

图 11-24　两种开洞方法的应变分布情况图

(3) 岩体中的初始应力状态对洞室的破坏形式有很大影响。当 $N = \frac{1}{3}(N = P/P_V)$ 时，压应力集中和破坏区域均位于洞室的两侧边墙（拱部和底板均完好）；当 $N = 1.5$ 时，压应力集中和破坏区域发生在拱部和底板（边墙完好），当 $N = 1.0$ 时，应力分布和破坏区都比较均匀，但拱脚和底角处较为严重。

(4) 开洞后，围岩中应变变化较大的区域，一般发生在洞室半跨的 0.6 ~ 1.2 倍的范围内，试验中对这些部位的量测工作应该予以充分的注意。

(5) 就一般情况来说,由模型直接测得的是应变值,但实际工程中人们更关心的是应力值的大小。在线弹性范围内,把应变换算为应力是很方便的,但当材料进入屈服状态后,应力与应变的关系非常复杂,就难以用比较简单的方法来进行这种换算。目前,国内外的一些学者虽然对此作了一些分析研究,并取得了初步成果,但仍然很不成熟,还需要进行更多的工作。

第三篇　岩石力学的理论研究与分析计算

第 12 章　岩体破坏机制及强度研究

许广忠
（中国科学院地质研究所）

岩体是有结构的[142]。岩体的力学作用主要受岩体内结构面及岩体结构控制着。从某种意义上来说，岩体内的结构面及岩体结构特征可以视为岩体力学的地质基础。

12.1　岩体结构及岩体力学介质特征

12.1.1　岩体的概念

岩体是对由岩石组成的地质体作为工程作用对象研究时的专用名称。岩体和地质体是同一个物体的两个专用名称，它们都是地壳的一部分。当我们研究它的地质作用时，称它为地质体；当我们研究它的工程作用时，则称为岩体。岩体和地质体的区别不是指其规模大小而言，而在于研究目的和内容。就我们研究的具体问题涉及的对象的规模来说，大多数情况下，岩体的规模小于地质体。从这个意义上来说，可以把岩体视为地质体的一部分。

12.1.2　结构面特征

岩体与一般物体的差别在于岩体是受结构面纵横切割的多裂隙体。岩体内结构面控制着岩体变形、破坏机制及力学法则。

结构面对岩体力学性能及作用的影响称为结构面的力学效应。结构面的力学效应决定于结构面的自然特性。

结构面的自然特性不是孤立的,而是与结构面的成因及其形成过程密切相关。只有在结构面成因及其分布规律研究基础上,才能认识和掌握结构面的自然特性的规律。在研究结构面力学特性时,必须以地质成因为基础对结构面自然特性做细致地研究,掌握结构面的地质特点,指导岩体力学研究工作。这是岩体基本力学特性研究的基础。

岩体结构面的特性可以用下述六个因素来表征:

(1) 结构面胶结或结合状况;

(2) 结构面充填状况;

(3) 结构面粗糙度及起伏度等形态特征;

(4) 结构面连续性、贯通性、延展性及规模;

(5) 结构面密度;

(6) 结构面空间分布特征。

在研究岩体基本力学性质时,必须综合地考虑上述这六个因素,其中以充填状况及规模尤为重要。岩体结构面内有充填物者,则属于软弱结构面,否则便属于硬性结构面。软弱结构面在岩体力学作用中具有特别重要的意义。

工程实践涉及的岩体是有一定规模的。一定规模的岩体内发育的结构面,按其规模及其力学效应所划分的类别如表 12-1 所示。表12-1中,Ⅰ、Ⅱ 级结构面属软弱结构面,它是岩体变形和破坏的控制因素,是划分岩体结构、鉴定岩体力学介质类型的依据。Ⅲ、Ⅳ 级结构面属于硬性结构面,部分 Ⅲ 级结构面亦属于软弱结构面。Ⅲ、Ⅳ 级结构面的力学效应与岩体赋存的地质物理环境,特别是地应力条件有关。

12.1.3 岩体结构

岩体结构是岩体的基本特性,岩体结构控制着岩体变形、破坏等力学特性。20 世纪 60 年代以来,地质和地球物理研究发现,地壳是由板块构 成的。板块内还可以划分出许多断块。断块也不是完整一块,断块里

表12-1 结构面级序及其特征

级序	分级的依据	力学效应	结构面力学作用类型	地质特征
Ⅰ	结构面延展长，规模大，破碎带宽	1. 形成岩体力学作用边界； 2. 岩体变形、破坏的控制条件	软弱结构面	较大的断层
Ⅱ	延展规模与工程所辖范围相当，破碎带较窄	1. 形成块裂体边界； 2. 控制岩体变形，破坏机制	软弱结构面	小断层，层间错动面
Ⅲ	延展长度由十几米至几十米，错动面不夹泥或仅有泥膜	1. 参与构成块裂体的边界； 2. 划分Ⅱ级岩体结构的依据	多属硬性结构面，部分属于软弱结构面	不夹泥的小断层及大节理
Ⅳ	延展短，不切层，不夹泥，有的呈闭合状态或具有一定的结合程度	1. 划分Ⅱ级岩体结构的主要依据； 2. 岩体力学性质结构效应的基础	硬性结构面	普通节理、劈理、次生裂隙

面还存在有许多切割它的断裂面。显然,地壳的基本结构是块断结构。与工程作用有关的岩体也具有类似的规律,其结构也是在断层、节理、层面等结构面切割下形成的断裂结构。

断裂结构是岩体受结构面切割形成的结构的总称。结构面切割岩体形成的结构特征,由于受结构面性质及其切割程度的影响,则十分不同。如在Ⅰ、Ⅱ级软弱结构面切割下形成的块体,其变形和破坏主要受软弱结构面控制。Ⅲ、Ⅳ级硬性结构面切割成的岩体多呈不连续的碎块组合,这种岩体的力学作用主要受岩体结构特征所控制,两者的力学作用大不相同。我们把Ⅰ、Ⅱ级软弱结构面切割形成结构体的岩体结构命名为块裂结构,Ⅲ、Ⅳ级硬性结构面切割形成结构体的岩体结构称为碎裂结构。断层破碎带内和风化带的岩体具有另一种结构类型。这种岩体内结构面呈无序状分布,结构体大小不等,这种结构命名为散体结构,它在自然界不太多见;但确实还存在有一种完整结构岩体,这种岩体内结构面极不发育,有的则为已有的结构面被后生作用所愈合,其主要特点是结构面连续性很差,即未形成结构体。因此,不难看出,岩体具有四种基本的结构类型,即块裂结构、碎裂结构、完整结构及散体结构。这四种基本结构类型的区别主要由结构面发育特征所规定。块裂结构是在Ⅰ、Ⅱ级软弱结构面切割下形成的,碎裂结构是在Ⅲ、Ⅳ级硬性结构面切割下形成的,散体结构是由无序状态的Ⅲ、Ⅳ级结构面割裂下形成的,完整结构是包含有Ⅳ级以下的不连续,不相互切割的结构面。实际上,碎裂结构、完整结构及部分散体结构是块裂结构岩体的结构体的结构。因此,我们认为,可以把块裂结构视为Ⅰ级岩体结构,而碎裂结构、完整结构及散体结构视为Ⅱ级岩体结构。上述的结果综合列于表12-2,其典型结构如图12-1所示。

12.1.4 各种结构岩体的破坏方式

室内外进行的大量的岩体和岩块力学试验揭示了各种结构岩体的典型地质单元的变形和破坏特征。这些结果对认识岩体破坏方式是很有意义的,概括起来可以得到以下几点基本认识:

表 12-2　**岩体结构的基本类型**

结构类型	亚　类	分类鉴别依据	力学作用控制因素	备　注
块裂结构	完整块裂结构，破碎块裂结构	Ⅰ、Ⅱ级结构面即软弱结构面切割	结构面起伏形态及软弱夹层物质及结构特征	可以视为Ⅰ级岩体结构
完整结构	无裂隙的，有裂隙的	发育有低于Ⅳ级的结构面，不连续，相互不切割	岩石及岩相特征为主，微裂隙亦起一定作用	可以视为Ⅱ级岩体结构
碎裂结构	块状碎裂结构。层状碎裂结构，镶嵌碎裂结构	Ⅲ、Ⅳ级的硬性结构面的密度及组数	结构体数量及其产状特征	可以视为Ⅱ级岩体结构
散体结构	碎块散体结构（包括块夹泥），糜棱化散体结构（包括泥夹块）	结构面呈无序状排列，按结构体大小可进一步分类	结构体大小及岩体内结构体数量	可以视为Ⅱ级岩体结构

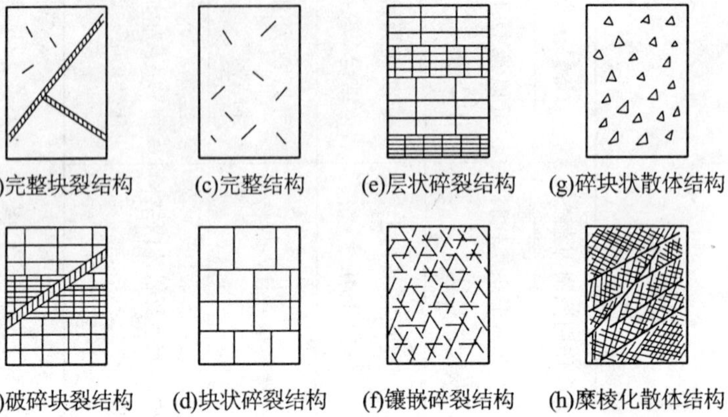

图 12-1　典型岩体结构图

(1) 包括有软弱结构面的块裂结构岩体在外载荷作用下产生破坏的方式与结构面产状密切有关。当结构面倾斜时，其破坏方式为沿软弱结构面滑移(见图 12-2(a))；当结构面垂直和平行于作用力方向时，则结构面不起作用，其破坏方式为结构体压碎。

(2) 完整结构岩体在无围压条件下，其破坏方式为张破裂(见图 12-2(b))；在中等围压条件下，破坏方式为剪破坏(见图 12-2(c))；在高围压下则出现糜棱化的塑性变形(见图 12-2(d))。

(3) 碎裂结构岩体在低围压下有的受结构面控制，有的通过结构体破坏，其总的破坏方式仍为张破裂(见图 12-2(e))。在高围压下结构效应逐渐消失，其破坏方式与完整结构岩体基本相同。

(4) 粗碎屑散体结构岩体破坏方式与碎裂结构岩体相同。在低围压下明显地具有结构效应，高围压下结构效应逐渐消失。细粒散体结构岩体(如断层泥) 不论在低围压下或高围压下一般都呈塑性变形(见图 12-2(h))。

上述结果综合列于表 12-3。

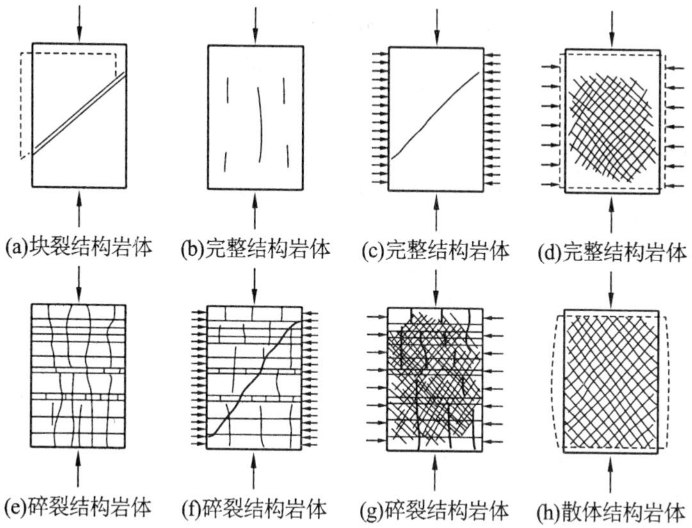

图 12-2　各种结构岩体的主要破坏方式图

表 12-3　不同结构的岩体在不同围压条件下的破坏方式

岩体结构	围压条件	破坏方式	力学性质特点
块裂结构岩体		沿软弱结构面滑动	受软弱结构面形态及软弱夹层性质控制
完整结构岩体	低围压下 中围压下 高围压下	张破裂 剪破裂 塑性变形	受岩性及岩相特征控制，结构效应不明显
碎裂结构岩体	低围压下 中围压下 高围压下	有时为张破裂，有时沿结构面破坏 剪破裂 塑性变形	受岩体结构控制，岩体结构效应明显 结构效应消失
散体结构岩体	粗碎屑 各种围压下 细粒碎屑 各种围压下	同碎裂结构岩体 同完整结构岩体	同碎裂结构岩体 受岩性及岩体结构控制，与含水量关系很大

综上所述,不难看出,岩体破坏方式在一定条件下与岩体结构有关。低围压下,严格地受岩体结构控制着;高围压下,结构面不起作用,其破坏方式几近相同,都呈塑性破坏。显然,岩体破坏方式既受岩体结构控制,也受围压控制。在高围压下 Ⅱ 级结构岩体都呈塑性破坏,具有连续介质特征,即出现了破坏方式和机制的转化,随此,也产生了力学介质类型的转化。

12.1.5 岩体的力学介质类型

材料在外力作用下表现具有一定的本构规律,在进行数学力学分析时,可以把它抽象为具有一定特征的数学力学模型,把可以用一定的数学力学模型来表征的实体称为力学介质。根据岩体中应力作用特点、变形及破坏机制,参照上述结果,可以将岩体划分为三种力学介质,即块裂介质、碎裂介质和连续介质。各种力学介质特征汇总列于表 12-4。

表 12-4　　岩体力学介质类型及其特征

力学介质类型	岩体结构类型	破坏机制	岩体力学性质研究方法	岩体力学分析原理
块裂介质	块裂结构岩体	沿软弱结构面滑移	结构面典型地质单元直剪试验与结构面地质特征分析相结合	块裂介质岩体力学
碎裂介质	低围压下碎裂结构及粗碎屑散体结构岩体	结构面及结构体共同控制下的张破裂及剪破裂	典型地质单元三轴试验与岩体结构分析相结合	碎裂介质岩体力学
连续介质	完整结构岩体及高围压下的碎裂结构及粗碎屑散体结构岩体	低围压下张破裂,中围压下剪破裂,高围压下塑性变形	典型地质单元三轴试验结构效应不显著	连续介质岩体力学

简言之,块裂介质岩体的力学作用主要受软弱结构面控制,碎裂介质岩体的力学作用主要受岩体结构控制,其力学性质具有明显的结构效

应,连续介质岩体服从连续介质力学的基本条件,如变形连续性条件等。

12.2　块裂介质岩体的破坏机制及强度分析

12.2.1　块裂介质岩体破坏机制

前面曾指出过,块裂介质岩体破坏方式是块裂体沿软弱结构面滑动,也就是说,软弱结构面控制着块裂介质岩体的破坏机制,如图 12-3 所示是一个很好的实例,该图为我国某矿区边坡岩体结构与边坡破坏实测资料。图中资料表明,该滑坡体可以分为两个区,F_3 断层带上盘部分为滑动区,下盘部分为抗滑区。滑动区部分滑坡体的南部边界为 Ⅱ 级结构面 F_{23},西北部边界为 Ⅲ 级结构面 f^3(大节理),东北部(即滑动区下界)以 Ⅰ 级结构面 F_3 断层带为界。图右下角极射赤平投影分析结果表明,F_{23} 与 f^3 两结构面的组合交线方向与实测的滑动体运动方向完全一致。它表明滑坡体滑动区部分的块裂岩体运动方向严格地受软弱结构面控制。这个实例表明,所谓受软弱结构面控制,实际上是受 Ⅱ 级结构面 F_{23} 与 Ⅲ 级结构面 f^3 组合交线控制,因为在这个方向上势能降最大。当进入 Ⅰ 级结构面 F_3 断层带后,结构面控制特征就消失了,这里滑动体的运动方向垂直于临空面,这与厚度达 30 余米的 F_3 断层破碎带具散体结构特征是一致的。上述资料及类似的大量资料表明,块裂介质岩体的破坏机制是受 Ⅱ、Ⅲ 级结构面,特别是软弱结构面的控制,其滑动方向大多数是受势能降最大的结构面组合交线方向控制。这种岩体的稳定性主要受形成块裂体的 Ⅱ、Ⅲ 级结构面强度及组合交线倾角控制。

12.2.2　研究岩体结构面强度的原理及方法

如图 12-4 所示,岩体结构面的地质结构并不是单一的,而在结构面形态上常常起伏不平,结构面内充填物质变化多端,很难直接用试验的方法得到岩体结构面的强度资料。可以采用典型地质单元岩体力学

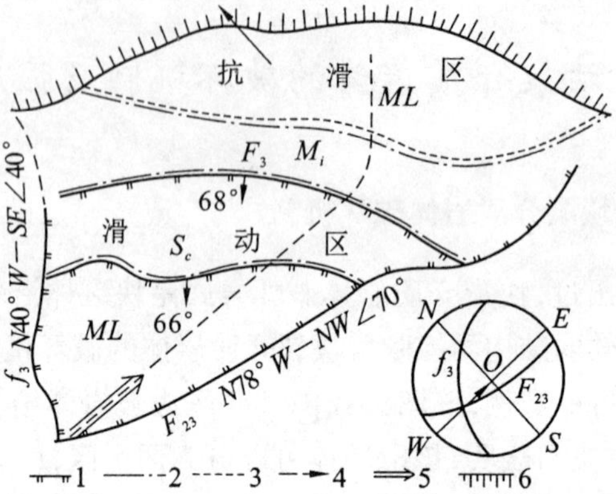

1— 断层;2— 地层和岩层界限;3— 滑坡作用分区界线;4— 实测滑坡体移动方向;5— 分析的滑坡运动方向;6— 边坡

图 12-3 我国某露天矿一区边坡 1 号滑坡体运动轨迹观测结果与结构面组合分析对比图(据许兵资料编制)

试验与结构面地质研究相结合的方法进行综合分析,给出岩体结构面强度资料。为此,则需要按下列程序开展工作:

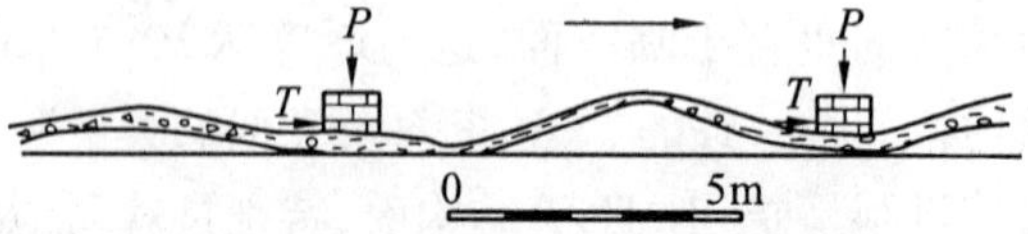

图 12-4 结构面的地质结构特征图

(1) 对所研究的岩体结构面进行大比例尺地质素描。

(2) 分析所研究的岩体结构面力学机制,制定试验研究方案。

(3) 采用单试件法组织典型地质单元岩体直接剪力试验研究,考虑剪切变形特征,给出典型地质单元平直结构面强度。

(4) 利用典型地质单元试验结果,根据结构面内填充物成分分段给出平直结构面强度。

(5) 根据结构面内填充物的厚度效应及结构面允许位移,确定出需要进行结构面形态效应——爬坡角改正地段,进行爬坡角改正。

(6) 利用加权平均法进行综合分析,给出岩体结构面强度。

12.2.3　结构面内充填物的力学效应

结构面内充填物的力学效应反映在两个方面,第一,充填物成分的力学效应,第二,充填物厚度的力学效应。

结构面内充填有软、碎、散物质时,多半使结构面强度降低,但有时也有使结构面强度增高的情况,这与充填物成分密切有关。充填物为粘土质及糜棱化的断层泥和以泥质为主的断层破碎带,多使结构面强度降低。而充填物是以比较坚硬的角砾为主的成分时,有的可提高结构面强度,也就是说,充填有角砾的结构面可比无充填的结构面强度高。

结构面内充填物厚度的力学效应有两种情况:① 平直结构面内充填物的厚度对结构面抗剪强度的影响,② 起伏结构面充填程度对抗剪强度的影响。

图 12-5 为拉玛(Lama)用劈裂法制备的砂岩结构面内夹高岭土试样的试验结果[143]。随着高岭土夹层厚度增大,抗剪强度迅速降低,当厚度大于 0.2 ~ 0.5mm 以后,即趋于稳定。

图 12-6 为平直光滑的结构面夹泥厚度的力学效应试验结果。资料表明,充填物厚度较薄时,随着夹泥层厚度增加,摩擦系数迅速减小,粘着力迅速增加。当充填厚度达到一定值后,则摩擦系数便逐渐稳定在一定的数值上,而粘着力也逐渐稳定下来。这个厚度界限很重要。小于这个厚度时,如图 12-6 所示的 1mm,可视为泥膜;大于这个厚度时,可称为薄层。泥膜特点是强度不稳定,而随厚度减小,强度迅速增高。薄层特点是随厚度增加,强度稳定于一常数上。这两个特点对研究和认识充填物厚度的力学效应具有十分重要的意义。

应当注意,起伏的结构面则具有另一种规律,顾德曼(Goodman)对这个问题进行过试验研究[144]。图 12-7 是他用云母粉模拟充填厚度

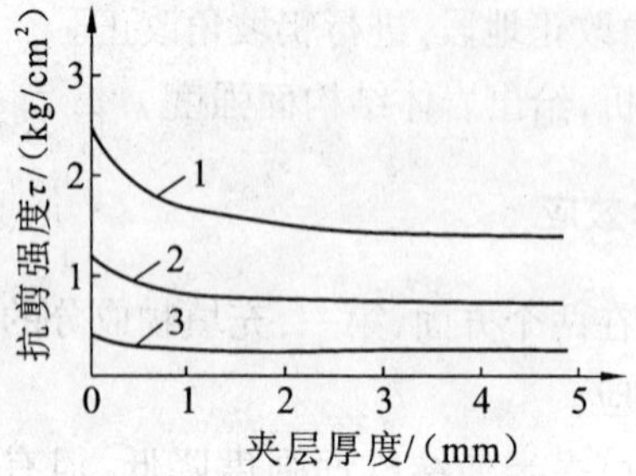

1—σ_n = 3.47;2—σ_n = 1.73;3—σ_n = 0.37

图 12-5　结构面内充填高岭土对抗剪强度影响图(Lama 1978.)

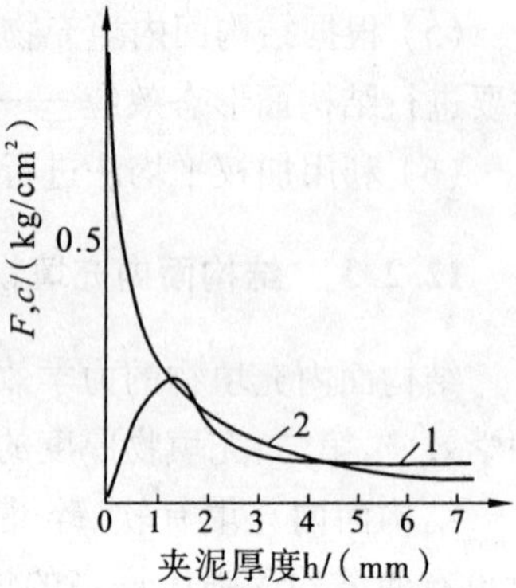

1—$c = F(h)$;2—$f = F(h)$

图 12-6　平直结构面抗剪强度与夹泥层厚度关系图

力学效应获得的资料。他用充填厚度 h 与起伏差 H 之比 $\frac{h}{H}\times 100$ 做为充填程度,研究结构面强度与充填程度的关系。结果表明,随着充填程度的增大,抗剪强度逐渐减小,直至充填程度大于 120% 时,结构面的起伏差的力学效应仍然存在。应当指出,这方面的试验做的很少,上面的资料只是粗略的展示一种趋势,这些资料对我们判断充填物的力学效应还是有意义的。

12.2.4　结构面形态的力学效应及岩体结构面强度

结构面形态结构有三种典型类型:① 平直的,扭性结构面常具这种结构;② 台阶状,结构面被一定规模的小断层切割常形成这种结构面结构;③ 起伏状,这是最常见的一种结构面。

1. 平直结构面强度

平直结构面强度主要受结构面内充填物控制。如图 12-8 所示,岩体结构面强度可以采用式(12-1) 及式(12-2) 进行综合分析

$$\tan\varphi = \frac{\sum L_i \tan\varphi_{ji}}{\sum L_i} \tag{12-1}$$

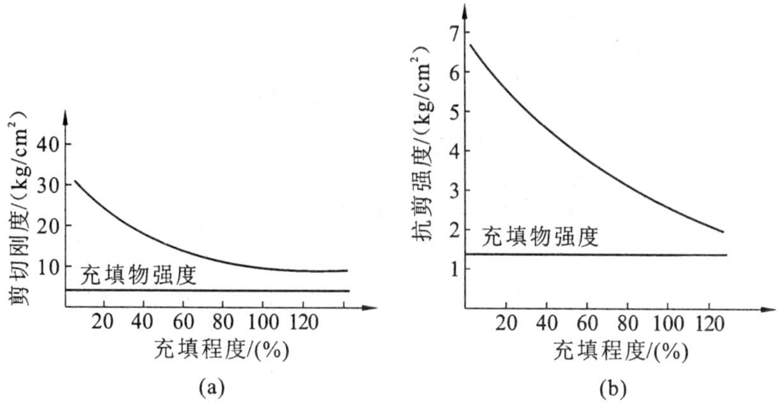

图 12-7　起伏结构面充填程度的力学效应图(Goodman,1969.)

$$c = \frac{\sum L_i c_{ji}}{\sum L_i} \tag{12-2}$$

式(12-1)及式(12-2)中符号见图 12-8,c_j 及 φ_j 为平直结构面的粘聚力和摩擦角。

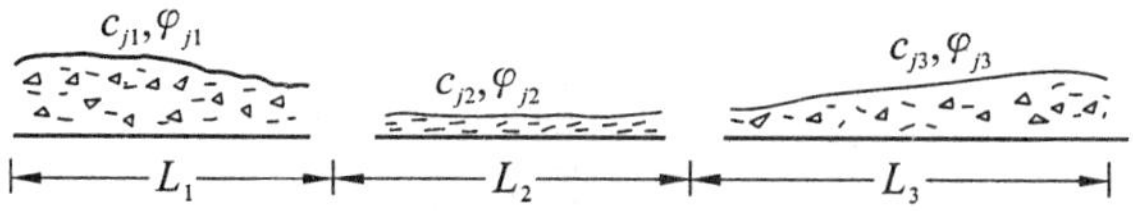

图 12-8　平直结构面内结构图

2. 台阶状结构面

台阶状结构面有两种情况,如图 12-9 所示,根据理论分析及石膏模型试验研究得知,当台阶宽度为 $l < h\cot\left(45° - \frac{\varphi_b}{2}\right)$时,则以台阶被剪断方式破坏(见图 12-9(a));当台阶宽度为 $l > h\cot\left(45° - \frac{\varphi_b}{2}\right)$时,则以台阶压切方式破坏(见图 12-9(b))。

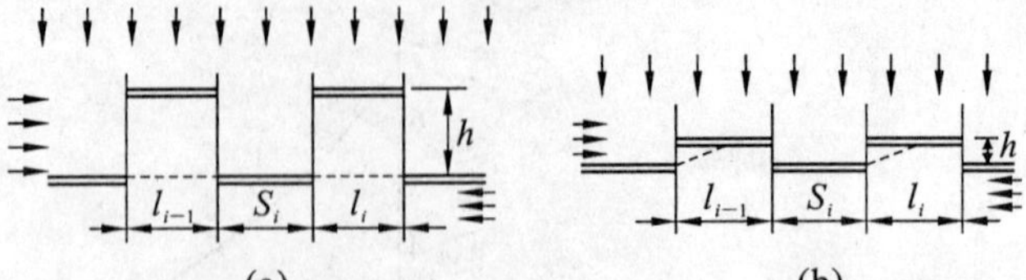

图 12-9　台阶状结构面力学模型图

当 $l < h\cot\left(45° - \frac{\varphi_b}{2}\right)$时，则结构面抗剪强度可以用式(12-3)及式(12-4)分析

$$\tan\varphi = \frac{\sum l_i \tan\varphi_{bi} + \sum S_i \tan\varphi_{ji}}{\sum l_i + \sum S_i} \tag{12-3}$$

$$c = \frac{\sum l_i c_{bi} + \sum S_i c_{ji}}{\sum l_i + \sum S_i} \tag{12-4}$$

式中：φ_j、c_j—— 符号意义同前；

φ_b、c_b—— 岩体抗剪断强度参数。

当 $l > h\cot(45° - \frac{\varphi_b}{2})$ 时，则结构面抗剪强度可用式(12-5)及式(12-6)分析

$$\tan\varphi = \frac{\sum S_i \tan\varphi_{ji} + \sum \left[l_i - h_i \tan\left(45° + \frac{\varphi_{bi}}{2}\right)\right]\tan\varphi_{ji} + \sum h_i \tan\left(45° + \frac{\varphi_{bi}}{2}\right)}{L} \tag{12-5}$$

$$c = \frac{\sum S_i c_{ji} + \sum \left[l_i - h_i \tan\left(45° + \frac{\varphi_{bi}}{2}\right)\right]c_{ji} + \sum h_i c_{ki} \tan\left(45° + \frac{\varphi_{bi}}{2}\right)}{L} \tag{12-6}$$

式(12-6) 中，

$$c_{ki} = \frac{c_{bi}}{\sin\left(45° - \frac{\varphi_b}{2}\right)\cos\left(45° - \frac{\varphi_b}{2}\right) - \sin\left(45° - \frac{\varphi_b}{2}\right)\tan\varphi_{bi}} \tag{12-7}$$

3. 起伏状结构面

起伏状结构面有两种主要形态，即锯齿状及波浪状，其力学机制和效应是相同的，都是爬坡角 α 在起作用。根据图 12-10 的力学模型可以得到

$$\varphi = \varphi_j + \alpha \tag{12-8}$$

$$c = \frac{c_j}{\sin\alpha(\cos\alpha + \cot\beta)\cdot(\cos\alpha - \sin\alpha\cdot\tan\varphi_j)} \tag{12-9}$$

式(12-8) 及式(12-9) 中符号如图 12-10 所示。

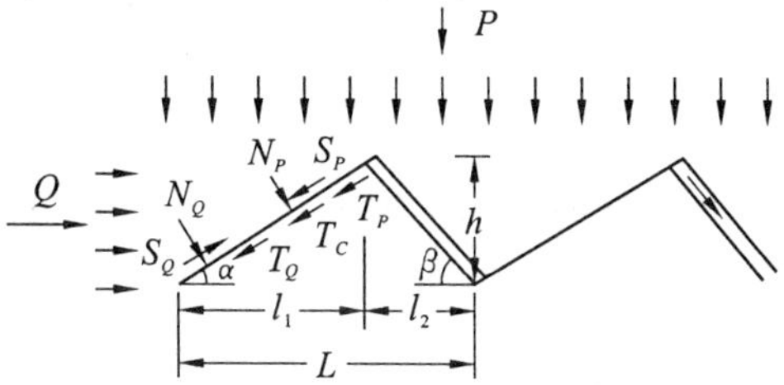

图 12-10　起伏结构面力学模型图

式(12-8) 及式(12-9) 只适用于结构面上的起伏齿坎不被啃断时的情况。对于啃断条件，可以用式(12-10) 及图 12-11 表示。

$$\sigma_m = \frac{c_b - c_j[\sin\alpha(\cot\alpha + \cot\beta)\cdot(\cos\alpha - \sin\alpha\tan\varphi_j)]^{-1}}{\tan(\varphi_j + \alpha) - \tan\varphi_b} \tag{12-10}$$

具有锯齿状起伏的岩体结构面抗剪强度，可以用下式分析

$$\tan\varphi = \frac{\sum l_i\tan\varphi_{ji} + \sum S_i\tan\varphi_{bi}}{\sum l_i + \sum S_i} \tag{12-11}$$

$$c = \frac{\sum l_i c_{ji} + \sum c_{bi}S_i}{\sum l_i + \sum S_i} \tag{12-12}$$

式中符号意义同前。

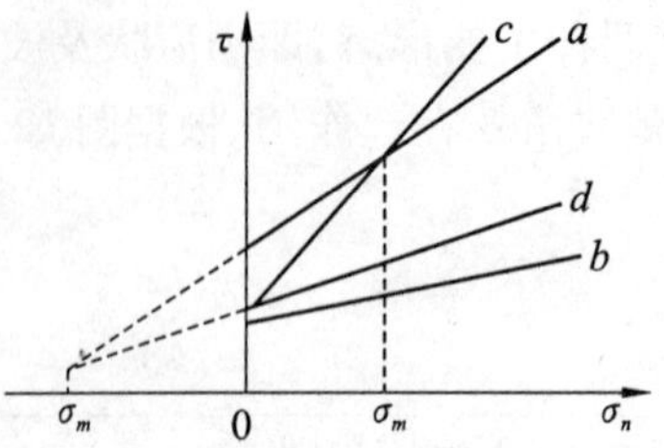

a— 岩块抗剪强度曲线；b— 结构面抗剪强度曲线；

c、d— 具有一定的爬坡角 α 的结构面抗剪强度曲线

图 12-11　锯齿状结构面啃断条件力学示意图

12.3　连续介质岩体破坏机制及其强度分析

12.3.1　连续介质岩体

连续介质的特点是应力传布遵循着连续性条件，变形遵从着相容条件，岩体结构效应不明显，试块试验结果可以直接用于表征岩体强度。

许多岩石力学著作中阐述的岩石破坏机制及强度理论，实际上，仅表征连续介质岩体在一定条件下的力学性质，而不能反映其全部的力学特性。已有的岩石力学强度理论，实际上是直接引用材料力学的强度理论。在建立这些强度理论时，考虑材料的受力状态远远胜于考虑对破坏机制的研究。强度是描述材料破坏时的应力条件，显然，强度理论的建立必须以破坏机制考察为基础。据此，可以认为现有的连续介质强度理论中，从破坏机制来审查，最大张应变理论，库伦 — 莫尔理论及格里菲斯理论，是反映了一定条件下连续介质破坏机制的，对岩体来说具有使用价值。

连续介质岩体的破坏机制与岩石及岩相特征有关，对工程作用来说，还与岩体所受的围压条件密切有关。在讨论岩体破坏机制时，应把围压条件考虑在内。

连续介质岩体，如图 12-12 所示，有两种基本亚类，即 ① 无裂隙的连续介质岩体；② 有裂隙的连续介质岩体。这两种亚类的主要区别在于岩体受力作用时岩体内应力分布状况。无裂隙的岩体内受力作用时，由于成分不均一及形状效应等，也存在有应力集中现象，但不很高；而在有裂隙的连续介质岩体内，在裂隙的末端形成有高度的应力集中，造成了岩体优先破坏条件，因此，常使岩体强度降低，并导致产生尺寸效应现象。

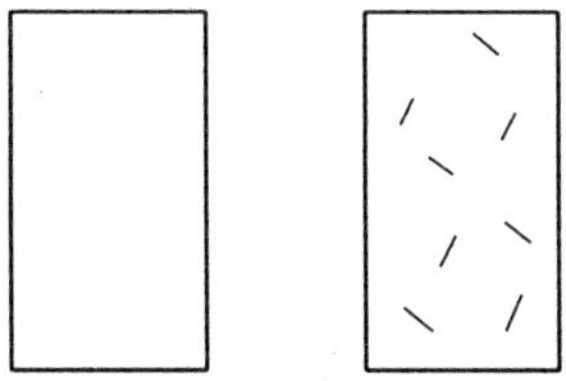

(a)无裂隙的　　(b)有裂隙的

图 12-12　连续介质岩体亚类图

12.3.2　破坏机制及强度判据

大量实验资料表明，连续介质岩体破坏机制与围压条件密切有关。图 12-13 和图 12-14 为长沙矿冶所压力室岩石力学组取得的一组大理岩破坏机制方面资料。图 12-13 为试验的大理石在不同围压条件下应力 — 应变过程曲线。曲线表明，围压低于 100kg/cm^2 时，大理岩具有明显的脆性破裂，应力达峰值后，迅速跌落。围压高于 800kg/cm^2 时，呈全塑性变形。这种塑性变形实际上在 σ_3 = 200kg/cm^2 时已经出现，而 σ_3 = 400kg/cm^2 时已经很明显。对试验后的试件考察，可以看出，该大理岩在围压由 σ_3 = 0 至 σ_3 = 800kg/cm^2 过程中，出现有三种破坏方式，如图 12-14 所示，在低围压下$\left(\sigma_3 < \frac{1}{8}\sigma_c, \sigma_c \text{ 为单轴抗压强度}\right)$时，试件呈现张破裂。当围压增加到 σ_3 = 200kg/cm^2 时，则出现剪破裂。当围

压 $\sigma_3=400\text{kg/cm}^2$ 时,便出现剪塑性变形,试件鼓胀,表现形成密集的"×"节理(见图 12-14(c))。上述资料表明,连续介质岩体破坏机制不是一成不变的,就大理岩来说,综合三轴试验及地质构造①资料,其破坏机制有四种类型,即:

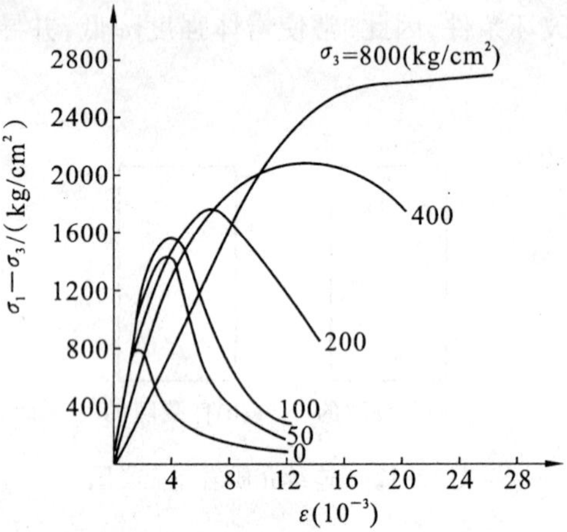

图 12-13　大理岩在等围压下应力 - 应变曲线图

① 张破裂 ⎫
② 剪破裂 ⎭ 脆性破裂

③ 剪塑性变形 ⎫
④ 流动变形 ⎭ 柔性破坏

因此,表征岩体破坏的强度判据也应该不同。

关于第 ④ 种类型的破坏方式,即流动变形,至今还很少研究。前三种破坏机制已有大量资料。对无裂隙的连续介质岩体来说:

张破裂强度判据为

① 在碳酸盐类的岩体内的断层带、褶皱带中经常见到揉皱及流动构造,同时这些碳酸盐岩石变质为大理岩,这是流动变形的遗迹。

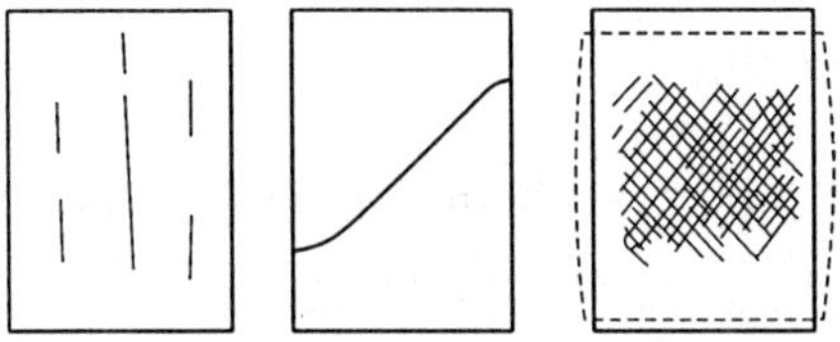

图 12-14　图 12-13 的大理岩破坏机制素描图
(σ_c = 800)(应力单位:kg/cm²)

$$[\sigma_1] = \frac{1}{\mu}\sigma_3 - \sigma_2 + \sigma_c \tag{12-13}$$

当 $\sigma_2 = \sigma_3$ 时,式(12-13) 变为

$$[\sigma_1] = \frac{1-\mu}{\mu}\sigma_3 + \sigma_c \tag{12-14}$$

式中:μ—— 为泊桑比。

剪破裂强度判据为

$$[\sigma_1] = \frac{1+\sin\varphi}{1-\sin\varphi}\sigma_3 + \frac{2\cos\varphi}{1-\sin\varphi} = \frac{(1+f^2)^{\frac{1}{2}}+f}{(1+f^2)^{\frac{1}{2}}-f}\sigma_3 + \frac{2c}{(1+f^2)^{\frac{1}{2}}-f} \tag{12-15}$$

剪塑性变形时强度判据为

$$[\sigma_1] = 2\tau_s + \sigma_3 \tag{12-16}$$

式中:f—— 破裂面的摩擦系数;

τ_s—— 鼓胀时的抗剪强度。

剪塑性变形阶段实际上是这种介质的最高强度阶段。此后,随着岩体中流体逐渐增加,而强度逐渐减小。当岩体达到全流动阶段时,岩体强度达到最低点,岩体转化为牛顿的粘滞体,这时的强度为

$$\tau = \eta\frac{d\gamma}{dt} \tag{12-17}$$

式中:η—— 为粘滞系数;

γ—— 为角应变。

12.3.3 转化压力

对已有的试验资料综合分析,可以得到如图12-14所示的连续介质岩体破坏机制随围压增大而转化的过程图。我们将一种破坏机制转化为另一种破坏机制的界限围压σ_3定义为破坏机制转化压力。这个问题已有一些研究,但研究得很不够。已取得的部分资料表明(见表12-5),破坏机制的转化压力还是比较分散的。原因在于一种破坏机制转化为另一种破坏机制是一种渐变过程,转化压力点不是很明显,取值具有任意性。一般来说,张破裂转化为剪破裂的转化压力为$\left(\frac{1}{5}\sim\frac{1}{4}\right)\sigma_c$,而脆性破裂转化为柔性破坏的转化压力为$\left(\frac{1}{3}\sim\frac{2}{3}\right)\sigma_c$。这里$\sigma_c$为岩块单轴抗压强度。

12.3.4 有裂隙的连续介质岩体的破坏机制及强度判据

如图12-15所示,连续介质内有裂隙时,形成强烈的应力集中。而最大的应力集中在裂隙端部。从断裂力学观点出发,如图12-16所示,应力集中程度K主要决定于裂隙端部半径ρ、裂隙长度c及岩体尺寸W之比,即

表12-5 破坏机制的转化压力

岩石名称	张破裂/剪破裂	剪破裂/塑性变形	资料来源
大理岩	$\approx\frac{1}{4}\sigma_e$	$\frac{1}{3}\sigma_e\sim\frac{1}{2}\sigma_e$	长沙矿冶所压力室
大理岩	$\approx\frac{1}{5}\sigma_e$	$\frac{1}{3}\sigma_e\sim\frac{1}{2}\sigma_e$	卡门
泥灰岩		$\frac{2}{3}\sigma_e$	Б. В. 马特维耶夫
石灰岩、大理岩		$\frac{1}{3.4}\sigma_e$	茂木清夫
岩盐		$\frac{1}{3.3}\sigma_e$	美国垦务局

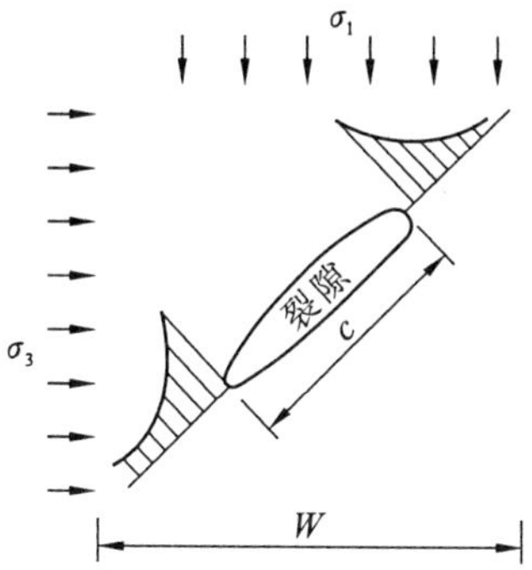

图 12-15　裂隙端部应力集中图

$$K = f\left(\frac{c}{W}, \frac{c}{\rho}\right)$$

这个问题，格里费斯（Griffith）和麦克林托（Mclintock）、沃尔西（Walsh）等许多学者曾进行过有意义的研究。研究结果证明，从宏观来说，麦克林托和沃尔西修正的格里费斯判据可以做为这一类介质岩体破坏的强度判据

$$[\sigma_1] = \frac{(1+f^2)^{\frac{1}{2}}+f}{(1+f^2)^{\frac{1}{2}}-f}\sigma_3 + \frac{4\sigma_t}{(1+f^2)^{\frac{1}{2}}-f} \qquad (12\text{-}18)$$

式中 σ_t 为岩块抗拉强度。

应当指出，式(12-18) 没有很好反映出应力集中在岩体强度上所产生的影响。实际上，这种影响是存在的。它表现的形式为岩体在强度上存在有尺寸效应。

12.3.5　尺寸效应（结构效应）

连续介质岩体内无裂隙时，岩体强度与试件尺寸无关。如图 12 - 17 所示[145]，这些岩体不存在有尺寸效应，试验结果为一常数。岩盐在试件愈小时，强度愈低，这可能是由于制件扰动引起的。

连续介质岩体有时也存在有尺寸效应，这是岩体内存在有不连续

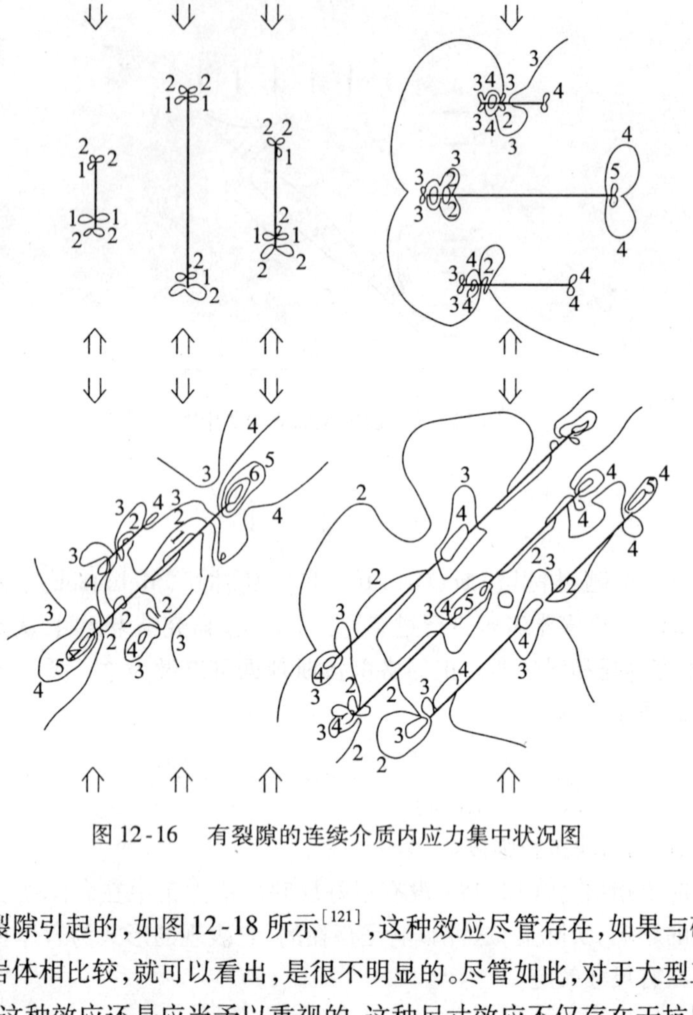

图 12-16　有裂隙的连续介质内应力集中状况图

的微裂隙引起的，如图 12-18 所示[121]，这种效应尽管存在，如果与碎裂介质岩体相比较，就可以看出，是很不明显的。尽管如此，对于大型工程来说，这种效应还是应当予以重视的。这种尺寸效应不仅存在于抗压强度中，且存在于抗剪及劈裂强度上（见图 12-18(b) 及图 12-19）。

12.3.6　连续介质岩体强度分析

上面曾指出过，连续介质岩体有两种亚类，即一种是无裂隙的，一种是有裂隙的。有裂隙的在一定程度上存在有尺寸效应，但并不明显。

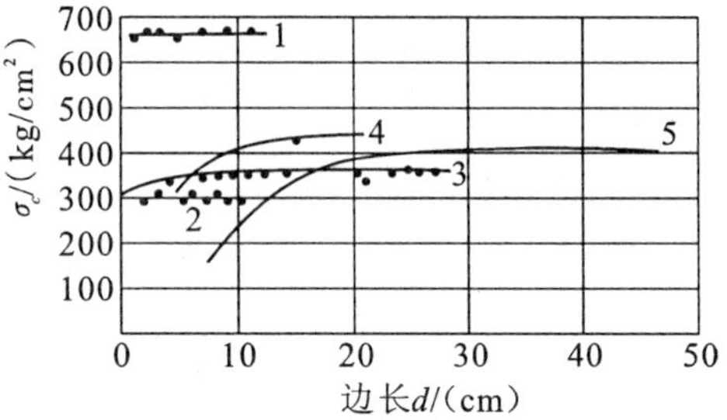

1— 砂岩(据 Dreyer);2— 灰岩(据 Dreyer);3— 岩盐(据 Dreyer);

4— 岩盐(据 Sranation);5— 岩盐(据 Penkov)

图 12-17　方块试件抗压强度与边长关系图

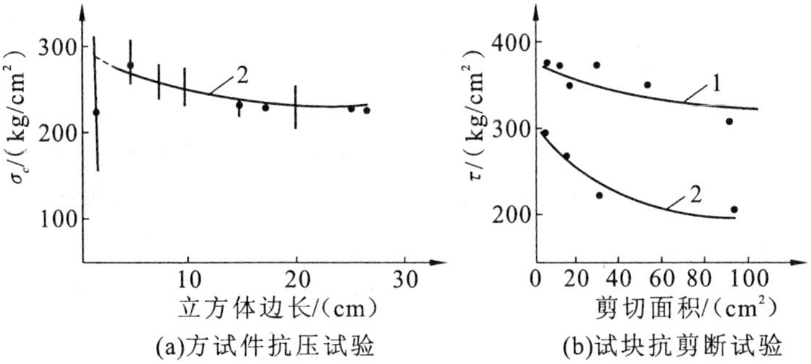

图 12-18　有裂隙的连续介质岩体的尺寸效应图

既使存在有尺寸效应,而在围压稍高的情况下,结构效应便消失,如图 12-19 所示[146]。显然,这种介质岩体的强度主要取决于岩性及岩相特征。对无裂隙的岩体来说,试块试验结果可以直接作为岩体强度。对有裂隙的连续介质岩体,则应适当考虑尺寸效应,以确定岩体强度。这就要求从地质上认真地对岩体内裂隙发育状况进行调查,以便准确地确定岩体内微裂隙发育状况,就裂隙对强度影响作出比较符合实际的评价,为研究和分析岩体强度提供依据。

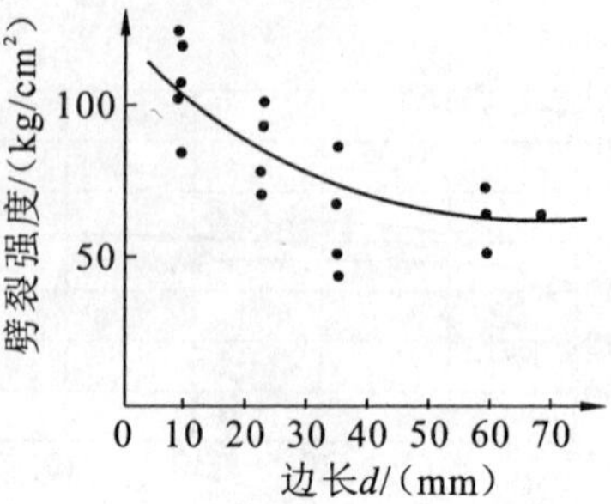

(Habib, Vouille, 1966.)

图 12-19 马尔基兹灰岩劈裂强度与试件尺寸关系图

12.4 碎裂介质岩体破坏机制及强度分析

12.4.1 碎裂介质岩体

岩体在结构面切割下形成有分离的结构体的岩体,称为碎裂结构岩体。在外力作用下,结构面具有明显作用的岩体则称为碎裂介质体。这种岩体的变形和破坏,一方面受结构面控制,有时又不受结构面控制,视条件而转化;另一方面还控制于结构体的块度、形状、产状及结构体强度。

碎裂介质岩体在很大程度上是受起作用的结构面控制着。在结构面不起作用时,它遵循着连续介质破坏机制的规律变形和破坏,即转化为连续介质岩体。当结构面起作用时,则有两种情况,一种是在结构面控制下破坏,一种是在结构体内产生应力集中使岩体强度降低,形成岩体强度的结构效应。显然,结构面起不起作用的条件是研究碎裂介质岩体破坏机制的重要问题。

12.4.2 结构面不起作用的条件

如图 12-20 所示的含有结构面 ab 的岩块,当受有围压 σ_3 及作用应

力 σ_1 时,结构面 ab 上的法向应力 σ_n 及剪应力 S 分别为

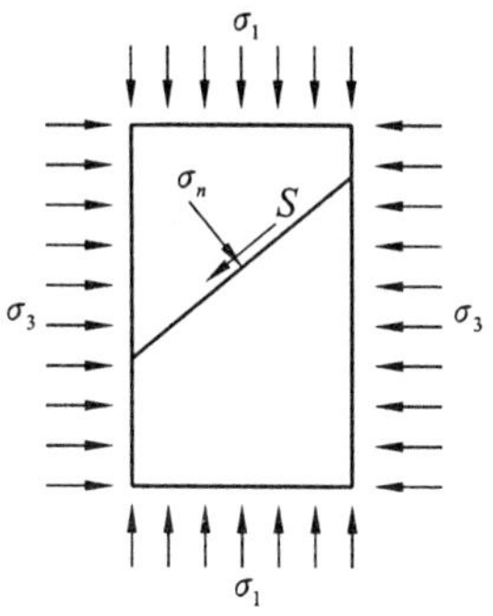

图 12-20　结构面力学作用模型图

$$\sigma_n = \sigma_1 \sin^2\beta + \sigma_3 \cos^2\beta \tag{12-19}$$

$$S = (\sigma_1 - \sigma_3)\sin\beta\cos\beta \tag{12-20}$$

其极限平衡条件为

$$\tau = S = \sigma_n \tan\varphi_j + c_j \tag{12-21}$$

将式(12-19) 及式(12-20) 代入式(12-21) 得:

$$[\sigma_1]_j = \sigma_3 \cot\beta \cdot \tan(\varphi_j + \beta) + \frac{c_j}{\sin\beta(\cos\beta - \sin\beta\tan\varphi_j)} \tag{12-22}$$

三轴试验求得不含结构面的完整岩块的抗压强度 $[\sigma_1]_b$ 为

$$[\sigma_1]_b = A\sigma_3 + \sigma_c \tag{12-23}$$

如图 12-21 所示,当 $[\sigma_1]_j < [\sigma_1]_b$ 时,破坏面与结构面一致;在 $[\sigma_1]_j > [\sigma_1]_b$ 时,则结构面不起作用,破裂面受岩块强度控制。据此,由式(12-22) 及式(12-23) 联立解得结构面不起作用条件为

$$\sigma_3 > \frac{\sigma_c - \dfrac{c_j}{\sin\beta \cdot \cos\beta(1 + \tan\beta \cdot \tan\varphi_j)}}{\cot\beta\tan(\varphi_j + \beta) - A} \tag{12-24}$$

式(12-24) 为结构面临空情况下的条件,如果结构面未临空时,则

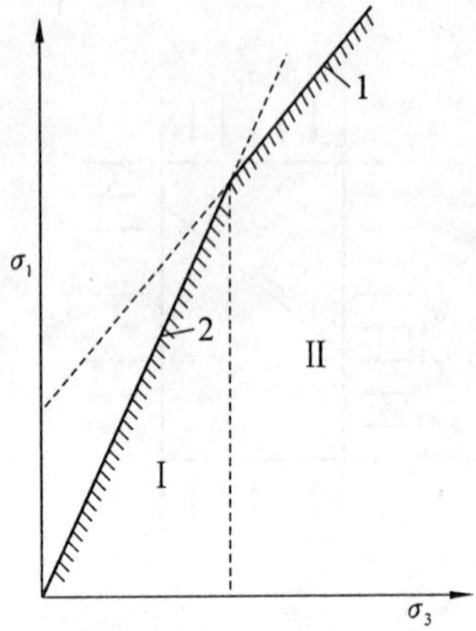

Ⅰ— 沿结构面破坏区；Ⅱ— 结构体破坏区；
1— 完整岩块强度曲线；2— 结构面强度曲线

图 12-21　结构面不起作用条件图

含有结构面的岩块的破坏条件为

$$[\sigma_1]_j = \left[A\left(1 - \frac{h}{b}\tan\beta\right) + \frac{h}{b}\tan(\varphi_j + \beta)\right]\sigma_3 + A\left(1 - \frac{h}{b}\tan\beta\right) + \frac{c_j}{\cos^2\beta(1 - \tan\beta \cdot \tan\varphi_j)} \tag{12-25}$$

由式(12-25) 与式(12-22) 联立解得结构面未临空时结构面不起作用的条件为

$$\sigma_3 > \frac{\sigma_c\left(1 - \frac{h}{b}\tan\beta\right) + c_j[\cos^2\beta(1 - \tan\beta \cdot \tan\varphi_j)]^{-1}}{A\left(1 - \frac{h}{b}\tan\beta\right) + \frac{h}{b}\tan(\varphi_j + \beta)} \tag{12-26}$$

式(12-25) 及式(12-26) 只有当 $0 \leqslant \frac{h}{b}\tan\beta \leqslant 1$ 时有效。

式(12-24) 和式(12-26) 揭示着碎裂介质岩体有两种主要破坏机

制，这就是 ① 沿结构面破坏；② 在岩体结构控制下结构体破坏引起破坏。这两种破坏实质上是岩体结构的解体，这是碎裂介质岩体破坏的特征。

12.4.3　碎裂介质岩体强度的结构效应

岩体力学性质的结构效应主要表现在两个方面，即 ① 力学性质的方向性；② 结构特征对岩体力学性质的影响。这里主要讨论岩体结构特征对岩体变形及破坏条件的影响，或者说对岩体强度的影响。如图 12-22 是我们于 1976 年取得的板岩岩体结构对岩体抗压强度的影响的一组资料。该板岩具有典型的碎裂介质特征，岩体内节理极发育，节理间距仅 2 ~ 3 厘米。试验资料表明，该岩体的抗压强度随试块内含有的结构体数增加而迅速减低，其变化如下

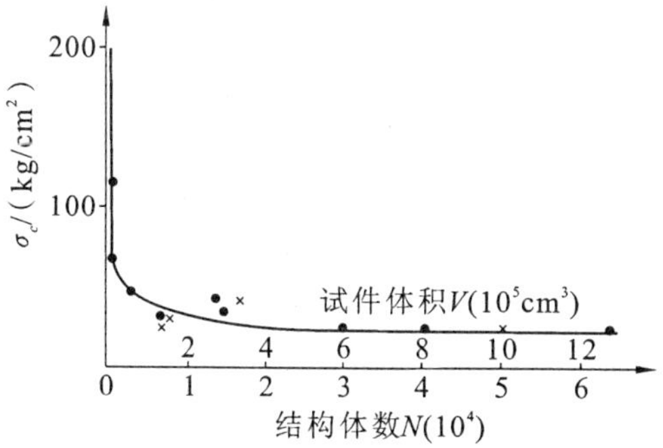

· — 岩体强度与结构体数关系；× — 岩体强度与试件体积关系

图 12-22　板岩岩体结构对岩体抗压强度的影响图

$$\sigma_m = \sigma_0 + \frac{b}{N^{\alpha}} \qquad (12\text{-}27)$$

式中：σ_m—— 岩体强度；

σ_0—— 结构体数无限多时的岩体强度；

N—— 试件内包含的结构体数；

α—— 与结构体大小、形态、产状及结构面特征有关的指数，也称为岩体结构效应指数；

b—— 与岩性有关的常数。

如图 12-22 所示的碎裂介质板岩的岩体强度的结构效应方程为

$$\sigma_m = 24 + \frac{236}{N^{0.36}} \tag{12-28}$$

图 12-23 表明，岩体结构效应不仅反映在岩体抗压强度上，而且反映在抗剪强度上，即剪切面内包含的结构体数愈多，抗剪强度愈低，岩体结构效应也遵循着式(12-27)的规律。当剪切面内包含的结构体数大于 200 时，抗剪强度就不再降低，而稳定在一定的水平上，这时的试件尺寸大约为 60cm。这个尺寸是碎裂介质岩体力学试验的最小尺寸，板岩抗压的岩体强度稳定的起始尺寸亦为 60cm。这表明，岩体力学结构效应具有相同的规律，有一些经验是可以互相通用的，这是值得重视的一个问题。

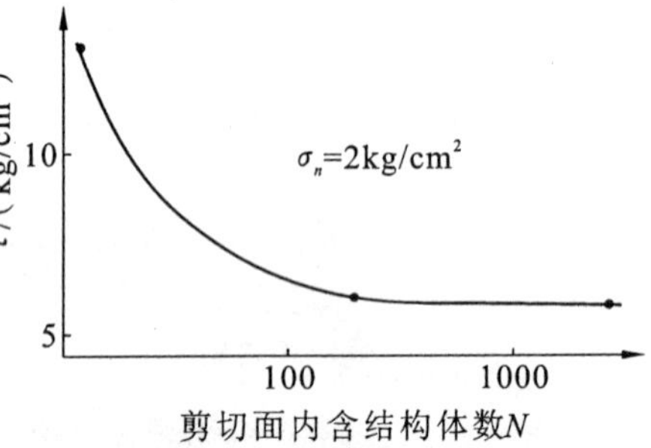

图 12-23　板岩岩体结构对岩体抗剪强度的影响图

12.4.4　碎裂介质岩体力学作用的围压效应

围压对碎裂介质岩体力学作用的影响是多方面的，可以分为：① 使结构面不起作用，② 使岩体结构的力学效应消失；③ 导致岩体破坏机制的转化；④ 改善岩体的力学性质。

关于结构面不起作用的条件，上面已经讨论过，不再赘述。上节讨论的结构效应也是围压的函数，是随围压增大，力学效应逐渐减小，当围压达到一定值时，则结构效应便消失。因此，岩体将由不连续介质转化为连续介质。这种转化，实际上是结构面不起作用的一种反映。

在连续介质岩体破坏机制及强度讨论中，曾讨论过岩体破坏机制随着围压增大而转化，碎裂介质岩体也存在有这种过程。在结构面不起作用和结构效应消失后，其力学作用过程将与连续介质岩体相同。在结构面具有一定作用和存在一定的结构效应时，亦存在着破坏机制的转化。这里情况比较复杂，在低围压下常出现结构体具有张破裂，而岩体具有剪破裂特征。这样便带来了选择强度判据的困难。显然，主应力相关条件，即 $\sigma_1 = f(\sigma_3)$ 可以解决这个问题。

碎裂介质岩体围压效应的一种重要反映是随围压加大，岩体强度相应的逐渐增高。如图 12-24 所示的一组野外三轴试验资料可做为一例。该资料是一组碎裂介质灰岩的试验结果。试验结果表明，碎裂介质岩体的围压效应是十分显著的，其围压系数 A 可高达 7 ~ 11，即

$$[\sigma_1] = (7 \sim 11)\sigma_3 + \sigma_c$$

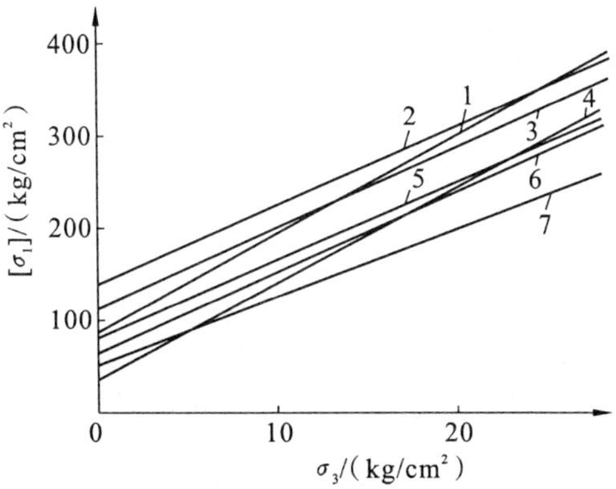

1— 岗 2;2— 长 2;3— 长 7;4— 岗 5;5— 长 1;6— 岗 1;7— 岗 6

图 12-24　寒武系崮山、长山薄层破裂灰岩三轴试验结果

因此,便提出了一个问题,即在研究碎裂介质岩体强度时,必须重视研究形成围压的地应力的应力状况。

12.4.5 碎裂介质岩体强度分析

碎裂介质岩体强度是比较复杂的,研究这类岩体强度至少要考虑下列五组因素:① 岩性、岩相特征;② 岩体结构特征;③ 结构面蜕化及充填状况;④ 地应力状况;⑤ 地下水动态。和连续介质岩体不同,这类岩体的试件强度不能做为岩体强度。这不仅要重视岩体结构效应、围压效应,特别应重视地下水作用。碎裂介质岩体特点是结构面互相贯通的,提供了水在岩体内活动的通道。地下水的作用在这类岩体内是十分活跃的。

上面已经指出过,围压可使碎裂介质岩体的破坏机制进行转化,而且使强度提高。在研究碎裂岩体破坏机制及强度时,必须有形成围压的地应力及岩体内应力分布的估算资料。它是研究碎裂介质岩体破坏机制及强度的主要因素,也是鉴别多裂隙岩体力学介质特征的重要因素。据此,可以认为,碎裂介质岩体强度研究应遵循下列程序:

(1) 查明岩体结构及地应力特征。

(2) 组织典型地质单元的岩块力学试验研究。

(3) 综合岩体结构、地应力及典型地质单元岩块力学试验资料,判断岩体力学介质类型。

(4) 如判断结果属于碎裂介质岩体,则按下列程序进行岩体强度分析:

1) 选定典型地质单元岩体强度判据式的参数 A 及 σ_3。

2) 估算岩体内结构体数 N,进行结构效应改正。

3) 根据工程规模及特定要求,进行时间效应、水及风化作用改正,给出计算强度。

第 13 章　岩石断裂力学及其应用

周群力
（湖南省水利电力勘测设计院）

13.1　概　述

断裂力学研究材料或结构中的缺陷（裂纹），论证防止裂纹出现失稳扩展的安全条件，包括临界荷载与裂纹尺寸的大小。

岩石一般可视为脆性材料，地壳深部岩石因受高围压与地温影响，具有相当的粘弹性质。在岩体中存在各种断层，节理裂隙，它们相当于材料中的初始裂纹。实际上，岩体力学中不少问题是属于断裂破坏，如梅山连拱坝右岸事故就属此类，该坝基为花岗岩，一般说来，基岩是较好的。然而，大坝建成数年后，在右岸拱基及拱内岩石裂隙部位突然发生库水大量涌漏。经放水检查，看到坝上游面沿拱台前缘与基岩接触线附近发生一条裂缝。经钻探查明，基岩内走向接近平行河流之陡裂隙张开，倾向河床之陡裂隙发生错动，影响深度达 15 ~ 25m。并导致坝基岩块向河床方向发生扭动和位移，影响大坝 13、14、15 各坝垛向河床方向发生扭动变位，和拱顶混凝土发生挤压和拉裂。按照断裂力学观点，可以认为，这一事故主要是由于基岩中原有的不连贯的裂隙在各种荷载（包括渗水压力）作用下，发生突然的失稳扩展，形成了连续的张开的断裂面，这种断裂过程也正是岩石断裂力学的研究课题。

将断裂力学理论用于岩体力学，凡与裂纹进一步扩展脆断有关的问题，诸如地震，混凝土重力坝与基岩胶结面稳定计算，拱坝坝肩稳定，边坡及大坝深层抗滑计算的切层破裂，压力隧洞设计等，均将有可能得到较符合实际的解答。

岩石断裂力学与目前岩体力学应用的以各种结构面分割的块体力学方法是互相配合的。它们分别研究岩体力学问题的不同侧面，应该根据具体情况采用适合的方法。例如，被断层和软弱夹层完全切割的岩体的抗滑稳定属于块体力学，而其内部非贯通裂隙的进一步扩展，则可按断裂力学方法考虑。又如岩体中的断层，它提供了块体力学的一个结构面，但其本身对地壳而言，则相当于半无限体的表面裂纹。

在岩体断裂过程中，充注在裂隙中的压力水是一个很重要的因素，这种对裂面作用的水压力，一是对裂面前缘形成一个很大的张开应力，目前，这种水压力在一般方法计算中是被忽视的。二是引起裂面摩阻力下降，减少了对裂面发生剪切扩展的抵抗力。

目前，国内外关于岩体断裂力学的试验研究方兴未艾，有关论文报告愈来愈多。本章仅就线弹性断裂理论在岩体力学中的应用作一简述。

13.2　线弹性断裂力学基本观点

断裂力学将遇到的典型裂纹分为三种基本型式：张开型（Ⅰ型）、滑开型（Ⅱ型）和撕开型（Ⅲ型），如图 13-1 所示。

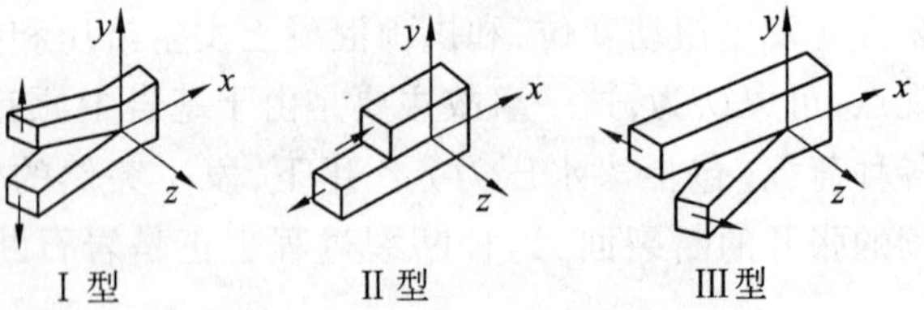

图 13-1　裂纹的三种型式

张开型裂纹上、下表面的位移是对称的；法向位移间断造成裂纹上、下表面张开。滑开型裂纹上、下表面的切向位移是反对称的，切向位移间断造成上、下表面滑开，而法向位移不间断，形成面内剪切。撕开型裂纹上、下表面的位移沿着裂纹前缘方向，即 z 方向，形成面外剪切，或称为扭剪。

如图 13-2 所示，按线弹性理论，裂纹尖端附近应力场和 x、y、z 方向的位移 u、v、w 的主项可以表示为[147]

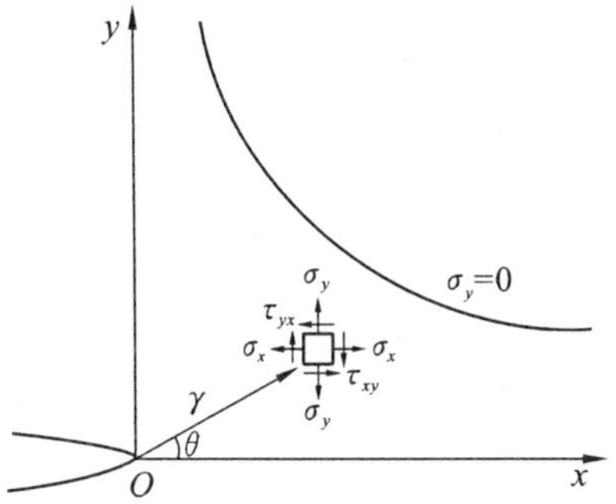

图 13-2　裂纹尖端区域内任一点应力状态及 Ⅰ、Ⅱ 型 $y=0$ 应力 σ_y 分布曲线图

$$
\text{Ⅰ 型：}\quad \left.\begin{aligned}
\sigma_x &= \frac{K_{\mathrm{I}}}{\sqrt{2\pi r}}\cos\frac{\theta}{2}\left(1-\sin\frac{\theta}{2}\sin\frac{3\theta}{2}\right)\\
\sigma_y &= \frac{K_{\mathrm{I}}}{\sqrt{2\pi r}}\cos\frac{\theta}{2}\left(1+\sin\frac{\theta}{2}\sin\frac{3\theta}{2}\right)\\
\tau_{xy} &= \frac{K_{\mathrm{I}}}{\sqrt{2\pi r}}\cos\frac{\theta}{2}\sin\frac{\theta}{2}\cos\frac{3\theta}{2}\\
u &= \frac{K_{\mathrm{I}}}{\sqrt{8\mu}}\sqrt{\frac{2r}{\pi}}\left[(2K-1)\cos\frac{\theta}{2}-\cos\frac{3\theta}{2}\right]\\
v &= \frac{K_{\mathrm{I}}}{\sqrt{8\mu}}\sqrt{\frac{2r}{\pi}}\left[(2K+1)\sin\frac{\theta}{2}-\sin\frac{3\theta}{2}\right]
\end{aligned}\right\}\qquad(13\text{-}1)
$$

Ⅱ 型：

$$\left.\begin{aligned}
\sigma_x &= \frac{K_{\mathrm{II}}}{\sqrt{2\pi r}}\sin\frac{\theta}{2}\left(2+\cos\frac{\theta}{2}\cos\frac{3\theta}{2}\right)\\
\sigma_y &= \frac{K_{\mathrm{II}}}{\sqrt{2\pi r}}\cos\frac{\theta}{2}\sin\frac{\theta}{2}\cos\frac{3\theta}{2}\\
\tau_{xy} &= \frac{K_{\mathrm{II}}}{\sqrt{2\pi r}}\cos\frac{\theta}{2}\left(1-\sin\frac{\theta}{2}\sin\frac{3\theta}{2}\right)\\
u &= \frac{K_{\mathrm{II}}}{\sqrt{8\mu}}\sqrt{\frac{2r}{\pi}}\left[(2K+3)\sin\frac{\theta}{2}+\sin\frac{3\theta}{2}\right]\\
v &= \frac{K_{\mathrm{II}}}{\sqrt{8\mu}}\sqrt{\frac{2r}{\pi}}\left[-(2K-3)\cos\frac{\theta}{2}-\cos\frac{3\theta}{2}\right]
\end{aligned}\right\} \tag{13-2}$$

Ⅲ 型：

$$\left.\begin{aligned}
\tau_{xz} &= \frac{K_{\mathrm{III}}}{\sqrt{2\pi r}}\sin\frac{\theta}{2}\\
\tau_{yz} &= \frac{K_{\mathrm{III}}}{\sqrt{2\pi r}}\cos\frac{\theta}{2}\\
w &= \frac{K_{\mathrm{III}}}{\mu}\sqrt{\frac{2r}{\pi}}\sin\frac{\theta}{2}
\end{aligned}\right\} \tag{13-3}$$

式中：μ—— 剪切模量；

$K = 3 - 4\nu$（平面应变）；

$K = \frac{3-\nu}{1+\nu}$（平面应力）；

ν—— 泊松比。

把 Ⅰ、Ⅱ、Ⅲ 型的应力状态加起来，可以得到平面裂纹尖端附近应力状态的一般表达式。其中除应力点的坐标位置外，仅有三个参数 K_{I}、K_{II}、K_{III}，分别称为 Ⅰ 型、Ⅱ 型和 Ⅲ 型的应力强度因子，它们可以由构件及裂纹形式，外荷载的大小加以确定。如对图 13-3 无限板中心裂纹在远场应力 σ、τ、τ_l 作用下，由文献[148] 有

$$\begin{Bmatrix} K_{\mathrm{I}} \\ K_{\mathrm{II}} \\ K_{\mathrm{III}} \end{Bmatrix} = \begin{Bmatrix} \sigma\sin\gamma - \tau\cos\gamma \\ \sigma\cos\gamma - \tau\sin\gamma \\ \tau_i \end{Bmatrix}\sin\gamma \cdot \sqrt{\pi a} \tag{13-4}$$

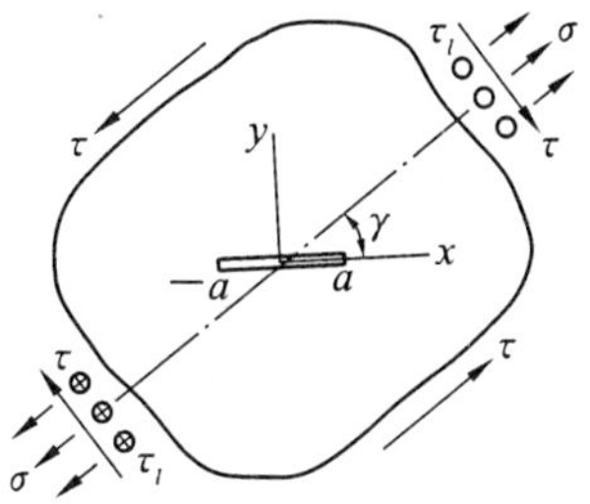

图 13-3　含有中心裂纹的无限板在远场应力作用的情况

由式(13-1) ~ 式(13-3)可知,在裂纹尖端,$r = 0$处的应力为无限大,即出现应力奇性。但对于距尖端某一定位置(γ,θ)点来说,包括在某一很小的,但是固定的γ值下,应力大小完全取决于应力强度因子K_i。设在某平面应变的标准试件中,裂纹在临界荷载作用下出现不稳定扩展时的应力强度因子为K_{ic},称为材料的断裂韧性。当使用同一材料的构件裂纹尖端应力强度因子K_i与K_{ic}相等时,可以认为构件裂纹尖端应力场就像试件裂纹那样,同样将进入临界状态。因此,给出了含裂纹的构件断裂条件,即

$$K_i = K_{ic} \tag{13-5}$$

应力强度因子的单位为应力 × $\sqrt{长度}$。应力强度因子公式的详尽的资料可以查阅有关手册[148]~[150]。由于应力强度因子计算是以线弹性理论为基础的,因此,复杂荷载下的应力强度因子可以作为几个比较简单问题的代数和。更复杂的实际裂纹,则需通过边界配置法、有限元法和光弹试验等来确定。

以上是根据裂纹尖端应力场的观点来叙述的。由 Griffith 能量准则出发,同样可以得到相同的结果,其基本观点是:初始裂纹在荷载作用下的扩展,需要增加自由表面(裂纹面是自由表面),当进入临界状态,裂纹扩展释放的应变能能够支付形成新表面所消耗的能量时,裂纹出现失稳扩展,引起材料脆断,应变能大量释放。可以证明,当材料沿裂纹延伸方向扩展时,单位面积的应变能释放率为

$$G = \frac{1}{E'}(K_{\mathrm{I}}^2 + K_{\mathrm{II}}^2) + \frac{1}{2\mu}K_{\mathrm{III}}^2 \tag{13-6}$$

式中：$E' = E$（平面应力）；

$E' = E/(1-\nu^2)$（平面应变）。

给出了 G 与 K_i 的关系。对应的应变能释放判据为

$$G = G_c\left(=\frac{K_{\mathrm{I}c}^2}{E'}\right) \tag{13-7}$$

13.3 岩石断裂力学试验研究的部分成果

W. S. Brown 等学者用圆柱体抗拉试件测定了 Westerly 花岗岩、Nugget 砂岩和 Tennesse 大理岩的 $K_{\mathrm{I}c}$[74]，试件直径 1 英寸、高 $2\frac{1}{2}$ 英寸。在试件中部由人工预制一个环形边裂纹，方法是先用砂轮磨成 V 形缺口，然后用嵌有 0.003 英寸直径金刚石粒的钢丝修成裂纹尖端。试件用环氧砂浆固定在金属板上，再用销与加荷系统连接，成果按下式计算

$$K_{\mathrm{I}} = \sigma_{net} f\left(\frac{d}{D}\right)\sqrt{\pi D} \tag{13-8}$$

式中 σ_{net} 是净截面轴向应力，d 为净截面直径，$f\left(\frac{d}{D}\right)$ 为裂纹系数。测得结果如表 13-1 所示。

松木浩二等学者用细粒大理石、安山岩和凝灰岩进行了有与荷载轴成 45°，宽 1mm、长 10mm 裂缝的矩形试验块（2cm × 4cm × 8cm 的压缩试验[151]。试验在刚性试验机上进行。同时记录试件的声发射率（选用声发射仪中心频率 145KC，频宽 115 ~ 175KC），和裂纹尖端逐渐扩展的情况。

试验表明，声发射直接对应裂纹不稳定扩展，而对稳定的缓慢的裂纹扩展阶段，声发射小且少（这与 Griffjth 能量原理是相符的）。松木等学者认为由于使用刚性压力机，因此记录到了在强度破坏点以后的强烈的声发射现象。按最大拉应力准则，裂纹开始扩展，不在原裂纹的延伸方向，而成屈折发展。这一成果与 W. F. Brace 和 E. G. Bombolakis 进行

表 13-1

岩石	试件号	$K_{\mathrm{I}C}$/(磅/英寸$^{\frac{3}{2}}$)
Westerly 花岗岩	4	545
	2—2	769
Nugget 砂岩	110	244
	111	202
	5—2	309
Tennesse 大理石	96	565
	8—2	608

注　1 磅/英寸$^{\frac{3}{2}}$ = 0.112kg/cm$^{\frac{3}{2}}$。

的中心斜裂纹玻璃试件在单向受压条件下的裂纹扩展结果是一致的[152]。Brace 等学者曾指出这种裂纹的开始扩展是稳定的。

E. Hoek 和 Z. T. Bieniawski[56] 进一步用实验测定了在一定的工作应力组合条件下，一个张开的椭圆裂纹的扩展长度，当作用于具有一个张开的椭圆裂纹的岩样的主应力 σ_1 和 σ_3 全为压应力时，表明该裂纹扩展只能发展一个短距离，随后，即将停止而趋于稳定，如图 13-4 所示。

E. Z. Lajtal 用脆性材料(熟石膏) 研究了裂纹试件在三轴压力下的脆断过程[153]。他指出，受压时的脆性断裂是一个复杂的过程，至少包括断裂发展的六个阶段，如图 13-5 所示：① 侧向屈服和平行于荷载的受拉断裂开始；② 轴向屈服和垂直于荷载的剪断裂；③ 倾斜剪断裂开始；④ 强度破坏；⑤ 破坏后的现象；⑥ 相对垂直错动。

E. Z. Lajtal 认为压缩中的断裂包含张拉机理和剪切机理。剪切断裂机理出现在材料破坏的较晚阶段。前两阶段的出现起因于弹性裂缝的扩展，对此已做了较多的工作。至于后四阶段，尚研究不多可以根据修正的库伦模型来说明。图 13-6 绘出了各种不同的断裂标准。其斜率反映真实情况，纵坐标截距则尚有任意性[153]。

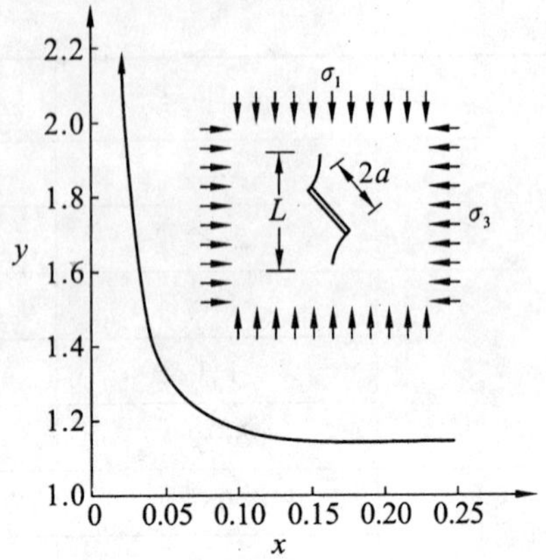

x— $\dfrac{\text{最小主应力}}{\text{最大主应力}}\left(=\dfrac{\sigma_3}{\sigma_1}\right)$；$y$— $\dfrac{\text{稳定裂缝总长度}}{\text{初始椭圆裂纹长度}}\left(=\dfrac{L}{2a}\right)$

图 13-4　压应力条件下，由一个椭圆裂纹发展起来的稳定裂缝的长度图

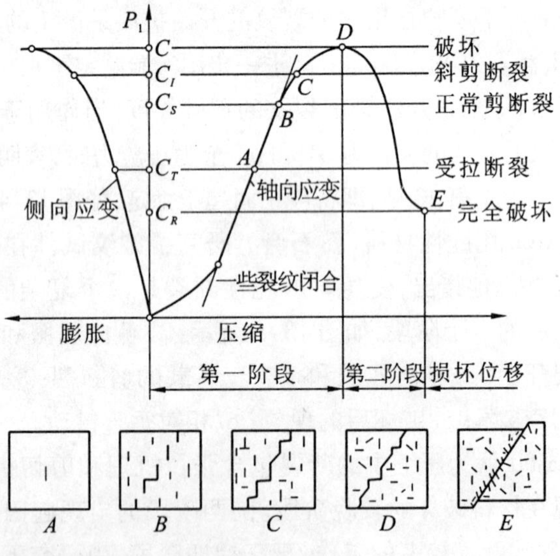

A、B— 断裂自弹性裂纹边界的拉、压应力集中处开始扩展；

C— 斜剪断裂开始；D— 材料破坏；E— 完全破坏

图 13-5　在低侧压力时，三轴压缩下的脆性断裂扩展与应力 — 应变曲线图

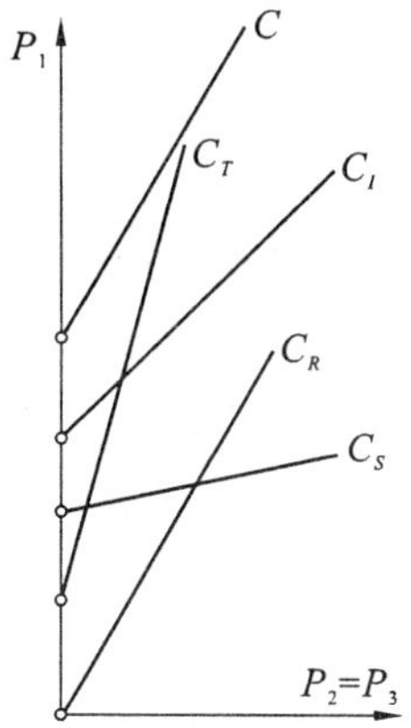

C— 破坏强度；C_T— 受拉断裂强度；C_I— 斜剪断裂；C_R— 残余强度；C_S— 正常剪断裂强度

图13-6　断裂扩展的各种不同阶段定量的组合断裂标准图

F. Erdogan[154] 针对岩体断裂力学的特点，分析了材料在压缩荷载下的破坏问题。他也曾指出，必须研究其局部的断裂开始和沿一定的断裂面的宏观破坏之间的差别。由于岩石中原有的粗糙的裂纹表面，在压缩荷载作用下闭合，形成摩阻力，将阻止裂面的相对滑移和断裂开始。因此，他在分析断裂开始的条件时，认为导致裂纹尖端应力奇性的唯一的应力分量为有效剪应力，该有效剪应力等于对裂纹面施加的名义剪应力减去摩擦阻力，而裂纹面的法向压应力分量 $K_{\mathrm{I}} = 0$。对最终破坏条件，可以按库伦 — 莫尔理论处理

$$|\tau| - f\sigma = c \tag{13-9}$$

为了研究沿混凝土与基岩胶结面的断裂过程，我们进行了相应的现场断裂力学试验。试面尺寸为 50cm × 50cm，基岩为二迭纪栖霞组灰岩，岩性新鲜，岩面起伏差为 0.5 ～ 1.0cm，在其上浇筑砂浆试件，砂浆平均抗压强度为 146kg/cm^2，试验采用双千斤顶平推法，控制水平千斤顶出力中心线与剪切面一致，这种方法能够较好地直接反映法向应力与剪应力之间的关系。

对试面施加一定的法向压力后，接着施加一定的疲劳剪切荷载，即

反复加荷及退荷至零,记录加荷剪变形及退荷残余变形,并利用预埋元件测定试面裂纹的发生和扩展过程,其典型的疲劳剪裂过程线如图 13-7 所示。试验表明,各次剪变形及残余变形对应各级剪荷大小,加卸荷次数呈现平缓、渐增、迅增几个阶段,相应地在胶结面受荷端出现单边裂纹,此种闭合的疲劳裂纹经受初裂、稳定扩展和失稳扩展等阶段。当控制开裂面积与试面全面积之比 a/W 约为50% 时,停止疲劳试验,剪荷退零后,裂纹逐渐增加,至试面全部剪断。分析裂纹在疲劳剪切过程中出现不稳定扩展的名义剪应力 τ_q(暂未计各点疲劳次数差异对比剪应力的影响),及裂纹试件完全剪断时的名义峰值剪应力 $\tau_{裂峰}$,它们均与相应的法向压应力 σ 成库伦线性关系,如图 13-8 所示,其库伦参数并高于试面剪断后进行的摩擦试验峰值剪应力 τ_f 的结果,如表 13-2 所示。按该试验裂纹率 a/W 估算,当裂纹失稳扩展或破坏时,由法向压应力引起裂纹表面的摩阻力,仅占随法向压应力而增加的全试面抗剪总出力的$\frac{1}{4} \sim \frac{1}{2}$,这表明,在压剪断裂过程中,对试面作用的法向压应力除了引起裂纹面的摩阻力之外,还引起非裂纹部分(韧带区)抵抗剪切断裂的内应力的明显增大,反映了法向压应力对剪切断裂的遏制作用。似可认为,由于裂纹区与韧带区变形、强度性质差异,引起应力 — 应变跳跃,虽然裂纹面在法向压应力作用下闭合,但也只能部分地改变张开裂纹尖端所具有的应力奇性。该应力奇性由法向压应力和剪应力引起,应力强度因子 $K_{\mathrm{I}} < 0, K_{\mathrm{II}} > 0$。研究这种负 K_{I} 的计算规律和它对剪切断裂的影响,是岩体断裂力学的重要课题。这一看法与文献[71,154]中假定法向压应力 $K_{\mathrm{I}} = 0$ 的意见是不同的。

表 13-2

编　号	τ_2 组		τ_5 组	
库伦参数	f	$c/(\mathrm{kg/cm^2})$	f	$c/(\mathrm{kg/cm^2})$
$\tau_{裂峰} \sim \sigma$	1.28	16.7	1.36	9.5
$\tau_q \sim \sigma$	1.03	12.5	0.88	13.2
$\tau_f \sim \sigma$	0.68	13.2	0.76	10.2

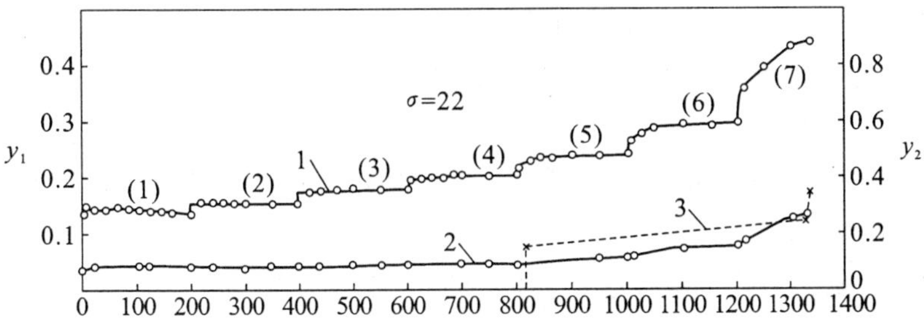

x— 累计疲劳剪切次数 N;y_1—S,S_0(毫米);y_2—$\frac{a}{W}$;

1— 各次加荷剪变形 $S\sim N$;2— 各次退荷残余剪变形 $S_0\sim N$;3— 裂纹率$\frac{a}{W}\sim N$;

(1)—τ = 21.1, 53.1%;(2)—τ = 23,58.2%;(3)—τ = 25,63.1%;(4)—τ = 26.9,67.9%;

(5)—τ = 28.8,72.8%;(6)—τ = 30.7,77.6%;(7)—τ = 32.6,82.5%

图 13-7　混凝土与基岩胶结面疲劳剪裂过程图(应力单位:kg/cm^2)

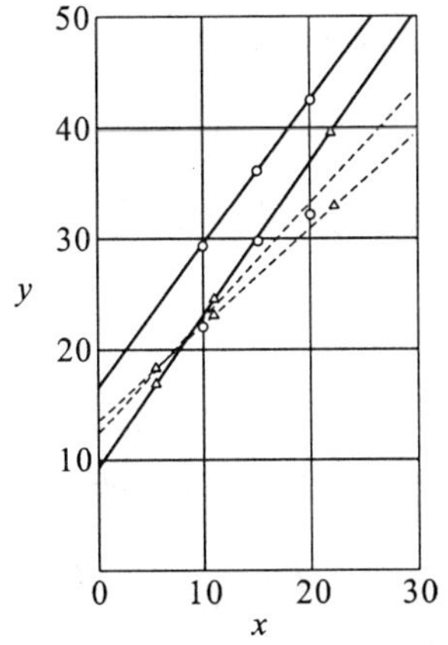

x—σ(kg/cm^2);y—$\tau_{裂峰}$,τ_q(kg/cm^2);—$\tau_{裂峰}\sim\sigma$;—$\tau_q\sim\sigma$;○τ_2 组;△τ_5 组

图 13-8　混凝土与基岩胶结面断裂 $\tau\sim\sigma$ 关系图

13.4　断 裂 判 据

为了确定岩体中裂纹在荷载作用下是否失稳扩展,需要通过计

算来确定岩体的应力强度因子，然后与岩石的断裂韧性相比较，即引用断裂准则进行判别。前已述及，对单一型式的断裂问题，有 K 判据，见式(13-5)。

对张拉—剪切复合断裂问题，金属断裂力学研究较多，有如下复合断裂判据[147]：

1. 最大应变能释放准则(沿裂面扩展)

$$K_{\mathrm{I}}^2 + K_{\mathrm{II}}^2 + \frac{E'}{2\mu}K_{\mathrm{III}}^2 = K_{\mathrm{I}c}^2 \tag{13-10}$$

2. 最大拉应力准则

裂纹扩展角决定于：

$$K_{\mathrm{I}}\sin\theta + K_{\mathrm{II}}(3\cos\theta - 1) = 0 \tag{13-11}$$

当纯 Ⅰ 型拉伸时，$\theta = 0°$；当纯 Ⅱ 型剪切时，$\theta = 70.5°$。临界 K_{I}，K_{II} 由下式决定：

$$\cos\frac{\theta}{2}\left[K_{\mathrm{I}}\cos^2\frac{\theta}{2} - \frac{3}{2}K_{\mathrm{II}}\sin\theta\right] = K_{\mathrm{I}c} \tag{13-12}$$

3. 应变能密度因子准则

薛昌明[155]认为复合型裂纹扩展的临界条件取决于裂纹尖端的能量状态和材料性能。设裂纹尖端附近的弹性应变能密度为 W，则：

$$W = \frac{1}{r}\{a_{11}K_{\mathrm{I}}^2 + 2a_{12}K_{\mathrm{I}}K_{\mathrm{II}} + a_{22}K_{\mathrm{II}}^2 + a_{33}K_{\mathrm{III}}^2\} = \frac{S}{r} \tag{13-13}$$

S 称为应变能密度因子。

(1) 裂纹开始沿着应变能密度因子最小的方向扩展。

$$\text{即在}\frac{\partial S}{\partial\theta} = 0 \quad \frac{\partial^2 S}{\partial\theta^2} > 0 \quad \theta = \theta_0\text{ 处} \tag{13-14}$$

(2) S 达到临界值时，裂纹开始扩展

$$S_{\theta=\theta_0} = S_{cr} \tag{13-15}$$

式中

$$\left.\begin{aligned}
a_{11} &= \frac{1}{16\pi\mu}[(1+\cos\theta)(K-\cos\theta)] \\
a_{12} &= \frac{1}{16\pi\mu}\sin\theta[2\cos\theta - K + 1] \\
a_{22} &= \frac{1}{16\pi\mu}[(K+1)(1-\cos\theta)+(1+\cos\theta)(3\cos\theta-1)] \\
a_{33} &= \frac{1}{4\pi\mu} \\
K &= \begin{cases} 3-4\nu & \text{平面应变} \\ (3-\nu)/(1+\nu) & \text{平面应力} \end{cases}
\end{aligned}\right\} \tag{13-16}$$

应变能密度因子准则可以用于压缩条件下的复合断裂。学者薛昌明认为，临界值 S_{cr} 作为断裂的材料参数，S_{cr} 与裂纹几何形状及荷载无关。E. Z. Lajtal 则认为[153]，薛的理论能应用于前述受拉荷载和受压荷载的受拉断裂初期。

鉴于受压条件下的剪切断裂对岩体力学十分重要，如重力坝基沿基岩胶结面的断裂及地壳表面常见的压扭断层，而这种剪切断裂又决定了岩体破坏的较晚阶段，因此有必要进一步加以讨论。

文献[56]，[153]，[154] 中均提到裂纹试件的剪切断裂破坏可以用库伦—莫尔理论来描述。我们的试验（见图 13-8）也证明了这一点。该理论也是目前在岩体力学中被普遍使用的。但是它不能反映裂纹图形、尺寸、不均匀名义应力及裂隙水压力等对裂纹失稳扩展的综合影响，不便于将断裂力学应用于岩体力学上。

根据法向压应力（$K_{\mathrm{I}} < 0$）对剪切断裂的遏制作用，及库伦公式（13-9）的适用性，并考虑到裂纹体的应力强度因子 K_{I}、K_{II}、K_{III} 分别与对裂纹平面的相应的名义法向应力、剪应力、扭剪力成正比，我们建议对受压条件下的剪切断裂（$-K_{\mathrm{I}}$、K_{II} 与 $-K_{\mathrm{I}}$、K_{III} 复合型断裂）采用以下工程适用的简单关系：

压剪判据　$$\lambda_{12}\sum K_{\mathrm{I}} + \left|\sum K_{\mathrm{II}}\right| = \overline{K}_{\mathrm{II}c} \tag{13-17}$$

压扭判据 $$\lambda_{13}\sum K_{\mathrm{I}}+\left|\sum K_{\mathrm{III}}\right|=\overline{K}_{\mathrm{III}c} \tag{13-18}$$

式中：λ_{12}、λ_{13} 分别为压剪系数和压扭系数，$\overline{K}_{\mathrm{II}c}$、$\overline{K}_{\mathrm{III}c}$ 分别为压缩状态下的剪切断裂韧性和扭剪断裂韧性，λ_{12}、λ_{13}、$\overline{K}_{\mathrm{II}c}$、$\overline{K}_{\mathrm{III}c}$ 均由满足平面应变条件的标准试验测定。

从表面上看，式(13-17)、式(13-18)只不过是式(13-9)的线性转换而已，但是上述式子已经被赋予了断裂力学内容，因此能够反映裂纹在压剪荷载作用下的扩展破坏情况。

13.5 应用断裂力学观点探讨岩体力学有关问题

13.5.1 压力隧洞

目前，压力隧洞衬砌设计，一般按考虑围岩弹性抗力系数（K 值）的方法进行，实际上并未充分利用围岩的承载能力。该承载能力的极限值在岩体被断层层面切割时，决定于被切割岩体的重量。当岩体未被分割为楔块，而仅存在非贯通的裂隙时，这种裂隙可以是岩体中原有的节理，或因隧洞开挖过程中形成的爆破裂缝与卸荷裂隙，围岩的承载能力则应与这些裂隙在内水压力作用下，是否发生失稳扩展有关。这一设想构成了按断裂力学方法分析压力隧洞围岩稳定性的基础。

湖南黄岭电站隧洞曾做过无衬砌压水试验，该试验洞上部花岗岩体厚50m，施加的临界内水压力与隧洞上部的岩柱重力相接近。当内水压力达到 $12\mathrm{kg/cm^2}$ 以上时，洞壁径向变形和实测洞内渗漏量明显增大，如图13-9所示，斜洞和洞口均可见严重渗漏现象，这表明了隧洞围岩破坏与裂隙扩展的一致性。

上述压力隧洞的破坏机理，可以用无限板内圆洞双边裂纹的简单情况来说明，按文献[2]（见图13-10），外部拉伸荷载引起应力强度因子为

$$K_{\mathrm{I}\sigma}=\sigma\sqrt{\pi a}F_{\lambda\sigma}(S) \tag{13-19}$$

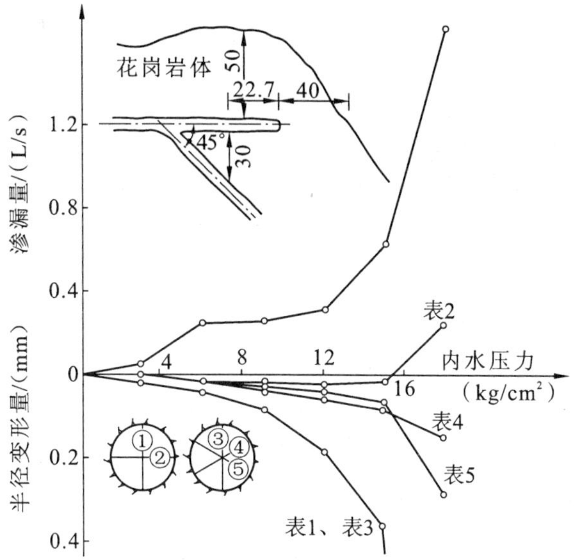

(单位:m)

图13-9　黄岭上试洞水压试验渗漏量、变形量与压力的关系图

圆洞内荷载引起应力强度因子为

$$K_{\mathrm{I}P} = P\sqrt{\pi a}F_{\lambda P}(S) \tag{13-20}$$

当达到临界状态,裂纹张开,由断裂判据式(13-5),即

$$\sum K_{\mathrm{I}} = K_{\mathrm{I}c}$$

确定在这种情况下,圆洞允许内压力为

$$P = \frac{F_{\lambda\sigma}(S)}{F_{\lambda P}(S)}(-\sigma) + \frac{K_{\mathrm{I}c}}{\sqrt{\pi a}F_{\lambda P}(S)} \tag{13-21}$$

对一般裂纹情况,允许隧洞内压力改写为

$$P = i(-\sigma) + jK_{\mathrm{I}c} \tag{13-22}$$

式中,σ 拉应力为正,压应力为负。i 可以称为内压系数,i 决定于裂纹性状、方位及向临空面扩展的距离。通过试验和理论分析,测定围岩体应力的大小及 i,j,$K_{\mathrm{I}c}$ 等指标,可以分析压力隧洞允许内压力。

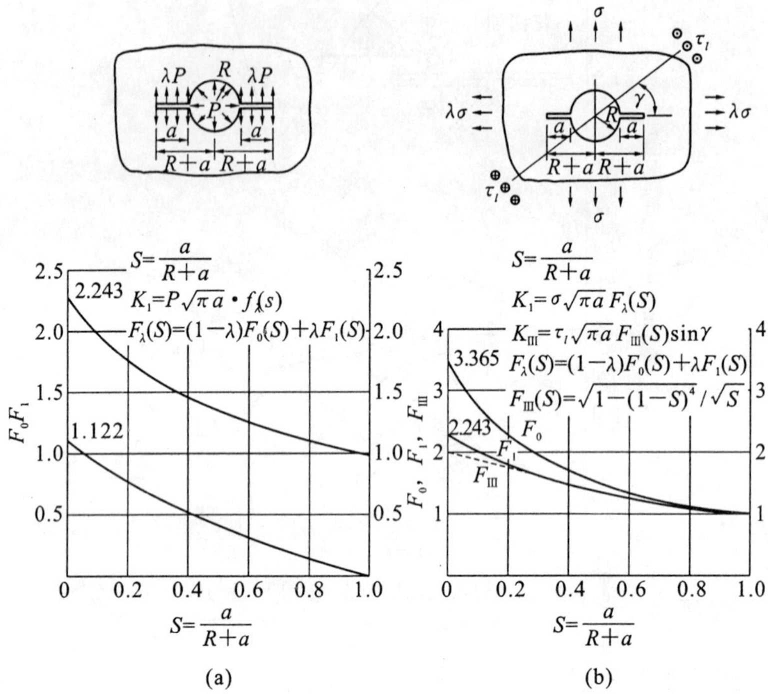

图 13-10　无限板圆孔双边裂纹受内外荷载的应力强度因子图

对图 13-11 无限板圆洞水平双边裂纹及荷载图形而言：

(1) 裂纹面上 $\lambda P = 0$，相当于隧洞具有完好的防渗衬砌及排外水措施，随着几何参数 $S = \frac{a}{R+a}$ 由 0 ~ 1.0，内压系数由 2.66 增至无限大。

(2) 裂纹面上作用有与圆洞内相等的张开力，相当于不衬砌压水试验，随 S 由 0 增到 1.0，内压系数由 1.33 减至 1.0。前述黄岭试验结果与此相符。

由上可见：

1) 完好的防渗与排水措施有助于充分利用围岩体承载能力。

2）在承载能力许可条件下，衬砌可以不必考虑承担内压，即直接在岩壁或具有纵向止水缝的混凝土衬砌内壁喷涂柔性防水材料，或采用首先由 K · 太沙基提出的纵向波纹薄钢板衬砌结构[147]。

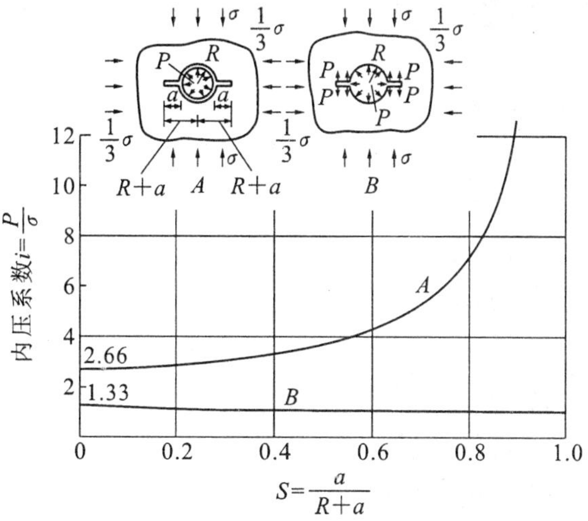

图 13-11　围压场圆洞双边裂纹内压系数图

13.5.2　重力坝与基岩胶结面稳定计算

目前，重力坝剖面尺寸通常决定于坝体稳定计算，即按照以下公式核算大坝沿坝基接触面的滑动条件。

1. 抗剪强度的计算公式

$$K' = \frac{f' \sum P + c'A}{\sum Q} \tag{13-23}$$

式中：K'—— 考虑抗剪断强度时的抗滑稳定安全系数，其值为 3.0,2.5；

f'—— 坝体混凝土与坝基接触面的抗剪断系数；

c'—— 坝体混凝土与坝基接触面抗剪断粘结强度，f'、c' 均通过常规抗剪断试验确定；

A—— 坝基底面积；

$\sum P$—— 作用在坝体上全部作用力对滑动平面的法向投影的总和；

$\sum Q$—— 作用在坝体上全部作用力对滑动平面的切向投影的总和。

2. 摩擦计算公式

$$K = \frac{f\sum P}{\sum Q} \tag{13-24}$$

式中：K—— 抗剪稳定安全系数，按规范 $K = 1.10 \sim 1.0$；

f—— 坝体混凝土与坝基接触面的摩擦系数，根据试件剪断后进行的摩擦试验确定。

式(13-24)的实质是假定坝体与基岩全部脱开，坝体由法向压力引起的摩擦阻力保持稳定，认为这是安全的。式(13-23)则立足于坝体与基岩间胶结面在法向力和切向力作用下的无裂纹剪断，并给以较大的安全系数保证。然而，按照这两项简单的极端的假定，毕竟不能确定大坝沿混凝土与基岩间的胶结面破坏的实际安全度的大小，计算强度指标 f、f'、c'，由于取值无统一标准，往往发生争议。我们认为解决问题的关键，在于深入了解此胶结面在荷载作用下的断裂过程。

由于混凝土收缩，温度应力及施工质量等原因，在沿混凝土与基岩胶结面将形成一定的不贯穿裂纹，这些裂纹构成了断裂力学上所说的裂纹核，在交变水荷载等的作用下，将进一步发展。以如图 13-12 所示上游坝趾处的单边裂纹的典型情况为例(这类裂纹对重力坝来说是最危险的)，其破坏属于压缩条件下的 Ⅱ 型剪切断裂。破坏荷载由裂纹面的摩阻力和材料阻止裂纹失稳扩展的抗力共同承担。因此，作用于坝基面的法向力和切向力，以及对大坝的推力矩的大小都将影响坝基安全，并且还与裂纹分布的图形、尺寸等有关。对此，按照一般块体力学的方法是难以解决的。

重力坝作为平面问题，可以视为半无限板上之三角形有限板，如

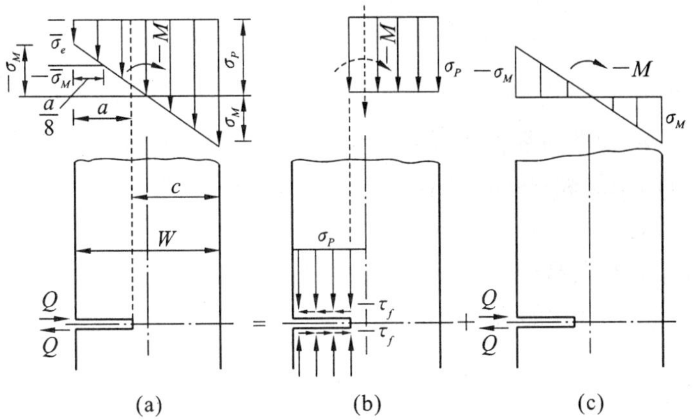

图 13-12　有限板单边裂纹压剪荷载分解(符号按工程习惯)

图 13-13 所示,其应力强度因子计算式尚有待确定。作为初步探讨,暂按已有的有限板单边裂纹公式计算。即将重力坝设想为与坝底等宽的有限板,其全部荷载变为对有限板裂纹平面的法向名义应力 $\sigma_P \pm \sigma_M$ 和沿裂纹平面的推力 Q,(见图 13-12(a))。并且不考虑坝体与基岩性质的差异,即按单相均质线弹性介质处理。由于断裂力学中现有的应力强度因子计算式是由边界条件、裂纹面来确定的,裂纹面为自由表面,在其上 $\sigma_y = 0, \tau_{xy} = 0$。而坝基的裂纹为闭合裂纹,它可以传递部分压应力和摩擦剪力,因此,对图 13-12(a) 所示的荷载作了如下修正。

假定裂面 a 以上部分的均布法向压荷作用在裂纹面上,其余($W - a$) 部分压荷作为对有限板中轴的偏心荷载,转化为一压荷 P_c 及附加力矩 M_c,将图 13-12(a) 复杂荷载分解为几个简单荷载图形。

在计算中,按一般工程习惯,规定 σ 以压应力为正,拉应力为负,力矩以裂纹端出现压应力为正,出现拉应力为负。

取对临界状态裂纹面作用的摩阻力为 τ_{fq},取对裂纹面作用的名义法向压应力的平均值为 $\overline{\sigma}_a$,并假定 τ_{fq} 均布,得

$$\overline{\sigma}_q = \left[\sigma_P + \left(1 - \frac{a}{W}\right)\sigma_M\right]$$

$$\tau_{fq} = \left[\sigma_P + \left(1 - \frac{a}{W}\right)\sigma_M\right]f_{fq} + c_{fq} \tag{13-25}$$

式中:f_{fq},c_{fq} 分别为临界状态裂纹面的摩擦系数与粘着力。可以按变形一致条件,根据裂纹试件在临界状态的变形值,据摩擦试验应力—变形曲线确定。

计算各种荷载引起的应力强度因子为:

对裂纹面作用的法向压强 σ_{pa}

$$K_{\mathrm{I}\sigma} = -\sigma_P\sqrt{\pi a}F_a\left(\frac{a}{W}\right)$$

对韧带区作用的法向压强 σ_{pc}

$$K_{\mathrm{I}\sigma} = -\sigma_P\left(1 - \frac{a}{W}\right)\sqrt{\pi a}F_\sigma\left(\frac{a}{W}\right)$$

对原力矩 M 及附加力矩 M_c

$$K_{\mathrm{I}M} = -6\left[M - \frac{1}{2}\sigma_P a(W - a)\right]\frac{\sqrt{\pi a}}{W^2}F_M\left(\frac{a}{W}\right)$$

对剪切荷载 Q

$$K_{\mathrm{II}Q} = \frac{2}{\sqrt{\pi a}}QF_Q\left(\frac{a}{W}\right)$$

对裂纹面摩阻力 τ_{fq}

$$K_{\mathrm{II}f} = -\left\{\left[\sigma_P + \left(1 - \frac{a}{W}\right)\sigma_M\right]f_{fq} + c_{fq}\right\}\sqrt{\pi a}F_a\left(\frac{a}{W}\right)$$

(13-26)

将式(13-26)引入压剪判据式(13-17),得到有限板闭合单边裂纹受压剪荷载的断裂条件

$$-\sum P\Psi_p\left(\frac{a}{W}\right) + 2\sum Q\Psi_Q\left(\frac{a}{W}\right) - \frac{6\sum M}{W}\Psi_M\left(\frac{a}{W}\right) - c_{fq}W\Psi_c\left(\frac{a}{W}\right) = \overline{K}_{\mathrm{II}c}W^{\frac{1}{2}} \tag{13-27}$$

式中:

$$\psi_P\left(\frac{a}{W}\right)=\sqrt{\frac{\pi a}{W}}\left\{\lambda_{12}\left[F_a\left(\frac{a}{W}\right)+\left(1-\frac{a}{W}\right)F_\sigma\left(\frac{a}{W}\right)\right.\right.$$

$$\left.\left.-3\left(1-\frac{a}{W}\right)\frac{a}{W}F_M\left(\frac{a}{W}\right)\right]+f_{fQ}F_a\left(\frac{a}{W}\right)\right\}$$

$$\psi_Q\left(\frac{a}{W}\right)=\left(\frac{\pi a}{W}\right)^{-\frac{1}{2}}F_Q\left(\frac{a}{W}\right)$$

$$\psi_M\left(\frac{a}{W}\right)=\sqrt{\frac{\pi a}{W}}\left[\lambda_{12}F_M\left(\frac{a}{W}\right)+\left(1-\frac{a}{W}\right)f_{fq}F_a\left(\frac{a}{W}\right)\right]$$

$$\psi_c\left(\frac{a}{W}\right)=\sqrt{\frac{\pi a}{W}}F_a\left(\frac{a}{W}\right)$$

在试验荷载下，$\sum M=0$，有

$$-\sigma\psi_P\left(\frac{a}{W}\right)+2\tau\psi_Q\left(\frac{a}{W}\right)-c_{fq}\psi_c\left(\frac{a}{W}\right)=\overline{K}_{\mathrm{II}c}W^{-\frac{1}{2}} \tag{13-28}$$

由此，

$$\tau=\frac{1}{2\psi_Q\left(\frac{a}{W}\right)}\sigma\psi_P\left(\frac{a}{W}\right)+\frac{1}{2\psi_Q\left(\frac{a}{W}\right)}\left[\overline{K}_{\mathrm{II}c}W^{-\frac{1}{2}}+c_{fq}\psi_c\left(\frac{a}{W}\right)\right]$$

式中，σ,τ 分别为试面名义压、剪应力。当裂纹试件处于临界状态，且其库伦参数为 f_q,c_q，由式(13-9)则有

$$\tau_q=\sigma f_q+c_q$$

由于系数项一致，可以确定对有限板闭合单边裂纹，

$$\left.\begin{aligned}\lambda_{12}&=\left[\frac{2W}{\pi a}F_Q\left(\frac{a}{W}\right)f_q-F_a\left(\frac{a}{W}\right)f_{fq}\right]\Big/\left[F_a\left(\frac{a}{W}\right)+\right.\\&\quad\left.\left(1-\frac{a}{W}\right)F_\sigma\left(\frac{a}{W}\right)-3\left(1-\frac{a}{W}\right)-\frac{a}{W}F_M\left(\frac{a}{W}\right)\right]\\\overline{K}_{\mathrm{II}c}&=\left[2\left(\frac{\pi a}{W}\right)^{-\frac{1}{2}}F_Q\left(\frac{a}{W}\right)c_q-\left(\frac{\pi a}{W}\right)^{\frac{1}{2}}F_a\left(\frac{a}{W}\right)c_{fq}\right]\sqrt{W}\end{aligned}\right\} \tag{13-29}$$

当控制裂纹率 $\frac{a}{W}=0.5$ 时，式(13-29)简化为

$$\begin{aligned}\lambda_{12} &= 1.265f_q - 0.808f_{fq} \\ \overline{K}_{\text{II}c} &= (2.47c_q - 1.58c_{fq})\sqrt{W}\end{aligned} \tag{13-30}$$

利用式(13-27)估算重力坝剖面尺寸,其荷载图形如图13-13所示。计算数据:坝高 = 上游水头 H_1,下游水头 $H_2 = \frac{1}{4}H_1$,帷幕中心 $b = 0.1W$ 处的渗压力 $= \alpha\gamma_0(H_1 - H_2)$,$\alpha$ 取0.50①,不考虑排水,并不计泥沙、浪压及地震等其他荷载。水容重 $\gamma_0 = 1.0\text{t/m}^2$,混凝土容重 $\gamma_d = 2.4\text{t/m}^3$。全部计算采用同一组岩石试验结果,$\lambda_{12} = 0.947$,$\overline{K}_{\text{II}c} = 38.2\text{t/m}^{\frac{3}{2}}$,$f_{fq} = 0.55$,$c_{fq} = 83\text{t/m}^2$,$f' = 1.40$,$c' = 117\text{t/m}^2$,$f = 0.73$,大坝裂纹率 a/W 按疲劳试验中出现的平均临界裂纹率取0.32。

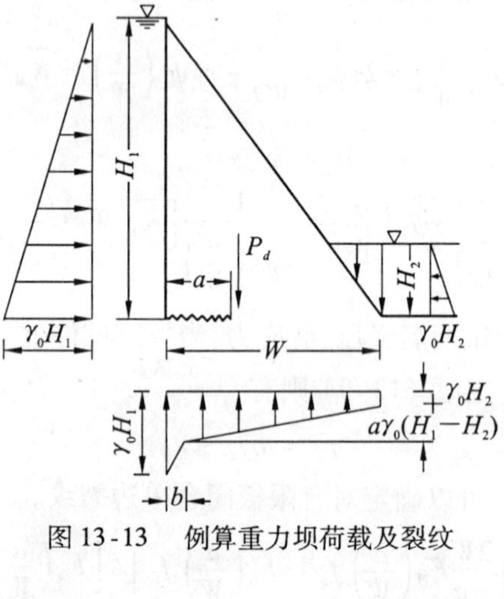

图13-13 例算重力坝荷载及裂纹

将下列三种荷载:

$$\sum P = 0.756H_1W(\text{t/m}^3);$$

① 为对比起见,在各种方法计算中,采用相同的渗压力图形,对断裂计算而言,实际上是假定坝趾具有良好的柔性止水,即上游坝基虽出现裂纹,但不致构成库水渗漏的直接通道。

$$\sum Q = 0.468H_1^2(\text{t/m}^3);$$

$$\sum M = 0.144H_1W^2 - 0.164H_1^3(\text{t/m}^3)。$$

代入式(13-27),得到上述大坝断裂条件为

$$-96.4W + (-2.93H_1W + 1.29H_1^2 + 1.48H_1^3/W) = 38.2W^{\frac{1}{2}} \tag{13-31}$$

据 H_1 = 30m、60m、90m、120m、150m、180m、210m 各种水头进行计算,大坝底宽主要决定于等式左端,同时进行了下述的常规条件的计算:

坝上游面不出现拉应力;

抗剪断公式计算,式(13-23)中,$K' = 3.0$;

摩擦公式计算,式(13-24)中,$K = 1.0, 1.05$ 等情况。全部结果一并绘入图 13-14 中,资料表明:

(1)抗剪断强度计算出的底宽小于断裂计算的结果,说明前者由于未考虑裂纹因素及推力矩,强度取值较高,虽然采用了较大的安全系数,仍不能保证坝基抗断裂破坏。

(2)坝高 95m 以下,断裂计算出的底宽小于不允许出现拉应力的结果,说明按应力计算,上游面出现一定拉应力尚不危及大坝整体断裂。当坝高超过 95m,断裂力学计算能自动满足不出现拉应力的要求。

(3)与摩擦计算 $K = 1.0$ 相比较,当坝低于150m时,摩擦计算结果不致引起大坝破坏。当坝高为 30 ~ 90m 时,断裂计算的底宽比摩擦计算的结果窄 7.9 ~ 5.8m。可以节省混凝土 7.6% ~ 31%。当坝高超过 150m 时,摩擦计算的结果小于大坝裂纹不稳定扩展的安全底宽,即按摩擦公式计算,由于未考虑推力矩等的作用,大坝仍有可能脆断。

13.5.3　水库地震机理

陈培善等学者[71]从断裂力学观点研究了地震过程,认为地震是裂纹失稳扩展的结果,并从 $K_{\mathrm{I}} = K_{\mathrm{III}} = 0, K_{\mathrm{II}} = \sqrt{\pi a}\tau_0$ 出发(τ_0 是区域剪应力),分析了走向滑动断层的震源参数与地壳应力状态之间的关系。

应用断裂力学观点分析地震机理是很有意义的,特别是对板块内

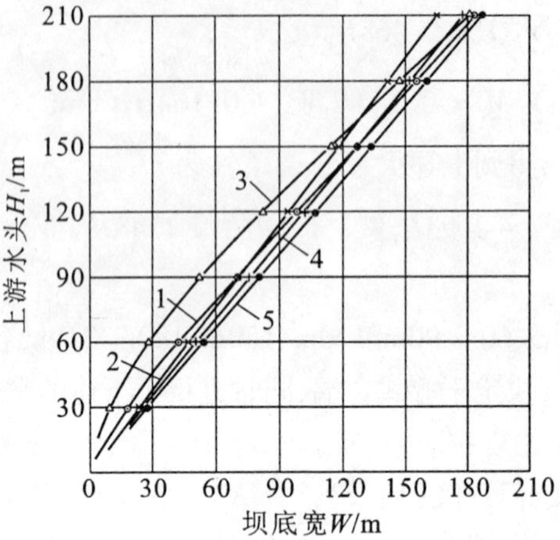

1— 断裂力学计算;2— 上游面不出现拉应力;3— 抗剪断公式 $K' = 3.0$;

4— 摩擦公式 $K = 1.0$;5— 摩擦公式 $K = 1.05$

图 13-14　重力坝断裂力学计算 $H_1 \sim W$ 与常规计算比较图

部的浅源地震(除滇藏及台湾等地区外,我国大部分地震区属于板内地震范畴),这种地震不同于板界地震,它的实质是在构造应力等的作用下,相当于半无限体表面裂纹的地壳裂面的失稳扩展过程。促使地震发生和阻止地震发生的诸矛盾的焦点在裂面前缘,观察到的裂面滑移只是其周边解除约束的附带结果。

我们根据新丰江水库地震资料来探讨其断裂机理,该水库地震由于荷载条件较明确,资料丰富,对开展此项研究是有利的。就水库地震而言,其机理是除原板块内部浅源地震的荷载条件之外,增加了蓄水形成的附加渗水压力对裂面的作用,这种作用包括由于渗水压力对裂面前缘的张开作用,直接引起应力强度因子 K_{I} 增高,和由于裂面有效法向压力下降使摩阻力降低,引起应力强度因子 K_{II}、K_{III} 的增高等两个方面。这样便改变了原来构造应力场、岩柱重力场及地下水等对裂面前缘作用的初始状态,如果这种初始状态进入临界状态,裂面即失稳扩展,释放大量应变能,即发生水库地震。

发生水库地震的条件是当地壳裂面在蓄水前已处于亚临界状态时，如果由于存在地下水深循环通道且对裂面注水增压，则有发生水库地震的可能。

如图 13-15 所示，假定地表有垂直向下，深度为 h 的裂面 A，其周围介质为均质，各向同性的线弹性半无限体，裂面受沿深度均布的水平远场构造应力 σ_1、σ_3 等作用，裂面与主张应力 σ_1 夹角为 β，按线弹性有关应力强度因子算式[148] 及压扭判据式(13-18) 推得其发生地震的临界条件为

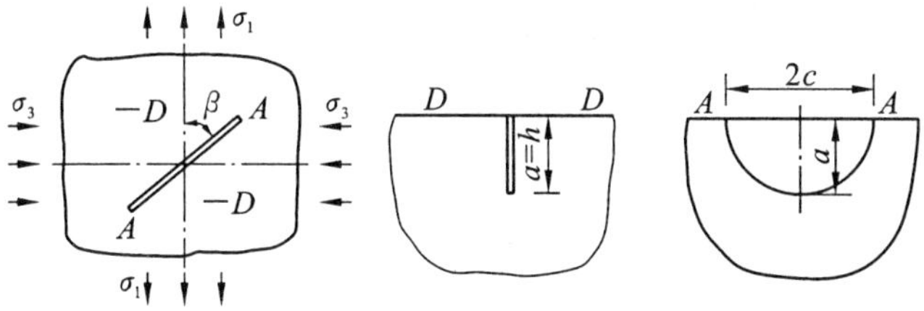

图 13-15　地壳裂面图形

$$
\lambda_{13}\sum\begin{Bmatrix}1.1215[\sigma_1\sin^2\beta+\sigma_3\cos^2\beta]\sqrt{\pi\bar{h}}F(n)\\-0.683\gamma_d\bar{h}\xi\sqrt{\pi\bar{h}}\\0.683\gamma_0\bar{h}\sqrt{\pi\bar{h}}\\1.122\gamma_0H\sqrt{\pi\bar{h}}\end{Bmatrix}+
$$

$$
\sum\begin{Bmatrix}(\sigma_1-\sigma_3)\sin\beta\cos\beta\sqrt{\pi\bar{h}}F(n) & (1)\\-\dfrac{2}{\pi}\gamma_d\bar{h}\xi f\sqrt{\pi\bar{h}} & (2)\\\dfrac{2}{\pi}\gamma_0\bar{h}_f\sqrt{\pi\bar{h}} & (3)\\\gamma_0Hf\sqrt{\pi\bar{h}} & (4)\\-c\sqrt{\pi\bar{h}} & (5)\end{Bmatrix}=\bar{K}_{\mathrm{III}c}\qquad(13\text{-}32)
$$

式中：$\bar{h}=\dfrac{h}{\Phi_2}$为当量裂纹深度，$\Phi=\int_0^{\frac{\pi}{2}}\left[\sin^2\varphi+\left(\dfrac{a}{c}\right)^2\cos^2\varphi\right]^{\frac{1}{2}}\mathrm{d}\varphi$，第二类椭圆积分，对浅长形裂纹$\dfrac{a}{c}\rightarrow 0,\Phi=1$，对半圆周裂纹$\dfrac{a}{c}=1,\Phi=\dfrac{\pi}{2}$；

$F(n)$为交叉裂纹修正系数，单一裂纹$F(n=2)=1.0$，X型交叉裂纹$F(n=4)=0.872$；

γ_d为岩石容重，γ_0为水容重，H为水库蓄水深，f为摩擦系数，c为裂面粘着力，$\xi=\dfrac{\nu}{1-\nu}$为侧压力系数。

式中横列(1)表示远场构造应力作用；(2)表示岩柱重力场作用；(3)表示原地下水作用（假定原地下水位与地面一致）；(4)表示水库蓄水附加水压力的作用；(5)表示裂面粘着力影响。

按上式估算了新丰江水库1962年3月19日主震，其$\sum K_{\mathrm{I}}=-1.023\times10^4\mathrm{kg/cm}$，$\sum K_{\mathrm{III}}=1.418\times10^4\mathrm{kg/cm}^{\frac{3}{2}}$，其中由于水库蓄水引起$K_{\mathrm{I}}=0.707\times10^4\mathrm{kg/cm}^{\frac{3}{2}}$，$K_{\mathrm{III}}=0.31\times10^4\mathrm{kg/cm}^{\frac{3}{2}}$，表明水库蓄水对裂面前缘的影响是显著的。按单位面积应变能释放率式(13-6)及主震裂面扩展面积估算其释放能量相当于震级6.1级，与实测相符。

在一般金属断裂力学中，材料通常处于拉伸条件下工作，有临界裂纹尺寸a_c的概念，即对一定的荷载、构件和裂纹形式，具有某一临界尺寸a_c。当裂纹实际尺寸$a>a_c$时，构件即全部脆断。由于地壳裂面处于随深度增加的压应力场中，其裂面失稳扩展不同于一般金属材料的脆断，它不会无限制地向纵深扩展，而会在一定深度停止。在此处，引起地震和阻止地震的诸矛盾因素取得了新的平衡。反映在式(13-32)中，即裂面深度h达到某一数值h_s时，等式成立，称此深度h_s为止裂深度。计算新丰江水库地震裂面的止裂深度为7.04km。新丰江主震后，震源深度分布峰值由4km移至7km（表现裂面前缘向纵深扩展），并从1963年8月，即主震后约一年半以后保持不变[75]，两者是接近的。

止裂深度 h_s 给出了随深度增加的压应力场裂纹扩展的概念。即在一定的荷载及地壳裂面性状条件下，裂面具有止裂深度 h_s，当裂面实际深度 $h > h_s$ 时（注意与临界裂纹尺寸 a_c 相反），此时裂面将是稳定的。它相当于构造应力减弱，松弛或覆盖层加厚的情况。而当 $h < h_s$，即构造应力、地下水位增加，覆盖层被剥蚀时，则裂面将失稳扩展到 h_s 为止。此时将伴随应变能释放，发生地震。此后构造应力若不继续增长，地壳活动则进入暂歇期。$h = h_s$，则为临界状态。

如果我们能够测定某地区构造应力，并测定原断层性状、深度及有关断裂力学指标，在发展粘弹体断裂力学的基础上，将有可能判断该地区的稳定性，而使断裂力学成为地震研究的力学途径之一。而且对于一定的构造应力状况，如果能够通过注水等方法，人为地控制加深裂面深度，便将提高该处地壳裂面的抗震能力，即提高其发震所需的门槛应力水平。从而事前防止由于逐渐增强的构造应力场，引起原来在断层深度以上的止裂深度下降，当低于断层深度时而爆发大地震。

13.6　岩石断裂力学主要研究途径

通过上述对断裂力学基本观点的介绍，并结合压力隧洞，坝基稳定及水库地震等典型岩体力学问题的探讨，可以看出，将断裂力学应用到岩体力学中，具有广阔前景。但是，也应看到，上述探讨还很不成熟，尚缺乏严格的理论推导和实验证明。我们认为，当前岩石断裂力学的研究需要解决以下主要课题：

(1) 式(13-1) ~ 式(13-3) 及由此得到的各种裂纹的应力强度因子计算式，是根据裂纹为自由表面，在裂面上 $\sigma_y = 0, \tau_{xy} = 0$ 的边界条件确定的。对于岩体中的闭合裂纹，它在压剪荷载作用下，可以传递部分压应力和剪应力，裂纹尖端的应力场有所变化。因此需要进行闭合裂纹尖端应力场及有关应力强度因子计算的研究；

(2) 岩体不是均质体、如重力坝与基岩之间胶结面的断裂，属于双相材料界面裂纹问题，对双相材料的顺界断裂和穿界断裂，文献

[147],[149],[56] 中有所论述,但与能用于解决实际问题尚有距离;

(3) 地壳深部岩体受高围压作用及地温影响,具有粘弹性质,如果要用断裂力学解决地震预报等问题,还需要进行有关粘弹性体断裂力学的实验和理论研究;

(4) 关于材料在压剪、压扭荷载作用下的断裂机理和复合断裂判据,还有待深入进行实验和理论研究;

(5) 需要建立岩石断裂力学指标的测试设备,建立标准的试件形式、尺寸和试验方法;

(6) 现场岩体中裂纹的分布、几何尺寸的实际调查与监测手段。确定符合现场的应力强度因子的计算试验方法与程序,或典型裂纹图形;

(7) 防止岩体断裂的工程措施研究。

第 14 章　有限单元法及其在岩体力学中的应用

葛修润
（中国科学院武汉岩体土力学研究所）

14.1　概　述

近二十多年来，由于一种强有力的数值分析方法——有限单元法的出现和发展，已经为岩石力学这门学科的分析和计算打开了新的局面。在我国应用有限元探讨岩体工程课题已经相当普遍，随着社会主义建设事业的发展，可以预料有限单元法在岩体力学中的应用必将更为广泛和普及，而该方法本身也必将得到进一步提高和完善。

本章，我们仅对有限单元法的基本原理和工作步骤作概略的叙述。关于单元分析，位移模式和非线性处理问题也不可能作详细的介绍。用来描述岩体中节理面、软弱夹层以及岩体与建筑物之间的界面的节理单元和非线性分析问题在本章中将讨论，但许多问题还是很不成熟的。本章中给出的少数计算和应用实例，以我们在工作中遇到的问题为主，并以平面分析为限。

14.2　单元体的形状函数和刚度矩阵

单元体的位移模式的选取与单元体类型密切相关。在二维课题中最为简单，而且在我国普遍使用的单元型式为三结点三角形单元。用三结点三角形单元易于进行网格划分，亦宜于逼近边界形状，但三结点三角形单元是常应变单元，精度比较差。四结点、八结点的四边形单元也有不少应用。六面体(自动剖分为多个四面体的组合)以及二十结点的曲面六面体等参数单元是三维课题中经常使用的两种单元型式。形状函数矩阵的推导有两种基本途径，即广义坐标法和直接采用插值函数的方法。

14.2.1 广义坐标法和三角形单元

在广义坐标法中，采用多项式的位移模式。因为其数学处理比较容易，而且任意阶次(包括完全一次式的)多项式可以近似地表示其真实解。

如二维单元中某一点的位移分量 u、v，可以用下列多项式表示

$$\begin{cases} u(x,y) = \alpha_1 + \alpha_2 x + \alpha_3 y + \alpha_4 x^2 + \alpha_5 xy + \alpha_6 y^2 + \cdots + \alpha_m y^n \\ v(x,y) = \alpha_{m+1} + \alpha_{m+2} x + \alpha_{m+3} y + \alpha_{m+4} x^2 + \\ \qquad \alpha_{m+5} xy + \alpha_{m+6} y^2 + \cdots + \alpha_{2m} y^n \end{cases} \tag{14-1}$$

上述多项式中的系数 α 称为广义坐标。

单元体内任意一点的位移的一般表达式为

$$\{\boldsymbol{f}\} = \{\boldsymbol{M}\}\{\boldsymbol{\alpha}\} \tag{14-2}$$

位移模式中一般多项式都可以在任一需要的阶次截断以得到线性模式、二次模式或更高次模式。

选择多项式位移模式的阶次时，除考虑上节中所述的保证收敛性的条件外，还应注意使这模式与局部坐标系的方位无关，即几何各向同性，这可以根据对称性来选择多项式的有关项而达到。

将单元体每一结点的坐标值代入$[\boldsymbol{M}]$，并将单元体各结点的位移合并写成列阵$\{\boldsymbol{\delta}\}^e$，则可得到

$$\{\boldsymbol{\delta}\}^e = [\boldsymbol{A}]\{\boldsymbol{\alpha}\} \tag{14-3}$$

由上式求出$\{\boldsymbol{\alpha}\}$，并代入式(14-2)后，即可得到

$$\{f\} = [M][A]^{-1}\{\delta\}^e = [N]\{\delta\}^e \tag{14-4}$$

以上是采用广义坐标法推导形状函数矩阵$[N]$的基本步敷，但是采用该方法有很大局限性，原因在于矩阵$[A]$的求逆有困难，而且并不总是能够获得。

三角形单元和四面体单元都可以用广义坐标法推导形状函数，但为了避免矩阵$[A]$的求逆，一般都是直接求解方程组(14-3)，解出$\{\alpha\}$，再回代入式(14-2)，得形状函数矩阵$[N]$。例如常用的三角形单元(见图 14-1)采用线性位移模式，则

$$u(x,y) = \alpha_1 + \alpha_2 x + \alpha_3 y; \quad v(x,y) = \alpha_4 + \alpha_5 x + \alpha_6 y \tag{14-5}$$

按上述方法可以求得位移函数$\{f\}$为

$$\{f\} = \begin{Bmatrix} u \\ v \end{Bmatrix} = [N]\{\delta\}^e = [IN_i, IN_j, IN_m]\{\delta\}^e \tag{14-6}$$

式中，I是二阶的单位矩阵

$$N_i = (a_i + b_i x + c_i y)/2A \quad (i,j,m) \tag{14-7}$$

$$a_i = x_j y_m - x_m y_j; \quad b_i = y_j - y_m; \quad c_i = -x_j + x_m \quad (i,j,m) \tag{14-8}$$

N_i, N_j, N_m以及a_i等九个系数分别按式(14-7)，式(14-8)，按脚码i,j,m,i的顺序循环置换得到。A为三角形单元的面积，为了保证A为正值，i,j,m编码的次序必须按逆时针转向排列。

14.2.2　插值函数和等参数单元

当采用多结点的比较精密的单元时，由于矩阵$[A]$求逆等的困难，广义坐标法难以应用，因此常常根据单元特性直接选择(或者导出)，称之为形状函数的插值函数，即相当于式(14-6)中的N_i。这就是插值函数法的概念。为了选择和得出合适的形状函数，采用一组规范化在± 1之间变化的无量纲数，来表征单元体内任意一点位置的自然坐标系是必不可少的。自然坐标系是单元体局部坐标系的一种特殊形式，使用这种坐标系也便于在推导单元体刚度矩阵时应用数值积分，和易于给出基本单元与在分块图中所分划的实际单元之间的映射[157]~[159]。

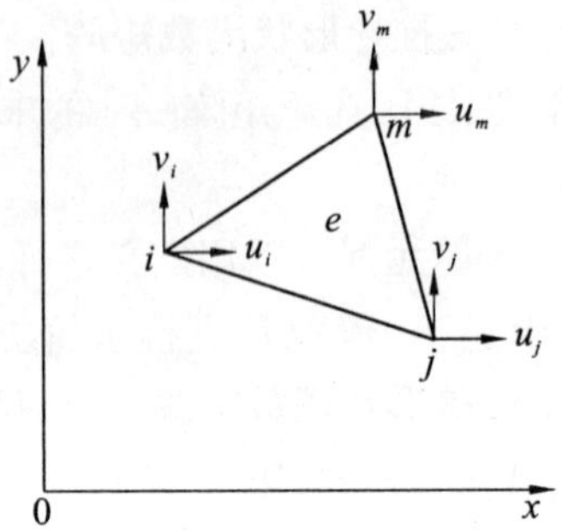

图 14-1　三角形单元图

自然坐标系基本上可以分为两大类,即面积坐标系和 $\xi—\eta—\zeta$ 自然坐标系,前者常用于二维的三角形单元和三维的四面体单元族(见图 14-2 中 A—1,C—1 单元),后者适用于二维的四边形单元和三维的六面体单元族(见图 14-2 中的 B—1,D—1 单元)。

面积坐标系,为说明概念,以三结点三角形单元为例,坐标系见图 14-2。单元体内 P 点坐标用 L_1, L_2, L_3 表示。

$$L_1 = \frac{P32\text{ 的面积(阴影部分)}}{123\text{ 的面积(整个三角形的面积)}}\text{ 等} \tag{14-9}$$

该单元的面积坐标系与笛卡尔坐标系之间存在着线性关系,P 的坐标为

$$x = L_1x_1 + L_2x_2 + L_3x_3;\quad y = L_1y_1 + L_2y_2 + L_3y_3 \tag{14-10}$$

$$L_1 + L_2 + L_3 = 1 \tag{14-11}$$

对于三角形单元,显然可以采用线性插值函数,单元体内 P 点的位移为

$$u = L_1u_1 + L_2u_2 + L_3u_3;\quad v = L_1v_1 + L_2v_2 + L_3v_3 \tag{14-12}$$

此即为
$$\{\boldsymbol{f}\} = [\boldsymbol{N}]\{\boldsymbol{\delta}\}^e$$

所以由此得出
$$N_i = L_i \quad (i,j,m) \tag{14-13}$$

而且可以看出
$$\sum N_i = 1 \tag{14-14}$$

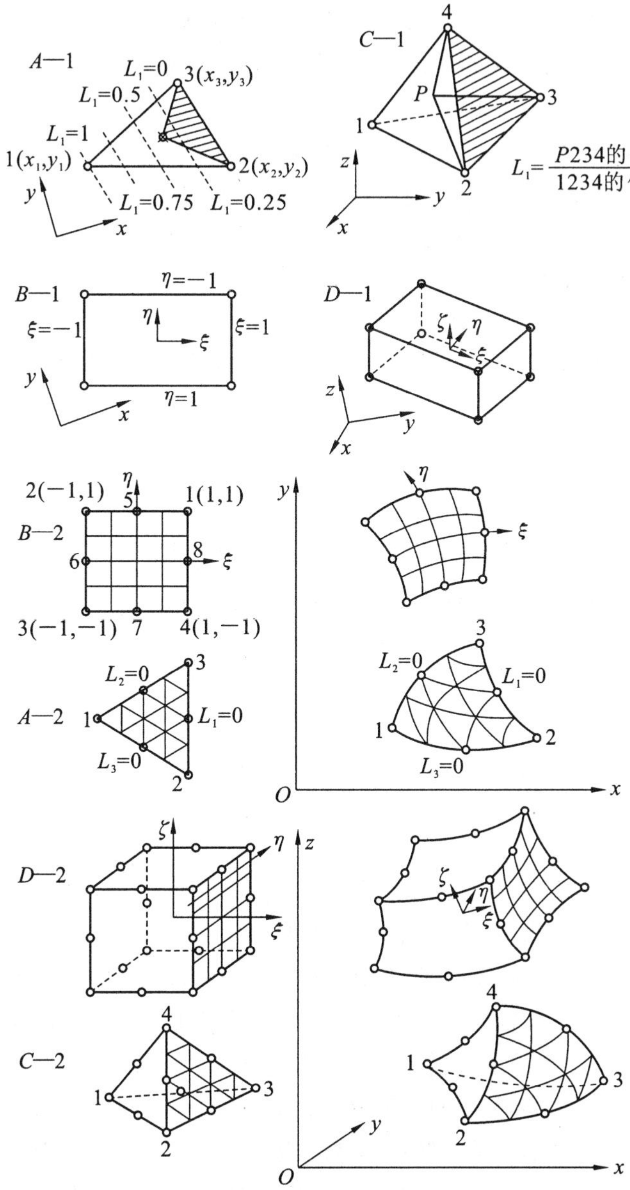

图 14-2　自然坐标、线性和二次式单元及其映射图

四结点的四面体依此类似，面积坐标为 L_1、L_2、L_3、L_4。对于边或棱上有中结点的三角形或四面体单元面积坐标仍与前述的相同。但形状函数的式子将比较复杂，但式(14-14) 一定要得到满足。

ξ—η—ζ 自然坐标系，以四结点的四边形为例，这类自然坐标系的定义如图 14-2 所示。可以为四结点四边形单元选择这样的插值函数，使位移 u 和 v 沿单元体的边界呈线性变化，这样就能满足前述的保续条件，从而收敛性是有保证的。下面给出 u 和 v 的表达式

$$\begin{cases} u = \frac{1}{4}\{(1-\xi)(1-\eta)u_1 + (1+\xi)(1-\eta)u_2 + \\ \quad (1-\xi)(1+\eta)u_3 + (1+\xi)(1+\eta)u_4\} \\ v = \frac{1}{4}\{(1-\xi)(1-\eta)v_1 + (1+\xi)(1-\eta)v_2 + \\ \quad (1-\xi)(1+\eta)v_3 + (1+\xi)(1+\eta)v_4\} \end{cases} \tag{14-15}$$

为了书写简便，可以引用新的变数，即：$\xi_0 = \xi_i\xi$；$\eta_0 = \eta_i\eta$，则

$$u = \sum N_i u_i, \quad v = \sum N_i v_i \tag{14-16}$$

而形状函数 N_i 可概括地写为

$$N_i = \frac{1}{4}(1+\xi_0)(1+\eta_0) \tag{14-17}$$

选择形状函数 N_i 时，必须符合下述要求，即 $N_i = 1$，当 P 点在结点 i 处时；和 $N_i = 0$，当 P 点在其他结点处时。

对于棱式边上只有角点而无中结点的一次式单元和二次式单元的形状函数在表 14-1 中给出，表中相应的单元号与图 14-2 相对应。

关于形状函数，单元形态分析等可以参看文献[160]。

进行岩体工程课题的网格划分时，采用不同结点数单元并加以拼接不仅必要而且方便。例如图 14-3 为二维 4 ~ 8 结点单元的拼接示意图。对于三维问题也是如此。4、5、6、7、8 不同结点数的二维单元的形状函数和由 8 变化到 20 的不同结点的三维单元的形状函数可以分别用统

表 14-1　单元体形状函数表

<table>
<tr><td rowspan="2">模型阶次</td><td rowspan="2">单元体名称及编号（参看图 14-2）</td><td colspan="2">单元体形状函数 N_i</td></tr>
<tr><td>角结点(i)</td><td>边式棱的中结点(i)</td></tr>
<tr><td rowspan="4">线性</td><td>三结点三角形
A—1</td><td>L_i</td><td>—</td></tr>
<tr><td>四结点四边形
B—1</td><td>$\frac{1}{4}(1+\xi_0)(1+\eta_0)$</td><td>—</td></tr>
<tr><td>四结点四面体
C—1</td><td>L_i</td><td>—</td></tr>
<tr><td>八结点六面体
D—1</td><td>$\frac{1}{8}(1+\xi_0)(1+\eta_0)(1+\zeta_0)$</td><td>—</td></tr>
<tr><td rowspan="4">二次式</td><td>六结点三角形
A—2</td><td>$L_i(2L_i-1)$</td><td>$4L_jL_R$ （j、R 是中结点(i) 所在的边或棱上的角结点的编号）</td></tr>
<tr><td>八结点四边形
B—2</td><td>$\frac{1}{4}(1+\xi_0)(1+\eta_0)(\xi_0+\eta_0-1)$</td><td>对于 $\xi_i=0$
则 $\frac{1}{2}(1-\xi^2)(1+\eta_0)$
对于 $\eta_i=0$
则 $\frac{1}{2}(1+\xi_0)(1-\eta^2)$</td></tr>
<tr><td>十结点四面体
C—2</td><td>$L_i(2L_i-1)$</td><td>$4L_jL_R$</td></tr>
<tr><td>二十结点六面体
D—2</td><td>$\frac{1}{8}(1+\xi_0)(1+\eta_0)(1+\zeta_0)\times$
$(\xi_0+\eta_0+\zeta_0-2)$</td><td>对于 $\xi_i=0$
则 $\frac{1}{4}(1-\xi^2)(1+\eta_0)(1+\zeta_0)$
对于 $\eta_i=0$
则 $\frac{1}{4}(1+\xi_0)(1-\eta^2)(1+\zeta_0)$
对于 $\zeta_i=0$
则 $\frac{1}{4}(1+\xi_0)(1+\eta_0)(1-\zeta^2)$</td></tr>
</table>

一的式子写出，这给程序的编写提供了很大方便。这方面的工作可参看文献[161]，[162]。表 14-2 给出的为 4 ~ 8 不同结点数的二维单元的形状函数表。单元结点号参看图 14-2 中的 B—2 单元。

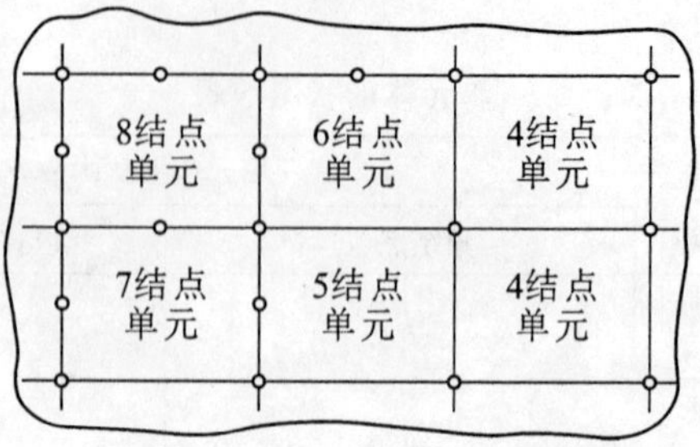

图 14-3　结点数 4,5,6,7,8 的二维单元拼接示意图

表 14-2　4 ~ 8 任意结点二维四边形单元形状函数表

<table>
<tr><td>N_1</td><td>$\frac{1}{4}(1+\xi)(1+\eta)$</td><td>$-\frac{1}{2}N_5$</td><td>—</td><td>—</td><td>$-\frac{1}{2}N_8$</td></tr>
<tr><td>N_2</td><td>$\frac{1}{4}(1-\xi)(1+\eta)$</td><td>$-\frac{1}{2}N_5$</td><td>$-\frac{1}{2}N_6$</td><td>—</td><td>—</td></tr>
<tr><td>N_3</td><td>$\frac{1}{4}(1-\xi)(1-\eta)$</td><td>—</td><td>$-\frac{1}{2}N_6$</td><td>$-\frac{1}{2}N_7$</td><td>—</td></tr>
<tr><td>N_4</td><td>$\frac{1}{4}(1+\xi)(1-\eta)$</td><td>—</td><td>—</td><td>$-\frac{1}{2}N_7$</td><td>$-\frac{1}{2}N_8$</td></tr>
<tr><td>N_5</td><td>$\frac{1}{2}(1-\xi^2)(1+\eta)$</td><td rowspan="4" colspan="4">例　1. 若该单元中缺第5结点,则 $N_5=0$,此时 $N_1=\frac{1}{4}(1+\xi)(1+\eta)-\frac{1}{2}N_8$
2. 若该单元中缺第5、6、7结点,则 $N_5=N_6=N_7=0$, $N_2=\frac{1}{4}(1-\xi)(1+\eta)$, $N_1=\frac{1}{4}(1+\xi)(1+\eta)-\frac{1}{2}N_8$,…</td></tr>
<tr><td>N_6</td><td>$\frac{1}{2}(1-\eta^2)(1-\xi)$</td></tr>
<tr><td>N_7</td><td>$\frac{1}{2}(1-\xi^2)(1-\eta)$</td></tr>
<tr><td>N_8</td><td>$\frac{1}{2}(1-\eta^2)(1+\xi)$</td></tr>
</table>

14.2.3　坐标变换、映射和等参数单元

采用边或棱上有结点的二次式单元对实际曲线可以做到三点抛物线的拟合。因此这类单元应用很广。采用这种单元时,还必须建立单元体在自然坐标系与总体坐标系之间的几何变换关系,即映射关系。以图

14-2 中的 D—2 单元为例，需要选取一个合适的几何变换使将自然坐标系的 $2\times2\times2$ 的正立方体变换为实际的曲面六面体，并且要满足经过变换后各单元体之间仍然满足连续的条件而不存在缝隙或重叠。

为此建立笛卡尔坐标系与自然坐标系之间的关系

$$x=\sum N_i' x_i;\quad y=\sum N_i' y_i;\quad z=\sum N_i' z_i \tag{14-18}$$

式中 N_1', N_2' 等是 ξ、η、ζ（或 L_1, L_2, L_3 等）的一些特定函数，即 $N_i'=N_i'(\xi,\eta,\zeta)$，将式(14-18)与式(14-16)作一对比，可以看出这两组式子具有类似的形式。如果对于一个单元体我们定义的几何和位移场函数都选用同一个形状函数矩阵，而且阶次也相同，即 $[\boldsymbol{N}']=[\boldsymbol{N}]$，那么这一类单元就称为等参数单元。如果 $[\boldsymbol{N}']$ 的阶次低于 $[\boldsymbol{N}]$ 的阶次，则为次参数单元；若 $[\boldsymbol{N}']$ 的阶次高于 $[\boldsymbol{N}]$，则为超参数单元。当前在岩石力学课题中使用的主要是等参数单元。关于等参数单元以及次参数单元、超参数单元方面的论述可以参看文献[158]。

14.2.4　单元体的刚度矩阵

考虑小变形时单元体的应变与位移的关系式为

$$\{\boldsymbol{\varepsilon}\}^e=[\varepsilon_x\varepsilon_y\varepsilon_z\gamma_{xy}\gamma_{yz}\gamma_{zz}]^{\mathrm T}=\left[\frac{\partial u}{\partial x}\ \frac{\partial v}{\partial y}\ \frac{\partial w}{\partial z}\ \frac{\partial u}{\partial y}+\frac{\partial v}{\partial x}\ \frac{\partial v}{\partial z}+\frac{\partial w}{\partial y}\ \frac{\partial w}{\partial x}+\frac{\partial u}{\partial z}\right]^{\mathrm T} \tag{14-19}$$

单元体内一点的位移可用结点位移 u_i, v_i, w_i 等表示，如式(14-16)所示（w 亦可以写成类似形式），并代入式(14-19)后可得

$$\{\boldsymbol{\varepsilon}\}^e=[[\boldsymbol{B}_1][\boldsymbol{B}_2]\cdots[\boldsymbol{B}_n]]\{\boldsymbol{\delta}\}^e=[\boldsymbol{B}]\{\boldsymbol{\delta}\}^e \tag{14-20}$$

$[\boldsymbol{B}_i]$ 的转置矩阵在三维问题中是

$$[\boldsymbol{B}_i]^{\mathrm T}=\begin{pmatrix}\dfrac{\partial N_i}{\partial x} & 0 & 0 & \dfrac{\partial N_i}{\partial y} & 0 & \dfrac{\partial N_i}{\partial z}\\ 0 & \dfrac{\partial N_i}{\partial y} & 0 & \dfrac{\partial N_i}{\partial x} & \dfrac{\partial N_i}{\partial z} & 0\\ 0 & 0 & \dfrac{\partial N_i}{\partial z} & 0 & \dfrac{\partial N_i}{\partial y} & \dfrac{\partial N_i}{\partial x}\end{pmatrix} \tag{14-21}$$

在二维问题中是

$$[\boldsymbol{B}_i]^{\mathrm{T}} = \begin{pmatrix} \dfrac{\partial N_i}{\partial x} & 0 & \dfrac{\partial N_i}{\partial y} \\ 0 & \dfrac{\partial N_i}{\partial y} & \dfrac{\partial N_i}{\partial x} \end{pmatrix} \tag{14-22}$$

将式(14-20)代入刚度矩阵的一般表达式后，$[\boldsymbol{K}]^e$ 可以写成分块形式

$$[\boldsymbol{K}]^e = \begin{pmatrix} K_{11} & K_{12} & \cdots & K_{1n} \\ K_{21} & K_{22} & \cdots & K_{2n} \\ \vdots & \vdots & \cdots & \vdots \\ K_{n1} & K_{n2} & \cdots & K_{nn} \end{pmatrix} \tag{14-23}$$

式中子矩阵 $$[\boldsymbol{K}_{rs}] = \int [\boldsymbol{B}_r]^{\mathrm{T}}[\boldsymbol{D}][\boldsymbol{B}_s]\mathrm{d}v \tag{14-24}$$

当采用等参数单元时，由于形状函数是以自然坐标系写出的，因此求单元体刚度矩阵时必需考虑坐标变换，式(14-24)应写成

$$[\boldsymbol{K}_{rs}] = \int_{-1}^{1}\int_{-1}^{1}\int_{-1}^{1} [\boldsymbol{B}_r]^{\mathrm{T}}[\boldsymbol{D}][\boldsymbol{B}_s] \mid \boldsymbol{J} \mid \mathrm{d}\xi\mathrm{d}\eta\mathrm{d}\zeta \tag{14-25}$$

式中：$\mid \boldsymbol{J} \mid$ —— 考虑坐标变换的雅各比矩阵$[\boldsymbol{J}]$的行列式。

矩阵$[\boldsymbol{B}_i]$中诸元素$\dfrac{\partial N_i}{\partial x}$等可以按下式计算（当采用 $\xi—\eta—\zeta$ 自然坐标系时）

$$\left[\frac{\partial N_i}{\partial x}\ \frac{\partial N_i}{\partial y}\ \frac{\partial N_i}{\partial z}\right]^{\mathrm{T}} = [\boldsymbol{J}]^{-1}\left[\frac{\partial N_i}{\partial \xi}\ \frac{\partial N_i}{\partial \eta}\ \frac{\partial N_i}{\partial \zeta}\right]^{\mathrm{T}} \tag{14-26}$$

除去最简单的情况外，式(14-25)都是无法精确积分的，但式(14-25)总可以归结为以下的积分形式

$$\int_{-1}^{1}\int_{-1}^{1}\int_{-1}^{1} G(\xi,\eta,\zeta)\mathrm{d}\xi\mathrm{d}\eta\mathrm{d}\zeta \tag{14-27}$$

对式(14-27)采用高斯求积法进行数值积分是很方便的，积分方法可以参看文献[159]，[163]。当采用面积坐标时，刚度矩阵的计算可

以参看文献[163]。

14.3　层状岩体与各向异性

某些岩体层理发育，或者片理发育，或者在某一方向有非常发育的节理族。此时将这类岩体看做为一种比较简单的各向异性体——横观各向同性体比较合乎实际，如图 14-4 所示。图中所示的坐标系中 xOz 面为各向同性面，即平行层理或节理的面。Oy 轴为垂直层面的方向。这种层状材料具有五个独立的弹性常数，即 E、E'、υ、υ' 和 G'。弹性模量 E、E' 的含义如图 14-5 所示。υ 是各向同性面内压缩时规定同一平面内膨胀的泊松比。υ' 是在垂直各向同性面的方向压缩时规定各向同性面内的膨胀的泊松比。G' 则是各向同性面内任意方向与垂直此面的方向间的剪切模量。考虑介质的横观各向同性性质时，在有限单元分析中需采用相应的弹性矩阵 $[\boldsymbol{D}']$。

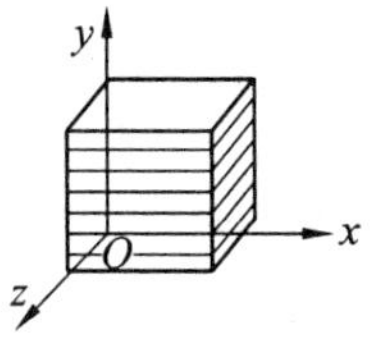

图 14-4　横观各向同性体示意图

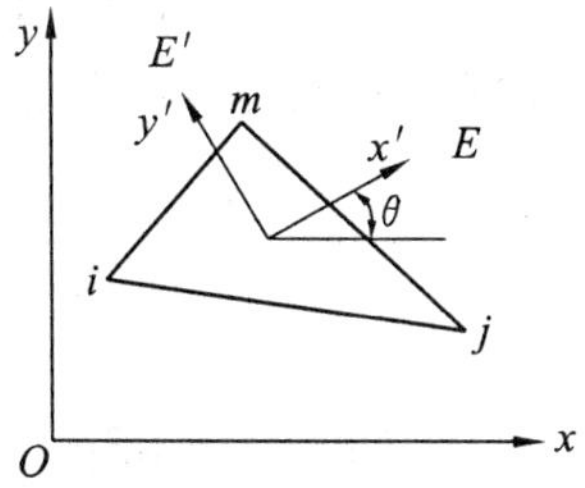

图 14-5　横观各向同性体的坐标系图

在平面应力中

$$[\boldsymbol{D}'] = \frac{E'}{(1 - n\upsilon'^2)}\begin{bmatrix} n & n\upsilon' & 0 \\ n\upsilon' & 1 & 0 \\ 0 & 0 & m(1 - n\upsilon'^2) \end{bmatrix} \tag{14-28}$$

在平面应变中

$$[\boldsymbol{D}'] = \frac{E'}{(1+v)(1-v-2nv'^2)} \times \begin{bmatrix} n(1-nv'^2) & nv'(1+v) & 0 \\ nv'(1+v) & (1-v^2) & 0 \\ 0 & 0 & m(1+v)(1-v-2nv'^2) \end{bmatrix} \tag{14-29}$$

此时 $$\sigma_z = v\sigma_x + nv'\sigma_y$$

式中 $$n = \frac{E}{E'}, \quad m = \frac{G'}{E'}$$

如果取 $n = 1, v = v'$ 和 $G' = \dfrac{E}{2(1+v)}, m = \dfrac{1}{2(1+v)}$ 代入式(14-28)、式(14-29)，就可得到各向同性体的弹性矩阵。

由于岩层经常是弯曲的，产状多变，单元体的各向异性主轴方向不一定总能与总体坐标轴方向平行。所以必须采用这样的局部坐标系 $x'Oy'$，即单元体的 Ox' 轴，Oy' 轴分别平行单元体的各向异性主轴（见图14-5）。相对于这样的局部坐标系给出的弹性矩阵即上述的 $[\boldsymbol{D}']$。但在有限元分析中必须转换到总体坐标系。经坐标转换后的弹性矩阵为 $[\boldsymbol{D}]$，它可以按下式求得

$$[\boldsymbol{D}] = [\boldsymbol{T}][\boldsymbol{D}'][\boldsymbol{T}]^{\mathrm{T}} \tag{14-30}$$

$$[\boldsymbol{T}] = \begin{bmatrix} \cos^2\theta & \sin^2\theta & -2\sin\theta\cos\theta \\ \sin^2\theta & \cos^2\theta & 2\sin\theta\cos\theta \\ \sin\theta\cos\theta & -\sin\theta\cos\theta & \cos^2\theta - \sin^2\theta \end{bmatrix} \tag{14-31}$$

坐标转换矩阵 $[\boldsymbol{T}]$ 中的 θ 是 Ox' 轴转到 Ox 方向的角度，顺时针为正。

我们对某地下厂房围岩应力进行分析时，考虑了上述的各向异性性质。厂房上、下部围岩是砂岩，拱顶下位于边墙中间部位的是厚度约为六米的泥岩层。砂岩的 $E = 25000\text{kg/cm}^2, v = 0.25$，泥岩层的 $E = 1500\text{kg/cm}^2, v = 0.3$，把泥岩层作为各向异性介质，取 $E/E' = v/v' = 2.5 \quad G' = 400\text{kg/cm}^2$，所得结果与把泥岩层作为各向同性体处理的情

况相比较是砂岩内应力相差不大。而在泥岩区则有变化，特别是在靠近洞壁的部位更是如此。压应力值由 21.5kg/cm^2（各向同性）增加到 25.5kg/cm^2（泥岩层为各向异性）。一般说来，当岩体的 E 和 E' 相差不很大，例如 E/E' 小于 1.5 时，各向异性对总的结果影响不很大。

14.4　材料非线性问题

有限单元分析中，非线性问题可以分为两大类，即材料非线性（或称物理非线性）和几何非线性，后者是由于变形物体几何形状的有限变化所造成的，前者是由于材料的应力 — 应变关系的非线性、塑性、蠕变等产生的。这两种基本类型的组合，即综合考虑材料非线性和几何非线性的研究也正在进行[164]。这里仅略述材料非线性问题的有限单元分析，这对于岩石力学课题是很重要的，因为岩石和节理等的性质常具有非线性性质。

14.4.1　非线性问题的基本解法

探讨材料非线性问题时，由于仍然属于小变形范畴，因此几何关系式（14-20）仍然成立，所不同的是材料的物性关系已经不再服从虎克定律，而在许多场合将由下式来概括

$$f(\{\boldsymbol{\sigma}\},\{\boldsymbol{\varepsilon}\}) = 0 \tag{14-32}$$

为了讨论这类非线性问题的基本解法，我们仅对一个单元体的情况进行分析。这是因为各单元体的变形和材料性质可以单独地予以研究，而各单元体集合为总体结构的过程，既不受材料性态的线性或非线性的影响，也不受问题的特殊性质的影响。

此时，单元体的平衡方程组可以写为

$$\int [\boldsymbol{B}]^{\mathrm{T}}\{\boldsymbol{\sigma}\}\,\mathrm{d}V = \{\boldsymbol{R}\} \tag{14-33}$$

由于材料的非线性，平衡方程组虽然仍可写成如下形式

$$\{\psi(\{\boldsymbol{\delta}\})\} = [\boldsymbol{K}]\{\boldsymbol{\delta}\} - \{\boldsymbol{R}\} = 0 \tag{14-34}$$

但上式中$[\boldsymbol{K}]$是材料非线性性质的函数。

求解这样的非线性方程组有三类基本解法，即迭代法、增量法和混合法，后者又称为逐步迭代法。

1. 迭代法

迭代法本身可以分为直接迭代法、牛顿—拉夫森法(Newton-Raphson method，简称N—R法)和改进的N—R法三种。这三种方法的示意图分别见图14-6(a)和图14-7(a)及(b)。为简明起见，这些图中都去掉了矩阵的记号。

直接迭代法在每次迭代时，都作用有全部荷载值，但通过不断修正$[\boldsymbol{K}]$，以重复求解方程组，例如在第i次迭代计算时方程组为

$$[\boldsymbol{K}^{(i-1)}]\{\boldsymbol{\delta}_i\} = \{\boldsymbol{R}\} \tag{14-35}$$

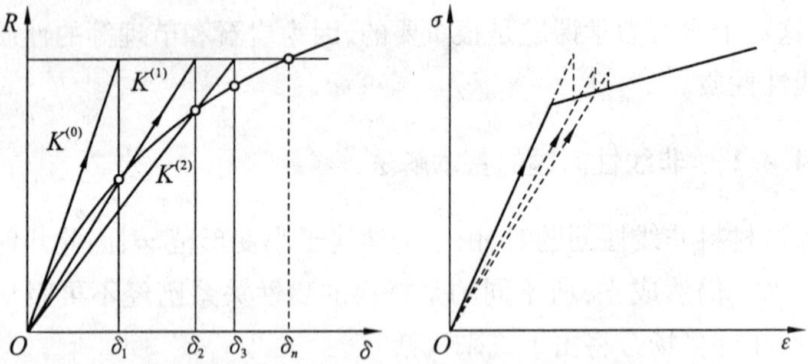

(a)直接迭代法　　(b)割线模量法

图14-6　直接迭代法示意图

当$\{\boldsymbol{\delta}_n\}$与$\{\boldsymbol{\delta}_{n-1}\}$之差异在允许范围时求解过程结束，$\{\boldsymbol{\delta}_n\}$为其近似解。

N—R法和改进的N—R法其基本的解法是相同的，这类方法与直接迭代法不同之处是对某个解的接连矫正。它们的基本算法如下

$$\{\boldsymbol{R}_i\} = \{\boldsymbol{R}\} - \{\boldsymbol{R}_{e,i}\} \quad (i = 0,1,2,\cdots) \tag{14-36}$$

式中$\{\boldsymbol{R}_{e,i}\}$是前一步中已被平衡掉的荷载，$\{\boldsymbol{R}_{e,0}\}$为零。

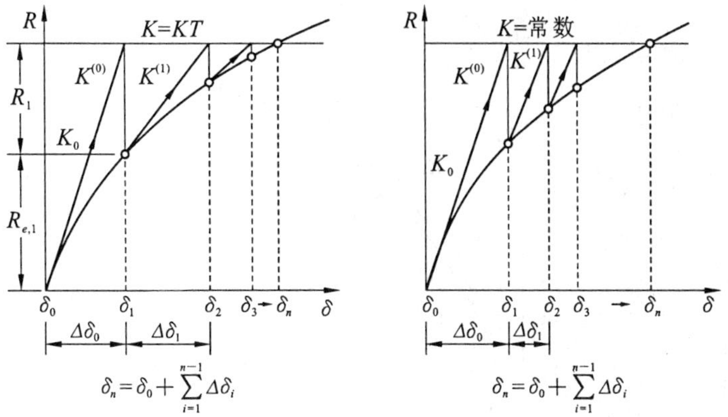

(a)N—R法　　(b)改进的N—R法

图 14-7　牛顿 — 拉夫森法示意图

$$[\boldsymbol{K}^{(i)}]\{\Delta\boldsymbol{\delta}_i\}=\{\boldsymbol{R}_i\} \tag{14-37}$$

$$\{\boldsymbol{\delta}_i\}=\{\boldsymbol{\delta}_0\}+\sum_{j=0}^{i-1}\{\Delta\boldsymbol{\delta}_j\} \tag{14-38}$$

这样的迭代过程重复进行，直接位移增量$\{\Delta\boldsymbol{\delta}_i\}$或不平衡力$\{\boldsymbol{R}_i\}$成为零或符合预先规定的标准为止。

N—R 法与改进的 N—R 法之差别在于前者在式(14-37)中采用切线刚度，因此是变刚度的；后者则是始终采用初始刚度$[\boldsymbol{K}_0]$，因此是常刚度。显然，采用改进的 N—R 法时所需的迭代次数较 N—R 法多。但由于采用常刚度，因此在每次迭代过程中解方程的时间减少，一般说来，改进的 N—R 法总的解题时间常常比 N—R 法为少。

2. 增量法

增量法的概念是将荷载分成许多级（如 m 级），逐级施加，对于不同级的荷载增量$[\boldsymbol{K}]$取不同的值，如图 14-8 所示，实质上是把非线性问题按分段线性处理

$$[\boldsymbol{K}_{i-1}]\{\Delta\boldsymbol{\delta}_i\}=\{\Delta\boldsymbol{R}_i\}\quad(i=1,2,\cdots,m) \tag{14-39}$$

$$\{\boldsymbol{\delta}_i\}=\{\boldsymbol{\delta}_0\}+\sum_{j=1}^{i}\{\Delta\boldsymbol{\delta}_i\} \tag{14-40}$$

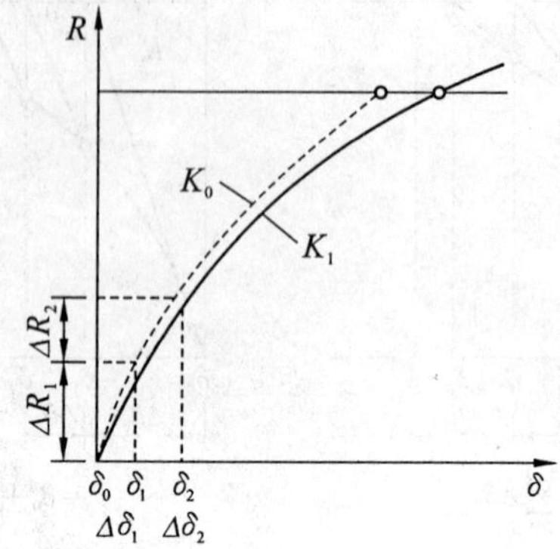

图 14-8　增量法示意图

3. 逐步迭代法(混合法)

逐步迭代法的概念是荷载分级施加,在每一增量荷级中又采用迭代法调整。显然可以采用不同的迭代方法,如 N—R 法和改进的 N—R 法等,如图 14-9 所示为其原理图。

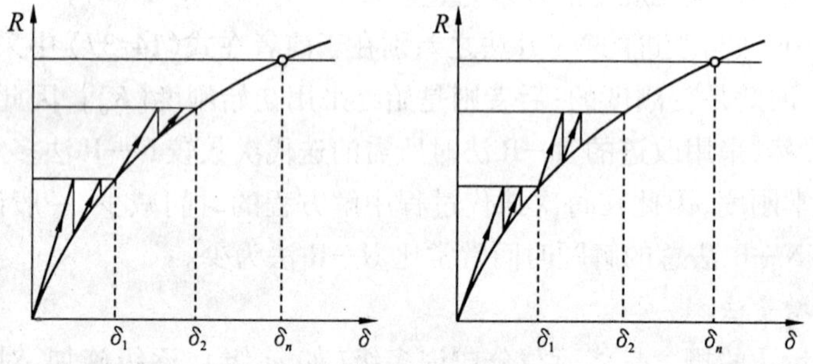

(a)采用N—R法迭代过程　(b)采用改进的N—R法迭代过程

图 14-9　逐步迭代法示意图

增量法适用性强,对于许多类型的应力 — 应变的非线性情况都适用,但对应变软化情况不能用。该法对应于每一增量荷级的中间结果对了解荷载和变形过程、以及和材料破坏发展过程都很有帮助。但是荷级取多大才能得到比较满意的近似解，则是很难事先知道的。

迭代法容易使用，解题较快，特别是能适应软化情况。但对于材料性质与加载途径有关和在复杂加载情况时用迭代法是很难处理的。此外，迭代法不能给出荷载和变形的中间过程。逐步迭代法综合了两者的优点，因此应用较广。

14.4.2　初应变法和初应力法

上面所给出的非线性问题的基本解法并没有涉及到应力 — 应变关系的具体形式。但在求解岩体力学解题时，必须根据岩体的应力 — 应变关系的特性，参照基本解法制定相应的非线性分析方法。例如当应力 — 应变曲线可简化成双直线型式时，也可以采用如图 14-6(b) 所示的迭代法，该方法也可以称为割线刚度法。目前在岩体力学非线性分析中用得比较多的是初应变法和初应力法。这两种方法的共同特点是，首先按通常的弹性法计算，然后将计算结果与实际的非线性的应力 — 应变曲线对比，最后作出修正。如果修正的对象是应力，则将应修正的应力作为初应力；如果修正的是应变，则将应修正的应变作为初应变。图 14-10 为这两种方法的示意图。当然上述的初应力或初应变并不是物体自身初始存在的初应力或初应变，而是考虑应力 — 应变关系非线性时的一种修正量。然后根据初应力或初应变换算出相应的结点力，从而得到相应的矫正荷载矢量$\{\boldsymbol{R}_0\}_1$ 与初始时的荷载矢量$\{\boldsymbol{R}\}$ 相叠加，再重新求解方程组，这种不断修正的过程就是初应力法或初应变法的实质。因此，求解的基本方程组可以写为

$$[\boldsymbol{K}_0]\{\boldsymbol{\delta}\}_{i+1} = \{\boldsymbol{R}\} + \{\boldsymbol{R}_0\}_i \tag{14-41}$$

这样的迭代过程反复多次直到$\{\boldsymbol{\delta}\}_n$ 与$\{\boldsymbol{\delta}\}_{n-1}$ 之差值为零或符合迭代结束的标准时为止。此$\{\boldsymbol{\delta}\}_n$ 的解即为最终的位移解答。图 14-11 为初应力法的求解过程示意图。

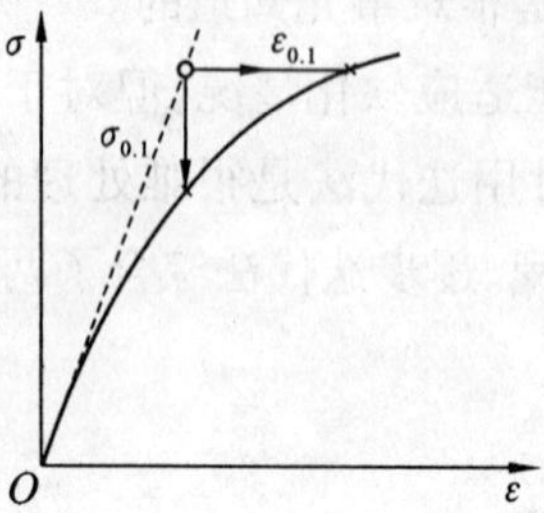

图 14-10　初应力法与初应变法示意图

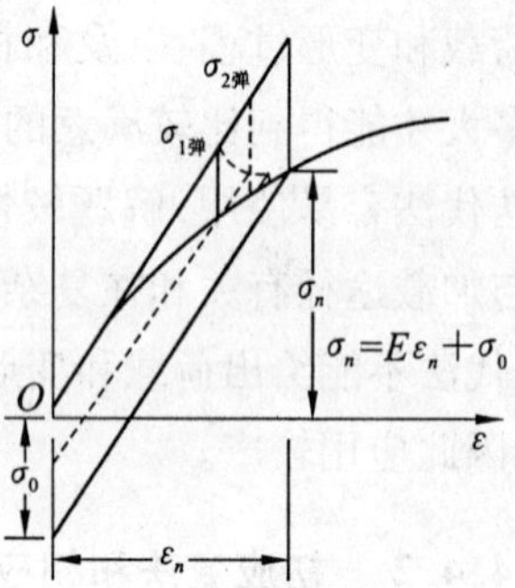

图 14-11　初应力法的迭代过程图

由于求解方程组时，刚度矩阵可以保持不变，实质上就是改进的 N—R 法。采用初应力法或初应变法时，也很容易与逐步迭代法结合起来。

当应力—应变关系可以写成 $\{\boldsymbol{\varepsilon}\} = f_1(\{\boldsymbol{\sigma}\})$ 这样形式时，则采用初应变法；当可以写成 $\{\boldsymbol{\sigma}\} = f_2(\{\boldsymbol{\varepsilon}\})$ 这样形式时，则采用初应力法。顺便指出，考虑蠕变问题时，由于蠕变变形容易估算出来，所以常采用初应变法求解。

当应力—应变关系可以写成增量形式时，采用增量法是比较方便的，例如在弹塑性问题中，应力增量与应变增量常可以写成以下形式

$$\mathrm{d}\{\boldsymbol{\sigma}\} = [\boldsymbol{D}]_{ep}\mathrm{d}\{\boldsymbol{\varepsilon}\} \tag{14-42}$$

14.4.3　用流动理论处理弹塑性问题

从岩体试样的单轴试验和剪切试验中，经常可以得到如图 14-12(a) 所示的应力—应变曲线或剪应力—剪切位移曲线。如忽略非线性弹性并加以适当简化后，可以得到反映工作硬化的弹塑性应力—应变关系（见图 14-12(b)）。在某些情况下，若硬化现象不显著，也可以简化为理想塑性的情况（见图 14-12(c)）。图中 A 点为屈服点。在全应力空间中屈服面 F 为

$$F(\{\boldsymbol{\sigma}\}, k) = 0 \tag{14-43}$$

式中 k 为有关的硬化参数，一般可以表示为塑性功的函数。

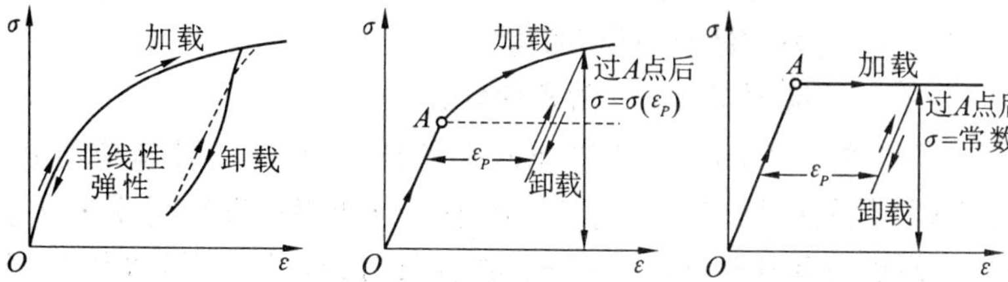

(a)非线性弹性—塑性　(b)具有工作硬化的弹塑性　(c)理想塑性

图 14-12　单轴试验的应力 — 应变关系

考虑弹塑性问题可以采用增量法，此时单元体的全应变的增量 d(ε) 可视为弹性和塑性两部分之和，即

$$d\{\varepsilon\} = d\{\varepsilon\}_e + d\{\varepsilon\}_p \tag{14-44}$$

按照流动理论，塑性应变的增量 $d\{\boldsymbol{\varepsilon}\}_p$ 可以根据流动法则决定。流动法则有两大类，即关联和非关联流动法则。后者认为塑性应变增量是和塑性势面 G 相关联的。关联流动法则认为 $d\{\boldsymbol{\varepsilon}\}_p$ 与屈服面有关，而且

$$d\{\boldsymbol{\varepsilon}\}_p = d\lambda \frac{\partial F}{\partial\{\boldsymbol{\sigma}\}} \tag{14-45}$$

式中：dλ—— 待定系数。

最终可以导出弹塑性矩阵的表达式，公式推导见文献[160]

$$[\boldsymbol{D}]_{ep} = [\boldsymbol{D}] - \frac{[\boldsymbol{D}]\left\{\frac{\partial F}{\partial\{\boldsymbol{\sigma}\}}\right\}\left\{\frac{\partial F}{\partial\{\boldsymbol{\sigma}\}}\right\}^{\mathrm{T}}[\boldsymbol{D}]}{A + \left\{\frac{\partial F}{\partial\{\boldsymbol{\sigma}\}}\right\}^{\mathrm{T}}[\boldsymbol{D}]\left\{\frac{\partial F}{\partial\{\boldsymbol{\sigma}\}}\right\}} \tag{14-46}$$

式中，A 为与硬化有关的参数

$$A = \frac{\partial F}{\partial R}\{\boldsymbol{\sigma}\}^{\mathrm{T}} \frac{\partial F}{\partial\{\boldsymbol{\sigma}\}} \tag{14-47}$$

对于理想塑性体则 $A = 0$。

岩体的屈服和破坏与平均压应力有密切关系，目前采用特鲁克 -

普拉格(Drucker-Prager) 屈服准则[166] 比较普遍,屈服面方程为

$$F = \alpha J_1 + \sqrt{J_2} - K = 0 \tag{14-48}$$

式中:J_1—— 应力张量的一阶不变量;

J_2—— 偏应力张量的二阶不变量。

最早可能要算莱亚斯、迪尔(Reyes 和 Deere)[167] 等学者应用上述屈服准则,他们根据流动理论推导出平面应变课题理想塑性体$[\boldsymbol{D}]_{ep}$矩阵的显式,并用于地下洞室围岩的弹塑性分析。以后用类似方法分析岩洞、边坡等工程的弹塑性问题的文章就比较多了[168]~[173]。

但是有一个问题值得注意。我们知道特鲁克 — 普拉格准则可以视为莫尔-库仑准则的推广,后者的屈服面在全应力空间中为六角锥面,而前者为圆锥面。这样的改进可以避免奇异性(虽然没有棱角,但仍具有顶角)。即使在平面课题中许多文献都采用以下参数

$$\alpha = \frac{\tan\varphi}{(9 + 12\tan\varphi)^{\frac{1}{2}}};\quad k = \frac{3c}{(9 + 12\tan\varphi)^{\frac{1}{2}}} \tag{14-49}$$

式中:φ—— 内摩擦角;

c—— 粘结力。

但是,在这样条件下,这两个屈服准则也仍然不是等价的,而只是说明此时特鲁克 — 普拉格准则是莫尔 — 库仑准则的下限,即圆锥面内切于六角锥面。随着应力组合的变化,使用这两种不同的准则时所得的破坏荷载值(或屈服荷载值) 将是不同的,而且可以有很大的差别。因此,现在有这样一种值得重视的观点:由于莫尔 — 库仑准则已为许多实验结果所证实,因此一般说来,采用莫尔 — 库仑准则较特鲁克 — 普拉格准则更为合理[174]。当然六角锥面有棱角,在三维问题中使用存在一些麻烦,但在平面应变课题中采用莫尔 — 库仑准则是很方便的。按照这一准则和根据关联和非关联流动法则推导出的$[\boldsymbol{D}]_{ep}$ 矩阵的显式可以在文献[175] 中找到。关于改进莫尔 — 库仑屈服面的研究工作也正在进行[176]。

以上介绍的用塑性流动理论处理弹塑性问题也可算作是描述岩体本构关系的一种方法。关于岩体本构关系方面的研究现状,特别值得注

意的是帽盖模型方面的研究现状和进展，可以参看文献[175]，[177]～[180]。

14.4.4　一种考虑岩体拉、剪破坏的处理方法

在岩体工程课题中，常由于缺乏精确的岩体本构关系而采用一些实用的简化的分析方法。我们在某些工程课题中，曾经采用过这样的近似分析方法①，计算方法以增量法为基础，概述如下：

(1) 当某单元体的最大主应力(σ以拉为正)超过其抗拉强度时即认为是被拉断。拉裂面将与最大主应力方向正交，采用应力转移法将应释放的应力转移到其他单元上去。由于单元体已拉断，垂直拉裂面方向的弹模理应取为零，但为了避免出现线性方程组的严重畸变，我们取垂直拉裂面方向的弹模为一很小的值，而沿拉裂面方向的弹模仍维持原状，泊松比也作适当调整。这样就按照 E'/E 为很小值的各向异性体处理，$[\boldsymbol{D}]$ 矩阵将采用式(14-28)、式(14-29)。

(2) 以库仑强度准则作为单元体剪切破坏的准则，则

$$(\sigma_x - \sigma_y)^2 + 4\tau_{xy}^2 = \sin^2\varphi(\sigma_x + \sigma_y + 2c\cot\varphi)^2 \quad (14\text{-}50)$$

岩石单元在遭剪切破坏前，按弹性问题处理。剪断破坏时，应力突降。剪切位移曲线经简化后按图 14-13(a) 所示的形式处理。

(3) 图 14-13(a) 中的 A 点应位于剪断强度线上，而 B 点应在残余强度线上，但这还不足以确定新的应力圆的位置。野外试验表明，岩体发生剪切破坏时往往伴随有剪胀现象，因此，我们在这里作如下假定，即应力调整后，单元体应力张量的第一不变量至少应该不减少，假定体积变形不变，从而原应力圆与调整后的应力圆的圆心重合，如图 14-13(b) 所示。调整后的应力圆以 O 为圆心，OF 为半径。有时为了简化，也可以过 O 点作一圆与残余强度线相切。用这两种作法所得的应力圆，其差异是很微小的。

① 中国科学院湖北岩体土力学研究所，关于抗力试体非线性分析的初步报告，1975 年 3 月。

后来发现,上述的处理剪切位移曲线应力降的方法与文献[181]中所建议的处理方法相同。

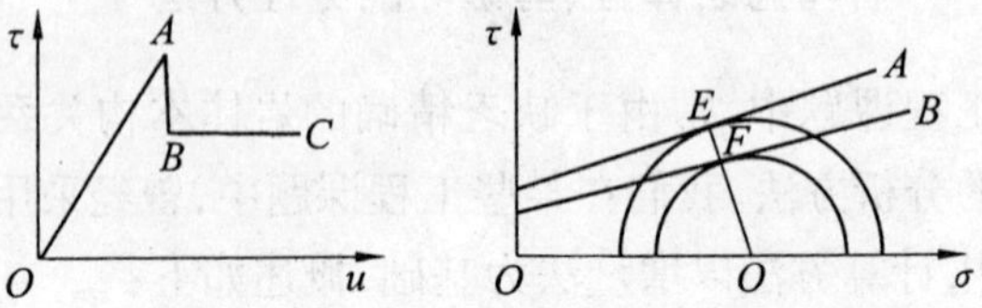

(a)τ—u曲线的简化　　(b)应力圆的调整

图 14-13　岩石单元剪断时的处理方式图

(4) 被剪断后的岩石单元除了要调整应力外,在下阶段计算中将按塑性问题处理。应力—应变关系将用式(14-42)来描述。认为进入塑性状态后的应变球量仍然是弹性的,并且与应力球量成正比。但应力偏量的增量与应变偏量的增量之间的关系在形式上仍与弹性相类似,但是剪切模量已不是弹性时的模量 G 而改为塑性的模量 G''。根据上述假定平面应变时的弹塑性矩阵$[\boldsymbol{D}]_{ep}$ 是:

$$[\boldsymbol{D}]_{ep}=\frac{E''(1-v'')}{(1+v'')(1-2v'')}\begin{pmatrix}1 & \dfrac{v''}{(1-v'')} & 0\\ \dfrac{v''}{(1-v'')} & 1 & 0\\ 0 & 0 & \dfrac{(1-2v'')}{2(1-v'')}\end{pmatrix}\tag{14-51}$$

式中　$v''=\dfrac{3K-2G''}{2(3K+G'')}$;　$E''=\dfrac{9KG''}{3K+G''}$;　$K=\dfrac{E}{3(1-2v)}$

G'' 的量值将比弹性时的 G 小很多,可以参照有关实验曲线定出。

(5) 岩石的拉和剪破坏都涉及应力调整问题。采用应力转移法,用 $\bar{\sigma}_1$、$\bar{\sigma}_2$ 分别记二维问题中三角单元内最大和最小主应力中应调整的那一部分。$\{\boldsymbol{\sigma}\}$ 为单元体应力列阵,$\{\boldsymbol{\sigma}\}=[\sigma_x,\sigma_y,\sigma_{xy}]^{\mathrm{T}}$,用$\{\boldsymbol{\sigma}''\}$ 记该单元体应调整掉的应力列阵。$\{\boldsymbol{\sigma}'\}$ 为调整后单元体的应力列阵,按下式计算

$$\{\boldsymbol{\sigma}'\} = \{\boldsymbol{\sigma}\} - \{\boldsymbol{\sigma}''\} \tag{14-52}$$

$$\{\boldsymbol{\sigma}''\} = \begin{cases} \dfrac{\bar{\sigma}_1 + \bar{\sigma}_2}{2} + \dfrac{\bar{\sigma}_1 - \bar{\sigma}_2}{2}\cos 2\alpha \\ \dfrac{\bar{\sigma}_1 + \bar{\sigma}_2}{2} - \dfrac{\bar{\sigma}_1 - \bar{\sigma}_2}{2}\cos 2\alpha \\ \dfrac{\bar{\sigma}_1 - \bar{\sigma}_2}{2}\sin 2\alpha \end{cases} \tag{14-53}$$

式中：α——σ_1 与 Ox 轴的夹角。

与应调整掉的应力$\{\boldsymbol{\sigma}''\}$相等阶的结点力为(单元体厚度为1单位)：

$$\{\boldsymbol{F}\} = [\boldsymbol{B}]^{\mathrm{T}}\{\boldsymbol{\sigma}''\} \cdot A \cdot 1 \tag{14-54}$$

将各单元体的等价的结点力的集合看做为唯一的外荷载列阵，求解基本方程组，可以求得调整后的各单元体的应力增量，然后与原有的应力相叠加，一般说来，这样的调整过程要进行多次。

采用这样的处理方法对在本章 14.3 节中所述的地下厂房围岩的泥岩层进行了弹塑性分析。比较了泥岩层 $G'' = \frac{1}{10}G$（硬化情况）和 $G'' = \frac{1}{100}G$（接近理想塑性的情况）对整体应力分布的影响和泥岩层塑性区的分布。图 14-14 为 $G'' = \frac{1}{10}G$ 时泥岩层中线部位 σ_x，σ_y 的分布图，并给出了与弹性解答的对比。对于建筑在软弱岩基上的泄水闸的基础应力和稳定问题也采用了上述方法作了分析，给出了水闸位移图和应力分布情况以及基岩受损的区域。在进行上述分析时，还考虑了软弱夹层和坝基渗流对应力分布和稳定的影响。渗流问题亦采用有限单元分析并和应力分析的有限单元法结合在一起进行。对此泄水闸下游“抗力体”部位的岩体在工地曾作了10米长的抗力试体承受水平推力的现场试验。试体内有多条软弱夹层、试体与基岩间为一泥化面。我们将这抗力试验简化为平面问题，作了相应的模拟计算。图 14-15(a) 为抗力体计算的网格划分图。图 14-15(b) 为随水平推力增加时岩体剪切破坏区域发展示意图。计算所得的抗力试体的极限承载力写实测结果吻合较好。

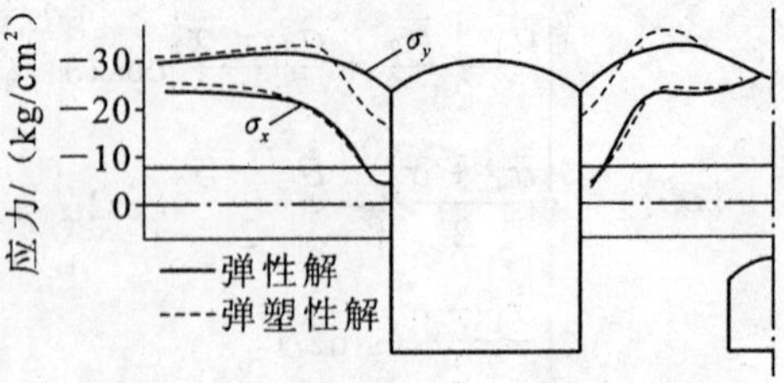

图 14-14 地下厂房围岩泥岩中线部位 σ_x,σ_y 分布图

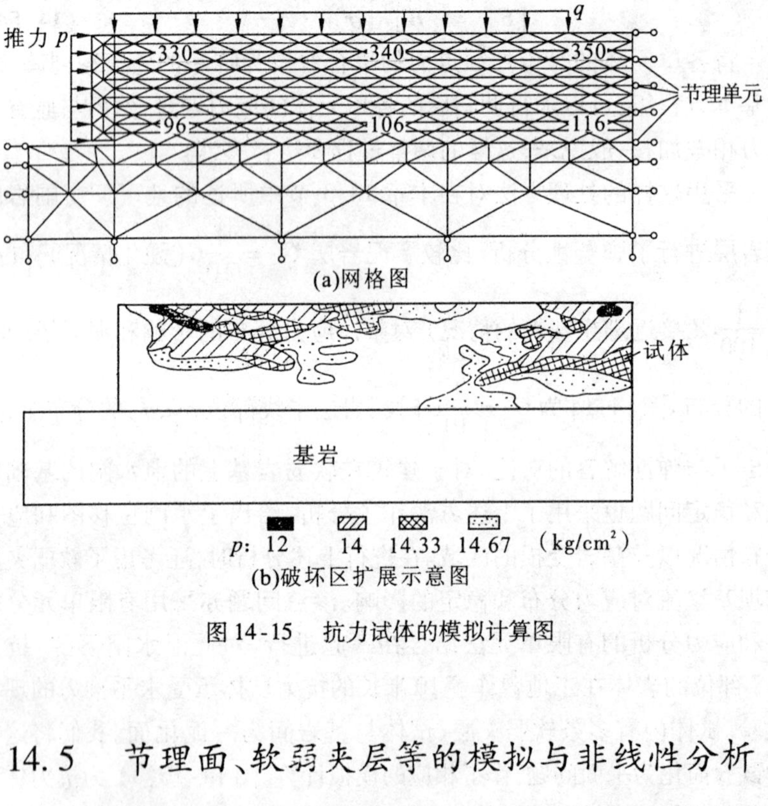

图 14-15 抗力试体的模拟计算图

14.5 节理面、软弱夹层等的模拟与非线性分析

岩体中的软弱结构面,特别是软弱夹层和软弱的节理面等的力学

性质以及它们的展布和组合情况对岩体的变形和破坏有着密切的关系。所以在岩体工程的有限元分析方面，研究模拟这些弱面模型以及如何去模拟它们的非线性性质就成为十分重要的课题。

14.5.1　节理面、软弱夹层等的模拟和节理单元

为了模拟岩体中的这些弱面，古德曼(Goodman) 首先建议采用节理单元[182]，这种模型得到了广泛的应用。这是一种四结点一维的“无厚度”单元，它的 i 与 p，j 与 m 的坐标重合。关于节理单元将在下面作简略介绍。文献[183] ~ [186] 中给出了描述这些弱面的其他一些模型。华东水利学院建议用夹层法求解缝隙和软弱夹层问题[159]。

节理单元的局部坐标系如图 14-16 所示，在此坐标系中，节理单元各结点的位移分量用 u'、v' 表之。u，v 是相对于总体坐标系的位移分量。

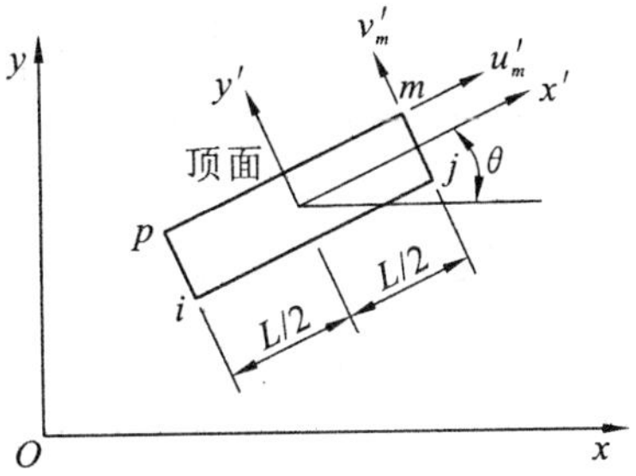

图 14-16　节理单元模型图

古德曼建议的节理单元的位移模式是线性的，例如任意一点($\xi = 2x'/L$) 的 u' 为

$$\begin{cases} u'^{顶} = \dfrac{1}{2}(1+\xi)u'_m + \dfrac{1}{2}(1-\xi)u'_p \\ u'^{底} = \dfrac{1}{2}(1+\xi)u'_j + \dfrac{1}{2}(1-\xi)u'_i \end{cases} \tag{14-55}$$

以 U、V 记节理单元上任一点顶底板相对的切向变形量和相对的法向变形量，并将其看做为类似于岩石单元中的应变。

$$\{W\} = \begin{Bmatrix} U \\ V \end{Bmatrix} = \begin{Bmatrix} U(\xi) \\ V(\xi) \end{Bmatrix} = \begin{Bmatrix} u'^{顶} - u'^{底} \\ v'^{顶} - v'^{底} \end{Bmatrix} \tag{14-56}$$

因此,节理单元的应力与其相对变形量之间的关系可以用下式表示

$$\{p\} = \begin{Bmatrix} \tau \\ \sigma \end{Bmatrix} = [c]\{W\} = \begin{bmatrix} K_s & 0 \\ 0 & K_n \end{bmatrix} = \begin{Bmatrix} u \\ v \end{Bmatrix} \tag{14-57}$$

式中,$[c]$ 为节理单元的弹性矩阵,K_s,K_n 分别为节理单元的切向和法向刚度系数,单位为 kg/cm^3。

根据变分原理,并考虑局部坐标系到总体坐标系的变换,可求得节理单元各结点力列阵$\{F\}_j$ 与节理单元各结点的位移列阵$\{\delta\}_J$ 的关系

$$\{F\}_J = [K]_J \cdot \{\delta\}_J = [K]_J [u_i\ v_i\ u_j\ v_j\ u_m\ v_m\ u_p\ v_p]^{\mathrm{T}} \tag{14-58}$$

节理单元的刚度矩阵$[K]_J$ 为

$$\left.\begin{aligned} &[K]_J = \begin{pmatrix} K_{ii} & K_{ij} & K_{im} & K_{ip} \\ & K_{jj} & K_{jm} & K_{jp} \\ \text{对称} & & K_{mm} & K_{mp} \\ & & & K_{pp} \end{pmatrix} \\ &K_{ii} = K_{jj} = K_{mm} = K_{pp} = 2[A] \\ &K_{ij} = K_{mp} = [A] \\ &K_{im} = K_{jp} = -[A] \\ &K_{ip} = K_{jm} = -2[A] \end{aligned}\right\} \tag{14-59}$$

式中对于具有单位宽度 t 的节理单元的 2×2 方阵$[A]$ 为

$$[A] = \frac{L \cdot t}{6}\begin{bmatrix} \cos^2\theta K_s + \sin^2\theta K_n & \cos\theta\sin\theta(K_s - K_n) \\ \cos\theta\sin\theta(K_s - K_n) & \sin^2\theta K_s + \cos^2\theta K_n \end{bmatrix} \tag{14-60}$$

节理单元在 i 和 j 点的应力按下式计算:

$$\begin{Bmatrix} \tau \\ \sigma \end{Bmatrix}_i = [c][l]\begin{Bmatrix} u_p - u_i \\ v_p - v_i \end{Bmatrix};\quad \begin{Bmatrix} \tau \\ \sigma \end{Bmatrix}_j = [c][l]\begin{Bmatrix} u_m - u_j \\ v_m - v_j \end{Bmatrix} \tag{14-61}$$

式中:

$$[l] = \begin{bmatrix} \cos\theta & \sin\theta \\ -\sin\theta & \cos\theta \end{bmatrix} \tag{14-62}$$

14.5.2　节理单元的非线性分析模型和分析方法

节理单元的力学非线性性质的描述可以参看文献[187]。古德曼采用的非线性分析方法以迭代法为基本手段[188]。克劳夫与邓肯(Clough and Duncan)[189]等学者用双曲方程来描述节理的剪切位移曲线的非线性,对于曲线有明显应力降时,应用上有一些困难。还有其他一些非线性分析方法[183],[184],[84]。我们也采用古德曼节理单元,给出了供非线性分析用的模型,并在增量法基础上给出了分析方法[190]。这里只能概述这一分析方法的要点。

所建议的非线性分析模型由以下四部分组成:

(1) 节理单元的剪切位移模型(见图 14-17);

(2) 节理单元的法向变形模型(见图 14-18);

(3) 节理单元的剪切强度模型(见图 14-19);

(4) 节理单元的切向刚度系数 K_s 与法向应力 σ 的关系式。即

$$K_s = K_{s0} + A\left(\frac{|\sigma_a|}{P_a}\right)^m \quad \sigma < 0$$

式中,P_a 为大气压力,量纲与 σ 相同,K_{s0},A,m 可参照实验所得的 τ-u 曲线确定,在许多场合,m 可近似地取为 1。

采用图 14-17 所示的 $\tau \sim u$ 模型,只需适当地调整相应的参数,就可以方便地去模拟由现场剪切试验中所得到的四种基本类型的剪切位移曲线(图 14-20),而在实用上也有足够的精度。

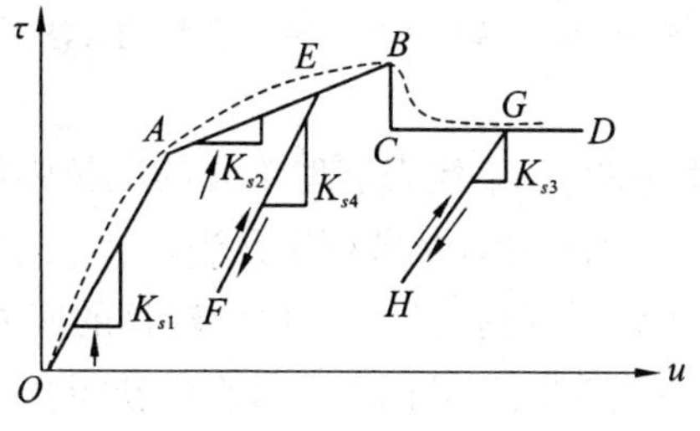

图 14-17　节理单元的剪切-位移模型图

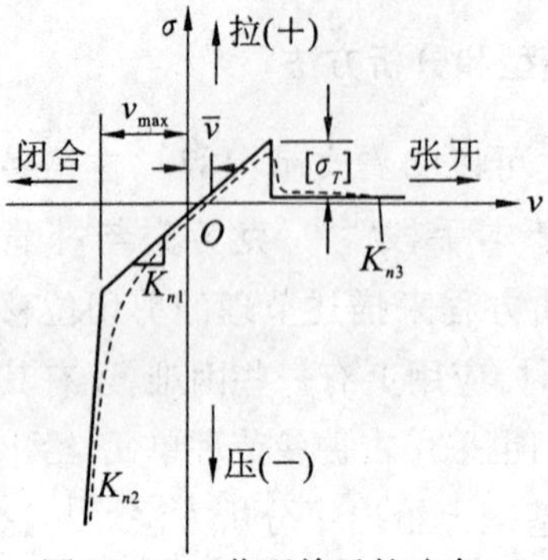

图 14-18　节理单元的法向变形模型图

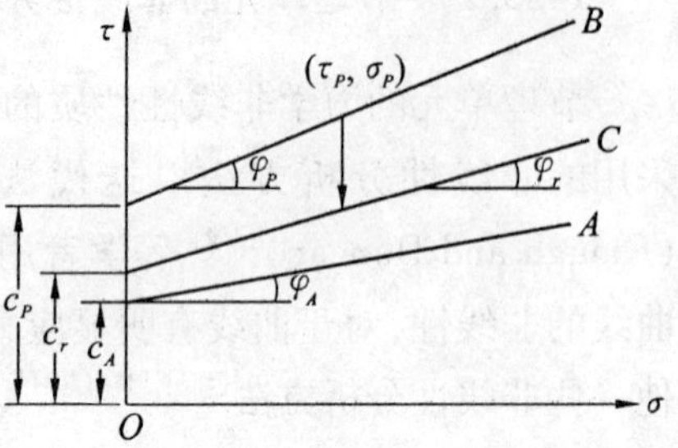

图 14-19　节理单元的剪切强度模型图

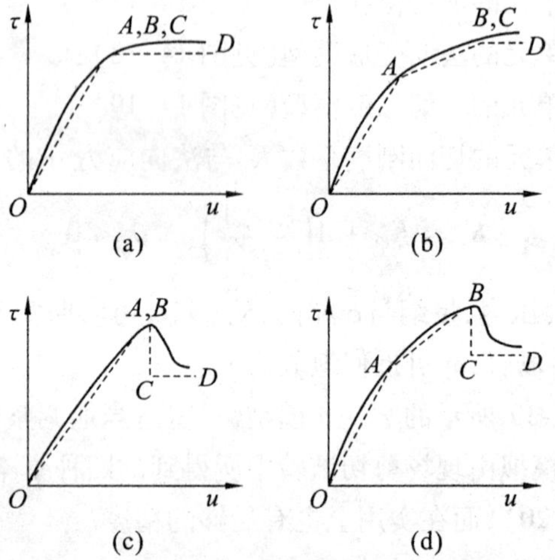

图 14-20　模拟各类 $\tau \sim u$ 曲线的方法图

法向变形模型中的$[\sigma_T]$代表节理单元的抗拉强度，如节理面不能受拉时，可取$[\sigma_T]=0$，未拉坏的节理单元当$\sigma \geqslant [\sigma_T]$时，则发生拉坏，单元的$\sigma$，$\tau$都降为零。采用应力转移法将应转移的应力调整到其他单元上去。图 14-18 的$\bar{v}$用作判断张开的单元是否重新闭合的判据。v_{max}是极限压密量，当$v \leqslant v_{max}$时（因为相对法向变形量v压密为负值）该单元即进入极限压密状态,此时 $K_n = K_{n2}$。张开的单元 $K_s = K_n = 0$,重新闭合的单元将按剪切问题进行判别和处理,但其抗拉强度已不可能再恢复。

将节理单元的 $\tau \sim u$ 模型与剪切强度模型综合在一起,可以方便地考虑峰值强度与残余强度之差异以及加荷-卸荷-再加荷时的复杂情况。例如 σ 为压应力,即 $\sigma < 0$ 时,若满足下式时

$$f = |\tau| + \sigma\tan\varphi_p \geqslant c_p \tag{14-63}$$

节理单元即遭剪切破坏。此时其残存的应力 τ', σ' 应位于残余强度线上。图 14-19 中的箭头所标示的就是其中一种处理方法。应调整的应力用应力转移法调整,已剪断的节理单元由于不能再恢复其峰值强度,因此在以后各级计算中,在强度判别方面只能以残余强度为准:该单元的 K_s 值的取用将以 K_{s3} 为依据。

未遭剪断的节理单元在 A 点以前和以后的性能是不相同的(图 14-17),而且过 A 点后还应区别加载还是卸载。当满足下式时,

$$Q = |\tau| + \sigma\tan\varphi_A - C_A \geqslant 0, \sigma < 0 \tag{14-64}$$

表示节理单元的应力已达到或越过 $\tau \sim u$ 线上的 A 点,否则将处于图中的 OA 段。在每一级计算中都需计算 Q 值,并应将其加荷历史上曾经达到的最大值 $Q_{\max}$ 保存下来,并与计算所得的 Q 值作对比。若 $Q > Q_{\max}$ 时,则处于图 14-17 的 EB 段,$K_s = K_{s2}$;否则为 FE 或 EF 段,$K_s = K_{s4}$。

已遭剪断的节理单元如处于加载状态,且继续发生流动时,我们将按理想塑性体来处理,此时节理单元的物性方程可用增量形式写出:

$$\begin{Bmatrix} \mathrm{d}\tau \\ \mathrm{d}\sigma \end{Bmatrix} = [\boldsymbol{c}]_{ep} \begin{Bmatrix} \mathrm{d}u \\ \mathrm{d}v \end{Bmatrix} = \begin{bmatrix} K_{ss} & K_{sn} \\ K_{ns} & K_{nn} \end{bmatrix} \begin{Bmatrix} \mathrm{d}u \\ \mathrm{d}v \end{Bmatrix} \tag{14-65}$$

如果采用非关联流动法则,即塑性势面 G 与屈服面 F 不相重合时,则:

$$[\boldsymbol{c}]_{ep} = \frac{1}{H} \begin{bmatrix} H \cdot K_s - K_s^2 \left(\frac{\partial F}{\partial \tau}\right)\left(\frac{\partial G}{\partial \tau}\right) & -K_s K_n \left(\frac{\partial F}{\partial \sigma}\right)\left(\frac{\partial G}{\partial \tau}\right) \\ -K_s K_n \left(\frac{\partial F}{\partial \tau}\right)\left(\frac{\partial G}{\partial \sigma}\right) & HK_n - K_n^2 \left(\frac{\partial F}{\partial \sigma}\right)\left(\frac{\partial G}{\partial \sigma}\right) \end{bmatrix} \tag{14-66}$$

式中

$$H = K_s\left(\frac{\partial F}{\partial \tau}\right)\left(\frac{\partial G}{\partial \tau}\right) + K_n\left(\frac{\partial F}{\partial \sigma}\right)\left(\frac{\partial G}{\partial \sigma}\right) \tag{14-67}$$

考虑到目前尚缺乏塑性势面的实验资料，以及采用非关联流动法则时节理单元的弹塑性矩阵$[\boldsymbol{c}]_{ep}$的非对称性，因此在以下的计算实例中，我们都采用关联流动法则，在式(14-66)和式(14-67)中只需用F代替G即可。

F函数应参照实验结果确定，看来根据库仑强度准则来定出F函数比较简便，也比较符合实际情况

$$F = |\tau| + \sigma\tan\varphi_r - c_r = 0, \sigma < 0 \tag{14-68}$$

此时$[\boldsymbol{c}]_{ep}$中诸元素可按下式计算：

$$\begin{cases} K_{ss} = \dfrac{K_{s3}\cdot K_n\cdot \tan^2\varphi_r}{H}; \quad K_{nn} = \dfrac{K_{s3}K_n}{H} \\ K_{sn} = K_{ns} = \dfrac{\mp K_{s3}K_n\tan\varphi_r}{H}; \quad \tau \gtrless 0 \\ H = K_{s3} + K_n\tan^2\varphi_r \end{cases} \tag{14-69}$$

$[\boldsymbol{c}]_{ep}$中的K_{sn}和K_{ns}项意味着耦合变形，在一定程度上反映了剪胀现象。

但是已遭剪断的节理单元不一定都处于加载状态，因此需要导出判别加载、卸载的准则，这可以从塑性功非负的原则得到。当满足下式时：

$$\left.\begin{aligned} &|\tau| + \sigma\tan\varphi_r \geqslant c_r, \sigma < 0 \\ \text{而且}\quad &dN = K_{s3}\frac{\partial F}{\partial c}\mathrm{d}u + K_n\frac{\partial F}{\partial \sigma}\mathrm{d}v \geqslant 0 \end{aligned}\right\} \tag{14-70}$$

则已剪断的节理单元处于加载状态，否则为卸载状态。处于卸载状态的节理单元仍将采用弹性矩阵$[c]$。

14.5.3 计算实例和应用

1. 现场剪切试验的模拟计算

试体的剪切面为棕红色粉砂质粘土岩的泥化面，剪切面积为

$60 \times 50\text{cm}^2$。现场实测的一组 $\tau \sim u$ 曲线如图 14-21 所示。按本文所建议的分析模型，这一组曲线的 $c_p = 0.32\text{kg/cm}^2$，$\tan\varphi_p = 0.204$；$c_A = 0$，$\tan\varphi_A = 0.205$。按公式(14-63)，$\tau \sim u$ 曲线 OA 段的 $K_{ss} = 2.0\text{kg/cm}^3$，系数 $A = 6.0\text{kg/cm}^3$；AB 段的 $K_{s0} = 4.5\text{kg/cm}^3$，系数 $A = 0.82\text{kg/cm}^3$。图 14-22 给出的为粘土岩与混凝土胶结面的剪切试验所得的 $\tau \sim u$ 曲线。进行模拟计算的网格见图 14-23。进行模拟计算时，首先施加垂直荷重（分五级施加），然后再逐级施加推力，直到试体沿泥化面或剪切面剪断为止。剪切面中部的相对错动量的计算值已标在图 14-21 和图 14-22 上。计算结果与实测的试验曲线吻合较好。图 14-24 为模拟加荷 — 退荷 — 再加荷时的计算结果。

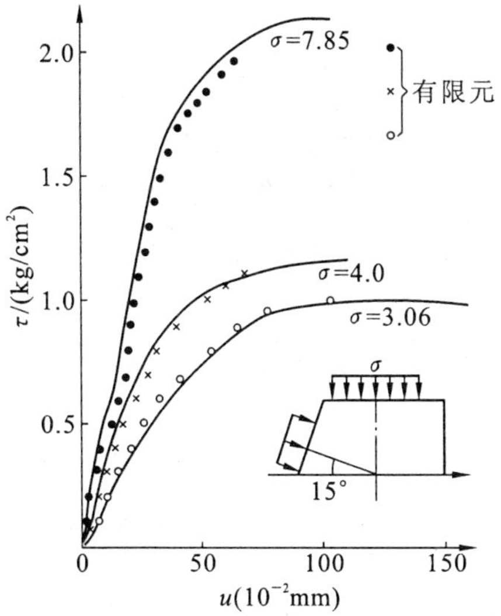

图 14-21　粉砂质粘土岩泥化面的 $\tau \sim u$ 曲线族图

（实线表示实测所得的曲线）（应力单位：kg/cm^2）

2. 抗力体试验的模拟计算

在上一节中曾介绍过现场抗力试体的情况，试体的垂直荷载为 $q = 0.5\text{kg/cm}^2$，试体与基岩间为一泥化面，现场观测到泥化面在临近

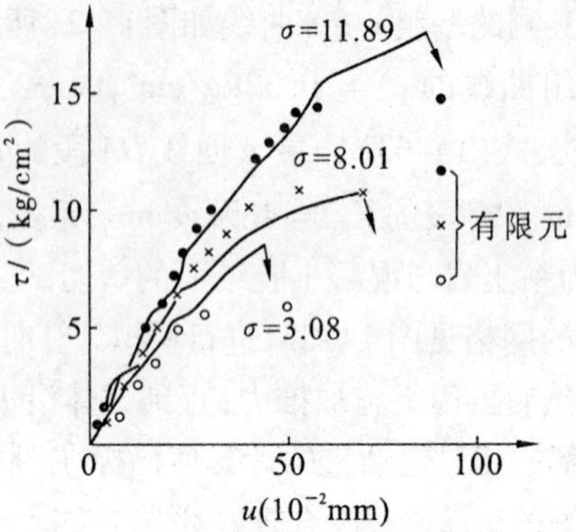

图 14-22　粘土岩与混凝土胶结面的 $\tau \sim u$ 曲线族图

（应力单位：kg/cm^2）

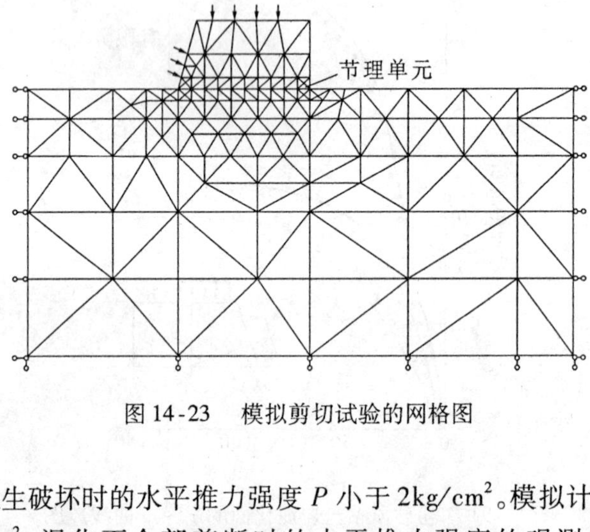

图 14-23　模拟剪切试验的网格图

推力端发生破坏时的水平推力强度 P 小于 $2kg/cm^2$。模拟计算的结果为 $1kg/cm^2$。泥化面全部剪断时的水平推力强度的观测值在 4 ~ $6kg/cm^2$ 范围内，而模拟计算结果是 $4.7kg/cm^2$。在图 14-25 上，我们给出了当推力强度 P 由零增加到 $5kg/cm^2$ 时（共分十五级施加），泥化面上四个部位的应力（计算值）的变化情况。显然，泥化面上 τ 和 σ 的分布都是不均匀的。随着 P 的增加，在临近推力端的泥化面上的 τ 值急剧增加,因此破坏首先在推力端处发生。泥化面的破坏有一个随着 P 的增加而逐步扩展的过程。

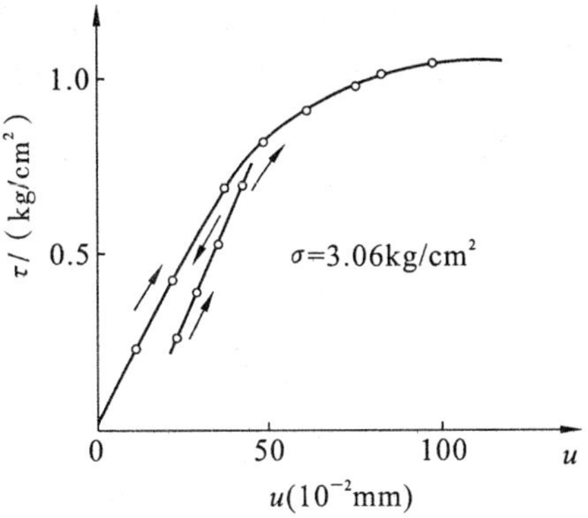

图 14-24　加荷 — 退荷 — 再加荷的模拟计算图

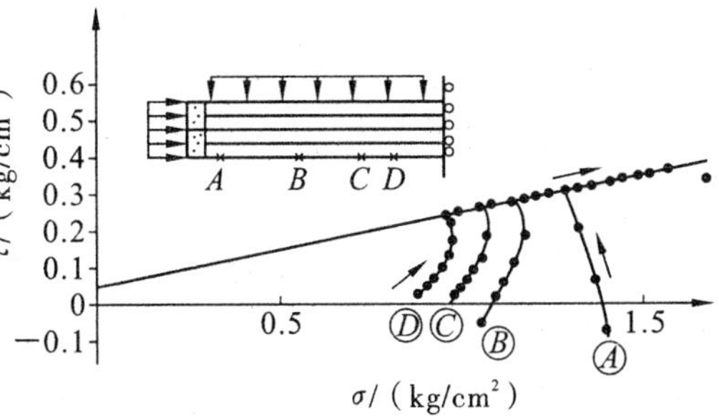

图 14-25　抗力体泥化面各部位的应力分布(计算结果)图

3. 岩质边坡

如图 14-26 所示的是坡高为 225m 的某露天矿边坡剖面,岩质为大理岩,一些主要层面和小断层都用节理单元来模拟。边邦区域中部,岩层发生倒转,完整性较差。地下水位线也标在剖面图上了。计算了两类基本方案,第一类是考虑自重和地下水的影响,计算结果标在图 14-26 上。岩体发生屈服的区域用叉线标出,局部区域出现拉坏。在岩层倒转部位,大部分层面遭受剪切破坏。某些小断层也发生错动,这在图上用粗线标出。另一方案是除上述因素外,还考虑了地应力的影响,参照现场实测的地应力资料(在 100m 深处水平面的初始应力约为 $100kg/cm^2$)也作了相应的对比计算,其结果与第一类方案有较大的差异,边邦岩体的稳定性也差得多。这说明构造应力场的影响在边坡稳定分析中应予以仔细考虑。

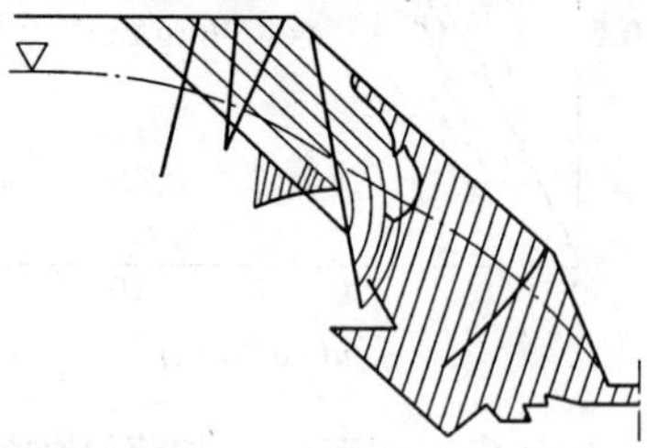

图 14-26　岩质边坡有限元分析图

4. 关于剪切试验方式的模拟计算与讨论

通常采用的野外剪切试验方式如图 14-27 所示。对于这三种试验方式我们用有限单元分析作了相应的模拟计算,这里仅简述其中的一个结果。计算分析的结果表明,岩体试体沿设想剪切面的应力分布与所采用的试验方式有密切关系。沿弱面剪切时的应力分布也与试验方式有密切关系,图14-28 和图14-29 分别为对于这两种情况采用三种不同试验方式时当剪切面上平均剪应力 $\bar{\tau}$ 和平均法向应力 $\bar{\sigma}$ 为某一特定值时的应力分布图(根据计算结果绘制)。一般说来,剪切面上的 τ 和 σ 的分布都是不均匀的(软弱夹层的斜推试验除外),就三种试验方式而言,采用斜推方式时(见图 14-27(a))剪切面上的 τ 和 σ 的分布都要比采用其他两种方式时要均匀一些,那种认为平推方案从理论上讲在试体底部的应力分布最为均匀的说法看来是不恰当的。我们认为无论就剪切面上应力分布的均匀程度而言,还是就求得的剪切强度的合理程度来讲,斜推方案较其他两种试验方式优越。

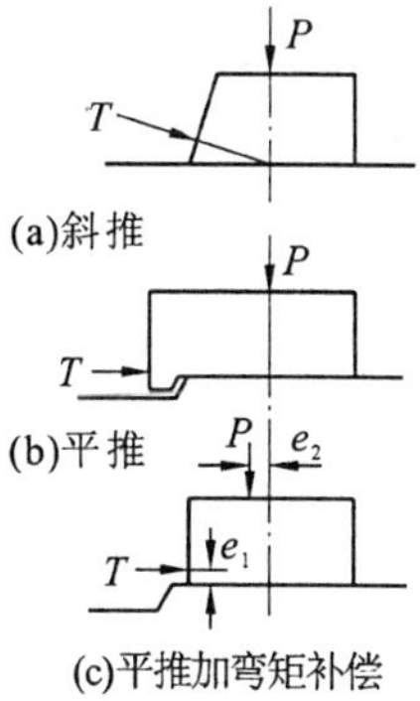

图 14-27　剪切试验方式示意图

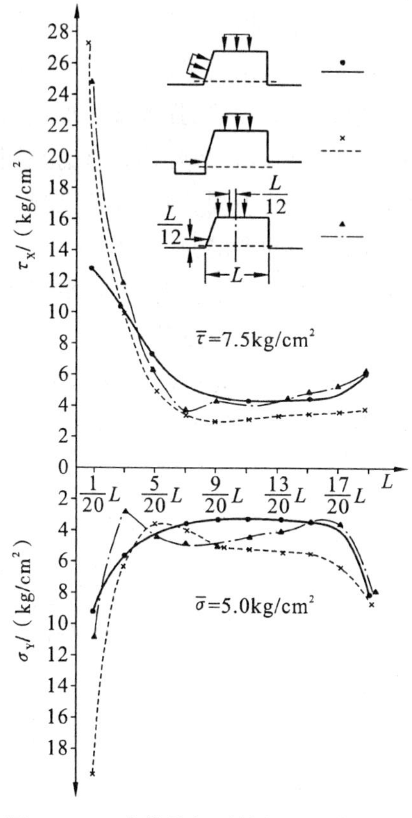

图 14-28　岩体剪切时剪切面上应力分布图

5. 波浪状软弱面的剪切强度

例如图 14-30 所示的情况，迪尔等学者[191]曾经指出，即使采用不同尺寸的试体，例如长度为 6 英寸或 3 英尺的试体，其试验结果虽可以对照和比较，但它们与整个波浪状弱面相比较，仍将有一个很不相同的剪切强度。我们将这一类波浪状弱面简化为一种缓倾角锯齿面，锯齿倾角为 β，并分别取为 5°、10°、15°，泥化面本身的性质与图 14-21 所给的相同。模拟计算的结果表明，锯齿状弱面的剪切强度线将高于同类型的，但呈平面状弱面的剪切强度线 A，如图 14-31 所示。β 愈大，剪切强度增加愈显著且呈非线性关系，而且此时剪切强度线具有双直线型式，其初始阶段的倾角约为$(\varphi_r+\beta)$，当σ较大时，剪切强度线虽高于A线，但平行于A线。就剪切强度线的形式而言，这与文献[126]中关于无充填的具有较陡倾角的锯齿面的模拟试验结果相类似。但由于两者的条件和研究对象的不同，因而破坏机制不尽相同。我们这里分析的是有充填的性状软弱的夹层面，在图14-31中倾角增加的那一线段意味着破坏时在锯齿的一侧发生脱开，在平行A线的那一部分发生破坏时，整个锯齿状弱面仍然呈压密状态，不发生脱开现象，这与某些文献中报导的模拟试验结果相吻合。这一段剪强线高于A线，又平行A线，犹如增加了c值，可以认为这是弱面本身的粘结力和波浪状所造成的咬合力的综合效应。锯齿面积与整个面积比S，与c的关系如图14-32所示。$c=c(\beta,s)-c_r$。

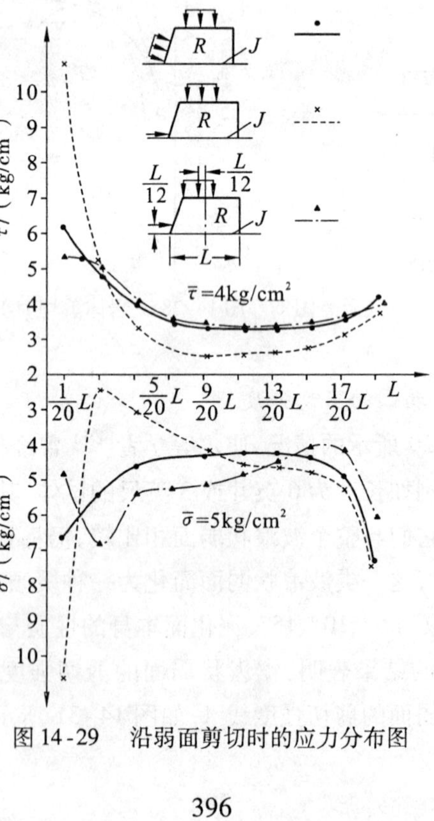

图14-29　沿弱面剪切时的应力分布图

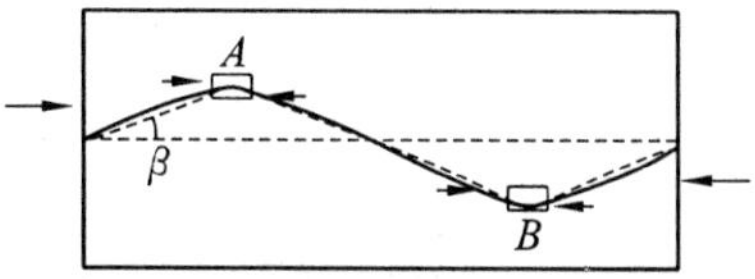

图 14-30　波浪状弱面的简化图

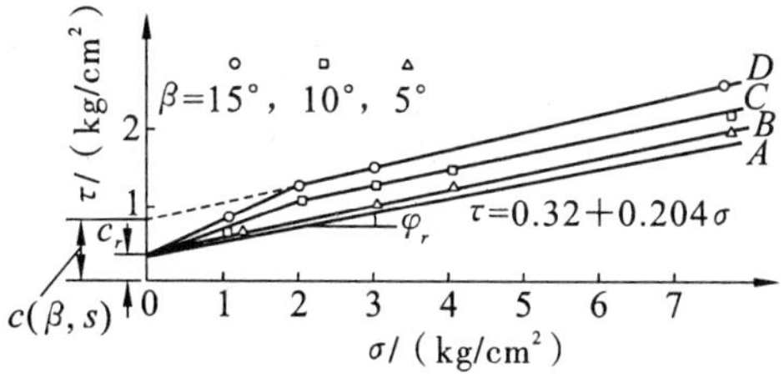

图 14-31　锯齿状弱面的剪切强度线图

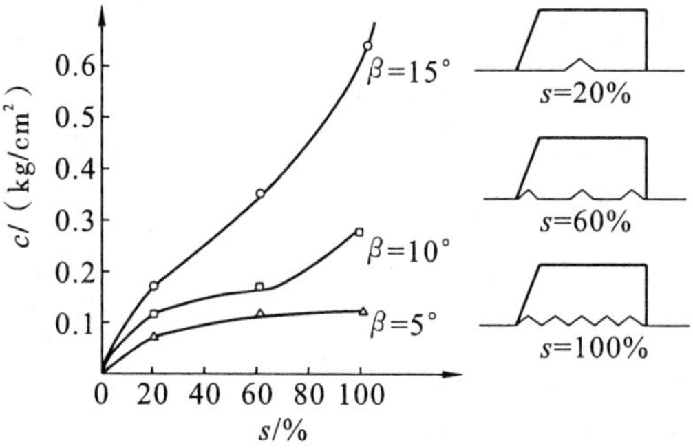

图 14-32　锯齿面积与强度的关系

以上所介绍的几个算例都系用我们编制的 JR 程序在 DJS—8 型计算机上计算的。

第15章　岩石动力特性

王武陵　朱瑞庚　王靖涛　冯遗兴
（中国科学院武汉岩体土力学研究所）

15.1　概　述

岩石动力学是研究岩石和岩体在各种动荷载或周期变化荷载作用下的基本力学性质及其工程效应的学科分支。广义来说，一般的岩石静力学可以看做是“岩石动力学”范畴的特例，是岩石动力学的基础。但是本章所论述的则主要是有别于一般岩石静力学的一些特征及效应。岩石受到的动荷载主要有：爆炸、冲击或撞击、振动、地震或瞬时构造力以及潮汐或风等其他的随时间而快速变化的力。在这些动荷载作用下，岩石和岩体的变形性状和破裂特性的研究、以及应力波的传播及其效应的研究对于水利、矿业、石油勘探、土木建筑、铁路或道路工程、农田工程以及许多国防工程都具有很重要的意义。

由于岩石在各种动荷载作用下的性质不同，给岩石动力学研究带来许多特殊性的问题。例如，研究岩体中的爆炸作用问题时，要考虑爆心处的高温高压气化区（数百万大气压以上），和爆心邻近区域的高压流体动力区（数十万至数百万大气压）以及稍远一些区域的弹塑性固体区，这就要进行试验研究和理论计算，以确定岩石的汽态、液态和固态的压力 — 比容 — 能量及加载路径的状态方程或本构关系。对岩石开挖、破碎、凿岩等问题，则要研究岩石的破裂机理及确定各种岩石的破裂性能；振动基础、地震工程、海洋岩石工程等问题中，则要考虑反复加载下岩体的变形及破坏特性及孔隙水的效应；防护工程的设计则要研究应力波的传播、衰减规律及其与地下结构的相互作用。因而岩石动力学的研究范围很广阔：试验和测量技术复杂，比静力问题的研究要更为困难。由于岩石力学本身还是一门新兴的学科，其分支 —— 岩石动力学则更不成熟。许多问题还有待于继续研究和探索。

我国在岩石动力学研究方面已有了充分的重视，特别是结合矿山、水利等工程问题或国防科研任务，进行了大量的岩体动力试验，包括数百吨、数千吨、甚至上万吨级的化爆试验及核爆炸试验，积累了不少的现场力学参数和运动参数的测试资料。平面冲击波试验技术和霍布金生杆试验技术也被应用于岩石动力特性的测试中。在岩石基本动力特性的研究和动力问题的数值计算方面也已作了相当的努力。但是在试验设备和测试技术方面与国际先进水平相比较，尚存在一定的差距。

总的看来，岩石动力学是有广阔发展前景的学科分支。在岩石动力学的发展中，特别值得注意的是：① 密切结合工程实际，特别是加强岩石和岩体基本动力特性及其本构关系的研究；② 最新科学技术的引用，如试验技术的现代化、程序化，先进的分析计算技术的应用；③ 从许多新兴学科领域如物理力学、理论力学、断裂力学吸取养料。

15.2　岩石与岩体的基本动力特性

15.2.1　动荷载、静荷载

动荷载、静荷载作用下岩石材料的效应是不同的，静荷载作用时惯性力影响很小（几乎可以略去不计），外力作用可以看做直接地施加到各质点上而产生效应；而动荷载作用时间短、变化迅速，相应的惯性力影响很大，材料单元上受到的内外力不平衡，整个材料中应力分布很不均匀，呈波动过程。

但是对于动荷载和静荷载至今尚无统一的、严格的规定。根据一般倾向性的看法，对于岩石动力学问题来说，根据应变率范围，可以把通常的实验室试验中的荷载方式分成以下几种状态,如表 15-1 所示。

表 15-1　　荷载状态分段

应变率 ε/[s^{-1}]	$<10^{-6}$	$10^{-6}\sim10^{-4}$	$10^{-2}\sim10$	$10^{1}\sim10^{3}$	$>10^{4}$
荷载状态	流变	静态	准静态	准动态	动态
试验方式	稳定荷载	液压机加载	气动式快速加载	霍布金森杆加载	爆炸或冲击加载

15.2.2　岩石的变形性状和破裂特性

为了了解岩石的变形性状和破裂特性,我们准备根据一些实际试验结果来进行研究,我们曾对一种伟晶花岗岩进行了静水压缩($P=\sigma_1=\sigma_2=\sigma_3$)试验、等围压的三轴压缩($\sigma_1>\sigma_2=\sigma_3$)试验、无侧向应变($\varepsilon_1>\varepsilon_2=\varepsilon_3=0$)试验、及不同应变率下的快速加载单轴压轴试验。试验结果如图 15-1 ~ 图 15-4 所示。图 15-1 为花岗岩静水压缩加载至 8.6 千巴(1 巴近似于 $1kg/cm^2$)的压力(P)—体积(V)关系曲线,从该图可以看出,在 0.5 千巴以下,该岩石的 P—V 关系呈明显的非线性,这是由于岩石中裂隙和孔隙压密的结果;在 0.5 ~ 1.2 千巴范围内,P—V 关系非线性程度明显减小;在 1.2 千巴以上的压力区,由于岩石中裂隙和孔隙基本上压密,岩石的 P—V 关系呈相当好的线性关系,这时岩石的变形主要归结于其矿物颗粒的变形。由三轴压密试验所得的轴向应力 σ_1— 轴向应变 ε_1、横向应变 ε_3 曲线(见图 15-2),平均应力(σ_m)— 体应变(ε_V)曲线(见图 15-3),及剪应力(τ)— 剪应变(υ)曲线(见图 15-4)可以看出,这种岩石的变形性状可以分为四个阶段:

(1) 裂隙闭合阶段　即试件中原生裂隙或微裂纹在较低的压力下闭合,引起应力 — 应变呈非线性。这时矿物颗粒变形在试件总变形中所占比率较小，随着裂隙闭合，岩石的变形模量逐渐增加。对于花岗岩之类的低孔隙率岩石，该非线性区域一般较小，从图 15-2 可以看出，该花岗岩试件大部分在 0.3 千巴左右的应力量级下，裂隙就趋于闭合了。

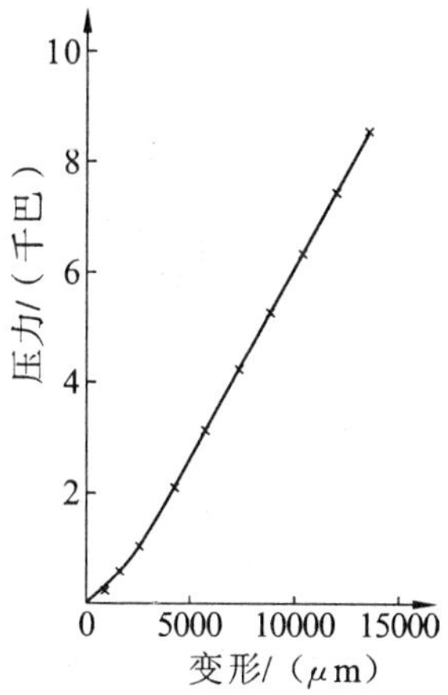

图 15-1　花岗岩的静水压缩曲线图

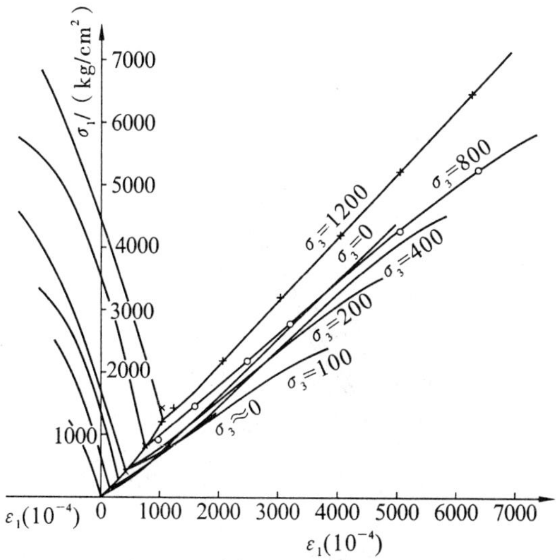

图 15-2　花岗岩的 $\sigma_1 \sim \varepsilon_1, \sigma_1 \sim \varepsilon_3$ 关系曲线图

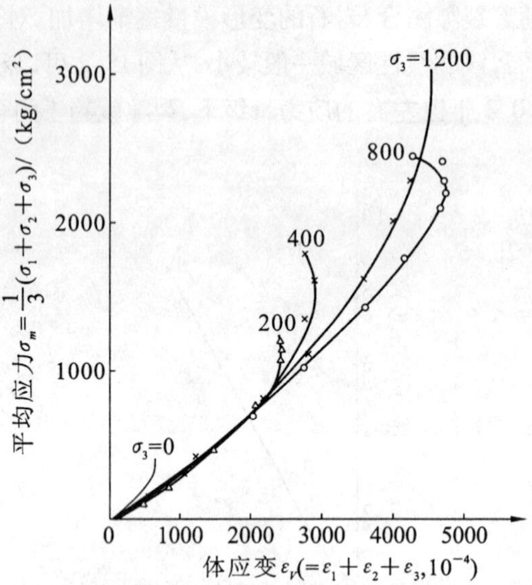

图 15-3　花岗岩的平均应力 — 体应变关系图

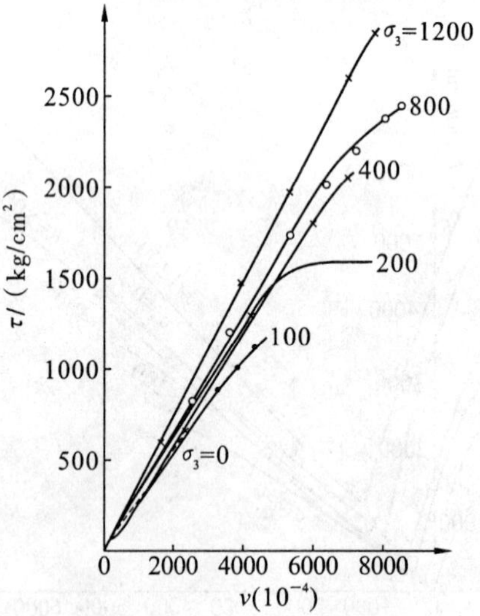

图 15-4　花岗岩的剪应力 — 剪应变关系曲线图

(2) 线弹性变形阶段　裂隙基本闭合后,即发生主要由于岩石的矿物颗粒压缩变形而引起的线弹性变形。这时弹性模量 E 和剪切模量 G 都成为常数,不同围压下的三轴压缩试验结果表明,随着围压增加,岩石的弹性模量 E 有所增加,剪切模量 G 相对来说变化不显著,而体变模量 K 则主要依平均应力而变化。据此认为岩石的剪切模量 G 受裂隙所控制,而体变模量 K 受总的孔隙率(包括裂隙和孔隙)的强烈影响。裂隙是比较容易闭合的,而孔隙压密或压垮则要较高的应力量级。

(3) 稳定破裂传播阶段　当达到一定的应力量级时,沿原生裂隙端部在剪应力作用下,因发生局部应力集中,使裂隙面发生剪切运动而引起裂隙的扩展,随着应力的增大,裂隙进一步等量扩展。该裂缝的开始可以从 $\sigma_1 \sim \varepsilon_3$ 曲线或 $\sigma_m \sim \varepsilon_V$ 曲线上看出,这些曲线的线性偏离点,即开裂开始点,我们称它为初裂点 σ_I。从试验结果可以看出,初裂点的轴向应力值 σ_I,一般是相应的破坏应力 σ_F 的 4% ~ 60%。由于裂隙的稳定扩展,使试件侧向发生膨胀,但是试件在最大主应力 σ_1 方向的矿物颗粒的压缩变形在总的体应变中仍然占优势。这时平均应力 σ_m— 体应变 ε_V 曲线已呈明显的非线性,但是 $\sigma_1 \sim \varepsilon_1$ 曲线基本上仍然是线性的,剪应力 τ— 剪应变 γ 曲线已开始偏离线性。试件的膨胀受剪应力所控制,因而称为“剪胀”。

(4) 不稳定破裂传播阶段　当达到临界能释放点时,不稳定破裂传播开始,这时试件的变形状态发生了质变,随着荷载增大,试件体积反而增加,剪胀起主导作用。$\sigma_1 \sim \varepsilon_1$,$\sigma_1 \sim \varepsilon_3$ 曲线,$\sigma_m \sim \varepsilon_V$ 曲线和 $\tau \sim \gamma$ 曲线都呈非线性。临界能释放点 σ_B,一般从平均应力 — 体应变曲线上可以明显地看出,该点在曲线上是个拐点:σ_B 以下试件变形以压缩为主,σ_B 以上则主要是体积膨胀。临界能释放点 σ_B 平均是最大应力 σ_F 的 85%(变化范围一般是 75% ~ 92%)。在这一阶段里,即使作用荷载保持不变,破裂传播也不会停止,而导致在一定期限后试件发生崩溃。所以该破裂传播是“不稳定”的。类似的变形阶段也被 Brace 等学者所观测到[192]。

无侧向应变试验中,除开始时因裂隙闭合而有一定的非线性外,整

个应力 — 应变呈较好的线性，而且加、卸载曲线呈现较好的重合性，如图 15-5 所示。在我们试验的压力范围内，静力单轴应变加载路径与破坏面不相交。Brace 等学者也发现在更高的压力范围内（达 20 千巴）有侧限静力单轴应变试验下的试件不会发生破坏，而在动态的（用平面波发生器或轻气炮进行的）单轴应变试验中可以观测到双波结构[193]。

至于岩石在三轴应力下的破坏特性，在不同的压力和温度范围内，同种岩石会呈现脆性破坏或韧性破坏。一般在常温和不很高的围压下，岩石呈脆性破坏，其特征为破坏时会发生明显的轴向应力降，并且伴随有清脆的声响；而在高温或高压下，岩石呈韧性（或称延性）破坏，破坏前出现可观的塑性流动。从脆性破坏过渡到韧性破坏的围压值被称作“脆—韧性转变点”，显然，这种转变点随温度增加而降低，但随应变率增加而增大。不同的岩石其常温下的脆 — 韧性转变点是不同的，像有的碳酸盐岩石仅数百巴左右；而某些硅酸盐岩石，如花岗岩，则在数千巴甚至上万巴围压下仍然呈脆性破坏。这里还要指出，该脆 — 韧性转变点有一压力、温度范围，而并非真正的单一压力、温度“点”。Schock 等学者发现[194]，围压在脆 — 韧性转变点附近，岩石的剪胀性显著减小。

在脆性破坏方式中，我们认为根据破坏机理可以分为劈裂破坏和剪切破坏。一般在单轴压缩试验（即零围压试验）以及低围压试验中，试样呈多块扁平或尖棱状破坏，破坏主方向平行于最大主应力 σ_1 方向，试件端部有时会现出圆锥状剪切，破坏面很粗糙，这种破裂形态被称之为劈裂破坏，劈裂破坏基本上属于拉 — 剪型破裂。围压稍高时的三轴压缩试验中，一般试件最终破裂成两块，破裂面与最大主应力 σ_1 方向成一定的角度；随着围压增大，该角度也增大，逐渐趋近于 40°，相应的破裂面也愈光滑，这种破坏方式就是剪切破坏。

由于上述的破坏机制不同，岩石的破坏准则也不同。现在实际工程中常用的库仑破坏准则，即

$$\tau = c + \sigma_n \tan\varphi$$

仅适用于具有单一剪切面的剪切破坏。上式中 τ 是剪应力，σ_n 是剪切面

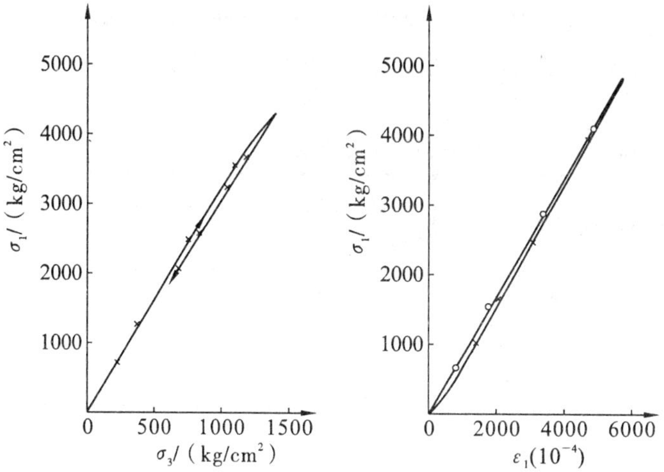

(a)$\sigma_1 \sim \sigma_3$关系　(b)$\sigma_1 \sim \varepsilon_1$关系

图 15-5　无侧向应变试验的应力路径与应力—应变关系图

上受到的法向应力，c 为岩石的内聚力，φ 为内摩擦角。对于纯拉伸破坏及劈裂破坏，库伦准则就不很合适了。日本学者茂木清夫对脆—韧性转变点附近及韧性区的破坏进行了评论，他认为硅酸盐岩石在韧性区中的破坏仍然符合于库伦准则；而碳酸盐岩石的韧性破坏强度受围压变化的影响不很显著，这时用米赛斯(Von. Mises)准则比较合适[195]。

15.2.3　应变率对岩石力学性质的影响

岩石的动力特性可以用应变率或加载率的影响来表征，特定岩石的应变率和加载率之间存在某些相关性。一般认为用应变率的效应来叙述似乎更为方便和恰当。应变率对岩石的力学性质的影响是当前国内外正在研究的一个重要课题，由于各研究单位所用的试验方法和岩石种类不同，另外动力试验比静力试验更为复杂、更为多变、更为困难，测试手段和其他一些技术问题也不够成熟，因而关于应变率效应问题尚不能得出一致的、定量的结论。

我们对花岗岩、石灰岩和煌斑岩进行了不同应变率的快速加载单轴压缩试验，以确定应变率对岩石的变形性状和破坏特性的影响。现以花岗岩为例，其试验结果如表 15-2 和图 15-6 所示。

表 15-2　　花岗岩快速加载试验结果

试件数	应变率/[s^{-1}]	破坏强度/(kg/cm^2)	弹性模量/(10^4 kg/cm^2)	泊松比
7	1.40×10^{-4}	1290	72.6	0.209
8	2.04×10^{-2}	1424	75.0	0.171
4	2.67×10^{-1}	1498	86.4	0.214

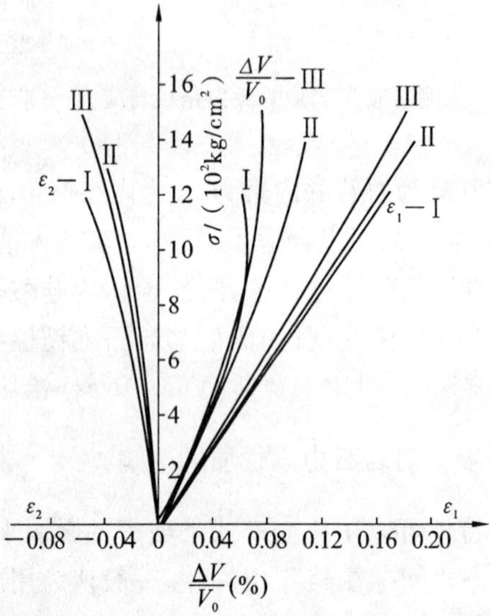

Ⅰ—$\dot{\varepsilon}=1.40\times10^{-4}$/s；Ⅱ—$\dot{\varepsilon}=2.04\times10^{-2}$/s；Ⅲ—$\dot{\varepsilon}=2.67\times10^{-1}$/s

图 15-6　花岗岩的应力、应变和体积变化的关系曲线图

从表 15-2 中可以看出，随着应变率的增加，岩石的弹性模量和破坏强度都有所增大，石灰岩和煌斑岩也有类似的结果。总的趋势是应变

率每增加一个数量级，岩石的破坏强度增长 5% 左右；而岩石的弹性模量增加幅度略为小一些。从图 15-6 可以看出，快速加载试验过程中，岩石的变形性状相似于前面所述的静力试验结果，即存在四个变形阶段，但是第三、第四阶段似乎比静力的要拉得长一些；较高应变率下仍然能出现剪胀性，但是剪胀值要比静态的略为小一些。从破坏现象上来看，随着应变率增加，岩石的脆性增大，破坏时剪切影响减小，一般不出现明显的剪切锥。

Green 等学者对一种石灰岩和一种花岗岩进行了高应变率的三向应力试验[196]。从试验中他们观测到岩石的脆性破坏应力或韧性屈服应力随应变率的增加而增大，但是随围压增大，该应变率的效应相对变小，如表 15-3 所示。他们还观测到应变率增大时，引起同样的剪胀量的平均应力增大，即剪胀时的应力与时间因素强烈相关。

表 15-3　应变率对脆性破坏应力或韧性屈服应力的影响

应变率 /(s^{-1})	Solenhofen 石灰岩			应变率 /(s^{-1})	Westerly 花岗岩		
	围压 /(千巴)				围压 /(千巴)		
	0	1	2		0	0.35	2
	破坏或屈服应力 /(千巴)				破坏应力 /(千巴)		
10^{-4}	2.75	4.15	3.95	6×10^{-4}	2.86	5.37	11.72
10^{-1}	3.15	4.55	4.32	10^{3}	3.90	6.48	12.80

Richard 等学者对花岗岩、玄武岩、凝灰岩的静力加载、快速加载、冲击加载资料进行了比较，他们认为这三种岩石的单轴抗压强度及弹性模量都随加载率的增大呈对数的增加；快速加载单轴抗压强度 F_r（加载率达 159kg/cm^2 · s）与静力单轴抗压强度 F_s（加载率为 0.07kg/cm^2）之比，花岗岩为：$F_r/F_s = 1.27$，玄武岩为 $F_r/F_s = 1.48$，凝灰岩为 $F_r/F_s = 1.70$[197]。

有学者认为应变率在 $10^3 s^{-1}$ 以上时，应变率对岩石强度特性的影响将更为显著，这是完全可能的，因为这时岩石中发生的是真正的动力过程，由于加载相当快，裂隙来不及扩展，需要更大的应力才能使破裂传播速度加快而产生破坏，因而强度大大提高。还有学者认为，在这种很高的应变率下，岩石材料的剪胀性会被抑制。

Lindholm 等学者研究了应变率和温度对岩石的强度和破裂特性的影响，他们在 0 ~ 7 千巴的围压下、用 10^{-4} ~ $10^{3}s^{-1}$ 的应变率，于 80 ~1400℃K（Kelvin，开氏绝对温度）的温度范围内研究了玄武岩的破坏特性[198],[199]。试验结果表明，岩石的破裂受热活性过程所控制，得出的破裂准则为

$$\frac{\sigma_1}{S_C(0)}+\frac{S_C(0)-S_{BC}(0)}{S_C(0)S_{BC}(0)}\sigma_2-\frac{\sigma_3}{S_T(0)}=1-\beta T(A-\lg\dot{\varepsilon})$$

式中 $\sigma_1,\sigma_2,\sigma_3$ 为主应力，T 是绝对温度，$\dot{\varepsilon}$ 是应变率，β、A 为取决于活化能、体积及频率的常数，$S_C(0)$、$S_{BC}(0)$ 和 $S_T(0)$ 是在绝对零度时适当确定的强度值。这个破裂准则是根据茂水清夫的三参数准则进行推广而得出的[200]。

Brace 和 Jones 对花岗岩、英云闪长岩和石灰岩的动、静态单轴应变试验资料作了比较[201]。他们发现，花岗岩以及在中等压力下的石灰岩的动、静态单轴应变资料是一致的，这时其应变是弹性可恢复的；英云闪长岩以及在高压下的石灰岩出现永久性压密，这种压密取决于应变率，恰如岩石的破坏强度取决于应变率一样。

许多资料表明，随着岩石的孔隙率增加，应变率的影响将更为显著。Swift 认为多孔砂岩的孔隙蜂房结构的崩塌主要取决于应变率，他对这种砂岩提出了一种动力帽盖模型，该模型的弹性性状与静力的一致，而塑性硬化性状则要考虑孔隙崩塌的应变率效应而引入一种麦克思韦尔型粘 — 塑性流动规则，这样就能较好地反映该多孔砂岩的动力性状[202]。实际上，多孔岩石的动力过程，是一个相当复杂的过程，特别是孔隙中存在水的情况。在动力作用下饱和水对多孔岩石性质的影响将比应变率的效应更为显著。当然这时可用有效应力法进行处理，但是孔隙压力的时间变化过程也是异常复杂的。因而多孔岩石的动力特性

远非如此简单，尚待深入地研究。许多防护结构常被放在多孔岩石中，其原因是多孔岩石能吸收更多的能量，使应力波更快地衰减。相反，水工结构或其他工程的基础则多被置于低孔隙率的坚硬岩石上，其原因是这些岩石强度高，渗透性低。

前面谈到的是岩石在动力作用下性质的特殊性问题，至于现场岩体的力学性质，则又比小岩块的要复杂得多。岩体中的节理、裂隙、软弱夹层及其他的结构面，以及尖劈或透镜体等不连续体，在动力作用下的性质将比静力性质更为复杂，这些结构面会吸收大量的能量，引起破坏、滑动，以及应力波的反射、折射等问题。

15.3　岩石动力试验的技术与方法

15.3.1　室内试验方法

1. 应力 — 应变 — 应变率的研究

研究应力波与结构相互作用时，通常需要单轴和多轴应力条件下材料的物理力学性资料，其中包括应力、应变和应变率等参变量之间相互关系的本构方程。由单轴压缩应力试验可测定各种应变率时的应变，给出屈服和破坏应力的性状，对应变率的敏感性以及应变硬化、剪胀等特性。为了了解迟滞的影响，卸载和卸载后的屈服情况也要测定。如果材料各向异性的影响较大，则必须做正交方向的试验。若考虑卸载波的作用时，则还要进行拉伸试验。因为温度的变化一般与能量的增减相关，建立岩石的温度 — 时间关系对强度特性及刚度的影响也是重要的。当然，更为重要的是多轴应力状态下岩石的变形性状和破裂特性的试验测定。

（1）静态和准静态试验。

静态应力试验可以在一般的液压试验机（例如万能试验机）上进行，其应变率小于$10^{-2}s^{-1}$。气功操作的试验机能进行$10^{-3} \sim 10^{0}s^{-1}$应变率范围的试验。这种中等应变率试验如图 15-7 所示，试验机的活塞可以向上或向下运动而进行拉伸和压缩试验。作用在试件上的荷载可以由应变式荷载计进行测量，试件的轴向和环向应变可以分别用直接贴在试件上的纵向和横向应变计测定，也可以用差动变压器式的测计或激光干涉仪测量。

最基本的和最方便的试验设备是岩石三轴试验仪。这种设备能独立地控制围压和轴向荷载，而得到岩样在三向受力下的变形和破坏特性。这种设备如果配上电 — 液压伺服控制系统，则能够按预定的程序控制加载路径，可以进行等围压三轴压缩（或三轴拉伸）试验、比例加载（σ_1/σ_3 = 常数）试验、无侧向应变试验等。围压的传压介质，一般用机油、煤油、甘油或氮气、隋性气体（如氩）等。轴向荷载用活塞杆加到圆柱形岩样上，试件要用乳胶、硅橡胶、退火铜、铝等材料做的薄套包封，使传压介质不致侵入试件内部而引起岩样内高的孔隙压力。

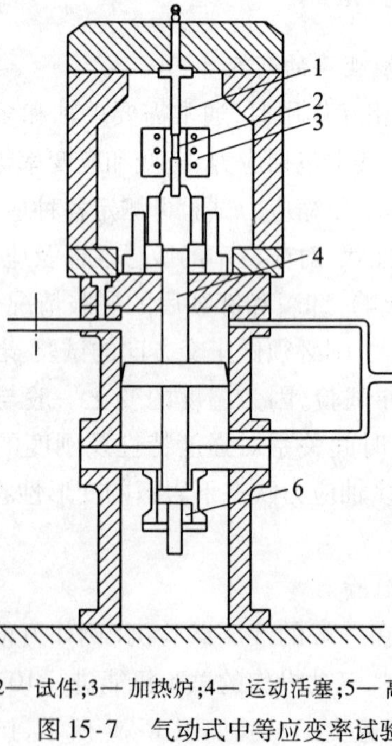

1— 加载杆；2— 试件；3— 加热炉；4— 运动活塞；5— 高压气；6— 粘性阻尼器

图 15-7　气动式中等应变率试验机图

中国科学院武汉岩体土力学研究所已经设计加工了一种中等应变率高压三轴试验仪。这种设备采用气动加荷,使围压和轴向荷载都能独立地快速增加,轴向荷载最高可达 400t,在 10ms 内就能从零上升到其峰值,围压最高可达一万个大气压,最高应变率预计可达 $10^2 s^{-1}$。进行较低应变率的试验时,由于采用了电—液压伺服控制系统而使该仪器能进行多种加载路径的试验。试验时,轴向荷载可以用装在三轴压力室内的应变计荷载盒进行测量,以消除密封区摩擦力的影响。围压由锰铜压力计测定。试件的轴向应变及横向应变可由贴在试件上的电阻应变计测定。当然,高围压应变计的使用,必须考虑这些电阻应变片压力效应的修正。

(2) 准动态或动态应力试验

应变率达 $2\times10^2 \sim 5\times10^3 s^{-1}$ 的试验可以在霍布金森杆上进行。霍布金森杆的操作基于一维弹性波传播的原理,杆的结构如图 15-8 所示。在该设备中,一个圆柱状试件置于波导杆和输出杆之间,试件中的平均应力通过波导杆和输出杆上的应变测量而予以确定,试件中的应变值则直接由贴在试件表面上的应变计测得。由于试件不断地被反射波加荷,在试验的初始阶段轴向应力(轴向惯量)的不均匀性问题使得屈服应力难以判断。同时,如果径向惯量效应未被消除的话,在早期阶段单轴应力的主要假设将是无效的。因为这些效应将在波后急剧地出现径向的应力波和传播到试件边缘返回来的反射波,所以一直存在着不均匀的应力,直到这些波被反射多次后才成为平均应力,这时实际的应力状态只能作为准静态形式。由于在更高的应变率下整个试验(至 10% ~ 15% 应变)将处于非均匀应力条件下,所以断开霍布金森杆试验能获得的最大应变率只能接近于 $10^3 s^{-1}$。

霍布金森杆也可以在有围压的条件下进行试验,以研究压力对试件动力特性的影响。围压可以是静态的,也可以是动态的(单独控制或与轴向荷载同步控制)。另外还可以在加温条件下进行霍布金森杆试验,试验前,试件先在辐射加热炉内加热至一定温度,然后用气动操作装置迅速移动加荷杆,使加荷杆与试件接触,同时开动驱动杆的扳机,使驱动杆撞击波导杆而进行试验。

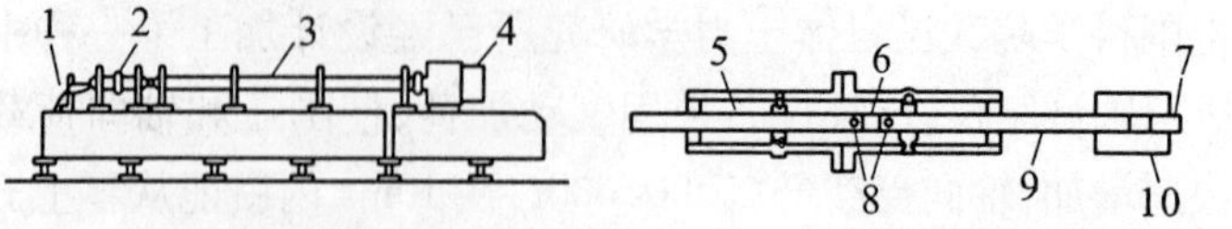

(a)示意　　(b)试样室

1— 挡柱;2— 试样室;3—1 英寸直径发射管;4— 压缩空气室;5— 输出杆;
6— 试件;7— 驱动杆;8— 应变计;9— 波导杆;10— 发射管

图 15-8　霍布金森杆装置图

2. 弹性波测试

岩石动力性质的研究中,需要进行岩石动力弹性常数的测定,弹性小幅波在岩石介质中传播速度的测定,可以确定在该应力量级和路径下岩石的弹性模量、剪切模量和体变模量等。试验中要测定的主要指标为:密度 ρ,膨胀波(纵波) 速度 C_P 和剪切波(横波) 速度 C_S。现在进行弹性波测试的常用仪器是国产 SYC—2 型声波岩石参数测定仪。我们用这种仪器在实验室内测量了单轴抗压试验中花岗岩的声速,试验结果表明,随着应力的增加和岩石中裂隙的闭合,波速显著增加,应力从 0 增加到 120kg/cm^2 时,弹性波速度约增加 26%。当应力较小时,应力变化所引起的弹性波速度变化较显著;当应力较大时,应力变化引起的弹性波速度变化较小;当应力达到单轴抗压强度的$\frac{1}{5}$左右时,该花岗岩的波速即趋于稳定,该应力量级相当于前一节所述的四个变形阶段中的裂隙闭合点,也就是线弹性变形开始时的应力量级。我们从室内和现场的试验结果发现,大气压下的岩石或岩体的声波弹模,与动、静态试验中所得的应力量及很低时的初始变形模量相一致。

3. 冲击波试验技术

岩石的高压动力特性的研究需借助于冲击波试验技术。常用的冲击波试验方法主要有三种:平面波发生器试验,轻气炮或压缩空气炮试验,岩块中装填高能炸药的爆炸试验。

(1) 平面波发生器试验

这种试验采用不同的炸药制成如图 15-9 所示的炸药平面波透镜,

炸药可以直接与靶板相接触，也可以通过飞板撞击试样靶板而产生平面冲击波。试验压力范围一般是几十万巴，国外用这种方法作岩石试验最高压力达 150 万巴，其应变率可达 $10^4 \sim 10^6 s^{-1}$。国内有的单位也从 20 世纪 60 年代初就开始采用平面波试验技术，来进行材料的状态方程试验。

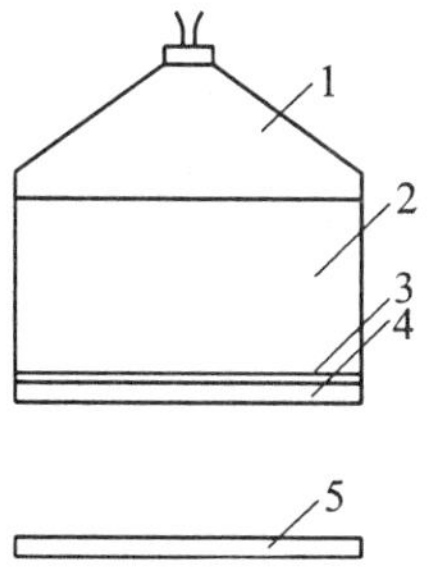

1— 平面波透镜药柱；2— 主药柱；3— 空气隙或塑料垫片；4— 飞片；5— 靶板

图 15-9　飞片增压的平面波试验装置图

（2）轻气炮或压缩空气炮试验

轻气炮可以分成一级轻气炮和二级轻气炮两种。一级轻气炮与压缩空气炮的结构和原理实际上是一样的，仅其所用的气体介质不同而已，其结构如图 15-10 所示。活塞头位于背面充满约 5 个大气压空气的气缸内，高压室充气到点火所需的压力，由释放气室的空气而使炮点火，然后向燃烧室急速地输入空气，活塞向后推动使高压气驱动飞弹脱离炮身，这种平板飞弹以高速射向靶板，使试件受到平面冲击波加载。其冲击压力由几千巴至十多万巴。一般撞击速度低于 0.4mm/μs 时，可用高压空气压缩机供给空气，更高的撞击速度时，需用瓶装氦气。

二级轻气炮的原理是当高压室的火药燃烧时，产生高压气体推动活塞，进一步压缩高压段中的压缩空气，使破膜而驱动弹体。弹体在真空管中飞行，撞击试样，飞弹速度可达 0.6 ~ 8mm/μs，相应的冲击压力可达数百万巴。

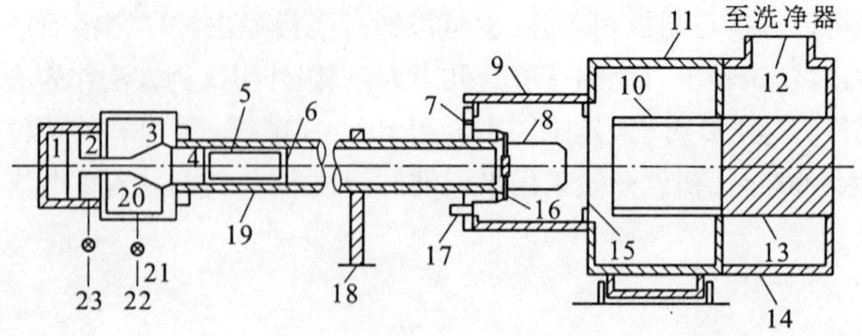

1— 后室;2— 燃烧室;3— 高压室;4— 聚胺酯密封层;5— 弹底板;
6— 撞击器;7— 电源开关;8— 光学仪器部分;9— 靶室;10— 试件恢复室;11— 滚开室;
12— 出气孔;13— 止动体;14— 膨胀室;15— 薄膜;16— 靶;17— 真空泵;18— 分离架;
19— 移动的发射管;20— 活塞头;21— 加荷阀;22— 高压气;23— 燃烧阀

图 15-10　轻气炮结构示意图

最近有的在轻气炮中采用反射波技术,使之产生大振幅剪切波,试样就受到远比一维平面波试验的大得多的剪应力的作用,而使试件在较低的应力量级就发生屈服或破坏。用这种方法可以研究比单轴应变加载更为复杂的应力条件下材料的动力特性,使轻气炮的用途更为广泛。

平面波发生器或轻气炮试验中,通常用阻抗匹配法或自由面速度法,以光测技术或电测技术测定击波速度,再用后面将谈到的 Rankine-Hugoniot 跳动方程,就能由击波速度得出压力、比容等参数。

近几年来,在平面波发生器试验或轻气炮试验中,通过在试件中不同距离处设置"材料中的" 应力或质点速度测计,试验时测定这些测计的应力 — 时间关系图形和质点速度 — 时间图形,再采用平面波中的拉格朗日分析技术就能确定岩石的动力本构关系[203],[204]。

(3) 岩块爆炸试验

岩块爆炸试验采用较大尺度的岩块,其典型的外形尺寸为 $\phi35.6 \times 30.5$cm 的圆柱体,这种圆柱体介于试验室岩样与现场岩体之间,因而,虽然该试验是在室内进行的,但是可能包含一定的现场岩体的非均质特征。岩块中心附近设置高能炸药球(一般用黑索金),如图 15-11 所示。距爆心不同距离处埋设测计。球形炸药爆炸时产生球面波,通过这些材料内部测计就能得到距爆心不同距离处的应力 — 时间关系图形或质点速度 — 时间关系图形。再采用推广到球面波的拉格朗日分析技术[205]，就能由这些多个应力历史或质点速度历史确定岩石的动力本构关系。应力一般用锰铜压阻应力计或镜应力计、碳应力计进行测定，质点速度一般用电磁式质点速度计进行量测。每次试验至少要有三个"材料中的"测计，这种试验方法和分析方法是最近几年才出现的，尚处于发展阶段，技术上尚不够成熟，但是该方法对岩石动力本构关系的确定无疑有重要的价值。

15.3.2　现场岩体的动力特性试验

现场岩体的力学性质显然不同于试验室小岩块的，因为在岩体中存在着大量的节理、裂隙、结构面、软弱夹层等等。许多情况下，实验室小扰动的材料试件的性状并不能代表现场岩体的性状，其原因是：对某些材料（例如节理发育的岩石或断层破碎带）要得到实验室试验用的真正非扰动样品几乎是不可能的；大范围的不均匀性和较大尺度的裂

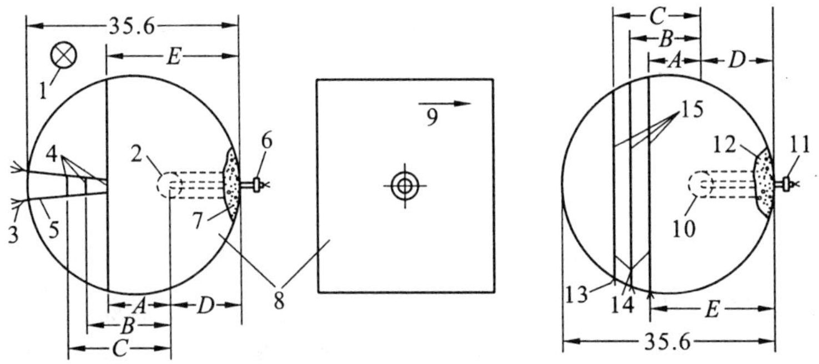

(a)质点速度测定的布置　(b)试样测试　(c)径向应力测量布置

（长度单位：cm）

1、9— 磁场 B；2、10— 直径为 5.08cm 的炸药球；3、13— 测计导线；
4— 电磁速度计；5、14— 表面以 Homalite1100 环氧粘贴处；
6、11— 起爆器和引信；7、12— 胶泥；8— 岩石试件；15— 应力计

图 15-11　岩样的球面波试验布置图

隙、孔隙会使在某些点取样不切实际，而在实验室小尺寸试样的试验中很难模拟；现场岩体中可能是重要的未知量级的地应力的释放可能会改变实验室试验性状；最后，实验室试验时达到的速率可能不同于现场爆炸事件中观测到的速率。所以开展一些现场动力特性试验是很有必要的。但是现场条件复杂，影响力学特性的因素多，试验技术困难，费用大。因而，单凭现场试验的资料要得到材料的动力数学模型是困难的。现在一般是根据广泛的实验室试验资料，结合现场岩体的波速试验资料，得出初步的本构模型，再将这种初步的模型计算现场试验的情况，并以现场资料修正该初步模型，经过几次迭代和修正，就能得出既符合于实验室试验的主要特征，又符合于现场试验资料的岩石介质的本构关系。

现场岩体动力特性的研究，首先要进行详细的地质调查，以确定岩石种类，节理裂隙的空间分布，岩层特征，风化程度等，并进行钻探和取岩心。对整个场地要作地质素描及工程地质评价。取出的岩心，应进行各种试验，以确定其物理力学性质，然后对现场进行地球物理探测和爆炸冲击波试验。

1. 地球物理探测

这种探测主要有弹性波法和电阻法，大量采用的是弹性波法。弹性波法又可分地震法和声波法两种。

(1) 地震法　通常用人工爆破或锤击，在岩体中激发一定频率的弹性波，在不同的地点用拾震器进行测量。这种方法适用于测试较大范围岩体的平均物性。

(2) 声波法　一般采用压电晶体(如锆钛酸铅)换能器在岩体中激发一定频率的弹性波，工作频率约为数千赫兹到数万赫兹。这种方法适用于岩体局部部位的探测。换能器要用水或黄油耦合，其拾振讯号输入 SYC—1B 型或 SYC—2 型声波岩石参数测定仪读数记录。

用喇叭式平面换能器能测量岩洞表面的声波，如测定不同深度处岩石的性质，则必须利用钻孔作为测井进行测量，测井通常分单孔测井和双孔测井。

用地震法或声波法对花岗岩体物理力学特性的测量结果表明，弹性波法对于确定岩洞周围由于开挖破坏了岩体中原始的应力平衡状态，并引起洞周围岩中的应力集中和应力重新分布而形成的松动圈和应力扰动区的存在和范围，对于判别岩体质量及其各向异性，判别较大规模的断层和破碎带的存在及其范围，都是比较有效的[206]。

2. 现场冲击波试验

现场岩体的冲击波试验，能得到实验室试验中无法得到的更为实际的一些性状。试验所得资料可以作为检验和修正由实验室资料所推导的岩石本构关系的依据。

美国空军武器试验室于 1975 年进行了现场柱面波试验（即 CIST 试验）[207]。他们在 17m 左右深、60cm 直径的竖井里装填炸药，在该竖井周围半径为 8m 范围内设置了许多测计，爆炸时，则可测得 18m 直径、18 ~ 36m 深的大块岩体的柱面波特性资料。

现场球面波试验则更为灵活，可以做成不同直径的炸药球，小的只有几十克，大的可达数百吨以上，进行爆炸试验。其场地最好布置于无层理区域中，试验的压力范围较宽，距爆心不同距离处设置现场材料中的应力计和质点速度计，根据爆炸试验所测得的应力 — 时间图形及质点速度 — 时间图形，采用拉格朗日分析技术，计算出该现场岩体的应力 — 质点速度 — 比容之间的本构关系。试验的成功与否取决于测试技术。现在测定径向应力，一般采用锰铜应力计或镜应力计，质点速度的测量，一般采用电磁式质点速度计。根据一些试验结果发现，试验中还必须测量切向应力，因而还得发展切向应力计。目前国外已研制了一些镜切向应力计或碳切向应力计，后者看来有一定的发展前途。现场测计的埋设必须用与现场岩石弹模和声阻抗都基本匹配的薄胶泥，使应力波传播尽可能不受扰动，并能真正作为“材料内的测计”而测得可靠的结果。

15.4　应力波在岩石介质中的传播

应力波传播规律及其效应的研究是岩石动力学中很重要的一个方面。在触地爆炸或地下封闭爆炸时，爆炸能急剧释放而产生的应力波在岩体中以冲击波、塑性波和弹性前驱波、弹性波的方式向外传播。下面简要地叙述这些波的概念以及应力波与地下结构的相互作用，以及有限元法在应力波研究中的应用。

15.4.1　应力波的传播

岩石中的应力波最重要的是冲击波和弹性波。冲击波有非常陡峭的前沿，其应力峰值部分传播得最快；而弹性波的各部分均以相同的速度传播，弹性波有一定的上升时间。

冲击波的分析通常采用流体动力学理论。根据质量、动量和能量守恒定律，可以得到稳定平面冲击的雨果钮(Hugoniot) 方程

$$V_1 = V_0 \frac{U_0 - u_1}{U_0 - u_0} \tag{15-1}$$

$$\sigma_1 - \sigma_0 = \rho_0 (U - u_0)(u_1 - u_0) \tag{15-2}$$

$$E_1 - E_0 = \frac{1}{2}(V_0 - V_1)(\sigma_1 + \sigma_0) \tag{15-3}$$

这些方程中 $V = \frac{1}{\rho}$ 是比容，ρ 是密度，U 是冲击波速度，u 是质点速度，σ 是压力或垂直于冲击阵面的应力，E_0 是内能(指冲击波前的状态)，E_1 是内能(指冲击波后的状态)。

根据这些方程就可以研究高压冲击波的效应。密度 ρ 随应力 σ 的变化规律通常称作雨果钮曲线或雨果钮状态方程。如果岩石的压力 — 体积 — 内能的状态方程已知，则该岩石的雨果钮曲线就很容易地绘制出来。

应力波在介质中引起的应力值，不超过介质的弹性极限时，应力波就以弹性波方式进行传播。根据基本波动方程

$$\frac{\partial^2 u}{\partial t^2} = c^2 \nabla u \tag{15-4}$$

及弹性理论中的广义虎克定律，则可以得到膨胀波和剪切波的计算公式，即在各向同性的无限介质中，弹性波以膨胀波和剪切波两种方式专播。弹性波在半无限介质的表面附近则以瑞利波的方式传播(即表面波)。

当应力值超过介质的弹性极限时，应力波呈双波结构。应指出的

是,对于弹塑性应力波问题,前面提到的雨果钮方程就不适用了。这时要考虑岩石强度的影响以及偏差应力的作用。对这种固体中的应力波问题,采用近年来国外发展的拉格朗日分析技术进行分析研究,将较为方便。不过这种分析方法还有待于进一步完善,研究应力波在弹塑性固体介质中传播的一个关键问题是要确定岩石介质的本构方程。

15.4.2　应力波与地下结构的相互作用

当岩体中的应力波在传播途径上遇到隧洞(坑道或其他地下构筑物)时,就会在隧洞附近发生应力波的反射和绕射现象。洞周围的应力分布将随时间而变化,形成一个相当复杂的应力图案,其数学分析比静荷载的同类问题要复杂得多。这个应力图案的特征,和应力波的波长与隧洞直径之比值有关。当二者之比值接近时,洞周围的应力分布与相应的静力场产生的应力分布相差较大,波长比隧洞直径大得多时,在应力脉冲的峰值附近的绕射应力场与静态应力场相似,随着波长的增大而愈接近于静应力场,这时动应力场的计算可以用静力问题解来代替。

关于弹性波对各种形状孔洞的绕射问题,在理论上已作了不少研究[208],[209]。这些研究结果表明,动应力集中系数与入射波的波长及介质的泊松比有关。对一定的波长,它比静荷载下的应力集中系数大。对于几何形状复杂的孔洞,由于数学上求解的困难,弹性理论难以给出解答,而用动力光弹实验方法,已经给出了应力波在圆孔、方孔、椭圆孔和直墙拱顶毛洞等各种孔洞周围绕射的全过程和周边应力分布[210],[211]。动力光弹性方法是普通光源实验方法和高速摄影技术的结合,用高速摄影机可以拍摄应力波传播过程的全部应力条纹图案,看起来也非常直观。

在应力波的入射方向的洞壁还会产生反射的拉应力,在应力波作用周期比较短的情况下,这种反射拉应力出现在离洞壁较近的地方,这时将会造成洞壁岩石的剥落,即所谓层裂现象。这种现象在一般化爆时比较显著。但当应力波周期比较长时,反射拉应力将出现在距离洞壁较深的部位,因此,对围岩的稳定影响不很大。

当在洞壁面上产生的最大压应力超过岩体的单轴抗压强度时,就会发生压坏。一旦发生破坏,在洞壁破坏面上还会造成更大的应力集中,当应力值始终超过强度值时,这种破裂将持续下去,造成更大的崩塌。当应力波的作用时间较长时,这种现象尤为严重。

在洞边存在有节理和裂隙时,如图 15-12 所示,对有限长的裂隙(或称不连续节理),在裂隙顶点会造成更大的应力集中,而对于贯通的节理,在节理与洞壁交汇处会引起较大的位移。我们对这些情况进行了理论分析,得出下列几点认识:

(1) 在裂隙尖端产生了较大的拉应力集中,特别是沿洞周应力集中区出现的裂隙,应力集中更为严重,在较小的外荷载下,裂隙便可以扩展。

(2) 沿应力集中区出现的裂隙对洞周应力分布影响最大,扩大了拉应力区的范围,提高了洞壁上最大压应力集中系数并使应力集中点的位置改变,尤以当倾斜角度 $\alpha = 45°$,长度 l 为毛洞半径 R 的一半裂隙,其作用最大,如图 15-13 所示。

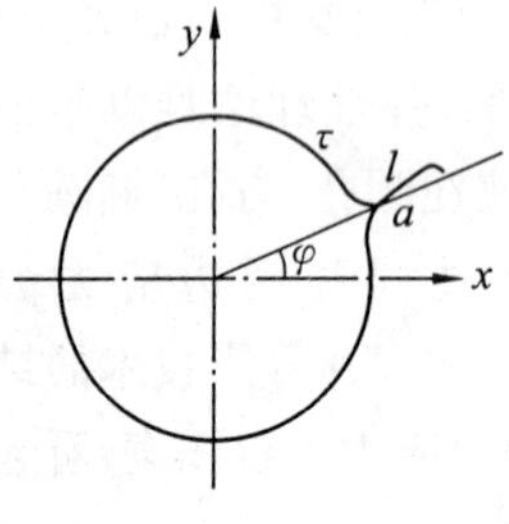

图 15-12　带有任意方位裂隙的圆形毛洞图

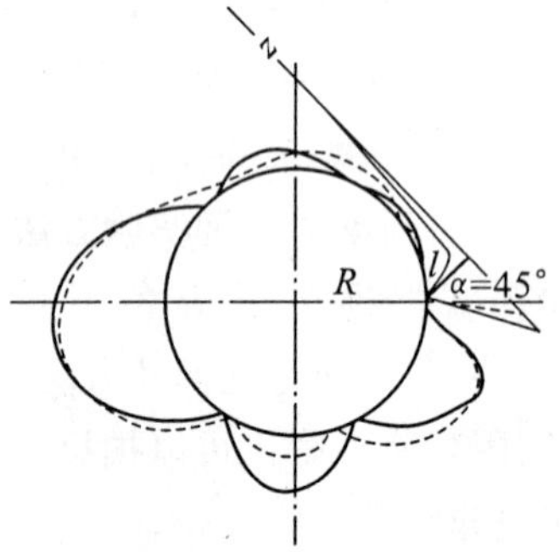

实线——单轴应力场,$\sigma_x = 0, \sigma_y \neq 0$;

虚线 ------ 双轴应力场,$\sigma_x = \frac{1}{3}\sigma_y$

图 15-13　裂隙方位为 $\varphi = 0, \alpha = \frac{\pi}{4}$, $l = 0.5R$ 时洞边应力分布图

(3) 洞边裂隙的出现也改变了毛洞周边的位移图案，在裂隙与洞壁交汇处位移明显加大。

从上述这些结果可以看出，由于围岩中节理、裂隙等结构面的出现，会显著降低岩洞的结构强度，因此，为了分析应力波作用下洞室的稳定性，需进一步研究结构面的动力效应。

15.4.3　用有限元法研究应力波问题

众所周知，动力弹性问题的数学解比静力问题的要复杂得多。由于数学上的局限，仅能对一些简单的问题给出解答。对于应力波在岩体这类复杂的介质中的传播及其与地下结构的相互作用的研究，有限元法成了有效的分析工具。采用有限元法已经研究了地表爆炸和浅埋地下爆炸在成层介质中的传播问题[212],[213]，地下结构和轴对称结构在爆炸荷载下的动力响应[214]，地震波作用下土坝的动力效应等动力问题。采用有限元法处理诸如结构的形状变化，非均匀介质、各向异性介质、外部荷载的变化等复杂情况时，一般不会遇到什么困难。而且，采用有限元法还可以处理弹 — 塑性、大变形等动力问题。

下面简单介绍一下在应力波问题的分析计算中，有限元法的基本步骤和特点。

像静力问题一样，首先把连续的物体理想化或模型化，即假想地将其分割成有限个适当形状的顶点相连的小单元，用这样的有限单元系统代替真实的结构物，整个的应力分析都是对这个有限元系统模型进行的。对于连续的弹性介质，运动方程是偏微分方程组，而对于有限元系统，运动方程可以简化为一个常微分方程组，对于时刻“t”用下面的矩阵方程表示

$$[\boldsymbol{M}][\ddot{\boldsymbol{U}}]_t + [\boldsymbol{C}][\dot{\boldsymbol{U}}]_t + [\boldsymbol{K}][\boldsymbol{U}]_t = [\boldsymbol{P}]_t \tag{15-5}$$

式中$[\boldsymbol{U}]_t$为节点位移向量，$[\dot{\boldsymbol{U}}]_t$为节点速度向量，$[\ddot{\boldsymbol{U}}]_t$为节点加速度向量，$[\boldsymbol{P}]_t$为节点力向量，$[\boldsymbol{M}]$为质量矩阵，$[\boldsymbol{C}]$为阻尼矩阵，$[\boldsymbol{K}]$为刚度矩阵。

对于线弹性介质，刚度矩阵$[\boldsymbol{K}]$不随时间而变化，但是对于弹 —

塑性介质，[**K**] 将随时间而变化。由于刚度矩阵[**K**] 的推导与静力分析中的相同，故不再赘述。关于质量矩阵[**M**]，可以用不同的方法形成，第一种是将每一单元的质量平均分配到该单元的顶点上去，即所谓的"集中质量法"。这样形成的质量矩阵是"对角阵"（只有对角线上的单元不为零），计算比较方便。第二种也是将每一单元的质量分配到该单元的顶点上去，但要求单元的重心位置仍保持不变。第三种方法是所谓的"调和质量矩阵"，这种方法中，使有限元离散系统与原连续体的动能保持不变，以求得质量矩阵。后两种方法都比较麻烦，而且对精确度的提高也很难估计，所以第一种方法比较实用。

介质的阻尼特性是一个复杂的问题，在一般的结构振动中采用瑞利（Raylejgh）阻尼，把结构的阻尼假设为质量和刚度的线性组合

$$[\boldsymbol{C}] = \alpha[\boldsymbol{M}] + \beta[\boldsymbol{K}] \tag{15-6}$$

式中 α 和 β 是比例系数。

有限元系统的动力平衡方程式是一组二阶常微分方程，求解这组方程，可以直接用 Runge-Kutta 法和 Numerov 的数值积分法，也可以采用"线性加速度法[214]"，后者使用起来比较简便。

用逐步积分的方法，计算应力波的传播时，还存在关于这个方法的稳定性问题。如果时间步长比有限元系统的最短周期还小，计算的结果是精确的；如果时间步长大于这个最短周期，这个方法将是不稳定的并且将导致不真实的结果。一般在 $C\Delta t/\Delta x$（C 是膨胀波速度，Δt 是时间步长，Δx 是所用单元的边长）较小时，该方法是稳定的。关于稳定性较详细的讨论可参阅文献[214]。

在计算应力波的传播问题时，我们往往仅关心某有限范围的情况，为减少有限元的数目，节省计算量，可设置"人工边界"，把所关心的区域限定下来，这样的模型需要保证随应力波向远处传播的能量辐射，而不能造成人为的能量聚在某一区域之内，文献[215] 给出了没有能量反射的人工边界，在这样的边界上附加以下的阻尼力

$$P_n = -a\rho V_P \dot{u}_n$$

$$P_s = -b\rho V_S \dot{u}_s$$

式中 $\dot{u}_n$ 和 $\dot{u}_s$ 表示边界法线方向和切线方向的速度分量，V_P 和 V_S 表示介质的纵波波速和横波波速，ρ 是介质的密度，a、b 是阻尼系数，对体波，可取 1；对瑞利波，a、b 是随离开自由表面的距离而变化的。

至于弹—塑性介质中的应力波传播的计算，就十分复杂了，因为这时弹塑性应力—应变关系是应力—应变的增量关系，有限元系统的刚度矩阵是随时间变化的，因此在计算中，对每一时间步长需要形成新的刚度矩阵。由于在计算爆炸荷载下的应力波传播问题时，往往是轴对称的情况，我们给出了在 Drucker-Prager 屈服条件下，轴对称情况的塑性应力—应变关系矩阵

$$\dot{\sigma} = D\dot{\varepsilon}$$

其中 $\dot{\sigma}_t = [\dot{\sigma}_x \quad \dot{\sigma}_r \quad \dot{\sigma}_\theta \quad \tau_{xr}]$，$\dot{\varepsilon}_t = [\dot{\varepsilon}_x \quad \dot{\varepsilon}_r \quad \dot{\varepsilon}_\theta \quad \dot{v}_{xr}]$。符号上的点表示该量的增量，$D$ 是 4×4 对称的塑性应力—应变关系矩阵，其矩阵的每一元素如下

$$D_{11} = 2G[1 - h_2 - 2h_1\sigma_x - h_3\sigma_x^2]$$

$$D_{12} = D_{21} = -2G[h_2 + h_1(\sigma_x + \sigma_r) + h_3\sigma_x\sigma_r]$$

$$D_{13} = D_{31} = -2G[h_2 + h_1(\sigma_x + \sigma_\theta) + h_3\sigma_x\sigma_\theta]$$

$$D_{14} = D_{41} = -2G[h_1 + h_3\sigma_x]\tau_{xr}$$

$$D_{22} = 2G[1 - h_2 - 2h_1\sigma_r - h_3\sigma_r^2]$$

$$D_{23} = D_{32} = -2G[h_2 + h_1(\sigma_r + \sigma_\theta) + h_3\sigma_r\sigma_\theta]$$

$$D_{24} = D_{42} = -2G[h_1 + h_3\sigma_x]\tau_{xr}$$

$$D_{33} = 2G[1 - h_3 - 2h_1\sigma_\theta - h_3\sigma_\theta^2]$$

$$D_{34} = D_{43} = -2G[h_1 + h_3\sigma_\theta]\tau_{xr}$$

$$D_{44} = 2G\left[\frac{1}{2} - h_3\tau_{xr}^2\right]$$

这里

$$h_1 = \left(\frac{3K\alpha}{2G} - \frac{J_1}{6J_2^{\frac{1}{2}}}\right) \Big/ J_2^{\frac{1}{2}}\left(1 + 9\alpha^2\frac{K}{G}\right)$$

$$h_2 = \frac{\left(\alpha - \frac{J_1}{6J_2^{\frac{1}{2}}}\right)\left(\frac{3K\alpha}{G} - \frac{J_1}{3J_2^{\frac{1}{2}}}\right)}{1 + 9\alpha^2 \frac{K}{G}} - \frac{3\upsilon kK}{EJ_2^{\frac{1}{2}}\left(1 + 9\alpha^2 \frac{K}{G}\right)}$$

$$h_3 = \frac{1}{2J_2\left(1 + 9\alpha^2 \frac{K}{G}\right)}$$

式中 υ 为泊桑比,E 为弹性模量,k 为材料常量,$G = E/2(1 + \upsilon)$,$K = E/3(1 - 2\upsilon)$

我们用这个塑性应力 — 应变矩阵计算了某坝基爆破开挖时浅埋松动爆破近区应力场。对于应力波传播研究的地质材料的数学模型,除了上面提到的理想弹 — 塑性模型外,还可以用前面已经介绍的变模量模型和岩石的帽盖模型,等等。

为了说明有限元法在应力波计算问题中的效果,我们计算了一个半无限平面中由自由边界上集中冲击荷载引起的应力波传播问题。半无限平面的有限元理想化如图 15-14 所示。这个计算结果与理论解及光弹试验结果进行了比较,具体参数如下:

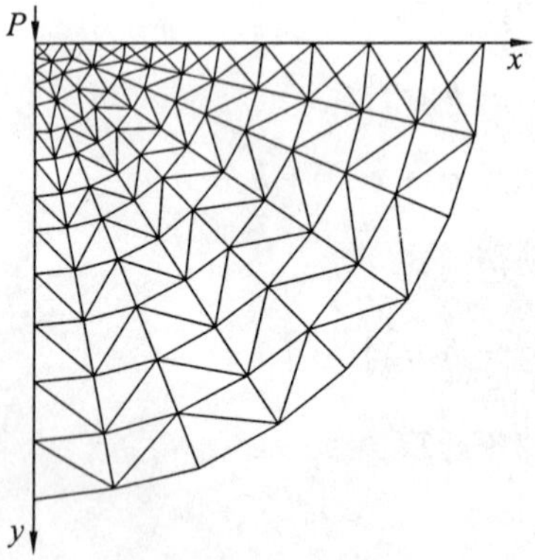

图 15-14　半无限平面有限元理想化模型图

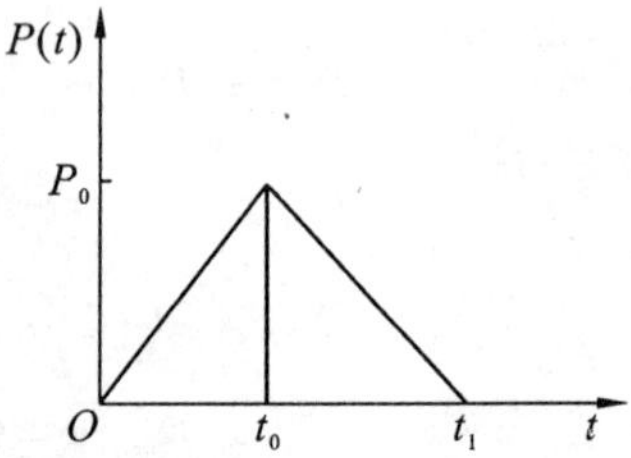

图 15-15　荷载函数图

弹模 $E = 39328\text{kg/cm}^2$

泊桑比 $v = 0.34$，

密度 $\rho = 1.3353 \times 10^{-6}\text{kg} \cdot \text{s}^2/\text{cm}^4$，

板的厚度 $h = 1\text{cm}$。

冲击荷载为三角形脉冲，如图 15-15 所示，其数学表达式为

$$0 < t < t_0 \qquad P(t) = P_0 t/t_0$$

$$t_0 < t < t_1 \qquad P(t) = P_0(t_0 - t)/(t_1 - t_0)$$

$$t < t_0 \qquad P(t) = 0$$

上升时间 $t_0 = 9\mu\text{s}$，衰减时间 $t_1 - t_0 = 11\mu\text{s}$。在计算中 $P_0 = 1000\text{kg/cm}^2$。

图 15-16 表示应力 σ_x 沿对称轴上的变化情况，图 15-17 给出了在时刻 $t = 60\mu\text{s}$ 时，自由表面上的应力 σ_x 的动力光弹实验值、理论值和有限元法计算的结果的比较。集中冲击力作用在半无限平面边界上时，共有四种波沿着自由表面传播，即膨胀波、剪切波、Von Schmidt 波和瑞利波。对于这种短周期的冲击荷载（作用时间为 20μs），在 $t = 60\mu\text{s}$ 时，这几种波已经分离开了，从图 15-17 可以看出它们的独立特性，有限元

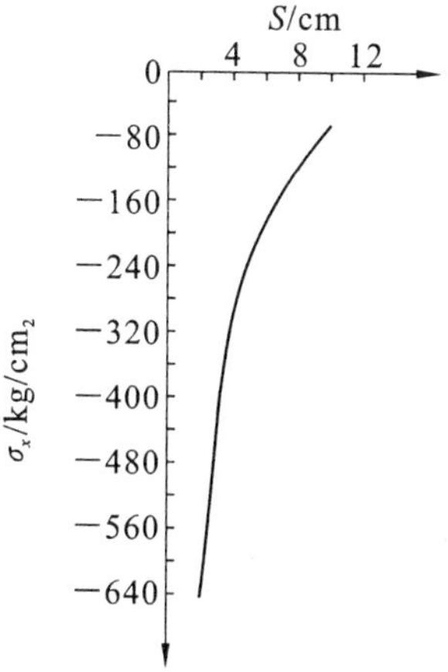

图 15-16　对称轴上与膨胀波相关的应力 σ_x 和距离 S 的峰值衰减图

法计算结果也反映出这一情况。因为文献[215]中没有给出压力峰值 P 的绝对值,故只能相对地加以比较。由于采用了较稀疏的网格(同时又在自由边界面上),而每个三角形单元中应力是常量,故未能反映出剪切波和瑞利波相关的应力 σ_x 的急剧变化情况,如果使用较密网格,效果会好一些。从图 15-17 还可以看出,光弹试验结果未能反映出瑞利波的影响,而有限元法计算值还是反映了瑞利波的变化情况的。

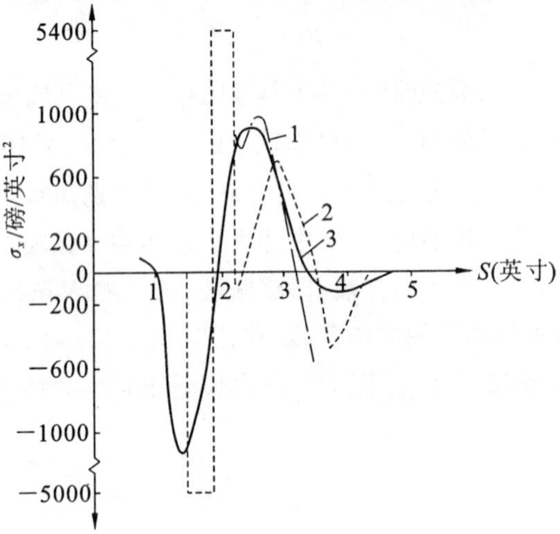

1— 实验值;2— 理论值;3— 有限单元法计算值

图 15-17　t = 60μs 时边界应力 σ_x 的实验、理论和有限元计算结果的比较图

第 16 章　地学中的岩石力学研究

王　仁　　黄杰藩
（北京大学地质学系）

16.1　概　述

地学当前主要的研究对象是地壳和上地幔，不过地质工作者的工作场所，大部分仍集中在地壳的范围内。

地质工作者力图查明地壳在漫长的地质年代中运动发展的过程，了解地壳中各种变形（例如褶皱）和破裂（例如断层、节理等）分布的时空规律，并进而找出它们与地下矿藏分布之间的关系。另一方面，地震工作者则力图查明在现今和可以预见的将来，完整的地壳岩石突然破裂或原有断层突然错动的可能性，找出破裂和错动前各种前兆现象的变化规律，以便根据这些前兆，较准确地预测出将要发生地震的地点、时间和规模（震级）。

这两方面的工作，都与岩石力学的研究有着极为密切的关系。从过去人们对岩石进行的各种实验结果可以看出，无论是构造地质学中与变形和破裂有关的各种现象，还是大地震前后的许多现象，都可以在实验中找到它们的缩影。因此，如何将岩石力学方面已有的一些成果应用于地学，并根据地学问题的特殊性，提出一些新的课题进行深入研究，已日益引起国内外学者的重视。

地学领域中的岩石力学研究，有其不同于一般工程问题的特殊性。

第一，地壳的构造运动，动辄以百万年计，岩石持续受力时间之长，应变率之低,远非任何实际工程问题所能比拟。在这种情况下,时间因素的影响以及岩石的粘性表现就成为一个非常突出的问题。

第二,随着地表以下深度的增加,岩石的温度越来越高,受到上覆岩层所引起的围压也越来越大。据估计,在地壳底部至上地幔,温度可达1100 ~ 1300℃,围压可达15千巴以上。在这样高的温度和围压下,岩石的力学性质与常温常压下有很大的差异。

第三,地学问题所涉及的区域范围常比实际工程问题大得多。例如地质构造的展布地区至少也有成千上万平方公里,一个地震带所包括的范围甚至还要大些。在这样大的范围内,岩石的类型和结构等方面的变化必然要复杂得多。

由于地学问题本身的复杂性,虽然现在在岩石力学方面已有不少研究成果,但直接应用于地学方面的尝试还很不成熟,尚有待于今后进一步的努力。本章只是就作者所知,将现有的一些可能有助于解决地学问题的研究结果做一简要介绍。

16.2 地质环境因素对岩石力学性质的影响

16.2.1 围压

对于地壳岩石所受的围压p,可以做以下的估计。

设$Oxyz$直角坐标系的x轴、y轴在地平面内,z轴竖直向下,岩石密度为ρ,重力加速度为g。

对于比较接近地表的岩石,温度和围压都比较低,在时间不太长的情况下,岩石变形以弹性为主。假定岩石无侧向应变,即$\varepsilon_x = \varepsilon_y = 0$,泊松比为$v$,则

$$\begin{cases}\sigma_x = \sigma_y = \dfrac{v}{1-v}\rho g z,\ \sigma_z = \rho g z, \\ \tau_{xy} = \tau_{yz} = \tau_{zx} = 0,\end{cases} \tag{16-1}$$

称为弹性状态。

岩石在高温高围压下长时间承受应力差时，其性质接近于粘性流体，应力差将随着时间的增长而逐渐减小，趋向于静水应力状态，故在深部，常设

$$\begin{cases}\sigma_x = \sigma_y = \sigma_z = \rho g z, \\ \tau_{xy} = \tau_{yz} = \tau_{zx} = 0,\end{cases} \tag{16-2}$$

地学中称之为标准状态。偏离标准状态的部分，则是过去构造运动所遗留下来的残余应力场，或是现今继续作用的地应力。

关于岩石在围压作用下的力学性质，已有不少实验结果。从这些实验结果得到的一般概念是，随着围压的提高，岩石逐渐从脆性转化为延性。具体的转化围压随岩性的不同而异。大致说来，碳酸盐岩和硅酸盐岩在常温常压下均呈脆性。在温度不变的条件下，随着围压的提高，破裂时的永久变形逐渐增大，如图 16-1(a) 所示。不过硅酸盐岩的弹性极限随围压的增大有较大幅度的提高，直到围压高达数千巴时，仍然保持脆性性质，破坏时的应变小于百分之几，如图 16-1(b) 所示。如玄武岩、花岗岩等在室温下到 10 千巴左右方转化为延性，石英岩甚至在 20 千巴时仍为脆性。而一般炭酸盐岩(和砂岩) 的弹性极限随围压改变的幅度较小，并表现出较明显的屈服点。不过也有报导[217] 说，杂质较多的细粒白云岩在 25 千巴围压下仍基本上是脆性的。文献[218] 在1 千巴以下的几种围压下对辉绿岩、玄武岩、花岗岩和石灰岩做了测定，发现其弹性模量 E、泊桑比 v、剪切模量 G 和压缩模量 K 均随围压而提高。

16.2.2　温度

温度升高时，硅酸盐岩和炭酸盐岩的屈服应力和压缩强度都要降低，加速从脆性向延性转化，影响的程度随岩性而不同。例如石灰岩在室温下承受 1 千巴围压就转化为延性，在 300℃ 时，围压为 600 巴就转化为延性，而在 500℃ 时，即使只有 1 个大气压也是延性的。玄武岩、花岗岩等在500℃ 和5 千巴时转化为延性。石英岩则直至20 千巴和800℃时(相当于深度大于 60km 的地壳条件) 仍处于脆性状态。

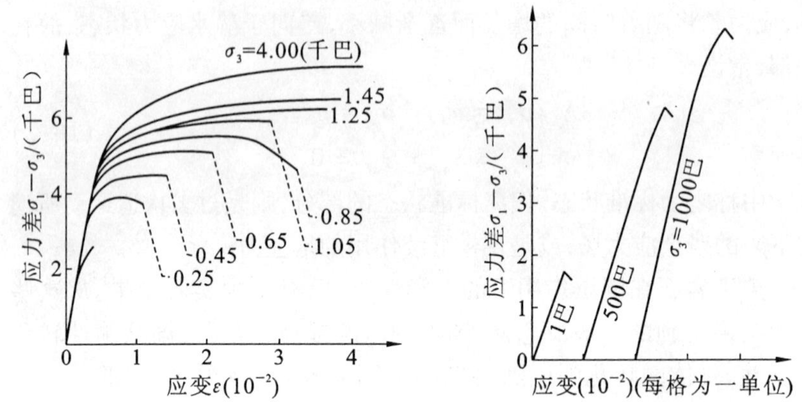

(A)白云岩(据茂木清夫[216])　(b)花岗岩(据罗伯逊[217])

图 16-1　不同围压下岩石压缩的应力—应变曲线图

从原则上说,对于各种岩石,应当都可以定出一个脆性-延性转化的围压和温度界限。图 16-2 是几种岩石的脆性-延性转化实验结果[218]。其中索仑霍芬(Solenhofen)石灰岩的脆性-延性转化界线是希尔德(Heard)的实验结果[219]。试验的应变率范围为 2×10^{-4}/s 至 1×10^{-7}/s。由于这个应变率的范围远大于地质条件下的应变率,故地壳岩石的转化围压和温度还会低于图 16-2 所示数值。

16.2.3　孔隙流体压力

在地壳岩石中,常有孔隙流体存在。孔隙流体压力 p_i 的作用与围压相反,这种压力将使岩石变脆。在有孔隙流体压力 p_i 的情况下,一般只需将主应力折算成有效主应力,即令

$$\sigma_1' = \sigma_1 - p_i,\quad \sigma_2' = \sigma_2 - p_i,\quad \sigma_3' = \sigma_3 - p_i \tag{16-3}$$

其中 σ_1、σ_2、σ_3 和 σ_1'、σ_2'、σ_3' 分别为主应力和有效主应力,即可按没有孔隙流体压力的情况处理。关于孔隙压力影响的实验结果,还可以参阅文献[219]。

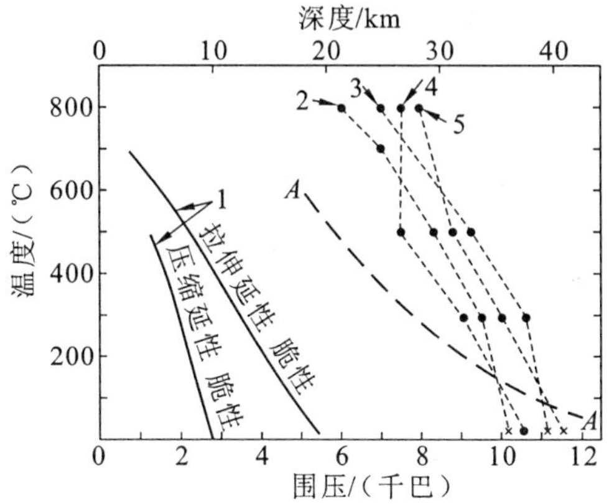

1— 索仑霍芬石灰岩;2— 玄武岩;3— 花岗岩;4— 辉岩;5— 纯橄榄岩; · 延性; × 脆性

图 16-2　几种岩石在温度和围压作用下的脆性-延性转化(据饭田汲事[218])

16.2.4　水的作用

水除了有物理作用即产生孔隙压力之外,还有化学作用,也会影响岩石的力学性质。有些岩石在饱和水的情况下单轴压缩强度可比干燥岩石降低50% ~55%。干燥石英在500℃和5千巴下的强度可达35千巴,而在水蒸汽作用下的天然石英或含水量约0.1%(重量比)的人造水晶在同样条件下的强度则降到1 ~2千巴的量级[220]。对于石英和其他硅酸盐岩受水的作用而强度降低的现象,有学者认为是SiO键因水化作用而削弱的结果。另外还曾发现,蛇纹石在高温下变脆,强度也显著降低,可能是在高温下丧失结晶水所致[221]。近年来还发现,水对岩石的微破裂活动和静疲劳有促进作用。

上述16.2.3、16.2.4两小节对于研究水库地震的成因或许是有意义的。

16.3　应变率和时间因素的影响

室内实验和对构造运动的研究都表明,岩石具有粘性。对于具有粘性的物质，若在一次试验过程中保持应变率（即应变增长速率 $d\varepsilon/dt$，常用 $\dot{\varepsilon}$ 表示）不变，则可看到，应变率不同时，应力—应变曲线有很大的差异，如图 16-3 所示。若保持应力不变，则发生蠕变现象，其应变随着时间的增长而逐渐加大，应力不同时，蠕变曲线也不同，如图 16-4 所示。若保持应变为常量，则发生松弛现象，其应力随时间的增长而减小，应变不同时，松弛曲线也不同。

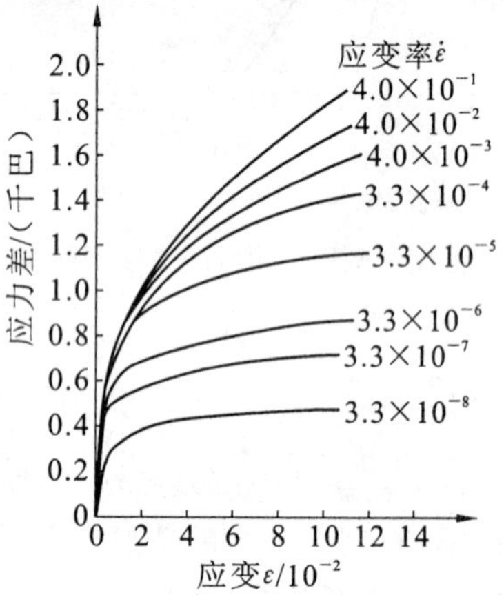

图 16-3　应变率的影响图（据希尔德[222]）
（5 千巴，500℃ 下垂直于主要叶理的大理石试件拉伸）

上述这三种试验中，以蠕变试验对岩石用得最为广泛。目前国内外已有不少岩石蠕变试验的结果。实验表明，蠕变的机制有二，即扩散和位错。地壳深部和地幔岩石在很低的应力作用下发生扩散蠕变。莫瑞尔（Murrell）指出，有实验证据表明，在大约 100 巴的应力下发生的是位错蠕变，由扩散蠕变到位错蠕变的转化应力则可能还要低，该转化应力与颗粒尺寸有关[223]。根据地幔岩石的颗粒尺寸范围，莫瑞尔估计这一转化应力约在 5 巴至 0.05 巴之间。

研究岩石的粘性，对于追溯构造运动的发展历史，了解应力在地壳中的积累和解决构造运动的动力来源问题，都具有十分重要的意义。

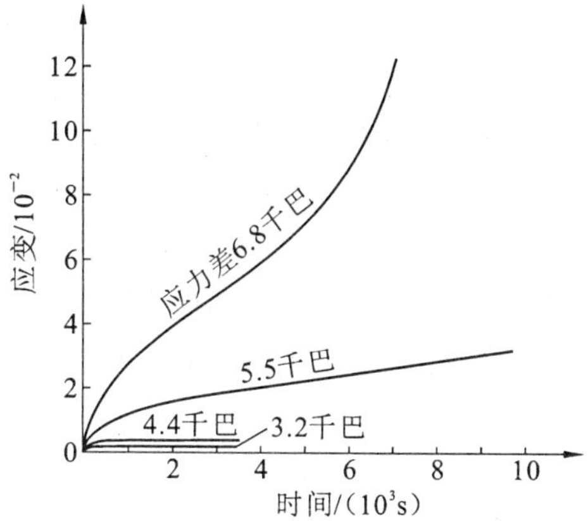

图 16-4　石灰岩在 10 千巴围压下压缩的蠕变曲线图(据格利格斯[224])

地壳运动的应变率变化范围很宽。例如一次地震发震过程中,若在一秒钟内释放 10^{-4} 的应变,则 $\dot{\varepsilon} = 10^{-4}/s$。而在地震能量积累过程和构造运动过程中,应变率一般要低得多,据估计在 $10^{-14} \sim 10^{-15}/s$ 的量级。临震前 1 ~ 2 年,应变率可能提高一些。如果在地震活动期每年积累 10^{-5} 的应变,则 $\dot{\varepsilon} \approx 3 \times 10^{-13}/s$。

对于岩石的粘性性质,常用各种各样的数学模型来描述。图 16-5 就是几种较典型的数学模型。在采用各种模型描述岩石的力学性质时,一方面要模型选得接近实际情况,另一方面需对其中的各种元件给予符合于实际情况的数值,特别是粘性系数 η 值。

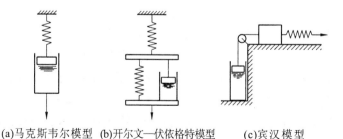

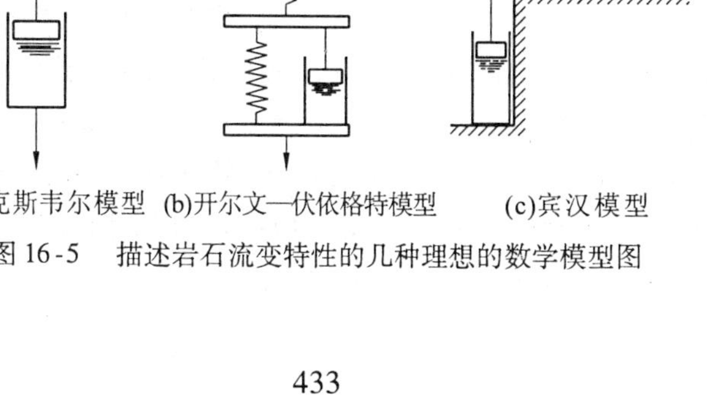

(a)马克斯韦尔模型　(b)开尔文—伏依格特模型　(c)宾汉模型

图 16-5　描述岩石流变特性的几种理想的数学模型图

求 η 值的途径之一,是在模拟地壳或上地幔条件的高温高压下进行蠕变试验。不过这种试验至少有两方面的困难,即:① 不易长时间地保持稳定的高温高压条件;② 所能达到的 $\dot{\varepsilon}$ 与地质情况相差太远。目前在实验室条件下常用的 $\dot{\varepsilon}$ 为 $10^{-3}\sim10^{-6}/\mathrm{s}$,有的实验可以做到 $10^{-8}/\mathrm{s}$,个别也有达到 $10^{-12}/\mathrm{s}$ 的,但与地质情况下的 $\dot{\varepsilon}$ 仍相差几个数量级。要得到地质应变率下的岩石力学性质,就不得不依靠外推。

目前通常是使用统计物理方法,按埃林(Eyring)方程进行外推。埃林方程可以写为

$$\dot{\varepsilon} = Af(\sigma,T)\mathrm{e}^{(-E/kT)} \tag{16-4}$$

式中 A 为常数,T 为绝对温度,E 为激发热量,k 为波尔兹曼常数。希尔德[222] 曾忽略 $f(\sigma,T)$ 中的温度影响,将其取为 $\sinh(\sigma/\sigma_0)$,σ_0 为常数,对于大理石实验得到了如图 16-6 所示的结果。饭田汲事等曾取 $f(\sigma,T)$ 为 $\mathrm{e}^{(\alpha\tau/kT)}$,其中的 α 为常数,τ 为应力差[225]。他们根据实验数据求得橄榄岩的 $\alpha=90\mathrm{cm}^3/\mathrm{g}$ 分子,E 为 75 ~ 100kK/g 分子。将这些数值用于埃林方程进行外推,得到橄榄岩在 $\dot{\varepsilon}=3\times10^{-14}/\mathrm{s}$,温度为 1000 ~ 1100℃ 时,所能保持的应力差在 1 巴以下。若令

$$\eta = \frac{\tau}{\dot{\varepsilon}} \tag{16-5}$$

则可得到橄榄岩在 $\dot{\varepsilon}$ 小于 $10^{-6}\sim10^{-8}/\mathrm{s}$,温度为 900 ~ 1000℃ 时,$\eta$ 值是恒定的,其值为 $10^{14}\sim10^{17}$ 泊。图 16-7 和图 16-8 就是饭田等用埃林方程进行外推的结果。问题是目前尚无法对这些外推出来的结果进行任何检验,因此其可靠性仍是值得怀疑的。

求 η 值的另一条途径,是根据历史上发展过程比较清楚的构造运动或现今测得的地壳运动和地球物理方面的资料进行推断。

这方面最早的尝试是 1941 年古登堡(Gutenberg)对芬兰高地在冰期后均衡回升的分析。该高地在上一冰期中由于冰层压力而凹陷。冰川融化之后,又由于载荷减小而逐渐回升。图 16-9 是古登堡给出的芬兰高地冰期后回升速度等值线[226]。图 16-10 是现今回升速度和残余凹陷量自凹陷中心向外的变化情况。根据这方面的有关资料,麦康奈尔[227]

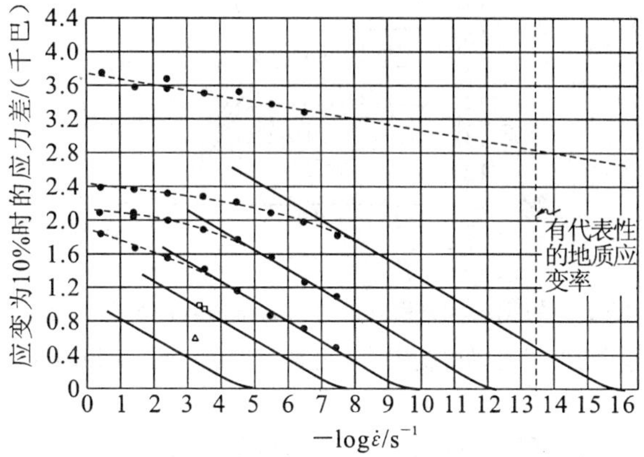

—— $\dot{\varepsilon}=2.9\times10^{8}e^{(-62400/RT)}\times\sinh\left(\frac{\sigma}{0.100}\right)$

------ 实验结果　□ △ } 格利格斯和希尔德(未发表)

图 16-6　用埃林方程外推得到的应力—应变率关系图(据希尔德[222])

(垂直于主要叶理的大理石圆柱体在 5 千巴围压下的拉伸)

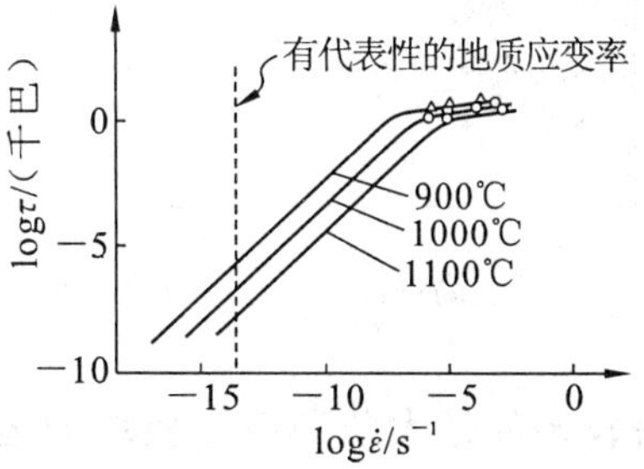

图 16-7　根据埃林方程外推得到的橄榄岩在 8 千巴围压下的应力差与应变率关系图(据饭田汲事等[225])

推得一个 100km 或 200km 厚的软流圈的 η 为 $4\times10^{19}\sim6\times10^{21}$ 泊，文献[228] 也得到类似的结果。

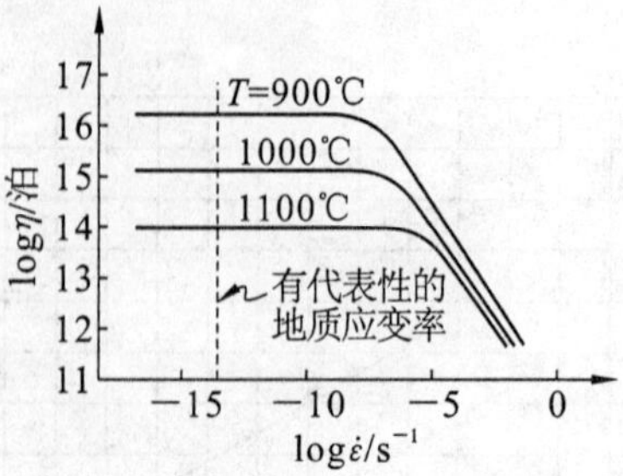

图 16-8　根据埃林方程外推得到的橄榄岩在 8 千巴围压下的粘性随应变率而变化的情况图(据饭田汲事等[225])

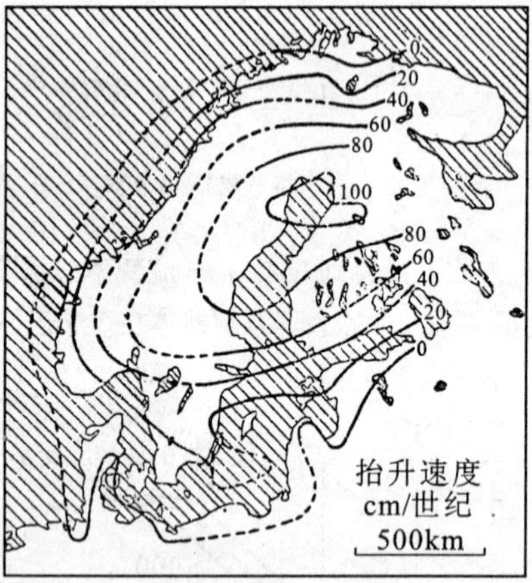

图 16-9　芬兰高地冰期后回升速率等值线图[226]

近年来研究得较多的是大陆和海洋板块的运动。例如瓦尔考特(Walcott)[229] 根据稳定陆台抗弯刚度的变化估计岩石圈的总体粘性为 $\eta = 10^{24}$ 泊,与他后来研究芬兰高地等冰期后抬升的数据所得结果[230] 颇为一致。文献[231] 根据对大陆中央和大西洋边缘盆地的研究,得出类似的结果为 $\eta = 2 \times 10^{24} \sim 4 \times 10^{25}$ 泊。

莫瑞尔(Murrell) 专门从第一阶段的过渡蠕变出发,研究了海洋岩石圈和大陆岩石圈的粘性[223]。他考虑了不同条件下的蠕变机制、过渡

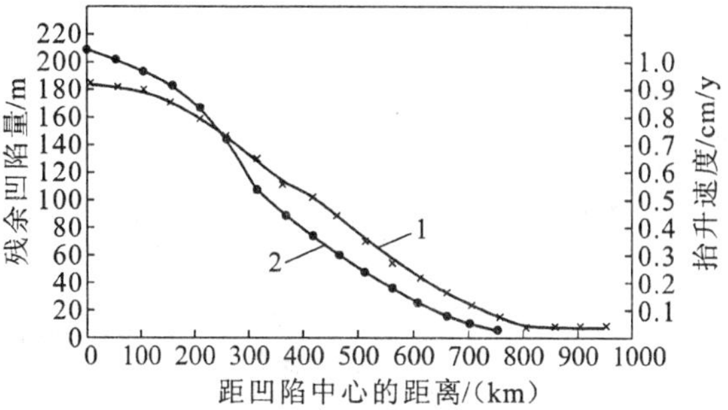

1— 抬升速度;2— 残余凹陷量

图 16-10　芬兰高地现今抬升速度与残余凹陷量的对比图[227]

(凹陷区以外无升降运动是随意假设的)

蠕变与第二阶段的定常蠕变之间的关系,岩石圈中的应力,围压和裂隙对蠕变的影响等各方面因素,对海洋岩石圈和两类不同的大陆岩石圈(地温梯度高的和低的)使用了不同的流变模型,估算了它们在不同应力下过渡蠕变的持续时间 t_{ss} 和有效粘性 η_{ss},图 16-11 是其中关于海洋岩石圈的结果。图中还给出了瓦尔考特[229]、斯利普和斯奈尔(Sleep, Snell)[231] 的结果及 η_{ss} 因受围压影响可能发生变化的范围。他提出在海洋岩石圈上层 7.5km 内和大陆岩石圈表层 21km 及 35km 内 η_{ss} 均可大于 10^{31} 泊,松弛时间均将长于 10^{10} 年。

迈斯诺和维特(Meissner, Vetter)[232] 按照扩散滑移和位错蠕变两种不同的蠕变定律,估算了软流圈在各种应力、温度、应变率和颗粒尺寸条件下的粘性。结果得到,当大陆上先前曾为冰川的区域均衡抬升时。它下面软流圈的蠕变机制由扩散过渡到位错,粘性在 5×10^{19} ~ 10^{21} 泊之间,应变率为 10^{-14} ~ 10^{-16}/s,应力通常在 1 巴以下,颗粒尺寸为 1 ~ 4cm。洋底正在运动着的岩石圈以下的软流圈也大体如此。

他们还推断,下沉的海洋岩石圈板块上部,在俯冲之初的应力是很高的,在 20 ~ 100km 的范围内,辉长岩和榴闪岩地壳部分的应力可达 1 千巴 以上,因而其蠕变以位错滑移为主,粘度高于 10^{23} 泊,应变率可

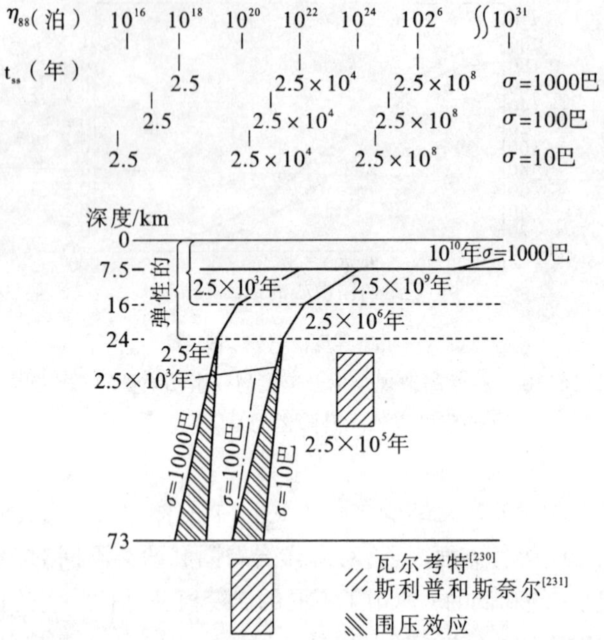

图 16-11　海洋岩石圈的流变模型,用对数尺度给出了在不同应力作用下有效粘性 η_{ss} 和过渡蠕变持续时间 t_{ss} 随深度变化的情况图[223]

高达 10^{-12}/s,故在这种部位易于发生地震。在下沉板块顶面有一薄层滑移带,其粘性可下降到 10^{18} 泊,应变率可达 10^{-12}/s 以上。

基于对岩石粘性的研究,特考脱(Turcotte)等学者推断[233],应力可在岩石圈中积累达 10^8 ~ 10^9 年之久而不会全部消失,与上文中莫瑞尔所给出的结果类似。

总之,关于地球岩石圈和软流圈的粘性,虽已有了不少研究成果,但距最终解决这个问题仍有相当大的距离,需待进一步努力。

除以上所述之外,当前对于静疲劳的研究也很重视。所谓静疲劳,是指岩石发生脆性断裂的强度随应力持续作用时间的增长而降低。例如在图 16-12 中,C 点是用刚性试验机进行岩石单轴压缩试验得到的应力 — 应变曲线的最高点,该点的应力即为单轴压缩强度 C_0。若应力在

图中 B、C 之间的某个点 P 保持不变，则岩石仍会由于内部微裂隙的不断发育和积累而终于在一段时间之后发生破坏。最近还发现[234]，水的存在对于静疲劳有促进作用。这对于研究地震(特别是水库地震)的成因可能是很有意义的。

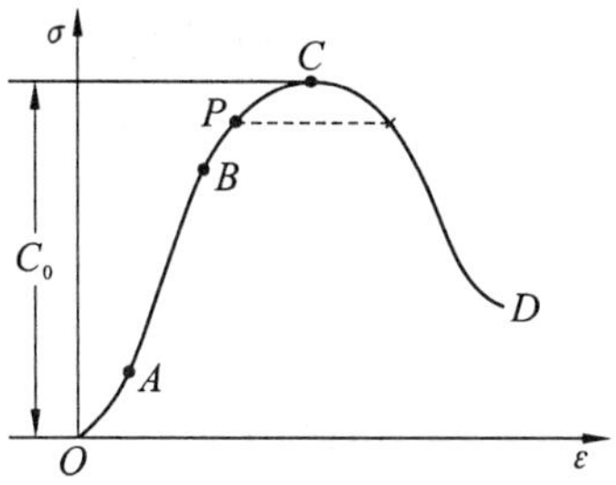

图 16-12　用刚性试验机对岩石进行单轴压缩时的应力—应变曲线图
(虚线表示静疲劳引起变形逐渐发展的过程)

16.4　断层形成时的应力状态

地壳岩石中发生的大规模断裂称为断层。断层面与地平面交线的方位称为走向，与地平面的夹角称为倾角。

根据断层面两侧岩石相对运动的方式，断层可以分为倾向滑动断层(正断层或逆断层)、走向滑动断层(平移断层)和斜向滑动断层(平移逆断层或逆平移断层)。

对于倾向滑动的正断层，σ_1 为竖直的，σ_2、σ_3 在地平面内。对于倾向滑动的逆断层，σ_3 为竖直的，σ_1、σ_2 在地平面内。对于走向滑动断层，σ_2 为竖直的，σ_1、σ_3 在地平面内。在各种情况下，竖直向的应力恒为上覆岩层压力，σ_2 与断层面方向平行。斜向滑动断层的情况则较为复杂，不易做出简单的判断。

如果将岩石力学实验中决定剪破裂的库仑准则也用于判断岩层的剪破裂，则可据以推断断层形成时的应力状态[235]。

库仑准则可以用图 16-13(a) 的斜直线表示,即

$$|\tau| = S_0 + \mu\sigma_n \tag{16-6}$$

式中 τ 为破裂面上所受的剪应力,σ_n 为相应的正应力,S_0 为岩石固有的剪切强度,μ 为内摩擦系数。若内摩擦角为 φ,即

$$\varphi = \arctan \mu$$

则由库仑准则可得图 16-13(b) 中的破裂角 α 与 φ 的关系为

$$\alpha = \frac{\pi}{4} - \frac{\varphi}{2}$$

于是又可以将库仑准则改写为

$$\sigma_1(\sqrt{1+\mu^2}-\mu) - \sigma_3(\sqrt{1+\mu^2}+\mu) = 2S_0 \tag{16-7}$$

对于正断层,竖直方向为上覆岩层压力,即 $\sigma_1 = \rho gz$。于是式(16-7) 变为

$$\rho gz(\sqrt{1+\mu^2}-\mu) - \sigma_3(\sqrt{1+\mu^2}+\mu) = 2S_0$$

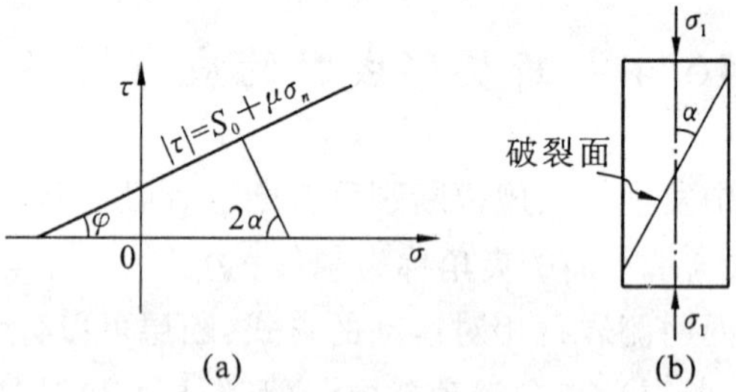

图 16-13 库仑准则与岩石脆性破裂角图

或

$$\sigma_3 = [\rho gz(\sqrt{1+\mu^2}-\mu) - 2S_0]/(\sqrt{1+\mu^2}+\mu) \tag{16-8}$$

其可能的应力变化情况如图 16-14(a) 所示。此时,σ_1 恒为 ρgz,需 σ_3 按图中虚半圆所示方式逐渐减小,至应力圆(实半圆) 与斜直线相切时,方能形成正断层。

对于逆断层,$\sigma_3 = \rho gz$,同理可得

$$\sigma_1 = [\rho g z(\sqrt{1+\mu^2}+\mu)+2S_0]/(\sqrt{1+\mu^2}-\mu) \quad (16\text{-}9)$$

其可能的应力变化情况如图 16-14(b) 所示。

图 16-14(c) 是平移断层的情况。其中的半圆 APB 和 BQC 表示两个极端,即

$$\sigma_1 = \sigma_2 = \rho g z, \sigma_3 = [\rho g z(\sqrt{1+\mu^2}-\mu)-2S_0]/(\sqrt{1+\mu^2}+\mu)$$

和 $\sigma_2 = \sigma_3 = \rho g z, \sigma_1 = [\rho g z(\sqrt{1+\mu^2}+\mu)+2S_0]/(\sqrt{1+\mu^2}-\mu)$

其他情况介于这两极端之间,例如图中的半圆 DRE。

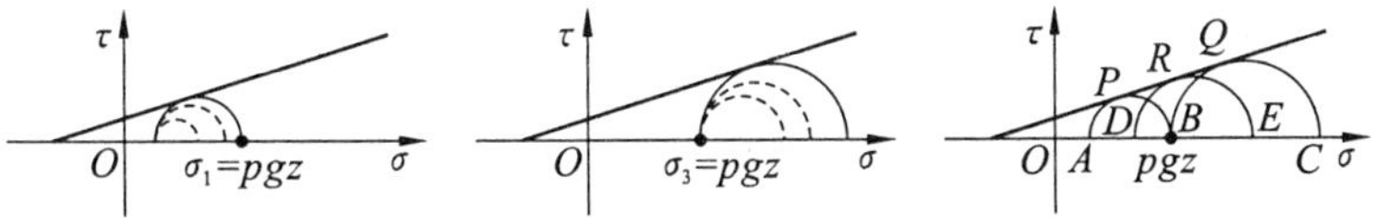

(a)正断层　(b)逆断层　(c)平移断层

图 16-14　形成断层时 σ_1 和 σ_3 的可能变化情况图

对于平移断层还可以从另外的角度来考虑。若上覆岩层压力所引起的应力是按弹性状态的,则得 $\sigma_z = \rho g z, \sigma_x = \sigma_y = \frac{v}{1-v}\rho g z$。其中 x、y 在地平面内,z 竖直向下。若平移断层是由于在 x 方向有一构造应力 σ_t(应当是压缩) 而造成的,则

$$\begin{cases} \sigma_x = \dfrac{v}{1-v}\rho g z + \sigma_t = \sigma_1 \\ \sigma_y = \dfrac{v}{1-v}\rho g z + v\sigma_t = \sigma_2 \\ \sigma_z = \rho g z = \sigma_3 \end{cases} \quad (16\text{-}10)$$

于是得

$$\frac{v}{1-v}\rho g z + \sigma_t > \rho g z > \frac{v}{1-v}\rho g z + v\sigma_t$$

据以上不等式可得[235]

$$\frac{\sigma_x}{\sigma_y} < \frac{1-v}{2v^2} \quad (16\text{-}11)$$

又根据库仑准则可得

$$\sigma_x = 2S_0/(\sqrt{1+\mu^2}-\mu)+\sigma_y(\sqrt{1+\mu^2}+\mu)^2$$

因而可知

$$\frac{\sigma_x}{\sigma_y} > (\sqrt{1+\mu^2}+\mu)^2 \tag{16-12}$$

综合以上两方面的考虑可得形成平移断层时 σ_1、σ_3 的可能变化范围为

$$\begin{cases}[\rho gz(\sqrt{1+\mu^2}+\mu)+2S_0]/(\sqrt{1+\mu^2}-\mu) \geqslant \sigma_1 \geqslant \rho gz \\ \rho gz \geqslant \sigma_3 \geqslant [\rho gz(\sqrt{1+\mu^2}-\mu)-2S_0]/(\sqrt{1+\mu^2}+\mu) \\ \dfrac{1-v}{2v^2} > \dfrac{\sigma_1}{\sigma_3} > (\sqrt{1+\mu^2}+\mu)^2\end{cases} \tag{16-13}$$

在地球表面上的中、低纬度处较常发现剪切图案，锐角有时对着南北方向，有时对着东西方向。可以由此判断，最大主压应力方向也就是沿南北方向或东西方向。根据式(16-13)，可以估算主应力的大小，还有可能反过来推知 μ、v 等数值的范围。

断裂面一旦形成之后，式(16-6) 中的 S_0 降为零，μ 值也将比内摩擦系数小。可以预期，除非经过长时间的胶结愈合，已有断层对于顺着断层面滑动的抵抗力将低于完整岩层对于发生新断裂的抵抗能力。

在地质构造中经常发现一个地区有好几组不同走向的断层，说明这里在地质历史上曾处于不同的构造应力状态。然而并非每当构造应力有所改变就会发生一组新的断裂。若在构造应力作用下，沿原有断层滑动比产生新断裂所需的应力小，就不会产生新的断裂，而仍沿原有断层发生滑动以释放能量。看来这也可以用来解释地震的重复性。构造应力可以在较大的范围内改变其大小和方向，但发生的断裂方向却并不是无穷多的，而是只有有限的几组。例如文献[236] 提出，发生走向滑动断层的方向有四组八个方向，另外有人认为是三组六个方向。总之，断层在方向上有一定的间隔。除此之外，同一方向的断层还有一个等间

距分布的规律。在一个地区中的某处发生一条断层以后,该断层附近的应力得到释放,在这个释放区内就不易再发生其他断层,而是在较远处才会再发生断层。因此断层会有一定的间距。在地质构造中,这种现象是很清楚的。间距的大小与断层规模有关,自然也与岩石的力学性质有关。

前面关于断层形成时的应力状态的分析,都是假定地层是水平的。在实际地质构造中,由于断层形成后常常又受到改造而变为地层是倾斜的,因而在进行上述分析时,需首先将地层产状恢复成水平的。

需要注意,前面已提到这种分析是将岩石力学性质的实验结果应用于地质构造中。岩石实验是用均匀岩性的试样在均匀应力状态下做的,而地质构造则远较此为复杂。因此,这样的外推只能是一种推测,还要受野外实践的检验。看来至少在定性上是可行的,至于定量则还有待研究。

16.5　岩石的微破裂、扩容和地震前兆的两种扩容模型

由于岩石是由多种矿物的单晶体、多晶体颗粒和各种胶结物组成的集合体,因此,在各种颗粒之间,存在着许多随机分布的薄弱界面、微裂隙和孔穴,等等。实验表明,岩石的脆性破裂机制与这些微裂隙的活动和扩展密切相关。微裂隙的活动和扩展,会使岩石在 $\sigma > \sigma_p$ 以后随压力的增长,体积反而膨胀,同时微破裂还会引起弹性振动,称为声发射。对于岩石破裂前的这种体积膨胀,目前通称为扩容;对于声发射则常简称为 AE(Acoustic Emission 的缩写),如图 16-15 所示。近年来,关于岩石扩容和 AE 的研究引起了国内外许多地震学者的重视[237],[192],[238],[61],被认为可能是了解地震前兆变化规律和解决地震预报问题的一条重要途径。AE 也是矿山岩爆、坍方和滑坡预测、预报的一种重要的手段。

若在对圆柱体岩石试件进行压缩试验的过程中,同时量测其纵向应变 ε_z 和横向应变 ε_t,则可据以计算得到相应的体应变,即 $\Delta V/V = \varepsilon_z + 2\varepsilon_t$。图 16-15 是宾纽斯基(Bieniawski)[239] 在普通试验机上对石英岩进行单轴压缩试验所得到的应力 σ 与 ε_z、ε_t 和 $\Delta V/V$ 的关系曲线。

图中线应变以长度缩短为正,体应变也以体积缩小为正。

这些曲线可以分为四个区域,它们分别表示岩石整个变形过程中微破裂活动和扩展的四个阶段。在第 Ⅰ 阶段,岩石中原有的孔穴和裂隙由于受压而逐渐合拢,结果使 ε_z、ε_t 和 $\Delta V/V$ 随 σ 而增长的速率逐渐降低,$\sigma \sim \varepsilon_z$ 的曲线向上弯。此阶段可称为裂隙合拢阶段。待到裂隙完全闭合,即进入第 Ⅱ 阶段。这时,由于闭合裂隙面上的摩擦力限制了微裂隙面的相对错动,变形主要是弹性的,因而 ε_z、ε_t 和 $\Delta V/V$ 都与 σ 成线性关系。这一阶段可称为线性弹性阶段。靠近方位最不利的裂隙两端,会有拉应力出现。当这里的拉应力超过岩石材料的固有拉伸强度时,即在裂隙两端形成分叉的张裂隙,裂隙面也因所受剪应力超过摩擦力而开始错动。这一过程如图 16-16 所示。此时可称为破裂始动。自破裂始动后,变形进入第 Ⅲ 阶段。在此阶段内,由于微裂隙的错动和扩展,使应力 — 应变不再成线性关系。实验研究表明,新扩展的裂隙面随着 σ 的增大而逐渐转向与 σ_1 的方向平行,如图 16-16(b) 所示。由图 16-16(c) 可以设想,裂隙的扩展和错动会使 ε_t 以高于 ε_z 的速率加速增长,导致 $\Delta V/V$ 的增长速率逐渐减小。一般认为 $\sigma \sim \Delta V/V$ 曲线偏离直线即是扩容开始。不过在这一阶段内,试件的体积仍在逐渐缩小,$\sigma \sim \Delta V/V$ 曲线的斜率仍为正值。微裂隙的扩展和转向使其端部的应力集中趋于缓和,要继续扩展需再加大应力。因此这一阶段可称为裂隙的稳定扩展阶段。裂隙稳定扩展到一定程度即达到一种临界状态,新产生的裂隙面不足以吸收裂隙扩展所释放的能量,于是裂隙扩展开始加速,由稳定扩展过渡到不稳定扩展,岩石变形进入第 Ⅳ 阶段。

在第 Ⅳ 阶段内,由于与最大压应力方向平行的裂隙面加速扩展,致使 ε_t 迅速增大,于是 $\sigma \sim \Delta V/V$ 曲线的斜率由正变负,这时试件的体积才真正由缩小变为胀大。微裂隙不稳定扩展以裂隙之间互相连接形成宏观破裂而告终。

通过以上所述,可以清楚地看到扩容现象与微破裂活动之间的关系。

当对岩石试件进行压缩试验时,若在试件表面装设 AE 接收探头,将所得到的信号进行适当的放大和处理,则可探测出试件在变形直至

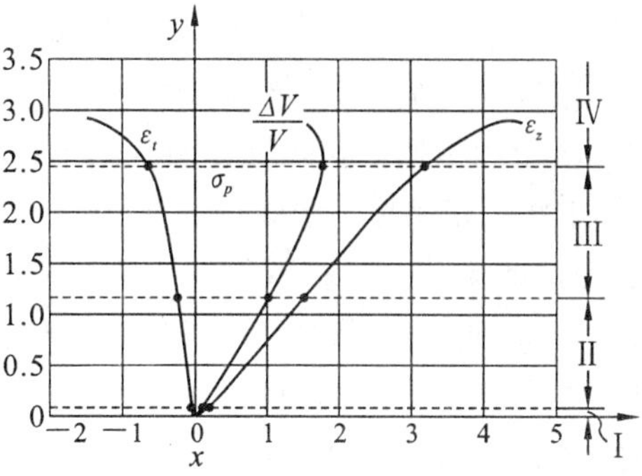

x—$\frac{\Delta V}{V}$,ε_z(10^{-3});y—σ(千巴)

图 16-15　石英岩受单轴压缩时 ε_z、ε_t 和 $\Delta V/V$ 与 σ 的关系曲线图
(据卡纽斯基[239] 原图改画)

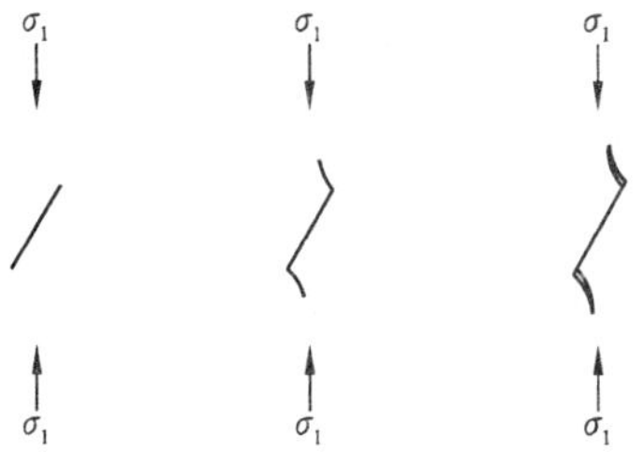

(a)裂隙扩展前　(b)出现分叉张裂隙　(c)裂隙面错动

图 16-16　裂隙扩展过程示意图

破坏的全过程中微破裂活动的情况。图 16-17 是舒尔兹[237] 在单轴压缩试验中对两种典型岩石进行 AE 测定的结果。一种岩石是孔隙率仅为 0.9% 的较致密的花岗岩(见图 16-17(a)),另一种是孔隙率高达 41% 的流纹凝灰岩(见图 16-17(b))。他所用仪器装置的频率响应为 10^2 ~ 10^6 赫兹。图中的 σ_D、ε_z、C_0 和 n 分别是应力差、轴向应变、岩石的单轴压缩强度和微破裂事件的频度(即每秒钟发生微破裂事件的次数)。实验表明,在一次压缩试验中可记录到几千次微破裂事件。尽管两种岩石的强度有很大的差别,它们的微破裂事件频度 n 随应变 ε_z 而变化的曲

线却有一定的共性,并且与图16-15中压缩变形的四个阶段有良好的对应关系。$n \sim \varepsilon_z$曲线的初始阶段,曲线为跳跃式的,跳跃的幅度随孔隙率增大而增大。这相当于孔穴和微裂隙闭合的第Ⅰ阶段。随后有一个相对平静期,几乎没记录到什么微破裂事件。这个平静期即相当于微裂隙闭合后线性弹性的第Ⅱ阶段。微破裂活动之所以平静下来,是由于孔穴和微裂隙业已完全闭合,却又尚未发生错动和扩展的缘故。当σ约等于$0.5C_0$时,也几乎相当于线性弹性阶段结束,稳定的裂隙扩展开始,微破裂活动性又有所增长,并且逐渐加速。这大致相当于图16-15中的第Ⅲ阶段。至σ约等于$0.9 \sim 0.95C_0$时,微破裂活动性急剧增长,最后岩石试件破坏。可以认为,这正是变形由第Ⅲ阶段进入第Ⅳ阶段,微破裂发生不稳定扩展的结果。

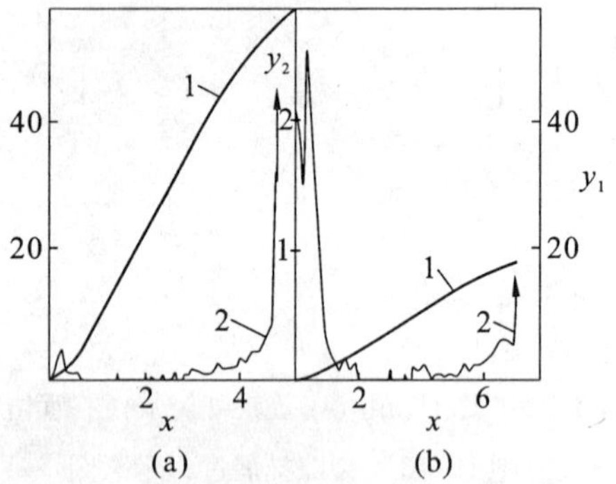

x— 轴向应变 $\varepsilon_z(10^{-3})$;y_1— 事件的频度 n(次/秒);y_2— 应力差 σ_D(千巴);

1—$\sigma_D \sim \sigma_z$ 关系线;2—$n \sim \varepsilon_z$ 关系线

图16-17　两种典型岩石受压破坏过程中微破裂的活动情况图(据舒尔兹[237])

在围压下的压缩试验结果表明,围压并不影响岩石的扩容,且微破裂除了在初始阶段缺乏活动性之外,其他时刻与常压下的结果相当一致。这是符合一般估计的,即在几百巴的围压下,岩石中原有的孔穴和微裂隙已经闭合,因而第Ⅰ阶段微破裂活动大大减少或消失,而在后期,扩容与微破裂的相关关系依然成立[192],[237]。

文献[238]列举了较多在围压下的 AE 测定,得到了类似的结果。

舒尔兹[240]、茂木清夫(Mogi)[241]和豪勒包尔(Hallbauer)等学者[242]还曾用多个探头进行 AE 测定,根据 *P* 波和 *S* 波的到时差来推算微破裂"震源位置"的分布情况。结果都发现,在整个变形过程中,微破裂震源位置有一个从随机分布到集中于最后断裂位置的发展过程(例如可参阅文献[242])。

根据岩石扩容、AE 活动性和一些其他有关的实验研究,舒尔兹等学者和苏联地球物理研究所分别提出了两个不同的地震前兆的扩容模型[243]。前一个模型一般简称为 *D—D* 模型(即扩容 — 流体扩散模型),后一个模型可简称为 IPE 模型(即地球物球研究所模型,或称雪崩 — 破裂不稳定模型)。这两个模型都是试图从扩容的发展来推断大地震发震前各种前兆现象的变化规律。以下对这两个模型做一简单介绍。

D—D 模型将孕震过程分为三个阶段。在第 Ⅰ 阶段,应力缓慢增长而扩容裂隙尚未开始张开或形成。至第 Ⅱ 阶段,扩容裂隙形成并逐渐张开和扩展,致使岩石孔隙率提高,孔隙流体压力下降。这时,周围介质中的孔隙流体在压力差的作用下向扩容裂隙中扩散,但其扩散速率低于孔隙率增长的速率,故原来处于饱和状态的岩石将变为非饱和的。各种前兆现象随之而有相应的变化。前面曾经提到,孔隙压力的作用是使岩石变脆。因此,孔隙流体压力下降时,可使脆性微破裂的活动性降低。由于周围岩石孔隙中的流体持续不断地向孕震区岩石扩容裂隙中扩散,终于使流体的扩散又超过了扩容速度而居于优势,孕震过程即进入第 Ⅲ 阶段。在第 Ⅲ 阶段内,流体的扩散使孔隙压力逐渐恢复到原来的水平,岩石的脆性也恢复到大致与先前一样,于是微破裂活动重又活跃起来,并急剧加速。岩石由非饱和的变为饱和的,使其他前兆现象也发生相应的变化。微破裂活动进行到不稳定扩展阶段,最终就导致地震。*D—D* 模型所预测的各种前兆变化如图 16-18 所示。

关于扩容情况下地震波速(或波速比)、电阻率等的变化,已有不少实验结果[244],[245]。

按照 *IPE* 模型,地震的孕育过程也分为三个阶段,并具有如图 16-19

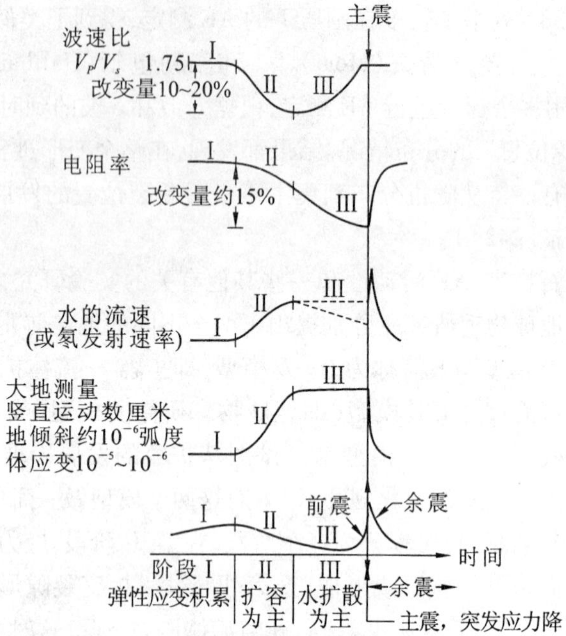

图 16-18 *D—D* 模型预测的前兆变化图[243]

所示的时空规律。第Ⅰ阶段，在岩石内部随机分布的大量微裂隙中，方位最不利的微裂隙的数量和尺寸在构造剪应力作用下随时间而缓慢地增长，并有新的微裂隙形成。但这时的微破裂是分散在整个体积的，数量也比较少。在这个阶段内，岩石变形缓慢增长，地震前兆则尚未出现。当介质大部分体积内微裂隙的平均密度达到某个临界值时，它们之间相互作用并联合，岩石的变形速率急剧加速，介质的物理特性也发生突变，孕震过程就进入快速发展的第Ⅱ阶段。变形集中到一个形成若干条颇大裂隙的窄的变形带内，而窄带周围介质的应力则普遍因变形恢复而有所降低，微破裂活动停止发展，岩石原有的许多物理特性得到恢复。快速变形发展到一定阶段，变形变得不稳定了，窄带内集中形成许多平行于未来主断层的小断裂，最终彼此连接，形成主断层而造成地震。从不稳定变形到发震这一段即为第 Ⅲ 阶段。从性质上来说，第 Ⅱ、Ⅲ 两个阶段内小断裂的形成与最后主断层的形成是类似的，也会引起一些短时间、小幅度的前兆变化。与*IPE*模型三个阶段相对应的前兆变化可以参阅文献[243]。

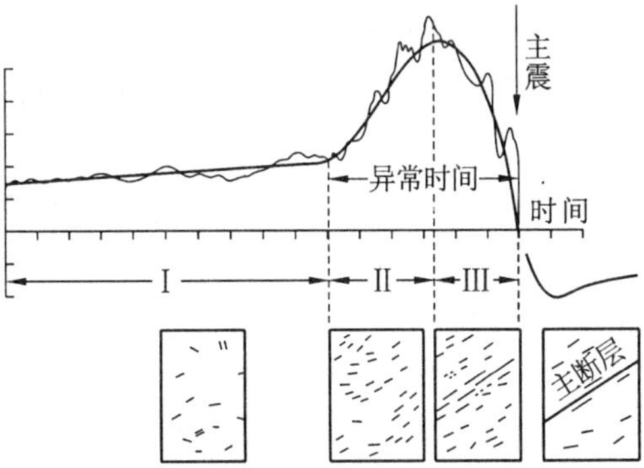

Ⅰ— 均匀的裂隙扩展；Ⅱ— 裂隙扩展因裂隙互相作用而加速；

Ⅲ— 裂隙不稳定扩展和主断层形成

图 16-19　*IPE*模型预测的地震循环中平均变形速率的变化图[243]

*D—D*模型与*IPE*模型的主要区别在于，前者认为水在扩容裂隙中的扩散起着关键作用，而后者则不考虑水扩散的影响。

这两种模型的正确性，尚在用大量的震例进行检验之中，也可能它们各自有其适用的环境。

16.6　岩石的摩擦和粘滑

为了研究震源机制，近年来人们对岩石的摩擦和粘滑进行了许多研究工作。

舒尔兹[237]曾在1千巴围压下对花岗岩进行摩擦试验。试件为圆柱体，沿与轴线成45°角的平面锯成两块。锯面经过磨光，用作摩擦面。实验发现，当沿轴向压缩时，两块试件的摩擦面起初是锁住的。若保持变形速率恒定，则轴向载荷随时间（也即随变形）成直线（弹性）变化，如图 16-20 中曲线的 *oa* 段。过 *a* 点后，压力的增长逐渐减慢，在压力 — 时间曲线中出现一段向下弯曲的部分,如 ab 段所示。当载荷达到某个临界值时,两块试件突然在接触面上发生相对滑动,同时压力也有一个突然下降,如 bc 段所示。不过这时载荷并不一直降到零,而是达到一定数值即停止下降,试件摩擦面重行锁住,不再滑动。变形仍按恒定速率增加,轴向载荷又重新增长。到另一数值时,再次发生突然滑动,情况与前次滑动十分相似。

从以上实验结果可以看出,犹如岩石有脆性和延性两种状态一样,断面之间的相对错动也有稳定滑动(相当于曲线的 ab 段)和不稳定滑动(相当于曲线的 bc 段)两种方式。对于自然界的断层,前一种滑动称为断层蠕动,后一种滑动就成为地震,通称粘滑。

自然界中断层的情况当然要比上述实验复杂得多。地壳的断层面是起伏不平的粗糙面,其间夹有不同厚度、不同矿物成分的断层泥,还受到温度、围压和孔隙流体(产生孔隙压力和化学作用)等各种因素的影响。

勃雷斯(Brace)[246] 根据粘滑的一些实验结果指出,影响粘滑的几个最重要的因素是:① 矿物成分,② 孔隙率,⑧ 断层泥厚度,④ 有效围压,⑤ 温度和 ⑥ 水的作用。

一般说来,含有诸如方解石、白云石、滑石和蛇纹石等软弱矿物成分的岩石,易于发生稳定滑动而不是粘滑。图 16-21 是一种含有少量蛇纹石(只有3%)的纯橄榄岩和一种不含蛇纹石的纯橄榄岩在3千巴围压下的粘滑试验结果[246]。前者只发生稳定滑动和断裂,后者则发生粘滑。对其他超基性岩、含有较大量炭酸盐矿物的岩石和用两种岩石做成的试件进行实验也得到了类似的结果。

孔隙率高,倾向于引起稳定滑动。文献[247] 进行了石英砂岩(孔隙率15%)和石英岩(孔隙率1%)的粘滑试验,发现低孔隙率的试件易于发生粘滑,高孔隙率的试件却只在极高围压和大应变的情况下才发生粘滑。

断层泥是断层相对错动时磨碎的岩屑。在相同的围压下,断层泥接近于零的新断层要比断层泥可能较多的老断层易于发生粘滑。图 16-22 是一种砂岩的实验结果[248]。试件中事先锯出了断层面。一种试

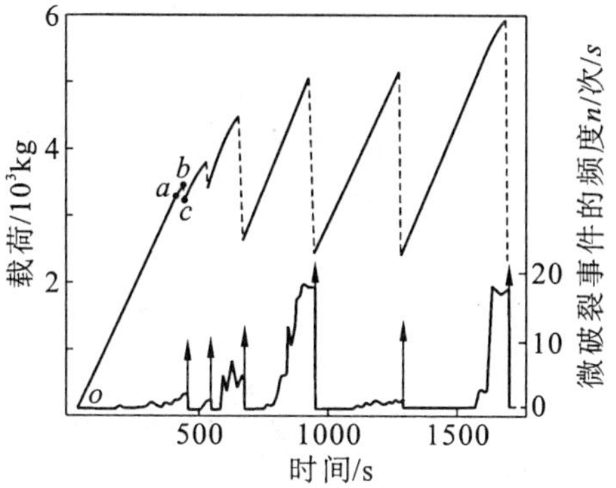

图16-20　花岗岩在1千巴围压下的摩擦试验结果图[237]

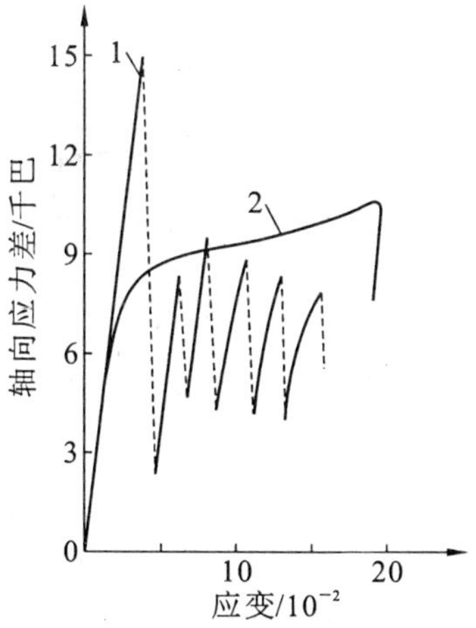

1— 不含蛇纹石的纯橄榄岩；2— 含3% 蛇纹石

图16-21　矿物成份对粘滑的影响图[246]

件断面直接接触：另一种试件断面之间夹有0.12厘米厚的石英断层泥。可以看到，无断层泥的试件发生大幅度的粘滑，有断层泥的试件则发生稳定滑动或幅度小得多的粘滑。

围压对粘滑的影响看来比较复杂一些。现有的实验结果有些是互相矛盾的。例如拜尔利(Byerlee)和勃雷斯[246]对于辉长岩和粉碎的花岗岩砂进行过围压下的摩擦滑动试验。二者一为致密的岩石，一为疏松的粒状材料,是两种典型情况的代表。图 16-23 表明,在其他条件不变的情况下,随着围压的提高,辉长岩的粘滑越来越显著。对粉碎花岗岩砂的实验结果则表明,即使是粒状材料,在高围压下也会发生粘滑。从这些实验得到的结论是,围压的提高会导致粘滑。

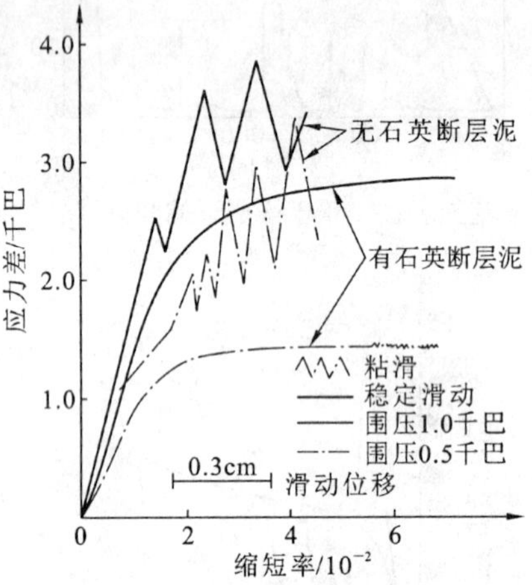

图 16-22　断层泥对粘滑的影响图[248]

恩盖尔德(Engelder) 等学者[248] 用 0. 12cm 厚的石英粉夹在砂岩试件的锯口之间作为断层泥进行试验,和用事先经过压密的粒径小于 63μm 的石英粉集合体进行试验,其结果却与上述相反。图 16-24 是他们的砂岩试验结果。他们认为,当围压提高到0. 7 ~ 0. 8 千巴时,石英断层泥由粘滑转变到稳定滑动,这种转变与石英断层泥在围压下的脆性 — 延性转化相关。

产生上述矛盾的原因还不清楚。有可能是,对于不同的矿物成分,围压对粘滑影响的机制不同。另外还应指出,这些作者所用的围压范围有较大的差异。

围压还影响到粘滑之前发生的稳定滑动量,拜尔利等[249] 用不同围压对花岗岩的粘滑进行了研究,结果发观,随着围压的提高,粘滑之

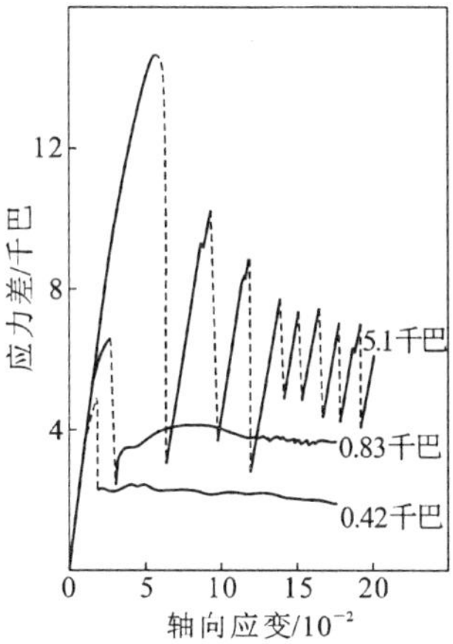

图 16-23　辉长岩在不同围压下的摩擦滑动图(据文献[246])

前发生的稳定滑动量迅速减小,也就是说,围压越高,以粘滑形式突然释放的能量在断层滑动所释放的总能量中占的比例越大。

温度升高可使滑动由不稳定转变为稳定。图 16-25 是辉长岩在 4 千巴围压和不同温度下的试验结果。

在图 16-20 中还给出了粘滑过程中的微破裂活动情况。从这个实验结果可以看出,在开始加载时,没有微破裂活动。在粘滑开始前的某个时刻,微破裂突然开始,随后逐渐增加,但是并不像完整岩石破裂时那样有一个有规律的加速过程,而是直到粘滑时才明显地有图中的箭头所示的大量微破裂发生。

斯台斯基(Stesky)[250] 研究了不同温度下发生滑动时的微破裂活动性。实验表明,在 2 千巴围压和直至 660℃ 的所有温度下,滑动时都有微破裂活动,粘滑时微破裂次数增多,但是微破裂频度则随温度升高而降低。不过由于他的 *AE* 接收探头是装在加压活塞里面的,因而上述结果究竟是反映了微破裂活动性真的有所降低,抑或因岩石或活塞材料在高温下衰减系数提高所致,尚需进一步研究。

陈颙等学者[251] 对辉长岩、花岗岩和大理岩的锯口试件做了单轴

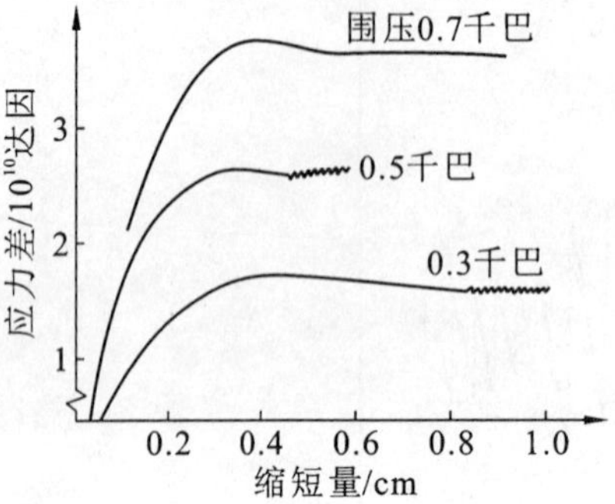

图 16-24　断面中夹有 0.12cm 厚石英断层泥的砂岩试件在不同围压下的滑动试验结果图(据恩盖尔德等[248])

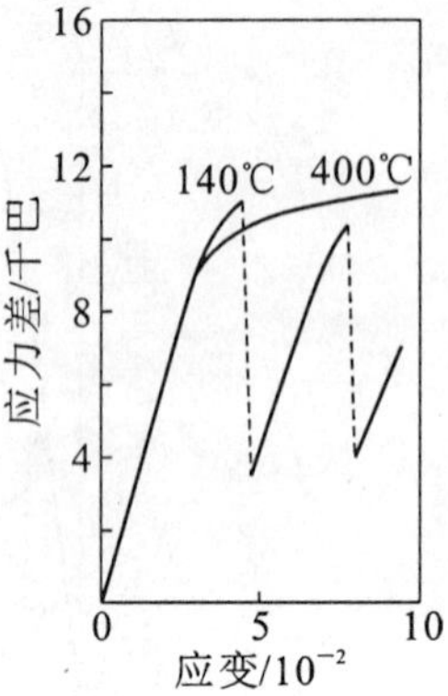

图 16-25　辉长岩在 4 千巴围压和不同温度下的滑动试验结果图[246])

压缩试验。试件为圆柱体,锯口与轴线成 65° 和 75° 角。结果发现,这样的试件不仅会发生粘滑,且在一次或几次粘滑后,还会发生断裂。断口穿过锯口而贯通,与完整岩石的断裂很相似。每次粘滑的应力降为数十巴。粘滑和断裂都伴随有声发射增多的前兆。宏观断裂前有一个应力逐渐下降和轴向位移逐渐增大的过程,粘滑则无此过程。

狄特利希(Dieterich)[252] 还专门研究过摩擦强度对时间的依赖性。实验是在 20 ~ 850 巴的正应力下进行的。所试岩石有多孔砂岩、石英岩、硬砂岩和花岗岩等。以两块岩石试件压在一起的静止接触时间为 t,发现在带有断层泥的表面上,静摩擦系数 μ_s 随时间 t 做对数的增长。在这个正应力范围内,时间间隔为 10s 的 μ_s 比间隔为 15s 的要高出 6% ~ 10%,这可能是断层泥随着时间增长而逐渐压密所致。这样,在开始时是在稳定滑动的断层面上,随着静止接触时间的延长,静摩擦系数提高,有可能由稳定滑动转化为粘滑。这可能意味着,老断层长期稳定后重新活动时,有可能因粘滑而造成地震。狄特利希[253] 还曾用这个性质来解释余震现象。如果某条断层在一次地震前曾锁住一段时间,则在震后较短时间内,由于静摩擦系数降低,滑动部分将比它在地震之前软弱些，借此可以说明在主震发生的同一地点易于再发生余震。

从以上这些实验结果来看，粘滑可以解释深度在25km以内的浅震（文献[254]分析过24个余震序列，余震深度几乎都在20km以内），小的应力降以及破碎地区再次发震等问题。但是要把它们应用于实际，还存在着许多问题。例如在实验室中记录到的应力降还是比实际地震中的要大得多。在实验室中，断层可以在全长度上滑动，应力分布均匀，而真实断层的两端是不能相对错动的，应力也非均匀分布。另外，在地壳深部，真实断层的情况也很难弄清楚，而断层泥、岩性、温度、围压和水等对运动方式的影响却很大。这些都说明，要将粘滑的实验室研究结果实际用于解决地震问题还有不少困难，尚在进一步研究之中。

D—D 模型、*IPE* 模型和粘滑模型三者各有短长。粘滑模型在解释前兆异常方面还存在较多的问题，尚待进一步解决。另外关于地壳中地震断裂如何停止的问题，也是当前正在重点研究的一个课题。

16.7　构造(地)应力场的分析

地质构造运动(包括地震)归根到底是一个岩石变形的力学过程，与之对应的应力场叫构造应力场或地应力场。目前地壳中还存在由于过去构造运动遗留下来的，以及在当前外界因素作用下的地应力场，又称为现今地应力场。这种地应力场对于工程建筑，特别是地下建筑常有很重要的影响。

要获得一个现今地应力场的面貌，可以通过地应力解除，重复大地测量以及对现今构造运动现象、地震震源机制的分析等来实现。然而地应力解除只限于地表附近的少数点，对于某个具体工程可以够用，而要建立一个区域性的应力场则是不够用的。至于大地形变测量所得到的是短时期内的地表变形，震源机制所得到的是地震前后的应力变化，要由它们换算应力绝对值在理论上还存在一些问题，并不能靠它们构成地应力场。

用解析方法或实验方法等求地应力场，则存在的问题更多。其分析过程和通常工程力学的步骤正好相反。在工程力学中要算出一个物体的应力场，是先给定该物体的形状、支承条件、所选材料的力学性质以及外载，另外还要知道物体内的初始应力状态（通常设该状态为零），然后通过固体力学的理论进行计算，找出物体内的危险点和变形情况等。

在地应力场的问题中，我们所知道的是构造运动的结果，例如，地表的变形和破裂情形，地震的震中和震级等，而要寻找的是什么力造成这些结果，这是一个反序的问题。困难还在于需要对构造区域进行划分，和弄清楚深部构造的情况和深部地质体的力学性能。更困难的是不知道初始应力状态，然而对于预测今后的变形和运动而言，初始应力状态却是特别重要的。

李四光最先提出过一个山字型构造体系的应力场，以后还有一些作者继续了这样的分析[255]，不过目前尚未能将这种分析和具体的地质构造联系起来，一个重要的原因是无法决定具体地点的初始应力场。

作者等在唐山地震后进行了一系列有限元的分析计算[256]，利用华北地区在1966年邢台地震到1977年12年间一系列大地震及余震等资料，试图恢复唐山地震前后的地应力场，目的是希望从地应力场的变迁预测今后的地震危险区。方法的基本线索可以用图16-26表示。

首先根据物探结果和地质考察资料选定区域边界及内部主要断裂带，形成一个构造骨架。在此认定地震是断裂带上剪应力超过摩擦阻力所引起的。另外根据岩石力学研究和地震波速测量，选定本地区的岩石力学性质，在断裂带中还需选定摩擦系数。最后还要根据地球动力学、震源机制、应力解除等结果选定作用在本地区边界上的外力。有了这些资料以后，就可以计算一个应力场。要求第一个应力场表明邢台处于很危险的状态，而河间至唐山的后继震中处于较危险的状态。若不能满足这些要求，则需更改骨架、材料参数及外界应力等，直到基本满足要求为止。然后降低邢台断层的摩擦系数。由于边界外力不变，要达到新的平衡，邢台附近的应力和应变能就会随之降低。把这次计算结果与前次计算结果相减，可得邢台断层应变能的降低量，断层的错距和危险地区的分布。把它们与实际震级和其他资料进行对比，要求下次震中河间的

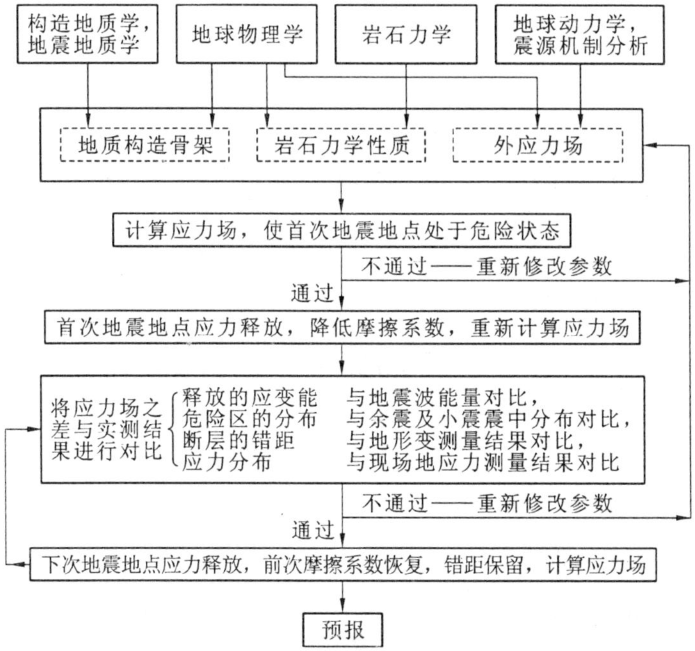

图 16-26　用有限元计算反演构选应力场的框图

破裂危险程度有较大的提高。根据这些比较的结果，再次修改各种参数，直到与实际的对比能够满意为止。然后在下次震中河间处释放应变能，并再次与实际进行对比和修改参数，直到一次次释放均能与实际相符为止。经过这样一系列历史地震结果的校核，最后得到唐山地震前后的应力场就可以认为是较可靠一些的了。总的想法就是通过与尽量多的实测结果的对比，来帮助确定深部所不太能确定的构造分布、力学参数和边界外力，由此确定初始应力场以推测未来的变形。目前方法还不太成熟，有待于改进的地方还多。特别是关于岩石力学性质的本构关系，以及随时间而变形和断裂的规律等。

对于工程地质问题，若能用大量现场地应力解除来获得一个局部应力场，当然很好。若需进行反演计算，同样需要根据对地质构造的考察和分析，尽量获得历史的资料以指导应力场变迁的计算。

第 17 章　水诱发地震与岩石力学

邹学恭
（国家地震局地震研究所）

17.1　水诱发地震

17.1.1　概述

水诱发地震是指由于修建水库和深井注水等人类工程活动，在水体影响下，改变了正常地震活动特征而发生的地震。

水库诱发地震的发现，是地震学中的一个新问题。尽管在 20 世纪 30 年代已有所认识，但广泛引起人们的重视和深入开展研究工作，还是在 20 世纪 60 年代以后。由于有的大型水库相继发生 6 级以上强烈地震，给工程建筑物造成不同程度损害。同时，发现了深井注水在一定条件下可以人为地影响地震活动。这两个情况引起了国内外地震学、岩石力学、工程地质学等方面的科学工作者和工程设计人员的广泛注意。

水库地震的分布范围广，还可能造成一定程度破坏，而且由于地震可能造成大坝受损并导致次生灾害，使水库地震成为当前水利水电工程建设中亟待研究及解决的问题之一。地震工作者把水库地震看做地震预报和成因研究的可能试验现场，并希望能从中了解人工影响灾难性强烈地震的可能性。同时，在基础理论方面可提供了解震源区岩石介质物理力学特性、应力的分布和作用状况，以及岩石在破裂或滑动时力学机制等岩石力学特征，并可检验室内试验结果。

国外最早的这类地震见于1931年希腊马拉松(Marathon)水库。进入20世纪60年代后,随着高坝大库容的水库大量兴建,强烈的破坏性地震在全世界一些大水库相继发生。1962年12月,印度柯依纳(Koyna)水库发生了目前世界上最大震级 $M_s = 6.4$ 的水库地震。这些破坏性地震给坝体及库坝区周围建筑物造成了不同程度的损坏。据第一届国际诱发地震讨论会初步统计,在全世界一万多座大型水库中,发生水库地震的有45座,监视中的34座。

我国这类地震最早见于广东新丰江水库,1962年发生了6.1级地震,这是国内至今最大震级的水库地震。截至1975年初为止,我国已有6座水库发生了水诱发型地震。

水诱发地震的另一个类型是注水地震。这类地震最早见于美国科罗拉多州丹佛(Denver)的洛山矶军工厂[257]。在使用深井处理废水时,井孔周围地区发生了一系列地震,从1962年开始有地震记录,到1967年发生了三次最大为5 ~ 5.5级的地震。研究结果表明,这是一次深井注水诱发的地震事件。科罗拉多州兰吉利(Rangely)油田从1957年以来,为了第二次开采石油,向井内注高压水。1962年犹他州弗尔纳尔地震台建立后就记录到了一些兰吉利附近的小震。1967年秋,美国地质调查所在油田设置了地震台阵,开始对震中位置进行精确测定。在进行理论模型计算和现场实验基础上,作了控制地震试验,提出了最后结论:如果能在那里控制断层内的液体压力,也就能控制那里的地震[258],[259]。日本于1970年由防灾研究所在长野市松代地区松代断层附近,对深井注水诱发地震进行了试验[260]。我国武汉市武昌在1972年曾发生过一系列小震,初步研究认为,这次地震可能与一口正在该地区施工的深钻井有关。

17.1.2　震例

现将国内三个震例简单介绍于后:

1. 新丰江水库地震[75],[78],[80]

新丰江水库位于广东省河源县境内,最大坝高105m,坝长440m。水库库容115亿 m^3,水库面积 $390km^2$。工程于1959年10月开始蓄水。

坝址地震烈度原定 *MM* 六度。

水库蓄水后，库坝区突然发生频繁地震。1960 年 7 月，大坝附近发生了 $M_s = 4.3$ 级地震，震中烈度达六度，有关单位随即在库坝区设立了地震观测台，并于 1961 年按八度地震要求对大坝进行了抗震加固。当加固工程临近结束时，1962 年 3 月 19 日凌晨，在距大坝约 1km 处爆发了 $M_s = 6.1$ 级地震，震中烈度八度。地震时，库水位接近满库，在右岸坝段出现长 82m 的水平裂缝，左岸坝段同一高程也有规模较小的不连续裂缝，未发生次生灾害。

(1) 地震活动与水库蓄水的关系

根据文献记载，新丰江地区未发生过破坏性地震。蓄水前 25 年间，仅在河源、博罗两县境内发生过 5 ~ 6 度有感地震四次。

1959 年 10 月水库蓄水后一个月，位于大坝西南约 160km 的广州石榴岗地震台，开始记录到库区的地震活动。在 1959.10—1960.5 期间内共记录到 2 ~ 4 级地震 7 次，表明地震活动已比蓄水前有所增强。此后，水库水位逐步上升，人们经常听到隆隆声，并感到大地在摇撼。1960 年 10 月，在大坝附近开始建立地震台，次年 7 月正式形成观测台网，到主震发生时的 19 个月内，共记录到 M_L① $= 0.4$ 级以上地震 81719 次。主震以后，地震衰减很慢，至 1978 年仍然有较频繁的地震活动，每天仍可记录到 $M_L = 0.4$ 级以上地震数十次到一百余次。每年总有几次 $M_s = 3$ 级以上地震。1977 年最强地震 $M_s = 4.7$ 级，到 1977 年底，共发生 $M_L = 0.4$ 级以上地震 297035 次，其中 $M_s = 1$ 级以上有 12852 次。震中分布如图 17-1 所示。

这是一个属于茂木(K. Mogi) 划分地震类型第二类的前震 — 主震 — 余震模式的地震序列[261]，其前震期达 28 个月，而余震衰减至今已有 17 年，仍有地震频发。

主震发生于 1962 年 3 月 19 日 4 时 18 分，在大坝东北约 1.1km 处。震级 $M_s = 6.1$ 级，震源深度 5km，震中烈度八度，烈度衰减系数为 0.8。八度极震区等烈度线长轴为北东东向，范围包括大坝及河源县城一带，

① $M_s = 1.13M_L - 1.08$。

面积约为 28 平方公里。五度有感区的范围较大，长轴 550km，呈北东-西南走向，短轴长约 340km。

主震的震源机制，利用国内外 34 个地震台记录到本区 6.1 级主震的 P 波初动，得出两组断层解和应力主轴，如表 17-1 所示。

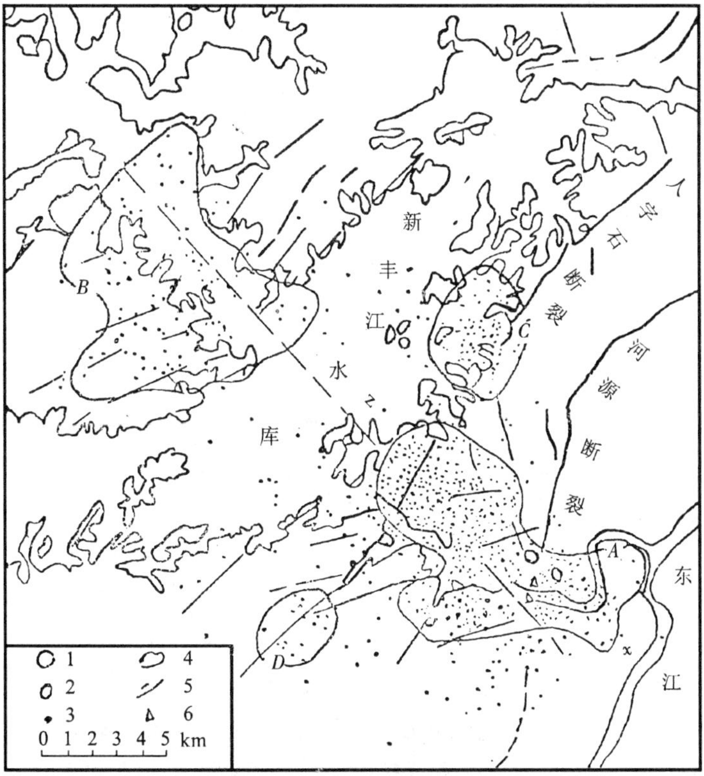

1—M_s = 6.1；2—M_s = 5.3；3—M_s = 2.0 ~ 4.8；

4— 水域边缘；5— 主要构造断裂；6— 地震台

图 17-1　新丰江水库区 2 级以上地震震中分布图(1961.7—1977.12)

此外，还利用国内台网的记录分析了波谱，从波谱极小值与震源的关系判断主震的破裂面，并求得震源动力参数，如表 17-2 所示。

表 17-1　　主震断层解和应力主轴

产状	断层解		应力主轴		
	1	2	主压应力轴	主张应力轴	中间应力轴
走向	北 28° 西	北 62° 东	北 73° 西	北 17° 东	南 51° 东
倾向	南西 88°	北西 80°	南东 8°	南西 6°	北西 80°

表 17-2　　主震震源动力参数

断层走向	倾角	滑动角	断层长度
北 62° 东	北西 80°	2°	14km
错距	地震距	应力降	破裂传播速度
9.5cm	1.1×10^{25} 达因 · cm	7.5 巴	北东东-南西西 2.2km/s

以上结果表明:主震破裂面的产状及其错动方式,和库坝区的北东东向一致,表明了震源错动是沿走向滑动,压应力轴、张应力轴都近于水平,其作用方式和库坝区构造应力场相似。这些都说明在 6.1 级主震前库坝区构造应力场起着重要作用。

库坝区地震活动与水库蓄水有关,如图 17-2 所示。1965 年以前,水库有两次高水位期,主震和 5.3 级强余震为主峰的地震高潮与此明显对应。地震峰值一般比水库水位峰值滞后 2 ~ 5 个月。水库处于低潮点时,如 1963 年和 1970 年,水位降至最低,两次都发生了一系列较强地震。但在蓄水几年后,地震频度与蓄水的对应关系就不像开始几年明显。近年来,水位大幅度猛涨或持续下降,有时曾出现过地震异常活动。

(2) 水库区地质构造特征

水库坐落在中生代末期呈东西向的巨大花岗岩体上。水库东侧为一狭长的北东向断陷盆地,堆积着 4000 余米第三纪红色岩系。水库南侧及北侧广泛分布着由上古生代地层组成的山地与丘陵。地史经历表明,水库系修建在中新生代以来地壳不稳定的地区。

水库外围地区,广泛分布着与纬度近于平行的断裂 — 褶皱带,以

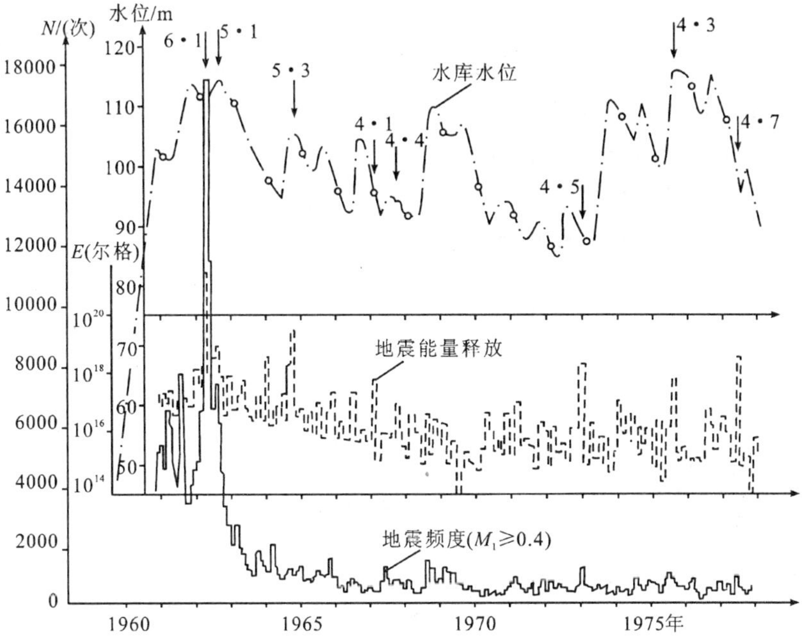

图 17-2　1960—1977 年新丰江水库地震活动与水库水位变化曲线图(据丁原章)

及侵入其中的大型花岗岩体。在水库区,以东西向分布的基底深断裂及花岗岩体与围岩接触的挤压破碎带为代表。库区附近,有长达600km的北东向河源-邵武断裂带通过,它们具有多期性活动特征和复杂的力学性质。从地震发生的密集带看,显示出一条大约北 70° 东走向的密集带和一条北 30° 西的密集带。震中一直主要局限在这两组相互交叉的带内。北东东走向的构造断裂在水库周围都有分布,峡谷区和洞源区均可见到,为右旋压扭性断裂。地表见到的北北西走向的构造断裂则为规模较小的岩石扭裂隙,它们通常只有数米到数十米长,成不均匀密集的裂隙带。峡谷区为这组裂隙发育地区之一,其力学性质为左旋张扭性。

2. 丹江口水库地震

丹江口水库位于湖北省均县,在汉江与其支流丹江汇合点下游处。

坝高97m(第一期工程),库容达210亿m^3。1959年12月截流,1967年开始蓄水。

蓄水后,出现了异常的地震活动,初步显示出水库诱发地震类型的特征。1973年11月在丹江口水库区宋湾公社发生了最大震级$M_s=4.7$级,震中烈度为七度的震群。地震频度和强度均突破了本地区原有水平,一直继续到目前仍有活动。

(1) 地震活动与水库蓄水的关系

据记载,库区附近的淅川郧县等五县,自16世纪到1959年的漫长时期内,共记载到有感地震43次,最高烈度不超过五度。

从1959年到1967年11月5日蓄水前,在距水库边缘10km范围内,地震活动微弱,没有$M_s\geq 2.5$级的地震发生。仅在距大坝约100km,距汉江25km的赵川弧形构造带附近,于1964年9月,有过$M_s=4.6$级地震活动,震中烈度六度。震中分布如图17-3所示。

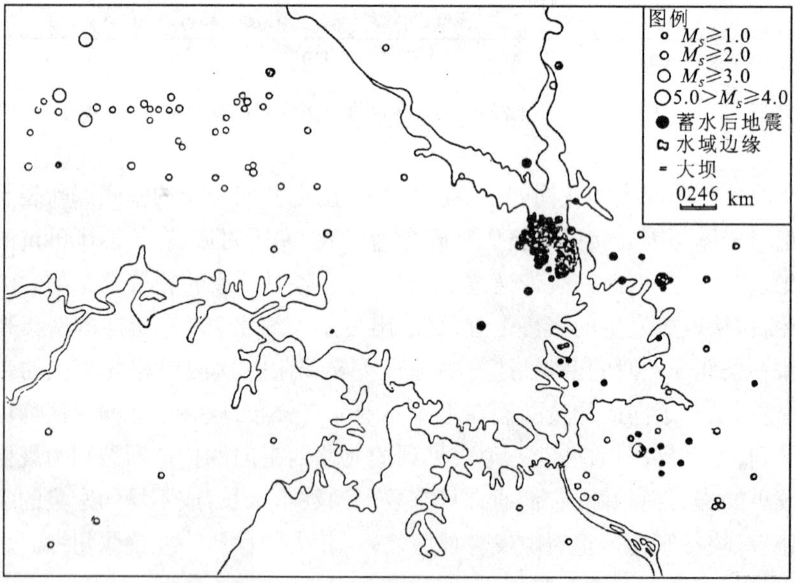

图17-3 丹江口水库蓄水前后地震震中分布图

蓄水后，地震观测资料表明：震中位置逐渐向丹江口水库迁移，并且大部分集中在宋湾和林茂山两个密集区，如图 17-3 所示。与蓄水前的九年比较，丹江口水库库区的年地震频度增大了 2.7 倍，年释放能量率增大了 2.2×10^3 倍，地震最大烈度为七度，超过了蓄水前的水平。地震活动主要表现在以下几个特点：

1）地震的时空分布与水库蓄水有关（见图 17-4）

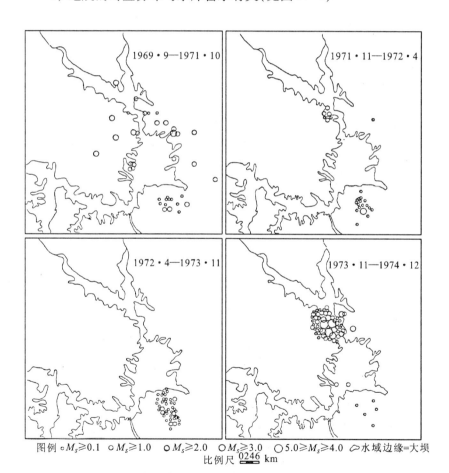

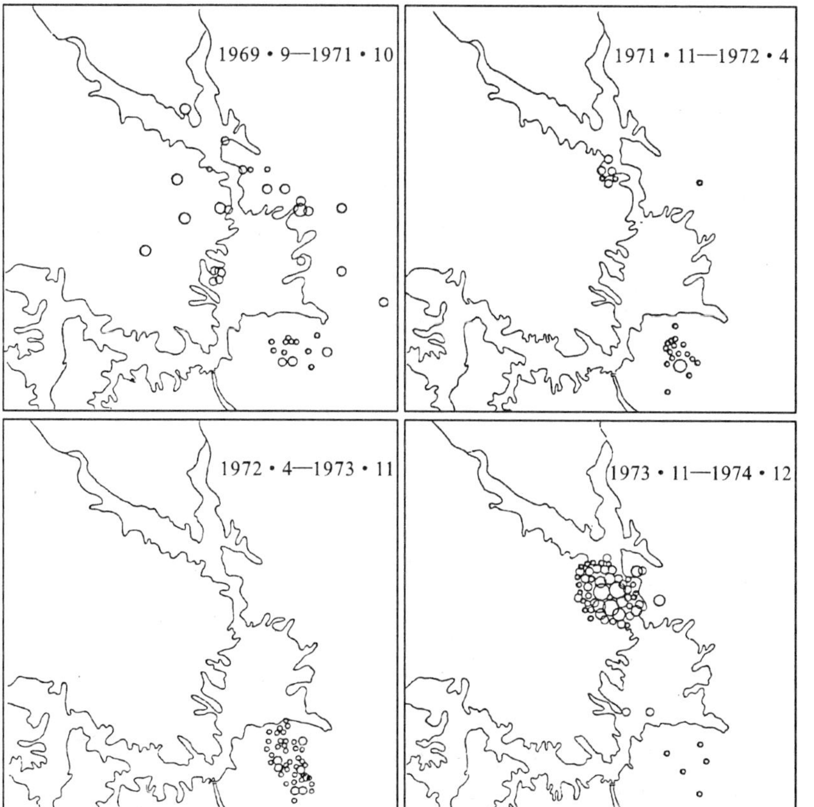

图 17-4　丹江口水库地震震中位置变迁图

①1969 年 9 月 —1971 年 10 月,水位由 130m 高程上升到 145m。从 1970 年 1 月起,库区周围发生 M_s = 1.2 ~ 3.1 级地震 20 次,开始了蓄水后的地震活动。

②1971 年 11 月 —1972 年 4 月,水位达 150m 高程,地震震中逐渐向林茂山和宋湾两个地区集中,形成两个相对密集区,并在它们之间相互迁移,如图 17-5 所示。这时发生了 1972 年 4 月 3 日林茂山 M_s = 3.4 级地震。

③1972 年 4 月 —1973 年 9 月,水位由 150m 高程下降到 133m,然后急剧上升。这时地震活动主要集中在林茂山峡谷区,而宋湾一带则比较平静。

④1973 年 10 月 18 日,水位急剧上升,达最高水位 156.74m,随即又急剧下降。1973 年 11 月 29 日,降到 154.21m 时,在宋湾发生了 M_s = 4.7、4.2、4.6 级地震群。最大地震滞后于最高水位 42 天。这时林茂山一带只发生了三次 1 级左右的地震,处于相对平静状态。

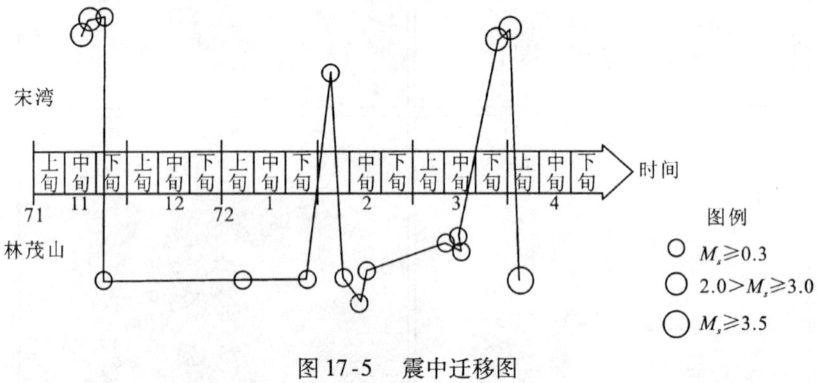

图 17-5　震中迁移图

此后,在宋湾和林茂山一带仍不时记录到地震,但频度和强度已大大减小。1977 年 8 月 6 日当库水位在半月内,由 134m 急剧上升到 143m 时,发生了一次 M_s = 3.8 级地震,震中位于丹库西岸曾有地震活动的三官殿一带,影响范围较广,有感区达 10000km^2 以上,震中距大坝 12km,使坝体受到轻微影响,装设在大坝上的强震仪被触动。

2）地震活动表现出衰减慢，b 值（大小地震间的比例关系）异常，并且不遵从泊松分布

3）水位与地震的频度、强度有明显的相关性

水位急剧上升，库容增大时，地震所释放的能量也急剧增大。按地震频度与库容相关系数计算结果，1970 年 1 月—1974 年 12 月，$M_s \geqslant 0.6$ 级地震的相关系数为 0.73；1970 年 1 月—1975 年 5 月 $M_s \geqslant 0.5$ 级的相关系数为 0.97。

如图 17-6 所示，从地震频度、强度与库容的综合曲线图可以看到三者对应较好，表现了丹江口地震的水诱发特征。

4）主要地震的震源机制

由 38 个地震台记到的 P 波初动，得出宋湾 $M_s = 4.7$、4.2、4.6 级地震的两组节面解和应力主轴完全一致，如图 17-7 和表 17-3 所示。

按照极震区等震线长轴方向与地震时错动的走向相一致的观点，取宋湾的节面 I 为断层面。

（2）水库区地质构造特征

库区位于新华夏系第二沉降带与第三隆起带的接壤部位。秦岭纬向构造与新华夏系在此交汇复合。库区东面为南襄盆地，西南是长期处于隆起的武当山地，西面和北面均进入古老的秦岭巨型纬向构造带，构成了库区复杂的地质构造背景和构造应力场。

新生代以来，构造运动在地貌上反映明显。丹江口以西为山岳地形，以东为平原。因受本区规模巨大的北西西向构造线的影响，发育了沿老构造线成条带状伸展的两极夷平面，并微向南东东倾斜。从南北方向看，以汉江为中心，向南北两侧上升作用逐渐加强。汉江河各在丹江口以西多呈 V 形谷，江面狭窄，滩险流急，孤山、礁石甚多，说明第四纪以来地壳仍不断抬升，活动性强。

库区周山南坡上第三系地层中发现长约 3km 的第三纪断层。距大坝 20 余 km 处的陶岔，发现一走向 300° 的第四纪断层。该断层除切穿 Q_{2+3} 地层外，还切入到下伏 O_{2+3} 基岩。在其附近的汤禹山西端灰岩中，有温泉出露。多期精密水准测量结果也发现有规律的地壳运动。这些都说明本区仍

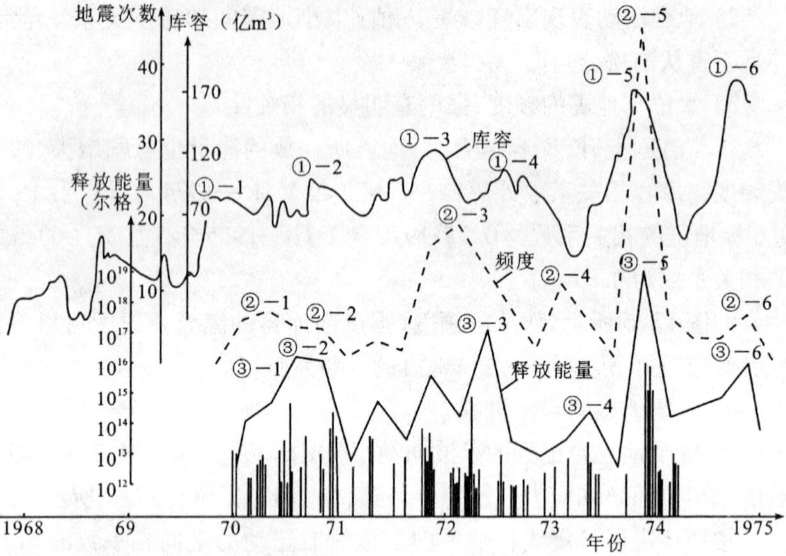

①— 库容(亿 m^3)；②— 频度(次 /3 月)；③— 地震释放能量(尔格 /3 月)

图 17-6　地震频度、强度和库容综合曲线图

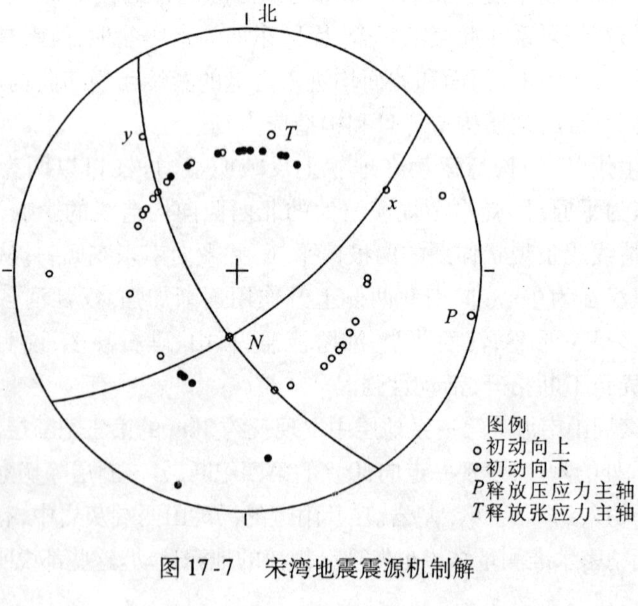

图 17-7　宋湾地震震源机制解

表17-3 宋湾地震节面解与应力主轴

名称	节面		沿节面的剪切力		应力主轴		
	Ⅰ	Ⅱ	Ⅰ	Ⅱ	*P*	*T*	*N*
走向	328°	50°	320°	58°	99°	9°	196°
倾角	68°	70°	20°	22°	2°	30°	60°
倾向	N E	N W					
备注	近断层		近平推				

处于地壳构造运动的活动阶段，成为水库发生地震的构造背景条件。

3. 武昌地震

1972年2月8日和12日，武昌洪山地区，连续发生了三次2级左右有感地震。

据记载，武汉市自1221年以来，共有地震41次。最近一次为1905年9月，距今已有70余年。由于上述地震发生在武汉市区，影响较大，因此对这次小震群进行了调查。

调查中了解到，在震中有感范围内，原燃化部武昌五号钻井（以下简称武五井）正在施工。钻进深度当时已近千米，地震前曾出现严重井漏，钻井停工处理，又强行钻进。在复钻后，井孔周围继续发生微小地震，直到井队撤走为止。

根据后来调研结果，及地震活动特点和武五井施工过程所提供的资料来看，这可能是一次由于深井施工影响而形成的水诱发型小地震群。

（1）武五井失漏情况

武五井原设计井深3500m，后施工至2270m，于1972年5月27日提前关闭。

如图17-8所示，武五井布置在王家店倒转背斜长轴偏北翼隆起上，北翼在珞珈山、小洪山出露泥盆系石英砂岩，倾角65°以上，南翼为第四系覆盖。该井东、西两侧各有一条北北西向和北北东向的断层。钻井开孔地层为第四系平原组，厚15.64m依次穿过志留系（厚829.50m），奥陶系(厚350.50m),在寒武系地层中终孔如表17-4所示。

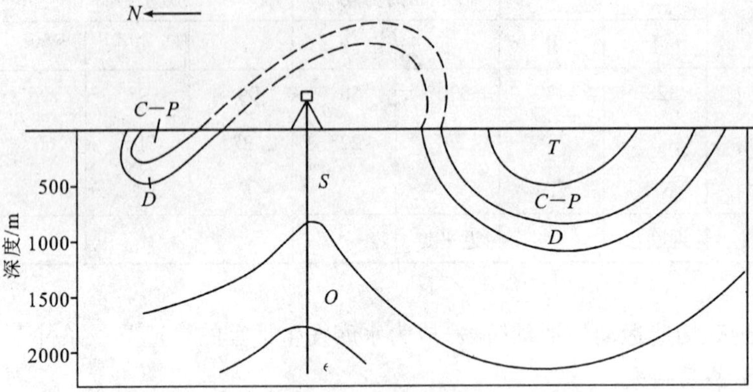

图17-8　武五井位置图

表17-4　　　　武五井地层情况

地层时代	岩屑录井		电测解释		岩性简述
	底部深度/(m)	钻厚/(m)	底部深度/(m)	钻厚/(m)	
第四系	19	15.64		15.64	杂色流砂砾石层及粘土层
志留系	848.50	829.50	848.50	829.50	一套砂页岩构造。上部灰质、砂质页岩;中部白云质页岩与泥岩互层;下部一大套碳质,矽质页岩。560m井段地层视倾角50°~55°。
奥陶系	1350	520.50	1180	350.50	上统厚55.50m,白云质页岩,见白云石充填裂缝,地层视倾角40°,中统厚约67m宝塔组为结晶灰岩与瘤状灰岩;庙坡组为页岩,下部有生物碎屑灰岩,牯牛潭组为白云质页岩,下部含矽质。下统厚约210m,见矽化灰岩与生物碎屑灰岩。井深988.32m以后岩性无录井资料。
寒武系	2270(未穿)	1749.50	2270	1090(未穿)	取心资料结果为白云质灰岩,白云岩裂隙发育,岩性破碎。

组成王家店背斜核部的这套地层，从岩心中发现志留系、奥陶系上统地层中层间擦痕明显。奥陶系下统、寒武系地层中裂缝发育，特别是寒武系白云岩岩心破碎，多方向裂隙发育，有的井段似有压碎岩特征。

钻井于 1972 年 9 月 8 日开孔后，正常钻进至 11 月 17 日，井深为 985.17m，已通过志留系和中 — 上奥陶统层位，进入下奥陶统层位。这时在 988.32m 处出现循环液由大到小，突然失返现象。继续强行钻进后，在井段 993.25 ~ 1011.00m 处，发生严重井漏，影响正常施工。1972 年 1 月 9 日，第一次在此区域记录到 1.3 级地震。这时井深为 1292.71m，漏失清水和泥浆共 14605.18m^3。2 月 6 日当小洪山小震群进入第一密集段时，井深为 1871.26m，已向井内注入清水和泥浆 38403.58m^3，泵压提高到 50kg/cm^2 以上。2 月 8 日发生了 2.2 级地震，2 月 12 日又发生了 2.1 级、2.0 级两次有感地震。2 月 28 日钻进到 2147.94m 时，发生了这次小震群中的第二密集地震群。终孔时，全孔累计注入清水和泥浆共 69969.60m^3。

按照岩性资料，水质对比测试，中途放喷测试，水层温度测定，电测曲线异常分析结果，说明在 988.32 ~ 996.36m 井段，存在一个具有封闭和承压性含水层的含水破碎带。而在 2181.89 ~ 2198.02m 井段处，可能存在第二个含水破碎带。

(2) 地震活动

由于武昌地震台距离震中区较近，完整地记录了这次地震序列。1972 年 1 月 9 日，在距武昌地震台 8km 处，发生了 1 级地震，1 月 24 日在同一距离处又发生一次 1 级地震。1 月 10 日在武昌台西南 3.2km 处，发生了 1.3 级地震，直到 3 月 3 日的 51 天中，共记录到 0.3 级以上地震 133 次。

这次小震群可以大体上分为两个密集段。第一密集段从 1972 年 2 月 6 日至 2 月 15 日，第二密集段从 1972 年 2 月 28 日到 2 月 29 日。两个密集段的地震频度和能量释放并不相等。

地震从 1972 年 1 月 9 日开始有二次零散的活动后，就一直集中到同一地区,构成了这次小震群序列,如图17-9所示。1月10日1.3级地震后,经过了一段相当长的平静阶段,于2月4日再次发生1.3级地震。如果把2月6日作密集段起点,由图17-9可见,密集期以前的活动是零星的。但进入密集期后,活动明显上升,频次急剧增高,三次2级以上有感地震也发生在这个时期。第一密集段一直延续到15日,以后转入了相对平静和零星活动阶段。直到2月28日才又进入第二密集段,延续到29日,全序列即告结束。

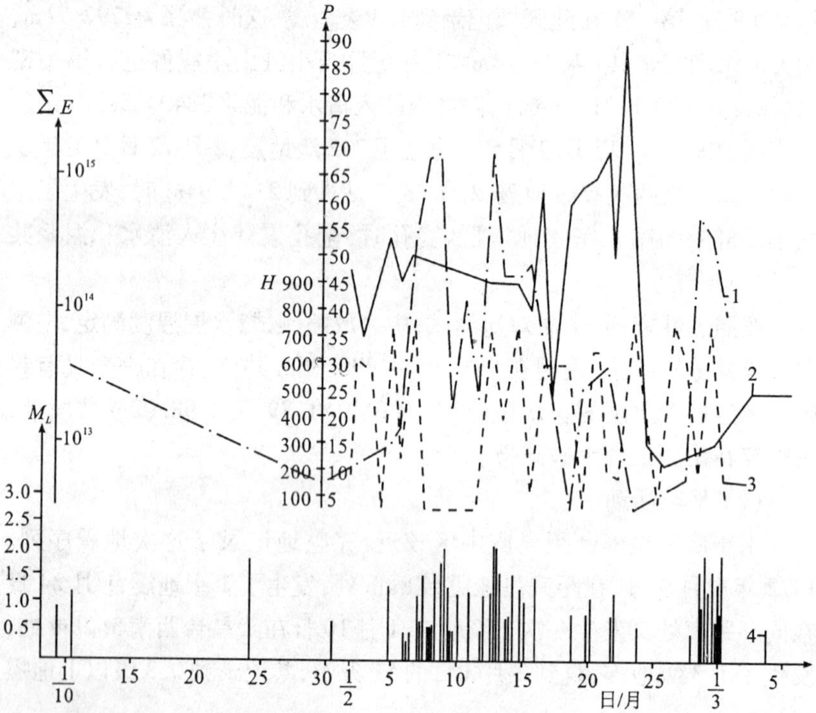

1— 每日地震能量 $\sum E$(尔格 / 日); 2— 泵压 P(kg/cm²);

3— 注水量 H(m³); 4— 地震序列(M_L)

图 17-9　武昌地震序列、地震能量、注水压力和注水量综合曲线图

地震的震源深度为 1.5 ~ 3.0km,甚至更浅。从能量逐日释放情况(见图 17-9)也可见到,在整个序列中有三个较高的峰值,第一和第二两个峰值,主要由 2 月 8 日的 2.2 级和 2 月 12 日 2.1 级 2.0 级三次地震所构成。而 2 月 28 日后则形成了另一次释放能量的峰值。虽然可分成二次能量集中释放期,但所释放能量并不均匀,第一次比第二次大 3.7 倍。

按照贝尼奥夫(H. Benioff)所提出的方法,作出了这次地震序列的应变释放曲线,如图 17-10 所示。

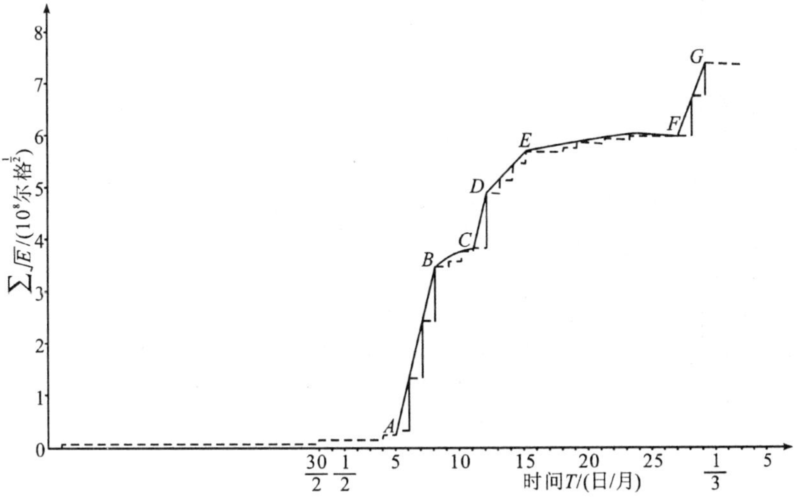

图 17-10　应变释放曲线图

根据古登堡—李希特的地震频度—震级关系式

$$\log N = a - bM$$

可以作出图 17-11。从图 17-11 中可以看到,除一次地震外,三次较大地震都表现出震前 b 值降低,震后上升的特点,而另一次则相反。

(3) 地震与钻井施工

按照地震序列特点和施工过程,可以看到它们之间存在着联系:

这次地震群发生前的 70 多年间,武汉一直没有地震。而在钻井施工过程中,却出现了 130 多个地震的小震群,并有三次有感。井孔施工结束后，至今已七年多，未再发生地震。

地震震源深度的垂直位置和烈度分布的水平位置，同武五井有联系。如果把观测误差和计算误差估计在内，产生岩体不稳定滑动，导致发生地震的震源处可能就位于钻孔所打穿的相应地层内。宏观调查结果也表明，井孔恰位于极震区烈度线范围内。烈度反映最强烈处距离井孔仅 1km 左右。这种联系在整个小震群发生过程中，始终没有变化。

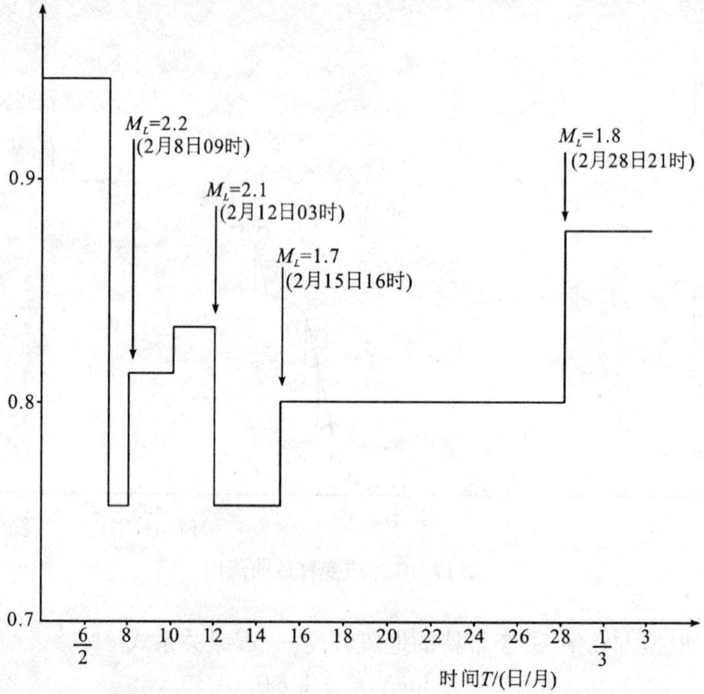

图 17-11　b 值变化图

地震的发生在整个井孔施工过程中并不均匀，而是形成了二个密集阶段，其余时间则比较零星分散。按照井孔资料，恰巧也存在二个含水破碎带，其余井段岩性则比较完整，这样一种结构特征，与地震序列相吻合。

地震活动与二次严重井漏事故有关。1972 年 1 月 10 日在井孔附近发生第一次小地震时，距离发生第一次严重井漏时间已 50 余日。已漏失清水和泥浆 14605.18m^3。这一段时间迟滞，可能是水体沿破碎带的渗漏流布，并经历一系列物理力学和化学作用，大量水体流入后，在震源区发生了初始破裂。这时泵压为 20 ~ 25kg/cm^2。当进入第一密集段时，已向井内注入水体 38403.58m^3。这时泵压也开始提高到 50kg/cm^2 以上。大量水体流入和高泵压可能促使发生了密集地震。当钻进达 2164.56m 时，井孔接近了第二含水破碎带，10 余小时后，破碎带被钻开，这期间出现了第二地震密集段。因此，从上述施工过程与地震关系看，特定的井孔层位结构，大量的水体流入和较高泵压，互相之间存在一定联系。

17.2　水诱发地震的特点

自从一系列水库地震发生后，人们进行了研究，并提出了一些看法。例如：罗泰(J. P. Rothé)1970 年提出[262]：水库深度超过 100m 时，地震活动最为明显，地震活动随蓄水过程逐步达到高潮，随后又逐步减弱。水库地震区具有特殊的地质条件。以后古普塔(H. K. Gupta) 等学者于 1972 年又提出[263]；蓄水后，地震活动明显增加，而震中局限在水库附近；地震活动随水位增减而变化，最大地震发生在载荷急速增大之后；最大余震和主震的震级比约为 0.9，地震系列的 b 值却偏高。近来，经过研究、归纳，认为水诱发地震的特点主要有：① 地震活动与水库蓄水过程有密切关系。② 震中局限于库坝区周围，震源体积小，活动空间集中，震源浅，强震较少，烈度较高。③ 地震序列多为茂木模式的第二类和第三类，至今尚未见到水库地震中发生第一类 —— 孤立型地震的现象。④ 地震序列中的最大余震和主震的震级比偏大。⑤ 频度 —— 震级关系中的 b 值大于同一区域构造地震的 b 值，前震和余震 b 值的大小与构造地震则相反。此外，如主震发生的时间等问题正在研究中。

以上为水诱发地震中可能存在的一些普遍特点。从上述的震例，还可以看到它们有各自的特点：

1. 水库地震的空间分布

库坝区地震，除频度、强度随蓄水过程变化外，空间分布也随之改变。

新丰江6.1级主震前，随着关闸蓄水到接近满库，地震活动经历了由A震区发生，逐渐向B震区发展，直至在大坝附近出现北东东和北北西两个地震密集带。同时，$M_s \geqslant 3.0$级地震在A区和B区经历了11次迁移活动。主震后，地震分布出现了新的情况。C震区开始出现频繁地震活动，接着并出现了D震区。地震分布区域由集中而分散，主震前强烈活动过的A、B地震区，其活动性显著减弱。主震前，震源深度在1～4km的浅源地震，主震后由4km移至7km。

丹江口水库的地震空间分布，同样经历了几个变化阶段。由蓄水前分布零散，库区没有$M_s \geqslant 1.2$级的状况，经历了震中逐步向库区集中，随即在宋湾和林茂山两地形成南北方两个密集区，并经过了5次迁移，随后即发生最大地震$M_s = 4.7$级的地震群。震后震中分散分布的特点目前尚不十分显著，只是在李官桥盆地中出现过零星的地震。

武昌注水地震，由于震源体积可能更小，随着水体的不断流入，在震源集中到一定区域前，仍然发生了二次偏离一定距离的小地震，之后才集中到一点。

因此，可以看到蓄水和注水过程中，地震空间的分布经历了由分散到集中，直到发生较大地震，震后又再次分散的过程。震源深度则由浅向深发展，在平面上可以出现密集成群或带以及迁移跳跃等现象。

2. 地震系列的前震—余震模式

茂木在模型实验中，把前震—余震模式分为三个类型，如图17-12所示，同时和天然地震序列作了比较[261]。第一类为材料结构均一，外应力分布均匀，这类模型将没有前震发生，有时甚至余震也较少，相当于孤立型和实发型地震。第二类为材料结构具有某种程度不均一，外应力也不均匀的情况，这类模型于主震前，前震突然增加，相当于前—主—余型地震。第三类为材料结构极不均一，外应力分布很集中，这类模型将没有明显主震发生，相当于震群型地震。

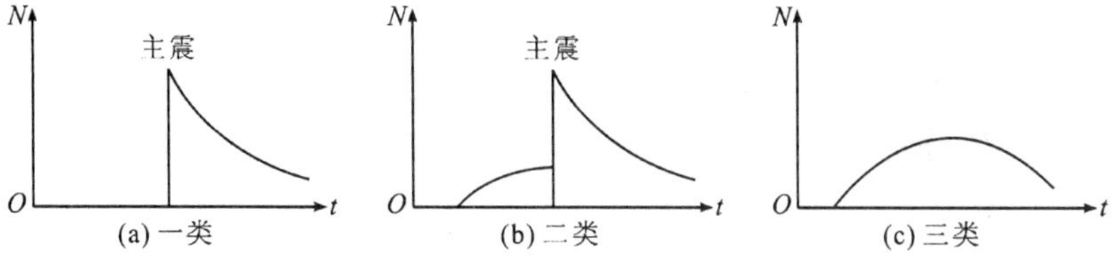

图 17-12　茂木划分地震序列的前震 — 余震模式图

新丰江地震序列中，整个前震序列，长达 28 个月。共发生大小地震 81719 次。1962 年 3 月的主震，震级高达 $M_s = 6.1$ 级。最大余震则只为 $M_s = 5.3$ 级。主震以后，地震衰减很慢，至今距主震发生时期已有 17 年，但仍可记录到余震活动，属前 — 主 — 余类型地震。相当于茂木模式的第二类。

丹江口地震序列，从所显示出的特点看，为震群型与新丰江有别，在具体小系列上，也各有所异。林茂山 $M_s = 3.5$ 级地震序列，显示为一前 — 主 — 余型地震。相当于茂木模式的第二类。宋湾 $M_s = 4.7$、4.2、4.6 级地震序列，显示为一震群型序列，则相当于茂木模式的第三类。丹江口余震衰减，随水位变化，至今仍有活动。

武昌地震与美国科罗拉多州丹佛注水，兰吉利油田注水，日本长野市松代试验注水相似，都为小震群型序列。相当于茂木模式中材料结构极不均一，而外应力分布又很集中情况下所发生的第三类模式。

3. 频度 — 震级关系式中 b 值变化和大小地震之比

新丰江地震和丹江口地震 b 值的变化，和一般水库地震相同，而与一般构造地震相反。全序列大于同一区域构造地震。大小地震比值较高，武昌地震则另有一些独特之处。

新丰江前震 b 值为 1.12，余震 b 值为 1.04，同区域构造地震 b 值为 0.72。

丹江口林茂山 $M_s = 3.5$ 级主震型序列的地震，前震 b 值为 1.05，余震 b 值为 0.98，全序列 b 值为 0.72，大于本地区赵川主震型构造地震。

赵川前震 b 值为0.28，余震 b 值为0.85，全序列 b 值为0.51。宋湾震群型系列，则显示得稍有不同，前震 b 值为0.59，余震 b 值为0.41，但全系列 b 值仅为0.43，小于构造地震主震型的 b 值。为了与国外水库地震对比[264]，列出表17-5。

麦克依维利(McEvily,1967)等学者在研究加利福尼亚地震序列时，认为 b 值较低(0.4～0.5)，最大余震和主震震级比约为0.9，而对于较高 b 值(0.6～0.8)的序列，其比值为0.6～0.7。古普塔(Gupta,1969)等学者发现科依纳地震序列是高 b 值与高震级比相伴，他们认为这可能是水库地震活动的一个特点[263]。国内外资料对比情况列于表17-6。

表17-5　　水库地震前震余震 b 值表

地　区	震级	前震 b 值	余震 b 值
丹江宋湾	4.7	0.59	0.41
丹江林茂山	3.5	1.05	0.98
新丰江	6.1	1.12	1.04
克里玛斯塔	6.2	1.41	1.12
卡里巴	6.1	1.0	0.91
柯依纳	6.0	1.87	1.28

表17-6　　水库地震主震与最大余震比值及 b 值表

地　区	主震震级(M_0)	最大余震震级(M_1)	M_1/M_0	b 值
米德湖	5.0	4.4	0.88	1.40
蒙太纳	4.9	4.5	0.92	0.72
曼格拉	3.5	3.3	0.94	0.96
卡里巴	6.1	6.0	0.98	1.03
克里马斯塔	6.2	5.5	0.89	1.12
科依纳	6.0	5.2	0.83	1.28
新丰江	6.1	5.3	0.87	
丹江口宋湾	4.7	4.6	0.98	0.43
丹江口茂林山	3.5			0.72

17.3　水库地震成因及其诱发机制

自从发现水库地震后，水库地震的成因及诱发机制一直是争论较多的问题之一，时至今日，尽管已提出了许多看法和研究结论，但多数研究者仍然认为其成因和确切机制还是不太清楚。现将一些观点简介如下：

17.3.1　水库地震的成因

有两种主要意见：一是以地质构造运动结果为主，另一是以水体作用结果为主。

持前一观点的不少学者认为，在库区处于相当高的构造应力场中，应力差和应变率已达到接近临界状态，这是水库地震的基本条件和内因。所以，基斯林格(Carl Kisslinger) 提出了发生水库地震的水库应当是地震活动性较强的地区。尼古拉耶夫(Н. И. Николаев) 和勃查维克(A. Božović) 等学者进一步认为，水库地震的强度由本区固有的构造应力条件所决定，地震强度不会超过建库前所预期的强度，水库蓄水也就不会改变原有的地震危险性。对于不少水库蓄水后所发生的意外较大地震震例，他们以原来估计不准作解释[265]。显然，这是把复杂的水库诱发地震问题过于简单化了。

目前，水库地震的震例表明，水库诱发地震并不限于新生代以来构造运动强烈或活动性强的地震区。相反，有不少修建在强烈地震区的高坝，迄今并没有发生水库地震。

持水体作用为主观点的学者，较多强调水的诱发作用，这将在下面叙述。

17.3.2　水库地震的诱发机制

如同水库地震的成因问题一样，确切的水库地震诱发机制也还不清楚。但是，近年来意见已主要集中到下述三个方面：

1. 水库蓄水引起应力场的变化

库水荷重引起库区岩体介质结构和应力场变化以及沿介质几何界面的应力集中。

根据 D. I. 高夫, W. I. 高夫(D. I. Gough 和 W. I. Gough) 等学者对卡里巴水库地震的研究[266],对库区巨大岩体 V 中产生 z 的弹性沉降转换的重力势能,可以按下式计算

$$\int_V \rho g z \mathrm{d}V$$

选取相当于包括散亚堤盆地在内的盆地体积的平行六面体,深为 37. 5km,底面积为 $45 \times 80\mathrm{km}^2$,则得出由重力势能转化的弹性应变能为 5.5×10^{24} 尔格。这一巨大的能量转换,相当于一次大于8. 7级的地震所释放的能量。因此,他们认为,这样大的能量转换,使得水库地震的发生并不需要在蓄水前就积累了很高的应变能。但是,这样转换的弹性应变能,一大部分以很低的能量密度储集在巨大的岩体中,不能全部转换为地震能而释放。另外,计算所得剪应力增值为 2. 12 巴,正应力增值为 6. 68 巴。应力差的增大将可能触发地震。

最近对赞比亚河莫桑比克水库计算的结果表明:局部峡谷对岩体应力分布有很大影响,其数值与过去对卡里巴水库计算的结果相近,最大剪应力增量 2 ~ 3 巴。世界上其他一些水库的计算结果量级也相似[265]。

2. 渗透水压力导致抗剪强度的降低

库水渗透增大岩体孔隙水压力,导致断层面有效应力的减少及其抗剪强度的降低。目前,这较普遍认为是水库诱发地震的主要原因。

通常用修正的库仑 — 摩尔剪切破坏性理论进行解释。豪威尔(D. A. Howells) 曾将带有断层和不连续面的库底岩体简化为等效的均质连续体,按一维扩散方程,求蓄水后不同时刻,不同深度的孔隙压力的分布。在等效系数为 1. 16 达西(Darcy),比容 10^{-5} 巴$^{-1}$,则水深为 100m 时,经过 100 天后,在 5km 深度以上的孔隙水压力可大于 5 巴[265]。

斯诺(D. T. Snow) 假定岩体内有一组可以变形的垂直裂缝,裂缝

外岩体的孔隙度较小,库内各点水深相同,按二维问题计算了由水重和渗透孔隙水压引起的水平有效应力变化,结果表明:在靠近库底的浅部岩石中,无论是水重或渗压引起的水平有效应力变化都可忽略不计。在较深部岩体中,当库水深为 100m 时,由水重引起的增量为 4.3 巴,由渗压引起的下降值达 10 巴[265]。

由于一些条件目前难以搞清楚,上述一些计算模式和参数取值都有相当的任意性。但是总的看来,库水渗透作用的影响比水压更显著一些。

3. 水体对库区岩体的物理和化学作用

水体对岩体的物理和化学作用主要指对断层裂隙面弱化、润滑、腐蚀、吸附等作用。基斯林格于 1975 年提出了库底岩体的应力腐蚀问题,认为在硅酸盐岩石中,端部具有高拉应力的裂隙,库水浸入后,由于裂隙端部硅-氧键的水化作用,导致了裂隙的扩展。

以上一些诱发因素,在水库地震中的作用需要综合加以考虑,对于某一个具体震例,可能是某一因素为主,综合其他因素共同作用的结果。

对于前述三个震例的成因,叙述如下:

(1) 新丰江水库地震

初步研究结果认为:在 *A* 震区东侧和南侧,有两处起阻水作用的较厚不透水层,阻挡了库水向两侧渗漏。而多裂隙花岗岩体则为统一含水体,常常形成地下水的深循环通道。水库蓄水后,即沿这些通道进行渗透。随着渗透压力的日益增大,地下水进一步向纵深循环,从而导致断裂面上的正应力由于渗透压力(孔隙压力) 的增大而减小,并且使软弱结构面的物质泥化与抗剪强度降低。当滑移力超过破碎带的抗剪阻力时,地震即发生。在库水的持续渗透下,地下水的运动由浅而深并由破裂处向四周扩散,逐步改变着库区岩体的应力状态,促使岩块之间继续相互滑动。在软弱结构面抗剪强度继续降低,渗透压力逐渐增大的情况下,终于产生了由小破裂串成大破裂的运动过程,即当水位由河道水位上升 20m 时,沿大坝西北的北北西向破裂带开始渗透,发生了“注水”

现象，并且达到诱发小震的程度；当水位上升50～60米时，渗透压力增大，引发了一系列小震；当水位首次接近满库之后，渗透压力达到最大值，地震进入高潮，终于使储藏在岩体内的应变能大规模释放，导致6.1级地震发生。

主震发生后，库区应力场得到调整，破裂面沿北东向构造带两端延伸，出现了 *C*、*D* 两个新震区。震源深度在岩体大震后破碎的情况下，随着水体作用进一步向深处发展。

总起来说，岩体特定的地质构造条件是该水库发生地震的基础，水库蓄水是引起岩体中应变能集中与释放的直接原因。

(2) 丹江口水库地震

丹江口水库库区分布的上震旦统至奥陶系地层，主要为一套可溶性的碳酸盐类岩层，在经受多期强烈的地壳运动后，形成一系列紧密线状褶皱，岩层陡立。同时，断裂又十分发育，成为库水渗漏的通道。丹库区的白垩一第三纪红层与断裂相接。红层的透水性小，当水库蓄水后，水体通过断裂带入渗，渲泄受到阻隔，促使地下水往深部渗透，起了注水作用，在孔隙压力加大的情况下，诱发了地震。林茂山地震即处于这样条件下而被诱发。

南北向断裂的存在，横切了褶皱地层，使关防滩和肖河峡谷成了库水入渗的集中通道，当水位进一步提高时，库水便沿断裂带和峡谷地带通道大量入渗，在红层阻隔下，孔隙水压力进一步加大，抗剪强度进一步降低。在水位达到157m，孔隙水压力达到最大值。在水体向震源处集中，经过一段延迟后，终于发生了宋湾地震群。宋湾一带岩溶特别发育，这也是地震群在此发生的一个原因。

(3) 武昌地震

初步研究结果认为，武五井地区在漫长的地质年代里，在构造运动作用下，已积累了一定的构造应变能。井下988m处的含水破碎带和上下界面的岩体，处于稳定的“闭锁”状态。由于井孔施工，打穿了原来处于封闭状态的含承压水破碎带，水体逐渐向含水破碎带注入，在上部志留系页岩和下部奥陶系矽化灰岩相对不透水层的阻隔下，水体沿破碎带渗透和扩散流布。由于水体的注入，增大了孔隙水压，降低了破碎带的有效应力，导致抗剪切强度的降低，诱发出 1972 年元月 10 日初始地震活动，这时活动特点是零星的，并且还有两个偏离井孔位置较远的地震。尽管这时水体已开始造成岩体发生大破裂前的微弱破裂，但由于没有足够大的应力在应力集中区集中，所以地震还是微小而分散。随着水体进一步大量入渗，在一定注水压力下向应力集中区汇集，使震源处的有效应力和摩擦系数进一步降低，在克服了更大的抗剪强度后，在破碎带的上、下两盘岩体间，产生了一连串不稳定连续滑动，造成第一个地震密集段，应变能得到急速释放。在第一含水破碎带所积蓄能量释放到一定程度时，区域应力场已重新进行了调整，同时，这时井孔也已穿过破碎带，不再向带内注水，在第一破碎带已失去了诱发源的情况下，地震活动进入相对平静阶段。而当井深接近第二破碎带时，可能第一地震密集段在急速释放应力和调整应力场过程中，已为第二破碎带发生不稳定滑动准备了某种条件。因此，当水体进入第二破碎带后，立即使抗剪强度得到克服，再次产生了一连串不稳定连续滑动，使带内及其边界的应变能急速释放，诱发了第二地震密集段，另外，由于含水破碎带是一个介质强度较低，结构不均一的软弱夹层，因此，在水体注入后，这一软弱夹层的进一步软化，造成上、下两盘岩体相对于夹层或夹层中不同块体滑动，也可能是诱发地震的另一个因素。

17.4　水诱发地震中有关岩石力学问题

目前，一般认为解决地震预报问题，主要应根据对地震成因和地震机制的研究结果。综合来看，应主要研究地应力和地应变的起源，和能量释放时的物理力学过程。也就是需要解决构造物理过程中的应力、介质（强度和结构）、形变三要素，以及它们在地震孕育、发展、发生过程中的相互作用关系。如果从纯力学观点来看，地震应该是岩体突然丧失稳定性的结果。显然，这样一些问题，可以归结为岩石力学问题的一部分来研究。

对岩石突然破裂和滑动的条件、过程及其特征，已在岩石力学和地震学各自学科范围内做了研究。特别是在1906年旧金山大地震后，雷德(H. F. Reid) 根据大地形变资料提出了断层弹性回跳说，岩石力学实验的一些结果已逐步被用来解释地震的一些现象，进行了学科之间的相互渗透和补充。作为地震学中的水诱发地震问题，自丹佛注水地震发生后，对水体在岩石突然破裂过程中的作用，在实验室和现场都作了研究。以后又通过兰吉利试验和松代试验，这项工作被推进到了新的水平。但是，如何把实验室条件下的试验结果，应用到自然条件下来解释地震问题，尽管它们之间有许多现象相一致，也还是目前地震学中最重要和最困难的任务之一。但由于这个问题对突破地震预报关，加强基础理论研究工作有其实践和理论的意义，因此它成为地震研究工作的重要方向之一。

水体对孔隙、裂缝、裂隙和断层的渗透、间隙水压力和应力变形之间相互关系以及饱和岩体破裂等问题的研究工作，已在有关学科中进行过广泛研究，这些成果引用到地震学中，最初是用来解释水诱发地震的一些现象和进行成因机制探讨。进入20世纪70年代，努尔(A. Nur)、肖尔茨(C. H. Scholz) 等学者提出了膨胀 — 流体扩散模式后，把它们的应用推广到了地震成因的普遍模式中。同时，通过这些工作，也发展和充实了岩石力学的内容，而岩石力学的发展，为进一步研究水诱发地震成因机制问题又创造了条件。但是，尽管有了这些基础，由于问题本身的复杂性和当前研究水平所限，目前水诱发地震的成因机制问题仍然处于探索阶段，下面结合水诱发地震特点，对有关岩石力学的若干问题进行讨论。

17.4.1 震级 — 频度关系中 *b* 值的变化

前已述及，表达地震震级 — 频度关系可用古登堡 — 李希特方程

$$\log N = a - bM$$

式中 N 为地震频度，M 为震级，a、b 为方程的系数，即 a 表示地震活动水平，b 为地震频度 N 在半对数坐标上的直线斜率。

b 值作为一个统计分析参数，在地震预报研究工作中得到广泛应用。从 b 值适用于上述方程规律，并表现出水诱发地震和一般自然地震的差异，以及 b 值随时空不同而变化的特征来看，说明它还具有物理的意义，地球物理研究所李全林和马鸿庆等对此曾进行过研究[267],[268]。对 b 值变化所反映介质、应力、变形等差异的讨论，将有可能从岩石力学角度来认识水诱发地震的一些特点及其成因机制问题。

根据实验室的岩石样品破裂试验，茂木和肖尔茨（1968 年）对岩石受应力作用后，产生微小破裂时所造成的弹性振动过程进行了研究，但是他们从不同角度提出了不同的物理解释。茂木观测到非均匀性程度不同的岩石所发生的弹性振动过程是很不相同的，与这种差异相应，b 值也随之而变化[269]。1969 年茂木对岩石破裂前的弹性振动过程进行过研究，他同样观测到岩石随非均匀性程度的不同，甚至在主要破裂发生前，所发生的弹性振动过程就很不相同。他得出了与地震相应的结论：在震源区岩石介质结构非均匀程度高的情况下，前震活动在主震活动前就会显著提高。相反，则不然。b 值也随介质结构不均匀程度成正比例变化。

肖尔茨（1968 年）则证明：b 值主要是作用应力的函数，随作用应力的增加而减少[270]。他也用这个结论解释了茂木的结果，并进一步证明，通过增加切应力或减小围压，b 值都将减小。这两种应力变化中的任何一种变化，都将产生大的应力降。对于地震来说，也就是地震的应力降大、b 值将减小。

韦斯（M. Wyss）1972 年进一步证明，b 值低，表示震源应力降大。作用应力较高，前震 b 值较低以及它随震源深度而减小，反映了区域作用应力较高的情况，低 b 值也可发现较大应力降的地震及局部应力高的地区[271]。

按照这些研究结果，对水诱发地震中 b 值变化特征进行分析，可以看到：

（1）水库地震 b 值大于同一区域构造地震 b 值，表明发生水库地震地区的构造应力，小于本地区发生自然构造地震震源处的构造应力。这一解释也说明了水库地震所特有的诱发性质。即如果不是在水体作用下,库区构造应力条件并不能导致发生地震,只是在水体作用后,地震才被诱发。同时水库区的介质特性,由于外加了巨大的水体载荷和水向岩体内渗透而引起一系列物理化学变化,造成库区介质强度降低和结构非均匀度增加,并减小了有效围压,从而导致发生了水库地震。水库地震的 b 值因此也往往大于同一地区自然构造地震的 b 值。

(2) 水库地震 b 值前震大于余震这一与自然构造地震相反的特征,说明二者震源区的介质特征和力学过程的差异。自然构造地震 b 值前震小于余震,可能是主震发生前的岩石介质结构不均匀程度小于主震后,并且震前有一个较高的构造应力场,经过主要地震弹性应变能的释放和应力场调整,造成震源区岩石介质破碎,不均匀程度剧增,构造应力下降,从而使前震的 b 值小于余震。水库地震中,由于主要地震前区域构造的作用应力较低,而在水体作用后,震源处的介质结构受到影响,不均匀程度大于不受水体作用时的状态,因而出现了较高的 b 值。主要地震发生后,水体从震源区流出,介质不均匀程度降低,结构强度增高,因而出现了较低的 b 值。作用应力在地震前后对 b 值的影响,可用有效应力来解释。震前由于水体流入而出现较高的孔隙液压,降低了有效应力值,相应出现较高的 b 值;震后由于水体外流,孔隙压力降低,有效应力值升高,b 值也随之下降,这样可能就出现 b 值在震后小于震前的现象。而震后水体由浅向深发展,震源深度随之加大,也导致了 b 值降低。

(3) 注水诱发地震中 b 值变化,反映了一个比较复杂的过程。丹佛注水诱发地震过程,按照希利等学者的计算结果,与肖尔茨的微小破裂试验结果相符合,即在高应力条件下导致了低 b 值。但1966 年结果与此不太相符,这可能是因为 1966 年的地震序列,仍然被年初的高孔隙压力所控制的结果[271]。

武昌地震序列的 b 值,从几个较大地震前后变化看,反映了这是一次在构造应力控制下,由水体诱发了的小震群注水诱发地震。在发震过程的各个阶段,构造应力,孔隙压力,摩擦系数和注水压力,都曾分别在不同时期起了特定的作用，因此形成了这次地震序列中 b 值复杂的变化。

按照以上讨论，地震序列中 b 值的变化，反映了震源区的作用应力状态，岩石介质的结构和强度特性，形变破裂等地震过程中的岩石力学特征。同时，也可以从另一个方面说明水体在水诱发地震中作用的岩石力学意义。

17.4.2　库仑 — 摩尔剪切破裂理论

为讨论水诱发地震机制，曾多次提到库仑 — 摩尔剪切破裂理论。由于这一理论也和纳维尔(Navier)的研究结果有关，有时也称为纳维尔 — 库仑标准[56]，可以用下式表示

$$\tau_{xy} = \tau_0 + \mu\sigma_y$$

式中：τ_0 是材料内部的抗剪力，即当正应力 $\sigma_y = 0$ 时的抗剪力，该抗剪力是由凸凹不平的嵌合力和内聚力所构成。内摩擦系数 μ，则是内部抗剪力 τ_0 被克服后，维持破裂所需的剪应力 τ_{xy} 与正应力 σ_y 之间的比值。

普雷斯和拜尔利等学者在大量实验观测后，证实了土力学中应用的有效应力定律也适用于岩石情况。根据有效应力定律，干岩石的强度是随孔隙水压力的增加而相应减小。这种情况先后使得太沙基(Terzahgi，1923)、哈伯特、鲁比(1959 年)用高孔隙压力来解释土壤和岩石的形变和断裂。因此雷利把引入了有效应力概念的下式称为哈伯特 — 鲁比破坏标准[259]，即以有效应力($\sigma_y - p$)代替正应力 σ_y，在剪切破坏的标准中，考虑孔隙压力的影响。因此，上式可以改写为

$$\tau_{xy} = \tau_0 + \mu(\sigma_y - p)$$

这是一个解释水诱发机制的重要概念，也是探讨人工控制地震可能性的重要方程。从式中可以看到，如果改变压应力 P 的大小，将使介质内部孔隙压力改变，有效应力也随之而变化，并将直接影响到抗剪切破坏强度 τ_{xy}。如果水体以一定方式进入震源区，可以看成增加了压应力 p，加大了孔隙压力，在水体不断流入的情况下，将导致抗剪强度 τ_{xy} 的不断降低，达到一定程度后，将发生变形以至突然破裂，这时就出现了水诱发地震。如果进一步控制和调整外应力 P，例如向深井注水加

压,将有可能在一定条件下出现人工控制的地震,并可能防止灾害性大的地震的发生。雷利等学者在兰吉利油田的试验,从现场实际和实验室试验相结合,对增加流体压力,减少断层表面的有效正应力,可以触发地震的假设进行了检验。结果证明了用哈伯特 — 鲁比有效应力原理可以对流体压力触发地震的假设作出较好的解释。这一假设的再一次被证实,不仅能对水诱发地震机制加以说明,而且还为今后控制地震研究提供了一条途径[259]。

上式中的摩擦系数μ,在小于或等于二分之一岩石单轴抗压强度的低围压下,可以假定为常数。但在高围压下,这样假定就可能不准确,而对于页岩和泥灰岩之类的软弱岩石也会造成错误。这些岩石即使在很低的围压下,也都显示出非浅性的破坏包线。

霍布斯(Hobbs)、拜利尔等学者的实验也证明方程中的内摩擦系数μ不是一个常数,而取决于正应力值σ_y。其所以违反阿蒙通(Amonton)的摩擦定律,可能与剪切面上凸凹不平之间的嵌合力有关。这种嵌合力决定于凸凹不平整面之间接触的紧密程度,而后者又决定于正应力值σ_y的大小。这个结论可作为解释水诱发地震的一种岩石力学机制。即水体进入岩体后,减小了不平整面之间接触的紧密程度,相应地减小了摩擦系数,从而降低了抗剪强度,出现水诱发地震。这种润滑作用和有效应力作用在水诱发地震中,可能同时存在而成为地震的一个重要诱发机制。

17.4.3 力学不稳定性的粘滑滑动

雷德虽然在旧金山大地震后提出了弹性回跳理论,并为较多学者所接受。但后来有学者在进一步工作的基础上,提出了疑问。例如,哲夫利斯(Jeffreys)、奥罗万(Orowan)、格里格斯(Griggs)以及汉丁(Handin)等学者认为:由于破裂而释放能量的提法值得讨论。破裂必须伴随滑动才能释放能量,可是在高应力下,由于破裂面上干的摩擦影响,不存在滑动的可能。另一个问题就是地震的应力降特别低,这也不好解释[272]。

布里斯(W. F. Brace) 和拜尔利(J. D. Byerlee)1966 年在实验室研究中[272],发现岩石样品的两个平面相互滑动时,其运动往往是急跳而不是稳定滑动。在样品为没有裂隙的花岗岩试验中,两端压应力不断增加直到断层形成为止,样品在错断时有大的应力降(错断时为 6.5 千巴,应力降约 5 千巴)。应力下降后,断层面的运动就停止,但还可以重新再施加压力,当达到一定水平时,又有一个突然的应力降。只要应力不断积累,然后又释放,断层这种不稳定的滑动,差不多是可以无限地连续进行。每次应力释放都在断层面上伴随有小量滑动。第二次试验时,使用带有人为的破裂样品或像自然形成断层所具有的锯齿形裂隙。他们发现,滑动特性的细节随断面的粗糙程度而定,如果研磨很细,滑动也是急跳的。应力 — 位移曲线类似原来没有断裂岩石的情况,只是曲线各部分, 在应力上升时和应力下降时,都出现小的应力降,范围从 50 巴到 2500 巴。他们把实验中观察到的这种不稳定滑动称为粘滑,因为它与工程中的同名现象相似。

从滑动过程试验结果,可以观测到发生滑动的状态,可分为稳态滑动或断层蠕动和急跳的不稳态滑动(粘滑或发生地震) 两种。实际观测到的多半是两者兼而有之。在不稳态的断层作用之后,可能跟着稳态滑动;或者稳态滑动之后,接着发生不稳态的断层作用滑动等等。但肖尔茨等(1972 年) 发现粘滑之前总有一个稳定滑动。布雷斯进一步指出,决定滑动是不稳态的还是稳态的,最重要的因素有:矿物成分、孔隙度、有效围压、温度和断层泥的厚度。一般来说,温度高,有效围压低,孔隙度高,断层泥厚以及存在着少量的类似蛇纹石和方解石的矿物,都会加强稳态滑动[246]。

水在滑动现象中至少起着两种复杂的作用:首先水可以起着受压下流体的作用,减少有效围压。一般来说,断层上稳定和不稳定性的滑动,均与有效压力有关。这种关系成为丹佛和兰吉利试验提出的地震机制的基础,也是前面讨论武昌地震和水诱发地震成因和机制的基础之一。第二个作用是与岩石中的硅酸盐矿物起化学反应。如果岩石中的静态疲劳现象确实存在,同时假定滑动时小范围的裂缝发育或破裂是重要的,那么水的分压力的增加就会导致稳定滑动。这个效应与格里格斯“水的弱化作用”相似。像石英、长石这类强度大的矿物被水弱化后,将改变其摩擦特性。这一特点也与前述哈伯特—鲁比(Hubbert-Rubey)破裂判据中,摩擦系数在水体作用下降低,导致剪切破裂的结果相一致。这个特点也是水诱发地震的另一个基础,在兰吉利注水试验中也得到了证实。

修正的库伦—摩尔剪切破裂方程所表达的是使剪切运动开始所需要的条件。因而,为了确定岩石破裂后滑动是否会发生以及怎样发生,必须进一步研究剪切运动开始发生后,接着将继续发生的一系列事件[56]。力学不稳态的粘滑滑动和稳态的粘滑滑动,为了解岩石破裂后继续发生的岩石力学过程提供了基础。同时,如果所假定滑动时小范围裂缝发育或破裂对滑动过程是必须的,那么剪切破裂理论也对水体作用下的岩石破裂提供了开始发生的基础。它们二者的结合,为研究水诱发类型地震提供了依据。

通过上述讨论,可以从应力状况,介质结构特征,形变破裂过程等方面认识和理解一些水库地震特点及其成因机制。

第四篇　岩体的稳定分析及其加固措施

第 18 章　岩质边坡的稳定分析*

吕祖珩
（电力工业部西北勘测设计院）

18.1　概　述

岩坡稳定是各类土建工程经常遇到的重要问题。由于岩坡失稳而肇事的工程事例屡见不鲜。意大利瓦依昂（Vajont）水库岸坡突然发生大体积滑落，在 30s 钟内，近 3 亿 m^3 的岩体落入水库，使整个水库报废，2600 人死亡，造成了举世闻名的水工事故。我国柘溪水电站塘光岩滑坡，总体积达 165 万 m^3，给工程造成一定危害。至于在岩体工程如地下工程的进口、出口、坝肩、路堑以及其他边坡工程的施工中，由于人工扰动，直接或间接地破坏了自然边坡的静力平衡状态，岩体失稳现象更是经常发生。模式口引水隧洞出口，一次塌方将全洞堵塞，处理塌方体 700 余 m^3，时间达 7 个月之久。刘家峡水电站左岸导流洞进口因连续塌方而被迫进行第二次削坡，开挖石方达 $3000m^3$，处理工期约 3 个月。碧口水电站右岸泄洪洞进口在开挖过程中，相继发生 $176m^3$、$750m^3$、$200m^3$ 的三次塌方，塌方后在洞顶以上形成高达 20 多米的倒悬坡，其上岩体仍不稳定，做了 $3500m^3$ 混凝土明拱和回填工程处理后，才保持洞脸稳定，工期延长 5 个月。在边坡设计中，坡度缓、陡仅一度之差，而开挖量相差有时竟达数万立方米之巨。由此可见，岩坡稳定问题直接关系

* 文中有关全空间赤平投影的一些结论，主要是石根华同志的研究成果。

着工程建设的安全、经济和速度，有着重要的意义。因此，如何预防岩坡失稳，并给出一种能准确推断岩坡失稳的简便方法，作为设计和施工的依据，就成为边坡工程中经常遇到而又亟需解决的问题。

我们结合工程实践，研究由各种结构面切割而成的结构体的稳定性。由地质力学可知，岩体内结构面可以分成若干组，在同一区域内每组结构面的产状基本一致。据此，我们把每一组结构面看成一族互相平行的平面，塌方体就是由若干组结构面及临空面切割而成的孤立块体，如图 18-1 所示。

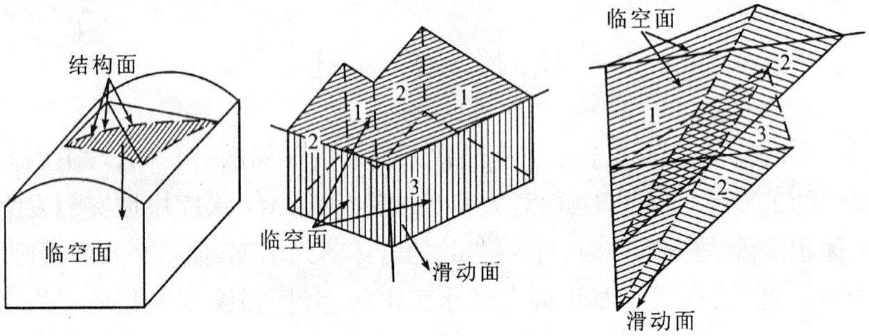

(a) 直接塌落　　(b) 单面滑动　　(c) 双面滑动

（1、2、3 是结构面）

图 18-1　塌方运动的基本形式图

岩坡上塌方体的形状一般比较复杂，塌方以后又往往散成碎块，正因为这样造成了对塌方研究的困难，这是因为仅对较简单的几何形体进行研究很难满足实际要求。从经验知道，塌方体是由凸块组成，这些凸块的表面是临空面和结构面。问题的关键在于这些岩块是否有规律并且能否找到这些规律。现在利用全空间赤平投影不仅找出了规律，而且给出了这些凸块是否存在的准确判断条件，再根据其在边坡上出露的具体情况，判断某类塌方体的存在，划出它的出露范围。

根据以上假定的岩体结构，首先可以证明岩体的塌方运动仅包含三种基本形式：

(1) 直接塌落　不沿任何面滑动，条件是临空面向下，一般发生于地下工程的顶拱，边坡工程无这种滑动形式；

(2) 单面滑动；

(3) 双面滑动。

其次可以证明塌滑形式的唯一性[83]，即对于某一具体的塌滑体只可能产生一种塌滑形式，不可能同时存在两种或两种以上的塌滑形式。

在地质学中已广泛应用的赤平投影，可以将岩体的若干组结构面和临空面投影在同一个赤道平面上，并能简便地确定它们之间的夹角大小及组合关系。特别是采用全空间赤平投影方法和理论[83]，便能形象地给出分离块体的赤平投影条件，在已知结构面分组的条件下，预先求出临空面上全部可能的塌滑形式。同时，岩体的滑动方向，工程作用力，岩体的阻滑力等都具有方向性，故都可以用空间向量表示。因此，应用赤平投影法，可以将岩体滑动的边界条件，受力条件，强度参数以及岩体滑动方式等，纳入统一的投影体系中进行分析，从而对岩坡稳定性进行综合评价。

18.2　赤平投影的基本方法

18.2.1　赤平投影的基本原理

赤平投影是表示物体几何要素点、线、面的角距关系的平面投影，它是利用球面做为投影工具。首先通过球心作赤道平面，然后将平面或射线平移，使之通过球心并与球面相交，得球面交线或交点，再从球体的下端向球面交线或交点发出射线，该射线与赤道平面相交的轨迹，即为该平面或射线的极射赤平投影，简称赤平投影。图 18-2 是一空间平面赤平投影原理的模型。$ESWN$ 为过球心的赤道平面，$HSKN$ 是一过球心的平面与球面的交线，该平面走向为南北，倾向东，倾角 α。过球的下端 F 向球面交线$\widehat{SHN}$ 引射线，与赤道平面相交的轨迹为$\widehat{SMN}$，则圆弧 $\widehat{SMN}$ 即为该平面的赤平投影。

由图 18-2 可知：

(1) 赤道平面上半球的投影皆在赤道圆内,下半球的投影都在赤道圆外。

(2) 平面 $HSKN$ 上半空间的投影都落在$\widehat{SMN}$圆内,下半空间投影都在$\widehat{SMN}$圆外。如果平面 $HSKN$ 表示结构面,则结构面上盘岩体的投影都在圆内,下盘岩体的投影都在圆外。

(3) 射线$\overrightarrow{OH}$的赤平投影长度:$\overline{OM} = R\tan\dfrac{\beta}{2}$,$R$ 是球体半径,$\beta = 90° - \alpha$。

上述投影原理看起来比较复杂,但一经建立起空间概念,应用起来是十分方便的。为了简化作图,一般都根据上述原理预先作好投影网格,称为赤平投影网。常用的为等角度半空间赤平投影网,也称为吴尔夫(Wulff)网,如图18-3所示。图18-3中连 SN 的一族曲线为过球心和南、北极的一组平面的赤平投影,称为纵向圆,各平面倾角 $\alpha = n\delta$;另一族曲线为以 SN 为轴的一族圆锥面的赤平投影,即圆锥母线赤平投影的合集,称为横向圆。圆锥母线与 SN 轴夹角 $\beta = n\delta$。式中,$n = 1,2,\cdots,\dfrac{90°}{\delta}$,图18-3投影网中 $\delta = 9$,故为10°投影网。

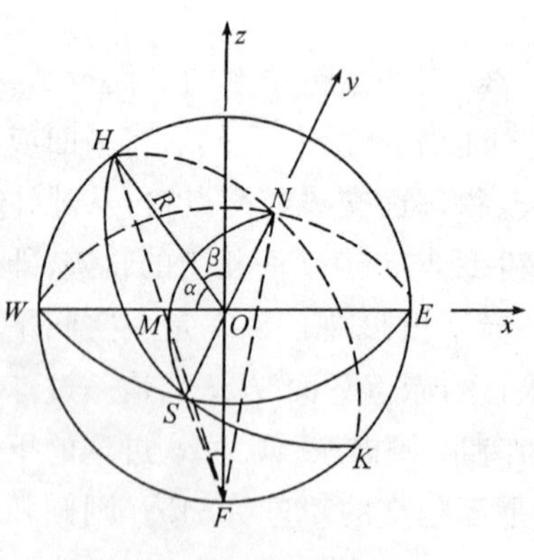

图18-2　赤平投影原理图

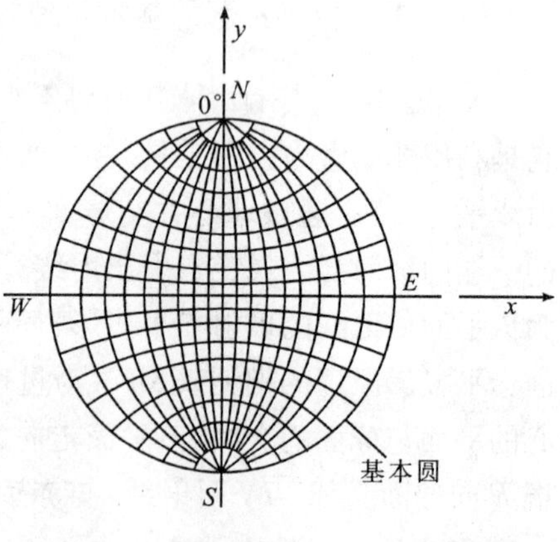

图18-3　等角半空间赤平投影网图

经证明，赤平投影网上两组曲线皆为圆曲线，其圆心坐标及半径公式为：

纵向圆圆心坐标　$(\pm R\tan n\delta, 0)$

半径　$R_{SN} = R/\cos n\delta$　(18-1)

横向圆圆心坐标　$(0, \pm R/\sin n\delta)$

半径　$R_{EW} = R\tan n\delta$　(18-2)

式中，R 为基本圆（赤道圆）半径。

18.2.2　半空间赤平投影的基本作图方法

利用半空间赤平投影网可以直接求解平面、射线及向量等的空间角距关系，以代替繁杂的解析计算，其精度可达 ±1°，与罗盘测读的精度相当。熟练地应用这些作图方法，对于岩体稳定分析是很有用的。以下介绍在岩体稳定分析中常用的一些作图方法，有时也给出相应的解析式，以增强空间概念。关于作图的几何原理，这里不拟详述。

1. 已知一射线，作其投影

如图 18-4 所示，已知射线 L_a 的方向为 NE30°∠46°，作其赤平投影。将透明纸覆于投影网上，绘制出基本圆并计算出 N、S 方向。引辅助线 OB，使 B 点在圆周上的角度为 NE30°，转动透明纸，使 B 点对准投影 EW 方向，自 B 点按投影网数 46° 得 A 点即为所求。

或：引辅助线后，量$\overline{OA} = R\tan\frac{1}{2}(90° - 46°)$ 亦可。反之，已知一射线的赤平投影为 A，依上述方法可以读出该射线的方向和倾角。

2. 已知一平面，作其投影

如图 18-5 所示，已知平面 P_a 产状为 $SE150°NE∠30°$，作其投影。将透明纸覆于投影网上，绘制出基本圆并计算出 N、S 方向，在基本圆上取 $SE150°$ 点 A 及 $NW330°$ 点 A'，转动透明纸，使 AA' 对准 SN 方向，按投影网描出倾角为 30° 的圆弧$\widehat{ACA'}$ 即为所求。

或：得 A、A' 两点后，以 A、A' 为圆心，以 $r = R/\cos 30°$ 为半径画弧交于 E，以 E 为圆心，以 r 为半径画$\widehat{AA'}$ 即得。

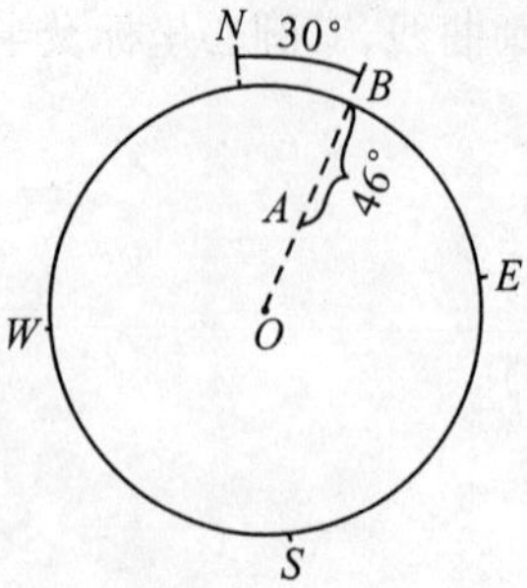

图18-4　作已知射线的赤平投影图

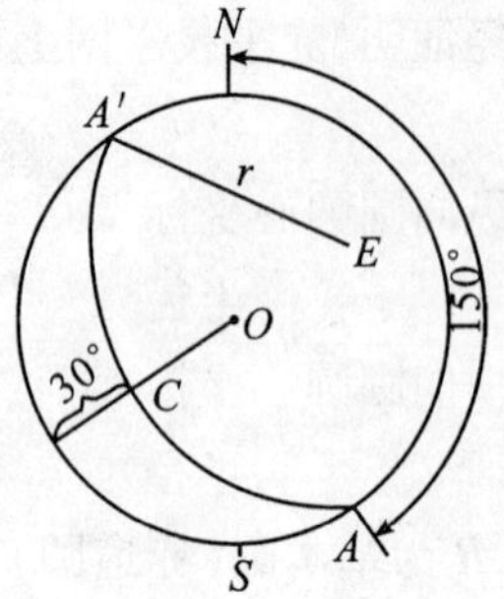

图18-5　作已知平面的赤平投影图

反之,已知平面 P_a 的赤平投影为$\widehat{AA'}$,可依上述方法读出该平面产状。当平面倾角为90°时,其赤平投影为一直线。

3. 过已知两直线作平面,并求两直线的夹角

如图18-6所示,已知一射线 L_a 方向为NE45°∠30°,另一射线 L_b 方向为NW290°∠45°。作 L_a、L_b 的投影得 A、B 点,转动透明纸,使 A、B 两点落在投影网上同一条纵向圆上,描出该圆弧$\widehat{DD'}$,即为所求过 L_a、L_b 平面的投影。

使$\widehat{DD'}$对准 S、N,按投影网数出 A、B 两点间角度 $\angle AB$,即为已知两直线的夹角。

4. 作一已知平面的垂直线(即求平面法向量的投影)

如图18-7所示,已知平面 P_d 为NW290°NE∠40°,求该面的垂直线。作 P_d 的投影$\widehat{DD'}$,转动透明纸,使 D、D' 对准投影网 N、S,自$\widehat{DD'}$与 EW 线交点 F 向圆心按投影网数90°得 A 点,即为该平面垂线的投影。

反之,可作一已知直线的垂直面。

5. 过一直线,作一平面垂直于另一已知平面

如图18-8所示,已知平面 P_d 产状为NE20°SE∠30°,射线 L_a 方向为NE80°∠50°。作 P_d、L_a 的投影$\widehat{DD'}$及 A,作$\widehat{DD'}$面垂直线的投影 B。转动透明纸,使 A、B 两点落在投影网上同一条纵圆的$\widehat{EE'}$上,则$\widehat{EE'}$圆即为所求平面的投影。

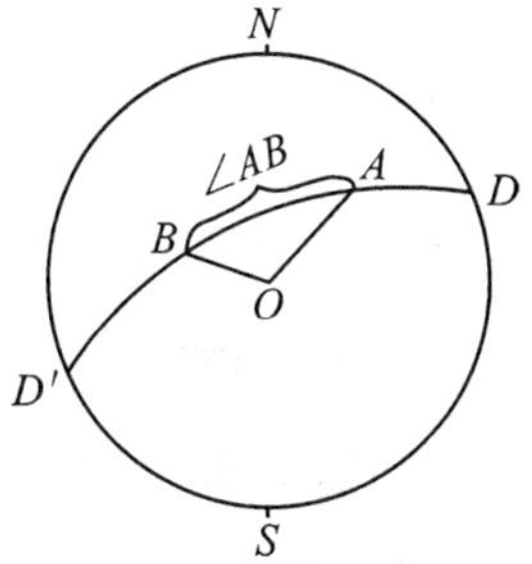

图 18-6　过已知两直线作平面图

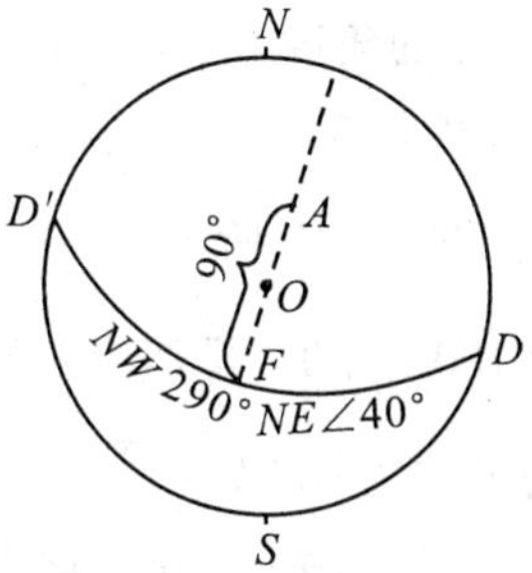

图 18-7　作已知平面的垂直线图

6. 已知两平面,求它们的交线、夹角、及视倾角

如图18-9所示,已知平面 P_1 为NE20°SE∠30°,P_2 为NW300°NE∠30°。作 P_1、P_2 的投影。

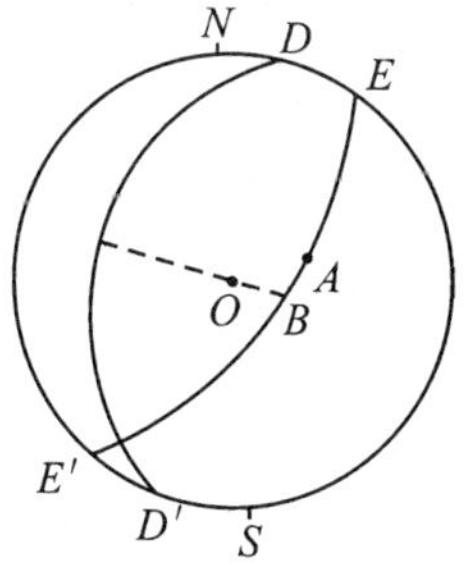

图 18-8　过一直线作平面垂直于另一已知平面图

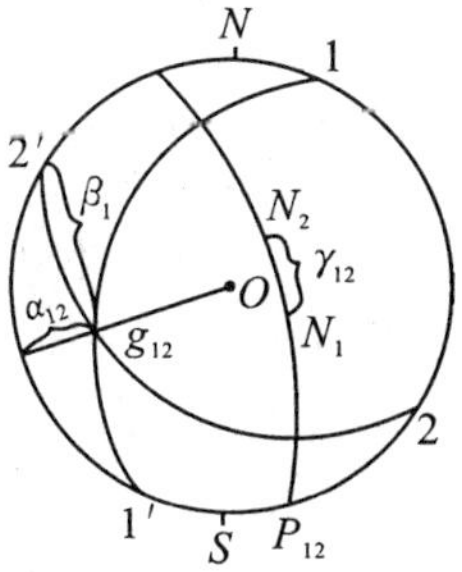

图 18-9　求两平面的交线,夹角及视倾角图

(1) 大圆 P_1、P_2 的交点 g_{12} 即是两平面交线的投影。由投影量得,交线 $\overrightarrow{g_{12}O}$ 的方向为 NE70°,转动透明纸,使 g_{12} 点落在 $\overline{EW}$ 上,按投影网数出交线的倾角 α_{12}。

(2) 作平面 P_1、P_2 的法线 N_1、N_2,过 N_1、N_2 作大圆 P_{12},并数出 N_1、N_2 之间的夹角 γ_{12} 的度数,即是已知两平面的夹角。

(3) 转动透明纸,使 P_2 圆与投影网某一纵向圆重合,数出自 2′ 点

到 g_{12} 点的角度 β_1，即为 P_1 在 P_2 面上的视倾角。

7. 已知二力，求其合力

如图 18-10 所示，已知力$\vec{F_1}$方向为 NE10°∠30°，量值为 m，$\vec{F_2}$ 方向为 SE100°∠50°，量值为 l。作其投影 F_1、F_2，过 F_1、F_2 作大圆$\widehat{FF'}$，则$\vec{F_1}$、$\vec{F_2}$ 的夹角为 α。以$\vec{F_1}$、$\vec{F_2}$ 及 α 作辅助平行四边形 F_1OF_2M（图 18-10b），量出角 β，在$\widehat{FF'}$ 大圆上量$\widehat{F_1M}$ 弧角度等于 β。则 $\vec{M}$ 即为$\vec{F_1}$、$\vec{F_2}$ 的合力。

若有更多的力系，重复上述步骤若干次之后，即可得出其合力。

8. 已知一力，向任意三个方向分解

如图 18-11 所示，已知力 $\vec{g}$ 和任意三个方向 $\vec{u}$、$\vec{v}$、$\vec{w}$，求 $\vec{g}$ 在三个方向的分力$\vec{g_u}$、$\vec{g_v}$、$\vec{g_w}$。首先过 u、g 及 v、w 分别作平面$\widehat{AA'}$ 及$\widehat{BB'}$，交于 E，再将 $\vec{g}$ 对 u 及投影为 E 的方向 $\vec{e}$ 分解，而后将 $\vec{e}$ 上的分量对 $\vec{v}$、$\vec{w}$ 分解即得三个分力。另一个方法是，按投影网量得 α_u、α_e、β_v、β_w，则

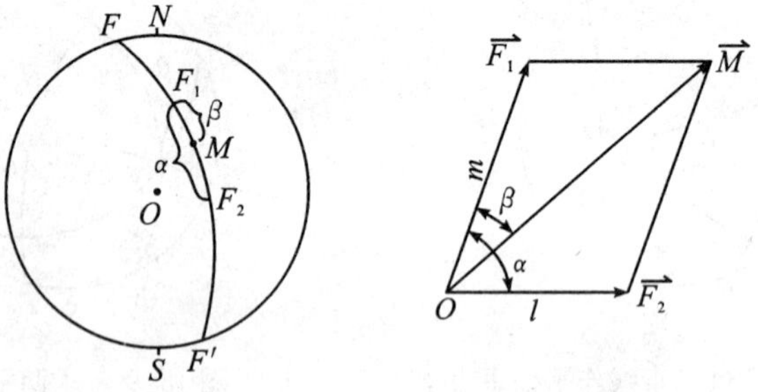

(a) 赤平投影　　(b) 力四边形

图 18-10　求力的合成图

$$g_u = \frac{\sin\alpha_e}{\sin(\alpha_u + \alpha_e)} \cdot g \tag{18-3}$$

$$g_v = \frac{\sin\alpha_u \cdot \sin\beta_u}{\sin(\alpha_u + \alpha_e) \cdot \sin(\beta_v + \beta_w)} \cdot g \tag{18-4}$$

$$g_w = \frac{\sin\alpha_u \cdot \sin\beta_v}{\sin(\alpha_u + \alpha_e) \cdot \sin(\beta_v + \beta_u)} \cdot g \tag{18-5}$$

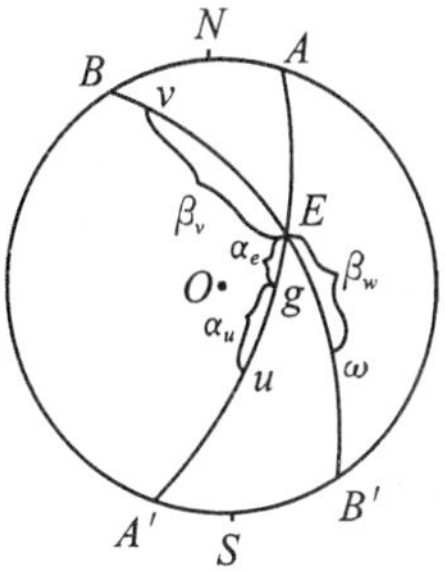

图 18-11　将已知力向任何三个方向分解图

9. 将重力向已知二平面的法线和交线三个方向分解

如图 18-12 所示，已知两相交平面 P_1 为 NE20°NW∠45°，P_2 为 NE72°SE∠70°。首先作 P_1、P_2 的投影得交点 E，连接 OE 并延长，量得二平面交线的倾角为 α_{12}。作 P_1、P_2 的法向量投影 N_1、N_2，过 N_1、N_2 作大圆 $\widehat{CC'}$，交 $\overline{OE}$ 于 G_1，得 β_1、β_2 角。重力 G 分解为：① 沿交线方向的力 G_E，② 沿 P_1 法线方向的分力 G_{N1}，③ 沿 P_2 法线方向的分力 G_{N2}，根据正弦定理，得：

$$G_E = \sin\alpha_{12} \cdot G \tag{18-6}$$

$$G_{N1} = \frac{\sin\beta_2}{\sin(\beta_1 + \beta_2)} \cdot \cos\alpha_{12} \cdot G \tag{18-7}$$

$$G_{N2} = \frac{\sin\beta_1}{\sin(\beta_1 + \beta_2)} \cdot \cos\alpha_{12} \cdot G \tag{18-8}$$

10. 平面的转动

如图 18-13 所示，已知力 $\vec{g}$ 方向为 SE120°∠60° 及一平面 P_a，求当力 $\vec{g}$ 方向转至垂直向下时面 P_a 的相应位置。转动透明纸，使 g 点落在 EW 上，于 $\widehat{AA'}$ 圆上任取两点 M、N，自 M、N 沿 EW 按投影网向 W 方向（与 $g \to 0$ 的方向一致）各移动 $(90° - 60°) = 30°$，得 M_1、N_1 两点。过 M_1、N_1 两点作大圆 $\widehat{BB'}$ 即为所求的平面位置。

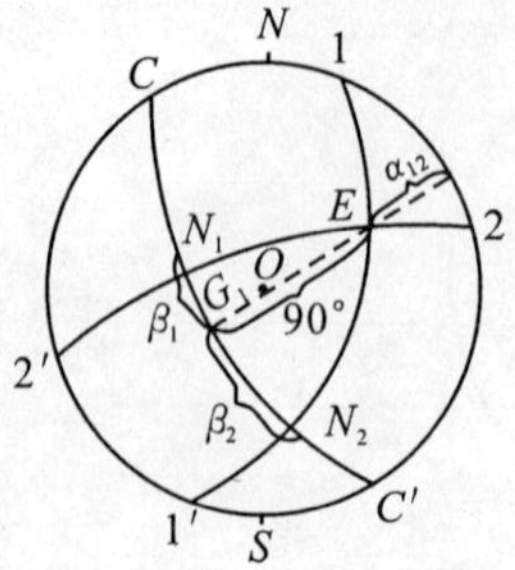

图 18-12　将重力向已知二平面分解图

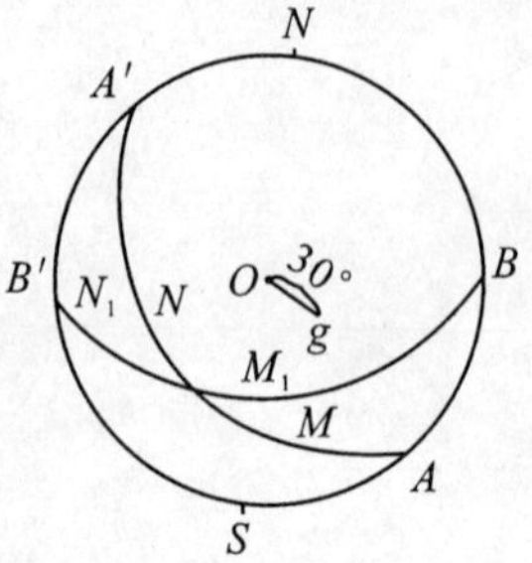

图 18-13　平面的转动图

11. 求四面体的体积

如图 18-14 所示，已知岩体被结构面 AOB、BOC、ABC 及临空面 AOC 切割成四面体(图 18-14(b))，另已知临空面一边长 AB 为 l，求其体积。

(1) 作四组平面的赤平投影，得六条棱(各面的交线)的投影 E、F、G、M、N、L。各棱的夹角即平面三角形的各顶角，可由图中直接读出。

(2) 求 $\triangle ABC$ 的面积。求出平面 ABC 的 $\angle A = \widehat{GE}$(或 $180° - \widehat{GE}$)，$\angle B = \widehat{EF}$(或 $180° - \widehat{EF}$)，$\angle C = \widehat{FG}$(或 $180° - \widehat{FG}$)。由正弦定理求出边长 AC、BC，则 $\triangle ABC$ 的面积：$S = \frac{1}{2} \cdot AC \cdot l\sin\angle A$。

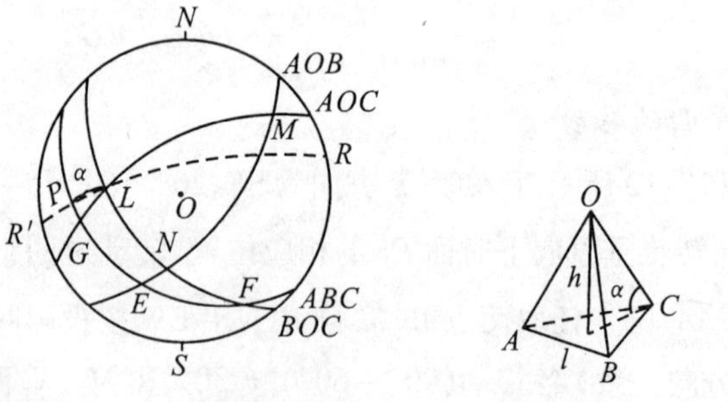

(a) 结构面及临空面的赤平投影　　　(b) 四面体示意图

图 18-14　求四面体的体积图

(3) 求 OC 边长。同理求出 AOC 面各角，$\angle C = \widehat{LG}$(或 $180° - \widehat{LG}$)，$\angle O = \widehat{ML}$(或 $180° - \widehat{ML}$)，$\angle A = \widehat{MG}$(或 $180° - \widehat{MG}$)。由正弦定理得 OC 边长。

(4) 过 OC(即交线 L) 作 ABC 面的垂直面 $\widehat{RR'}$，与 ABC 的交线为 P，量 $\widehat{LP}$ 的角度为 α，则四面体的高 $h = OC \cdot \sin\alpha$。

(5) 四面体的体积：$V = \frac{1}{3}h \cdot S$。

12. 作已知结构面稳定摩擦锥的赤平投影

如图 18-15 所示，表示摩擦锥的力学概念：P_a 为一平面，N_A 为 P_a 的法线，ϕ_A 为 P_a 的内摩擦角，$\vec{F}$ 为作用于 P_a 面的外力，若忽略凝聚力 c 值的影响，当 $\vec{F}$ 作用位置处于顶角为 $2\phi_A$ 的圆锥内时，则处于稳定状态；位于圆锥周界上时，处于临界状态；位于圆锥外时，处于不稳定状态。所以一个面的摩擦锥的赤平投影，即表示了稳定区与不稳定区的界限。

已知结构面为 P_a，其内摩擦角为 ϕ_A，作该面稳定摩擦锥的赤平投影。作 P_a 的投影 $\widehat{AA'}$，再作 P_a 的法线投影 N_A，连 ON_A，转动透明纸使 ON_A 与 EW 方向重合，量 N_AB 及 N_AC 的夹角各等于 ϕ_A，以 $\overline{BC}$ 为直径作圆，则该圆即为所求稳定摩擦锥的赤平投影，如图 18-16 所示。假设不同的 ϕ_1、ϕ_2、…、ϕ_n，可作出一组投影，以供稳定分析之用。

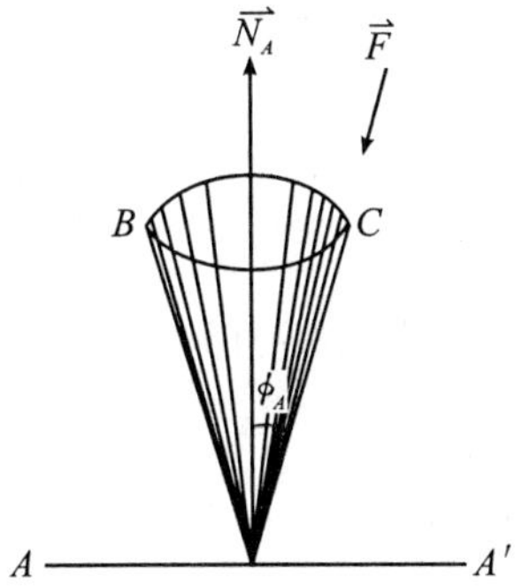

图 18-15　稳定摩擦锥示意图

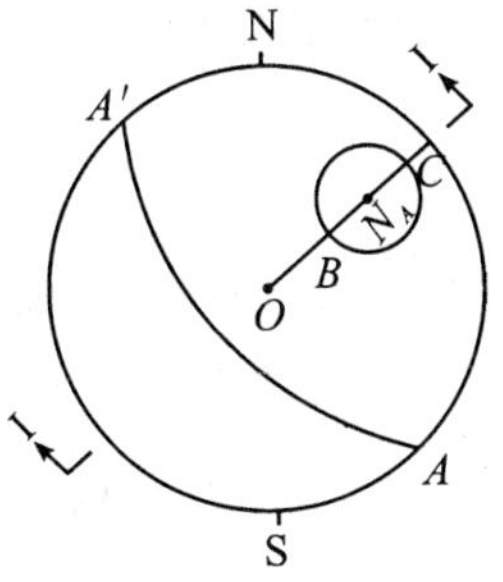

图 18-16　稳定摩擦锥的赤平投影图

或:作 N_A 投影后,读出 N_A 的倾角 α,则 N_A 与 z 轴的夹角 $\beta = 90° - \alpha$,量

$$\overline{OB} = R \cdot \tan \frac{1}{2}(\beta - \phi_A) \tag{18-9}$$

$$\overline{OC} = R \cdot \tan \frac{1}{2}(\beta + \phi_A) \tag{18-10}$$

再以 $\overline{BC}$ 为直径作圆,则该圆即为所求之投影,如图 18-17 所示。

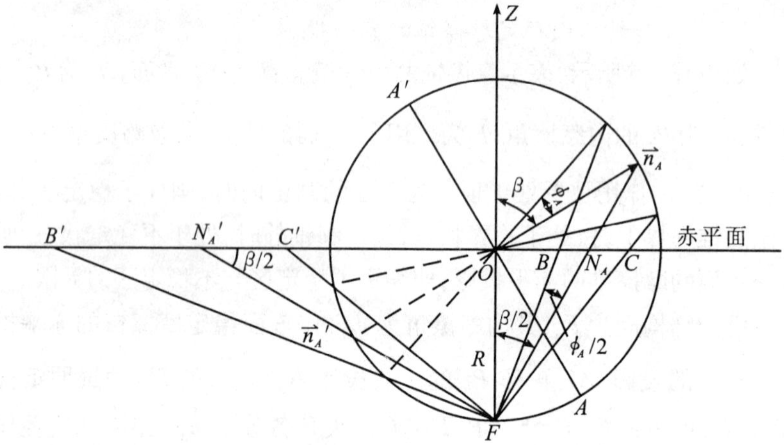

图 18-17　图 18-16 中的 Ⅰ—Ⅰ 剖面图

由于每条直线上有正好相反的两个方向,所以作赤平投影时应注意:

(1) 法线指向上半球时

$$\overline{ON_A} = R \cdot \tan \frac{1}{2}\beta \tag{18-11}$$

当 $\overrightarrow{OB}$、$\overrightarrow{OC}$ 指向上半球时,式(18 -9) 及式(18 -10) 成立。

(2) 当法线指向下半球时:

$$\overline{ON_A'} = R \cdot \cot \frac{1}{2}(90° - \alpha) \tag{18-12}$$

$$\overline{OC'} = R \cdot \cot \frac{1}{2}(90° - \alpha + \phi_A) \tag{18-13}$$

$$\overline{OB'} = R \cdot \cot \frac{1}{2}(90° - \alpha - \phi_A) \tag{18-14}$$

沿图 18-16 的 Ⅰ—Ⅰ 方向作赤平投影球面的剖面如图 18-17 所示。

(3) 由于 $\triangle FON_A \backsim \triangle FON_A'$，故 $R^2 = ON_A \cdot ON_A'$。图中 C'、N_A'、B' 诸点称为 C、N_A 及 B 的"共轭点"，当已知$\overline{ON_A}$ 投影长度时，可利用$ON_A' = R/ON_A$ 式求出共轭点 N_A'。在已知两点的赤平投影时，若过此两点作大圆，常求出两点中一点的共轭点，然后过这三点作大圆，而不必应用投影网。由此表明以上三点在全空间赤平投影作图中经常用到。

13. 作震动惯性力摩擦锥的赤平投影

当岩体受到震动时（地震或爆破震动），所引起的震动惯性力应附加于合力之上。震动惯性力为

$$F = M \cdot a = \frac{G}{g} \cdot a \tag{18-15}$$

式中：F—— 地震或爆破震动力；

a—— 震动加速度；

g—— 重力加速度；

M—— 震动体的质量；

G—— 震动体的重量。

若已知震动加速度为 a，得 $\tan\phi_s = F/G = a/g$，则 $\phi_s = \arctan a/g$，因震动力的方向不定，可以是任意方向，故以合力$\overrightarrow{R_p}$ 为轴，以 $2\phi_s$ 为顶角的圆锥，称为震动惯性力摩擦锥。

作震动惯性力摩擦锥的赤平投影。该投影图像即为全部作用荷载的外包线，将此包线画在稳定摩擦锥同一张赤平投影图上，就可以直接判读震动体的稳定情况。

震动惯性力摩擦锥的赤平投影作图方法与稳定摩擦锥相同，仅将以法线 N_A 为轴的投影改为以合力$\overrightarrow{R_p}$ 为轴的投影即可。

18.2.3 全空间赤平投影的基本方法

1. 全空间赤平投影的基本概念

将半空间基本圆内的投影部分延伸成全圆，这样，空间的每一方向与投影平面的点一一对应，即得全空间赤平投影。

如图18-18所示，已知结构面P_1的产状为NE20°NW∠30°，作其全空间投影图。首先以O点为圆心，以R为半径作基本圆；然后，利用投影网（或量角器）在基本圆上按P_1走向角20°及（180°+20°）定点1及1′；再以1及1′为圆心，以$r=R/\cos30°$为半径画弧交于O_1；最后，以O_1为圆心，r为半径画圆即为所求。同理可作P_2面的投影。

图18-18中，$\overline{11'}$为结构面P_1的走向，$\overrightarrow{OO_1}$为P_1的倾向，AB表示P_1的倾角。

连$\overrightarrow{OO_1}$及$\overrightarrow{OO_2}$交圆于g_1、g_2两点，则g_1和g_2为P_1及P_2面倾向向量的投影点，称“倾向点”；P_1与P_2于基本圆外的交点g_{12}是两平面交线指向下的向量投影点，它们常作为滑动方向。

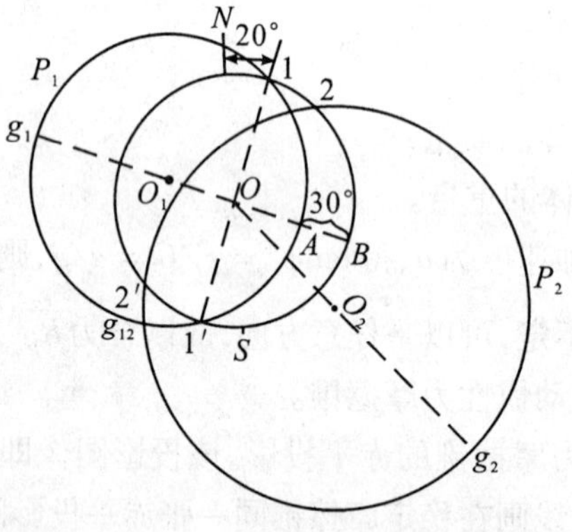

图18-18 全空间赤平投影的基本概念图

投影圆O_1及O_2的圆内部分为结构面P_1和P_2的上盘，圆外部分为下盘。

2. 分离体的赤平投影条件

被临空面和结构面与母岩分割开的孤立体称为分离体，只有分离体才有形成塌滑的可能性。

(1)"切割锥"　孤立体 U 为 $P_i(i=1,2,\cdots,m)$ 面所切割，把 P_i 平移到坐标原点，则 P_i 切割面的 N_i(P_i 的指向 U 内部的法线）指向的半空间的公共部分，是一个以原点（球心）为顶的棱锥，如果它包含与 $-z$ 轴夹角小于 $90°$ 的方向，就叫做 U 的切割锥。切割锥中有与 $-\overrightarrow{Oz}$ 夹角最小的方向，叫切割锥的最低方向，而且是唯一的。

可以证明，孤立体 U 的切割锥的最低方向 $\vec{g}$ 就是塌滑体的塌滑方向，因此，$\vec{g}$ 只能是 $-\overrightarrow{Oz}$ 或 $\overrightarrow{g_i}$ 或 $\overrightarrow{g_{ij}}$。相应地 U 是直接塌落体，或是沿 $\overrightarrow{g_i}$ 的单面滑动体，或是沿 $\overrightarrow{g_{ij}}$ 的双面滑动体。

(2)"切割锥的投影"　即切割锥的赤平投影，它一般是曲多边形，如图 18-19 的 $ABCD$——"U" 所示。

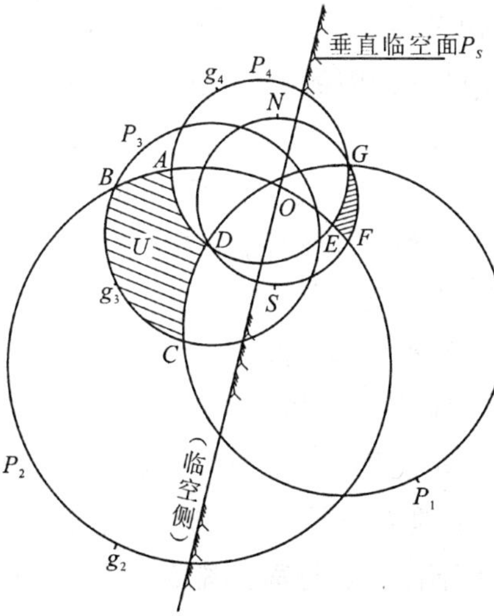

图 18-19　分离体的赤面投影条件图

(3)"临空锥"　把切割孤立体的临空面 q_i 平移到原点，所有 q_i 切割的岩体所在的半空间的公共部分也是一个棱锥,叫做临空锥”。作 q_i 的投影,则临空锥的投影也是由 q_i 圆的弧线围成的一个区域,称“判断区”。

(4) 分离体的赤平投影条件　切割锥的投影与临空锥的投影没有公共点,或者说切割锥的投影与临空面岩体所在一侧的投影无公共点,如图18-19所示。切割锥 U 与临空面 P_s 的岩体一侧无公共点(两者无相重合的部分),则 U 是分离体。在 P_s 上有沿 $\vec{g_3}$ 的单面滑动形式。

所以判断分离体是否存在,是研究被结构面和临空面切割的岩体是否稳定的重要一步。如果切割锥与临空锥有公共点,则表示这块岩体未被 P_i 和 q_i 切割透,即仍与母岩相连,未形成孤立体,故不可能产生滑动。

3. 塌方形式的判别条件

如前所述,孤立体的塌方运动仅包含直接塌落、单面滑动以及双面滑动三种形式。各种塌方形式是否存在,可用全空间赤平投影直接判断,其判别条件如下。

(1) 直接塌落的赤平投影条件

直接塌落一般出现在地下洞室的顶拱,其临空面的投影即是基本圆,其判断区是基本圆的圆内部分,所以塌落体的赤平投影条件是:各结构面投影圆的圆外部分,即直接塌落的切割锥,与基本圆的圆内部分无公共点。图 18-19 中 P_1、P_3、P_4 三组结构面可以构成塌落体,而 P_2、P_3、P_4 三组结构面不能构成塌落体,因为它们圆外部分与基本圆内部分有公共点,即 EFG 的影线部分。

(2) 单面滑动的赤平投影条件

位于结构面 P_i 上盘的分离体,沿 P_i 面滑动的赤平投影条件是:P_i 圆内和其他圆包含 g_i 的一侧的公共部分,与临空面 P_s 岩体所在一侧无公共点。图18-19中,U 是 P_1 下盘、P_2 上盘、P_3 上盘、P_4 下盘构成沿 $\vec{g_3}$ 单面滑动的分离体的切割锥,它与垂直临空面 P_s 岩体所在一侧无公共点,故存在沿 $\vec{g_3}$ 的单面滑动。而 P_1 上盘、P_2 上盘、P_4 上盘构成的切割锥与判断区皆有公共点,故这三组面不可能形成单面滑动。

(3) 双面滑动的赤平投影条件

分离体沿 P_i、P_j 两结构面滑动（实质上是沿其交线 $\vec{g_{ij}}$ 方向滑动）的条件是：P_i 圆所分而 g_j 不在的一侧，P_j 圆所分 g_i 不在的一侧，以及其他圆所分包含 g_{ij} 的一侧所组成的公共区域 U（即沿 $\vec{g_{ij}}$ 滑动的切割锥的投影）与临空面 P_s 岩体所在一侧无公共点。图 18-20 中，切割锥 U 与 P_s 岩体所在一侧无公共点，故存在分离体 U 沿 g_{1l} 产生双面滑动的条件，还存在沿 g_1 产生单面滑动形式。此外，与判断区皆有公共点，故不再存在其他塌滑形式。

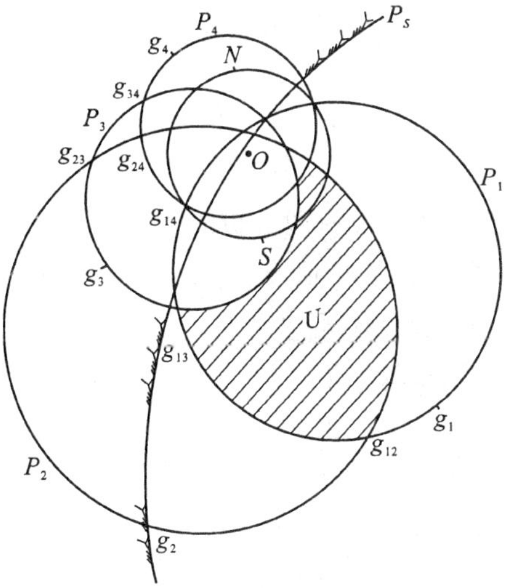

图 18-20　塌方形式的判别条件图

掌握了以上半空间和全空间赤平投影的基本作图方法，便可对边坡、地下洞室以及坝基、坝肩等一系列岩体稳定问题进行分析。

18.3　边坡稳定分析

18.3.1　边坡稳定的一般分析

通过地质勘探和试验工作，查明某地区岩体的结构面 P_i 产状和力学指标如表18-1所示。在重力场作用下,应用赤平投影方法对该地区岩体的边坡稳定做一般性分析。

表18-1　　　　某岩体结构面的产状及力学指标

结构面 P_i	产　状	$\tan\phi_i$	投影圆半径 r_i
P_1	SW262°SE∠71°	0.30	3.60R
P_2	NW333°SW∠68°	0.35	2.67R
P_3	NE10°NW∠45°	0.60	1.41R
P_4	NE73°NW∠13°	0.35	1.03R

在一般分析中,可以先忽略结构面凝聚力 c 值的影响。根据大量试验资料统计,结构面的 c 值一般多为0 ~ 0.4kg/cm^2,数值不大,忽略其影响,结果偏于安全,不影响一般分析的结论。如果 c 值较大,在一般分析中,可将 c 值影响包括在 ϕ_i 值以内,以适当提高 ϕ_i 值。但在以后的具体稳定计算中,c 值是常常不可忽略的。

分析方法和作图步骤如下:

1. 作切割锥

如图18-21所示。

(1) 作结构面 P_i 的赤平投影。

(2) 标出单面及双面滑动方向 g_i 及 g_{ij}。

(3) 标出切割锥。

沿 g_i 单面滑动切割锥的投影是如下区域的公共部分:P_i 圆内,其他圆所分的 g_i 所在的圆内或圆外部分。在这块公共部分标以"i"。例如,沿 g_3 单面滑动切割锥的投影"3"是 P_3、P_2 圆内,P_1、P_4 圆外区域。这是因为 P_3 是滑动面,g_3 在 P_2 圆内,在 P_1、P_4 圆外。同法标出单滑动切割锥"1"、"2"、"4"。

沿 $\vec{g}_{ij}$ 双面滑动切割锥的投影是如下区域的公共部分:P_i 圆所分两部分中 g_j 不在的部分,P_j 圆所分两部分中 g_i 不在的部分,其他圆所分 g_{ij} 所在的圆内或圆外部分。在这块公共部分标以"ij"。例如:第一、三组

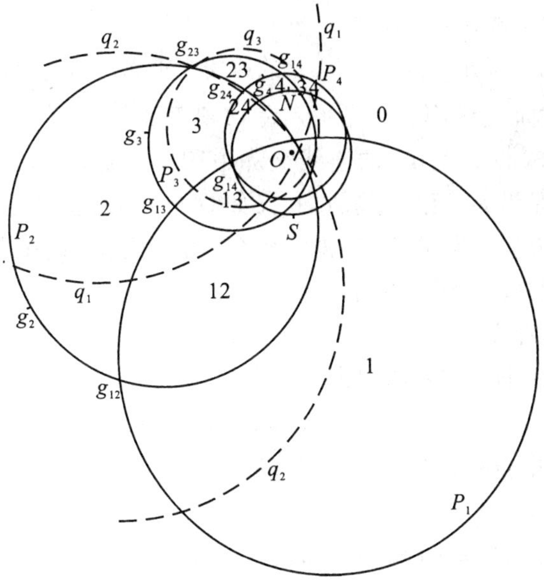

图 18-21　岩体稳定的一般分析图

结构面交线$\overrightarrow{g_{13}}$双面滑动的切割锥是 P_1、P_2、P_3 圆内，P_4 圆外的区域。这是因为 P_1、P_3 是滑动面，g_1 在 P_3 圆外，所以切割锥在 P_3 圆内；g_3 在 P_1 圆外，则切割锥在 P_1 圆内；g_{13} 在 P_2 圆内，P_4 圆外，所以切割锥在 P_2 圆内，P_4 圆外。同法标出双面滑动切割锥"12"、"14"、"23"、"24"、"34"。

沿 $-\overline{oz}$ 直接塌落切割锥的投影是所有投影圆的圆外部分，标以"0"。

这样刚好把包含赤道圆外的点的全部区域标完，而且标记互不重合，列入表 18-2 中第 1 行。

2. 判断切割锥的组成（在结构面的上盘或下盘）

平面 P_i 把空间分成两个半空间，其中包含铅直向上的向量，叫上盘，其投影在 P_i 圆内；另一个叫下盘，其投影在 P_i 的圆外区域。例如，组成切割锥"3"的是 P_2、P_3 的上盘，P_1、P_4 的下盘，因为切割锥"3"在 P_2、P_3 圆内，在 P_1、P_4 圆外。

同法判断所有切割锥的组成，填入表 18-2 第 3 行。

3. 确定塌滑方向

投影图上所标 g_i、g_{ij} 与球心 O 的连线交于赤道圆上的点,即为切割锥的塌滑方向。量取其方位角填入表 18-2 第 4 行。

例如,球心 O 与 g_1 的连线交赤道圆于一点,该点的方位角为 SE172°,即是沿 P_1 面的塌滑方向。又如 O 与 g_{12} 的连线交赤道圆于一点,该点的方位角为 SW214°,即是沿 P_1、P_2 双面滑动的塌滑方向。同法求得所有切割锥的塌滑方向。

4. 求塌滑力

(1) 求单面滑动的塌滑力 F_i

$$F_i = G(\sin\alpha_i - \cos\alpha_i \cdot \tan\phi_i) \tag{18-16}$$

例如,P_1 为滑动面,$\alpha_1 = 71°$,$\tan\phi_1 = 0.3$,G 为塌滑体自重。由式(18-16) 得:

$$F_1 = G(\sin71° - \cos71° \times 0.3) = 0.85G$$

同法求得各面滑动的塌滑力 F_2、F_3、F_4,填入表 18-2 第 6 行。

(2) 求双面滑动塌滑力 F_{ij}

$$\begin{aligned} F_{ij} &= G_E - G_{Ni} \cdot \tan\phi_i + G_{Nj} \cdot \tan\phi_j \\ &= G\left[\sin\alpha_{ij} - \frac{\sin\beta_j \cdot \tan\phi_i + \sin\beta_i \cdot \tan\phi_j}{\sin(\beta_i + \beta_j)} \cdot \cos\alpha_{ij}\right] \end{aligned} \tag{18-17}$$

式中:G_E、G_{Ni}、G_{Nj} 的意义见式(18-6)、式(18-7)、式(18-8);α_{ij}、β_i、β_j 由上节中第 9 作图法求得。

例如:求沿 g_{12} 的双面滑动力。用作图法求得:$\beta_1 = 39°$,$\beta_2 = 27°$,$\alpha_{12} = 65°$,代入式(18-17) 得:

$$F_{12} = G\left[\sin65° - \frac{\sin27° \times 0.3 + \sin39° \times 0.35}{\sin(27° + 39°)} \times \cos65°\right] = 0.74G$$

同法求得各双面滑动的塌滑力 F_{13}、F_{14}、F_{23}、F_{24}、F_{34},将结果填入表 18-2。

求双面滑动的塌滑力除式(18-17) 外,还可以由结构面的产状要素直接推导出解析计算式如下

$$F_{ij} = G[T_3 \mid g_{ij} \mid - T_1 \cdot \tan\phi_i - T_2 \cdot \tan\phi_j] \qquad (18\text{-}18)$$

式中 T_1G 为 P_1 面的垂直分力。

$$T_1 = \frac{1}{\Delta}[-\sin\alpha_i \cdot \sin\alpha_j \cdot \cos(\gamma_i - \gamma_j)\cos\alpha_j + \cos\alpha_i \cdot \sin^2\alpha_j]$$

T_2G 为 P_2 面的垂直分力，

$$T_2 = \frac{1}{\Delta}[-\sin\alpha_i \cdot \sin\alpha_j \cdot \cos(\gamma_i - \gamma_j)\cos\alpha_i + \cos\alpha_j \cdot \sin^2\alpha_i]$$

$T_3 \mid g_{ij} \mid G$ 为沿交线的下滑力，取正值。

$$T_3 \mid g_{ij} \mid = \frac{1}{\sqrt{\Delta}}\sin\alpha_i \cdot \sin\alpha_j \cdot \sin(\gamma_i - \gamma_j);$$

$$\Delta = 1 - [\sin\alpha_i \cdot \sin\alpha_j \cdot \cos(\gamma_i - \gamma_j) + \cos\alpha_i \cdot \cos\alpha_j]^2$$

式中：γ_i、γ_j——结构面的走向角；

α_i、α_j——结构面的倾角。

例如：已知滑动面为 P_1、P_2；$\alpha_1 = 71°$，$\gamma_1 = 262°$；$\alpha_2 = 68°$，$\gamma_2 = 333°$；$\tan\phi_1 = 0.30$，$\tan\phi_2 = 0.35$。代入上式，解得：$\Delta = 0.8336$，$T_1 = 0.207$、$T_2 = 0.291$，$T_3 \mid g_{ij} \mid = 0.909$。代入式(18-18)得

$$F_{12} = G[0.909 - 0.207 \times 0.3 - 0.291 \times 0.35] = 0.745G$$

与式(18-17)计算结果相同。

表 18-2 中塌滑系数为负值者，表明阻滑力大于滑动力，这种情况即使构成塌滑体，也不致发生塌滑。

由表 18-2 分析结果可知，该地区最不利的塌滑形式是沿 P_1、P_2 的单面滑动，以及沿 P_1、P_2 的双面滑动，属严重不稳定型，一旦边坡上出现这三组滑动形式，则塌滑力很大，工程处理很困难。其次是沿 P_3 面的单面滑动及沿 P_1、P_3 的双面滑动，但两组的塌滑力较小，属于轻微不稳定型，工程处理比较容易。而其余各种塌滑形式的阻滑力皆大于滑动力，属稳定型。故在边坡设计中，应尽量避免严重不稳定型的塌滑形式出现。

5. 边坡方向选择

以平坡为例，所谓平坡即指一般平直的单向坡。要在表 18-1 所示的岩体中开挖方向和倾角为 NE30°NW∠75° 的边坡 q_1，求其塌滑形式。

作 q_1 的临空锥,因岩体所在一侧是 q_1 的下盘,故判断区是 q_1 的圆外部分。由图18-21分析,与判断区没有公共点的部分是沿 g_3 的单面滑动和沿 g_{23}、g_{24} 双面滑动的切割锥。由表18-2可知,沿 g_{23} 和 g_{24} 的滑动力为负值,所以实际上,只可能出现沿 g_3 的单面滑动,滑动力 $F_3 = 0.28G$。

如果开挖边坡的倾角不变,边坡方向改为 NW325°SW∠75°(q_2)。作 q_2 的临空锥,由图18-21分析,这时在边坡 q_2 上出现的塌滑形式有沿 g_2 的单面滑动和沿 g_{12}、g_{13} 的双面滑动。滑动力:$F_2 = 0.80G$;$F_{12} = 0.74G$;$F_{13} = 0.14G$。这种方向的边坡,不利于岩体稳定,在开挖施工中,如不采取有效的工程措施,必将发生严重塌方。

由此可见,在同一岩体中,开挖坡度相同但走向不同的边坡,其出现的塌滑形式很不相同。故在边坡设计时,选择有利的边坡方向是很重要的。

6. 边坡稳定角选择

如果边坡 q_1 的走向不变,倾角加大,则在赤道圆外的 q_1 圆加大,相应判断区域减小,这时很容易发生切割锥与判断区无公共点的情况,即塌滑形式增加。所以边坡越陡就越容易发生塌方,这是符合实际情况的。相反,如果倾角减小,则相应的判断区加大,塌滑形式减少。例如,边坡 q_3 的方向与 q_1 相同、当倾角由75°变为40°时,由图18-21可知,这时沿 g_3 的单面滑动已不复存在,直观上是把沿 g_3 的滑动体“削”掉了。

一般说来,当开挖边坡倾角小于塌滑倾角 α_i 或 α_{ij} 时,边坡便处于稳定状态。

7. 折坡稳定

拱坝坝肩和凸出的山嘴部位,常出现凸折坡,地下工程进口、出口洞脸部位,常为凹折坡,如图18-22所示。

折坡稳定与平坡稳定有所不同,在表18-1中的岩体上有一凸折坡,两个临空面是 q_1 和 q_4,q_4 的产状为NE60°SE∠50°。凸折坡的岩体所在一侧是 q_1、q_4 下盘的公共部分,如图18-23所示。这时判断区是 q_1、q_4 二圆的圆外公共部分。由图可见,凸折坡 q_1、q_4 的判断区小于 q_1 平坡的判断区,所以塌滑形式多于 q_1 平坡。凸折坡的塌滑形式就像下切割锥

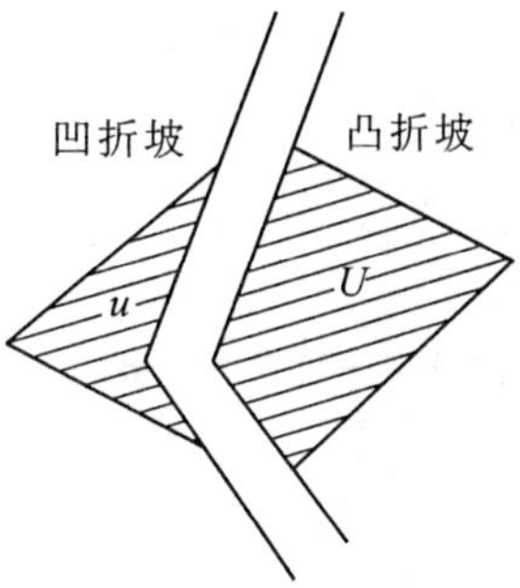

图 18-22　折坡示意图

一样：沿 g_3 的单面滑动，沿 g_{23}、g_{24}、g_{13}、g_{14} 的双面滑动，比 q_1 平坡多了两种塌滑形式。

由 q_1、q_4 组成的凹折坡，岩体所在一侧是 q_1、q_4 下盘合起来的部分，它的判断区是 q_1、q_4 圆外部分之和，由图 18-23 可见，q_1、q_4 凹折坡的判

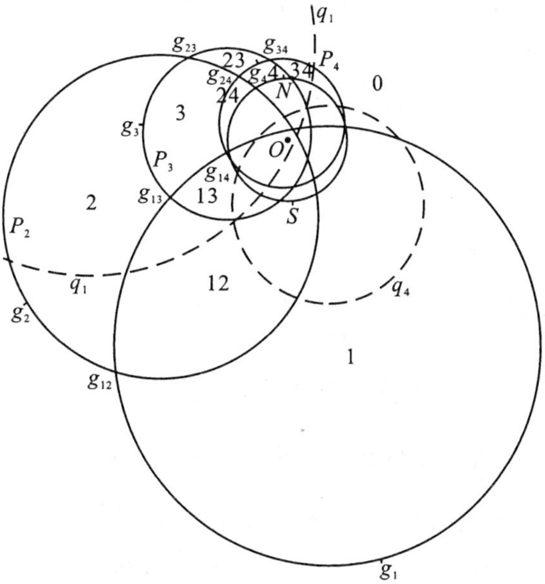

图 18-23　岩体稳定的一般分析图

断区较 q_1 平坡大，所以塌滑形式少，比较稳定。该例 q_1、q_4 凹折坡上没有塌滑形式。实际经验也是在边坡的凹角部位塌方情况较少。

表 18-2 是边坡稳定一般分析结果汇总表。

表 18-2　　岩体稳定一般分析结果汇总表

1	2	3				4	5			6	7				
投影图上的切割锥标记	滑动面	切割锥的组成（在上盘或下盘）				滑动方向	由投影网求得 β_i、β_j 及塌滑倾角 α_{ij}			塌滑系数 F/G	在各种边坡条件下形成的塌滑形式（能形成者标以 △）				
		P_1	P_2	P_3	P_4		β_i	β_j	α_i 或 α_{ij}		q_1	q_2	q_3	q_1、q_4（凸折坡）	q_1、q_4（凹折坡）
0		下	下	下	下	$-\overrightarrow{OZ}$			90°	1.0					
1	P_1	上	下	下	下	SE172°			71°	0.85					
2	P_2	下	上	下	下	SW243°			68°	0.80		△			
3	P_3	下	上	上	下	NW280°			45°	0.28	△			△	
4	P_4	下	下	上	上	NW343°			13°	-0.12					
12	P_1、P_2	上	上	下	下	SW214°	39°	27°	65°	0.74		△			
13	P_1、P_3	上	上	上	下	SW246°	65°	21°	40°	0.14		△		△	
14	P_1、P_4	上	上	上	上	SW261°	71°	13°	2°	-0.37				△	
23	P_2、P_3	下	下	上	下	NW313°	120°	23°	41°	-0.17	△			△	
24	P_2、P_4	下	上	上	上	NW328°	67°	3°	13°	-0.14	△		△	△	
34	P_3、P_4	下	下	下	上	NW357°	137°	2°	13°	-0.17					

以上是分析只有四组结构面的岩体情况，如果有四组以上结构面岩体，分析方法仍是一样。这时的滑动形式增多。如有五组结构面则将增加沿 $\vec{g}_5$、$\vec{g}_{15}$、$\vec{g}_{25}$、$\vec{g}_{35}$、$\vec{g}_{45}$ 五种塌滑形式。但一般情况是：存在四组以上结构面的岩体，常常是有些结构面不起控制作用。

18.3.2　边坡稳定的解析和图解计算

通过对边坡稳定的一般分析，可以确知某一具体边坡条件下的塌方形式和计算参数，这样便可对具体的塌滑体做数值计算或图解分析，得出边坡稳定安全值。

1. 自重作用下的单面滑动

这种情况可以看做平面问题,计算比较简单。可以将边坡上的分离体切成一个或几个有代表性的剖面进行计算,如图 18-24 所示,则岩体在自重作用下的稳定系数为

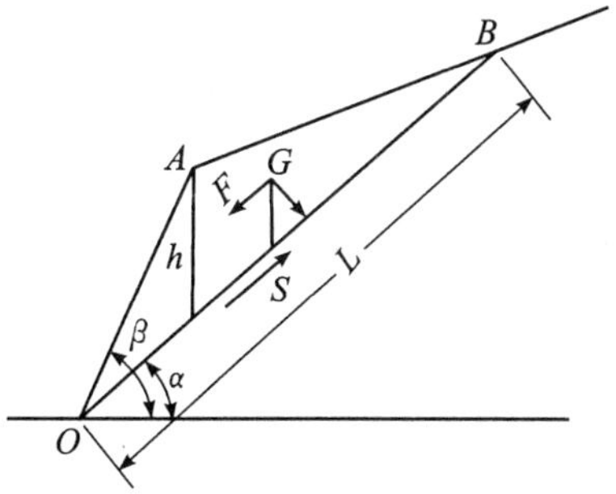

图 18-24　单面滑动示意图

$$K = \frac{S}{F} = \frac{G\cos\alpha \cdot \tan\phi + cL}{G\sin\alpha}$$

式中:$G = \frac{1}{2}r \cdot h \cdot L\cos\alpha$,代入上式并化简,得

$$K = \frac{\tan\phi}{\tan\alpha} + \frac{4c}{r \cdot h \cdot \sin 2\alpha} \qquad (18\text{-}19)$$

式中:G—— 塌滑体 ABO 的重量;

h—— 滑动面以上塌滑体高度;

α—— 滑动面的倾角;

L—— 滑动面的长度;

γ—— 岩石的容重;

ϕ、c—— 滑动面的力学指标(内摩擦角、凝聚力)。

由式(18-19)可以看出:对于每一个计算剖面,只要塌滑体高度相同,而其他条件不变时,不论边坡的坡顶是平的、还是斜的,其稳定性是相同的。

2. 自重、裂隙水压力和震动荷载作用下的单面滑动

裂隙水压力 w 垂直于结构面，作用方向与结构面正压力方向相反，即与结构面外法线 N_i 的方向一致，震动惯性力 G_s 以平行 $\overrightarrow{g_i}$ 的方向为最不利。其稳定系数计算式为

$$K=\frac{(G\cos\alpha-w)\tan\phi+cL}{G\sin\alpha+G_s} \tag{18-20}$$

3. 自重作用下的双面滑动

稳定系数计算式为

$$K=\frac{G\cos\alpha_{ij}(\sin\beta_j\tan\phi+\sin\beta_i\tan\phi_j)+\sum\limits_{n=i,j}S_nc_n\sin(\beta_i+\beta_j)}{G\sin\alpha_{ij}\sin(\beta_i+\beta_j)} \tag{18-21}$$

式中 S_n 为滑动面面积，其他符号意义同式(18-17)和式(18-19)。

算例 18.1 已知岩质边坡 P_s 上有一楔形不稳定体，存在沿 g_{13} 的双面滑动形式，其基本资料如下。

结构面 T_1：NE80°SE∠76°，$\tan\phi_1=0.3$，$c_1=1.0\text{t/m}^2$；

结构面 T_3：NE25°NW∠55°，$\tan\phi_3=0.6$，$c_3=0.5\text{t/m}^2$；

临空面 P_A：NE65°SE∠35°，边坡 P_s，NW320°SW∠70°。

在边坡面 P_s 上量得：$BC=32.0\text{m}$，$B'C'=8.0\text{m}$，岩体容重 $\gamma=2.73\text{t/m}^3$。

楔形体如图 18-25 所示，求其稳定系数。步骤如下：

(1) 作结构面及临空面的赤平投影，标出各棱的投影 $L_{aa'}$、$L_{bb'}$、$L_{cc'}$、L_{ab}、L_{ac}、L_{bc}，如图 18-26 所示。

(2) 量出有关面的夹角，在 $\triangle ABC$ 中，$\angle A=60°$（量棱 L_{ab} 与 L_{ac} 的夹角），$\angle B=92°$，$\angle C=28°$。因为，T_1 面平行 T_2 面，所以 $\triangle ABC \backsim \triangle A'B'C'$，则 $\angle A=\angle A'$，$\angle B=\angle B'$，$\angle C=\angle C'$。在梯形 $ACC'A'$ 中，$\angle A=36°$，$\angle C=28°$。

(3) 求有关面的面积

$$\triangle ABC:\ AC=\frac{BC\cdot\sin\angle B}{\sin\angle A}=\frac{32\times\sin 88°}{\sin 60°}=37.0\text{m}$$

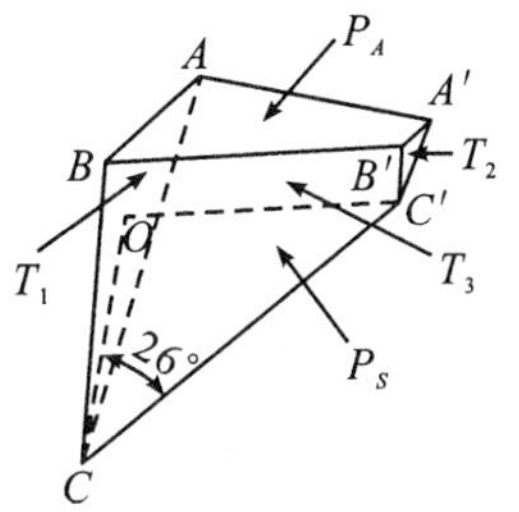

图 18-25　楔形体示意图

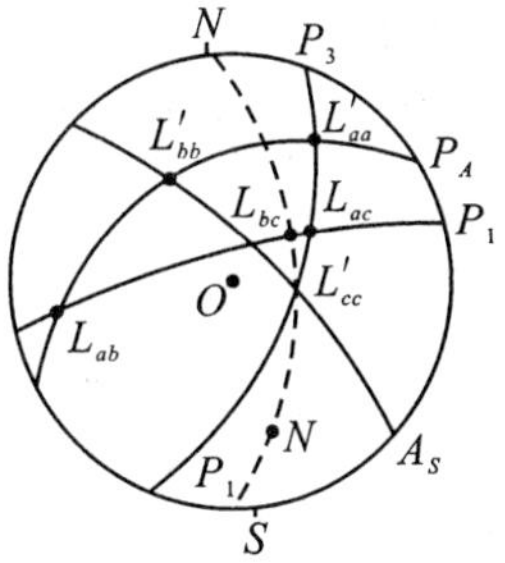

图 18-26　结构面及临空面的赤平投影图

$$S_{ABC}=\frac{1}{2}BC\cdot\sin\angle C\cdot AC=\frac{1}{2}\times32\times\sin28^\circ\times37=278\text{m}^2$$

$$\triangle A'B'C':A'C'=\frac{B'C'\cdot\sin\angle B'}{\sin\angle A'}=\frac{8.0\times\sin88^\circ}{\sin60^\circ}=9.24\text{m}$$

$$S_{A'B'C'}=\frac{1}{2}\cdot B'C'\cdot\sin\angle C'\cdot A'C'$$

$$=\frac{1}{2}\times8.0\times\sin28^\circ\times9.24=17.4\text{m}^2$$

梯形 $ACC'A':h=x\tan36^\circ=y\tan28^\circ$，由

$$\begin{cases}x=0.732y\\x+y=37-9.24\end{cases}$$

解出 x、y，得：$h=8.5\text{m}$，$CC'=18.1\text{m}$。

$$S_{ACC'A'}=\frac{1}{2}(A'C'+AC)\cdot h=\frac{1}{2}\times(9.24+37)\times8.5=197\text{m}^2$$

(4) 求楔形体的高 OC'。过 $C'C$ 边（$L_{CC'}$）作 $P_1(ABC)$ 面的垂直面 $P_\perp$，量出 $\angle OCC'=26^\circ$，则：$C'O=CC'\cdot\sin\angle OCC'=18.1\times\sin26^\circ=7.93\text{m}$。

(5) 求楔形体的体积（V）和重量（G）

$$V=\frac{1}{3}\cdot OC'(S_{ABC}+S_{A'B'C'}+\sqrt{S_{ABC}\cdot S_{A'B'C'}})=964\text{m}^3$$

$$G=\gamma V=2630\text{t}$$

(6) 求β_1、β_3及α_{13}，作图方法见前节所述。由图18-27量得：$\alpha_{13}=44°$；$\beta_1=69°$；$\beta_3=40°$。

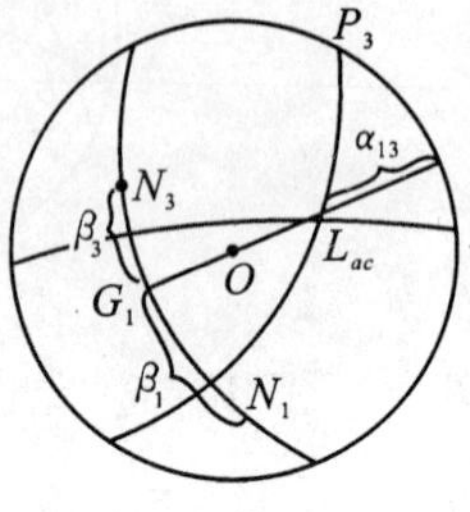

图18-27　求β_1，β_2及α_{13}图

(7) 将以上各值代入式(18-21)求稳定系数(考虑T_1和T_3面的凝聚力c值)：

$$K=\frac{2630\times\cos44°\cdot(\sin40°\times0.3+\sin69°\times0.6)+(278\times1.0+197\times0.5)\times\sin109°}{2630\times\sin44°\times\sin109°}$$

$$=1.02°$$

(8) 关于稳定安全系数值的建议，根据一般工程经验，利用上述公式计算，K达到如下数值时，方能认为稳定。

施工期间，$K\geqslant1.15\sim1.25$；长期稳定：$K\geqslant1.5\sim1.6$，否则应采取工程处理措施。

4. 自重、裂隙水压力和震动荷载作用下的双面滑动

裂隙水压力方向垂直于结构面，震动惯性力以平行g_{ij}方向为最不利。稳定系数的计算公式为

$$K=\frac{(G\cos\alpha_{ij}\cdot\sin\beta_j-w_i)\tan\phi_i+(G\cos\alpha_{ij}\cdot\sin\beta_i-w_j)\tan\phi_j+\sum_{n=i,j}S_nc_n\sin(\beta_i+\beta_j)}{G\sin\alpha_{ij}\cdot\sin(\beta_i+\beta_j)+G_s}\tag{18-22}$$

式中：w_i、w_j——结构面P_i、P_j上的裂隙水压力；

G_s——震动惯性力，$G_s=\dfrac{a}{g}\cdot G=K_sG$；

K_s—— 震动系数。

算例 18.2　已知岩质边坡 P_s 上有一楔形不稳定体，其基本资料同上例，而 T_1 面渗透水压力平均水头 $H_1 = 2.0\text{m}$，T_3 面平均水头 $H_3 = 3.0\text{m}$，震动系数 $K_s = 0.1$。求其稳定系数。

由已知条件得

$$w_1 = S_{ABC} \cdot H_1 = 278 \times 2.0 = 556\text{t}$$

$$w_3 = S_{ACC'A'} \cdot H_3 = 197 \times 3.0 = 591\text{t}$$

$$G_s = 2630 \times 0.1 = 263\text{t}$$

代入式(18-22)计算得

$$K = \frac{1260}{1990} = 0.63$$

塌滑力　　　　　$F = 1990 - 1260 = 730\text{t}$

以上计算结果可以做为工程处理的设计依据。

5. 求双面滑动稳定系数的作图方法

已知岩质边坡 P_s 上有楔形不稳定体，其基本资料同 4 中算例，用作图法求稳定系数。

(1) 已知作用荷载如下：

结构面 T_1、T_3 的凝聚力：$\vec{c_1} = 278\text{t}$，$\vec{c_3} = 99\text{t}$，总凝聚力 $\vec{c} = 377\text{t}$，方向是滑动方向的相反方向，即 $-g_{13}$。

结构面的外水压力：$\vec{w_1} = 556\text{t}$，$\vec{w} = 591\text{t}$，其方向是切割锥的内法线方向。

岩体自重：$\vec{G} = 2630\text{t}$，方向垂直向下($-\vec{Oz}$)。

震动荷载：已知 $\arctan\phi_s = 0.1$，则 $\phi_s = 6°$，方向任意。

(2) 已知 $\tan\phi_1 = 0.3$，$\phi_1 = 17°$；$\tan\phi_3 = 0.6$，$\phi_3 = 31°$。换算出不同稳定系数时的摩擦角 ϕ_i 如表 18-3 所示。例如，某岩体受各种力的合力需要 $\tan\phi_1 = 0.5$，$\tan\phi_3 = 1.0$ 才能处于稳定(极限平衡)，那么在实际 $\tan\phi_1 = 0.3$，$\tan\phi_3 = 0.6$ 的情况下，其安全系数为 0.6。

表 18-3　　不同安全系数下的摩擦系数

稳定系数 K		1.0	0.6	0.8	1.2
摩擦系数 ($\tan\varphi_i$)	T_1	0.3	0.5	0.375	0.25
	T_3	0.6	1.0	0.75	0.50
摩擦角 (φ_i)	T_1	17°	26.5°	20.5°	14.5°
	T_3	31°	45°	37°	26.5°

(3) 作图方法和步骤

1) 作不同稳定系数摩擦锥的赤平投影等值线图。首先作 T_1、T_3 结构面的赤平投影 P_1、P_3 及其内法线投影 N_1、N_3；再过 N_1、N_3 与 P_1、P_3 的交点 E 分别作大圆 P_{F1}、P_{F3}，此两大圆内包围的部分即为沿 T_1、T_3 做双面滑动的不稳定区界限；在 P_{F1} 圆弧上自 N_1 向 E 方向截取表 18-3 中所列 T_1 的四个不同 K 值对应的 ϕ 角，在 P_{F2} 上截取 T_2 的四个不同 K 值对应的 ϕ 角；然后通过相同 K 值的两点作大圆得 $P_{\phi 1.2}$、$P_{\phi 1.0}$、$P_{\phi 0.8}$、$P_{\phi 0.6}$，即得出稳定系数摩擦锥的等值线图，如图 18-28 所示。

2) 作力的合成，首先作各力的赤平投影，$\vec{w_1}$、$\vec{w_3}$ 与 N_1、N_2 重合，$\vec{c}$ 与 E 重合，$\vec{G}$ 与圆心重合，顺序求$\vec{w_1}$ 与$\vec{w_3}$ 的合力 $\vec{M}$，$\vec{M}$ 与 $\vec{c}$ 的合力 $\vec{L}$，$\vec{L}$ 与 $\vec{G}$ 的合力 $\vec{R}$。以 $\vec{R}$ 为轴作震动惯性力摩擦锥 P_e 即得力的合成，如图 18-29 所示。

3) 将力的合成结果移至图 18-28 中。

4) 判读稳定系数，根据 P_e 圆与 $P_{\phi i}$ 圆的相对位置，得 $K \approx 0.63$。

如果仅考虑自重和震动惯性力，则求双面滑动稳定系数用作图方法更为简便。若不需计算滑动力，只需计算稳定系数，则塌滑体的体积和重量 G 都无需求解。其作图方法是：先作不同稳定系数摩擦锥的赤平投影等值线图，再过圆心 O 作震动惯性摩擦锥，最后判读稳定系数，如仍用上例数值，不考虑其外水压力及凝聚力影响，求出力的合成投影如图 18-28 中虚圆所示。判读稳定系数 $K < 0.8$。

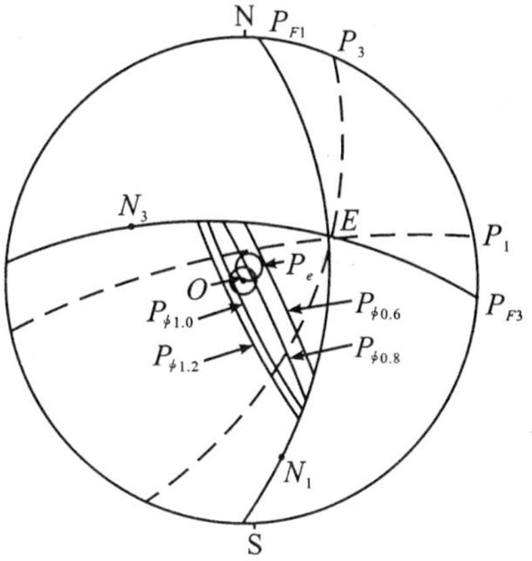

图 18-28　求双面滑动的稳定系数图

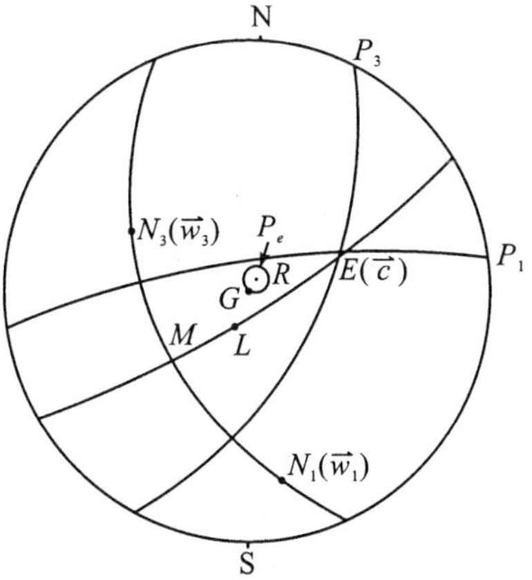

图 18-29　求力的合成图

6. 当合力 $\vec{F}$ 方向为任意时，用全空间作图方法判断稳定性

用 5 中半空间赤平投影方法分析岩体稳定时，有很大的局限性。如当力的方向指向下半空间时，其投影则在基本圆外，半空间即不适用。另外，当震动力或渗透压力较大时，岩块的滑动方向和滑动面可能改变，使计算复杂化。为解决这些问题，下面给出更一般的图解方法。

已知岩质边坡 P_s 上由三组结构面构成不稳定体 U，U 在 T_2、T_3 两个结构面的上盘，在 T_1 结构面的下盘。结构面的产状和力学指标如表18-4所示。U 受各种荷载的合力 $\vec{F_1}$ 为 SW210°∠40°，指向下半球。

表 18-4　　结构面的产状与摩擦角

结构面分组	产　状	摩擦角 ϕ
T_1	NE80°SE∠60°	30°
T_2	NW330°SW∠60°	30°
T_3	NE30°NW∠40°	30°

评价 U 在 $\vec{F_1}$ 作用下的稳定性，其步骤如下（见图18-30）。

（1）塌滑区域划分：

1）作切割锥 U 的赤平投影，该投影是顶点为 g_{12}、g_{13}、g_{23} 的曲边三角形。

2）作结构面的外法线（指向切割锥外）N_1、N_2、N_3 的投影，并两两作大圆，得曲边三角形 $N_1N_2N_3$。

3）用过两点作大圆的方法，把 g_{ij} 及 N_i 脚标中具有同符号的两点相连接，又得到六个曲边三角形（图18-30中有的曲边三角形因图幅所限，未全部画出）。

过两点作大圆的方法是：先求共轭点，而后过三点作圆。例如过 N_3 及 g_{13} 两点作大圆时，先根据公式 $R^2 = ON_3 \cdot ON_3'$，求出 N_3 的共轭点 N_3'，再过 N_3、N_3' 及 g_{13} 三点作圆即是。

4）标定八个分区如表18-5所示。这样在 U 的周围空间，共划分为互不重合的八个区。合力 $\vec{F_1}$ 落在哪个区，说明 U 即具有该区所特定的塌滑形式和方向。

（2）按摩擦角划分稳定区及不稳定区

1）以 N_1、N_2、N_3 为轴，按各自的摩擦角 ϕ 作摩擦圆 P_{N1}、P_{N2}、P_{N3}，这些摩擦圆与塌滑界线有 K_{12}、K_{13}、K_{21}、K_{23}、K_{31}、K_{22} 等六个交点。

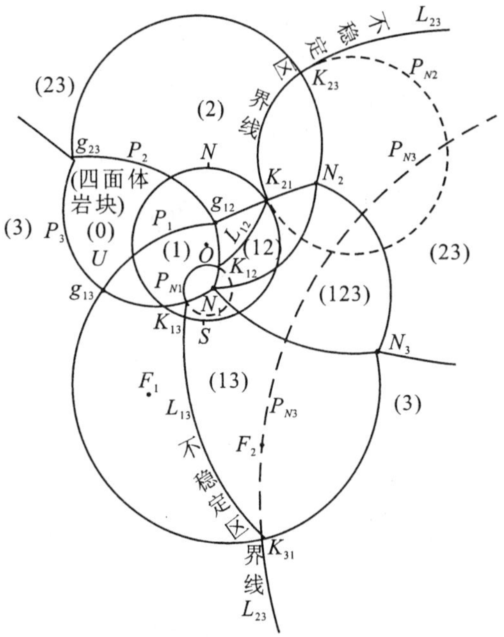

图 18-30　用全空间作图方法判别稳定性图

表 18-5　　　　　　**标定的八个分区**

塌滑性质	塌落区	单面滑动区			双面滑动区			稳定区
三角形顶点位置	$g_{12}g_{13}g_{23}$	$N_1g_{12}g_{13}$	$N_2g_{12}g_{23}$	$N_3g_{13}g_{23}$	$g_{12}N_1N_2$	$g_{23}N_2N_3$	$g_{13}N_1N_3$	$N_1N_2N_3$
塌滑方向	$\overrightarrow{F}$	$\overrightarrow{g_{12}}$ $\overrightarrow{g_{13}}$ 之间	$\overrightarrow{g_{12}}$ $\overrightarrow{g_{23}}$ 之间	$\overrightarrow{g_{13}}$ $\overrightarrow{g_{23}}$ 之间	$\overrightarrow{g_{12}}$	$\overrightarrow{g_{23}}$	$\overrightarrow{g_{13}}$	—
区域符号	(0)	(1)	(2)	(3)	(12)	(23)	(13)	(123)

2）过 K_{12}，K_{13}，… 等各点两两作大圆，得不稳定区界线 L_{12}、L_{13}、L_{23}，则 P_{Ni} 与 L_{iK} 自然地两两相连形成一封闭曲多边形，称此曲多边形为"不稳定区界线"。曲多边形(123) 区所在的一侧，稳定系数 $K > 1.0$，属稳定区；曲多边形(0) 区所在一侧，$K < 1.0$，属不稳定区。

3）亦可同上节半空间作图方法，假定出不同的稳定系数K，作不同稳定系数的投影等值线图，以供直接判读稳定系数之用。

另外，如果U的切割锥有三个以上结构面，作图方法也与上述相同。

(3) 作合力$\vec{F_1}$的投影

合力的方向可由投影网或量角器确定，其赤平投影长度可由式(18-11)或式(18-12)计算。例如基本圆半径$R = 2.0\text{cm}$，则$\vec{F_1}$的赤平投影长度为：

$$\overline{OF_1} = R \cdot \cot \frac{1}{2}(90° - \alpha) = 2\cot \frac{1}{2}(90° - 40°) = 4.30\text{cm}。$$

在图18-30中点出$\vec{F_1}$的赤平投影F_1。

由图18-30可见，F_1落在(13)的不稳定区内，故U将沿$\vec{g_{13}}$产生双面滑动。如果作出稳定系数等值线图，便可直接读出稳定系数值。

如果要使U保持稳定，则需采取工程处理措施，例如设置预应力锚索，使$\vec{F_1}$叠加另一力得$\vec{F_2}$，其方向将为SE165°∠50°，指向下半球。作$\vec{F_2}$的投影F_2，这时F_2落在(13)的稳定区内，U便可保持稳定。

由上述可见，全空间作图方法更具有一般性，可以分析更复杂的受力条件，故一般多用于坝肩、坝基等稳定分析。

18.4 适用范围

如前所述，由于影响岩坡稳定的内、外因素错综复杂，使得岩坡失稳表现出不同的成因和形态。因而任何一种岩体稳定分析方法都不能包罗万象，都有其一定的适用范围和一定的准确性。本章分析方法也是如此。

由基本假定可知，本章的稳定分析方法适用于具有明显滑动面，且受临空面和结构面切割成孤立块体的岩质边坡；计算时，只考虑结构面间的抗剪强度，不考虑岩石本身破坏，所讨论的塌方体也只限于岩体的平行移动。对于重心落在支撑面外而造成的倾伏失稳，用本章的方法仅能求出切割孤立体,而倾伏力矩的计算则要根据岩体的几何数据和荷载作用条件才能确定。由于讨论对象的力学模型实质上是刚体的平行移动,故应用向量合成来求各荷载的合力才是正确的。

稳定分析成果的可靠性,主要取决于结构面力学指标 c、ϕ 值的准确性,这与其他稳定分析方法的要求是一致的。其次取决于结构面产状的准确性,严格说来,任何结构面都不是一个理想平面,一般情况是结构面越大,产状变化的可能性也越大。因此,野外量测时必须量取具有代表性的产状。从这个意义上来说,小规模(数百到数千平方米)的塌方稳定分析结果一般比大规模塌方稳定分析结果具有较高的精度。对于图解稳定分析方法,在理论上是严格的,每一步作图方法都可得到严格的数学证明,该方法的精确程度仅在于作图误差,故实际应用时,应尽量采用大半径的投影网,以减小作图误差。

在碧口水电站工程设计和施工中,曾应用本章方法对地下调压井高边墙及泄洪洞、电站进水口边坡等处岩体稳定问题进行分析,为设计和施工及时提出依据,取得了良好效果。

第19章　混凝土重力坝坝基岩体抗滑稳定分析

王宏硕　陆述远
（武汉水利电力学院）

19.1　概　述

近50年来，国内外一些较高的混凝土重力坝，其底宽与坝高之比有逐渐减小的趋势。20世纪30—40年代修建的重力坝，其比值多在0.9左右，有的用到1.0以上；20世纪50—60年代已降到0.8左右；到20世纪70年代，已减小至0.7左右。如美国1972年建成的利贝（Libby）重力坝，坝高135.6m，坝底宽91m，宽高比为0.67。美国1973年建成的德沃歇克（Dworshak）重力坝，坝高219m，底宽152m，宽高比为0.696。宽高比的减小，意味着工程量的减少，20世纪30—70年代重力坝的宽高比减少20%～30%，即100万m^3混凝土的坝，可以减少20～30万m^3混凝土，这是一个相当大的节约数字。减少坝体工程量的主要原因，是由于坝的抗滑稳定计算不断得到改进的结果。

数十年来，人们对抗滑、抗剪、抗剪断等的试验方法，有关参数的选择以及抗滑稳定计算方法等方面，曾做了大量的研究工作，同时，在运用于工程实践方面也积累了丰富的经验。因此，使抗滑稳定分析有了不少的改进。但由于抗滑稳定涉及的因素很多，问题比较复杂，截至目前，并没有得出公认的比较经济合理的研究成果。已有的一些计算公式，理论根据一般不足，大多带有半经验性质。这些半经验公式的计算结果有时相差很多，但它们却分别被不同国家或地区采用，且都有较丰富的使用经验。这一事实，一方面说明，抗滑稳定计算理论尚不完备；另一方面也说明，还有较大潜力。我们相信，随着抗滑稳定计算理论的不断完善，按照抗滑稳定所要求的坝体断面还会减小。

前苏联莫斯科水工设计院 1973 年提出的库尔普萨混凝土轻型重力坝的断面设计①，采取充分利用混凝土抗压强度和允许大坝上游面开裂，以及可靠的防渗和排水措施，使工程量大为减小。与此相适应，如果抗滑稳定要求也能使坝体断面减小，则更有条件使传统的重力坝过渡为轻型重力坝。显然这样做的意义是很大的。

本章拟对沿坝基面的抗滑稳定问题进行一些简易的理论分析与计算，探讨比较经济合理的计算公式与设计指标；对坝基岩体稳定，只讨论个别典型情况。

19.2　沿坝基面的平面抗滑稳定分析

19.2.1　几种常用公式和设计指标的分析

现有的抗滑稳定计算公式很多，常用的有以下几类[273],[274],[50],[275]：

1. 摩擦公式

认为坝底面与基岩之间处于“接触”状态，使用摩擦公式来校核坝的抗滑稳定，摩擦公式的代表型式为

$$K_s = f\frac{\sum V}{\sum H} \tag{19-1}$$

式中：K_s—— 抗滑稳定安全系数；

$\sum H$—— 作用于滑动面以上的力在滑动面方向投影的代数和；

① 别列津斯基 C. A. ，皮加列夫 A. C. ，混凝土重力坝设计改进的可能方向，国外水利水电，1979 年第 1 期。

$\sum V$—— 作用于滑动面以上的力在垂直于滑动面方向投影的代数和。

从表面上看，这个公式的物理概念最为明确，形式最为简单，因此长期以来，为工程技术人员所乐用。但这个公式最根本的问题是不符合实际。它不仅不考虑基岩与混凝土之间实际存在的“胶结”作用，甚至也忽略了即使“胶结”被破坏仍然存在着的“咬合”作用。因此，摩擦系数f和安全系数K_s的选定都带有很大的任意性。但由于公式简单，使用方便，在参数的选择上又积累了丰富的经验，再加之公式中的一些缺点也正在不断被克服（如摩擦系数的确定，由镜面摩擦试验发展到人工粗面摩擦试验，再由人工粗面摩擦试验发展到抗剪断破坏后的抗剪切试验，这就在一定程度上反映了咬合作用，等等），因此，该公式仍为国内外广泛采用。但由于它的基本假定不符合实际这一根本缺点，所以，只能把该公式看成是一种经验公式。

2. 剪摩公式

认为坝与基岩之间处于“胶结”状态，当这个“胶结”面上没有正应力作用时，就只存在着一个抗纯剪（即通常称的抗切，下同）强度c，c乘以坝底面积A得总的抗纯剪力cA。之后，在正应力作用下，又增加一项摩擦力$f\sum V$，总的阻滑力为$f\sum V+cA$。于是抗滑稳定安全系数将为

$$K_s' = \frac{f\sum V + cA}{\sum H} \tag{19-2}$$

这个公式既考虑了抗纯剪力，又考虑了摩擦力，因此称为剪摩公式。式中f多采用与摩擦公式中的摩擦系数相同的数值（但最近美国垦务局混凝土重力坝设计准则中规定混凝土的内摩擦系数，其数值为$f=1.0$，这似乎已经不是原来的外摩擦系数的概念了。从这个意义上来说，剪摩公式已逐步向抗剪断公式靠拢了）。c值考虑到坝基面坎坷不平，坝体混凝土与基岩胶结或咬合良好，坝体受水平推力后，一般在混凝土内部或基岩内部剪断，因此，采用混凝土的或基岩的纯剪强度（取两者中的较小值），其数值可以在室内进行纯剪试验（即无压剪切试

验）求得。当基岩较好时，可以直接选用混凝土的纯剪强度，一般可以取为混凝土抗压强度的 1/7 左右。美国垦务局混凝土重力坝设计准则中规定，混凝土的凝聚力 c 值约为抗压强度的 10%。考虑到坝与基岩结合面处施工质量不易保证，基岩或混凝土中可能存在各种裂隙或其他缺陷，以及剪应力分布不均匀等因素，有的 c 值只取观测值的 50%、75% 等。c 值一般选用在 20 ~ 40kg/cm^2 范围内。

考虑到最大阻滑力中已包括了摩擦力和抗剪力，且材料的纯剪强度因受各种因素影响，变化较大，因此，与摩擦公式相比较，应采用较大的安全系数。美国垦务局规定，在正常荷载组合情况下，剪摩安全系数 K_s'，在坝体内不得小于 3，在基岩内不得小于 4。

剪摩公式虽然考虑了"胶结"作用，但人为地把阻滑力当作摩擦力与抗纯剪力之和，物理概念也并不清楚，选用的摩擦系数、纯剪强度和安全系数，也带有很大的任意性。但这个公式和摩擦公式一样已使用多年，积累了丰富经验，因此，可以考虑和摩擦公式同样对待。经验和推理都说明，在同一坝高情况下，使用摩擦公式和剪摩公式往往会得到差别较大的结果。对于中、低高度的坝（100m 以下的坝），cA 项的作用比较显著，虽然剪摩公式要求的安全系数很大，但使用剪摩公式仍比较经济。与此相反，对于很高的坝，cA 的作用相对变小，使用剪摩公式由于安全系数大，反而不如使用摩擦公式经济。有人担心只满足一个公式是否可靠，这是没有必要的。这两个公式都有长期使用的经验，只要指标选择适当，满足一个公式就足以保证安全。事实上，有的国家一直使用摩擦公式，另有的国家一直使用剪摩公式，这一方面说明这两个公式均可做到安全可靠，另一方面说明这两个公式均有不够经济合理的地方。

3. 抗剪断公式

认为大坝与基岩"胶结"良好，但不应该人为地把阻滑力视为抗纯剪力与摩擦力之和，也不应该以混凝土或基岩的纯剪强度来代替胶结面上的纯剪强度，而应该直接通过胶结面的抗剪断试验来求得抗剪断强度的两个参数 f_1 和 c_1，从而得到总阻滑力为 $f_1 \sum V + c_1 A$，于是抗剪

断公式可以写为

$$K_s'' = \frac{f_1 \sum V + c_1 A}{\sum H} \tag{19-3}$$

式中 f_1 可以称为抗剪断摩擦系数，c_1 可以称为抗剪断凝聚力。我国《混凝土重力坝设计规范》中规定：f_1 和 c_1 应根据野外试验测定的峰值的小值平均值，结合现场实际，参考已建工程的经验加以选定。安全系数 K_s'' 值不分工程等级，基本荷载组合时，应大于或等于 3.0；特殊荷载组合时，应大于或等于 2.5。同时还规定：采用摩擦公式和抗剪断公式校核坝的抗滑稳定时，只要求能满足其中任一公式即可。

理论和实践都已证明，坝体混凝土与基岩能够胶结良好，因此，近年来，把抗剪断强度参数引入抗滑稳定计算中，已成为国内外的发展趋势。我国在这方面已做了不少试验研究工作，积累了一定经验，因此，《混凝土重力坝设计规范》中推荐这一计算公式，并在总结已有筑坝经验的基础上，提出了目前认为较适宜的抗滑稳定安全系数。相信这一公式会在今后的工程实践中得到广泛应用。但必须指出：如何确定抗剪断强度参数 f_1 和 c_1 值，如何把试验所得的 f_1 和 c_1 值引用到坝体抗滑稳定计算中去，以及如何确定安全系数 K_s'' 等，都还缺乏理论根据，仍带有一定的任意性。本章拟在这方面作必要的探讨，并提出建议公式和参数值。

4. 抗剪公式

既然坝体混凝土与基岩能够胶结良好，因此，只要坝体与坝基各点的剪应力不超过相应点材料的允许抗剪强度（即允许剪应力），就应该认为大坝是处于安全状态，即不存在所谓滑动问题。换句话说，抗滑问题实质上是抗剪问题。抗剪公式就是以此为根据提出来的。

根据试验成果得知，不论在坝体内，胶结面上或基岩内，各点的抗剪强度 τ_0 常常是该点上正应力 σ 的函数，而且可以近似地以一线性关系表示，即所谓库仑一奈维抗剪强度表达式，$\tau_0 = f_0\sigma + c_0$，因此，允许剪应力应为

$$[\tau] = \frac{f_0\sigma}{K_2} + \frac{c_0}{K_1} \tag{19-4}$$

当某点剪应力不超过该点材料的允许剪应力,即 $\tau \leqslant [\tau]$ 时,表示该点不会发生剪切破坏。如果滑动面上所有点都不发生剪切破坏,大坝的抗滑稳定自然就不成问题了。上式中,τ 为某计算点的实际剪应力,$[\tau]$ 为该点处材料的允许剪应力,f_0 可以称为该点处材料的抗剪摩擦系数或抗剪强度比例系数,c_0 可以称为该点材料的抗剪凝聚力或抗剪强度常数,K_1 和 K_2 为考虑到工作条件和应力计算不准确等因素后,采用的安全系数,σ 为计算点处剪切面上的正应力。

过去由于对混凝土、基岩以及混凝土与基岩结合面的抗剪试验研究得不够,以致抗剪强度和允许剪应力难以精确确定,而实际剪应力又受到计算手段和试验手段的限制,特别是复杂地基对坝体应力的影响,也不易准确定出,致使上述方法很少被实际采用。近年来,随着现场试验研究工作的广泛开展,已逐渐具备了较准确地确定抗剪强度计算参数 f_0、c_0 值和安全系数 K_1、K_2 值的条件。同时,由于有限单元法和电子计算机技术在水工设计中的广泛应用,以及结构模型试验技术的发展,已为较精确地确定实际剪应力 τ 值提供了可能。这一方法不仅适用于坝体、坝基面上,也同样适用于坝基,用以解决坝基的深部滑动问题。下面根据这一原理提出岩基上混凝土重力坝的抗剪公式,并将其转换为比较简单实用的抗剪断公式。

19.2.2　推荐的抗剪公式

式(19-4)为这类公式的一般型式。这里着重研究公式中抗剪强度参数 f_0、c_0 和安全系数 K_1、K_2 值的选定,并提出建议公式。

1. 破坏机理及强度准则

混凝土重力坝多修建在较坚硬完整的岩石地基上,坝基面上的抗剪破坏多呈脆性破坏型,如图 19-1 曲线 1 所示。图 19-1 中的曲线是根据现场的抗剪断试验绘制的。图 19-1 中的剪应力 τ 是滑动面上剪应力的平均值,该值虽不反映材料的真实的抗剪强度,但可以用该值来反映受剪材料的破坏机理。由图 19-1 可见,应力位移曲线的性状可以分为三个阶段:第一阶段试块受力后连同基岩一起位移。根据测表的反映,位移主要表现为由基岩变形产生的试块绝对位移,而试块与基岩间的相对位移极小或等于零。若把荷载去掉,试块可基本恢复到原来位置,应力与位移成线性关系。此阶段相当于大坝蓄水后,在各种荷载作用下,坝体连同基岩一起向下游移动,当水库放空,水平荷载卸去后,坝体又恢复到原来位置的情况。这个阶段通常称为弹性工作阶段。曲线 1 上的 A 点为这一阶段的终点,常称为比例极限。这一特征点对研究大坝的抗滑稳定性具有重要意义。

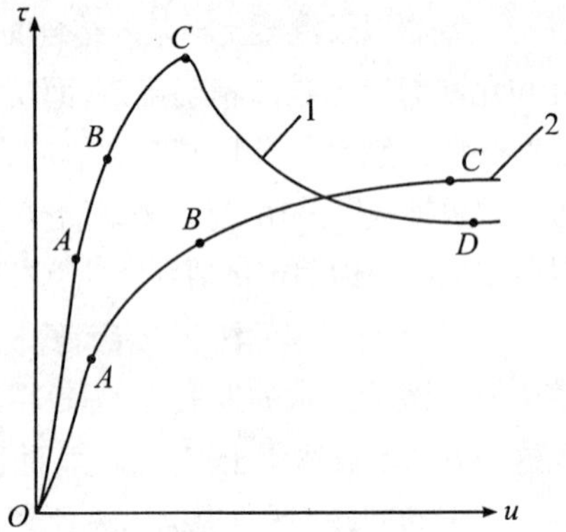

1— 脆性破坏型; 2— 塑性破坏型

图 19-1　剪应力 — 剪位移关系曲线图

剪力继续加大,即进入第二阶段。此时试块产生因基岩变形而引起的位移,也产生试块与基岩间的相对位移。此时受压面一侧开始出现裂缝,并随着剪力的继续加大而逐渐扩展到整个试块底部。位移速率较上一阶段有所增加,位移曲线逐渐偏离直线段向横轴方向弯曲而成为非线性。此阶段始于点 A,终于点 B。点 B 常称为屈服极限或屈服点。

剪力继续增加,即进入第三阶段。此时剪位移速率明显增大,试块沿断裂面滑移,相对位移大为增加,且与绝对位移几乎相等。剪应力到达峰值后骤然下降,有时并伴有巨响,试块至此全部剪断。此阶段始于点 B,终于点 C。点 C 常称为破坏极限,其抗剪断强度称为极限值或峰值。

罗查(C. A. Роза) 于 1960 年就提出以比例极限值作为取值标准,

即比例极限强度准则。他根据前苏联 10 座坝的试验成果指出，对于脆性破坏型，比例极限强度平均值不大于极限强度平均值的 50%。长江水利水电科学研究院也建议采用比例极限强度准则。他们根据国内 56 个工程中 148 组混凝土与基岩结合面抗剪断现场试验成果的统计分析，将混凝土与基岩结合面的试验成果按强度大小分为四类，其成果列于表 19-1。根据表 19-1，长江水利水电科学研究院建议：对脆性破坏型，系数 f 的折减系数（保证率95% 的比例极限值与算术平均极限值的比值）取 1/2.3；系数 C 的折减系数取 1/4。

表 19-1　$\frac{混凝土}{岩}$试验$\frac{保证率95\%的比例极限值}{算术平均极限值}$比值统计表

统计内容	脆性破坏型							
	f				c			
	Ⅰ	Ⅱ	Ⅲ	Ⅳ	Ⅰ	Ⅱ	Ⅲ	Ⅳ
保证率95% 的比例极限值	0.75	0.62	0.5	0.37	4.60	3.61	3.14	1.33
算术平均极限值	1.59	1.28	1.10	0.82	17.62	13.07	10.85	5.18
比值	1/2.12	1/2.04	1/2.22	1/2.22	1/3.84	1/3.72	1/3.46	1/3.90
建议值	1/2.3				1/4.0			

根据重力坝设计规定，在任何不利的荷载组合作用下，一般不允许坝底出现裂缝，更不允许裂缝沿整个坝底逐渐扩展。为此，必须使大坝处于弹性工作状态。所以取比例极限值作为取值标准是适当的，在此建议采用这一强度设计标准。鉴于极限强度（峰值）较易确定，而比例极限受种种因素影响不易精确定出。因此，当现场试验未能确定比例极限值时，采用极限值乘以折减系数来确定比例极限值的作法比较简便可行。长江水利水电科学研究院建议的折减系数，其依据是我国大量现场试验的成果，有一定代表性，且取值又偏于安全方面，可以作为大坝设计的依据。在以后的公式推导中，我们将采用这两个数值。

2. 真实的抗剪比例极限强度

目前国内外所提供的抗剪断试验成果f和c值，都是根据混凝土试块与基岩胶结面上的平均正应力和平均剪应力整理出来的。事实上，在弹性工作范围内（即剪应力小于比例极限值的情况），胶结面上的应力分布是不均匀的。图19-2是武汉水利电力学院通过光弹试验所得的试块底面应力分布图，可以由此求出真实的抗剪比例极限强度。

对图19-2进行分析可知：① 当试块计算断面的平均正应力一定时，随着平均剪应力的不断加大，胶结面上的剪应力和正应力分布也越来越不均匀，但应力分布规律则基本上是一致的，即应力越来越向上、下游侧集中，中部正应力σ的绝对值越来越小，而中部剪应力τ的绝对值却随着平均剪应力的增加而相应增大。当平均剪应力到达平均比例极限值时，胶结面上抗剪最不利点（一般为τ/σ值最大点）的剪应力才是真正的（相应于此时该点实际正应力作用下的）抗剪比例极限强度。② 由于试块底面应力分布规律基本一致，因此，在平均应力σ与τ的不同组合下，抗剪最不利点基本上均出现在某一固定点。经分析计算得知，该点出现在图中点7处（见图19-2）。如果将平均应力σ与τ（τ是平均正应力σ作用下的平均比例极限值）的不同组合下点7处的应力σ与τ值点绘成$\tau\sim\sigma$关系曲线，并按直线关系$\tau=f\sigma+c$整理，可得如图19-3所示的曲线方程式为$\tau_P=4.25\sigma_P+12.8$。该式即为真实的抗剪比例极限强度关系式，其中$f=4.25$，$c=12.8\text{kg/cm}^2$，与按平均应力计算抗剪比例极限强度所得的参数$f=0.75$，$c=4.6\text{kg/cm}^2$相比较（见表19-1，为安全计，选其中最大值），真实的f值为平均f值的5.7倍，真实的c值为平均c值的2.8倍。这说明真实的抗剪比例极限强度与按平均应力计算出的抗剪比例极限强度有显著的不同。5.7和2.8可称为改正系数。显然，应按真实的抗剪比例极限强度来审查抗剪是否安全。真实抗剪强度可以用下式表示

$$\tau_P=5.7f_A\sigma_P+2.8c_A \tag{19-5}$$

式中：τ_P—— 真实抗剪比例极限强度；

f_A、c_A—— 按平均应力计算出的抗剪断比例极限强度参数；

σ_P—— 作用在所审查的点上的正应力。

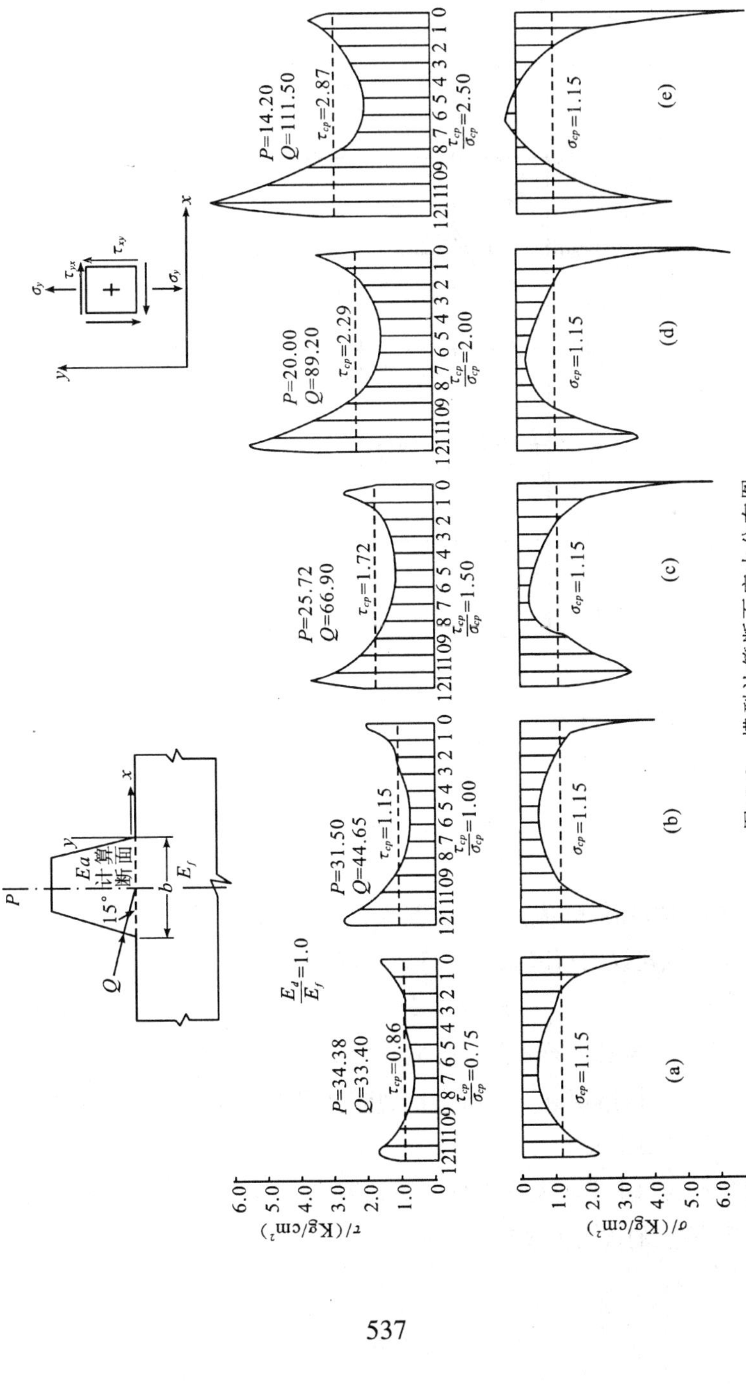

图19-2　模型计算断面应力分布图

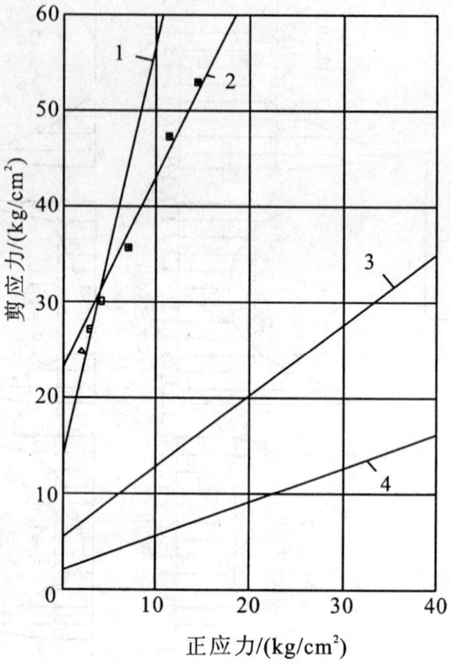

1— $\tau_P = 4.25\sigma_P + 12.8$；2— $\tau = 2.08\sigma + 22$；

3— $\tau = 0.75\sigma + 4.6$；4— $\tau = 0.37\sigma + 1.33$

图 19-3　$\tau \sim \sigma$ 关系曲线图

若用极限值(峰值)的抗剪断强度参数表示,则参照长江水利水电科学研究院建议的折减系数,可以将式(19-5)改写为

$$\tau_P = 2.5 f_c \sigma_P + 0.7 c_c \tag{19-6}$$

式中:f_c—— 根据现场试验所得抗剪断摩擦系数算术平均极限值;

c_c—— 根据现场试验所得抗剪断凝聚力算术平均极限值。

3. 抗剪公式及有关参数

令 τ 表示水平坝基面上任一点的剪应力,σ 表示该点上的正应力,K_P 表示该点的抗剪安全系数,则

$$K_P = \frac{\tau_P}{\tau} = \frac{2.5f_c\sigma + 0.7c_c}{\tau} \tag{19-7}$$

国内在设计重力坝时,一般采用较高的安全系数,如抗压安全系数,在设计情况下,不小于4.0;在校核情况下,不小于3.5 ~ 3.0。抗剪安全系数也可采用与抗压相同的标准,即设计情况采用$K_P \geqslant 4.0$,校核情况采用$K_P \geqslant 3.5$。代入式(19-7)化简得

$$\left.\begin{aligned} &\text{设计情况} \qquad \frac{f_c\sigma + 0.28c_c}{\tau} \geqslant 1.6 \\ &\text{校核情况} \qquad \frac{f_c\sigma + 0.28c_c}{\tau} \geqslant 1.4 \end{aligned}\right\} \tag{19-8}$$

式(19-8)即为判断坝基面任一点抗剪是否安全的公式,相对于摩擦公式、抗剪断公式等来说,可以简称为抗剪公式。显然,式(19-8)应在坝底面任一点都能得到满足。但使用时,无需逐点审查,只需首先找出坝基面最小K_P值的位置即可,若该处的σ、τ值满足式(19-8),说明整个大坝在抗剪方面是安全的。现就两种不同情况加以讨论。

(1)不考虑坝基变形对坝体应力影响的情况

首先研究具有铅直上游面的三角形坝剖面,即上游坝坡$n = 0$,下游坝波为m的情况,如图19-4所示。这时可以视为无限楔体,在上游齐顶水压力和自重作用下,由弹性理论导出σ_x、σ_y、τ_{xy}的应力表达式为

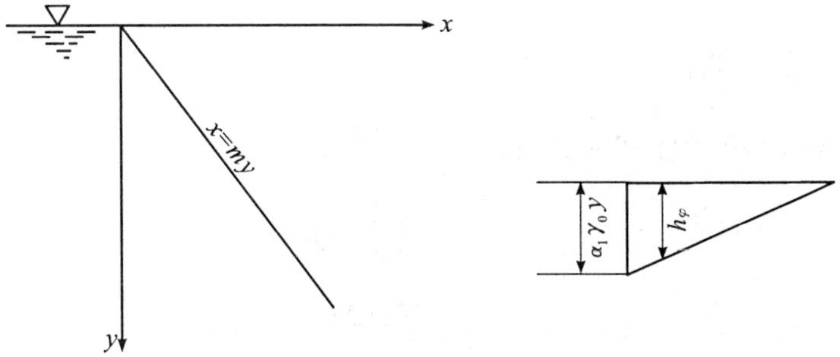

图19-4　上游坝面垂直的受力情况图

$$
\begin{cases}
\sigma_x = \gamma_0 y \\
\sigma_y = \left(\dfrac{-\gamma_c}{m} + \dfrac{2\gamma_0}{m^3}\right)x + \left(\dfrac{-\gamma_0}{m^2} + \gamma_c\right)y \\
\tau_{xy} = \dfrac{\gamma_0}{m^2}x
\end{cases}
\tag{19-9}
$$

式中：γ_0—— 水的容重（t/m^3）；

γ_c—— 混凝土的容重（t/m^3）。

水库放空时，可令 $\gamma_0 = 0$，代入上式求解应力。

当考虑渗透压力时，假定坝身为渗透水流所充满，渗透压力在任一水平截面上呈三角形分布，如图19-4所示。此时，$h_\varphi = -\dfrac{\alpha_1\gamma_0}{m}x + \alpha_1\gamma_0 y$，满足谐和方程 $\nabla^2 h_\varphi = 0$。弹性理论早已证明，当坝身渗透压力连续变化，且满足谐和方程时，计算坝身应力，可先不考虑坝身渗透压力的影响，求出各点应力 σ_x、σ_y、τ_{xy} 及主应力 σ_1、σ_2 后，从正应力 σ_x、σ_y 和主应力 σ_1、σ_2 中减去该点渗透压力强度即可，而剪应力不受影响。这个结论是勃拉兹（J. H. Brahtz）于1936年在第二次国际大坝会议上提出来的。按此结论，可得考虑渗透压力作用时的坝身应力为

$$
\begin{cases}
\sigma_x = \dfrac{\alpha_1\gamma_0}{m}x + (1-\alpha_1)\gamma_0 y \\
\sigma_y = \left(\dfrac{-\gamma_c}{m} + \dfrac{2\gamma_0}{m^3} + \dfrac{\alpha_1\gamma_0}{m}\right)x + \left(\dfrac{-\gamma_0}{m^2} + \gamma_c - \alpha_1\gamma_0\right)y \\
\tau_{xy} = \dfrac{\gamma_0}{m^2}x
\end{cases}
\tag{19-10}
$$

将式（19-10）代入式（19-7）经整理后得

$$
K_p = \frac{m^2(0.7c_c)}{\gamma_0 x} + \left[\left(\frac{2}{m} + \alpha_1 m - \frac{\gamma_c}{\gamma_0}m\right) + \left(\frac{\gamma_c}{\gamma_0}m^2 - 1 - \alpha_1 m^2\right)\frac{y}{x}\right](2.5f_c)
\tag{19-11}
$$

重力坝基本剖面的设计条件为

$$\sigma_y' \geqslant 0$$

$$K_{p_{\min}} \geqslant K_0$$

式中：$K_{p_{\min}}$—— 最小抗剪安全系数；

K_0—— 允许抗剪安全系数，设计情况 $K_0 = 4.0$，校核情况 $K_0 = 3.5$。

根据 $\sigma_y' = 0$，由式(19-10)知，当 $x = 0$ 时，要求 $\sigma_y' = \left(-\frac{\gamma_0}{m^2} + \gamma_c - \alpha_1\gamma_0\right)y = 0$，$y$ 不等于0，则 $-\frac{\gamma_0}{m^2} + \gamma_c - \alpha_1\gamma_0 = 0$。若此时的 m 以特征字母 m_1 表示，则整理后得

$$m_1 = \frac{1}{\sqrt{\frac{\gamma_c}{\gamma_0} - \alpha_1}}$$

式中 m_1 为满足 $\sigma_y' = 0$ 的下游坝坡。

为了满足 $\sigma_y' \geqslant 0$，即上游不出现拉应力，要求坝下游坡 m 应大于或等于 m_1，即 $m \geqslant m_1$。

当 $m \geqslant m_1 = \frac{1}{\sqrt{\frac{\gamma_c}{\gamma_0} - \alpha_1}}$ 时，式(19-11)中的 $\left(\frac{\gamma_c}{\gamma_0}m^2 - 1 - \alpha_1 m^2\right) \geqslant 0$，此时由式(19－11)可以看出，当 m、γ_c、γ_0、α_1、y 一定时，x 越大，K_p 越小，即在同一水平截面上，最小抗剪安全系数 $K_{p_{\min}}$ 值将出现在下游面。将 $x = my$ 代入式(19-10)及式(19-7)得

$$\text{下游面}\quad \sigma_y'' = \frac{\gamma_0}{m^2}y$$

$$\tau_{xy}'' = \frac{\gamma_0}{m}y$$

$$K_{p_{\min}} = \frac{(0.7c_c) + \sigma_y''(2.5f_c)}{\tau_{xy}''} = \frac{m(0.7c_c)}{\gamma_0 y} + \frac{2.5f_c}{m}$$

设计情况 $K_{p_{\min}} \geqslant 4.0$，代入上式化简得

$$\text{校核情况 } K_{p_{\min}} \geqslant 3.5 \quad \left.\begin{aligned} \frac{0.28c_c m}{\gamma_0 y} + \frac{f_c}{m} \geqslant 1.6 \\ \\ \frac{0.28c_c m}{\gamma_0 y} + \frac{f_c}{m} \geqslant 1.4 \end{aligned}\right\} \tag{19-12}$$

其次,研究具有倾斜上游面的三角形坝剖面($n > 0$),如图19-5所示。同前,当只考虑齐顶上游水压力和坝身自重时,通过弹性理论分析给出的应力表达式为

$$\begin{cases} \sigma_x = a_1 x + b_1 y \\ \sigma_y = a_2 x + b_2 y \\ \tau_{xy} = a_3 x + b_3 y \end{cases} \tag{19-13}$$

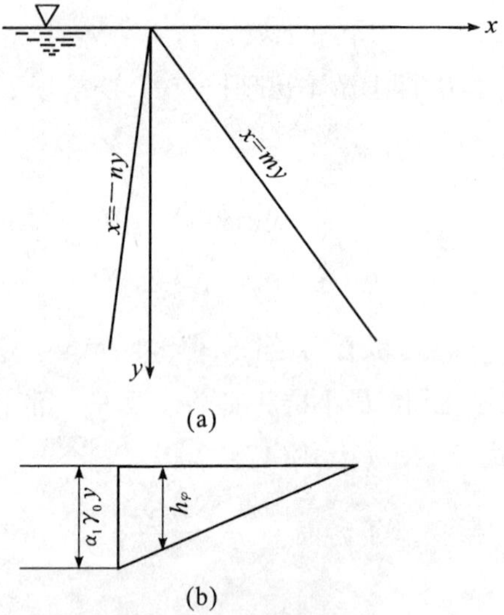

图19-5　上游坝面倾斜的受力情况图

$$a_1 = \frac{\gamma_c}{(m+n)^2}mn(m-n) + \frac{\gamma_0}{(m+n)^3}mn(mn - m^2 - 2)$$

$$b_1 = \frac{\gamma_c}{(m+n)^2} 2m^2 n^2 - \frac{\gamma_0}{(m+n)^3} m^2 (2mn^2 - 3n - m)$$

$$a_2 = -\frac{\gamma_c}{(m+n)^2}(m-n) - \frac{\gamma_0}{(m+n)^3}(n^2 + 3mn - 2)$$

$$b_2 = \frac{\gamma_c}{(m+n)^2}(m^2 + n^2) - \frac{\gamma_0}{(m+n)^3}(m - n - 2m^2 n)$$

$$a_3 = \gamma_c - b_2$$

$$b_3 = -a_1$$

式中：γ_c—— 混凝土容重（t/m^3）；

γ_0—— 水的容重（t/m^3）。

水库放空时，可令 $\gamma_0 = 0$ 代入上式求解应力。

和前面一样，假定渗透压力沿水平截面呈三角形分布，其大小为

$$h_\varphi = \frac{\alpha_1}{m+n} my - \frac{\alpha_1}{m+n} x$$

满足谐和方程 $\nabla^2 h_\varphi = 0$。所以，考虑渗透压力时的应力表达式为

$$\sigma_x = \left(a_1 + \frac{\alpha_1}{m+n}\right)x + \left(b_1 - \frac{\alpha_1}{m+n}m\right)y$$

$$\sigma_y = \left(a_2 + \frac{\alpha_1}{m+n}\right)x + \left(b_2 - \frac{\alpha_1}{m+n}m\right)y$$

$$\tau_{xy} = a_3 x + b_3 y$$

坝基面上任一点抗剪安全系数为

$$K_p = \frac{0.7c_c + 2.5f_c\sigma_y}{\tau_{xy}}$$

$$= \frac{0.7c_c + \left[\left(a_2 + \frac{\alpha_1}{m+n}\right)x + \left(b_2 - \frac{\alpha_1}{m+n}m\right)y\right](2.5f_c)}{a_3 x + b_3 y}$$

当 y 一定时，沿水平截面求最小 K_p 值（即 $K_{p_{\min}}$）的位置。

$$\frac{\mathrm{d}K_p}{\mathrm{d}x} = \frac{\left[\left(a_2 + \frac{\alpha_1}{m+n}\right)b_3 - a_3\left(b_2 - \frac{\alpha_1}{m+n}m\right)\right]y(2.5f_c) - 0.7c_c a_3}{(a_3 x + b_3 y)^2}$$

经验算，在重力坝设计可能遇到的情况中，$\frac{\mathrm{d}K_p}{\mathrm{d}x}$为负值，即$\frac{\mathrm{d}K_p}{\mathrm{d}x}<0$，说明 K_p 值随 x 的增大而减小，$K_{p_{\min}}$ 出现在下游边缘。

在下流边缘，$x = my$

$$\sigma_y'' = \left[\frac{\gamma_c n}{(m+n)} + \frac{\gamma_0}{(m+n)^2}(1-mn)\right]y,$$

$$\tau_{xy}'' = m\sigma_y''。$$

将 σ_y''、τ_{xy}'' 代入式(19-7) 化简后得

$$K_{p_{\min}} = \frac{0.7c_c}{my\left[\frac{\gamma_c n}{(m+n)} + \frac{\gamma_0}{(m+n)^2}(1-mn)\right]} + \frac{2.5f_c}{m}$$

设计情况 $K_{p_{\min}} \geqslant 4.0$

$$\frac{0.28c_c}{my\left[\frac{\gamma_c n}{(m+n)} + \frac{\gamma_0}{(m+n)^2}(1-mn)\right]} + \frac{f_c}{m} \geqslant 1.6$$

校核情况 $K_{p_{\min}} \geqslant 3.5$

$$\frac{0.28c_c}{my\left[\frac{\gamma_c n}{(m+n)} + \frac{\gamma_0}{(m+n)^2}(1-mn)\right]} + \frac{f_c}{m} \geqslant 1.4 \qquad (19\text{-}14)$$

(2) 考虑坝基变形对坝体应力影响的情况

众所周知，坝基变形对坝体应力有很大影响，对坝基面处的影响尤为显著。图 19-6 为考虑地基变形影响时的坝基面应力分布图。图 19-6 系根据带有铅直上游面和 $m = 0.73$，$\gamma_c = 2.3\mathrm{t/m^3}$ 的坝，用弹性理论方法计算出来的，包括坝与地基的弹模比 $E_d : E_f$ 为0、1 及 ∞ 三种情况的应力分布图。M. M. 格里申教授在分析坝基变形对坝体应力影响时指出，剪应力的分布与垂直正应力的分布基本类似，从图 19-6 也可明显地看出这一点。其中 E_d/E_f 越大，σ_y、τ_{xy} 的分布规律越接近，且在下游面随着 E_d/E_f 比值的增加而增长的正应力 σ_y 越集中。据初步统计，对于混

凝土坝，E_d/E_f 值一般变动在 0.5 ~ 5 范围内。实际计算表明，在此范围内的最小抗剪安全系数多出现在坝底下游边缘，即应力最大的地方。最小安全系数应为

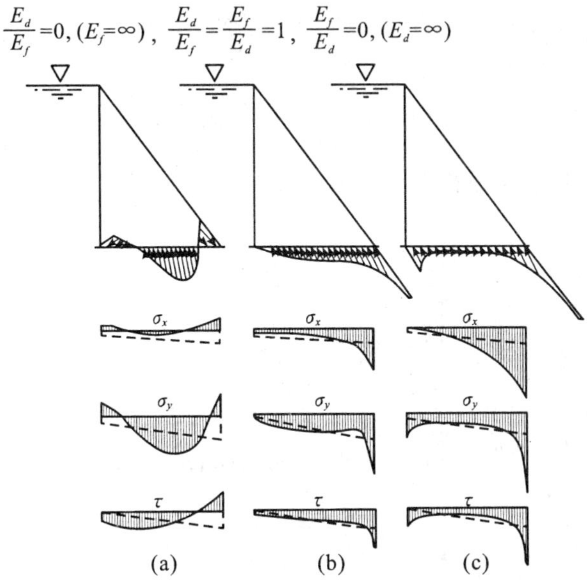

图 19-6　考虑地基变形影响的坝基面应力分布图

$$K_{p_{\min}}=\frac{0.7c_c+2.5f_c n_o \sigma_y''}{n_o \tau_{xy}''}=\frac{0.7c_c}{n_o m \sigma_y''}+\frac{2.5f_c}{m} \tag{19-15}$$

设计情况 $K_{p_{\min}} \geqslant 4.0$

$$\text{校核情况 } K_{p_{\min}} \geqslant 3.5 \quad \left.\begin{aligned} &\frac{0.28c_c}{n_o m \sigma_y''}+\frac{f_c}{m} \geqslant 1.6 \\ &\frac{0.28c_c}{n_o m \sigma_y''}+\frac{f_c}{m} \geqslant 1.4 \end{aligned}\right\} \tag{19-16}$$

式中 n_o 为应力集中系数，考虑地基变形影响时的应力与不考虑地基变

形影响所算得的应力之比。

因 $\tau_{xy}'' = m\sigma_y''$（下游无水时），所以 σ_y'' 和 τ_{xy}'' 的应力集中系数均为 n_o。

对于具有铅直上游面的三角形坝剖面，即 $n = 0$ 时，式(19-16) 可以写成

$$\left.\begin{aligned} &\text{设计情况} \quad \frac{0.28c_c m}{n_o\gamma_0 y} + \frac{f_c}{m} \geqslant 1.6 \\ &\text{校核情况} \quad \frac{0.28c_c m}{n_o\gamma_0 y} + \frac{f_c}{m} \geqslant 1.4 \end{aligned}\right\} \tag{19-17}$$

对具有倾斜上游面的三角形坝剖面，即 $n > 0$ 时，式(19-16) 可以写成

$$\left.\begin{aligned} &\text{设计情况} \quad \frac{0.28c_c}{n_o m y\left[\dfrac{\gamma_c n}{(m+n)} + \dfrac{\gamma_0}{(m+n)^2}(1-mn)\right]} + \frac{f_c}{m} \geqslant 1.6 \\ &\text{校核情况} \quad \frac{0.28c_c}{n_o m y\left[\dfrac{\gamma_c n}{(m+n)} + \dfrac{\gamma_0}{(m+n)^2}(1-mn)\right]} + \frac{f_c}{m} \geqslant 1.4 \end{aligned}\right\} \tag{19-18}$$

初步设计时，对实用剖面也可以用式(19-16) 对抗剪进行审查。式中应力集中系数 n_0 可以近似由图 19-7 曲线查得。对较重要的坝，到技术设计阶段，应通过有限单元法计算或模型试验确定坝基面上的 σ_y 和 τ_{xy} 的分布，用式(19-7) 找出 $K_{p_{\min}}$ 的位置，并用式(19-8) 对抗剪进行审查。

19.2.3 推荐的抗剪断公式

当前国内外工程界习惯于使用抗剪断公式，而这种公式也确实比较简便，现在把上述抗剪公式转换成抗剪断公式。很明显，这样得到的抗剪断公式与式(19-3) 的概念完全不同，该公式是以坝基面上任一点都不允许出现剪切破坏为理论根据的。

式(19-3) 为抗剪断公式的一般形式。若将该公式右边的分子、分母均除以 A，则可转换成 $K_s'' = \dfrac{f_1\sigma_m + c_1}{\tau_m}$，式中 σ_m、τ_m 分别为坝基面上的

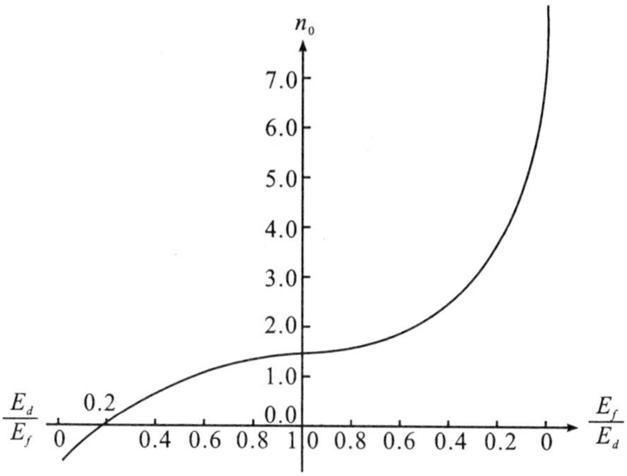

图 19-7　应力集中系数 n_0 与弹模比 E_d/F_f 关系曲线图

平均正应力和平均剪应力。由此看出，抗剪断公式所反映的是平均正应力和平均剪应力的关系。因此，只要能找出 $K_{p_{\min}}$ 点的正应力、剪应力与平均正应力、平均剪应力之间的关系，就可以把抗剪公式转换成抗剪断公式的形式。

将平均正应力 σ_m 和平均剪应力 τ_m 代入式(19-7) 得安全系数为

$$K_{p_m} = \frac{2.5f_c\sigma_m + 0.7c_c}{\tau_m} \approx \frac{2.5f_c\dfrac{\sigma_y''}{2} + 0.7c_c}{\dfrac{1}{2}\tau_{xy}''} = \frac{2.5f_c\sigma_y'' + 1.4c_c}{m\sigma_y''}$$

根据式(19-15)，

$$K_{p_{\min}} = \frac{2.5f_c n_0\sigma_y'' + 0.7c_c}{n_0 m\sigma_y''}$$

两式相除整理后得

$$\alpha = \frac{K_{p_m}}{K_{p_{\min}}} = \frac{(2n_0 - 1)(0.7c_c)}{0.7c_c + 2.5f_c n_0\sigma_y''} + 1$$

亦即将抗剪公式中规定的安全系数乘以 α 即得抗剪断公式应规定的安

全系数值。据此，式(19-8)可转换为

$$\left.\begin{aligned}&\text{设计情况}\quad \frac{f_c\sum V+0.28c_cA}{\sum H}\geqslant 1.6\alpha\\&\text{校核情况}\quad \frac{f_c\sum V+0.28c_cA}{\sum H}\geqslant 1.4\alpha\end{aligned}\right\}\tag{19-19}$$

式中：f_c、c_c——根据现场试验所得抗剪断参数算术平均极限值；

$\sum H$、$\sum V$——坝基面以上总水平力和总铅直力；

α——转换系数，$\alpha=\dfrac{(2n_0-1)(0.7c_c)}{0.7c_c+2.5f_cn_0\sigma_y''}+1$；

n_0——下游边缘处的应力集中系数；

σ_y''——下游边缘处的垂直正应力。

为安全计，可以取 $n_0=4.0$（在一般工程情况下的较大值），$c_c=176.2\text{t/m}^2$，$f_c=1.59$（由表19-1选取使 α 值偏大的一组数据），代入上式得 $\alpha=\dfrac{7}{1+0.13\sigma_y''}+1$（$\sigma_y''$ 单位为 t/m^2）。

当坝高100m时，可以求得 $\alpha\approx 1.25$；坝高为50m时，$\alpha\approx 1.5$。因此，建议：

100m以上的高坝，取 $\alpha=1.25$，得

$$\left.\begin{aligned}&\text{设计情况}\quad \frac{f_c\sum V+0.28c_cA}{\sum H}\geqslant 2.0\\&\text{校核情况}\quad \frac{f_c\sum V+0.28c_cA}{\sum H}\geqslant 1.75\end{aligned}\right\}\tag{19-20}$$

坝高为50～100m的坝，取 $\alpha=1.5$，得

$$\left.\begin{aligned}&\text{设计情况}\quad \frac{f_c\sum V+0.28c_cA}{\sum H}\geqslant 2.4\\&\text{校核情况}\quad \frac{f_c\sum V+0.28c_cA}{\sum H}\geqslant 2.1\end{aligned}\right\}\tag{19-21}$$

19.3　沿坝基内岩体软弱结构面的深部抗滑稳定分析

多年来的实践证明，当坝基岩体节理裂隙发育，特别是靠近坝基表面有缓倾角裂隙、断层或软弱夹层时，大坝往往不是沿坝基面滑动，而是沿基岩内部的薄弱面产生深部滑动。因此，沿坝基岩体软弱结构面的抗滑稳定问题是影响大坝建设的一个关键问题。这个问题关系到工程的质量、安全、造价和建设速度。据不完全统计，在我国已建和正在设计的近百座大坝中，由于软弱夹层而改变设计，降低坝高，增加工程量或在后期加固的约有三分之一。近年来为此而使工程停工，改变坝址或限制库水位的情况仍在发生。国外也有不少因此而发生垮坝的事例。因此，在勘探、设计以及施工等各个阶段，对这一问题都必须给予足够的重视。

19.3.1　破坏机理及强度准则

半坚硬岩体或软弱破碎岩体的破坏多属塑性破坏型，如图 19-1 曲线 2 所示，其应力 — 位移曲线近似抛物线或双曲线。按其破坏机理和曲线性状也可以分为三个阶段：第一为试块连同基岩一起位移的弹性工作阶段。由于塑性破坏型岩体强度较低，塑性较大，位移曲线的直线段很短，止于点 A，有时甚至很难定出 A 点的位置。当达到比例极限 A 时，如继续施加剪力即进入第二阶段，位移速率逐渐增大，此时试块除连同基岩一起位移外，还在试块与基岩(或软弱夹层)间逐渐产生相对位移。随着剪力的增加，基岩位移增量逐渐衰减，相对位移增量逐渐增大，位移曲线逐步向横轴方向弯曲呈非线性。此阶段始于点 A，终于点 B，至点 B 时，基岩位移增量变得很小，即此时的位移主要为试块与基岩间(或软弱夹层间)的相对错动。过点 B 后，即进入第三阶段，位移速率显著增大，试块沿基岩(或软弱夹层)逐渐产生塑性流动，此时剪应力虽仍有增加，但增量甚微，到达点 C 后，施加的剪力维持不变，试块以一定位移速率沿剪切面滑移。对于此类岩体，建议以屈服极限强度，即 B 点作为取值标准。这是因为在屈服值以前，结构尚无明显破坏，时间效应尚不显著（相应于屈服点时的快剪强度与流变强度的摩擦系数相差很小），位移量也比较小，常在大坝设计的许可范围内，比较符合安全经济的要求。但对于一些活动性和亲水性指标较高的泥化夹层，或者含有蒙脱土类矿物的泥化夹层，则应采用流变强度。

表 19-2 为长江水利水电科学研究院根据国内 56 个工程 113 组岩体本身试验成果分析统计的结果。表 19-2 中把岩石按不同情况分为四类进行统计，第 Ⅰ 类为花岗岩、闪长岩、大理岩、灰岩、片岩、砂岩等坚硬和较坚硬的岩体；第 Ⅱ 类为岩体中的节理裂隙面、分界面、层面等结构面；第 Ⅲ 类为破碎带、破碎夹层、夹有碎屑的层面等破碎软弱面；第 Ⅳ 类为泥化夹层和充填泥质的裂隙。

表 19-2　$\frac{\text{岩}}{\text{岩}}$试验$\frac{\text{保证率95\% 的屈服极限值}}{\text{算术平均极限值}}$比值统计表

统计内容	塑性破坏型							
	f				$c/(\mathrm{kg/cm^2})$			
	Ⅰ	Ⅱ	Ⅲ	Ⅳ	Ⅰ	Ⅱ	Ⅲ	Ⅳ
保证率95% 的屈服极限值	1.03	0.44	0.28	0.18	7.44	0.39	0.43	0.13
算术平均极限值	1.45	0.63	0.46	0.25	16.69	1.27	1.44	0.33
比值	1/1.40	1/1.43	1/1.64	1/1.39	1/2.24	1/3.08	1/3.35	1/2.54
建议值	1/1.5				1/3.4			

屈服极限值作为塑性破坏型的取值标准，当试验未取得此数值时，可按算术平均极限值乘以折减系数的办法来确定计算指标。根据表 19-2，抗剪断屈服极限强度摩擦系数的折减系数取 1/1.5，凝聚力的折减系数取 1/3.4。

19.3.2　沿坝基内岩体软弱结构面的深部抗滑稳定计算方法

1. 单斜滑动面抗滑稳定计算公式

如图 19-8 所示，滑动面为一平面，且单纯地倾向上游或下游时，可以求得计算公式为

$$K_c = \frac{f_B(\sum V\cos\alpha - u \pm \sum H\sin\alpha) + c_B A}{\sum H\cos\alpha \mp \sum V\sin\alpha}$$

式中：$\sum H$—— 一个坝段范围内滑动体承受的总水平力；

α—— 滑动面与水平面的夹角；

$\sum V$—— 一个坝段范围内滑动体承受的总铅直力；

A—— 滑动面面积；

f_B—— 滑动面上的抗剪断屈服极限强度摩擦系数；

c_B—— 滑动面上的抗剪断屈服极限强度凝聚力；

K_c—— 稳定安全系数。

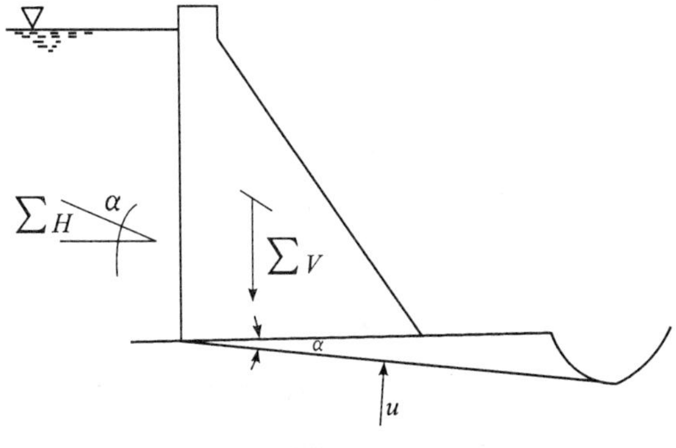

图 19-8

关于 K_c 的取值问题，由于沿软弱结构面的破坏属塑性破坏型，以屈服强度为取值标准，因此，参考土坝设计中允许的最小稳定安全系数标准（设计情况为 1.4 ～ 1.2，校核情况为 1.2 ～ 1.1）选取其中较大

值,即规定:设计情况,$K_c \geqslant 1.4$;校核情况,$K_c \geqslant 1.2$。

公式中 $\pm \sum H\sin\alpha$ 和 $\mp \sum V\sin\alpha$,当滑动面倾向上游时,选用上面的符号,即 $+ \sum H\sin\alpha$ 和 $- \sum V\sin\alpha$,当滑动面倾向下游时,则选用下面的符号。

为了实用,上式可以简化为以下形式

$$\frac{\frac{f_c}{1.5}\left(\sum V\cos\alpha - u \pm \sum H\sin\alpha\right) + A\frac{c_c}{3.4}}{\sum H\cos\alpha \mp \sum V\sin\alpha} \geqslant 1.4 \text{ 或 } 1.2$$

$$\left.\begin{array}{ll}\text{设计情况} & \dfrac{f_c(\sum V\cos\alpha - u \pm \sum H\sin\alpha) + 0.44Ac_c}{\sum H\cos\alpha \mp \sum V\sin\alpha} \geqslant 2.1 \\ \text{校核情况} & \dfrac{f_c(\sum V\cos\alpha - u \pm \sum H\sin\alpha) + 0.44Ac_c}{\sum H\cos\alpha \mp \sum V\sin\alpha} \geqslant 1.8\end{array}\right\}$$

(19-22)

上式也可以改写为

$$\left.\begin{array}{ll}\text{设计情况} & \dfrac{f_c\sum N + 0.44Ac_c}{\sum S} \geqslant 2.1 \\ \text{校核情况} & \dfrac{f_c\sum N + 0.44Ac_c}{\sum S} \geqslant 1.8\end{array}\right\} \quad (19\text{-}23)$$

式中:$\sum N$—— 滑动面上的总垂直力;

$\sum S$—— 滑动面上的总平行力;

f_c、c_c—— 滑动面上的抗剪断极限强度参数算术平均值。

2. 折线滑动面抗滑稳定计算公式

(1) 分段计算法

如图 19-9 所示,块体 $abcd$ 与 $cdef$ 之间 dc 面上的抗力 R,以及 $cdef$ 与 efg 之间 ef 面上的抗力 R_1 的方向均假定与前一滑动面平行。

由块体 efg 的平衡条件得抗力 R_1 为

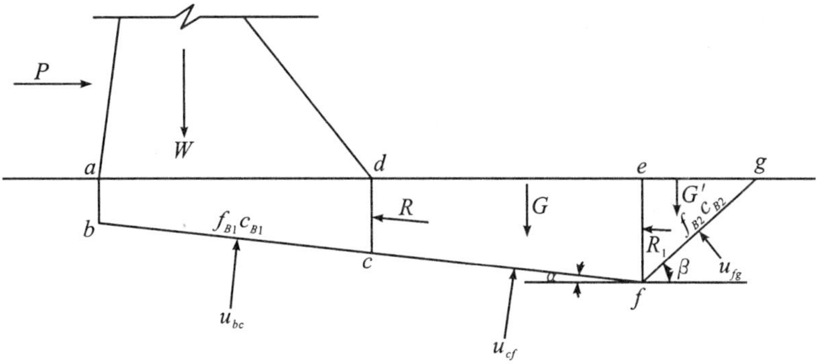

图 19-9

$$R_1 = \frac{f_{B2}(G'\cos\beta - u_{fg}) + G'\sin\beta + C_{B2}A_{fg}}{\cos(\alpha+\beta) - f_{B2}\sin(\alpha+\beta)}$$

再由块体 $cdef$ 平衡条件得抗力 R 为

$$R = f_{B1}(G\cos\alpha - u_{cf}) - G\sin\alpha + c_{B1}A_{cf} + R_1$$

坝体以下块体 $abcd$ 抗滑稳定安全系数 K_c 为

$$K_c = \frac{f_{B1}(W\cos\alpha - u_{bc} - P\sin\alpha) + c_{B1}A_{bc}}{P\cos\alpha + W\sin\alpha - R}$$

式中:f_{B1}、f_{B2}、c_{B1}、c_{B2} 为抗剪断屈服强度参数值。

若将屈服强度转换为抗剪断极限强度算求平均值,并令设计情况 $K_c \geqslant 1.4$,校核情况 $K_c \geqslant 1.2$,上式可以转换成

$$R_1 = \frac{\frac{1}{1.5}f_{c2}(G'\cos\beta - u_{fg}) + G'\sin\beta + \frac{1}{3.4}c_{c2}A_{fg}}{\cos(\alpha+\beta) - \frac{1}{1.5}f_{c2}\sin(\alpha+\beta)}$$

$$R_1 = \frac{1}{1.5}f_{c1}(G\cos\alpha - u_{cf}) - G\sin\alpha + \frac{1}{3.4}c_{c1}A_{cf} + R_1$$

$$\left.\begin{aligned} &\text{设计情况} \quad \frac{f_{c1}(W\cos\alpha - u_{bc} - P\sin\alpha) + 0.44c_{c1}A_{bc}}{P\cos\alpha + W\sin\alpha - R} \geqslant 2.1 \\ &\text{校核情况} \quad \frac{f_{c1}(W\cos\alpha - u_{bc} - P\sin\alpha) + 0.44c_{c1}A_{bc}}{P\cos\alpha + W\sin\alpha - R} \geqslant 1.8 \end{aligned}\right\} \tag{19-24}$$

上式也可以改写为如式(19-23)所示的通式,即

$$\left.\begin{array}{ll}\text{设计情况} & \dfrac{f_{c1}\sum N+0.44c_{c1}A_{bc}}{\sum S}\geqslant 2.1\\ \text{校核情况} & \dfrac{f_{c1}\sum N+0.44c_{c1}A_{bc}}{\sum S}\geqslant 1.8\end{array}\right\}\qquad(19\text{-}25)$$

式中:$\sum N$—— 滑动面 bc 上的总垂直力:

$\sum S$—— 滑动面 bc 上的总平行力。

分段计算法所得的 K_c 值,是在靠下游两个块体均处于 $K_c=1$ 状态下的坝身段的抗滑、稳定安全系数,它不能代表整个滑移体的抗滑稳定安全系数,因此,其值偏大。

(2) 分段等稳定系数法

即用每一段的稳定安全系数均相等的原则求得整个滑移体的抗滑稳定安全系数。

如图 19-9 所示,根据三个块体的平衡条件得各块体的稳定安全系数为

$$\begin{cases}K_c=\dfrac{f_{B2}[G'\cos\beta-u_{fg}+R_1\sin(\alpha+\beta)]+c_{B2}A_{fg}}{R_1\cos(\alpha+\beta)-G'\sin\beta}\\ K_c=\dfrac{f_{B1}(G\cos\alpha-u_{cf})+c_{B1}A_{cf}}{R+G\sin\alpha-R_1}\\ K_c=\dfrac{f_{B1}(W\cos\alpha-u_{bc}-P\sin\alpha)+c_{B1}A_{bc}}{P\cos\alpha+W\sin\alpha-R}\end{cases}\qquad(19\text{-}26)$$

以上三个方程式联立,可以解出 K_c、R、R_1 三个未知数,K_c 即为整个滑移体的抗滑稳定安全系数,它必须大于或等于允许值,即设计情况 $K_c\geqslant 1.4$,校核情况 $K_c\geqslant 1.2$。

抗剪断强度参数 f、c,如已取得屈服强度,则可以直接代入,若未取得屈服强度,仍以 $f_B=\dfrac{1}{1.5}f_c$,$c_B=\dfrac{1}{3.4}c_c$ 代入上式。f_c、c_c 为抗剪断极限强度参数算术平均值。

同理,如有 n 个滑动块体,可列 n 个联立方程式,通过试算或解联立方程式求得 K_c 值。

若坝基下岩体中只存在倾向下游的软弱结构面,而下游岩体是坚硬岩石,并不存在明显的第二滑动面时,则第二滑动面可通过试算确定。即假定不同的 β 角(图 19-10),用前述的分段计算法或等稳定系数法分别计算其安全系数,从而得到最小的安全系数和最危险的第二滑动面,如图 19-10 所示。此时,第二滑动面由于是坚硬岩石,属脆性破坏型,故其 f、c 值应选用比例极限值。第一滑动面由于是软弱结构面,属塑性破坏型,f、c 值应取与第二滑动面达比例极限值时的变位相等的 f 和 c 值。

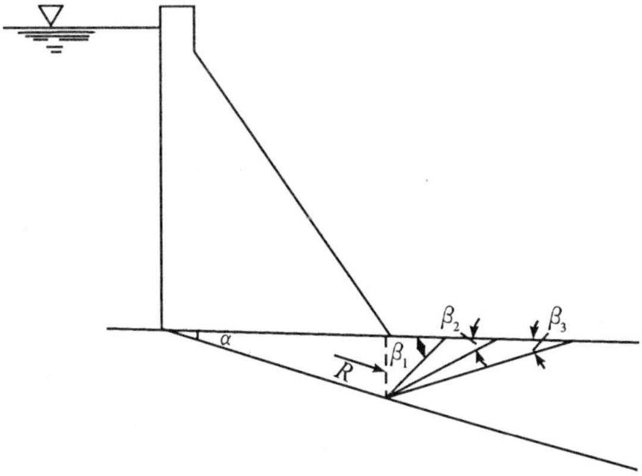

图 19-10

关于两滑动块体之间接触面抗力 R 的方向,若为水平时,稳定安全系数 K_c 值最小,随着 R 与水平的夹角的增大,K_c 值也随之增大,直至 R 与水平的夹角达到最大值 φ(滑动角)时,K_c 值达到最大。R 的实际方向随着滑动块体实际受力条件的不同而异。为安全计,有人主张计算时采用 R 为水平向,实际上这是假定接触面为一非常光滑的铅直面,显然过于安全。如果假定 R 与水平的夹角为 φ,即认为此时接触面已成为极限滑动面,一般讲这不符合实际情况。鉴于实际工程中构成最危险滑动面的软弱结构面其倾角一般较缓，因此，R 方向采用与前一滑动面平行的方向是适宜的，且常偏于安全方面。

上述方法均系将滑移体看作刚体，用极限平衡原理计算岩体的深部滑动。实际上，在岩体内存在很多裂隙，特别是当垂直于滑动方向的裂隙较多时，坝体连同一部分坝基岩体在滑动时首先因压缩裂隙而产生位移，当位移到一定程度后，位于下游侧的抗力体才逐渐发挥其支撑作用。因此，按上述方法计算，有时虽然算得较大的安全系数 K_c 值，但却无法衡量此时已积累了多大位移，是否已发生防渗帷幕拉断，止水破裂等危及正常运行的情况。也就是说，所求得的抗滑稳定安全系数 K_c 值并不能完全反映坝体的安全程度。此外，当基岩及抗力体均比较完整坚硬时，也有可能下游抗力体先充分发挥作用，甚至先出现滑裂，然后整体滑动面才充分发挥作用。鉴于深部滑动问题比较复杂，目前尚无统一的较完善的计算方法，而极限平衡法又在实际工程中应用多年，有一定的工程经验，因此，只要参照变形相容的原则，尽可能适当地选取基本数据，此法还是比较简便适用的。对于较重要的坝，若将极限平衡法和有限单元法配合使用，可能得出更为满意的结果。

有限单元法能求出沿软弱结构面上各点的应力，从而可求得任一点的抗剪安全系数。但是否精确，还主要取决于所采用的岩石物理力学指标是否反映工程实际。如果基本计算参数选用不当，数学运算再精确也是徒劳的。为此，除需较准确地确定基岩的常用的物理力学指标外，还应比较恰当地选定各类基岩的剪应力与位移关系曲线，以及考虑变形相容条件，选定各类基岩在规定的设计条件下的抗剪断强度计算参数 f 和 c 值。这样，不仅可通过有限单元法获得较准确的应力分布，还由于有较准确的 f 和 c 值而获得较准确的抗剪或抗剪断安全系数。从目前情况看，严格达到这样的要求是比较困难的。通常在设计中，只要大多数夹层单元上的抗剪安全系数 K_c 在允许范围内，而沿整个滑动面的平均抗剪安全系数或抗剪断安全系数满足设计要求，则可认为大坝的抗滑稳定是安全的。

第20章　地下洞室的围岩稳定性

朱维申[①]
（中国科学院武汉岩体土力学研究所）

20.1　概　述

地下洞室围岩稳定性的研究是岩体力学的重要应用课题之一。与整个岩体力学一样，这方面也还缺乏比较成熟的理论和方法。由于影响地下洞室稳定的因素很多，对象复杂，要建立一种能适应各种条件的理论，随时得到定量的解答，几乎是不可能的。因此，在现阶段比较合理的办法是将问题分类解决。对每种特征不同的课题，突出主要矛盾，将问题适当简化，使之得到近似的解答。在不能严格定量的情况下，至少得到定性或半定量的结果，特别是对工程的设计能提出科学的指导原则，这也是十分重要的。

20.2　影响地下岩洞稳定性的因素

影响地下岩洞稳定的因素比较多，这里着重阐述其中主要几种。

20.2.1　岩体地质结构

较坚硬围岩的稳定，关键因素是控制性地质结构面的分布特点及

① 参加有限元分析部分的程序设计、计算的有丰定祥、李秀万、朱祚铎等同志。

其强度、变形特性，特别是当有二组以上的结构面将岩体切割为一定形状的结构体时最有可能产生围岩失稳问题。这时应特别注意在那些出现频度较多，延展较长，贯通性较好，结构面强度较低的节理组。根据一些经验，这些节理的方向也很重要，当其走向与岩洞纵轴方向交角小于40°时，危害较大。大角度相交的节理，其危害主要在于能否形成滑移块体的自由端面。还应注意上述节理的间距与洞室尺度的相对比值。显然，此比值越小，稳定性就越差。因此，这种控制性的成组出现的软弱结构面及其结构体的存在，是影响岩洞稳定性的最主要因素。

当岩洞围岩中有断层破碎带存在时，当然稳定性更差，但这可以看做是一种偶然性因素，当成工程处理问题来对待。

对岩质较软弱的岩体（如粘土质页岩、泥板岩，泥灰岩等）来讲，节理体系就不是关键性的因素了。矛盾主要转化到岩体本身的变形及强度特性和时间效应上去了。这时，围岩稳定研究的重点，也就需要随之转移。

20.2.2　地应力

地应力在地壳岩体中是一种无形的物理量，但却是一种几乎无所不在的因素。由于地应力的无形特征，以及测量地应力不很容易，至今尚未引起应有的重视。一个明显的例子是国内外的各种岩体围岩稳定分类中几乎都未考虑地应力因素。而研究岩洞稳定要向定量化发展，若缺乏作为基数的初始应力场的知识则几乎是不可能的。

地壳岩体中自然应力场的形成有多种因素，其中最重要的是与重力、地形和构造运动有关的因素。根据国外资料[121]及中国科学院武汉岩体土力学研究所对几种不同坡角的山形山体用平面有限元弹性解法进行数值分析的结果，当只考虑自重体力时，其主要结论大体如下：①在坡度较陡（$>30°$）的山体中，其各点的最大主应力或垂直应力大体是与该山最高峰 H 有关的一个函数，而并非与该点直接上覆岩柱高度 h 有关，如图 20-1 所示。就同一标高而言，靠近山坡处的最大主应力比山体内部的为大。对较小坡度的山体，则各点的垂直应力与用 γh 算得的比较接近。② 水平向地应力，当坡度较大时，对同一标高，越接近坡面（当 x 增加时）侧压力系数 λ 值越大。在同一山体接近山顶部分，此现象更为明显（λ 变大）。③ 山体内各点最大主应力方向一般都指向山顶，在靠近山坡表面处，则愈接近平行山坡方向，如图 20-2 所示。即使在有较大附加水平地质构造应力的情况下，最大主应力方向亦受地形的影响，而发生一定的偏转，如图 20-3 所示。当然，当岩性有差异，地质构造部位不同或山体中有断层破碎带时，对上述的规律也会有一定的影响。

地应力场的主向、量值及最大最小主应力的差值的不同，对洞室稳定有极重要影响。

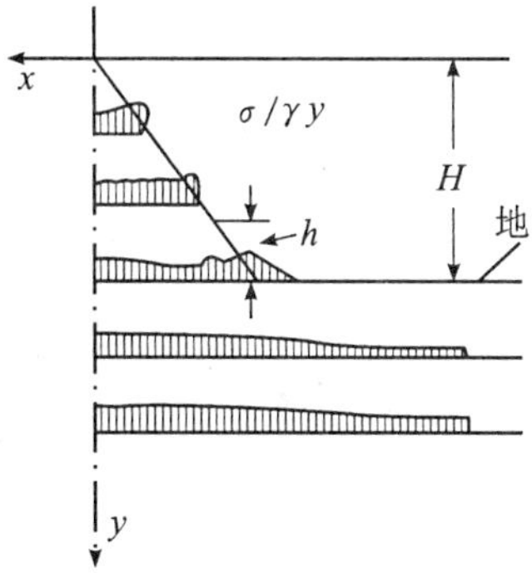

图 20-1　较陡山形重力场作用下内应力分布图

20.2.3　岩体力学性质

现场岩体力学特性或强度的差异，往往决定着地层压力的性质及其稳定与否。比如说，对于某些有明显时间效应的软弱粘土类岩石，在有较大的地应力时，可能要产生粘弹 — 塑性的形变压力。对某些软弱岩质，地应力很大时，岩层可能处于潜塑状态。而在较坚硬岩石中，则围岩稳定性的决定因素又会转化到地质结构的条件上去，产生的地压可能是块体松动地压。对弹性很好，而脆性明显的岩石，在很大地应力作用下，可能产生岩爆（或冲击地压）现象。至于岩体的完全应力 — 应变

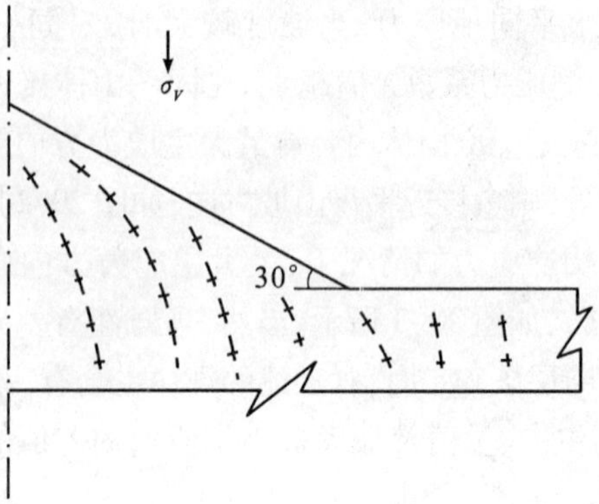

图 20-2　仅有重力作用的山体中的应力分布图

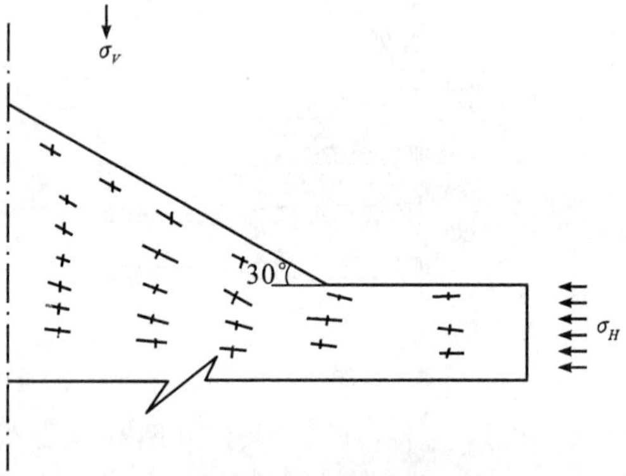

图 20-3　重力及较大水平地应力作用下山体中的应力分布图

关系曲线以及加卸荷特征的不同，则需要采用不同的本构方程作为计算模型。

20.2.4　工程因素

工程因素主要是指岩洞的形态、大小、群洞或单洞，生产矿山型的采掘空间或永久性地下建筑，以及施工方法，如开挖顺序（一次成洞，分段开挖），开挖工艺（如钻爆法或掘进机法）等。这些都对洞室稳定有一定的甚至很大的影响。在一定条件下可以简化或忽略它。在另一些场合,则甚至必须专门研究工程因素的影响。

20.2.5　地下水

地下水的存在及其活动往往也是影响围岩稳定的重要因素,地下水在岩洞周围产生的水力学的,力学的,物理和化学的作用几乎总是不利于洞室的稳定性,大体上有四个方面:一是由于洞室开挖,对有一定透水能力的围岩来讲,附近的地下水有了新的排泄通道,因此在洞周产生了渗压梯度,这属于一种指向洞内,而且经常是不对称的附加体积力,增加了周围岩石向洞内运动的推动力。二是由于静水压力的作用,饱水部分岩体的裂隙或有孔隙的岩石母体中有效压应力都减小了。因此,无论对裂隙或岩石母体,其应力状态都趋于恶化。其三,由于地下水的活动,增加了围岩中的含水量和饱和度,这会大大降低某些岩石的变形模量和强度,有时并引起剧烈的膨胀(如泥岩),使某些岩石屈服点下降,粘性增加,对裂隙面则使摩擦系数降低。因此,加剧了围岩的破坏及变形。其四,加快了围岩中的侵蚀及泥化作用。在地下水的通道上,由于溶解、搬运或某些矿物成分的化学分解以及与其他因素综合引起的物理、化学变化等,通常使围岩的强度状况进一步恶化。

20.3　洞室围岩稳定分析的有关概念

地壳上的岩层一般都具有相当程度的弹性性质,这在自然地震波及人工地震波的一系列利用方面已得到证实。因为尽管地层中有不少断层、裂隙及其他缺陷,但在压密状态下它们仍能较好地传递压应力及剪应力甚至一定的拉应力。在地层一定的深度开挖岩洞,除了特殊的情况(如岩体预先已达到潜塑状态)之外,离洞较远的区域都可视为弹性介质。开洞后,围岩发生变形破坏等力学效应,可以看成是原来积聚在岩体中的应变位能释放而做功的结果。所以,如果我们从能量转化的角度来分析开洞引起的能量变化是有益的。库克(N. G. W. Cook)[276] 和萨拉蒙(M. D. G. Salamon)[277] 曾把岩体视为匀质线弹性体进行了分析。萨拉蒙列出的能量守恒定律表示为

$$W_c + U_m = U_c + W_r \tag{20-1}$$

式中 W_c 是整个有关岩体体积内内应力因开洞而作的功,U_m 是该洞开挖出的那部分岩体释放出的应变能,U_c 为紧邻围岩因开洞而重新积累的应变能,W_r 为开洞过程中损失的弹性能。

事实上洞室开挖后在围岩中发生的物理、力学效应,一般都具有非线性和不可逆性质。应力重分布达到一定程度后,由于岩体的粘性、塑性、脆性破裂以及局部破坏等各种运动形式都要损耗能量。因此,还要损失一定的非弹性应变能 W_n。如果在开洞后某个时刻设置了支护结构或对开挖空间进行了某种回填(如矿山)那么这种构筑物也要吸收一部分能量 W_f。此外,除了围岩发生严重破坏的情况外,大多数的非弹性应变或破坏都只出现在直接洞周附近。根据许多应力分析的资料来看,也说明即使存在一定的塑性或破坏区,洞周应力重分布也主要集中在洞室最大尺寸的1 ~ 1.5倍的有限范围内(对单洞来说)。所以,根据圣维南局部性原理,在许多情况下,可以认为围岩中释放的弹性能 W_c 是近似不变的。至于 U_m 及 W_r 则更是不变的。因此,在一般情况下,可以将式(20-1) 改写为

$$W_c + U_m = U_c' + W_r + W_n + W_f \tag{20-2}$$

其中 $U_c' \leqslant U_c$ 为在非完全弹性介质中开挖洞室时洞周重新积聚的弹性能。

基于前述理由,当在一个特定的地层(具有一定的地应力场) 中开挖一定大小的洞室时,W_c、U_m 及 W_r 可以近似认为是不变的。因此,有

$$U_c' + W_n + W_f \approx 常数 \tag{20-3}$$

这个能量方程式可看成是研究及控制地下岩洞稳定性所应遵循的一个基本原则。

一般来讲,为了使围岩保持稳定(如不发生岩爆或冲击地压),应使其中所积累的应变能 U_c' 不超过一定限度,即应使 $U_c' < [U_c]$([U_c]表示 U_c 的允许值)。这本来可以通过增大 W_n 及 W_f 来实现,但 W_n 是一

项非弹性损耗功，我们只能适当使其增大，但应有一定限度，即应有 $W_n < [W_n]$。否则，围岩过分的变形及破坏会导致支护负载过大或使岩洞失去使用价值。W_f 是人工构筑所消耗的能量，显然这种构筑物（支护或回填形式）设置越早，刚度及尺寸越强大，则 W_f 值越大，但这要付出昂贵的费用。因此，对围岩压力的研究，其实质问题的一个方面是：在对围岩的能量转化认识的基础上，选取和设计一种合理的构筑体系，使 W_f 值尽量小；同时，应使 $U_c' < [U_c]$ 及 $W_n < [W_n]$。另一方面，从式(20-1) 中可以看到，对同一地层及地应力场的条件，U_m 与开挖体积成正比。因此，新积聚的总能量 U_c 也正比于 U_m。但也不能忽视 U_c 的能量分配问题。即使对于均质各向同性的岩体，总开挖体积相同时，多洞开挖或单洞开挖，不同的开挖顺序，洞室形状的不同等都严重的影响着 U_c 的分配。若岩体是非均质，有缺陷或各向异性的，那么此种分配就更为复杂。所以地下洞室的设计及施工方法从岩洞稳定的角度来讲也有一个优化方案问题。很显然，在比较复杂的情况下，W_n 及 W_f 也同样有一个合理分配问题。当开洞前初始地应力场非各向同性时，这种能量的重分配将与初始应力场的方向有一定的关系。如由图 20-4 及图 20-5 得知，在一个非弹性体内开挖后，其弹性位能释放区分布在以该洞为中心的与初始应力场主向平行的方向。而能量积聚区分布在与之正交的方向。因此，能量的重分配呈四象限的形态。这两个图是岩土力学所用有限单元法计算得出的。方法是将开洞前后各点的应力第一不变量 J_1 及应力偏量第二不变量 J_2 做对比得出的。而 J_1 及 J_2 是分别对应着体积及形状变形能的。

从工程及生产实践中不难找到简单例子说明式(20-3) 的意义。比如煤矿中对有瓦斯突出或冲击地压威胁的地层中常采用打减压孔（槽）或改变开采方式的办法来使 W_n 增加而使 U_c' 减少，目的是使后者不至于积聚到危险程度而导致突然释放。

围岩稳定分析要达到定量的程度就要涉及到地层压力。一般把地层压力的类型分为数种，如松动压力、形变压力、岩爆（或冲击地压）以及膨胀压力等。其中最常见的是前两种。松动压力，一般来讲，是由破碎的、松散的、分离成块的或被破坏的岩体的坍滑运动造成的，主要由局

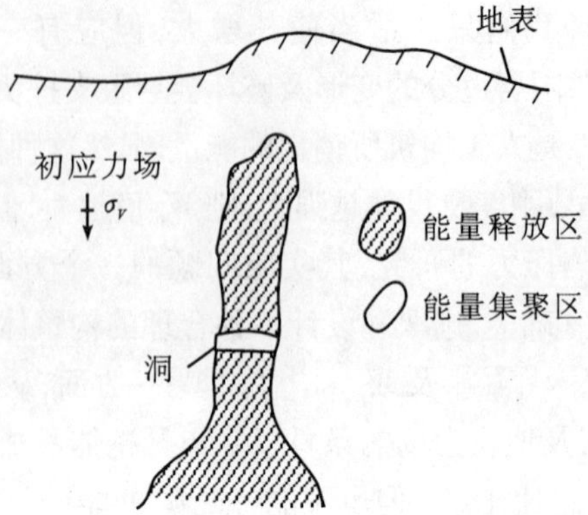

图 20-4　仅有重力场时开洞后弹性能量的重新分配图

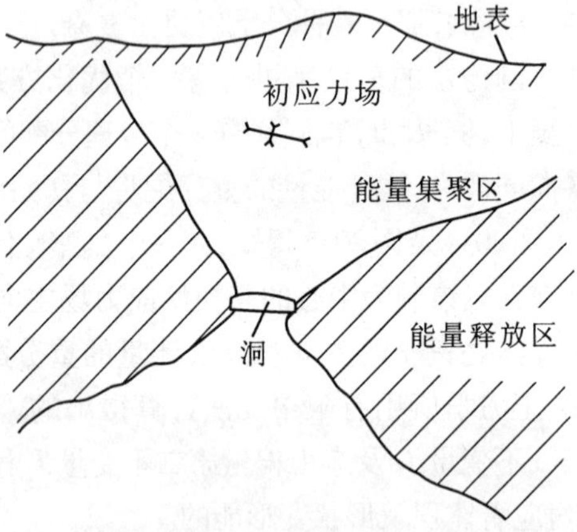

图 20-5　初应力场主向近水平时开洞后弹性能量重分布配图

部运动而脱离整体的岩体在重力法则的制约下形成，大多出现在岩洞的顶部及侧帮。其特点是有断续性和一定的突发性。形变压力则主要为围岩塑性区的变形或岩体的粘性变形所形成，它的特点是连续面缓慢的发生，由于与支护相对抗而产生一定的压力。这两种压力都是由于前述的 W_n 值达到一定程度而产生的后果。岩爆或冲击地压则都是弹性能积聚过多突然释放造成的，只不过前者规模较小而后者规模很大而已。

膨胀压力则主要是围岩遇水膨胀,岩石的物理性质发生变化而造成的。

20.4　大型岩洞稳定研究的方法

在较坚硬岩质的地层中,当没有较密的节理裂隙组出现而且岩洞尺寸规模不大时,一般不存在更多的稳定性问题。即使有因局部的地质缺陷(如断层破碎带等)而产生的问题,依据一般的工程经验往往能够予以解决。但对规模尺度较大的重要工程,若其地质结构面的出现频度不可忽视时,则需要慎重研究。

20.4.1　现场地质调查

进行现场地质调查时,除了对岩洞附近的地层岩性分布,产状要素等要搞清以外,应着重对该区域大范围及小范围的岩体结构状况进行统计调查。即对断层、节理、裂隙的分布及其力学特性做好地质力学的研究,还要根据已有的构造形迹尽可能准确地划分出构造体系及推断出区域构造应力场的方向(可能有几次)及强烈程度。要编绘相应比例的地区构造体系图,工程地质图及岩洞裂隙素描图和节理统计图等。还要对洞区的水文地质条件进行一定的调查及其对建成后的工程的影响作出判断分析。

20.4.2　现场试验及观测研究

1. 地应力测定

较大地下工程的现场试验最重要的内容是地应力的测定,其一为初始应力场的测试。应该在预定开洞的紧邻区域及其外域利用现有地下(导)洞或在地表选择合宜的地点,进行一定数量的现场测定工作,选取的地点应在地质上及力学分析上有一定的代表性,并尽可能避免不必要的地质(如断层)或工程(如在邻洞的扰动区内)因素的附加影响。选点应尽可能多一些。为了解本地区水平面内现存地应力场,最好能做一些地面钻孔法的深孔应力测量。图 20-6 及图 20-7 分别为中国科学院武汉岩体土力学研究所在河南一个地下洞库工地现场试验洞的平面布置图及洞库所在山体附近的地面深孔应力解除钻孔布置图。试验采用的是自制的36—2 型钢环应变片式探头。在试验洞中于侧帮及底板做了试验,孔深一般在3m以内。地表深孔最深的一个在洞库顶板的山坡上,最深达79m多,测得结果反映开洞后的二次应力。另外两个地面深孔则测量的是初始应力。

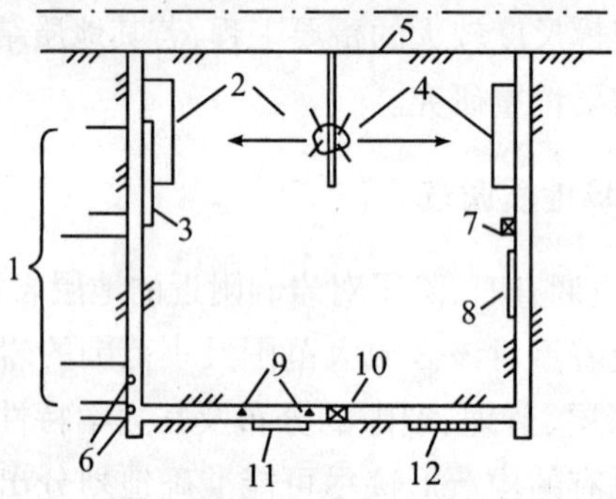

1— 洞壁应力解除孔;2— 弹性波试验区;3— 弯拉试验及单轴抗压;
4— 弹性波试验区;5— 大洞边墙;6— 底板应力解除孔;7、10— 大三轴;
8、11— 缝式弹模;9— 平板弹模;12— 岩体抗剪试验

图 20-6　U 形试验洞总体布置图

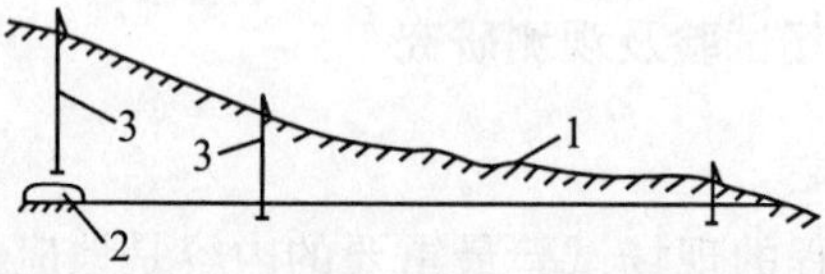

1— 地面;2— 洞;3— 应力解除孔

图 20-7　地表深孔应力测量位置图

该区洞库附近初始应力测得其最大主压应力为150 ~ 180kg/cm^2,方向指向附近最高山峰,与水平面夹角约30°。最大与最小主应力的比值为2 ~ 3。

2. 岩体力学性质及强度的试验研究

在 20.1 节中已经谈到，岩体的基本力学性质及有关强度参量是影响岩洞稳定的基本因素之一。不同的力学性质，要求选取不同的研究方法及计算分析方法。同时，为了定量地评价稳定性及地层压力，也必须有足够的力学参量。因此，对重要的岩洞工程，在有条件时应尽量安排一些现场力学试验，至少也应进行一定的实验室试验，其内容包括岩体及软弱结构面的变形性能及强度特性两个方面，如能模拟围岩实际受力状态进行三向不等压的三轴现场试验则更好。图 20-6 表明中国科学院武汉岩体土力学研究所于 1973—1974 年间在前述工地进行现场力学试验的平面布置。图 20-8 表明现场三轴试验用张量坐标表示的三向状态下应力 — 应变关系曲线。

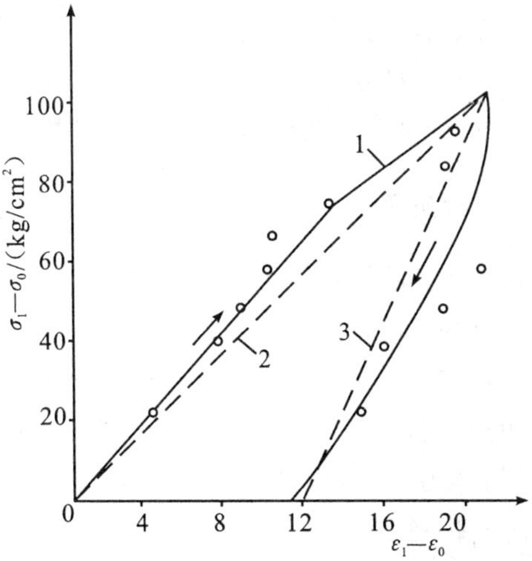

1— 实验值；2— 计算值$[D]_1$；3— 计算值$[D]_2$

图 20-8　三轴试验主应力偏量与主应变偏量的关系

3. 现场观测工作

现场原型观测对岩洞稳定研究是很重要的。这项工作一般可以起到状态判断,安全监控,理论(计算)校核的作用。比较有效的方法有岩体位移(变形)观测,弹性波探测,声发射监测及围岩应力重分布的观测等,还有在被覆中或其与围岩之间埋设压力盒的方法。测力计以及平面测量等方法也往往被采用。其中值得重视的是埋设在围岩深部的钻孔多点位移计,此法在国外大型工程中已广为采用,可埋设深达数十米的钻孔中,以了解开挖过程中围岩内各点位移的发展变化,国内使用的还较少,这是今后值得大力提倡的。

20.4.3 实验室研究

在实验室工作中,最重要的是模型模拟实验,若在制备模型时能很好地遵循相似率,则实验结果可以有近似的定量指导意义。当然做到这点很不容易,但即使有时不能定量,只能定性,能提高对岩体运动及破坏的规律性认识也是很有意义的。光弹试验在分析弹性围岩时是有意义的。在实验室中进行一些现场不易进行的岩石力学(包括软弱面)实验作为现场工作的代替或补充往往也是不可少的。这要视具体情况而定。

20.4.4 计算分析工作

围岩稳定性的定量评价及地层压力的确定,最后要归结为总结分析计算。在分析方法中,解析法只能适用于那些边界条件较为简单及介质特性不甚复杂的问题。多数的工程课题在特定条件下只能用数值法求解。近代计算机应用技术的迅速发展,使我们能广泛地采用有限元法来分析较复杂的岩体力学课题。但有限元法的应用是否真正有效,看来主要取决于两个条件:一是对地质变化的准确了解,如岩体深部岩性变化的界限,断层的延展情况,节理裂隙的实际分布规律等。二是对介质物性的深入了解,即岩体的各个组成部分在复杂应力场及其变化的作用下的变形特性,强度特性及破坏规律等。有限元用于岩洞稳定分析时,应特别注意结合此类工程的特点,如区别加荷方式,应力历史及岩体的物性特点等。

对重要的、较为复杂的岩洞稳定分析,最好能综合运用上述各种方法，以便互相配合及互为校核。

20.5　岩洞稳定有限元分析实例

由于现场的岩体中存在许多软弱结构面，如断层、节理及各种规模的裂隙等，在对岩体进行有限元稳定分析时，需要考虑包括这些弱面在内的整个岩体综合力学特性。为了分析方便，可以初步把这些缺陷分为三类。第一，对规模较大的断层、破碎带等，可以把它当成某种特殊的介质来研究。第二，对于中等规模的节理、裂隙，把它们处理为节理单元。第三，对于更小的裂隙，则看成岩石母体的特征因素来考虑（岩石单元的特性）。以下将前节提及的某工程研究中岩洞稳定有限元分析的力学模型及分析方法作一简要介绍。

20.5.1　岩石单元的特性

1. 加卸荷问题

地层中岩体往往是各向异性的，但当各向异性不明显而近似取为各向同性时，误差并不大，却使问题大为简化。岩体与其他材料相比较，其显著的不同点在于它的多裂隙性。这使岩体在加载及卸载过程中应力—应变曲线出现滞回环。因此，对岩体加载及卸载过程不应取同一物性矩阵（图20-8）。这在岩洞稳定分析时很重要，因为当初始地应力场为非各向同性时，开洞后，洞周要分别出现一对加载区（对应能量集聚区）及一对卸载区（对应能量释放区），见图20-4及图20-5。加载及卸载的判别可根据第一不变量 $J_1 = \sigma_x + \sigma_y + \sigma_z$ 及第二不变量 $J_2 = \frac{1}{6}[(\sigma_x - \sigma_y^2) + (\sigma_y - \sigma_z)^2 + (\sigma_z - \sigma_x)^2 + 6\tau_{xy}^2]$ 的增减来决定。当然，这二者的增减有四个组合。对 J_1 的增减可选取不同的体变模量 K 值，对于 J_2 的增减可选定不同的剪切模量 G 值。由此，根据下列二式

$$E = \frac{9KG}{G + 3K} \quad 及\ \upsilon = \frac{3K - 2G}{2(3K + G)}$$

可以得到 n 组不同的 E,v 值,引入物性矩阵。

2. 应力 — 应变全过程

岩石在受剪变形及破坏过程实际曲线一般为图 20-9 中的实线形式,也可以简化成虚线所示的模型。在达到破坏点 A 前,可以按弹性问题处理;当应力状态达到库伦包线时,则认为该岩石单元被剪断,如图 20-10 所示。剪断后的岩石被认为进入塑性状态。岩石在受拉时,被认为具有一定抗拉强度 σ_T。当岩石单元的最大主应力超过 σ_T 时,则单元被拉断,以后此方向主应力认为全部释放,进行应力转移。该单元此后作为强各向异性体处理。

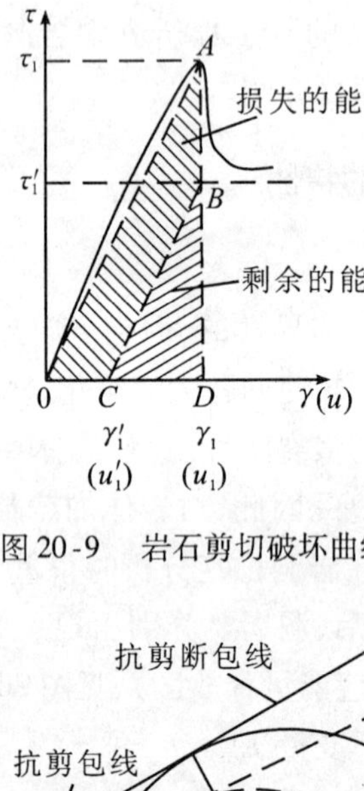

图 20-9　岩石剪切破坏曲线图

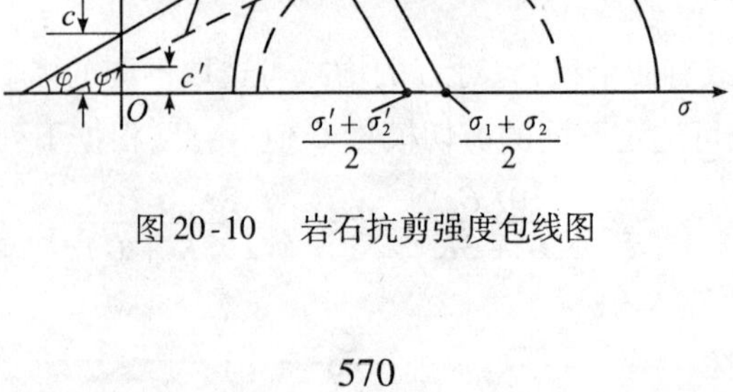

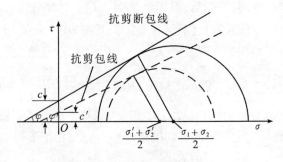

图 20-10　岩石抗剪强度包线图

3. 剪断后的应力转移方法

由于岩石剪断，原来积聚在单元体内的弹性应变能要转化为其他形式的能量而损耗掉一部分。图 20-9 还表明剪切方向能量损失的几何关系。同时，剪断后新的平衡应力状态应满足岩石抗剪（摩擦）强度包线如图 20-10 所示。基于这两个条件，可以推导出新的两个主应力 σ_1' 及 σ_2' 的表达式如下

$$\left.\begin{aligned}\sigma_1' &= \frac{-\bar{b}\lambda_2' - \sqrt{-4\bar{b}^2\lambda_2'^2 - 4\bar{a}(\bar{c}\lambda_2'^2 - 2E'U')}}{2\bar{a}}\\ \sigma_2' &= \lambda_1'\sigma_1' + \lambda_2'\end{aligned}\right\}\qquad(20\text{-}4)$$

其中 $\lambda_1' = \dfrac{2\csc 2\varphi + \sec\varphi}{2\csc 2\varphi - \sec\varphi}$; $\lambda_2' = \dfrac{-2c'\csc\varphi}{2\csc 2\varphi - \sec\varphi}$

$$\bar{a} = (1 + \lambda_1'^2)(1 - v'^2) - 2\lambda_1' v'(1 + v')$$

$$\bar{b} = \lambda_1'(1 - v'^2) - v(1 + v')$$

$$\bar{c} = (1 - v'^2)$$

$$U' = \frac{1}{2}\theta\left[\frac{1 - v^2}{E}(\sigma_\theta^2 + \sigma_\alpha^2) - \frac{2v(1 + v)}{E}\sigma_\theta\sigma_\alpha\right] + \eta^2\frac{\tau_\theta^2}{2G}$$

式中：σ_α、σ_θ 为剪断前该面法应力及另一正交方向法应力。

θ 与 η 是与应力状态指数 $K = \dfrac{\sigma_1}{\sigma_2}$ 有关的两个小于 1 的可变系数，分别代表剪切方向及单元法应力方向能量损失的比率。当应力状态越接近脆性破坏，则数值愈小；反之，则愈大，根据实验资料选取。

E'，v' 为剪断后自 B 点（见图 20-9）完全卸载时的弹性常数。

岩石单元无论拉断或剪断后的应力转移都采用晋凯维奇（O. C. Zienkiewicz）的方法处理[278]。

20.5.2　裂隙单元的模型处理

较大的节理裂隙其力学模型可以古德曼（R. E. Goodman）[182] 的方法为基础并加以一定内容的补充。在受剪及有法向应力作用时的应力—位移关系的处理如图 20-11 及图 20-12 所示。裂隙单元进入塑性

后的物性矩阵可用下法推求。平面应变条件下的库伦屈服函数表示为

$$F = \frac{1}{2}[(\sigma_x - \sigma_y)^2 + 4\tau^2]^{\frac{1}{2}} - \frac{1}{2}(\sigma_x + \sigma_y)\sin\varphi - c\cos\varphi \geqslant 0 \tag{20-5}$$

如一个有限厚度的矩形单元,当有足够的长度 l,其厚度 $\Delta h \to 0$,同时若 σ_y 沿 x 方向分布较均匀,如图 20-13 所示,这时由于上下顶底板的夹制力,可以近似地认为 x 方向的塑性应变率 $d\varepsilon_x = \frac{\partial F}{\partial \sigma_x} \to 0$。将此条件考虑到式(20-5) 中去,即可得到 $F = F(\sigma_y, \tau, \varphi, c)$ 的形式。再若设节理单元进入塑性后为无硬化的特性,运用关联流动定律,并运用以下的弹塑性物性矩阵

$$[\boldsymbol{C}_{ep}] = \begin{bmatrix} k_{ss} & k_{sn} \\ k_{ns} & k_{nn} \end{bmatrix}$$

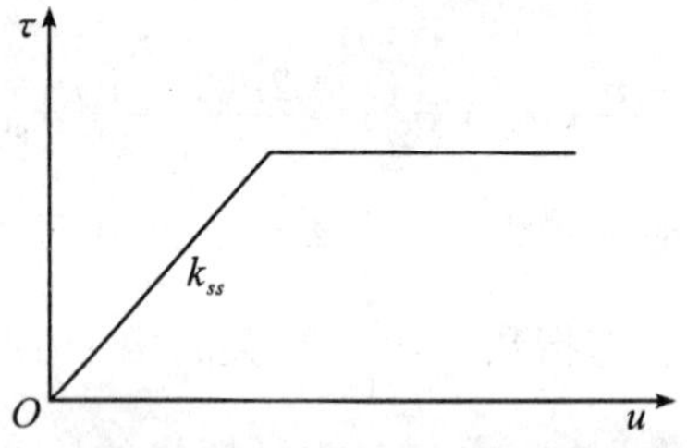

图 20-11　剪切刚度系数图

可以得到(参看本书第 14 章) 弹塑性矩阵的诸元素为

$$\begin{cases} k_{ss} = \dfrac{k_s k_n f_1^2}{k_s f_2^2 + k_n f_1^2} \\ k_{nn} = \dfrac{k_s k_n f_2^2}{k_s f_2^2 + k_n f_1^2} \\ k_{sn} = k_{ns} = \dfrac{k_s k_n f_1 \cdot f_2}{k_s f_2^2 + k_n f_1^2} \end{cases} \tag{20-6}$$

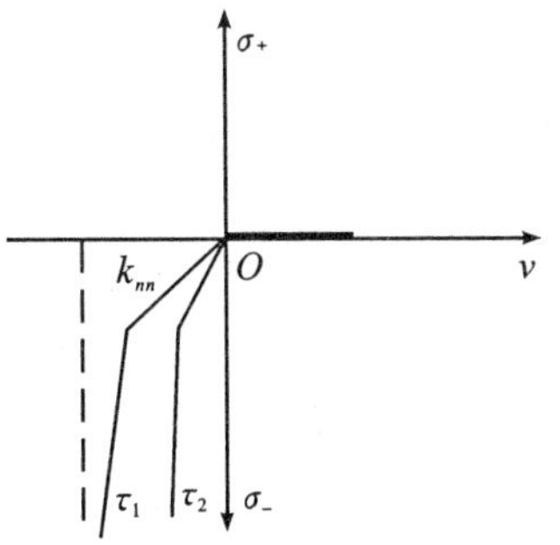

图 20-12　法向刚度系数图

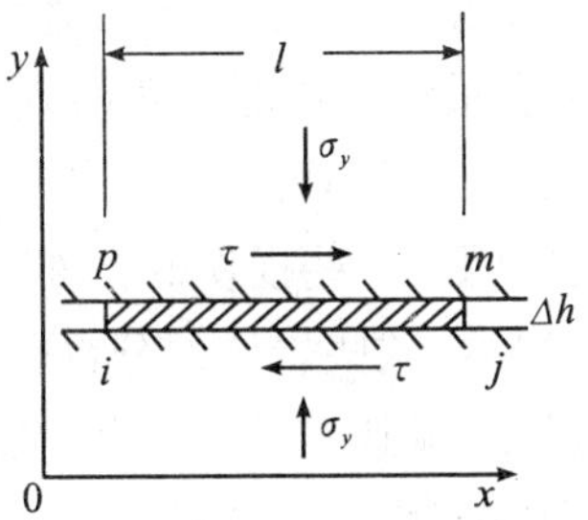

图 20-13　有限厚度矩形单元图

$$
\left.\begin{aligned}
\text{式中}\quad f_1 &= \frac{\partial F}{\partial \sigma_y} = -2\sin\varphi + \frac{2[2\sin^2\varphi\sigma_y + c\sin2\varphi]\sin^2\varphi}{\{[2\sin^2\varphi\sigma_y + c\sin2\varphi]^2 + 4\cos^4\varphi\tau^2\}^{1/2}} \\
f_2 &= \frac{\partial F}{\partial \tau} = \frac{4\tau\cos^4\varphi}{\{[2\sin^2\varphi\sigma_y + c\sin2\varphi]^2 + 4\tau^2\cos^4\varphi\}^{1/2}}
\end{aligned}\right\}
\tag{20-7}
$$

由式(20 - 7)可见,该物性矩阵的诸元素均为应力状态的函数。裂隙单元的拉伸强度可以认为等于零,剪切强度则用库伦准则进行判别。

20.5.3　岩洞稳定分析实例

基于前述岩石及裂隙单元物性模型,现举一工程实例进行有限元稳定分析。对一个大跨度洞库工程的实际断面,当成平面问题处理。考虑到洞周存在着小型断层及大型节理,布设了相应的裂隙单元,其空间位置和分布是用实地调查与区段代表性典型化方法综合确定的,如图 20-14 所示。初始应力场为实测结果。计算时,将地应力值作为内应力直接送入。岩体的各项力学指标,采取现场实测值。采用增量应力转移法解非线性问题。洞库开挖过程将洞壁上的初始等效节点力用分级卸载方法进行模拟。根据岩石及节理单元的应力状态,按模型要求组成各自的物性矩阵,对破坏了的单元在增量阶段中用应力转移方法,通过反复计算加以迭代调整，然后逐级卸载重复上述过程，直至卸载完毕。图20-14表示洞周顶部及底部有圆点的部位表明有局部的岩石拉破裂。可见在大洞顶部岩体结构内有一定损伤，但一般尚未危及岩洞的整体稳定性。因为这些损伤的岩体通过应力调整(或转移)已达到新的平衡状态。当然，这些岩体部分也可看成潜在的可能坍落部分。因为其他因素如风化，爆破或时间效应等都可能使之进一步恶化。

图20-15表出在该计算断面的拱顶中心线所做的一个对比剖面，对比了有限元非线性计算，深孔地应力测量及深孔弹性波测定的结果。为了尽量接近实际开挖过程，大洞开挖的计算过程分两步。第一步先计算顶拱下的一个扩挖带 Ⅰ 完成的情况，第二步再去掉底板上的剩余岩体部分 Ⅱ 。计算结果的对比说明，这种分段开挖的计算结果与全断面一次开挖的计算结果相比，围岩的破裂及应力分布有显著的差异。前者与实测结果较为相符，后者则差别较大。因此说明非线性有限元计算应尽量模拟实际开挖过程，因计算结果与应力历史有很大关系。从该图来看，计算结果与实测结果总趋势及若干特征点是大体一致的。扩挖后顶部出现的低波速区，估计是由于该处形成了部分的拉破裂带而造成的。

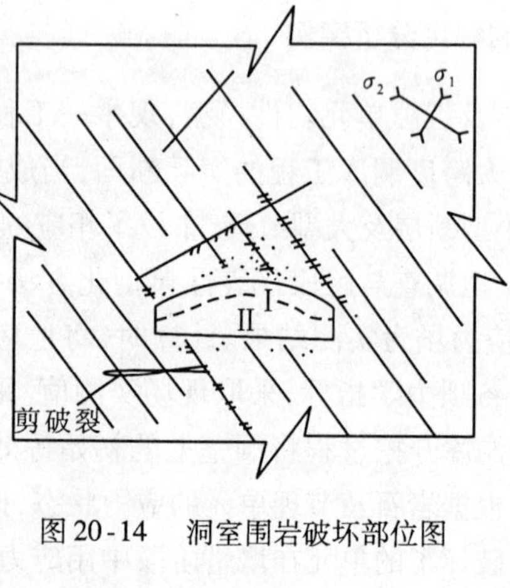

图20-14　洞室围岩破坏部位图

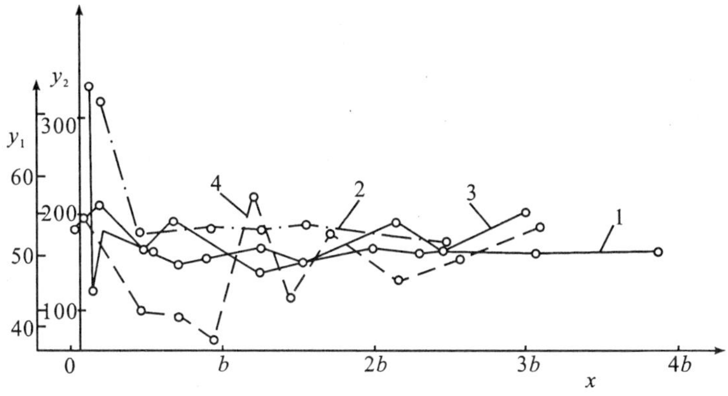

x— 洞跨之半 b；y_1—V_P(km/s)；y_2—σ_{max}(kg/cm^2)；

1— 计算应力；2— 实测应力；3— 顶部扩挖前波速；4— 顶部扩挖后波速

图 20-15　洞室拱顶中心线计算与实测结果的比较图

20.6　计算模拟研究及有关实用结论

20.6.1　计算模拟研究

为了研究几个主要因素对洞室稳定的影响，中国科学院武汉岩体土力学研究所曾于 1976—1977 年间用有限元方法对节理围岩中大跨度洞库课题进行了较大量的分析对比，其中主要对地质结构特征，地应力场特点及围岩力学性质等三大要素的作用进行了计算模拟研究。对埋深及锚固效应亦有少量分析，地质结构方面采用了如图 20-16、图 20-17、图 20-18 所示三种基本类型的节理裂隙体系。

图 20-16 代表一组陡、一组缓的倾斜节理组；图 20-17 代表水平方向及间断型垂直方向的二组节理；图 20-18 则代表两组陡节理。由于许多节理都被看作是全部贯通的，因而有些夸大，这是为了研究方便的缘故。地应力场原则上是以 15 度山坡地形及山高百余米的山体

应力场为基础，着重研究以山体应力场为主（初始应力场主向为铅直方向）及此重力场再附加较大水平方向地应力（点的初始应力场主向为水平方向）两种基本情况。围岩力学性质——岩石及节理的应力一应变关系参量及强度（包括残余强度）参量都按数值大小分为上、中、下三等。其力学模型及计算方法与前节所述的类似。对上述三大因素总共进行了30余个算例的对比研究，包括“弹性”（此处弹性课题实质上其力学模型与弹塑性的相同，只是不进行“应力转移”）及弹塑性二种类型的课题。从这些对比研究可以得到如下的一些规律性：

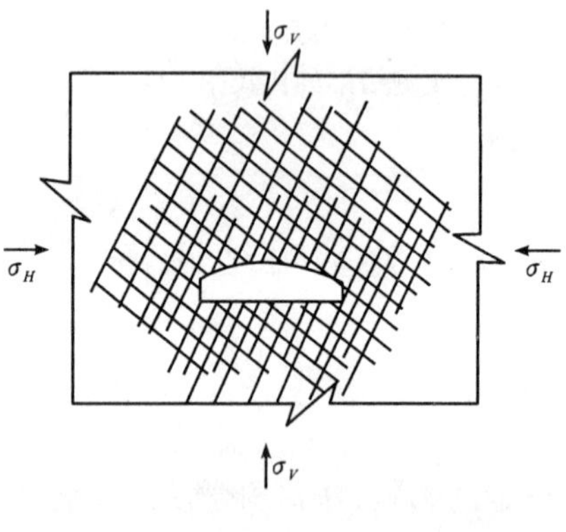

图20-16　陡、缓倾斜节理组图

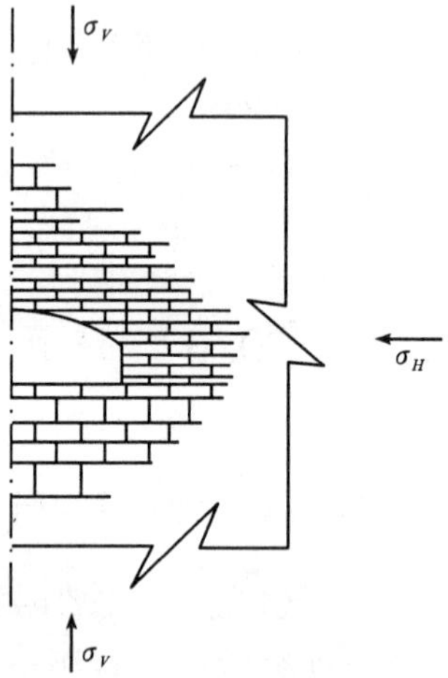

图20-17　水平方向及间断型垂直方向节理组图

（1）大跨度洞库稳定性的关键，一般视拱顶岩体的安全状况而定。拱顶围岩中节理组的方向与初始地应力场主向二者的夹角成锐角时（接近$45°-\varphi/2$，其中φ为节理内摩擦角），该组节理最易发生剪破裂。而当此夹角接近正交时，节理组对地应力值的变化反应不敏感。

（2）若节理组俱为倾斜产状，并当初始应力场主向为重力方向时，

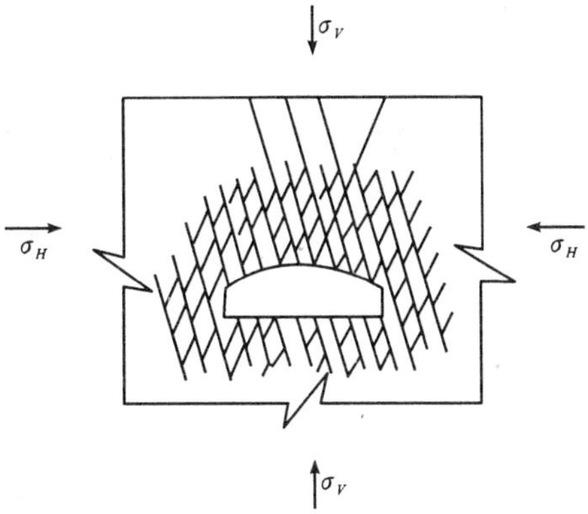

图 20-18　两组陡节理图

节理剪破裂发育在拱顶的两个斜角方向。而当初始应力场中水平力较大时,剪破裂则首先发生在拱顶中心,以后随水平应力的提高而向两侧发展。

(3) 一般来说,当初始应力场为各向等量时,开洞后围岩中无论节理或岩石的破坏都最少。

(4) 当互为交割的节理体系都为倾斜产状时,顶拱上方的剪破裂,几乎总是呈正八字(或人字) 形,这是因为开洞卸载使该方向裂隙面法应力减压所致。

(5) 当发生剪破裂的节理有较大剪切位移时,会使周围岩石单元产生许多诱发性剪切破裂。

(6) 当其他条件相同时,围岩中节理或岩石单元强度的变化(提高或降低),不会改变破裂区分布特点而只影响破裂数量。

(7) 对倾斜产状的节理体系,浅埋情况比深埋时破裂要多得多。

(8) 从"弹性" 课题与塑性课题的比较来看,当其他条件相同时,二者破裂区分布的特点是类同的。但因后者有应力转移过程,破裂区的规模要大些。

20.6.2 有关实用结论

从上述对有裂隙岩体的研究的情况来看,可以得出 — 些对大跨度洞库选点、选线及支护设计施工有意义的结论。

(1) 当开洞前,初始应力场以铅直向为主时,应尽量避免在强度较低发育较好的陡倾角节理体系的岩体中选洞位(如有两组陡节理则更差)。

(2) 若初始应力场以水平向为主时,应避免在顶板中有缓倾角贯通性强而强度又低的区域中定洞位。

(3) 由于地形效应,洞轴往往以与山坡倾向一致较为有利。若在山腰埋深不大的地方选洞位,当洞轴线平行于等高线时(如傍山隧洞),应注意顶板避免有倾向山脚的软弱节理组出现。

(4) 当控制性节理组为近水平产状时,顶板中岩石易发生破裂。若水平向地应力较大,可改善岩石的强度状况,但对避免节理剪破裂效果不明显。因此对层次较薄的水平产状节理,若其强度较低,则无论何种地应力场都是较难维护的。

(5) 由于穿过节理的锚杆可以增加节理的抗剪强度,而预应力锚固又能增加节理面的法向压力,因此提高了节理的强度。所以对节理发育的中硬以上岩体,锚固支护是针对性最强,较有效的一种支护方式,应重视推广。同时,应注意使锚杆方向与要加固的节理面正交,以提高效果。

(6) 锚杆加固时,应注意初始应力场的方向。当后者方向与锚固的节理方向成小角度相交时,效果最大。若二者方向近正交或平行时,效果最差。

(7) 由于洞顶的倾斜节理组大多呈人字形发生破裂,因此,对两侧顶拱的锚杆加固应分别针对不同的节理组进行(如图 20-19 在左侧加固 ① 组,右侧加固 ②)。

(8) 若洞顶节理组切割成三角形棱柱体,且节理贯通性较好,强度较差,则无论哪种地应力场都较难维护。

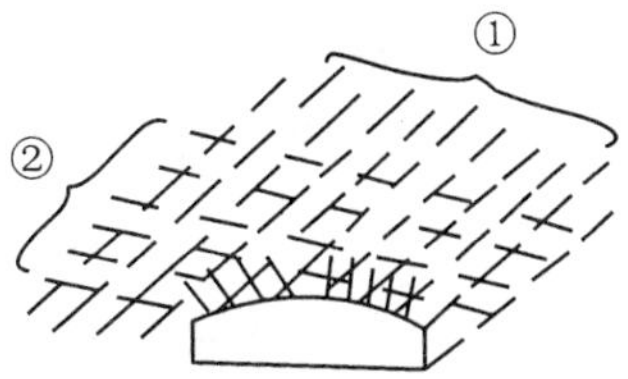

图 20-19　不同节理组的锚杆加固图

20.7　软弱岩层中的围岩压力问题

在软弱(非松散的)地层中,围岩及地层压力往往与时间因素有密切的关系,这表现在开洞后围岩变形不断增长 —— 变形有时是有限的,有时则是无限的,甚至可将岩洞封闭起来。还表现在围岩的破坏,失稳有一个时间过程。

这里将着重讨论这种类型的围岩稳定问题。由于上述围岩变形逐渐增长,因人工支护有一定的刚度,二者的共同作用将在支护上形成渐增的压力,这就是所谓的形变压力。

对这种类型的问题:在每一个特定的情况下,当然也可以用有限单元法进行解算,但本节将介绍几个用解析方法得出的结果。因为解析法的结果往往能提供一系列规律性的认识,从最后表达式可以明显地看出各个因素具有什么性质的影响,这是有限元法不易做到的。解析法固然只有在边界条件及介质条件较为简单的情况下才能得出有解形式的解答,但其解答在特定情况下却可以校核有限元法。此外,解析法的结果便于工程及设计部门运用。有时哪怕只能定性,还是比较受欢迎的。

下面分别介绍粘弹性岩体,粘塑性岩体及粘弹 — 塑性岩体轴对称问题平面解析的结果。当然,需要假定围岩的均一性、各向同性、变形无限小及叠加原理能够成立。

20.7.1　粘弹性介质围岩中的应力状态

粘弹性岩体的流变模型最常用的是三单元模型[280],如图 20-20 所示。当假设形状变形及体积变形各有其类似的独立方程并当泊桑比μ为常值时,对于平面应变问题其全部流变物态方程可表示如下[277]:

$$\begin{cases}\tau + \Theta\dot{\tau} = 2G\gamma + 2\eta\dot{\gamma} \\ \sigma_z + \Theta\dot{\sigma}_z = 2G\left(\varepsilon_z + \dfrac{3\mu}{1-2\mu}\varepsilon\right) + 2\eta\left(\dot{\varepsilon}_z + \dfrac{3\mu}{1-2\mu}\dot{\varepsilon}\right) \\ \sigma_x + \Theta\dot{\sigma}_x = 2G\left(\varepsilon_x + \dfrac{3\mu}{1-2\mu}\varepsilon\right) + 2\eta\left(\dot{\varepsilon}_x + \dfrac{3\mu}{1-2\mu}\dot{\varepsilon}\right) \\ \sigma_y + \Theta\dot{\sigma}_y = 2G\dfrac{3\mu}{1-2\mu}\varepsilon + 2\eta\dfrac{3\mu}{1-2\mu}\dot{\varepsilon}\end{cases} \tag{20-8}$$

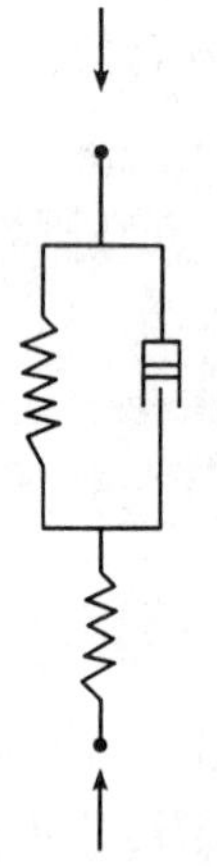

图 20-20　岩石流变模型图

式中:$\dot{\sigma}_x$、$\dot{\sigma}_y$、$\dot{\sigma}_z$及$\dot{\tau}$分别为x,y,z方向的法应力速率及剪应力速率;$\dot{\varepsilon}_x$、$\dot{\varepsilon}_z$、$\dot{\gamma}$及$\dot{\varepsilon}$分别为x,z方向的法应变速率、剪应变速率及平均应变速率;Θ为岩体松弛时间;G为弹性剪切模量($\dot{\tau}\to 0$时);η为剪变形粘性系数。

将上述物性方程写成积分形式,代入平衡方程,并考虑到几何方程。最后,对无体力情况下可得出用位移表示的第二类伏特尔(Volter)积分方程组。对极坐标,从其一般解推导出的环状介质中应力状态全部分量见文献[280]。现仅列出部分结果如下

$$\begin{aligned} U_r(t) = \frac{r}{2G}\Big\{ & (1-2\mu)c_0'(t) + b_0'(t)S^2 + \Big[a_1'(t)(3-4\mu)S\ln\frac{1}{S} - \\ & b_1(t)S^3 - (1-4\mu)c_1(t)q + d_1(t)\frac{1}{q}\Big]Q(\varphi) + \\ & \sum_{n=2}^{\infty}[A_{2,n}(\mu)a_n(t)S^n - nb_n(t)S^{n+2} + \\ & A_{w\cdot n}(\mu)c_n(t)q^n + nd_n(t)q^{n-2}]Q_n(\varphi)\Big\} \end{aligned} \tag{20-9}$$

$$
\begin{aligned}
\sigma_r(t) = & KT\{[c_0'(t) - b_0'(t)S^2] + [(3-2\mu)Sa_1'(t) + \\
& 2b_1(t)S^3 - 2c_1(t)\dot{q}]Q(\varphi)\} + K(1-KT) \\
& \int_{t_0}^{t}\{[c_0'(t') - b_0'(t')S^2] + [(3-2\mu)Sa_1'(t') + \\
& 2b_1(t')S^3 - 2c_1(t')q]Q(\varphi)\}\mathrm{e}^{K(t'-t)}\mathrm{d}t' - \\
& KT\sum_{n=2}^{\infty}[n(n-1)(n+2)a_n(t)S^n - n(n+1)\times \\
& b_n(t)S^{n+2} - n(n+1)(n-2)c_n(t)q^n - \\
& n(n-1)d_n(t)q^{n-2}]Q_n(\varphi) - K(1-KT)\times \\
& \sum_{n=2}^{\infty}\int_{t_0}^{t}[n(n-1)(n+2)a_n(t')S^n - n(n+1)\times \\
& b_n(t')S^{n+2} - n(n+1)(n-2)c_n(t')q^n - \\
& n(n-1)d_n(t')q^{n-2}]Q_n(\varphi)\mathrm{e}^{k(t'-t)}\mathrm{d}t' \qquad (20\text{-}10)
\end{aligned}
$$

$W_\theta(t)$，$\sigma_\theta(t)$，$\sigma_y(t)$，$\tau(t)$ 等分量从略。

式中　$A_{z,n}(\mu) = n[n+2(1-2\mu)]$，　$A_{w,n}(\mu) = n[n-2(1-2\mu)]$，

$B_{z,n}(\mu) = -n+4(1-\mu)$，　$B_{w,n}(\mu) = n+4(1-\mu)$，

$a_n(t) = [a_n'(t), a_n''(t)]$，　$b_n(t) = [b_n'(t), b_n''(t)]$，

$c_n(t) = [c_n'(t), c_n''(t)]$，　$d_n(t) = [d_n'(t), d_n''(t)]$，

$Q_n(\varphi) = (\cos n\varphi, \sin n\varphi)$，　$Q_1(\varphi) = (\cos\varphi, \sin\varphi)$。

$S = \dfrac{R}{r}$，$q = \dfrac{r}{R_1}$　如图 20-21 所示，$n = 2,3,4,\cdots$。$K = \dfrac{1}{\Theta}$，为松弛时间的倒数，$T = \dfrac{\eta}{G}$，为弹性后效时间，函数 $\cos n\varphi$（带有系数 $a_n'(t)$，…）及 $\sin n\varphi$（带有 $a_n''(t)\cdots$）由边界条件确定。

运用前述位移及应力分量表示的方程组，便可解答一切可用富里叶级数表示的多层粘弹性介质边界条件课题。

现举两个常见的实际课题解算的结果（推导从略）。

1. 粘弹性围岩与弹性衬砌共同作用的一维问题

若地层初应力场近似等价于图 20-22 所示，且 $\lambda = 1$。当在地层中

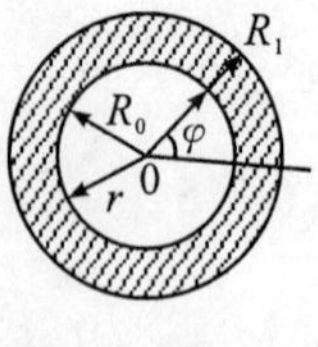

图 20-21　环状介质计算图

开挖一个圆洞，并当 $t=0$ 时，围岩发生瞬时弹性变形后再给予衬砌，则可得应力状态为[280]

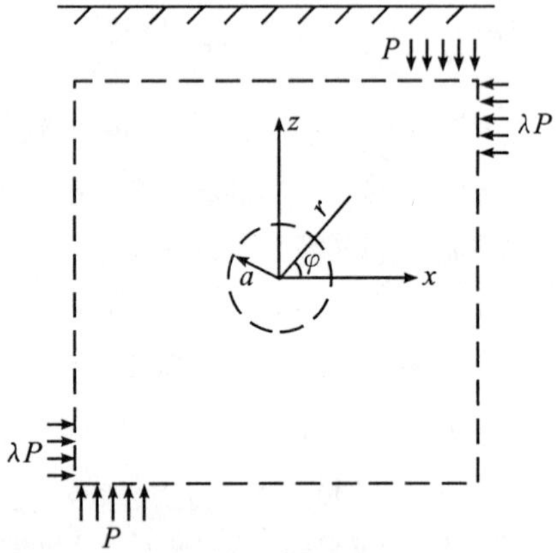

图 20-22　圆形洞室计算简图

对围岩

$$\begin{cases}\sigma_{r,c}^{(2)}=-P\left\{1-\dfrac{a^2}{r_2^2}(\alpha_2'+\beta_2'e^{-\beta_2 t})\right\}\\ \sigma_{\theta,c}^{(2)}=-P\left\{1+\dfrac{a^2}{r_2^2}(\alpha_2'+\beta_2'e^{-\beta_2 t})\right\}\\ \sigma_{y,c}^{(2)}=-P,\tau_c^{(2)}=0\end{cases}\tag{20-11}$$

对衬砌

$$\begin{cases}\sigma_{r,c}^{(1)} = -\alpha_1' P(1-\mathrm{e}^{-\beta_2 t})\left(1-\dfrac{a_0^2}{r_1^2}\right)\\ \sigma_{\theta,c}^{(1)} = -\alpha_1' P(1-\mathrm{e}^{-\beta_2 t})\left(1+\dfrac{a_0^2}{r_1^2}\right)\\ \sigma_{y,c}^{(1)} = -2\mu_1\alpha_1' P(1-\mathrm{e}^{-\beta_2 t}),\tau_c^{(1)}=0\end{cases} \tag{20-12}$$

其中

$$\alpha_2' = \frac{T_2K_2[(1-2\mu_1)+x_0^2]+(1+x_0^2)\bar{G}}{T_2K_2[(1-2\mu_1+x_0^2+(1-x_0^2)\bar{G}]}$$

$$\beta_2' = \frac{(T_2K_2-1)(1-x_0^2)\bar{G}}{T_2K_2[(1-2\mu_1)+x_0^2+(1-x_0^2)\bar{G}]}$$

$$\beta_2 = \frac{K_2[(1-2\mu_1+x_0^2]+(1-x_0^2)\bar{G}}{K_2T_2[(1-2\mu_1)+x_0^2+(1-x_0^2)\bar{G}]}$$

$$\alpha_1' = \frac{(T_2K_2-1)[(1-2\mu_1)+x_0^2]}{T_2K_2[(1-2\mu_1)+x_0^2+(1+x_0^2)\bar{G}]}$$

$\bar{G} = \dfrac{G_1}{G_2}$ 衬砌与围岩二者剪切模量之比。

μ_1 为衬砌泊桑比，$x_0 = \dfrac{a_0}{a}$，a_0 及 a 分别为衬砌内外半径。

对围岩

$$\begin{cases}\sigma_{r,c}^{(2)} = -P\left(1-\alpha_2'\dfrac{a^2}{r_2^2}\right)\\ \sigma_{\theta,c}^{(2)} = -P\left(1+\alpha_2'\dfrac{a^2}{r_2^2}\right)\\ \sigma_{y,c}^{(2)} = -P,\tau_c^{(2)}=0\end{cases} \tag{20-13}$$

对衬砌

$$\begin{cases}\sigma_{r,c}^{(1)} = -\alpha_1' P\left(1-\dfrac{a_0^2}{r_1^2}\right)\\ \sigma_{\theta,c}^{(1)} = -\alpha_1' P\left(1+\dfrac{a_0^2}{r_1^2}\right)\\ \sigma_{y,c}^{(1)} = -2\mu_1\alpha_1' P,\tau_c^{(1)}=0\end{cases} \tag{20-14}$$

因此，经长时间后二者的最终应力状态与 $P, \mu_1, x_0, \overline{G}, T_2, K_2$ 等参量有关。而 β_2 看来只对从初态到终态的演变速度有影响。经过深入分析后不难看出，经过时间 $t = 3T_2$ 后，二者的应力状态已十分接近终值。

对滞后设置衬砌（即 $t_0 = t_1 > 0$）的情况，用类似方法也同样可以导出二者的应力状态。衬砌上荷载，只要令式(20-14)中 $\sigma_{r,c}^{(1)}$ 的 $r_1 = a$ 即可得出。

2. 无衬砌时的二维问题

对粘弹性体，当毛洞边界无约束力时，其应力状态与弹性理论是完全相同，但其位移却是随时间而增长的。开洞后，位移的量值可以表示如下[280],[56]

$$\begin{cases} U_r = -\dfrac{Pr}{4G}(1+\lambda)\left(1-\dfrac{KT-1}{KT}\mathrm{e}^{-\frac{t}{T}}\right)\dfrac{a^2}{r^2}+\dfrac{Pr}{4G}(1-\lambda)\times \\ \qquad \left(1-\dfrac{KT-1}{KT}\mathrm{e}^{-\frac{t}{T}}\right)\left[4(1-\mu)\dfrac{a^2}{r^2}-\dfrac{a^4}{r^4}\right]\cos 2\varphi \\ W_\theta = -\dfrac{Pr}{4G}(1-\lambda)\left(1-\dfrac{KT-1}{KT}\mathrm{e}^{-\frac{t}{T}}\right)\left[2(1-2\mu)\dfrac{a^2}{r^2}+\dfrac{a^4}{r^4}\right]\sin 2\varphi \end{cases} \tag{20-15}$$

图20-23给出了当 $\lambda = 0.5$ 时，圆形毛洞周边 A 及 B 点的位移随时间增长的曲线。

20.7.2 粘塑性围岩与衬砌的共同作用

像岩盐等类岩石已比较接近粘塑性介质模型。萨拉蒙[277]对这种介质提出了以下的非线性物性方程

$$S_{jk} + t_0\frac{\partial S_{jk}}{\partial t} = \frac{2G_n\sigma_p e_{jk}}{2\sqrt{3}G_n(J_n)^{\frac{1}{2}}+\sigma_p} + 2G_i t_0\frac{\partial e_{jk}}{\partial t} \tag{20-16}$$

$$S = 3ke \qquad\qquad j,k = 1,2,3 \tag{20-17}$$

式中 t 为时间，t_0 为介质松弛时间，J_2 为应变偏量的第二不变量，S_{jk} 及 e_{jk} 为应力及应变偏量，S 及 e 为平均法应力及法应变，σ_p 为屈服应力，G_r

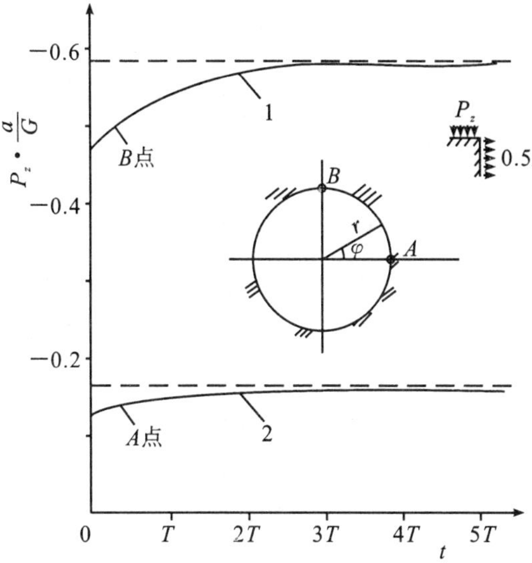

1—$U_r(t)(r=a,\varphi=90°)$；2—$U_r(t)(r=a,\varphi=0°)$

图 20-23　$\lambda=0.5$ 的计算结果

为长期剪切模量，G_i 为瞬时剪切模量，k 为体变模量。

当假设介质为不可压缩时，可将位移分量导入上述方程，再引入平衡方程并经积分可得出一个用洞边位移及径向应力表示的微分方程。然后假设无限远处初始应力为 P，及设洞边有支护反力为 $\bar{P}$，可以得到洞周上的位移及衬砌反力微分方程式[277]。如考虑到设置衬砌时围岩已发生位移 μ_a' 及衬砌后有充填物其压缩量为 $F(\bar{P})$，则可以得到衬砌反力积分形式的解为

$$\frac{t}{t_0}=\frac{1}{\sigma_p}\int_0^{\bar{P}}\frac{\left\{1+\frac{2G_i}{R}[\beta+F'(P')]\right\}\mathrm{d}P'}{\frac{P-P'}{\sigma_p}-\frac{1}{\sqrt{3}}\log_e\left\{1+\frac{2\sqrt{3}}{\sigma_p R}[u_a'+\beta P'+F(P')]\right\}} \tag{20-18}$$

其中 $F(P')$ 为衬砌后回填材料的压缩性函数。而

$$\beta = \frac{(1 - 2\upsilon + x_0^2)R_0}{2(1 - K^2)G_s}$$

式中 υ 为衬砌材料泊桑比，G_s 为衬砌剪变模量。$K = R_i/R_0$，R_i 及 R_0 分别为衬砌的内半径及外半径。

20.7.3　粘弹－塑性围岩与衬砌的共同作用

前面已谈过粘弹与粘塑性围岩的应力状态问题，但这二者目前在工程实践中使用有限。前者是属于围岩基本稳定，是否支护关系不很紧要。后者一般只有在初始应力状态使整个围岩处于潜塑状态，或在某种很特殊的盐岩层中才会遇到。更为常见的形变压力则是与时间有关联的弹塑性问题，即围岩局部处于塑性状态的问题，如粘板岩及某些触变破碎的火成岩等即属此类型。这里将谈一下此一问题的一种解析法结果（仍讨论轴对称问题，即 $\lambda = 1$）。

设围岩与衬砌体系的力学模型示意图，如图 20-24 所示，则

$$G = \beta\delta K_p\left[1 - \left(1 - \frac{1}{\delta}\right)e^{-ut}\right]$$

其中 β 为摩擦系数之倒数。

这时，对岩体的粘弹性区应力状态仍可运用式(20-9)、(20-10)来推求，而将塑性区视为理想塑性体，认为是不可压缩者，其物性方程可表为（σ 为平均应力，M 为一物性参数）

$$\left.\begin{aligned}\sigma_\theta - \sigma &= 2M\varepsilon_\theta \\ \sigma_r - \sigma &= 2M\varepsilon_r\end{aligned}\right\}$$

而塑性条件[165]为

$$\tau_{0cT} = f(\sigma_1 + \sigma_2 + \alpha\sigma_2, t)$$

式中 α 为一常系数，并允许考虑塑性限随时间而降低，即（见图 20-25）

$$K_p(t) = \delta K_p\left[1 - \left(1 - \frac{1}{\delta}\right)e^{-kt}\right]$$

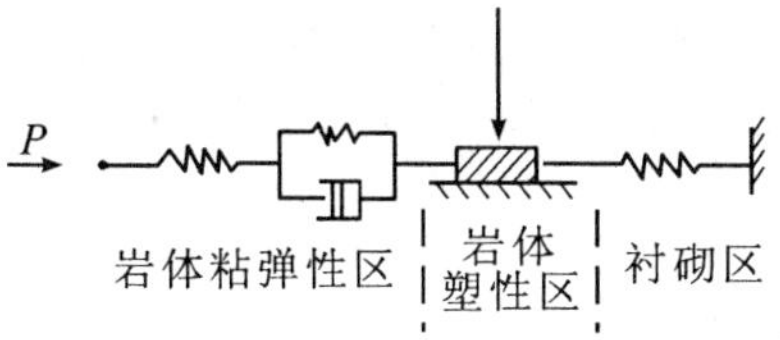

图 20-24　围岩与衬砌的力学模型图

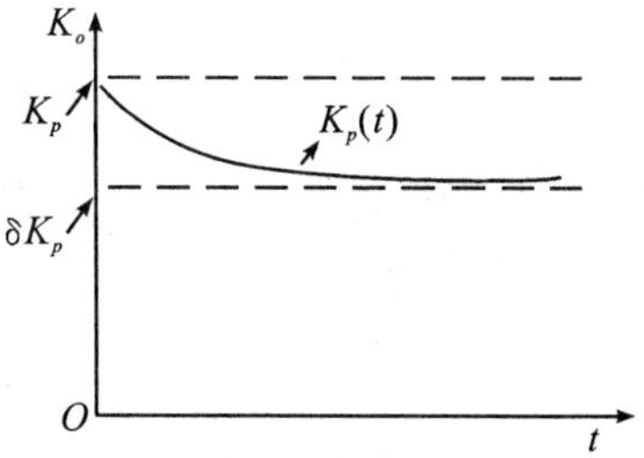

图 20-25　K_p 随时间的变化图

进一步运用平衡方程即可导出塑性区的应力分量表达式如下[281]

$$\sigma_r^{(2)}(t) = \frac{-2\delta}{\sqrt{6}}K_p\left[1 - \left(1 - \frac{1}{\delta}\right)e^{-Kt}\right]\ln\frac{r}{a} + \sigma_{r=a}^{(1)}(t)$$

$$\sigma_\theta^{(2)}(t) = \frac{-2\delta}{\sqrt{6}}K_p\left[1 - \left(1 - \frac{1}{\delta}\right)e^{-Kt}\right]\left(1 + \ln\frac{r}{a}\right) + \sigma_{r=a}^{(1)}(t)$$

其中 $\sigma_{r=a}^{(1)}(t)$ 为洞边上的衬砌反力，为时间的函数。

若衬砌为理想弹性介质，则利用粘弹性、塑性以及弹性三种介质的边界方程（应力及位移条件）可以求出全部待定参数[281]。这时粘弹及塑性二区边界是随时间变化的，为

$$R(t) = a\exp\left\{-\frac{\sqrt{6}\left[\sigma_{r,c}^{(3)}(t) - \sigma_r^{(1)}(t)\right]}{2\delta K_p\left[1 - \left(1 - \frac{1}{\delta}\right)e^{-Kt}\right]}\right\} \quad (20\text{-}19)$$

式中 $\sigma_{r,c}^{(3)}(t) = -\frac{\bar{G}(1 - x_0^2)R^2(t)}{[(1 - 2\mu) + x_0^2]a^2}\frac{K_p}{\sqrt{6}}\frac{\delta_{K_3T_3} - 1}{K_3\sqrt{3}}(e^{-\frac{t_1}{T_3}} - e^{-\frac{t}{T_3}})$

$\bar{G}$ 为衬砌与围岩粘弹性区二者剪变模量之比，x_0 为衬砌内外半径之比，μ_1 为衬砌泊桑比，t_1 为设置衬砌时间。

可见 R 是一个隐函数，但可用试算法求得。一般来讲，若衬砌刚度较大，其后面没有充填物，则一经设置衬砌，R 便不再增加，甚至减小。对毛洞经无限长时间后，R 取极大值

$$R(\infty) = a \cdot \exp \frac{1}{2}\left[\frac{\sqrt{6}P}{\delta K_p} - 1\right] \qquad (20\text{-}20)$$

由上式可以看出，对毛洞塑性区的范围最终取决于初应力场的量级与岩体长期塑性限的比值，并正比于毛洞半径。若$\delta K_p \geqslant \sqrt{6}P$，则岩体中将不出现塑性区。图 20-26 给出了一个毛洞情况的算例。

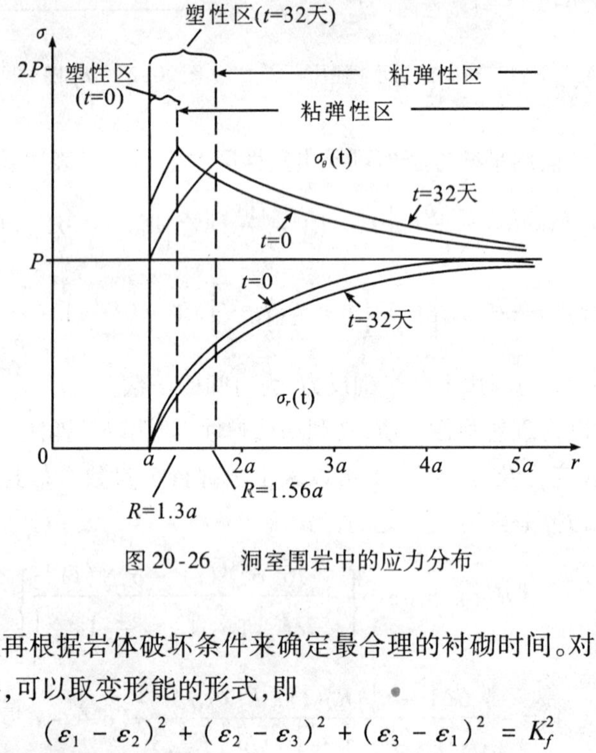

图 20-26　洞室围岩中的应力分布

现在再根据岩体破坏条件来确定最合理的衬砌时间。对塑性区的破坏条件，可以取变形能的形式，即

$$(\varepsilon_1 - \varepsilon_2)^2 + (\varepsilon_2 - \varepsilon_3)^2 + (\varepsilon_3 - \varepsilon_1)^2 = K_f^2$$

于是可以根据圆洞周边不发生破坏（当$t \to \infty$）的条件导出其允许的塑性区扩展半径为

$$R' = a\sqrt{\frac{2G_3K_f}{\delta K_p}} \qquad (20\text{-}21)$$

及相应的最合理衬砌时间

$$t_2 = \frac{1}{K_3}\ln\frac{2\delta K_p\left(\ln\sqrt{\dfrac{2G_3K_f}{\delta K_p}}+1\right)\left(1-\dfrac{1}{\delta}\right)}{2\delta K_p\left(\ln\sqrt{\dfrac{2G_3K_f}{\delta K_p}}+1\right)-\sqrt{6}P} \tag{20-22}$$

这时,由于围岩未进入破坏状态,衬砌上也有相对小的压力,因此,是较为经济及安全的设置时间。这里进一步证实了式(20-3)的意义。若比 t_2 更早地设置衬砌,则岩体塑性区将比这为小(即有较小的 W_n 值)。但衬砌却要为此吸收更多的弹性能 W_f,因此需使它的结构更强大,这样就要提高支护成本。

这种围岩当设置衬砌后,由于后者的反力,塑性区要发生退化现象(即卸载问题)。若设该区卸载过程仍按粘弹特性曲线进行,同时对剩余的塑性区不考虑应力历史的影响,原来的粘弹性区则需叠加上新的应力状态,则可求得出现塑性退化区时的整个体系的应力状态为[281]:

衬砌

$$\left.\begin{array}{l}\sigma_r^{(1)}(t)\\ \sigma_\theta^{(1)}(t)\end{array}\right\} = -\frac{\bar{G}K_p(\delta_{KT}-1)R^2}{2a^2KT\sqrt{6}[(1-2\mu_1)+x_0^2]}\left(\mathrm{e}^{-\frac{t_1}{T}}-\mathrm{e}^{-\frac{t}{T}}\right)\left(1\mp\frac{a_0^2}{r^2}\right) \tag{20-23}$$

岩体塑性区

$$\left.\begin{aligned}\sigma_r^{(2)}(t) &= -\frac{2\delta K_p}{\sqrt{6}}\left[1-\left(1-\frac{1}{\delta}\right)\mathrm{e}^{-Kt}\right]-\\ &\quad \frac{\bar{G}R^2(1-x_0^2)K_p(\delta_{KT}-1)}{2a^2[(1-2\mu_1)+x_0^2]\sqrt{6}KT}\left(\mathrm{e}^{-\frac{t_1}{T}}-\mathrm{e}^{-\frac{t}{T}}\right)\\ \sigma_\theta^{(2)}(t) &= -\frac{2\delta K_p}{\sqrt{6}}\left[1-\left(1-\frac{1}{\delta}\right)\mathrm{e}^{-Kt}\right]\left(1+\ln\frac{r}{a}\right)-\\ &\quad \frac{\bar{G}R^2(1-x_0^2)K_p(\delta_{KT}-1)}{2a^2[(1-2\mu_1)+x_0^2]KT}\left(\mathrm{e}^{-\frac{t_1}{T}}-\mathrm{e}^{-\frac{t}{T}}\right)\end{aligned}\right\} \tag{20-24}$$

岩体塑性退化区

$$\left.\begin{aligned}\bar{\sigma}_r^{(2)}(t) &= -\frac{2\delta K_p}{\sqrt{6}}\left[1-\left(1-\frac{1}{\delta}\right)e^{-Kt}\right]\ln\frac{r}{a}-\bar{D}\left(e^{-\frac{t_1}{T}}-e^{-\frac{t}{T}}\right)+\\&\quad \bar{A}+\bar{B}(KT-1)\cdot(1-e^{K(t_1-t)})+\bar{D}\left[\frac{KT-1}{T}(t_1-t)\right.\\&\quad \left.e^{-\frac{t}{T}}-(KT-1)(1-e^{K(t_1-t)})e^{-\frac{t_1}{T}}+\left(e^{-\frac{t_1}{T}}-e^{-\frac{t}{T}}\right)\right]+\\&\quad \frac{K_p(\delta_{KT}-1)(KT-1)}{2KT\sqrt{6}}e^{-\frac{t_1}{T}}(1-e^{K(t_1-t)})\frac{R^2}{r^2}\\ \bar{\sigma}_\theta^{(2)}(t) &= -\frac{2\delta K_p}{\sqrt{6}}\left[1-\left(1-\frac{1}{\delta}\right)e^{-Kt}\right]\left(1+\ln\frac{r}{a}\right)-\\&\quad \bar{D}\left(e^{-\frac{t_1}{T}}-e^{-\frac{t}{T}}\right)+\bar{A}+\bar{B}(KT-1)\cdot(1-e^{K(t_1-t)})+\\&\quad \bar{D}\left[\frac{KT-1}{T}(t_1-t)^{-\frac{t}{T}}-(KT-1)(1-e^{K(t_1-t)})e^{-\frac{t_1}{T}}+\right.\\&\quad \left.\left(e^{-\frac{t_1}{T}}-e^{-\frac{t}{T}}\right)\right]-\frac{K_p(\delta_{KT}-1)(KT-1)}{2KT\sqrt{6}}e^{-\frac{t_1}{T}}(1-e^{K(t_1-t)})\frac{R^2}{r^2}\end{aligned}\right\}$$

(20-25)

式中 $$\bar{A} = -P+\frac{\delta K_p}{\sqrt{6}}\left[1-\left(1-\frac{1}{\delta}\right)e^{-Kt_1}\right]\left(1+2\ln\frac{R}{a}\right)$$

$$\bar{B} = P-\frac{\delta K_p}{\sqrt{6}}\left(1+2\ln\frac{R}{a}\right)$$

$$\bar{D} = \frac{\bar{G}K_p(\delta_{KT}-1)R^2(1-x_0^2)}{2a^2KT\sqrt{6}[(1-2\mu_1)+x_0^2]}$$

岩性粘弹性区

$$\left.\begin{aligned}\bar{\sigma}_r^{(3)}(t)\\ \sigma_\theta^{(3)}(t)\end{aligned}\right\} = -\left\{P\mp\frac{\delta K_p}{\sqrt{6}}\frac{R^2}{r^2}\left[1-\left(1-\frac{1}{\delta}\right)e^{-KT}\right]\right\}\pm \frac{K_p(\delta_{KT}-1)(KT-1)}{2KT\sqrt{6}}e^{-\frac{t_1}{T}}(1-e^{K(t_1-t)})\frac{R^2}{r^2} \tag{20-26}$$

衬砌上荷载,只要令式(20-23)中 $r=a$,即可求得

$$P_0^{(t)} = \sigma_{r-a}^{(1)}(t)。$$

第21章　岩体的工程加固

严克强
（电力工业部东北勘测设计院科学研究所）

21.1　概　述

实际工程建设中所遇到的岩体，通常都被各种结构面所切割，因此，岩体的力学性质与岩块是根本不同的。某些岩石，虽然它本身的强度很高，但由于软弱结构面的影响，往往需要经过适当的加固之后才能满足工程建设的需要。

岩体加固，其目的在于改善岩体的性质。从广义来讲，凡是可以改善岩体性质的各种工程措施都属于这一范畴，岩体加固所包含的内容是十分广泛的。由于工程对象和问题的不同，岩体加固的具体要求也不同，但总的来说，岩体加固主要用于解决这几个方面的问题：① 减小岩体的渗透性，② 改善岩体的变形性能，③ 提高岩体的强度和稳定性。

一般地，岩体加固方法是根据不同的工程用途来决定的。有时，可针对某一问题而采取相应的加固措施，但某种加固方法则可能同时取得综合性的效果。因此在实际工程中，这几个方面的问题往往是相互联系的，只不过有时各有侧重而已。

作为大坝坝基的岩体，各种结构面的存在可能对大坝的抗滑稳定性构成不利影响，也可能因其不均匀变形或渗透水流的作用而对大坝的安全造成威胁。对大坝坝基岩体进行灌浆处理，可以提高岩体的完整性和强度，并堵塞了渗水通道，从而取得了综合性的加固效果。因此，它已成为水工建筑中的一种最常用的加固方法。由于化学工业的迅速发展,多种化学灌浆材料已经大量供应生产建设的需要,从而解决了水泥颗粒无法进入的细小缝隙的灌浆问题,使灌浆处理的技术得到了新的发展。

灌浆技术在地下工程建设中也占有重要的地位,这不仅是因为经过固结灌浆处理后的围岩可以提高其强度和抵抗变形的能力(从而也提高了它的承载能力),而且采用"超前灌浆"处理的方法,还可以在本来无法开挖成洞的岩层中建造起规模巨大的地下工程。因此,在地下工程建设中,灌浆技术已日益受到工程界的重视。目前,国外已建成或正修建的某些工程,采用全断面同步高压灌浆的方法使围岩和衬砌形成一种预压力,以大幅度地提高水工隧洞的承载能力。我国白山水电站等几个工地也已进行了这方面的试验,预期今后将会得到更多的应用。

但是,正如人们所熟知的那样,灌浆处理是一项施工周期较长,所需人力和设备也较多的工作,而且在许多情况下(如高陡岩质边坡的加固等)还难以实施,因此近二、三十年来,喷锚加固技术得到了迅速的发展。我国大量工程实践证明,喷锚加固技术的合理使用,将取得优质,高效,节约等明显效益,因此,正日益得到更为广泛的应用。

关于灌浆技术方面国内已有专著,这里不再叙述,本章仅就岩体喷锚加固的内容,并着重于基本原理方面加以论述。

21.2 喷锚加固

喷锚加固,是喷射混凝土(通常还敷设有钢筋网)和锚杆,或两者联合加固的总称。在工作机理和施工方法上,喷射混凝土与锚杆并不完全相同,但由于其对岩体的加固效果基本一致,而且也经常配合使用,所以统称为喷锚加固。

在地下工程建设中,为了保证安全施工,人们越来越多地采用喷射混凝土或锚杆对有可能失稳的围岩进行支护,使之得到加固作用,所以常把这类工程措施称为喷锚支护。

21.2.1 喷射混凝土衬砌层对围岩的加固作用

向地下洞室岩壁喷射混凝土以造成衬砌是借助于高压风把置于喷射机中的混合料(即拌合好的水泥、砂、石等)喷射到岩面上而实现的。由于其中含有速凝剂和高压风的冲击作用,所形成的混凝土层凝固很快,并具有较高的早期强度,从而迅速地形成一个具有一定强度和刚度的衬砌层。过去,人们主要从封闭岩面,防止围岩继续风化,隔断渗水通道和制止小块岩石坠落等方面去认识喷混凝土层的作用。事实上,这类工程措施的实际效果远远超出上述范围。

为了说明喷混凝土衬砌层对岩体的加固作用,先对洞室围岩的变形和破坏过程进行简要的分析。

首先,我们来考察一种最简单的情况,即假定在静水压力场的均质岩层中开挖一个圆形隧洞。在这种条件下开挖成的隧洞,由于应力的重新分布,围岩中的切向应力增大了,同时径向应力在减小,并在洞壁处达到极限。这种变化的结果,造成了向着洞内临空面的变形,围岩的力学性质也随之不断恶化。假若切向应力很大而岩体强度很低,洞壁附近某一范围内的岩层就要达到屈服并进入塑性状态,这个范围一般称为塑性区。接着,由于变形的不断发展,围岩强度继续降低,随着塑性区内的应力松弛,塑性区以外的围岩应力又进一步升高,待其达到屈服界限后,那一部分围岩也随之进入塑性状态。如此逐层向前推进,使得塑性区像波浪一样向围岩深处扩展,如图 21-1 及表 21-1 所示。假若不采取措施来制止这种发展,当塑性区达到某种规模后,将在围岩的薄弱部位首先产生破坏,从而形成一个较原洞直径为大的“新洞”。然后,又重复上述过程,致使围岩的破坏范围不断的扩大。

当岩体中的初始应力不是静水压力状态时,围岩破坏的形状也不是轴对称的。它首先在外压力小的一侧发生,然后再逐步扩展到其他部位。例如,当 $P_V \gg P_H$ 时,破坏先从隧洞两边的侧拱开始,接着,顶拱部分的岩体由于失去了支撑,若其粘结强度很低,将因其自重作用而产生坍落,从而形成一个具有某种拱形的破坏区,如图 21-2 所示。在这种情况下,假若不给予有效的支护,破坏区将不断扩大,其坍落高度有时达到几倍洞径,甚至涉及整个上覆岩层。

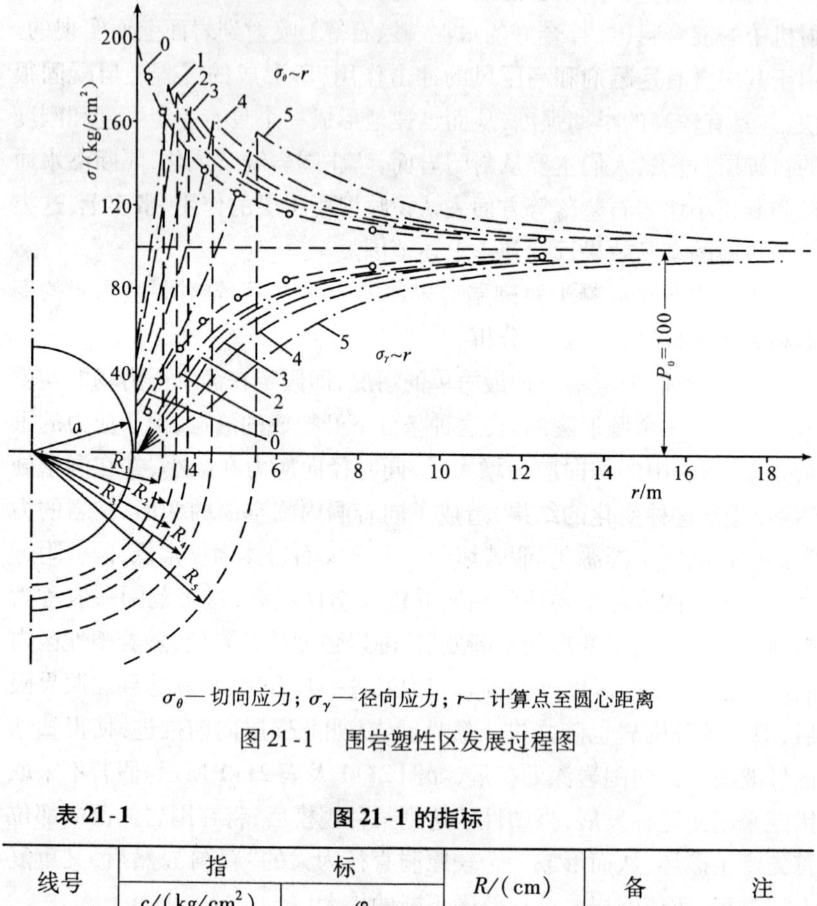

σ_θ— 切向应力; σ_γ— 径向应力; r— 计算点至圆心距离

图 21-1　围岩塑性区发展过程图

表 21-1　　**图 21-1 的指标**

线号	指标 $c/(\text{kg/cm}^2)$	指标 φ	$R/(\text{cm})$	备注
0				(1) $A=250$ 厘米
1	10	45.0	319	(2) $P_V=P_H=P_0$
2	9	41.9	345	$=100\text{kg/cm}^2$
3	8	38.6	385	
4	7	34.9	445	
5	6	30.9	552	

某部队的模型试验结果说明,破坏确实是从隧洞两侧开始的。但在模型试验中,由于材料的自重很小且粘结力一般都比较大,所以破坏区没有发展成如图 21-2 所示的形状。然而,在实际的松软岩层中,由“片帮”开始而逐步发展到拱顶破坏的情况是屡见不鲜的。需要指出的是,上述的这种破坏外形,虽然与“普氏拱”有类似之处,但它与所谓的“普氏理论”是有着本质区别的,不应把两者混为一谈。

就其实质来说,上述的破坏现象可以用图 21-3 来解释。

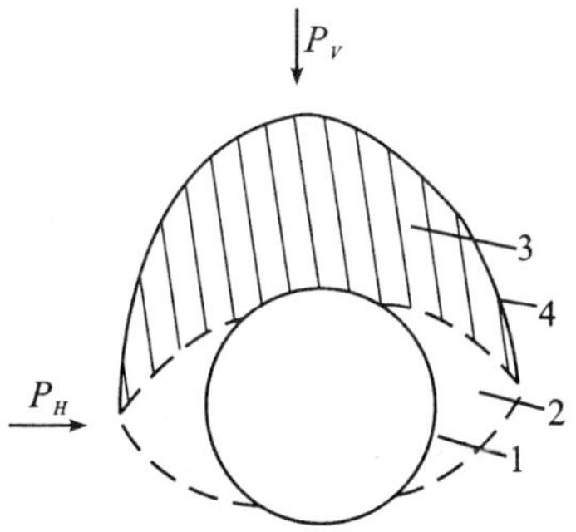

1— 原有隧洞轮廓线; 2— 最先出现破坏区;
3— 因失去支撑和粘结力不足而塌落的区域(阴影部分); 4— 塌落后洞顶轮廓线

图 21-2　围岩的破坏过程图

不难看出,围岩的这种破坏是径向应力大幅度减小和切向应力高度集中的结果。很显然,假若能阻止或减小围岩应力的这种不利变化,将有助于保持岩体原有的稳定状态。实践证明,适时喷设合理的混凝土衬砌层,可以调整围岩中的应力分布和抑制围岩有害变形的发展,从而起到了加固围岩的作用。

1973 年,310 工程在第三纪泥质胶结的砂砾岩(抗压强度 6 ~ 15kg/cm^2,摩擦角45°,粘结力 1kg/cm^2)中进行了喷混凝土支护效果的现场观测。从有喷混凝土衬砌层(厚 5 ~ 8cm)和毛洞观测段中得到的实测资料如图 21-4 所示。

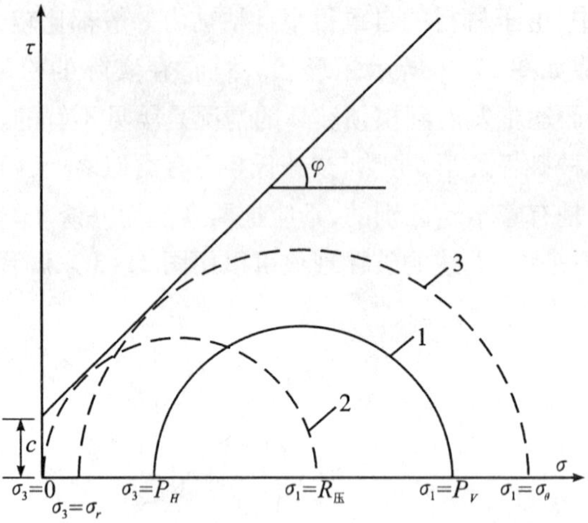

1— 开洞前岩体内部的应力圆；2— 洞壁面处的应力圆；
3— 因径向应力减小和切向应力增大后岩体达到塑性状态时的应力圆

图 21-3　围岩应力圆图

从图 21-4 中可见，毛洞开成后的初期，侧拱处的切向应力高度集中，而且发展很快。同时，顶拱围岩的变形速度也很快。这种情况对围岩的稳定性来说显然是很不利的。这些资料还表明，到开洞后的 15 天左右，拱顶深部(170cm) 岩体的变形虽已逐渐减慢，但靠近表部(100cm 左右)，已有产生破坏的趋势。事实上，在观测期间围岩已不断“片帮”，以后又出现了高度达1m多的拱顶塌方。这种现象与观测结果是基本一致的。但是，在及时敷设喷混凝土衬砌层的地段，无论是径向变形还是切向变形，其发展速度都小得多，而且很快就趋于稳定。与毛洞的情况相比较，在设置喷层后，其径向应力的变化约减小了 50%，同时切向应力的增量也减小了 40% 左右。从图 21-3 可见，维持围岩中较大的径向应力作用和减免切向应力的过度集中，是避免产生“压剪破坏” 的一种有效途径。不难看出，喷混凝土衬砌层在这方面发挥了重大的作用。

图 21-5 是西南交通大学和铁道部科学研究院在普济铁路隧洞施

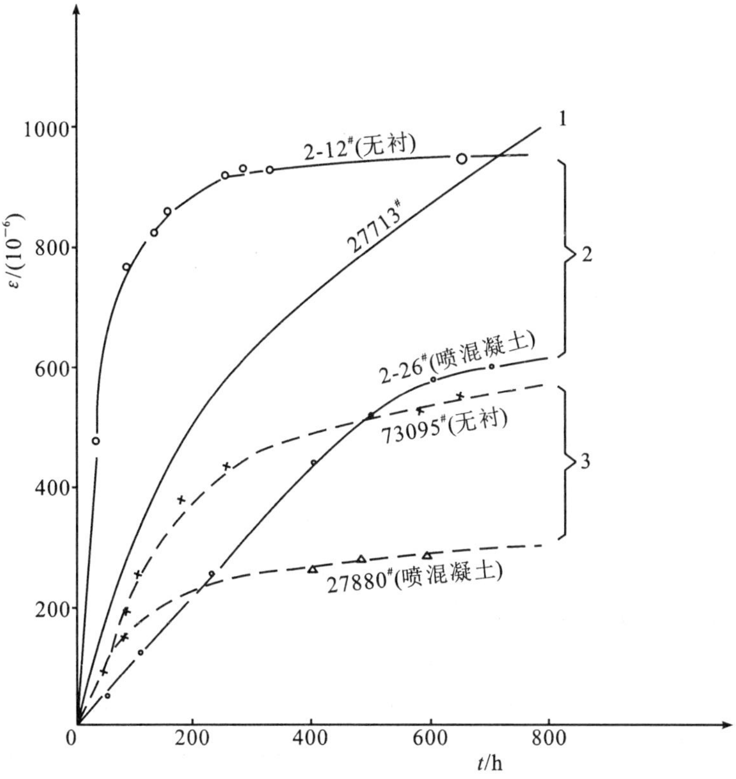

1— 无衬砌段拱冠测点(距洞壁约 100cm);2— 拱座部位切向应变(测点距洞壁 50cm);
3— 拱冠部位径向应变(测点距洞壁 170cm)

图 21-4　$\varepsilon \sim t$ 关系曲线图

工过程中用"形变 — 电阻率法" 测得的资料。隧道埋深约 40m,围岩是侏罗系砂岩、泥岩互层。泥岩质软且极易风化,遇水崩解。施工中采用光面爆破法开挖,成洞后,立即喷射 5cm 厚的混凝土。

这组曲线表明:在施作喷混凝土衬砌层的初期,围岩变形仍在继续发展,但约经一个月以后就基本趋于稳定,而且,喷层对围岩变形情况的影响,不只限于围岩的表部,它涉及到一个相当大的范围。现场观测结果还表明:在施作喷层以后,随着时间的推移,原来业已松弛的一部

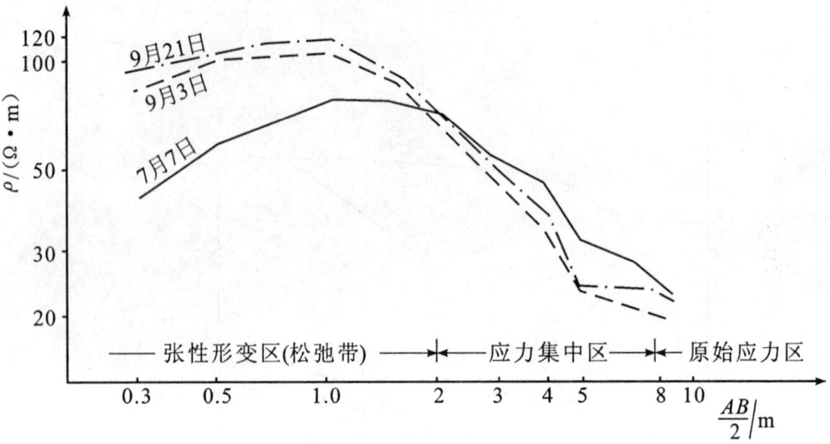

图 21-5　拱顶电测结果图

分围岩,其应力逐渐得到了恢复,扩大了"压密区",缩小了"松弛带",从而提高了围岩的稳定性,如图 21-6 所示。根据实测资料,拱顶的"松弛带"由原来的 2.6m 缩小到 2.2m,边墙的"松弛带"由 5m 缩小到 3m。

上述资料说明,与围岩紧密粘贴的喷混凝土衬砌层,在它和围岩同步变形的过程中,产生了一个指向围岩的反力。在保持衬砌层完整性的情况下,这个反力将随着围岩变形的发展而不断增大。从国内外报导的一些资料来看,处于喷混凝土层与围岩接触面上的这种反力为 1 ~ 3kg/cm^2,甚至可达 5kg/cm^2。应当认为,这样一种数值,在提高围岩的承载能力方面,其效果是相当可观的。例如,对于 $\varphi = 45°$,$c = 1$kg/cm^2 的岩层,反力为 3kg/cm^2 时,其单轴抗压强度是反力为零时的 3.6 倍以上。

事实上,喷混凝土衬砌层所能提供的反力值与喷层的结构形式和尺寸,以及敷设的时间等因素有关。喷层的尺寸过大或施作的时间不当,就可能因其不适应围岩的过大变形而破裂。因此,目前常用的喷层厚度都在 10cm 左右。在"新奥法"的理论中,特别强调"适时"和仰拱的结构作用,并选择为保持围岩稳定所需的最小反力值,力求以最小的代价获取最好的效果。应该认为,这种思路是可取的。但需指出,在目前

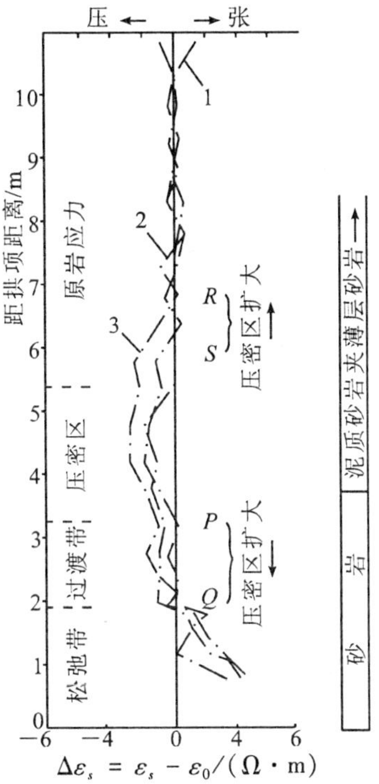

ρ_0— 开挖前（1977 年 6 月 7 日）的测值；

ρ_s— 开挖并喷混凝土衬砌后在不同时间（1—1977. 6. 23；2—1977. 8. 2；3—1978. 1. 24）的测值

图 21-6　开挖前后不同时间隧道拱部 $\Delta\rho_s$ 变化曲线图

所进行的“滑移楔体”的理论计算中（见图 21-7），只考虑剪切面上岩体和喷层的抗剪作用，而不计入喷混凝土衬砌层反力对岩体稳定性的影响，这显然是不够全面的，因为这一理论没有反映出喷混凝土衬砌层对围岩的加固作用。比较合理的做法是，在决定滑移楔体时，计入喷层反力作用的影响，然后再按有关的方法和步骤来进行相应的计算。

21.2.2　锚杆的加固效果

通常，用以加固岩体的锚杆有胶结型锚杆和预应力锚杆两种类型。在需要迅速对危石进行加固的情况下，采用预应力锚杆。在一般情况

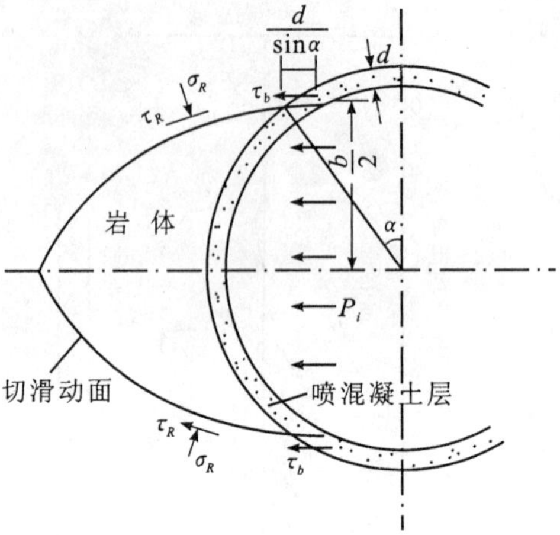

图 21-7　剪切破坏计算图

下，多用水泥砂浆为粘结料的胶结型锚杆（俗称砂浆锚杆或插筋）。有些大型的或重要的地下洞室，首先用预应力锚杆进行加固，然后再对锚孔注浆使其成为永久性支护的一部分。在这种情况下，预应力锚杆在长时期内的工作状况与砂浆锚杆基本相同。

为了便于说明，先考察单根锚杆在均质岩层中的工作状况。

安置在岩层中的锚杆，由于锚杆的弹性模量远比岩层为大，因此在围岩变形过程中两者间所产生的变形差就形成了对围岩的约束力。这种约束力是通过锚杆与砂浆，或砂浆与锚孔壁之间的剪应力来传递的。剪应力的大小，与围岩的变形量，以及上述两种接触面的粘结强度有关。此外，假若在安装锚杆以后，围岩的切向应力又产生新的变化，那么这一变化还与切向应力的增量有关。由于围岩的变形是从洞壁向深处逐渐减小的，因此越靠近洞壁，其约束力越大；越往围岩的深处，其值越小，在锚杆内端头处为零。在垂直于锚杆体的平面上，约束力的分布也与上述情况类似，距锚杆越近，约束力越大；距离越远，其值越小，如图21-8所示。

从图21-8中可见，沿着锚杆的全长，虽然约束力的分布很不均匀，但这种分布特点也正是人们所需要的,因为越靠近洞壁,径向应力减小越多,从而所需提供的反力也越大。因此,图 21-8 的应力分布对维持围岩的稳定性显然是有利的,问题的关键是选择一种合理的锚杆布置(间距和长度),以使在洞壁附近和围岩内的各个点上都获得满足需要的径向应力值。

图 21-9 是在粘土砂砾岩巷道中砂浆锚杆受力情况的实测资料①,该资料说明在安装锚杆的初期,围岩变形发展较快,因此锚杆应力也迅速增大;当围岩变形基本趋于稳定时,锚杆应力的增量也逐渐趋近于零。

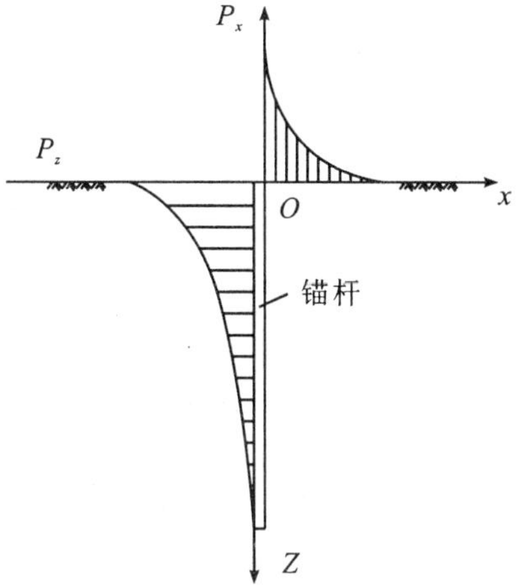

图 21-8　锚杆 — 岩体受力情况示意图

这一结果充分说明,锚杆的受力情况与围岩变形特性紧密相关。另一方面,实测和计算结果都说明,设置锚杆以后,又可以限制围岩变形的发展(见表 21-2 和图 21-10)[282]。由此可见,它们是一个相互制约又相互依赖的矛盾统一体。

① 马鞍山矿山研究院孙学毅,软岩巷道中砂浆锚杆支护机理的初步探讨,《地下工程》,1979 年,第四期。

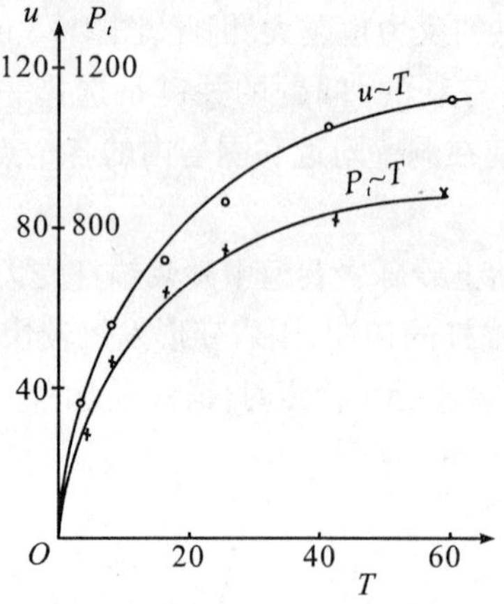

u— 拱顶位移(1/100mm); P_t— 锚杆受力(kg); T— 时间(d)

图 21-9　半径 R_0 = 2m 粘土砂砾岩巷道拱顶位移、砂浆锚杆受力情况图

表 21-2　　粘土砂砾岩巷道位移测定结果

衬砌类型	洞径/(m)	衬砌厚度/(cm)	锚杆参数	测定时间/(d)	拱顶位移/(mm)
喷锚	4	8 ~ 10	仅拱部安装 ϕ18 砂浆锚杆,排间距 0.8 × 0.8m,长 1.5m	50	1.3
	6	10	墙高1米以上安装 ϕ18 砂浆锚杆,排间距 0.9 × 0.9m,长 1.8m	60	2.5
喷混凝土	4	15	—	50	2.7
	6	15	—	60	4.5

前面已谈到,在许多场合需要对预应力锚杆的锚孔进行注浆使其成为永久衬砌结构的一个组成部分。但由于种种原因,国内通常的做法是多在进行注浆之后才施加预应力。必须指出,这种程序是不合理的,因为这样做会破坏杆体与砂浆之间的粘结强度(特别是靠近洞壁部位),从而严重地影响到其锚固效果,如图 21-11 所示[283]。从图 21-11

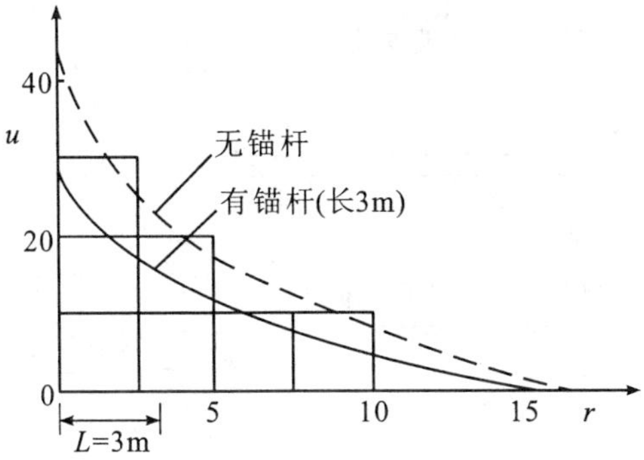

u— 拱顶位移(cm)；r— 距洞壁的距离(m)

图 21-10　洞顶位移计算结果图

中可见，由于在拧紧外锚头螺帽时，对某一深度范围内的砂浆产生“干扰”形成了反向的剪应力，从而造成了锚杆约束力的大量损失（见图 21-11 中的阴影部分），这个问题是应该引起注意的。

在被节理、裂隙等结构面切割的坚硬岩体中，对于砂浆锚杆的作用，人们通常只从杆体本身的抗剪或抗拉的角度去认识。其实，当危石产生移动时，经常伴随有张拉、剪切和转动等现象，情况是十分复杂的。因此应该全面去认识锚杆在其中的工作状况。即使是仅受剪切位移作用的砂浆锚杆，其作用也并不是只由杆体本身所提供的抗剪强度，而且还与岩体的力学性质和滑移面的物理特性等因素有关。正如图 21-12 的试验资料所表明的那样，在锚杆没有被剪断的条件下，岩体的强度也得到了明显的提高，这是由于剪切面上获得了一个量值等于 ΔP 的附加法向压力而造成的。这种附加法向压力的产生也可以从图 21-13 的试验结果得到证实。很显然，砂浆锚杆的这种特性，有利于发挥岩体本身的抗剪作用，在有关设计计算中，应该考虑这个因素。

21.2.3　喷锚加固的工程实例

我国目前使用喷锚加固的地下洞室的总长已达4000多km，在设

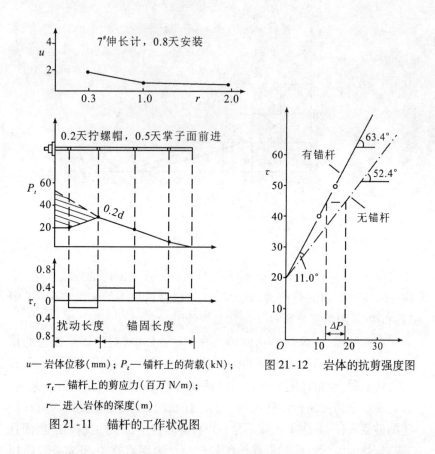

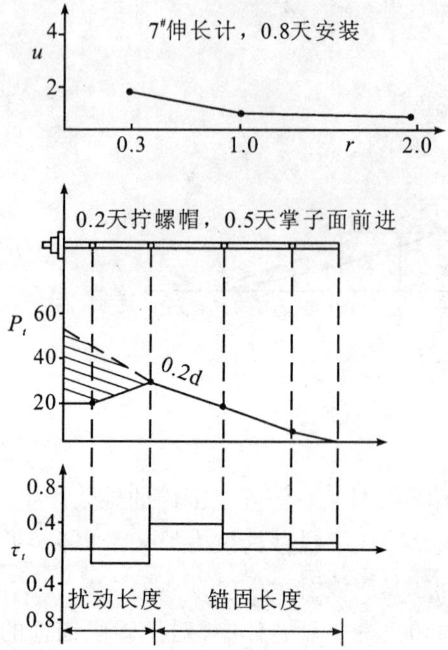

u— 岩体位移(mm)；P_t— 锚杆上的荷载(kN)；

τ_t— 锚杆上的剪应力(百万 N/m)；

r— 进入岩体的深度(m)

图 21-11 锚杆的工作状况图

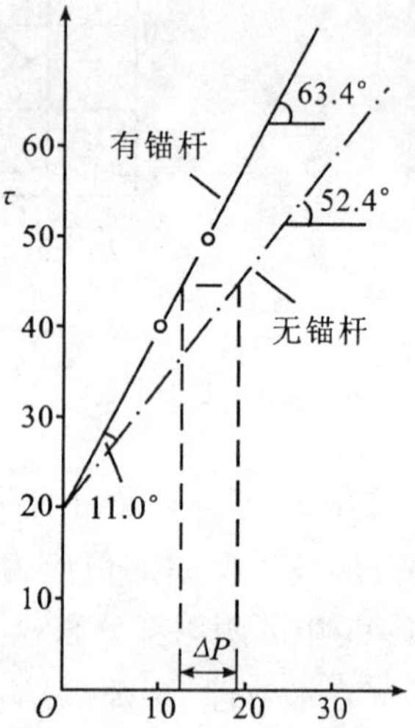

图 21-12 岩体的抗剪强度图

计和施工过程中，积累了丰富的工程经验，同时也不断地扩大了这项技术的应用范围：在软岩（如强度很低的第三纪泥质胶结砂砾岩、风化砂岩、泥板岩等）、断层破碎带、塌方处理和受动载作用等不良条件下已有大量的成功实例。在许多中等水头和流速的水工隧洞中，得到了成功的应用。用喷锚加固的大型洞室，其最大跨度达 25 ～ 40m，最高的边墙近 80m。实践表明，加固效果是良好的。有关这方面的情况，已有过大量的报导，这里仅列举几个工程资料，如表 21-3 所示。

表 21-3　　喷锚加固的几个工程资料[①]

序	工程名称	洞室类型和尺寸 [长×宽×高]/(m)	地质条件	喷锚参数 (锚杆直径以 mm 计,其余均为 cm)	建设年度	运行情况
1	回龙山水电站	地下厂房 66×17.2×37	安山角砾岩、节理间距约 30cm,拱顶局部有断层交叉切割,$f=4\sim6$	拱部:喷混凝土厚度 15~20,ϕ_{16}砂浆锚杆,长 250,间距 100×100(在不良地质部位加钢筋混凝土肋拱)	69~71	良好
2	某工程	地下厂房 120×23.6×45	花岗岩,裂隙不发育,$f=8\sim10$	拱部:喷混凝土厚 10~15,钢筋网 25×25,ϕ_{25}砂浆锚杆,长 120;间距 100×120 边墙:喷混凝土厚 15~20,钢筋网 40×40,ϕ_{25}砂浆锚杆,长 150~300,间距 250×250		良好
3	某工程	地下厂房 42×21.2×37	以前震旦纪花岗片麻岩为主,有少量黑云母片岩,岩石完整性较好,$f=6$	拱部:喷混凝土 15,钢筋网 33×30,ϕ_{18}砂浆锚杆,长 250,间距 100×100 边墙:喷混凝土 10,钢筋网 33×33,$\phi_{20\sim25}$砂浆锚杆,长 250~500;间距 150×150	70	良好
4	镜泊湖水电站	地下厂房 62×18×27	以闪长岩、中粗粒花岗岩为主,间有斑状花岗岩、细晶岩等侵入。岩质坚硬,较完整,块度 30~40cm	喷混凝土:顶拱 15,边墙 10,钢筋网 37×37, 锚杆:ϕ_{16},长 250;ϕ_{22},长 350~400;施加 3~5吨预应力	69~77	良好
5	渔子溪水电站	引水隧洞 590×5×5.6 (内水压 1.5~2.5kg/cm^2)	花岗闪长岩,$f\geq4$,隧洞埋深 250m	喷混凝土厚 15~20(实测最小为 5)	72	良好
6	回龙山水电站	引水隧洞 605×11×11	结晶灰岩、安山岩、角砾熔岩、岩质坚硬,较完整,局部破碎。隧洞埋深 20~270m	喷混凝土厚 10~15,钢筋网 30×30,在地质条件不好的部位加设 ϕ_{16}的砂浆锚杆,长 150~300,间距 150×150	72	良好
7	察尔森水库	输水洞 圆形,长 253m,直径 6.7m (内水压 3kg/cm^2,流速 10~12m/s)	碎屑凝灰岩,节理较发育但多闭合。隧洞埋深 30~60m	喷混凝土:厚 15,钢筋网 25×25 锚杆:腰线以上 ϕ_{16},长 250,间距 125×125,施加 1~3 吨预应力。腰线以下 ϕ_{16}砂浆锚杆,长 60,间距 125×125	76~78	未过流

① 水利电力部东北勘测设计院,光爆喷锚的作用原理及设计参数的选择,1979 年 3 月。

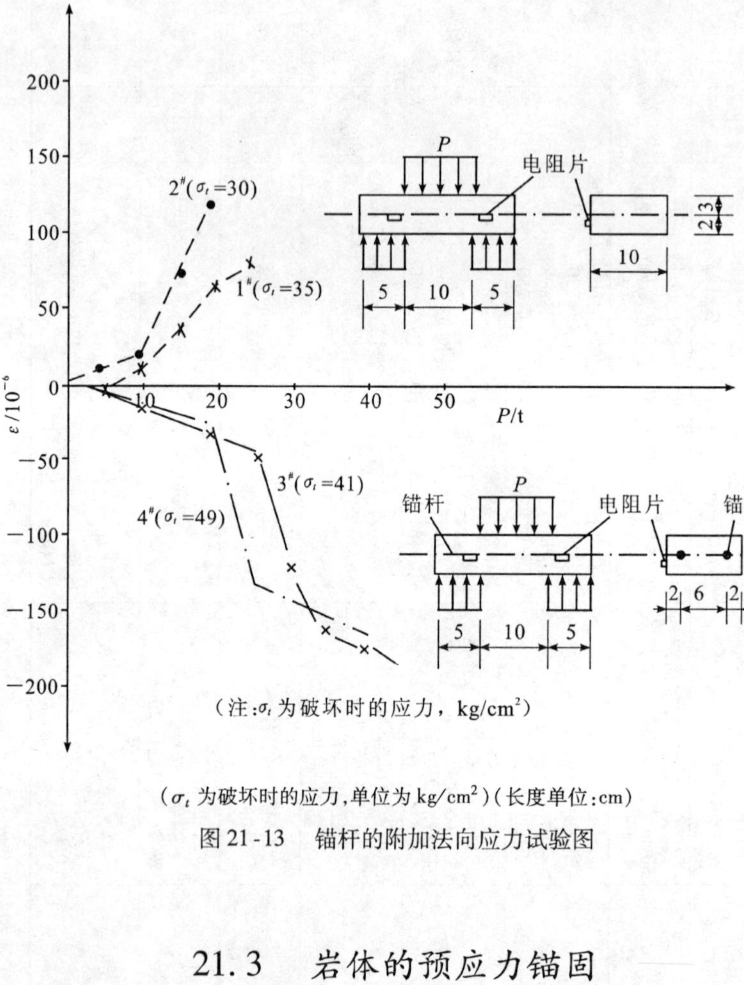

（σ_t 为破坏时的应力,单位为 kg/cm²）（长度单位:cm）

图 21-13　锚杆的附加法向应力试验图

21.3　岩体的预应力锚固

岩体的锚固一般都通过预应力锚杆来实现,因此亦称预应力锚固。对于锚固范围较大,所需锚固力较高的情况,多采用由小钢筋(常称钢丝）或钢绞线束所组成的预应力锚索。在地下洞室的围岩加固中,预应力锚杆常与喷混凝土配合使用,根据需要有时还采用短锚杆与长锚索相间布置的型式。

21.3.1　地下洞室的围岩加固

对于具有塌滑危险的岩体，预应力锚杆是一种有效的加固手段，因为这种方式能迅速地向围岩提供预应力(P)。P 在滑动面上的法向分量(P_n)可以提高其抗剪强度；而 P 的切向分量(P_t)又正与滑动方向相反，所以它们都可以有效地阻止岩体的下滑，如图 21-14 所示。

按一定规律布置的系统预应力锚杆，可以在围岩内部形成一个附加的径向压应力带，如图 21-15 所示，这对于保持低强度岩石或业已松动的围岩的稳定性来说是很重要的。但需要指出的是，当洞室围岩已经出现了塑性区时，预应力锚杆必须穿越这个区域，否则在内锚头附近所形成的拉应力将促使该处原有径向压应力的下降，破坏其应力平衡，造成塑性区域进一步扩大的不良后果。

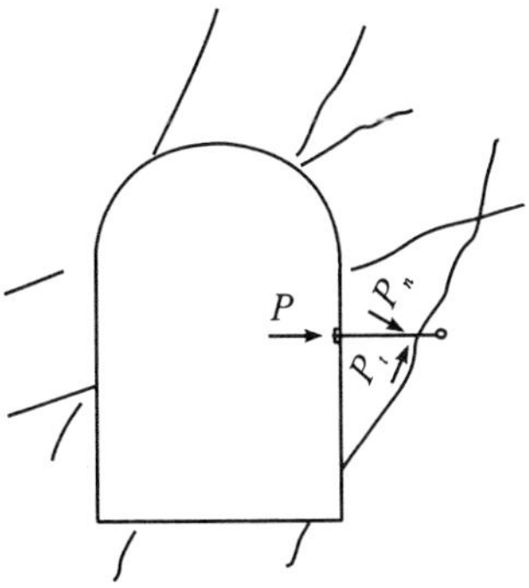

图 21-14　阻止块体下滑图

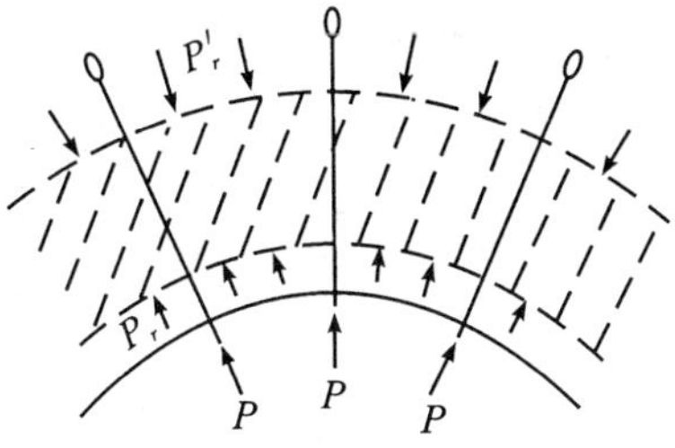

图 21-15　径向压应力带图

在有内水压力作用的洞室中，由锚杆施加的预应力可以使围岩中的松动岩块和张开裂隙得到压密，提高围岩在实际工作压力下的弹性抗力系数值，从而也提高了载能力。

由于预应力锚杆具有上述各方面的性能，在镜泊湖水电站地下厂房和察尔森水库输水洞等许多地下洞室，都采用了锚孔注浆的预应力锚杆对围岩进行了加固(见表 21-3)，并取得了良好的效果。

当有塌落危险的围岩范围较大,以致一般锚杆的长度所不及时,可以采用锚索和锚杆相间布置的方法来进行加固。图21-16和图21-17是两个应用这种加固方法来处理洞室围岩大体积坍方的工程实例。

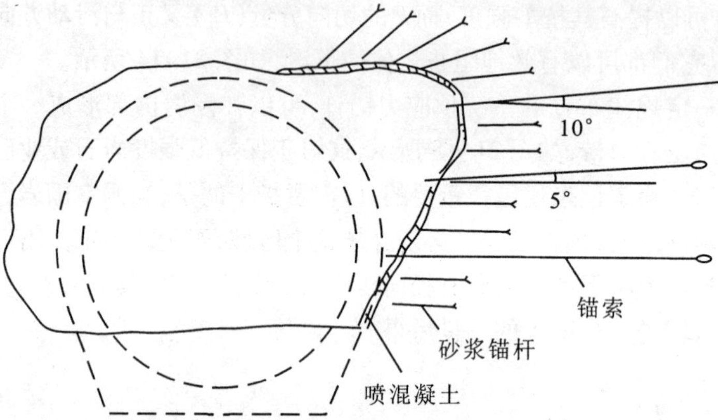

图21-16　碧口泄洪洞塌方段的锚固图

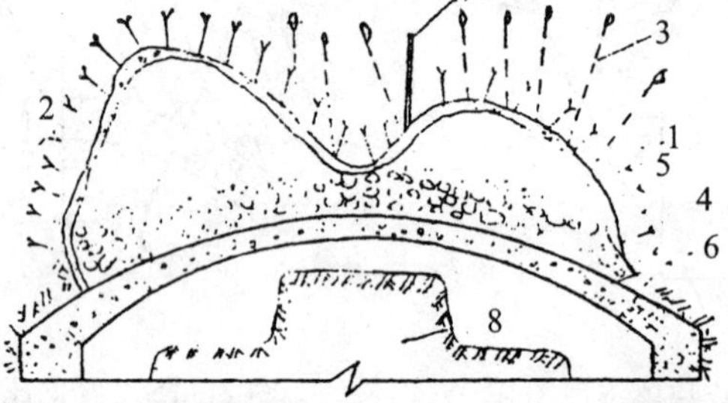

1—3月上旬开挖,中旬塌方;2—4月3日至4月14日开挖,16日塌方;
3—预应力锚索(长14 ~ 18m,15 ~ 36t);4—砂浆锚杆;
5—喷混凝土5 ~ 15cm;6—混凝土拱;7—伸长计;8—核心岩台

图21-17　千枚岩洞室塌方处理图

21.3.2　高陡岩墙和岩坡的锚固

对于滑动体积很大的岩质边坡,无论是就其锚固范围还是锚固力来说，预应力锚杆都远远满足不了要求，所以大多采用大型的预应力锚索。

图 21-18 是采用大型预应力锚索（长 18m，预应力 100t）进行岩质边坡锚固的一个工程实例。在查明了地质情况之后，于岸边挖掘竖井并使其与工作平洞连通。在工作洞中，根据设计布置的孔位向需要加固的滑动面打锚孔（用 YQ—100 型钻机，孔径约 110mm），并穿过加固面达到适当的深度。在安装锚索并经预应力张拉后进行封孔灌浆。现场观测资料和工程实际运行情况证明，这种加固方法的效果是显著的，锚索的工作情况也是正常的。

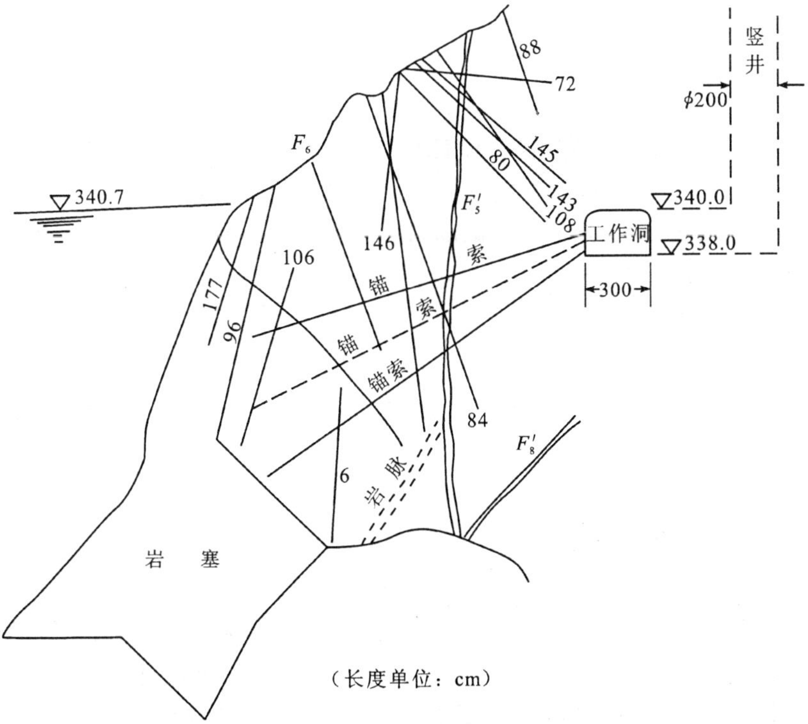

图 21-18　预应力锚索加固岩体图

由于锚索体本身柔软可弯，所以适宜于在窄小洞室中进行大深度的锚固工程。丰满水电站泄水洞的集碴坑,在高41m的直立边墙上有倾向洞内的断层出露,严重地威胁着施工的安全。开挖过程中,采用了预应力锚索(长12 ~ 15m,预应力60t)的加固方案,"边挖边锚"(即每向下开挖一个"台阶"就进行一排锚索施工),保持了边墙的稳定。

21.3.3 坝基岩体的锚固

岩体的预应力锚固技术,首先就是从加固大坝岩基开始的。从1964年梅山水库开始应用以来,双牌水电站等许多坝基加固工程已相继采用或正在考虑应用这项技术。

由于大坝尺寸大,且承受着很大荷载,所以坝基岩体的加固所涉及的范围和所需施加的预应力一般都比较大。因此,无论是预应力锚索的结构型式还是施工方法,都与洞室围岩加固有很大的区别。上述几个洞室加固的实例,一般都用坑道钻机造孔,深度不太大,由于采用胀壳式机械,内锚头和钢丝束也较少,所能施加的预应力值一般都在100t以下。在坝基锚固工程中,国内都用勘探钻机造孔,深度一般超过30m。由于采用由多层钢丝束排列而成的胶结型(一般用水泥浆作胶结料)内锚头,所施加的预应力已达340t。

梅山水库大坝右岸岩基曾进行过锚固处理①。加固前,坝基有明显位移,裂缝张开并有大量漏水,经锚固后,恢复了其正常工作。长期观测资料和十多年的实际运行情况证明,预应力锚索的加固效果是良好的。

事实证明,坝基的预应力锚固是一项快速而经济的加固措施,特别是对于存在缓倾角软弱面的坝基,预应力锚固比"压重法"具有更多的优越性。因此,某些国家已建造了一批具有中等高度的"锚索坝"亦称"预应力坝",如图21-19所示。因为这种坝可以通过提高预应力值的办法来减小坝的剖面,所以既节约原材料又加快了施工速度。又因为锚索

---

① 安徽省水利局勘测设计院,梅山水电站,预应力钢丝断裂与防护,1976年7月。

的内端头可以固定在基岩中的任意深处，从而使这种坝适应于更广泛的地质条件，并减少了基础处理的工程量。在核算大坝深层滑动的稳定性时，可以把图 21-19 中与锚索轴线成 α 角的倒锥形岩体(图 21-19 中阴影部分)作为坝体重量的一个部分来考虑。

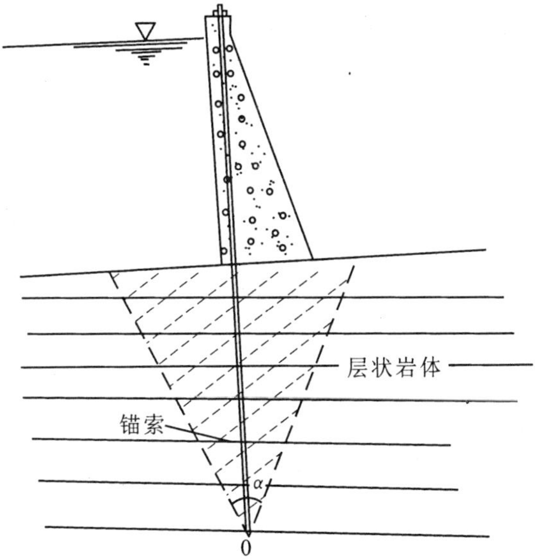

图 21-19　锚索坝图

21.4　存在的问题

无论是国内还是国外，对喷锚加固的工作机制问题目前都存在不同的看法，设计理论也还不够成熟，工程设计主要靠经验或半经验的方法(如“工程类比法”等)进行，还有许多问题需要进一步去研究解决。但是，国内许多部门对已建工程的调查结果证明，按上述方法进行设计的工程其长期运行情况基本上是正常的。某些工程的个别部位所出现的问题，主要是由于施工程序不当或施工控制不严(如喷混凝土层的厚度很薄或强度很低等）等原因造成的。这一事实可以说明两个方面问题：一方面表明，目前采用的设计方法虽然在许多方面还缺乏足够的理论依据，但仍在一定程度上反映了客观实际；另一方面说明，目前的设计方法仍然存在很大的安全余度，如没有充分考虑到喷混凝土和锚杆对围岩的加固作用，以及岩体本身所存在的潜力，等等。因此，应该通过今后大量的工程实践和科学研究工作来提高设计和理论水平，以使这项技术日趋完善。

岩体的预应力锚固技术，有着广泛的工程用途，但目前由于施工机具没有配套，这项技术的发展还不够迅速。我们深信，随着施工机械化水平的不断提高，这个问题很快就会得到解决，岩体预应力锚固技术也将得到进一步的发展。但需要指出的是，在应用这种方法时，应该充分考虑到预应力损失和钢丝断裂的问题。某些研究结果说明，初期张拉的应力过大和使用的防腐防锈材料不当是造成钢丝腐蚀和断裂的主要原因。这方面的问题，在工程的设计和施工中都应该予以充分注意。

岩体工程加固是针对岩体本身所存在的某些缺陷而采取的技术措施，因此在开挖石方时，应该尽量避免对岩体产生新的破坏或扩大其原有的缺陷，以减小加固工程的难度和节省工程费用。因此，许多部门在边坡、基坑或洞室的开挖工程中，正日益普遍地采用了预裂爆破或光面爆破技术。实践证明，把开挖与加固这两个环节作出统一的考虑和安排，可以提高岩体加固的效果和增加工程效益，这是值得提倡的一种好办法。

参考文献

[1] 丁宜堉. 石质隧洞与地层压力,工程建设. 第 4 期,1953 年.

[2] 王绍廉. 关于处理高坝岩石基础的几个问题. 工程建设,第 5 期,1955 年.

[3] 钱令希. 关于水工有压隧洞计算中的弹性抗力系数 K,土木工程学报. 第 2 卷,第 4 期,1955 年.

[4] 朱建业. 水电建设中第一类岩石的剪力试验,水力发电. 第 4 期,1955 年.

[5] 北京水力发电勘测设计局. 必须吸取狮子滩水电站基础地质勘探工作的教训,水力发电. 第 5 期,1956 年.

[6] 朱伯芳等. 对文献[3]文的讨论,土木工程学报. 第 4 卷,第 1 ~ 2 期,1957 年.

[7] 朱之杰. 狮子滩夹泥层及风化破碎带的物理力学性质,水力发电,第 11 期,1957 年.

[8] 王采庭. 设计地下建筑物时岩石压力的确定,中国水利. 第 12 期,1957 年.

[9] 罗观育. 竖井山石压力及井壁厚度计算问题,水力发电. 第 2 期,1958 年.

[10] 吴祺德. 上犹江水电站大坝坝基下板岩夹层的工程地质特性,水力发电. 第 3 期,1958 年.

[11] 顾三义. 用地球物理勘探法勘探水工隧洞山石压力,水力发电. 第 6 期,1958 年.

[12] 响洪甸水库工程局. 响洪甸重力拱坝的坝址地质与基础处理,

中国水利. 第 7 期,1958 年.
[13] 夏万仁,王世湘. 水工建筑物第一类岩石抗剪断强度试验,水力发电. 第 11 期,1958 年.
[14] 邢观猷. 新安江工程坝基岩石抗剪试验成果的商榷,水力发电. 第 17 期及第 20 期,1958 年.
[15] 水利电力部长沙勘测设计院勘测处,中小型水库坝基处理. 北京:水利电力出版社,1959 年.
[16] 傅冰骏. 关于水工压力隧洞岩石抗力系数测定方法的分析和讨论,水利水电技术. 第 1 期,1959 年.
[17] 水利电力部东北勘测设计院等. 水工地质的岩石力学性质及新的计算方法,水利电力出版社. 1959 年.
[18] 袁重华. 构造裂隙统计分析方法中的几个问题,地质力学丛刊. 第 1 号,1959 年.
[19] 安欧. 岩石的应变和断裂与应力的基本关系及其实验证明,地质力学丛刊. 第 1 号,1959 年.
[20] 吕忠铨,任代礼. 丹江口水利枢纽坝基岩石弹性模数现场观测介绍,人民长江. 第 9 期,1959 年.
[21] 武汉水利学院. 襄阳专区渠道滑坡调查报告,水利水电建设. 第 8 期,1959 年.
[22] 门福禄. 对 M. M. Протодъяконов 岩石压力理论的 f 值确定方法的改进建议,土木工程学报. 第 6 卷,第 5 期,1959 年.
[23] 徐一心,郎昌清. 丹江水利枢纽第 9、10、11 块坝基破碎带处理,人民长江. 第 7 期,1959 年.
[24] 北京钢铁工业学院爆破掘进教研组,关于地压问题的一个理论——轴变论. 北京:冶金工业出版社,1960 年.
[25] 北京矿业学院岩石力学教研组,东北工学院岩石力学教研室,岩石力学与井巷支护. 北京:煤炭工业出版社,1960 年.
[26] 武汉水处电力学院土力学教研组,土力学地基与基础(第五部分:岩石地基与岩石压力问题). 北京:中国工业出版社,

1961 年.
[27] 北京水利水电科学研究院岩基稳定组. 岩基上混凝土坝抗滑稳定研究初步报告,水利学报. 第 1 期,1962 年.
[28] 方蔚青. 岩石在高围压力下的弹性性质的研究,地球物理学报. 第 11 卷,第 1 期,1962 年.
[29] 高济. 关于岩石基础上重力坝的稳定性问题,水利水电技术. 第 5 ~ 6 期,1962 年.
[30] 叶金汉. 水工有压隧洞岩石抗力系数理论公式的探讨,水利水电技术. 第 8 期,1962 年.
[31] 汪胡桢等. 对文献[27]文的讨论,水利学报. 第 4 期,1962 年,及第 1 ~ 3 期,1963 年.
[32] 赵彬,刘国彬. 在地质科学中的高温高压实验研究现状,地质科学. 第 1 期,1963 年.
[33] 黄仁福等. 现场测定岩体变形特性一些问题的研究,水利水电技术. 第 4 期,1963 年.
[34] 陈宗基. 中国土力学岩体力学中若干重要问题的看法,土木工程学报. 第 9 卷,第 5 期,1963 年.
[35] 张喜升. 空间地下结构的地层压力,土木工程学报. 第 9 卷,第 6 期,1963 年.
[36] 董学晟. 应力测量中的五元件应变丛,人民长江. 第 1 期,1964 年.
[37] 胡海涛等. 关中西部滑坡的结构、构造特征及稳定性分析,地质学报. 第 45 卷,第 4 期,1964 年.
[38] 谢家烋. 浅埋隧洞的地层压力,土木工程学报. 第 6 期,1964 年.
[39] 陶振宇,陆士强. 关于岩石强度理论,武汉水利电力学院学报. 第 1 期,1965 年.
[40] 何作霖等. 在封闭压力下实验变形白云岩的组织结构及其解释,地质科学. 第 2 期,1965 年.
[41] 岩石力学试验组. 岩体应力测量新技术,水利水电技术. 第 4

期,1965 年.
[42] 金汉平,岩体初始应力测量技术综述,水利学报.第 3 期,1965 年.
[43] 水利电力部北京勘测设计院.岸边式溢洪道岩基抗滑稳定试验研究,水利学报.第 4 期,1965 年.
[44] 陶振宇、陆士强.高坝岩基的试验研究.中国工业出版社,1965 年.
[45] 水利电力部北京勘测设计院.用地震法探测岩石风化层厚度,水利水电技术.第 12 期,1965 年.
[46] 陶振宇等.对文献[43]文的讨论,水利学报.第 2 期,1966 年.
[47] 岩土力学测试技术会议总结发言,在岩土力学测试技术工作中走我国自己的道路,土木工程学报(岩土力学及基础工程分册).第 2 期,1966 年.
[48] 陶振宇.对文献[47]文的讨论,土木工程学报(岩土力学及基础工程分册).第 3 期,1966 年.
[49] 张金铸,林天健.岩石三轴试验中应力状态和破坏性质的转化,力学学报.第 2 期,1979 年.
[50] 陶振宇.水工建设中的岩石力学问题.北京:水利电力出版社,1976 年 8 月.
[51] 长江流域规划办公室技术情报科,坝体抗滑稳定和坝基处理译文集.北京:水利电力出版社,1975 年 11 月。
[52] С. Б. ухов, В. Н. Бураков, Опрөдлөниө Показателей Прочиности скалъных пород методом сдвига Бөтонных щтампов, Гилротехническое строительство, N. 6, 1970.
[53] K. Kovari and A. Tisa, Multiple Failure State and Stain controlled Triaxial Tests, Rock Mechanics, V. 7; N. 1, 1975.
[54] 曲永新等.某水利工程泥化夹层的形成及变化趋势的研究,地质科学.第 4 期,1977 年.
[55] 王志良.层状基岩上坝体抗滑稳定性的塑性理论极限平衡法,

力学学报. 第 1 期,1979 年.

[56] K. G. 斯塔格,O. C. 晋基维茨主编,成都地质学院工程地质教研室译,工程实用岩石力学. 北京:地质出版社,1978 年.

[57] E. Fumagalli, Statical and Geomechanical Models, Springer-Verlag, Wien, 1973.

[58] 地质力学研究所,地震地质大队,地应力测量的实验研究. 地质力学丛刊,第 4 号,1977 年.

[59] 李方全,王连捷. 华北地区地应力测量. 地球物理学报,第 22 卷,第 1 期,1979 年 1 月.

[60] 中国科学院地球物理研究所第三研究室实验组. 单轴压力下岩石破裂的初步研究. 地球物理学报,第 19 卷,第 4 期,1976 年 10 月.

[61] 陈颙. 声发射技术在岩石力学研究中的应用,地球物理学报. 第 20 卷,第 4 期,1977 年 10 月.

[62] M. M. Grishin and P. D. Evdokimov, Shear Strength of Structures Build on Rock, Proc. of sth ICSMFE, Paris, V. 1. 1961.

[63] B. B. Соколовский, Статика сыпучей сред, Физмотгиз, 1960.

[64] D. Krsmanovic and Z. Langof, Large Scale Laboratory Tests of the Shear Strength of Rocky Material, Rock Mechanics and Engineering Geology, Suppl I, 1964.

[65] Textes Provisoire des Rocommondations des Groupes de Travail d L'A. F. T. E. S, Septembre, 1976.

[66] S. Serata, The Serata Stress Control Method of Stabilizing Underground Opengs, Proceedings of the 7th Conadian Rock Mechanics Symposiun, Berkeley, California, 1971.

[67] 世良田、章正. 隧洞工程情报化施工的探讨,《隧道译丛》,第 5 期,1978 年.

[68] 北京大学地质系地质力学专业,地质力学教程. 地质出版社,1978 年 12 月.

[69] 赵廷仕. 剪应力强度因子断裂准则,《华中工学院学报》,第1期,1979年.

[70] И. А. Баславский, Новый подход к оценке прочности кантакте бетонной гравитаци онной плотины со скалъным основаниом, Гидротохничоскоо строитолъство, N. 8, 1977.

[71] 陈培善等. 从断裂力学观点研究地震的破裂过程和地震预报,地球物理学报. 第20卷,第3期,1977年7月.

[72] 谷继成等. 强余震的时间分布特征及其理论解释,地球物理学报. 第22卷,第1期,1979年1月.

[73] 丁文镜. 对某些与膨胀现象有关因素的定性分析,地球物理学报. 第22卷,第1期,1979年1月.

[74] W. S. Brown, S. R. Swanson, W. E. Mason,断裂力学在岩石中的应用,黄委科研所译,1978年9月.

[75] 沈崇刚等. 新丰江水库地震及其对大坝的影响,中国科学. 第2期,1974年.

[76] 陈宗基. 力学的强大生命力在于它的创造性. 光明日报,第四版,1978年11月10日;或力学与实践,第1期,1979年.

[77] P. A. Witherspoon, J. E. Gale,与诱发地震有关的岩石力学性质和水力学性质. 原文载 Engineering Geology, V. 11, N. 1, 1977.

[78] 中国科学院地质研究所破裂与震源力学组. 新丰江水库区微震震源力学的初步研究. 地质科学,第3期,1974年.

[79] 王妙月等. 新丰江水库地震的震源机制及其成因的初步探讨. 中国科学,第1期,1976年.

[80] 丁原章. 新丰江水库地震的形成条件. 地震战线,第4期,1978年.

[81] 何作霖. 赤平极射投影在地质科学上的应用. 北京:科学出版社,1965年.

[82] 孙玉科,古迅. 实体比例投影原理与块体空间应力分解. 水文地质工程地质,第2期,1979年.

[83] 石根华. 岩体稳定分析的赤平投影方法. 中国科学,第3期,

1977 年.

[84] 殷有泉,曲圣年,刘钧. 非线性有限元分析在工程地质中的应用. 地质科学,第 2 期,1979 年.

[85] 中国科学院地质研究所. 岩体工程地质力学问题. 北京:科学出版社,1976 年.

[86] Zàruba,V. Mence. "Engineering Geology",1976.

[87] A. B. 裴伟等. 地壳的应力状态. 北京:地震出版社,1978 年.

[88] 关于岩石的合理分类. 隧道译丛,1972 年,第 4 期.

[89] N. Barton"Rock Mechanies",1974. 12. V. 6 N. 4

[90] 岩体的工程表示法. 隧道译丛,1974 年,第 6 期.

[91] A. 哈姆洛尔. 岩石风化程度及抗风化的定量分类. 国际土力学与基础,1961 年 N. 2.

[92] V. S. Vntukarl, "Handbook on Mechnical Propertions of Rock" V. IV1978.

[93] A. Mayer,Recent Work in Rock Mechanics,Geot'echnique V. XIII N. 2,1963.

[94] P. S. B. Colback,An Analysis of Brittle Fractare Initiation and Propagation in the Brazilian Test,Pro. of the 1st Cong of the ISRM.

[95] Homero Andrédos Santos Teixeira. The Geotechnical Classification of Intactrocks,Int. sym. on Rock Mechanics Related to Dam Foundations. 1978.

[96] Ilia G. Iliev, An Attempt to Estimate the Degree of Weathmg of Intrusive Rocks from their Physico-Mechanical Properties, Pro. of the lst Cong of the I. S. R. M. ,1966.

[97] Nicolas velkov kossev,Correlations Entre les Caractér istiques physiques et mécaniques de certaines roches. ayant egard au degré de làltération des roches,pro. of znd cong. of the I. S. R. M. ,1972.

[98] П. А. Рөбиндөр:"Физико-Химичөская Механика"(новая областъ науки)1958.

[99] A. W. Skempton and D. J. Petley, The Strength along Structural Discontinuities in Stiff clays. "Proc. of the Geotechnical Conference OSLO" V. 2. 29 ~ 46. 1967.

[100] N. R. Morgenstern and J. S. Tchalenko, Microstructural Observations on Shear Zones from Slipsin Natural Clays, "Proc. of the Geotechnical Conference OSLO". V. 1. 147 ~ 152. 1967.

[101] A. W. Skempton, Long-Trem Stability of Clay Slopes, "Geotechnique" V. 14, N. 2. 77 ~ 102. 1964.

[102] Tan T. K(陈宗基), "Structure mechanics of clays", 1957.

[103] 仲野良纪. 由比地 スベり母岩(泥岩)の軟弱化と物性の变化 について. (その1)(その2). 土と基礎, V. 12. N. 11. 27 ~ 33; N. 12. 3 ~ 8 1964.

[104] V. Th. Kàrman, Festigkeitsversuche unter allseitigem Druk, Mittelunger Über Forschungsarbeite des VDI Heft 118, 1912.

[105] W. Buchheim, K. H, Höfer, C. Melzer, Ein echtes Triaxialgerät zur Messung der Gesteinseigenschaften uner hoben Drücken "Bergakademie" 8, 1965.

[106] The Deformation and the Rupture of Solids Subjected to multiaxial Stresses, International Symposium, Cannes, October 4 ~ 6. 1972.

[107] 冶金工业部长沙矿冶研究所. 岩石三轴压缩试验应力应变电测及自动记录. 湖南冶金, (地压专辑), 1974.

[108] 冶金工业部长沙矿冶研究所压力室岩石力学组. 岩石及混凝土三向压缩试验研究. 金属矿山, 1976.

[109] S. Timoshenko, J. N. Goodier, "Theory of Elastictit" Second Edition, 1957.

[110] 李四光. 地质构造与地壳运动. 科学出版社, 1972.

[111] И. А. Турчанинов, М. А. Иофис, Э. В. Каспаръян, Основы Механики горных пород, Издатлъство "недра", 1977.

[112] В. В. Каякий, К Вопросу о Напряженном состоянии скалъ-

ного массива в речных долинах, Исследования по физике и механике горных пород, Издателъство“ИЛИМ”1972.

[113] Hast, N, Nilsson. T, Recent Rock Pressure Measurement and their Implications for Dam Building, Trans. ninth Inter Congr. on Large Dams, Edinbury, I. 1964.

[114] A. J. Bowling, Surface Rock stress Measurement with a New Cylindrical Jack, ISRM Symposium, 1976.

[115] M. Rocha, J. B. Lopes, J. N. Silva, A New Technigue for Applying the Method of the Flat Jáck in the Determination of Stresses inside Rock Masses, Proc. First Congr of ISRM, Lisbon 1966.

[116] A. M. 穆德, F. A. 格雷比尔, 史定华译. 统计学导论. 北京:科学出版社, 1978 年.

[117] S. Timoshenko, 弹性力学. 龙门联合书局出版, 1953.

[118] 铃木光. 岩盘力学と计测, 内田老鶴圃新社, 1973. 3.

[119] 池田和彦. トンホルの岩盘强度分类. 隧道译丛, 铁道部科学研究院西南研究所, 1972 年第 4 期.

[120] 金森博雄. 地球科学 8. 地震の物理, 1978 年 10 月.

[121] 日本土木学会. 岩盘力学, 1975 年修改版.

[122] Ухов С. В., Скалънные основания гидротехнических сооружений, “Энергия”1975.

[123] Müller, L., Der Felsbau, Verlay F. Enke, Stuttgart, 1963.

[124] Rocka, M., Present Possibilities of studying Foundations of concrete Dams—Advances in Rock Mechanics, V. I, Part A, 1977.

[125] Bernaix, J., La mesure de la re′sistance der roches—Proc. of the Geotechnical conference, Oslo, 1967.

[126] Patton F. D., Multiple Modes of Shear Failure in Rock, Proc. of 1st congress of the ISRM, Lisbon, 1966.

[127] ISRM Commission on Standardization of Laboratory and Field Test, “Suggested Methods for Determining Shear Strength”, 1974.

[128] Zeigler, T. W., In Situ Test for the Determination of Rock Mass Shear, Army Engineering Waterways Experiment Station, Vicksburg, Mississippi, 1972.

[129] Tsytovich, N. A., Ukhov. S. B., Burlakov, V. N., Failure Mechanism of a Fissured Rock Base upon Displacement of a Loading Plate, Proceedings of the Second Congress of the ISRM, Belgrad, 1970.

[130] Роза, С. А., Зеленский, В. Д., Исследование Механниских свойств скалъных оснований Гидротехнических сооружений, М. "энертия", 1967.

[131] Serafim, J. L., Rock Mechanics Cosideration in the Design of Concrete Dams, Conference on State of Stress in the Earth's Crust, Santa Monica, California, 1964.

[132] Каган, А. А., Фрид, С. А., О Позначөнии допускаөмого давлөния на скалъного основания гидротехниисских сооружөний, "Гидротөхничөскоө строитөлъство", 1972, N. 7.

[133] Hoek, E., Londe, P., Surface Working in Rock Advances in Rock Mechanics, V. I. Part A, 1974.

[134] Patton, F. D., Multiple Modes of Shear Failure in Rock and Related Materials, Ph. D. Thesis University of Illinois, 1966.

[135] Special Procedures for Testing Soil and Rock for Engineering purposes, ASTM, STP. 479, 1970.

[136] "Rock Mechanics", edited by L. Müller, 1974.

[137] S. R. 斯帕克, A. C. 卡斯尔, J. S. 查普曼. 模型试验在拱坝分析中的应用. 1968 年.

[138] M. M. 格里申等. 复杂岩基上大体积支墩坝应力状态的研究. 1971 年.

[139] 高野. アーチダムの基盤の安全性に対する実験的検討方法に関する研究. 土木学会論文集, 1962.

[140] E. Fumagalli,"Statical and Geomechanical Models",1973.

[141] Rupture Studies on Arch Dams by Means of Models,"Water power",1959.4.

[142] 许兵,黄鼎成.岩体结构特性及其对岩体稳定的影响.地质科学,N.4,1976.

[143] LAMA. R. D. , Influnce of Clay Fillings on Snear Behaviour of Joints,Int. Assoe. of Eng. Geol,III,Int,cong,V.2,1978.

[144] Zelgler,T. W. , In situ tests for the Deformination of Rock. Mass Shear,1972,AD752422.

[145] Dreyer. W. The science of Rock meehanics. part I. 1973.

[146] 贝尔内,J.,实验室对岩石力学特性研究的新方法.岩石力学及其在工程上的应用,长办情报科,1973.

[147] 北京钢铁研究院金属物理室.工程断裂力学(上册).北京:国防工业出版社,1977.

[148] H. Tada,P. C. Paris,G. R. Irwin,"The Stress Analysis of Crack Hand book",1974.

[149] G. C. Sih,"Hand book of Stress Intensity Fractors for Researchers and Engineers",1974.

[150] D. P. Rooke,D. J. Cartwright,"Compendium of Stress Intensity Factors",1976.

[151] 松木浩二,西松裕一,小泉昇三.材料(日文)V.27,N.293,P.26,1978,2.

[152] W. F. Brace,E. G. Bombolakis,"Journal of Geophysical Research",68,3709,1963.

[153] E. Z. Lajtal,Brittle Fracture in Compression,"International of Fracture",V.10 N.4,1974.

[154] F. Erdogan,"Continuum Mechanics Aspects of Geodynamics and Rock Fracture Mechanics"1974.

[155] G. C. Sih,"Mechnics of Fracture"V. I,1973.

[156] Илюшин, В. Ф. , Насберг. В. М. , Обделка напорного подзємного водовода со стальной гофрированои облицовкой, "Гидротехническоө строитөлъство", 1977. 7.

[157] Desai, C. S. and J. F. Abel. 有限元素法引论. 江伯南等译, 北京:科学出版社, 1978.

[158] Zienkiewicz, O. C., B. M. Irons, J. Ergatoudis, S. Ahmed, and I. C. Scott, Isoparametric and Associated Families for Two-and Three-Dimensional Analysis, in "Finite Element Methods in Stress Analysis", ed. I. Holland and K. Bell, TAPIR, Technical Univ. of Norway, Trondheim, 1969.

[159] 华东水利学院. 弹性力学问题的有限单元法(修订版). 北京: 水利电力出版社, 1978.

[160] Ergatoudis, I., B. M. Irons, and O. C. Zienkiewicz, 有限元素分析的曲边等参数"四边形"元素, 固体力学中的有限元素法(译文集)(上集). 北京:科学出版社, 1975.

[161] Wilson, E. L. Finite Elements for Foundation, Joints and Fluids, in "Finite Elements in Geomechanics", ed. G. Gudehus, Wiley, London, 1977.

[162] Bathe, K. J., and E. L. Wilson, Numerical Methods in Finite Element Analysis, Prentice-Hall, Inc., Englewood Cliffs, New Jersey, 1976.

[163] Zienkiewicz, O. C., "The Finite Element Method", McGraw-Hill Book Company, London, 1977.

[164] Phan, H. V., C. S. Desai, S. Sture, and J. Perumpral, Three-Dimensional Geometric and Material Nonlinearities Analysis of Some Problems in Geomechanics, Proc. of the 3rd Intl. Conf. on Numerical Methods in Geomechanics ed. W. Wittke, Aachen, V. 1, Balkema, 1979.

[165] Zienkiewicz, O. C., "The Finite Element Method in Engineering

Science", McGraw-Hill Publishing Company, London, 1971.

[166] Drucker, P. C. and W. Prager, Soil Mechanics and Plastic Analysis or Limit Design, Q. Appl. Math., V. 10, 1952.

[167] Reyes, S. F. and D. U. Deere, Elastic-Plastic Analysis of Underground Opennings by the Finite Element Method, Proc. of the 1st Congress of the ISRM, Lisbon, V. 2, 1966.

[168] 川本眺万(日). 有限单元法在岩石课题中的应用. 材料. 岩石力学特集号 V. 20, N. 207, 1971.

[169] Pariseau, W. G. and K. Stoug, Open Pit Mine Slope Stability: the Berkeley Pit, in "Stability of Rock Slopes", Proc of the 13th Symposium on Rock Mech. Urbana, IIlinois, 1971.

[170] Gates, R. H., Slope Analysis for Explosive Excavations, in "Stability of Rock Slopes", Proc. of the 13th Symposium on Rock Mech. Urbana, IIlinois, 1971.

[171] Pariseau, W. G., Elastic-Plastic Analysis of Pit Slope Stability, in "Applications of the Finite Element Method in Geotechnical Engineering", ed. C. S. Desai, V. 1, Vicksburg, Mississippi, 1972.

[172] Chang C. Y., K. Nair, and W. J. Kavwoski, Finite Element Analysis of Excavations in Rock, in "Applications of the Finite Element Method in Geotechnical Engineering" ed. C. S. Desai, V. 1, Vicksburg, Mississippi, 1972.

[173] Gates, R. H., Progressive Failure Model for Clay Shale, in "Applications of the Finite Element Method in Geotechnical Engineering", ed. C. S. Desai, Vol. 1, Vicksburg, Mississippi, 1972.

[174] Zienkiewicz, O. C. and C. Humpheson, Viscoplasticity: A Generalized Model for Description of Soil Behavior, in "Numerical Methods in Geotechnical Engineering", ed. Desai, C. S., and J. T. Christian, McGraw-Hill Book Company, 1977.

[175] Christian, J. T. and C. S. Desai, Constitutive Laws for Geologic

Media, in "Numerical Methods in Geotechnical Engineering", ed. Desai, C. S. and J. T. Christian, McGraw-Hill Book Company, 1977.

[176] Zienkiewicz, O. C. and G. N. Pande, Some Useful Forms of Isotropic Yield Criteria for Soil and Rock Mechanics, in "Finite Elements in Geomechanics" ed. G. Gudehus, J. Wiley, 1977.

[177] Desai, C. S., Some Aspects of Constitutive Models for Geologic Media, Proc. of the 3rd Intl. Conf. on Numerical Methods in Geomechanics, ed. W. Wittke, Aache, Vol. 1. Balkema, 1979.

[178] Sandler, I. S., The Cap Model for Static and Dynamic Problems, Proc. of the 17th U. S. Symposium on Rock Mechanics, Snowbird, Utah, 1976.

[179] Nelson, I., Constitutive Models for Use in Numerical Computations, Proc. of Dynamical Methods in soil and Rock Mechanics, Vol. 2. ed. G. Gudehus, Karlsruhe, Balkema, 1977.

[180] Sandler, I. S., and M. L. Baron, Recent Developments in the Constitutive Modeling of Geological Materials, Proc of the 3rd Intl. Conf. on Numerical Methods in Geomechanics, ed. W. Wittke, Aachen, Vol. 1, Balkema, 1979.

[181] Chowdhury, R. and P. Gray, Finite Elements in Natural Slope Analysis, in Proc. of the 1976 Intl. conf. on Finite Element Methods in Engineering ed. Cheung, Y. K. and S. G. Hutton, the Univ. of Adelaide, Australia, 1976.

[182] Goodman, R. E., R. L. Taylor and T. L. Brekke, A Model for the Mechanics of Jointed Rock, J. of Soil Mech. and Found. Div., ASCE, 94, 1968.

[183] Zienkiewicz, O. C., B. Best, C. Bullage and K. G. Stagg, Analysis of Non-linear Problems in Rock Mechanics With Particular Reference to Jointed Rock Systems, Proc. 2nd Congress of the ISRM, Belgrade, 1970.

[184] Ghaboussi, J, E. Wilson and J. Isenberg, Finite Element Analysis for Rock Joints and Interfaces, J. of Soil Mech. and Found. Div., ASCE., 99, 1973.

[185] Hermann, L. R., Finite Element Analysis of Contact Problems, J. of Engg. Mech. Div., ASCE, 104, 1978.

[186] Roberds, W. J. and H. H. Einstein, Comprehensive Model for Rock Discontinuities, J. of Geotech. Engg. Div., ASCE, 104, 1978.

[187] Goodman, R. E., The Mechanical Properties of Joints, Proc. 3rd Congress of the ISRM, Denver, 1974.

[188] Goodman, R. E., "Methods of Geological Engineering in Discontinuous Rocks", Berkeley, West Publishing Company, 1976.

[189] Clough, R. M. and J. M. Duncan, Finite Element Analysis of Retaining Wall Behaviour, J. of Soil Mech. and Found. Div., ASCE, 97, 1971.

[190] Ke Hsu-jun(葛修润), Non-linear Analysis of the Mechanical Properties of Joint and Weak Intercalation in Rock, Proc. of 3rd Intl. Conf. on Numerical Methods in Geomechanics ed. W. Wittke, Aachen, V. 2, Balkema, 1979.

[191] Deere, D. R., et. al., Design of Surface and Near Surface Construction in Rock. Proc. 8th Symposium on Rock Mechanics, Minnesota, 1966, New York, AIME, 1967.

[192] Brace, W. F., B. W. Paulding, &. C. Scholz, Dilatancy in the Fracture of Crystalline Rocks J. Geophys. Res. V. 71 N. 16, 1966.

[193] Brace, W. F., and D. K. Riley, "Static Uniaxial Deformations of 15 Rocks" DASA-2657, 1971.

[194] R. N. Schock, H. C. Heard, and D. R. Stephens, Stress-Strain Behavior of a Granodiorite and two Graywakes on Compression to 20 kb, J. Geophys. Res. V. 78, N. 26, 1973.

[195] K. Mogi, On the Pressure Dependence of strength of Rocks and the

Coulomb Fracture Criterion, Tectonophysics V. 21, N. 3, 1974.

[196] Green, S. T., J D. Leasia, R. D. Perkins and A. H. Jones, Triaxial Stress Behavior of Solenhofen Limestone and Westerly Granite at High Strain Rate, V J. Geophys. Res. V. 77 N. 20 p37II, 1972.

[197] Richard, L. S., and D. L. Ainsworth, Effect of Rate of Loading on Strength and Young's Modulus of Elasticity of Rock, Proc. Tenth Symposium on Rock Mech. pp3-34, 1969.

[198] Lindholm, U. S., A Study of the Dynamic Strength and Fracture Properties of Rock, AD-736645, 1971.

[199] Lindholm, U. S., L. M. Yeakley, and A. Nagy, The Dynamic Strength and Fracture Properties of Dresser Basalt, Int. J. Rock Mech. Min. Sci. 1974, N. 5.

[200] Mogi K., Fracture and Flow of Rocks under High Triaxial compression J. Geophys. Res. V. 76 pp1255-1269.

[201] Brace, W. F., and A. H. Jones, Comparison of Uniaxial Deformation in Shock and Static, Loading of three Rocks, J. Geophys. Res. V. 76 N. 20, 1971.

[202] Robert Swift, Modeling of the Static and Dynamic Response of a Dry Kayenta Sandstone, 17th U. S. Symposium on Rock Mechanics. August 1976.

[203] Fowles, R., and R. F. Williams, J. Appl. Phys. 41, 360, 1970.

[204] Cowperthwaite, M., and R. F. WIlliams, Determination of Constitutive Relationships with Multiple Gages in Nondivergent Waves, J. Appl. Phys 42, 456-462, 1971.

[205] Grady, D. E., J. Geophys. Res. 78, (8), 1299(1973).

[206] 用弹性波法对花岗岩岩体物理力学特性的探测，土岩爆破会议文集，中国科学院岩体土力学研究所. 1976.

[207] Bratton, J. L., Development of Material Properties from Cylindrical In Site Test Data, SITE-CHARACTERIZATION, 17th U. S. Sym-

posium on Rock Mechanics,1976.

[208] Gilbert,J. E. ,"Elastic Wave Interaction with Cylindrical cavity", AD * AD-606490,Dec. 1959.

[209] Baron,M. L. ,and A. T. Notthews,"Diffraction of a Pressure Wave by a Cylindrical cavity in an Elastic Midium",J. Appl. Mech. 1961.

[210] Durelli,A. J. ,and W. F. Riley,Stress Distribution on the Boundary of Circular Hole in a Large Plate Durring Passage of a Stress Pulse of Long Duration,Trans. ASME. J. Appl Mech. ,1961,pp. 245-251.

[211] "PHOTOELASTICITY" M. M. Frocht,1960

[212] Costantino,C. J,Finite Element Approach to Stress Wave Problems,J. Eng. Mech Div ASCE. Vol. 93,No. EM2,1967.

[213] Costantino,C. J. ,Wachowski,A. , and Bounwell,U. L,Finite Element Solution for Wave Propagation in Layered Media Caused by a Nuclear Detonation,Proceeding Inter. Sym. Wave Prop. Dyn. Properties. Earth Materials,1968.

[214] Wilson E. L. ,"A Computer Program for the Dynamic stress Analysis of Undergronnd Structure",AD-832681,1968.

[215] Lysmer,J. ,"Finite Dynamic Model for Infin;te Media" ASCE (EM3)1969.

[216] 茂木清夫.岩石的破裂条件和屈服条件(用新式三轴试验所做的研究).材料(日文),第20卷,1971,143 - 150.

[217] Robertson,E. C. ,Experimental Study of the Strength of Rocks, Geol. Soc. Amer. Bull. ,V. 66,1955,1275 - 1314.

[218] 饭田汲事.地球科学中的岩石力学研究.材料,第14卷,1965, 455 - 463.

[219] Heard,H. C. ,Transition from Brittle Fracture to Ductile Flow in Solenhofen Limestone as a Function of Temperature,Cofining Pressure and Interstitial Fluid Pressure,in"Rock Deformation",

Geol. Soc. Amer. Mem. 79,1960,39 – 104.

[220] Griggs, D. T., Hydrolytic Weakening of Quartz and Other Silicates, Geophys. J. R. Astron. Soc., V. 14, 1967, 19 – 32.

[221] Raleigh, C. B. and Paterson, M. S., Experimental Deformation of Serpentinite and Its Teetonic Significance, J. Geophys. Res., V. 70, 1965, 3965 – 3985.

[222] Heard, H. C., The Effect of Large Changes of Strain Rate in the Experimetal Deformation of Rocks, J. Geol., V. 71, 1963, 162 – 195.

[223] Murrell, S. A. F., Rheology of the Lithosphere-Experimetal Indication, Tectonophysics, V. 36, 1976, 5 – 24.

[224] Griggs, D. T., Deformation of Rocks under High Confining Pressure, J. Geol., V. 44, 1936, 541 – 577.

[225] 饭田汲事等六人. 岩石在高温高压下的超低速度变形. 材料, 第 20 卷, 1971, 179 – 184.

[226] Gutenberg, B., Rheological Problems of the Earth's Interior, in "Rheology", Ed. Eirich, F. R., V. II, 1958, 414.

[227] McConnell, R. K., Viscosity of the Mantle from Relaxation Time Speetra of Isostatic Adjustment, J. Geophys. Res., V. 73, 1968, 7089.

[228] Stacey, F. D., Physics of the Earth, 2nd Ed., John Wiley and Sons, 1977.

[229] Walcott, R. I., Flexural Rigidity, Thickness and Viscosity of the Lithosphere, J. Geophys. Res., V. 75, 1970, 3941 – 3954.

[230] Walcott, R. I., Structure of the Earth from Glacio-Isostatic Rebound, Ann. Rev. Earth Planet. Sci., V. 1, 1973, 15 – 37.

[231] Sleep, N. H. and Snell, N. S., Thermal Contraction and Flexure of Mid-Continent and Atlantic Marginal Basins, Geophys. J. R. Astron. Soc., V. 45, 1976, 125 – 154.

[232] Meissner, R. O. and U. R. Vetter, Isostatic and Dynamic Processes and

Their Relation to Viscosity, Tectonophysics, V. 35, 1976, 137 – 148.

[233] Turcotte, D. L. and Oxburgh, E. R., Stress Accumulation in the Lithosphere, Tectonophysics, V. 35, 1976, 183 – 199.

[234] Scholz, C. H., Static Fatigue of Quartz, J. Geophys. Res., V. 77, 1972, 2104 – 2114.

[235] Jaeger, J. C. and Cook, N. G. W., Fundamentals of Rock Mechanics, 2nd Ed., Chapman and Hall, 1976, p. 422.

[236] Moody, J. D. and Hill, M. J., Wrench-Fault Tectonics, Geol. Soc. Amer. Bull., V. 67, 1956, 1207 – 1246.

[237] Seholz, C. H., Microfracturing and the Inelastic Deformation of Rock in Compression, J. Geophys. Res., V. 73, 1968, 1417 – 1432.

[238] Томащөвская, И. С. и Хамидуллин, 岩石样品破裂的前兆, Физика Зөмли, 1972, N. 5, 12-20, 国外地震资料, 1972 年第 7 期, 56 – 63.

[239] Bieniawski, Z. T., Mechanism of Brittle Fracture of Rocks, Int. J. Rock Meeh. Min. Sci., V. 4, 1967, 395 – 430.

[240] Scholz, C. H., Experimental Study of Fracturing Process in Brittle Rock, J. Geophys. Res., V. 73, 1968, 1447 – 1454.

[241] Mogi, K., Source Locations of Elastic Shocks in the Fracturing Process in Rocks (1), Bull. Earthquake Res. Inst. Tokyo Univ., V. 46, 1968, 1103 – 1125.

[242] Hallbauer, D. K. et al., Some Observations Concerning the Microscopic and Mechanical Behaviour of Quartzite Speciments in Stiff, Triaxial Compression Tests, Int. J. Rock Mech. Min. Sei. & Geomech. Abstr., V. 10, 1973, 713 – 726.

[243] Mjachkin, V. I., Brace, W. F., Sobolev, G. A. and Dieterich, J. H., Two Models for Earthquake Forerunners, Pure and Appl. Geophys., V. 113, 1975, 169 – 181.

[244] Hadley, K., Vp/Vs Anomalies in Dilatant Rock Samples, Pure and Appl, Geophys., V. 113, 1975, 1 – 23.

[245] Brace, W. F., Dilatancy-Related Electrical Resistivity Changes in Rocks, Pure and Appl. Geophys., V. 113, 1975, 207 - 217.

[246] Brace, W. F., Laboratory Studies of Stick-Slip and Their Application to Earthquakes, Teetonophysics, V. 14, 1972, 189 - 200.

[247] Byerlee, J. D. and Brace, W. F., Stick-Slip, Stable Sliding and Earthquakes-Effect of Rock Type, Pressure, Strain Rate and Stiffness, J. Geophys. Res., V. 73, 1968, 6031 - 6037.

[248] Engelder, J. T. et al., The Sliding Characteristics of Sandstone on Quartz Fault-Gouge, Pure and Appl. Geophys., V. 113, 1975, 69 - 86.

[249] Byerlee, J. D. and Summers, R., Stable Sliding Preceding Stick-Slip on Fault-Surfaces in Granite at High Pressure, Pure and Appl. Geophys., V. 113, 1975, 63 - 68.

[250] Stesky, R. M., Acoustic Emission During High-Temperature Frictional Sliding, Pure and Appl. Geophys., V. 113, 1975, 31 - 43.

[251] 陈颙,耿乃光,姚孝新. 不完整岩石样品的断裂与摩擦滑动. 地球物理学报,第22卷,第2期,1979,195 - 199.

[252] Dieterich, J. H., Time-Dependent Friction in Rocks, J. Geophys. Res., V. 77, 1972, 3690 - 3697.

[253] Dieterich, J. H., Time-Dependent Friction as a Possible Mechanism of Aftershock, J. Geophys. Res., V. 77, 1972, 3771 - 3781.

[254] Evison, F. F., 地震成因, Tectonophysics, V. 9, 1970, 113-128, 国外地震资料, 1971年第1期, 8 - 12.

[255] 黄庆华. 地质力学中几个典型构造型式的初步力学分析. 力学,1976年第2期.

[256] 王仁,何国琦,殷有泉,蔡永恩. 华北地区地震迁移规律的数学模拟. 巴黎国际地震预报讨论会文集,1979年4月,地震学报(在印刷中).

[257] D. M. Evans, Man-made earthquake in Denver, Geotimes, May-June 1966, V. 10, N. 9, 11-18.

[258] J. D. Dieterich, C. B. Raleigh, Earthquake Triggering by fluid injection at Romgely, Colorado.

[259] C. B. Raleigh, J. H. Healy, J. D. Bredehoeft, An experiment in earthquake control at Rangely Colorado, Science, 1976. 3. 26. V. 191, 1230 - 1237.

[260] 武汉地震大队水库队. 深井注水地震. 地震战线, 1977. 第3期.

[261] 茂木清夫. 岩石破裂试验. 科学, 1969. V. 39, N. 2, 95 - 102.

[262] J. P. Rothe, seimes Artificials, Tectonophysics, V. 9, N. , 2-3, 1970.

[263] H. K. Gupta, B. K, Rostogi and H. Narain, Common features of the reservoir-associated seismic activities, Bull. Seism. Soc. Amer. , 1972, V. 62, N. 2, 481 - 492.

[264] H. K. Gupta, B. K, Rostogi and H. Narain, Some discraminatory characteristics of earthquake near the Kariba, Kremasta and Koyna artificial lakes, Bull. Seism. Soc. Amer. , 1972, V. 62, N. 2, 493 - 507.

[265] 第一届国际诱发地震讨论会有关文献.

[266] D. I. Gough, W. I. Gough, Load-induced earthqukes at lake, Kariba-Ⅱ. Geophs. J. R. Astro.

[267] 李全林等. *b* 值时空扫描. 地球物理学报, 第 21 卷, 第二期, 1978 年 4 月.

[268] 马鸿庆. 华北地区几次大震前的 *b* 值异常变化. 地球物理学报, 第 21 卷, 第二期, 1978 年 4 月 p. 126 - 141.

[269] K. Mogi, Study of the elastic shocks caned by the fracture of heterogeneous materials and its relation to earthquake phenomena, Bull. Earthquake Res. Inst. , V. 40, 125 - 173, 1962.

[270] C. H. Scholz, The frequency-magnetude relation of microfracturing in rock and its relation to earthquakes, BSSAV. 58, 399 - 415, 1968.

[271] M. Wyss, Towards a physical understanding of the earthquake frequency distribution, Journal of the Royal Astronomical Society, V.

31,N.4,341 -359,1973.

[272] W. F. Brace, J. D. Byerlee, Stick-slip as a mechanism for earthquakes, Science, 1966, V. 153, N. 3739, 990 -992.

[273] 美国垦务局. 混凝土重力坝设计准则. 1977 年版,1978 年中译本.

[274] 水利电力部. 混凝土重力坝设计规范. 1979 年.

[275] 潘家铮. 重力坝的设计和计算. 北京:中国工业出版社,1965 年6 月.

[276] Cook, N. G. W, The Design of Underground Excavation, Proc. 8th Symp on Rock Meoh,. Univ. Minnsota, 1966.

[277] Salamon, M. D. G, Rock Mechanics of Underground Excavations Proc. of the 3rd Congr. of the Intern. Soc. for Rock Mech. 1974.

[278] Zienkiewicz, O. C., Valliappan, S. and King, I. P., Stress analysis of rock asa"no-tension"material, Geoteehnique, 18, 56 -66, 1965.

[279] Haynshi, M, Hibino, S, Uisco-plastic analysis on Progressive Relaxaction of Underground Excauation Works, Proc. of the 2nd Congr of the Intern. Soc. for Rock Mech. 1970.

[280] Czu Wej-szen(朱维申), Metoda Przemieszeniowa w Zastosowoniu do Problemòw reologicznych mechaniki gòrotworu, praca Doktorska, Krakòw, 1962.

[281] 朱维申. 围岩与衬砌中的流变应力状态. 数理岩体力学. 北京:地质出版社(即将出版).

[282] 上野正高等. ロックボルトエ入门(3). トンネルと地下,第9卷第4号(昭和53年4月).

[283] T. J Freeman, The behaviour of fully-bonded rock bolts in the Kielder Experimental tunnel, "Tunnels and Tunneling" V. 10 June, 1978, N. 5.